재난안전교육론

재난안전교육론

THE THEORY OF DISASTER SAFETY EDUCATION

위국환 · 지상규 · 김선화 · 염미숙
최보경 · 천세철 · 김영환 · 이현정
신미애 · 이경수 공저

dm 동문사

재난은 자연적 요인(Natural Factors), 인공구조물(Artificial Structure), 사람의 영향(Human Effects)이 상호 간에 결합하여 발생하는 산물이기 때문에 위험과 위해의 종류와 범위가 매우 다양해서 항상 위험 요소로부터 위협을 받고 있다. 재난이 발생하면 이는 단순히 인간의 실수 또는 기계적 오류 등 개별적 요인에 기인한다고 보는 경향이 강했다. 하지만, 이러한 개별적 요인들은 단지 재난 발생의 계기가 되었을 뿐, 실제 이유로는 결국 다양한 개별적 요소들의 결합체인 시스템의 문제라고 보고 있다. 이러한 시스템은 큰 시각으로 보면 결국 우리가 사는 사회 자체가 될 수도 있다. 이렇게 복잡한 대상에 대해 개별적인 요소만을 보는 것에서 벗어나 요소 간의 관계 등 전체적 시각으로 보아야 할 것이다. 그러기 위해서는 교육(Education), 습관(Habitual Practice), 배려(Consideration)가 들어가는 생활 즉 안전에도 철학이 들어가는 가치관을 가져야 할 것이다.

첫째는 교육(Education)을 통한 의식 함양이다. 의식은 살아가는 가장 대표적인 관념이며, 그중 안전의식은 우리 생활의 가장 기본적인 조건이라고 할 수 있으며, 어떤 관념으로 안전을 바라보냐는 문제이다. 안전은 교육을 통해 이루어지고 다듬어지고 완성된다고 생각한다.

둘째는 습관(Habitual Practice)이다. 습관만이 인간을 변화시킨다고 생각한다. 그리스 철학자 헤라클레이토스는 "습관"이 그 사람을 "천재"로 만든다고 하였다. 헬라어로 "습관"이라는 단어는 에토스(ethos)인데 "에토스"는 "매일 하고 자주 한다"라는 의미이다. 안전의식을 기르기 위해서는 "안전 습관"이 무엇보다 우선이 되어야 한다.

셋째는 배려(Consideration)이다. 인간은 교육과 습관을 통해 배려하는 마음을 가질 수 있다. 소크라테스는 인간에게 절대적인 기준이 있어야 한다고 이야기한다." ~을 능숙한 상태"로 하거나 "~유익하게 할 때" 德과 善을 가질 수 있다고 하였다. 안전에 대한 절대적인 기준을 충실하게 지킨다면 능숙한 상태가 되어 나와 다른 사람을 위험에서 벗어나게 할 수 있는데 이것이 바로 안전을 위한 "배려"라고 할 수 있다.

이 책의 목적도 교육, 습관, 배려를 통해 안전의식을 고취하는 데 있다. 안전보건교육에 기초적인 교재가 되기를 바라며, 공동으로 참여하신 저자분들과 함께 계속된 연구를 통해 보다 나은 교재가 될 수 있도록 노력을 다할 것이다.

2022년 8월

대표저자 위국환

■ 머리말 _ 5

제1장 안전교육

1. 안전교육 개념 13
   1.1 안전교육의 개념 13
   1.2 안전심리 16
   1.3 안전교육과 평생교육 24

2. 기업교육 27

3. 성인교육 30
   3.1 Active Learning 32

4. 안전코칭 71
   4.1 코칭의 역사 71
   4.2 코칭의 개념 75
   4.3 안전코칭과 리더십 94
   4.4 안전코칭 방향 153

5. 다른 법률 상 안전교육 156
   5.1. 재난 및 안전관리 기본법에 의한 안전교육 156
   5.2 국민안전교육진흥기본법에 의한 안전교육 159
   5.3 기타 법령에 의한 안전교육 160

차 례

제2장 재난안전교육

1. 생활안전 163
1.1 시설안전 164
1.2 화재안전 205
1.3 전기/가스안전 236
1.4 작업(산업) 안전 246
1.5 여가활동/수상 안전 262

2. 교통안전 317
2.1 교통안전의 개념 318
2.2 교통사고의 현황 319
2.3 사고의 특성과 원인 321

3. 자연재난안전 324
3.1 자연재난안전의 개념과 분류 325
3.2 자연재난의 일반 335
3.3 기상재난 338
3.4 지질재난 353

4. 사회기반체제안전 357
4.1 사회기반체제안전의 개념과 분류 358

5. 범죄안전 365
5.1 범죄안전의 개념과 분류 366

6. 보건안전 401
6.1 식품안전 402
6.2 중독안전 404
6.3 감염안전 409
6.4 응급처치 430
6.5 자 살 459

제3장 강의 교수법

1. 강의 기법 471
인간존중과 생명의 가치 471
교수설계 개론 474
교수설계 방법론 479

2. 교안 작성법 490
영유아기 및 아동기 교수설계 490

3. 교육프로그램 작성법 496
청소년기 교수설계 496

4. 피드백 503
청년기 및 성인기 교수설계 503

5. 교육 평가 511
노인기 교수설계 511

6. 도안 작성법 517
안전교육 교안작성전략1: OBM 모델 517
안전교육 교안작성전략2: OBM 모델 522
안전교육 교안작성전략3: OBM 모델 526
안전교육 교안작성전략4: OBM 모델 530
안전전문인력의 전달력을 높이는 전략스피치1: 기본발성법 533
안전전문인력의 전달력을 높이는 전략스피치2: 임팩트발성법 538
안전전문인력의 전달력을 높이는 전략스피치3: 바디랭귀지발성법 543

■ 부록 547

■ 참고문헌 691

CHAPTER 01

안전교육

1. 안전교육 개념
2. 기업교육
3. 성인교육
4. 안전코칭
5. 다른 법률 상 안전교육

CHAPTER 01

안전교육

1. 안전교육 개념

1.1 안전교육의 개념

교육은 사회의 구성원들에게 삶을 살아가는 데 있어서 필요한 능력을 길러 주고 사회 속에서 인간 상호 간에 가져야 할 관계를 원만하게 유지하게 함으로써 바람직한 인간을 육성하고 능력을 개발할 수 있도록 다양한 기회를 제공하는 데 있다. 교육은 시대적·사회적으로 변화하는 환경에 따라 그 실천 방식과 형태가 다르게 나타나고 있다. 안전교육도 예외가 될 수 없다.

인간은 미완성의 존재로서 누구나 부족한 부분을 채우고자 하는 욕구를 가지고 있다. 건강하게 살고자 하는 욕구, 무엇인가 되고자 하는 욕구 등이다. 그리고 자신의 욕구를 충족시키기 위해 지속적인 행동을 하며 살아간다. 욕구가 충족되면 행복감을 느끼고 그렇지 않으면 불행하다고 생각하는데 안전도 예외 일 수 없다.

Maslow는 인간의 욕구를 5단계로 소개한다. 1단계는 생리적 욕구로 인간의 생명을 유지해가기 위한 기본적인 욕구이며, 의식주, 호흡, 배설, 성생활 등이 이에 속한다. 2단계는 안전의 욕구로 생리적 욕구가 충족되고서 나타나는 욕구이다. 신체적인 위험에 대한 공포로부터 벗어나 안전과 보호를 유지하려는 자기보존에 대한 욕구이다. 3단계는 사회적 욕구로 가족, 친척, 친구, 이웃 등과 친교를 맺고 원하는 집단에 귀속되고 싶어하는 욕구이다. 4단계는 존경의 욕구로 사람들과 친하게 지내고 싶은 인간의 기초가

되는 욕구이다. 자아존중, 자신감, 성취, 존중, 존경 등에 관한 욕구가 이에 속한다. 5단계는 자아실현 욕구로 자신의 재능과 잠재력을 충분히 발휘해서 자기가 이룰 수 있는 모든 것을 성취하려는 가장 높은 수준의 욕구이다. 다른 욕구와 달리 욕구가 충족될수록 더욱 증대되는 경향을 보여 성장 욕구라고도 한다.

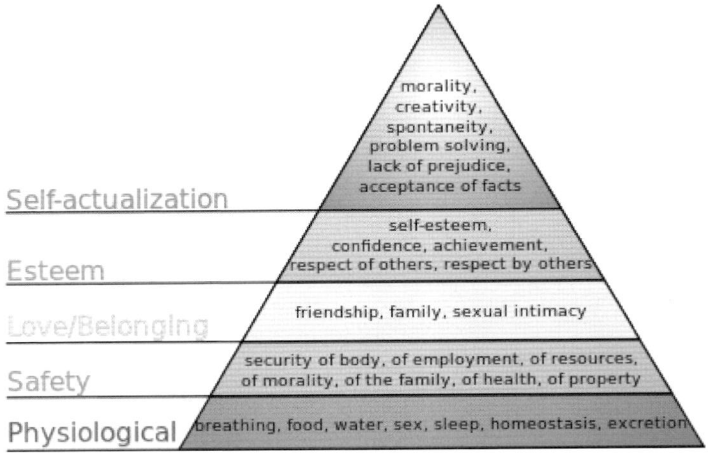

[그림 1-1] Maslow's hierarchy of needs

Maslow의 관점에서 보편적 교육이 가지고 있는 기능을 살펴보면 교육은 인간의 잠재적 능력을 성장·발달시켜 이상적인 인격의 형성과 자아실현을 돕는 기능을 수행하는데 이상적 삶이란 각 개인의 잠재적 능력이 신체적, 심리적, 정신적, 사회적, 지적으로 골고루 성장·발달하여 원만한 인격을 형성하고 자아를 실현하는 것이다. 또한 각 개인으로 하여금 그들이 지니고 있는 잠재적 가능성을 최대한으로 그리고 조화적으로 발달시켜 이상적인 삶을 살 수 있도록 돕는 부분이 안전의 기초적인 부분이라 할 수 있겠다. 그리고 개인이 안전한 생활의 경험을 습득하고 체험하도록 돕는 기능을 담당하려면 미래 생활만을 준비하기 위한 교육이나 피 교육생이 생활 속에서 경험할 수 없는 고정된 지식만을 주입하는 교육은 생명력을 가질 수 없다. 각 개인에게 안전한 생활 경험을 습득하도록 돕는 교육의 기능은 개인적인 성격과 사회적인 성격을 동시에 지니고 있다. 교육은 각 개인에게 개인적·

사회적 안전한 생활경험을 습득하도록 함으로써 더욱 풍부하고 의미 있는 삶을 영위할 수 있도록 돕는 기능을 수행한다. 교육은 인간의 성장 발달과 과정을 말하고 있으며, 인간의 성장 발달은 인간의 생리적 유기체와 환경과의 상호작용에 의하여 이루어진다. 또한 교육은 사회의 자기보존과 유지의 기능이며, 사회의 생식작용이다. 그러므로 교육은 인간 사회가 발생함과 동시에 시작되었다고 할 수 있다. 인간은 본래 사회적 동물로서 반드시 사회집단 속에서 태어나며 그 속에서 다른 사람들과의 사회적 접촉을 통하여 그 사회의 문화를 습득하며 살아간다. 안전문화는 일정한 사회집단이 공동으로 가지고 있는 생활방식 또는 행동양식이며 인간이 인간으로서의 생활을 지속발전 하려면 반드시 문화의 습득을 필요로 하고, 이를 위해서 사회적 과정으로서 교육을 받지 않으면 안 된다.

교육의 사회적 기능은 문화유산을 중요시하는 보수주의적 관점과 사회적응을 중요시하는 진보주의적 관점 그리고 사회개조를 강조하는 사회개조주의적 관점으로 나누어 볼 수 있다. 그리고 교육의 기능은 본질적 기능과 비본질적 기능으로 나눌 수 있는데 본질적 기능은 먼저 교육 그 자체가 가지고 있는 목적을 실현하기 위한 기능과 인격완성, 자아실현 등 보다 넓은 사회적, 개인적 목적을 실현하고자 하는 것이다. 또 다른 입장은 수단적 기능인 비본질적 기능이 있는데 교육이 또 다른 도구로써 활용되는 것으로 보는 기능과 발전론적 교육입장 마지막으로 교육을 국가・정치・경제 등의 발전을 위한 수단으로 보는 입장 등이 있다.[1)]

1.2 안전심리

1.2.1 안전문화

안전문화가 사고 및 재해를 감소시키는 효과가 있다면, 이러한 효과는 어떻게 생기는 것일까?

조직심리학자들이 생각하는 기본적인 가정은 다음과 같다. 첫째, 우리의

1) 갈원모 외(2018), 안전보건교육론, 동화기술;서울, 13~14면.

궁극적인 관심은 사고와 재해를 예방하는 것이지만, 조직심리학자들은 사고나 재해 발생 자체보다는 작업자들의 행동에 초점을 둔다. 그 이유 중 하나는 사고와 재해는 기본적으로 발생빈도가 낮다. 통계적으로는 발생빈도가 낮은 현상은 예측하기 어렵다. 또한, 안전사고의 원인 중 일부는 조직에서 통제하기 어려울 수 있다. 챌린저호 사고에서 기온이 내려가지만 않았어도 챌린저호 사고는 발생하지 않았을 것이다. NASA도 기온을 통제할 수는 없다. 하지만 O링의 특성을 고려하여 그날 발사를 연기하는 결정을 내릴 수는 있었으며, 만약 발사를 연기했다면 사고는 나지 않았을 것이다. 이처럼 사람의 행동은 사고와 재해에 직접적인 영향을 주며, 동시에 상대적으로 조직에서 통제 가능하므로 조직심리학자들은 사고 발생 자체보다는 그에 앞선 사람들의 행동을 연구한다.

둘째, 조직심리학자들이 사람의 행동에 초점을 둔다는 것은 사고의 원인을 사고를 낸 사람의 책임으로 본다는 의미는 아니다. 기본적으로 사람의 행동은 개인의 의지뿐만 아니라 다양한 환경적 영향을 받을 수 있다. 심리학에는 이러한 효과를 보여주는 수많은 연구들이 있다. 심리학 연구 중에서 가장 유명한 실험 중 하나인 Asch 실험도 그 하나이다. 이 연구에서는 8명의 대학생이 그룹으로 실험에 참가해서 그림 1-2에서처럼 오른쪽 선 중 왼쪽과 같은 길이의 선을 고르는 과제를 수행한다. 그런데 이때 8명 중 1명을 제외한 7명은 가짜 참가자였고, 진짜 참가자가 항상 맨 마지막으로 답하게 진행했다.

누구나 정답을 맞힐 수 있는 문제였지만, 가짜 참가자들이 모두 각본에 있는 대로 틀린 답(예를 들어 A)을 하면, 누구라도 당황스러워질 것이다. 실제로 이 연구에서 참여자의 응답 중 37%가 앞사람들이 고른 틀린 답을 선택했고, 전체 참여자의 약 75%가 적어도 한

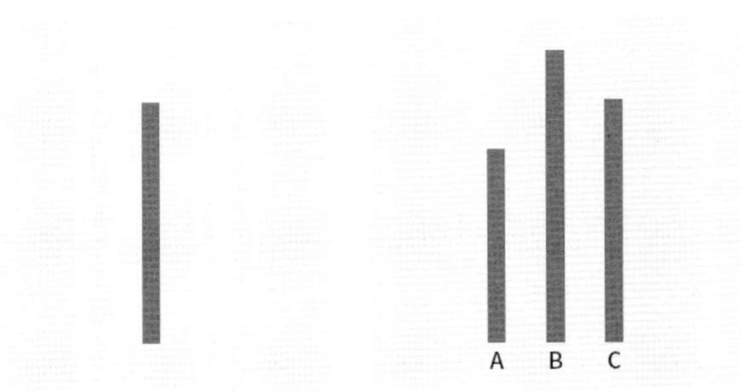

[그림 1-2] Asch의 동조 실험 자극

번은 틀린 답을 골랐다고 한다. 이런 현상을 심리학에서는 '동조'라고 한다.

앞 연구는 실험실에서 한 것이라서 그럴 수도 있겠다고 생각할 수 있다. 이번에는 현실 상황에서의 실험을 하나 소개한다. 한 연구자가 상황적 자극이 사람들의 행동에 미치는 효과를 알아보기 위해, 2주간 슈퍼마켓 와인 매장에서 하루씩 번갈아 가면서 프랑스 음악과 독일 음악을 틀었다.

그랬더니 프랑스 음악을 튼 날은 프랑스 와인이, 독일 음악을 튼 날은 독일 와인이 더 많이 팔린 것으로 나타났다. 따로 와인을 산 사람들에게 조사를 해봤더니 본인들은 음악의 영향을 받았다는 것을 전혀 몰랐다고 응답했다. 이처럼 외부 자극이 무의식적으로 행동에 영향을 주는 현상을 프라이밍(priming)이라고 하는데, 프라이밍은 환경적 자극이 사람들이 의식하지 않는 상황에서도 그들의 행동에 많은 영향을 줄 수 있다는 것을 보여주는 좋은 예이다. 정리해보면, 사람의 행동은 개인의 능력, 성격, 태도 등뿐만 아니라 상황적 요인의 영향을 받는다. 따라서 우리는 사고와 재해를 예방하기 위해 안전행동에 초점을 두지만, 안전한 행동을 하거나 하지 않는 것에는 개인의 특성뿐만 아니라 상황적 요인이 작용한다는 것을 알아야 한다.

셋째, 조직심리학자들은 안전행동은 '직무행동', 즉, 조직에서 직무를 수행하기 위해 하는 행동의 한 유형이라고 가정한다. 따라서 안전행동에도 일반적인 '직무행동 모형'을 적용할 수 있다. 직무행동 모형은 모든 직무행동이 지식, 기술, 동기에 의해 결정된다고 본다(그림 1-3). 즉, 이 세 가지만 알면 조직 내의 구성원들이 어떤 행동을 할지, 혹은 하지 않을지를 예측할 수 있다. 이 모형을 안전행동에 적용해 보면, 한 개인이 안전한 행동을 하려면, 1) 그 상황에서 어떻게 해야 안전하게 작업하는지 알고(지식), 2) 그 행동을 실제 할 수 있으며(기술), 3) 그렇게 행동하겠다는 마음이 있어야(동기) 한다. 만약 이 중 하나라도 없으면, 그러한 행동을 할 수 없을

[그림 1-3] Campbell의 직무행동 모형

것이다.

우리는 현장에서 안전절차를 알고 그것을 수행할 기술이 있는 작업자들이라고 해도 모두가 절차대로 작업하지는 않는다는 것을 잘 알고 있다. 반대로 안전하게 작업하겠다는 의지는 분명히 있는데, 안전절차를 잘 몰라 불안전하게 행동하는 경우도 존재한다.

조직심리학자들은 안전문화는 안전에 대한 지식, 기술, 동기를 결정하고, 이를 통해 안전행동, 그리고 궁극적으로 사고 및 재해발생에 영향을 미친다고 본다. 실제 연구결과들도 이러한 효과모형에 대한 경험적인 증거를 제시하고 있다. 안전문화는 어떻게 사람들의 안전행동에 대한 지식, 기술, 동기에 영향을 미칠 것인가와 관련해서도 여러 이론이 있다. 안전문화의 효과를 설명할 수 있는 대표적인 심리학적 이론 중의 하나인 '행동-결과에 대한 기대이론에 따르면, 안전문화는 조직의 구성원들에게 안전과 관련된 '행동'을 하는 것이 어떤 '결과'를 낳을 것인가에 대한 '기대'를 제공한다고 한다.

예를 들어, 그림 1-4에서처럼 안전을 최우선으로 하는 문화를 가진 조직에 근무하는 근로자는 작업장의 위험요인에 대해 상사에게 보고하면(행동), 상사에게 칭찬을 받거나 더 나아가 회사에서 문제점을 개선할 것이라는 긍정적인 결과(결과)를 기대할 수 있다. 반대로 안전을 중시하지 않는 조직문화를 가진 조직에서 근무하는 근로자는 같은 행동이 부정적인 결과(예: 상사가 자신을 불평불만이 많은 직원으로 생각함)나 중립적인 결과(예: 듣고 아무런 조치를 하지 않음)를 가져올 것이라고 기대할 수 있을 것이다. 이처럼 조직의 안전문화에 따라 특정 행동에 특정 결과가 생길 것이라는 기대를 하게 되고, 이러한 기대는 근로자가 위험요인을 상사에게 보고할 동기를 일으키거나 혹은 그런 동기를 떨어뜨리기도 한다.

[그림 1-4] 행동 · 결과 기대이론의 예

지식과 기술에도 비슷한 설명이 가능하다. 예를 들어, 안전을 중요시하는 문화에서는 안전에 대한 지식과 기술을 쌓는 것이 좋은 결과(예: 칭찬, 존경, 상점, 승진 등)를 낳을 것이라는 기대를 하게 만든다. 이러한 기대는 안전교육에 적극적으로 참여하게 하고, 결과적으로 안전한 행동을 할 수 있는 능력이 높아질 수 있다. 반대로 안전을 중요시하지 않는 조직문화를 가진 조직의 구성원은 안전교육을 시간이나 채우는 요식행위라고 생각하고, 결과적으로 필요한 안전 관련 능력을 기르지 못할 수 있다.

안전행동을 하나로 다루었지만, 사실은 사고를 예방하는 데 도움이 되는 안전행동은 다양한 종류가 있을 수 있다. 우선 일반적으로 안전행동이라고 하면, 필요한 보호장비를 착용하고 작업하는 행동, 작업장 안전을 유지하기 위해 정해진 작업 절차를 지키는 행동 등을 떠올릴 수 있다. 이처럼 안전을 위해 지켜야 하는 안전규정과 절차에 따르는 행동은 사고예방에 매우 중요한 요소가 된다. 학자들은 이러한 행동을 '안전준수 행동'이라고 부른다.

그런데 사고와 재해를 예방하기 위해서는 단순히 규정을 준수하는 행동 이상이 필요하다. 아무리 꼼꼼히 안전규정을 정해놓더라도 작업장에 존재하는 모든 위험요인에 관한 규정을 만든다는 것은 불가능하다.

따라서 안전한 작업장을 만들기 위해서는 보다 적극적인 안전행동이 필요하고, 이러한 행동들을 학자들은 '안전참여 행동'이라고 부른다. 아래는 안전참여 행동의 예를 보여준다. 이러한 행동은 대부분 조직에서 꼭 해야 한다고 요구하는 행동은 아니지만 사고를 예방하고 안전을 지키기 위해 매우 중요한 행동들이다.

- 신입 직원에게 안전절차를 알려주는 행동
- 동료들이 보호장구를 제대로 착용하지 않았을 때 이를 지적해주는 행동
- 자기가 맡은 일이 아니더라도 동료가 위험작업을 하면 지켜봐 주는 행동
- 작업장의 위험요소를 적극적으로 찾아 개선을 요청하는 행동
- 안전 위원회에 자발적으로 참여하는 행동
- 안전활동에 적극적으로 참여하는 행동
- 안전하지 않은 작업을 지시받았을 때 과감히 해당 작업을 거부하는 행동

정리하면, 안전문화는 구성원들에게 안전과 관련된 특정한 행동을 하는 것이 어떤 결과를 낳을 것인지에 대한 기대를 제공한다. 이러한 기대는 구성원의 안전 관련 지식, 기술, 그리고 동기에 영향을 미치고, 안전지식, 기술, 동기는 다시 안전준수 행동과 안전참여 행동을 하게(혹은 하지 않게) 하고, 이러한 행동이 결과적으로 재해와 사고 발생을 일으키기도 하고 예방하게도 하는 것이다. 따라서 현장에서 건강한 안전문화를 조성하여 사고와 재해를 예방하고자 한다면, 우리 조직문화 중 구성원의 안전에 대한 지식, 기술, 그리고 동기에 영향을 미칠만한 것이 무엇인지, 그리고 이러한 지식, 기술, 동기가 어떻게 사고를 예방할 수 있는 행동에 영향을 미치는지, 우리 작업장의 직원들은 어떤 안전행동은 잘하고 어떤 안전행동은 미진한지 등을 잘 살펴보는 것이 중요할 것이다[2].

1.2.2 불안전한 행동

불안전한 행동이란 사고를 초래하게 된 작업자 자신의 행동에 대한 불안전한 요소를 말한다.라고 언급하면서 일반적으로 불안전한 행동은 재해요인의 하나로 인적 요인을 뜻하는데 안전한 상태를 불안전한 상태로 변화시키는 습관적 행동이며, 사고발생의 직접 원인이 되는 행동이다.

리즌(J. Reason)은 불안전한 행동을 의도의 유무에 따라서 의도하지 않은 행동과 의도한 행동으로 나누었고, 의도하지 않은 행동에는 착오(slip), 망각(lapse)이 있고, 의도한 행동에는 착각(mistake)과 위반(violation)이 있다. 위 4개의 행위 중 착오(slip), 망각(lapse), 착각(mistake)은 휴먼 에러(Human Error)이고, 위반(violation)은 위반 행동에 속한다. 착오(slip)란, 의도하지 않은 잘못된 행위 중 아차 하는 사이에 부주의로 수행된 행위(의도와는 다른 행위)로 계획되지 않은 행위가 표면화된 것이고, 망각(lapse)이란, 의도하지 않는 잘못된 행위가 숨겨진 형태로 발생하는 것으로, 단시간의 기억력 부족으로 발생한다. 착각(mistake)이란, 계획과 행위가 정확하게 합치되지만, 부

---

2) 한국산업안전보건공단(2021), "안전문화 길잡이"

적절한 행위가 계획된 것이다. 즉 의도(계획)가 부적절한 것으로, 올바른 규칙을 잘못 적용한 것이다.

위반(violation)이란, 사용자가 의도적으로 부적절한 행동을 하는 것이다. 이것에는 일상적 위반, 낙관적 위반, 상황적 위반, 예외적 위반, 사보타주([프] sabotage, 겉으로는 일을 하지만 의도적으로 일을 게을리함으로써 사용자에게 손해를 주는 노동 쟁의 방법)가 있다.

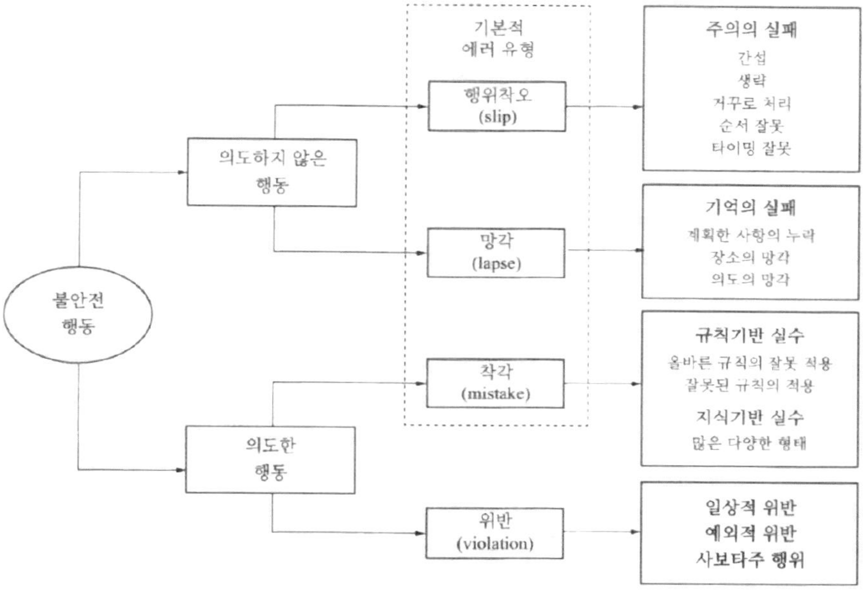

[그림 1-5] J. Reason-Classification of unstable behavior

그림 1-5 리즌(J. Reason)의 분류와 같이 불안전한 행동은 휴먼 에러(Human Error)와 위반행동으로 분류한다. 휴먼 에러(Human Error)는 자신이 의도하지 않은 행위가 나쁜 행위나 나쁜 결과를 발생시키는 것으로 착오(Slip), 망각(lapse), 착각(mistake) 등이 있으며, 의도와 결과가 어긋난 것이다. 즉 최적의 행위(행동)를 하려고 하였지만, 결과적으로 적절하지 않은 행위가 되어 버린 것을 말한다.

리즌(J. Reason)은 위반 행동이란 법률, 규칙, 규정, 지침 그리고 사회적인 관습에 반하는 행동 중 본인 또는 타인의 안전을 저해할 가능성이 있는 행동을 의도적으로 하는 것이라고 정의하고 있다. 이것은 위험을 알면서 굳이 위험한 행동을 하는 것을 의미한다. 위반(violation)이란, 사용자가 의도적으로 부적절한 행동을 하는 것이다[3].

1.2.3 안전 상담[4]

근로자 상담은 작업장 내에서 발생할 수 있는 위험요소를 사전에 인지하고 예방대책을 마련하는 데 중요하다. 상담 시 사업주가 숙지해야 할 주요 내용을 제시함으로써 상담의 효율성을 높이는 것을 목적을 두어야 한다.

안전보건에 관한 근로자 상담의 필요성은 근로자와 상담을 함으로써 근로자가 작업장 내에서 느끼는 위험요소를 확인하고 평가하여 그것을 통제 또는 제거하는 방법을 개발하는 데 매우 유용하며, 이것은 궁극적으로 보다 안전하고 쾌적한 작업장을 만드는 데 많은 도움이 된다. 또한 상담의 결과로 얻게 되는 근로자의 경험과 지식은 안전보건 정책 결정에 중요한 근거로 제공될 수 있고, 상담 시 사업주와 근로자의 대화는 상호 간 이해를 증진시키고, 신뢰와 협력을 보다 강화시킨다. 그리고 근로자 상담을 통하여 작업장의 안전보건상의 문제를 해결하는 데 있어서 근로자와의 협력 시스템을 구축할 수 있다.

1) 상담 내용

① 작업장과 작업과정에 잠재되어 있는 위험요소에 대한 정보

② 작업장 내의 잠재 위험요소에 대한 대응방안

③ 안전 보건에 관한 교육 계획과 안전보건관리조직

④ 새로운 기술 도입 시의 안전보건상의 영향

2) 상담 대상

① 상담자는 작업장 내의 모든 근로자를 대상으로 상담을 하여야 한다.

② 상담자는 근로자가 직접 상담을 원하는지의 여부를 확인해야 한다.

---

3) 김영권 외(2021), "건설안전교육이 불안전한 행동에 미치는 영향에 관한 연구", Journal of the Society of Disaster Information, Vol. 17, No. 1, pp. 154-164.

4) 한국산업안전보건공단(2011), 근로자 안전보건 상담에 관한 기술지침, KOSHA GUIDE.

3) 상담시기

① 근로자의 입사 시
② 근로자가 수행하고 있던 기존 작업을 마치고 새로운 작업 수행 시
③ 정기적 작업 회의 시
④ 근로자가 직접 또는 사업주 및 근로자 대표를 통하여 면담 신청 시

4) 상담방법(사업주는 다음의 방법 중 하나 또는 혼합으로 실행할 수 있다.)

① 각 근로자별로 심도 있는 스텝조사를 통해서 근로자의 역할과 작업내용에 적합하게 상담을 실시한다.
② 근로자가 작성하여 제출한 내용에 대해 해당 근로자에게 서면으로 답하는 방법으로 상담을 실시한다.
③ 특정 개인이 아닌 공동에 해당하는 상담내용에 대해서는 모든 근로자가 볼 수 있도록 질의 및 답신 내용을 게시판에 게시한다.

5) 상담 시 고려사항

① 사업주는 근로자에게 단순히 정보를 제공하는 것뿐만 아니라, 안전보건정책을 수립하고 심의하는 과정에서 근로자의 의견을 청취하고 최대한 반영하여야 한다.
② 근로자들로 하여금 자신이 상담하길 원하는 문제에 대해 충분히 시간을 갖고 숙고하도록 하여야 한다.

1.3 안전교육과 평생교육

1.3.1 평생교육 프로그램

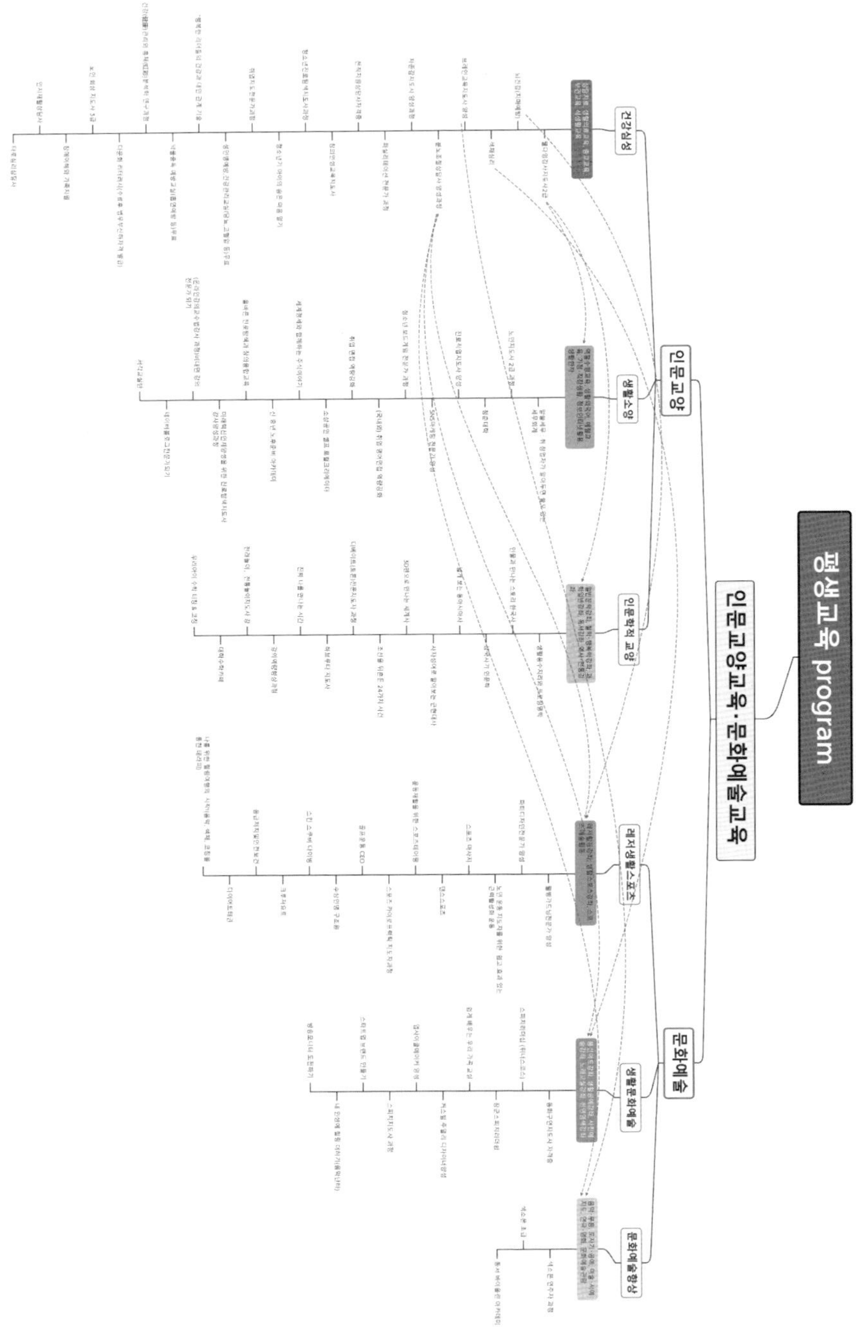

1.3.2 영역별 평생교육

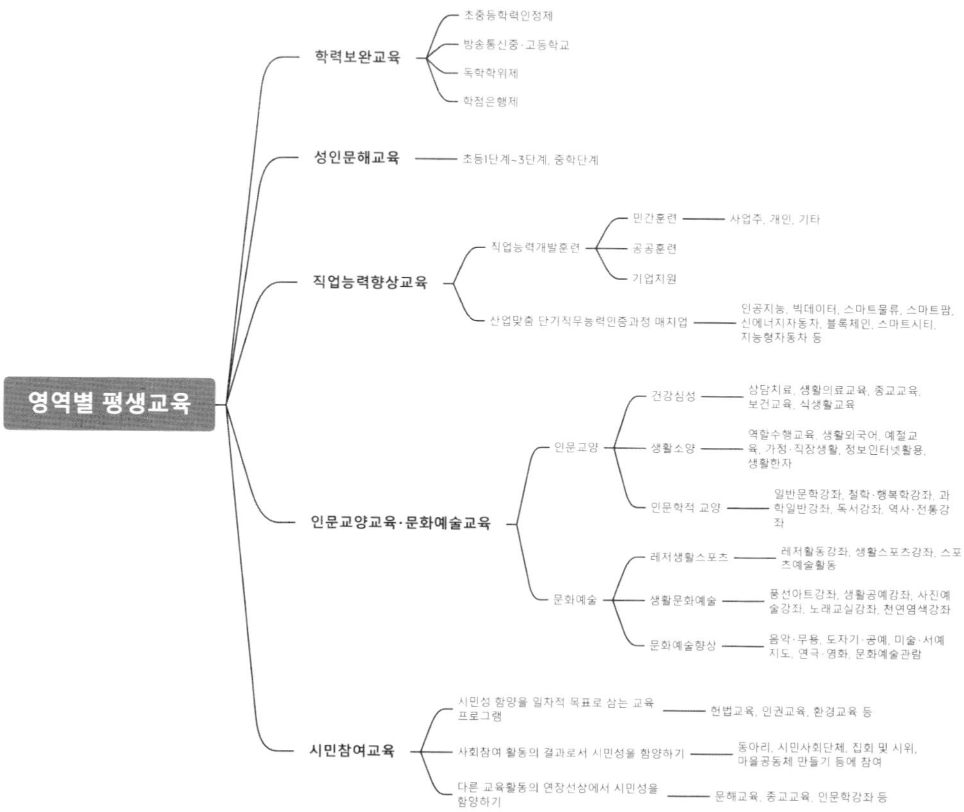
영역별 평생교육
학력보완교육
초중등학력인정제
방송통신중·고등학교
독학학위제
학점은행제
성인문해교육
초등1단계~3단계, 중학단계
직업능력향상교육
직업능력개발훈련
민간훈련
사업주, 개인, 기타
공공훈련
기업지원
산업맞춤 단기직무능력인증과정 매치업
인공지능, 빅데이터, 스마트물류, 스마트팜, 신에너지자동차, 블록체인, 스마트시티, 지능형자동차 등
인문교양교육·문화예술교육
인문교양
건강심성
상담치료, 생활의료교육, 종교교육, 보건교육, 식생활교육
생활소양
역할수행교육, 생활외국어, 예절교육, 가정·직장생활, 정보인터넷활용, 생활한자
인문학적 교양
일반문학강좌, 철학·행복학강좌, 과학일반강좌, 독서강좌, 역사·전통강좌
문화예술
레저생활스포츠
레저활동강좌, 생활스포츠강좌, 스포츠예술활동
생활문화예술
풍선아트강좌, 생활공예강좌, 사진예술강좌, 노래교실강좌, 천연염색강좌
문화예술향상
음악·무용, 도자기·공예, 미술·서예지도, 연극·영화, 문화예술관람
시민참여교육
시민성 함양을 일차적 목표로 삼는 교육 프로그램
헌법교육, 인권교육, 환경교육 등
사회참여 활동의 결과로서 시민성을 함양하기
동아리, 시민사회단체, 집회 및 시위, 마을공동체 만들기 등에 참여
다른 교육활동의 연장선상에서 시민성을 함양하기
문해교육, 종교교육, 인문학강좌 등

1.3.3 안전교육(직업평생교육) 프로그램

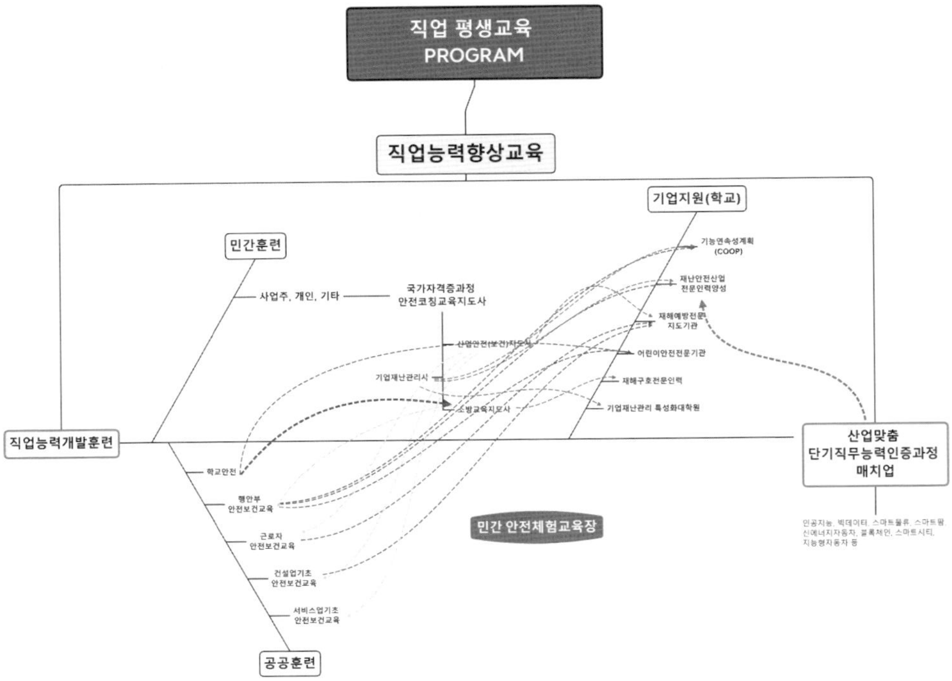

1.3.4 대상별 평생교육

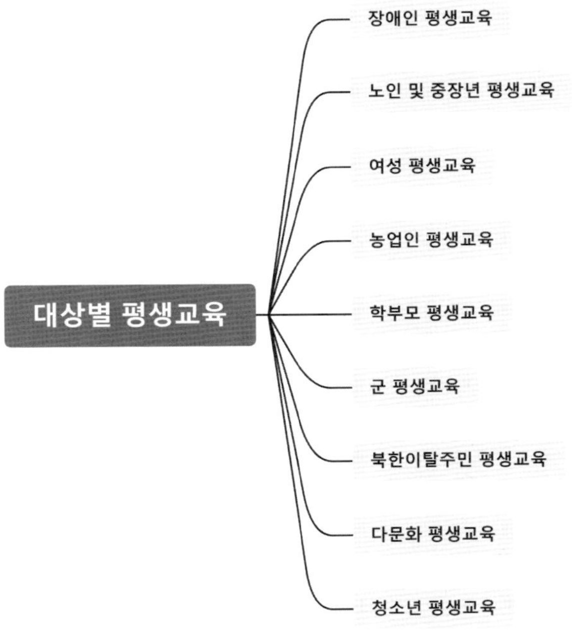

2. 기업교육

기업의 자원이라고 하면 보통 물적자원과 인적자원으로 나누어지는데 과거에는 물리자원이 중요한 자원으로서 인식되어 왔기 때문에 상대적으로 인적자원에 대한 인식과 그에 대한 노력은 소홀히 되어 온 것이 사실이다. 그러나 사회가 발전하고 환경이 변화되면서 특히 4차 산업화되어 인적자원은 그 중요성이 빠르고 급격하게 올라가고 있다.

사회가 발전하고 기업의 수준이 높아지면 결국 재정적인 부분이나 물리적인 자원은 그 한계에 다다를 수밖에 없으며 모든 것은 인적인 부분으로 귀결될 수밖에 없는 것이다. 따라서 인적자원과 그 개발이야말로 기업자원의 핵이라 할 수 있다.

또한 일반적으로 조직이나 국가의 생산성 및 경쟁력을 제고하는 데 필요한 자원으로 물적 자원, 재무자원, 정보자원 그리고 인적자원 등이 거론된다. 조직운영이나 국가 정책 집행의 성과는 자원의 수준과 규모, 적기 공급 여부, 체계적 운영 등에 따라 달라질 수 있다. 이 중 인적자원은 다른 물적자원, 재무적 자원 그리고 정보자원 등을 효율적으로 활용하는 데 결정적인 역할을 할 수 있다는 점에서 정책적 중요성을 가지고 있다.

그러나 인적자원에서 오는 사고는 계속 발생하고 있어 안전교육의 중요성이 매우 커지고 있는 상황이다. 안전교육은 생명의 안전기능 향상과 신체적 적용능력을 적성화시키고 안전에 대한 포괄적 감수성과 위험인지 능력을 향상시킬 수 있어야 한다.

인적자원을 극대화하는 노력은 기업의 발전에 영향을 줄 수 있다. 그 중 기업의 안전과 위험에 대한 인식은 기업에서 가장 중요시해야 할 것이다. 기업에 있어서의 안전교육은 기업에 소속된 근로자에게 안전의 중요성을 인식시키고, 구체적으로 부여된 작업에 관하여 안전작업 방법에 대한 지식과 기능을 습득시킴으로써 작업에 관한 안전태도를 육성시키고 위험으로부터 물적, 인적손실을 줄이는 위한 체계적인 노력이다. 그러나 안전교육의 정의와는 다르게 실제적으로 기업인 인식하고 적용하고 있는 안전교육은 여러 가지 문제점을 갖고 있었으며 그 대표적인 문제점은 안전교육을 전공한 전문강사나 전문가의 부족이라 할 수 있다. 이로 인하여 체계적인 교육과 훈련은 기대하기가 힘들었던 것이 사실이며 이로 인해 기업의 관리자나 근로자들 사이에는 안전교육은 아무나 시켜도 된다는 의식이 팽배해 있었던 것이 최근까지의 일이다. 또한 법적 교육시간만 충족시키는 교육이 주류를 이루었으며 이는 법적 제재와 감독에 의한 타율적 교육이 될 수밖에 없는 이유이기도 했다. 현장에서 바로 써먹을 수 있는 실행위주의 교육으로 일관되어 왔고 안전 의식교육은 많이 부족하여 실효성 있는 교육이 되질 못했다.

안전은 아는 만큼 확보되는 특성이 있는데 이는 근로자들이나 관리자들의 안전에 대한 지식 교육의 정도나 내용에 따라 일어날 수 있는 위험이나 사고를 예지하고 불안전한 상태나 행동을 효과적으로 개선하고 억제할 수 있다. 기능교육은 안전을 확보하기 위한 기능적 이해와 요령을 필요로 하는데 주어진 도구나 안전시설, 설비 등은 사용하는 근로자에 의해 그 기능이 제대로 발휘될 때 비로소 안전을 확보할 수 있기 때문이다. 위험이나 사고에 가장 근접한 사람은 결국 근로자이므로 자기의 업무를 대하는 태도나 일상적인 안전의식은 안전지식이나 안전기능 수행 이전에 그 자체를 성실하게 수행하게 하는 원동력일 수밖에 없다. 근로자의 안전에 대한 태도는 결국 인식하고 기능화된 안전행동을 하게 하는 힘이 된다. 결국 기업의 안전교육은 점차 지식이나 기능교육에서 태도교육으로 그 중심이 이동할 수밖에 없다. 기업의 안전 교육에서 태도 교육은 기본 과정(순서)은 청취, 이해, 모범, 평가의 순으로 진행된다.

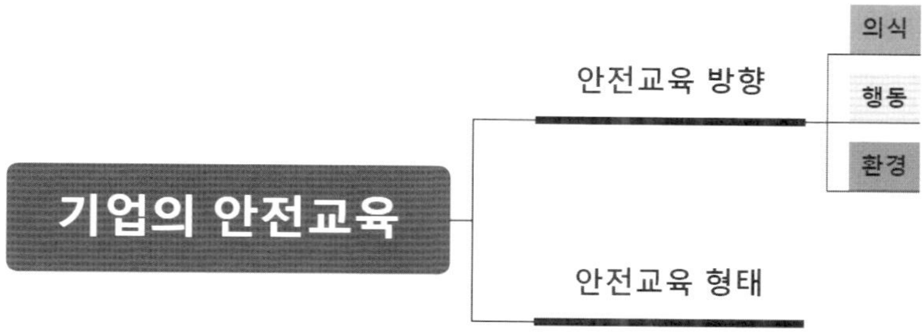

[그림 1-6] 기업의 안전교육

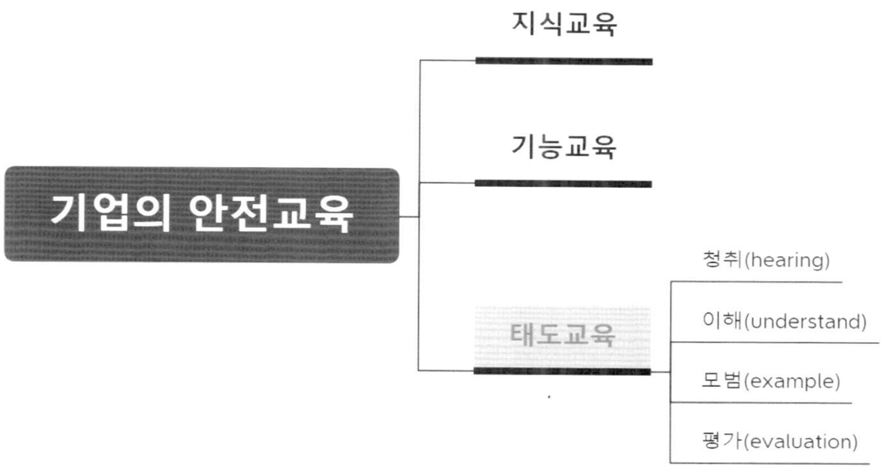

[그림 1-7] 기업의 안전교육 형태

3. 성인교육

학습은 연습이나 경험의 결과로 일어나는 행동의 지속적인 변화로 이해된다. 성인학습은 경험의 결과로 인하여 사회에서 성인으로 간주되는 사람들의 지식, 태도 그리고 행동이 비교적 지속적으로 변화되는 과정을 말한다. 즉 성인학습의 특징은 행동변화와 경험과 훈련을 활용하며 비교적 오래 지속되도록 한다는 것이다.

기존의 학습이론은 주로 페다고지(pedagogy)를 대상으로 발달한 것이 사실이다. 손다이크(Thorndike) 이래 성인 학습자에 대한 흥미가 증가되어 왔고 성인도 학습할 수 있으며 아동과는 다르게 학습하기 때문에 성인교육은 성인의 교육과 학습을 돕는 기술과 과학으로 성인학습의 통일된 이론이라는 개념을 지닌 안드라고지(andragogy) 교육의 실천과정에 적용되는 근본원리와 기술을 중심으로 하여 연구되어 왔다. 제도권의 학습을 끝내고 영리를 위해 노동을 제공하거나 강제되는 것이 없는 상태에서 자율적으로 학습해야 하는 성인의 경우에는 일반적으로 학습기간 중에 있는 학생들이나 특수한 조건 하에 있는 교육생과는 다른 차원에서 접근해야 한다. 평생학습 또는 직무와 관련한 학습이라는 관점에서 접근하여야 하며 이것은 일반적인 학교나 제도권에서의 학습과는 다른 방법과 각도에서 접근되어야 한다. 성인은 학습이 자신의 요구와 관심을 충족시키는 것이라고 실감했을 때 학습동기가 유발되고 경험은 성인학습에 있어서 가장 풍부한 자원이다. 성인교육에서 교수 원리의 중심은 경험의 분석이며 자기지시적 혹은 자기주도적 학습이 성인학습의 또 다른 일면이다. 성인은 연령과 함께 개인차가 커지고 자기 교육의 고유한 영역이 형성되어 있기 때문에 반감을 가지기 쉽다는 특성도 있다.

성인교육의 특징은 자각적 자발성에 기초한 자기 성취추구의 면과 동시에 자유로운 이성의지에 의한 자기교육이라는 점이다. 따라서 성인학습은 학습자 개인의 자발적 학습의지를 북돋아 주고 그 적용 -학습효과를 높이고 지속시키는 방법을 알려주고 조정해주는 데 중점을 두어야 한다. 이를 위해서는 학습자 자신의 자기 학습의지를 계속해서 유지할 수 있도록 하기 위한 동기부여가 절대적이라고 할 수 있다.[5)6)]

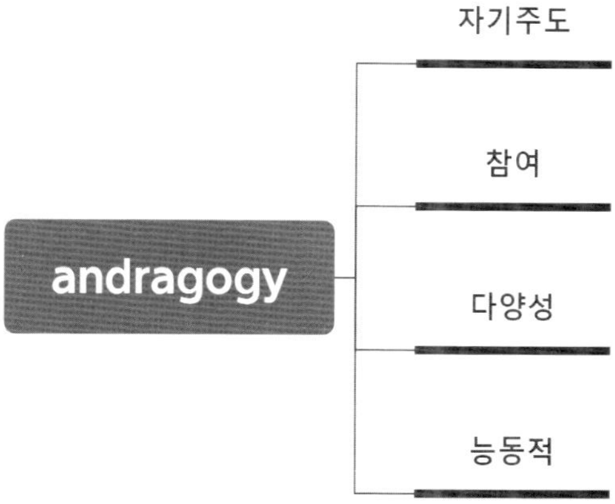

[그림 1-8] 성인교육 형태

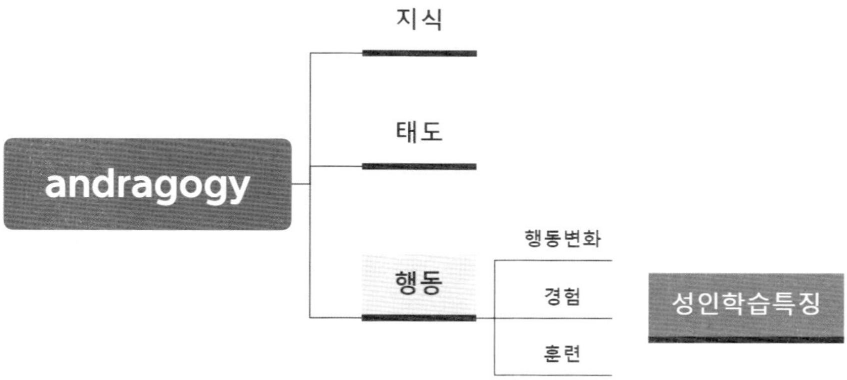

[그림 1-9] 성인교육 유형

5) 갈원모 외(2018), 안전보건교육론, 동화기술;서울, 43면.
6) 박경실 외(2013), 평생교육론, 학지사;서울, 87~88면.

3.1 Active Learning

3.1.1 Active Learning의 개념

자기 주도적(능동적인) 학습은 학습자가 목표를 세우는 일에서부터 시작하여 평가에 이르기까지 학습의 전 과정에 있어서 주도권을 갖는다는 것이다. 이렇게 볼 때, 자기 주도적 학습이라는 용어에는 학습자의 자유 의지가 강조되고 있으며, 자기 조절적 학습이라는 용어에는 학습자의 자율적인 통제권이 강조되고 있다.7)

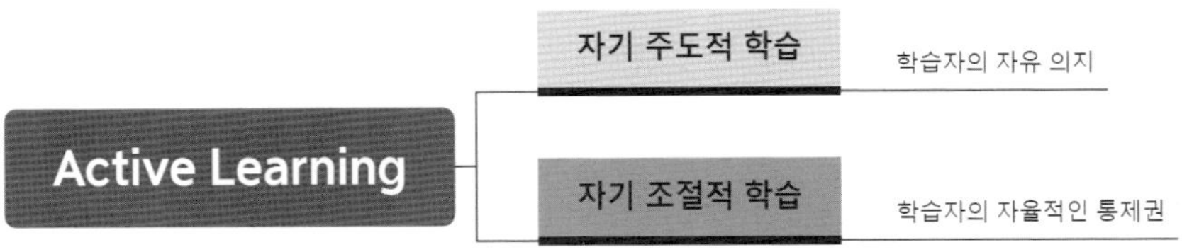

[그림 1-10] Active Learning의 개념

'인간과 자연과의 공생적 관점'을 찾기보다 제4차 산업혁명의 도구적 관점에서 교육을 보려는 시각의 위험성은 상존하지만, 최근 일본 교육계에서 주목받는 코칭기반 액티브 러닝은 기존의 교육-학습의 패러다임 변화를 추구하고 있다. 일반적으로 액티브 러닝은 1980년대 미국 대학에서 개발된 획기적인 교육·학습법으로 알려져 있다.

하지만 오가사와라 마사아키(小笠原正明)는 "액티브 러닝은 대학에서 전통적인 사고방식이나 학습습관을 부정하고 이를 리셋하는 것이 아니라, 오히려 예전의 전통적인 대학에 한정되어 있던 엘리트적 학습을 위한 방법을 대중화 단계의 대학에서도 기능할 수 있도록 하려는 것"8)이라 하였다. 즉 대학의 대중화·보편화로 인해 오늘날 대학에 들어오는 학생들의 학력 수준이 낮아졌기에, 그에 맞춰 단순히 지식 전달의 강의식 수업으로 진행하던

7) Kwon, Soon Chul, "The Effects Analysis of General Arts Class of Core Competencies based on Action Learning"(Korean Journal of General Education 7(6), 2013), 169.
8) 小笠原正明, "アクティブ・ラーニングの陥穽と構造的問題"(IDE現代の高等教育,582, 2016), 4-8.

수업방식을 새로운 시대변화에 맞춰 과거의 연구중심 대학에서 진행되던 학습환경으로 수업 방식을 바꾸려는 노력이라는 것이다.

일본에서는 active learning을 'アクティブ・ラーニング' 혹은 'アクティブラーニング'로 표기하고 있다. 가운데 방점 유무(有無)의 차이이지만, 아직 용어적 통일성은 이루어지지 않았다.[9] 일본에서 액티브 러닝의 전문가인 미조가미 신이치(溝上愼一)나 나카이 도시키(中井俊樹) 등은 자신의 책에서 방점을 찍지 않고 있지만, 문부과학성의 용어집에서는 방점을 찍고 있으며 '액티브 러닝(アクティブ・ラーニング)'을 다음과 같이 정의하고 있다.

"교원에 의한 일방적인 강의형식의 교육과는 달리 학수자(學修者)의 능동적인 학수(學修)에의 참여를 끌어내는 교수・학습법의 총칭하며 학수자가 능동적으로 학수함으로써 인지적, 논리적, 사회적 능력, 교양, 지식, 경험을 포함한 범용(汎用) 능력을 육성할 것을 의도한다. 발견학습, 문제해결학습, 체험학습, 조사학습 등이 포함되는데, 교실 내에서의 집단 토론(group discussion), 논쟁(debate), 집단 활동 등도 유효한 액티브 러닝의 방법이다."[10]

2016년부터 교육 현장에서는 기존의 수업 방식에서 교육자와 학습자가 개인의 특성과 고유의 강점으로 차별화된 잠재적 능력을 발산하여 입체적인 학습효과를 지향하고자 하는 플립드 러닝(Flipped Learning), 이른바 '거꾸로 학습'에 대한 다양한 시도가 시행되고 있다. 교육자가 학습자를 가르치고, 학습자에게 수동적으로 해당 교과 내용을 받아들여 그것을 피동적으로 저장하는 전통적 수업 방식을 벗어나 교육자의 새로운 수업 진행 방식을 다양하게 시도할 수 있는 기회를 제공하고, 학습자는 능동적 수업 참여와 입체적인 정보 습득 방식을 자기 주도적으로 해결함으로써 학습 효과의 극대화와 새로운 파생적 응용력을 기를 수 있다는 점에서 플립 러닝은 국내 학습 환경에 맞추어 '거꾸로 교실', '거꾸로 학습'이라는 슬로건으로 출발하여 꾸준히 시도되어 오고 있다.

'액티브 러닝'이란 일반적으로 학생주도, 또는 학생이 능동적으로 참여하

9) 溝上愼一, "アクティブ・ラーニングの背景と展開"(IDE現代の高等教育, 582, IDE大學協會, 2016), 9-13.
10) 文部科學省用語集アクティブ・ラーニング, 2012.

는 수업 정도로 이해되고 있는데, '액티브 러닝'의 개념을 명확히 하고 왜 그것이 미래 지향적인 학습법이 될 수 있는지 알아보기로 한다. 먼저, '액티브 러닝'의 개념을 명확히 하기 위해 액티브 러닝에 대한 다양한 의견들을 살펴보면 다음과 같다.

능동적인 학습, 즉 '액티브 러닝'은 쓰기·말하기·발표하기 등의 활동을 함으로써 발생하는 인지(認知) 프로세스의 외화(外化)를 동반한 학습이다. 즉, 단순히 말하기와 쓰기를 하면 액티브 러닝인 것이 아니라, 그러한 활동을 통하여 수용한 지식을 자신의 것으로 만드는 기능과, 그를 위해 필요한 태도와 능력을 키우는 결과를 낳는 것이 액티브 러닝이라고 할 수 있다.[11]

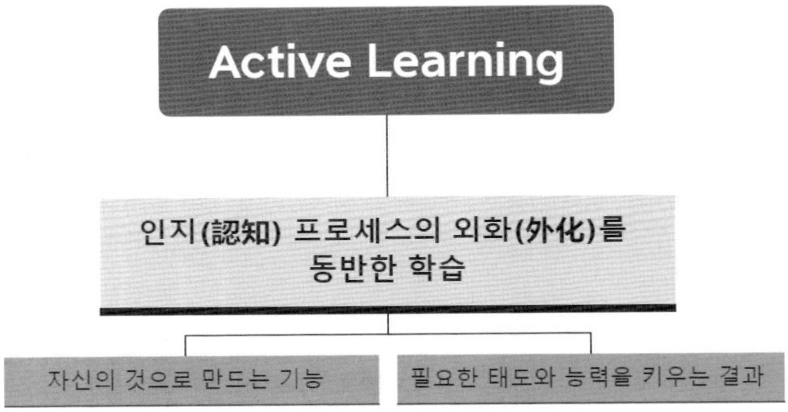

[그림 1-11] Active Learning의 의견

船橋(2016)에서는 溝上(2014)의 분류를 인용하여 '액티브 러닝'의 '전략성'의 정도에 따라 액티브 러닝형 수업이 4개의 타입으로 나뉜다고 소개하고 있는데, 이 분류에 의하면 '전략성'의 정도에 따라 차이는 있지만 보통 수업 시간에 학생이 행하는 모든 수업 활동, 즉 말하기, 프레젠테이션, 토론, 협동 학습, PBL형 수업 등이 모두 '액티브 러닝'인 셈이다. 그러나 溝上(2014)가 강조한 것은 단순히 활동의 주체가 학생이냐 아니냐가 아니라, 그런 활동을 통하여 수용한 지식을 자신의 것으로 만드는 능력 및 그에 필요한 태도와 능력의 함양이야 말로 '액티브 러닝'의 핵심이라고 할 수 있다. 그렇기

11) 溝上慎一"アクティブラーニングと教育学習パラダイムの変換"(東信堂, 2014).

때문에 세부적인 지식 이전에 타인과의 커뮤니케이션 능력과 통섭 능력이 요구되는 미래에 대비하기 위해 필요한 학습법이라 할 수 있다.

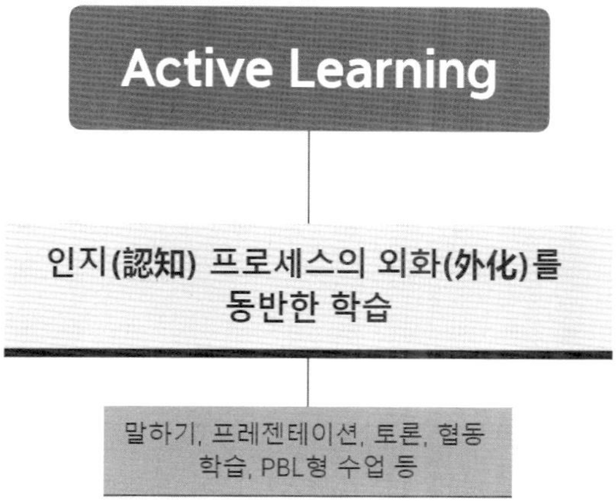

[그림 1-12] Active Learning의 분류

또한, 문부과학성이 중앙교육심의회에 '중장기적인 대학교육의 위상에 대해' 자문을 구한 결과, 심의회가 내놓은 답신에서도 앞으로 도래할 시대에 대비하는 교육방식으로 액티브 러닝을 제안하고 있다. 다가올 미래는 사회구조가 급변하면서 기존의 가치관이 흔들리는 가운데 사회에 공헌할 수 있는 인재를 양성하기 위해 '액티브 러닝(능동적학습)'이 대안적인 교육방식으로 제시되어 있다. 또한, 효과적인 '액티브 러닝'을 위한 구체적인 수업 방식, 즉 사전 준비, 토론 중심의 수업 수강, 이를 심화시키는 수업의 사후 전개 등 구체적인 '액티브 러닝'의 방법도 제시되어 있다.

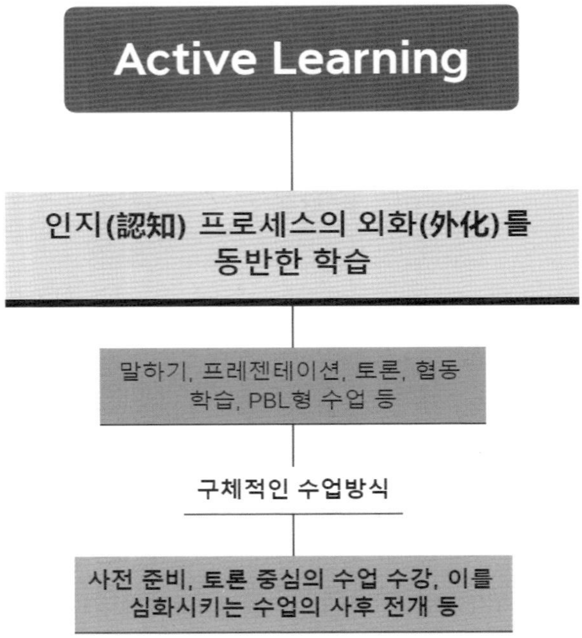

[그림 1-13] Active Learning의 수업방식

최근 대학사회에는 새로우면서도 다양한 교수학습법이 파급되고 있다. 다양한 교수학습법을 현장에서 시도하였던 교수자들이 겪었던 체험을 공유하고, 이를 성찰하여 좀 더 나은 교수학습법을 모색하고자 하는 노력의 하나이다.

새로운 교수학습법을' 액티브 러닝(Active Learning)'이라는 용어로 지칭하고 있다. 액티브 러닝이란 이름 그대로" 학습자들이 교수학습 과정에 적극적이고도 능동적으로 참여하는 교수학습법"[12]을 말한다. 액티브 러닝의 유형에는 사례 중심학습법(Case-Based Learning), 플립러닝(Flipped Learning), 액션러닝(Action Learning), 문제 중심학습법(Problem-Based Learning), 목표 중심학습법(Goal-Based Learning), 팀 중심학습법(Team-Based Learning), 프로젝트 중심학습법(Project-Based Learning) 등이 있다. 현재 액티브 러닝(Active Learning)과 액션 러닝(Action Learning)은 교육 현장에서 혼용해 사용되는 듯한데, 역사적으로 '액션 러닝'이 먼저 사용된 것으로 보인다. 일본

12) Weltman, D, "A Comparison of Traditional and Active Learning Methods: An Empirical Investigation Utilizing a Linear Mixed Model"(The University of Texas at Arlington, 2007).

에서는 2012년 문부과학성이 '액티브 러닝'을 교육정책 용어로 채택하였고, 이후 이 용어가 일본 교육계에 널리 알려지게 되었다.

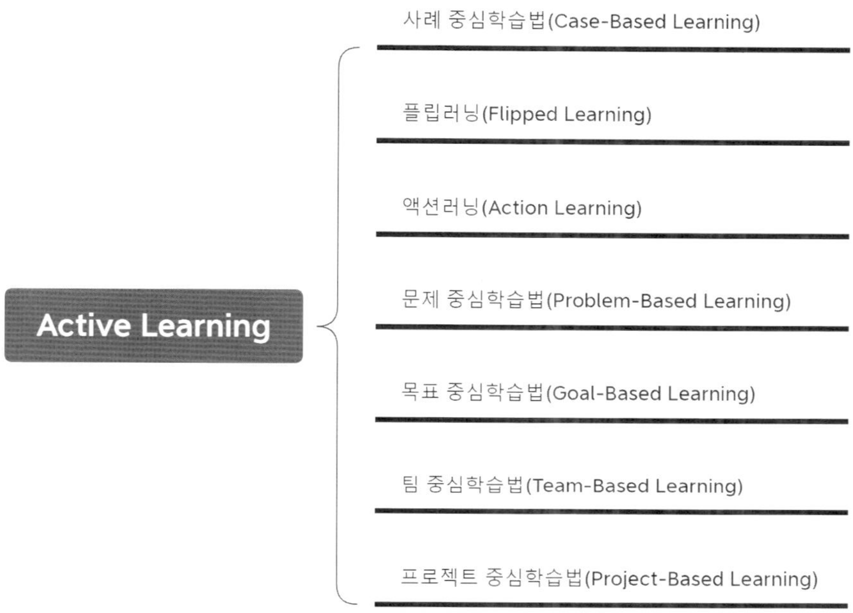

[그림 1-14] Active Learning의 유형

한국에서 AL(Action Learning 혹은 Active Learning)에 관한 연구는 2000년대 들어서면서부터 활성화되고 있는 양상이다. 다수의 학위논문과 연구논문이 발표되면서 프로그램 개발이나 운영 방법에 대한 정보 공유가 이루어지고 있다.[13] 장경은(2011),[14] 고은현(2013),[15] 권순철(2013),[16] 김미옥(2017).[17] 임영규 외(2017)[18] 등은 대학에서 AL 수업의 실태를 제시하면서 그 효과성을 입증하려 노력하였으며, 김윤민(2012), 김지운(2015), 이춘애

13) 장경원 외, "학교에서의 액션러닝에 대한 연구 동향 분석"(교육방법연구, 27(3), 2015), 429-455. 고은현, "대학교수의 액션러닝 수업개발 경험에 관한 연구"(교육방법연구, 25(1), 2013), 69-94.
14) 장경원 외, "학교에서의 액션러닝에 대한 연구 동향 분석", (교육방법연구, 27(3), 2015), 429-455.
15) 고은현, "대학교수의 액션러닝 수업개발 경험에 관한 연구". (교육방법연구, 25(1), 2013), 69-94.
16) 권순철, "액션러닝 기반 핵심역량 교양수업의 효과 분석", (교양교육연구, 7(6), 2013), 163-204.
17) 김미옥, "중소기업 액션러닝 프로그램의 핵심성공요인 탐색에 관한 연구", (전북대학교 석사학위논문, 2013).
18) 임영규 외, "액티브러닝의 효용에 관한 실증적 연구", (교양교육연구, 11(1), 2017), 475-500.

(2016) 등은 간호대학이나 유아교육에서 활용되고 있는 AL의 운영에 관해 초점을 두어 논의를 전개하였다. 이 밖에도 공기업이나 산업체에서 활용되는 AL의 상황을 제시한 연구도 발표되었다.[19] 그런데 이들 연구는 AL을 하나의 바람직한 교수 방법 및 학습 방법으로 전제하고 그것의 효과성을 입증하는데, 혹은 그것의 긍정적 측면을 부각시키는 데 주목하고 있다.

한편, 2017년 10월 한국일본교육학회에서는 연차 학술대회에서 "제4차 산업혁명과 교수·학습 패러다임의 전환"이라는 주제로 일본의 '액티브 러닝'에 관한 내용을 논의한 바 있다. 여기서는 '액티브 러닝'에 대해 일본 정부가 관심을 갖게 된 배경이다. '액티브 러닝'의 의미 및 범위, 일본에서 실천된 '액티브 러닝'의 사례 및 연구동향 등에 관한 발표가 이루어졌다.[20]

3.1.2 Active Learning 종류

'액티브 러닝'은 학습자의 체험이나 활동을 중심으로 전개되는 교수·학습방법 전체를 의미한다. '액티브 러닝'의 의미와 지향점에 관한 논의가 각종 연구서를 통해 활발히 이루어졌는데 여기서 주목해야 할 것은 '액티브 러닝'의 의미를 어떤 수준에서 논의하느냐에 따라 그 방향이 다양하게 전개될 가능성을 내포하고 있다는 점이다.

'액티브 러닝'을 교수·학습방법으로 파악한 경우가 있는가 하면, 이를 번역해 '능동적 학습' 전체로 파악하는 경우도 있다. 예를 들면 '액티브 러닝'의 대표적 방법으로 제시되었던 토론이나 토의를 수업에 활용하는 것으로 '액티브 러닝'이 이루어지고 있다는 시각은 전자의 경우에 해당한다. 즉, 토론이나 토의를 통해 학생 스스로가 문제를 파악하고 해결해 나가는 방법을 터득함으로써 사회에서 필요로 하는 문제해결 능력을 함양할 수 있다는 것이다. 그러나 이런 방식의 해석은 학교현장에서 '액티브 러닝'을 교육의 목

19) 황성원, "공공부문에 효과적인 Action Learning 도입방안"(한국행정연구원, 2005). 김형숙, "액션러닝코치의 역량모델 개발에 관한 연구"(전북대학교 박사학위논문, 2010). 김미옥, "액션러닝 방식 대학 수업의 핵심성공요인에 관한 연구"(전북대학교 박사학위논문, 2017). 강재훈 "액션러닝 활용 소상공인 산학협력 모델 사례연구"(경남과학기술대학교 석사학위논문, 2013).

20) 이명실, "일본 액티브러닝 정책의 표와 리"(한국일본교육학연구, 22(3), 2018), 36.

적달성을 위한 수단, 즉 기능적 교수학습방법으로 활용하는 결과를 가져왔고, '딥 액티브 러닝'이라는 용어를 만들어내는 배경이 되기도 하였다.[21]

한편, 후자의 시각으로 '액티브 러닝'을 파악할 경우 '액티브 러닝'의 영역은 시간적·공간적으로 광범위하게 확대될 수 있다. 즉, 학습자의 능동성과 주체성을 강조하는 교육방법이나 사상이 모두 여기에 포함될 수 있다는 것이다. 역사적으로 학습자 중심교육의 기원은 18세기 이후 루소나 페스탈로치에 의해 그 사상적 기반이 확립된 이후 19세기 말부터 20세기 초에 이르기까지 전 세계적으로 유행되었던 신교육운동 혹은 진보주의 운동으로까지 거슬러 올라간다.

일본의 경우에 국한해 보더라도, 넓은 의미의 액티브 러닝, 혹은 학습자 중심교육의 역사는 1910-20년대의 다이쇼(大正) 자유교육 운동에서 시작해 1945년 이후의 '전후 신교육운동', 그리고 1980년대 이후 전개된 대안학교 형태의 교육운동으로 이어진다고 볼 수 있다.[22] 이러한 흐름에서 주목해야 할 것은 비제도권을 중심으로 전개되었던 학습자 중심교육이 1980년대 후반 이후에는 '학습지도요령 개정' 등을 통해 국가교육과정의 기본 방침으로 구체화 · 체계화되고 있다는 점이다. 이처럼 넓은 의미의 액티브 러닝은 긴 역사를 가지고 있으며, 현재는 비제도적 영역뿐 아니라 제도적 학교 교육의 영역에서까지 적극 도입되어 교육의 한 패러다임을 형성하는 의미로 파악될 수 있다.

'액티브 러닝'을 어떤 수준에서 파악하느냐에 따라 그에 대한 논의는 다양하게 확산될 여지를 가지고 있다. 이러한 혼란을 정리하기 위해 '액티브 러닝'을 '수단으로서의 액티브 러닝'과 '목적으로서의 액티브 러닝'으로 나누어 설명[23]하기도 하고, '액티브 러닝'과 '딥 액티브 러닝'의 차이를 드러내기도 한다. 여기서 주목해야 할 것은 '액티브 러닝'을 내걸고 이루어지는 체험이나 활동 중심의 교수·학습 과정이 모두 똑같은 지향점을 가지고 있지 않다

21) 한국일본교육학회, "제4차 산업혁명과 교수·학습 패러다임의 전환-일본의 액티브 러닝을 중심으로"(한국일본교육학회 연차 학술대회 자료집, 2017).

22) 이명실, "일본은 공교육 개혁과 학습자 중심교육의 전개"(한국일본교육학연구,20(2), 2016), 91-113.

23) 西川純, アクティブ・ラニング入門. 明治図書, 2015.

는 것이며, 더 나아가 어떤 수준의 '액티브 러닝'을 지향하고 있는지를 분명히 파악해야 한다는 점이다.

액티브 러닝의 주요 7요소는 다음과 같다.

① 사례 중심 학습법(Case-Based Learning) - 실생활 중심의 지식들을 재구성한 사례들을 잘 함축하여 인지적, 사회적 문제 해결력을 증진시킴

② 플립드 러닝(Flipped Learning) - 융합형 강좌 방식에 적용되며 능동적 참여를 중심으로 학습자 기반의 자기주도 활동중심으로 교육 및 과업이 진행됨

③ 액션 러닝(Action Learning) - 교양교과 중심의 실생활과 연계성이 높은 학습 내용에 적합하며 학습자 역량강화 중심으로 적용되는 교육 대안

④ 문제 중심학습법(Problem-Based Learning) - 문제해결 지향 방식으로서 교수자의 부분적 의도가 융통적으로 반영될 수 있는 학습자 중심 교수학습법

⑤ 목표 중심학습법(Goal-Based Learning) - 문제해결에 요구되는 지식들을 습득하면서 지속적으로 과업을 해결하는 과정을 통해 우연함의 맥락 속에서 목표에 도달함

⑥ 프로젝트 중심 학습법(Project-Based Learning) - 실제 활동을 중심으로 장기간 프로젝트를 맡아 지속적으로 협업을 통해 과업을 수행함. 대개 공동 진행됨으로써 팀 중심 학습법과 병행

⑦ 팀 중심 학습법(Team-Based Learning) - 학습법과 병행되어 문제의 특성을 규명하고 자연스럽게 학습과정이 도출될 수 있는 계기가 생성된다.

Active Learning

- **사례 중심학습법(Case-Based Learning)**
  - 실생활 중심의 지식들을 재구성한 사례들을 잘 함축하여 인지적, 사회적 문제 해결력을 증진
- **플립러닝(Flipped Learning)**
  - 융합형 강좌 방식에 적용되며 능동적 참여를 중심으로 학습자 기반의 자기주도 활동중심으로 교육 및 과업이 진행
- **액션러닝(Action Learning)**
  - 교양교과 중심의 실생활과 연계성이 높은 학습 내용에 적합하며 학습자 역량강화 중심으로 적용되는 교육 대안
- **문제 중심학습법(Problem-Based Learning)**
  - 문제해결 지향 방식으로서 교수자의 부분적 의도가 융통적으로 반영될수 있는 학습자 중심 교수학습법.
- **목표 중심학습법(Goal-Based Learning)**
  - 문제해결에 요구되는 지식들을 습득하면서 지속적으로 과업을 해결하는 과정을 통해 우연함의 맥락 속에서 목표에 도달
- **팀 중심학습법(Team-Based Learning)**
  - 실제 활동을 중심으로 장기간 프로젝트를 맡아 지속적으로 협업을 통해 과업을 수행함. 대개 공동 진행됨으로써 팀 중심 학습법과 병행
- **프로젝트 중심학습법(Project-Based Learning)**
  - 학습법과 병행되어 문제의 특성을 규명하고 자연스럽게 학습과정이 도출될 수 있는 계기가 생성

[그림 1-15] Active Learning의 유형1

액션러닝은 기존 지식전달형 교육패러다임의 강력한 대안으로 대두되고 있는 실천과 학습을 동시에 진행하는 실천학습(learning by doing)형의 교육방법으로 실무현장의 경험을 통해 학습자들이 자신의 학습을 장래의 삶과 일에 전환시킬 수 있도록 하는 학습전략이다. 액션러닝은 교수자 중심의 교육에서 벗어나 학습자들이 소집단을 구성하여 팀워크를 바탕으로 각자 또는 전체가 실패의 위험을 갖는 실제의 문제(real problem with real risk)를 정해진 시점까지 해결하는 동시에, 문제해결과정에 관한 성찰을 통해 학습하도록 지원하는 새로운 패러다임의 교육방식이다.[24]

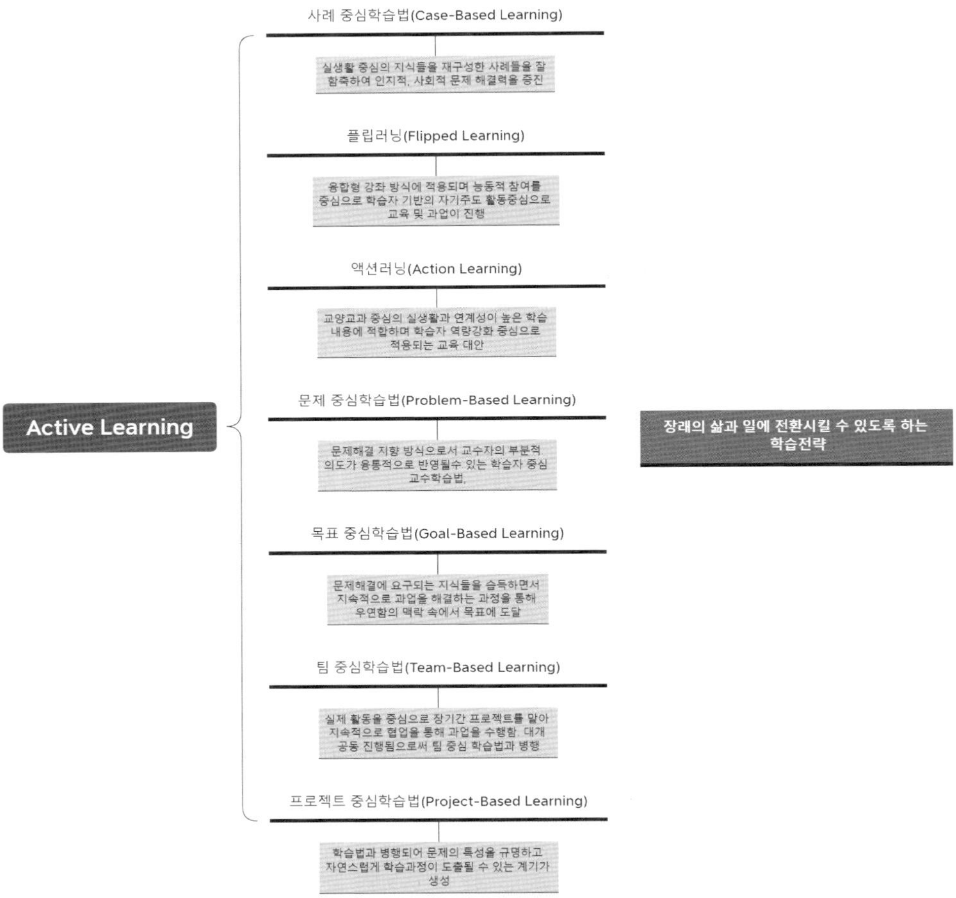

[그림 1-16] Active Learning의 미래교육 대안

24) Yun Min Kim, "Evaluation of Design and Operation of Action Learning based Nursing Professionalism Course for Nursing Students"(Department of Nursing Graduate School, Chonnam National University a doctoral dissertation, 2012), 3.

3.1.3 Flipped Learning의 종류

최근 고등교육에서 학생의 주체적인 학습을 촉진하는 액티브러닝 학습방법의 하나로 '반전 수업'이 최근 주목을 받고 있다. 반전 수업의 목적과 실천한 반전 수업에 대해 분석했다. 그 결과, 수업 보조 교재로 사용할 수 있는 오픈 교재(OER)로 인터넷에서 활성화 학생들에게 제공했다. 그러나 이를 위해서는 몇 가지 과제도 나타났다.

하나는 가정이나 학교에서 인터넷 환경이 정비되고, 또한 저렴한 정보 단말기가 보급되어 있는지 등 ICT 기술의 고급 발달을 전제로 필요하다, 또한 대학교육에 반전 수업을 도입・보급시켜 나가기 위한 유의점으로는 대학교원이 수업 전체를 설계하는 능력을 몸에 익힐 필요성이나 동영상 교재에 대한 인식 전환의 필요성 또한 동영상 교재 자체의 자료화의 필요성 등이 밝혀졌다.

반전 수업은 일반적으로 flip teaching 또는 flipped classroom으로 불리고. 혼합형 학습의 형태의 하나로, 학습자는 새로운 학습 내용을 자택 등에서 동영상에 의한 수업을 시청하고 예습을 하고 교실에서 수업은 강의 대신 문제 해결 학습 등의 협동 학습을 통해 배운 지식과 기술을 실생활에서 일어나는 다양한 문제 해결 결정에 활용하는 것을 학습한다. 반전 수업의 높은 성과는 액티브러닝에 의한 효과도 크게 포함되어 있다. 액티브러닝 수업의 질을 높이기 위해서는 학습 내용의 깊은 이해가 필요하다. 깊은 수업 이해를 위해서 예습은 매우 중요한 역할을 하는데 강의 전에 예습으로 동영상을 시청하는 경우가 많다. 반전 수업을 통해 깊은 이해를 목표 깊은 배움을 실현하는 것이 가능해진다고 생각된다. 반전 수업의 교육 효과를 높이기 위해서 교사는 강의식 수업과 동영상 학습과의 연계를 강화해야 한다. 또한 수업의 운영 또는 수업 설계, 교재 작성 등에 관해 많은 노력을 기울여야 한다.

1) 기본 플립 러닝

학생들은 숙제로 동영상 강의를 보고 다음 날 수업에 필요한 자료들을 읽어야 한다. 그리고 수업 시간에 학생들은 원래 학업 방식을 통해 배운 것을 연습해보는 시간을 가진다. 이때 선생님은 학생들과 1:1로 추가적으로 자유롭게 시간을 갖기도 한다.

2) 토론 중심의 플립 러닝

선생님은 그 날 배울 주제에 맞는 동영상 강의와 읽을 자료들을 숙제로 낸다. 예를 들어서 TED Talks, YouTube 비디오 등 여러 자료들이 있다. 수업 시간은 토론과 주제에 대한 탐구 위주로 이루어진다. 이러한 방법은 역사, 미술, 영어와 같이 내용 위주의 과목을 배우는 데 가장 유용한 수업 방식이다.

3) 설명 중심의 플립 러닝

화학이나 물리, 수학 같은 과목들은 외워야 할 내용도 많고 또 반복적인 학습도 필요한 주제들이다. 이러한 과목들에는 설명을 해주는 동영상 강의를 통해서 모르는 부분은 다시 되돌아가서 학습하는 방법이 유용하다. 이러한 학습방식 예시에서는 선생님이 화면을 녹화해서 학생들이 자신들의 속도에 맞게 따라 하면서 학습할 수 있도록 한다.

4) 가짜 플립 러닝

Education Drive에서 발견한 한 가지 좋은 방식은 실제로 숙제를 하기에는 아직 너무 어린 나이의 학생들에게 적합한 방식으로, 이 “가짜” 플립 러닝 예시는 수업에서 동영상 강의를 시청하게 하는 방법을 사용한다. 그래서 자신의 속도에 맞게 수업 자료를 다시 리뷰하는 기회를 준다. 또한, 선생님이 어린 학생들이 필요할 때 개인적인 도움을 줄 수 있다.

5) 그룹 활동 중심의 플립 러닝

이 방식은 학생들이 배우는 데 살짝 더 난이도가 있다. 다른 수업 방식과 마찬가지로, 수업은 동영상 강의와 다른 수업 자료를 통해 시작한다. 다른 점은 학생들이 수업에 왔을 때 그 날의 과제를 하기 위해 그룹을 형성하는 것이다. 이러한 수업 방식은 학생들이 서로에게 배울 수 있도록 유도하며, 학생들이 옳은 답을 찾는 것뿐만 아니라 그 과정을 설명할 수 있는 법을 배우는 것을 도와준다.

6) 가상 플립 러닝

플립 러닝은 나이가 많은 학생들에게 교실에서의 학습시간의 필요를 없애준다. 어떤 대학교수들은 학생들을 위한 동영상 강의를 공유하고, 온라인 시스템을 통해서 과제를 발표하고 검사한다. 학생들에게는 궁금한 것이 있거나 1:1로 상담이 필요할 때 개인 필요에 맞게 직접 사무실을 찾아 교수와 시간을 맞추도록 하고 있다.

7) 거꾸로 선생님

플립 러닝에 맞게 만들어진 모든 동영상의 시작과 끝에 꼭 선생님이 필요하지는 않다. 학생들도 자신에 실력을 향상시키기 위해 직접 동영상을 만드는 "선생님"이 될 수도 있다. 학생들에게 롤 플레이 활동을 녹화하는 숙제를 통해 실력을 기르고, 또 서로 배우는 내용을 발표하는 영상을 촬영하도록 만들 수도 있다. 다른 말로 "선생님을 가르치는" 방법이다.

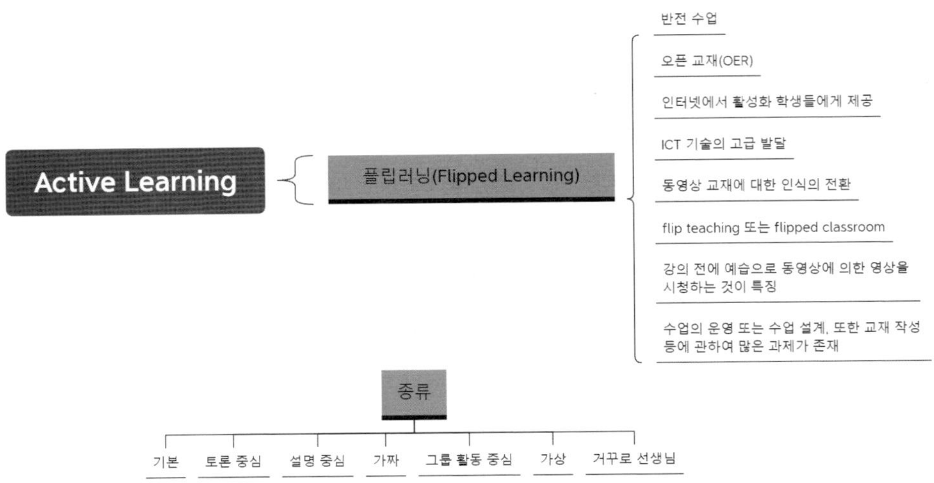

[그림 1-17] Flipped Learning

3.1.4 교수학습방법의 혁신 방향

1) 학습자 중심 교수학습 방법으로의 변화 필요

시대적 변화를 고등교육에 반영하면, 대학은 사회, 경제적 가치 등 미래 가치를 스스로 창출할 수 있는 인재를 양성하는 데 목표를 두는 방향으로 개편되어야 한다. 개인의 새로운 사회, 경제적 가치를 창출하는 지식의 융합은 물론이고, 상호 협력 능력을 갖춘 인재 양성을 위한 새로운 목표 설정이 필요하며 이를 위해서 대학의 교육과정 개편뿐만 아니라 적합한 교수-학습 활동이나 새로운 교수법 적용 등 교육 패러다임의 변화가 필요하다. 기존의 지식전달 위주의 교수자 중심의 교육에서 교수와 학생, 학생 상호 간의 협력이 활발한 학습자 중심의 교육 패러다임으로 전환이 필요하고 이를 통해 학생 개인 혹은 집단의 창의성을 유연하게 계발하여 21세기가 필요로 하는 인재를 양성할 수 있다. 뿐만, 아니라 정보화시대의 디지털 기술 발전으로 탄생한 밀레니엄 세대의 특징을 고려할 필요가 있으며 이들은 태어나면서부터 각종 디지털 테크놀로지에 친숙하고, 교육과 관련된 학습방법, 학습환경에 있어서도 선택권을 갖기를 원한다.[25]

25) 진성희 외, "공학전공 교수를 위한 플립러닝 교수설계 가이드북", (공학교육혁신센터 연구보고, 2016). 7.

2) 학습자 중심 교수학습 방법의 특징

구성주의 패러다임에 기반한 학습자 중심의 교수학습은 학습자가 가지고 있는 지식과 경험을 바탕으로 동료 학습자, 교수자, 학습환경 등과의 상호작용을 통해 새로운 지식과 경험을 재구성할 수 있는 기회를 제공하고 학습자 중심의 교수학습방법은 학습자가 실제 문제 상황에서 자신이 가진 지식과 경험을 활용하고, 다른 학습자와의 상호작용을 통해 문제를 해결하며, 이를 통해 문제해결력, 창의력 등 고차원적 역개발할 수 있다.[26] 또한, 학습자 중심의 학습환경은 다양성, 개별성, 상대성을 강조하며, 학습자가 스스로 필요성을 느끼며, 지식과 의미를 추구해가는 학습방식을 강조한다.[27]

창의력과 문제해결력과 같은 고차원적 능력을 키우기 위해서는 실무 현장에서 문제해결이 가능할 수 있도록 비구조화된 문제 해결에 필요한 지식을 습득할 수 있는 학습자 중심의 학습환경을 구축해야 한다. 비구조화된 문제 해결을 위해서는 사실 정보에 기반한 내용적 지식뿐만 아니라 상황적 지식, 전략적 지식에 대한 학습도 필요하다. 학습자 중심의 교수학습이란 학습자에게 수업의 초점을 맞춘 것으로 학습자는 교수자의 안내를 받아 자신의 학습에 책임을 지는 것을 의미한다(Eggen & Mauchak, 1999). 즉 학습자들의 요구와 흥미를 반영하여 학습 목표와 내용을 설정하고, 실행, 평가에 이르는 교수-학습의 전 과정에 학습자의 선택권과 참여 기회를 제공하는 교수-학습 방법이다.[28]

3) 플립러닝의 등장 배경

① 새로운 교수학습 방법의 필요

교육현장에서 주로 활용되어온 설명식 강의 교수법은 21세기를 살아가는데 필요한 역량을 갖춘 인재를 양성하기 위한 교수법으로써는 한계가 있다.

26) 이민경 외,"교실수업 혁신을 통한 미시적 교육개혁에 대한 시론적 고찰: 거꾸로 교실을 중심으로"(한국사회과학연구회, 95, 2015).

27) 김판수, 백현기, "공부의 절대시기:자기주도학습법", (서울:교육과학사, 2007).

28) 진성희 외, "공학전공 교수를 위한 플립러닝 교수설계 가이드북", (공학교육혁신센터 연구보고, 2016). 8.

비판적 논리적 사고능력, 창의력, 문제해결력 등과 같은 고차원적 사고력은 수동적인 설명식 강의법으로는 증진시키기 어렵기 때문이다. 전통적 교수학습 방법의 대안으로 협업을 통한 상호보완적 학습이 가능한 협력학습, 팀기반학습, 프로젝트기반학습, 문제기반학습 등이 이루어지고 있다. 하지만, 팀 내의 개별 학습자 간의 수준 차이 등의 문제로 완전학습에는 미치지 못하는 경우가 많다. 완전학습이 이루어지기 위해서는 강의실에서 이루어지는 학습자 개인 활동/수행시간을 확보할 필요가 있으며, 이를 위해서는 학습자들이 사전에 수업자료를 학습하고, 강의 시간에는 해결하지 못한 과제를 수행하는 방법의 새로운 교육방법이 필요하다.[29)]

② 플립러닝의 시작

미국 콜로라도주 시골학교의 화학교사 Bergman과 Sams가 학습과 문제해결이 뒤바뀐 구조의 Flipped Learning을 처음으로 시도하였다. Bergman과 Sams는 플립러닝을 전달식 강의를 전체 교실 공간에서 개별 학습 공간으로 옮기고, 남겨진 전체 교실 공간을 상호작용적인 학습이 가능하고, 역동적인 환경으로 바꾸는 교육 실천이라고 정의한다.

그들의 시도 이후 미국 초등학교뿐만 아니라 대학에 이르기까지 다양한 교과목에 확대 적용되었고, 전 세계적으로 퍼져나가게 되었다. 플립러닝은 기존의 수업 과정과 활동내용을 뒤집는 '거꾸로(flipped)' 형태의 학습유형으로 교실에서 이루어지던 강의 수강 및 자료 읽기 활동을 학생들이 미리 가정에서 수행하도록 하고, 교실에서는 이미 습득한 지식을 적용하고 활용하는 토론, 문제해결, 프로젝트 수행 등을 하도록 한다.

전통적 수업은 교수자가 지식 전달자의 역할을 수행하며, 강의 중심으로 정해진 수업 시간 내에 전해야 할 지식을 학생들에게 학습하도록 하는 수업 방식이지만 플립러닝은 전통적인 수업의 패턴을 뒤집어 기존의 강의와 가정학습 과제 수행 요소를 뒤바꾼 교수 모형이다. 교실 수업에서 이루어지던 교수자의 강의 내용을 비디오나 오디오 자료를 통해 가정에서 사전

29) 최정빈, 김은경, "공과대학의 Flipped Learning 교수학습 모형 개발 및 교과운영사례", (Journal of Engineering Education Research, 18(2), 2015), 78.

학습하고, 교실에서는 교수자의 안내에 따라 사전 학습한 개념을 문제해결이나 프로젝트 수행에 적용, 실험, 토론 등의 과제를 수행하게 한다.[30)]

즉, 교수자 주도의 강의가 가정학습으로 이동하고, 수업 후 적용, 전이, 파지 활동의 의미를 가졌던 가정에서 해야 했던 '과제'가 교실로 이동한 형태라 할 수 있으며 이러한 형태의 교수학습 상황은 학습자에게 보다 많은 주도성과 책임감을 부과하고, 교수자는 지식 전달자의 역할 대신 수업 시간에 학습자들과 보다 많은 상호작용과 개별 학습을 지원하는 안내자의 역할을 수행하게 된다. 더 나아가 수업시간에 수동적 역할을 했던 학습자들에게 능동적 역할을 수행하게 함으로써 학습자가 고차원적 인지 활동을 하게 된다는 것이다.

플립러닝은 고차원적 학습목표를 달성하도록 하는데 적합한 교수학습 방법이다. Bloom(1956)의 교육목표 분류에 의하면, 지식 · 이해 · 적용 · 분석 · 종합 · 평가의 순으로 고차원적 목표였으며 이 분류를 수정하여 최근에는 기억 · 이해 · 적용 · 분석 · 평가 · 창안하기로 교육목표를 분류하고 있다(Anderson, Krathwohl, & Bloom, 2001). 플립러닝은 기억하기, 이해하기와 같은 단순한 학습 목표는 학습자가 가정에서 사전 학습을 통해 스스로 학습하도록 하고, 교실에서는 적용, 분석, 평가, 창안하기와 같은 고차원적 학습 목표에 관한 교수-학습 활동이 이루어지도록 하는 것이다.[31)]

플립러닝의 본질은 테크놀로지를 상호작용 수단으로 하여 교사중심의 수업 방식을 학습자 중심의 참여형 학습으로 전환함으로써 교실 수업의 혁신을 도모하는 것에 있다. 지식 전달 위주의 학습에서 실제 생활에서 학습이 이루어질 수 있는 환경으로 변화함에 따라 플립러닝은 시대가 요구하는 창의 · 융합형 인재를 양성하는 데 최적의 교수학습 방법이라 할 수 있으며 특히, 변해 가는 교육 패러다임에 부합하는 학습자 중심의 교수-학습방법으로 학습자의 학업성취도와 만족도 측면에서도 효과가 입증되어 공학교육에서

30) 이희숙, 강신천, 김창석, "플립러닝 학습이 학습동기 및 학업성취도에 미치는 효과에 관한 연구" (한국컴퓨터교육학회 논문지, 18(2), 2015), 48-49.

31) 진성희 외, "공학전공 교수를 위한 플립러닝 교수설계 가이드북", (공학교육혁신센터 연구보고, 2016), 10.

의 적용이 확대되고 있다 하겠다.

플립러닝의 장점으로는 학습자들의 학업 성위도 향상에 긍정적인 영향을 미친다는 것이다. 사전 학습으로 제공된 이러닝 자료를 기반으로 사전학습 후, 수업과 중간고사, 기말고사 학습을 위해 자료를 계속적으로 활용하여 학습자 개인의 학습 수준을 상승시키는 데 효과적이었고,[32] KAIST 미적분학 II 교과목에서 플립러닝을 적용한 분반의 경우 타 분반에 비해 중간고사 결과가 평균 10점 향상되었다.[33] 삼육대학교 해부병리학 교과목에서도 간호대 학생을 대상으로 플립러닝을 적용하여 그 효과를 포커스 그룹과 개별 면담을 통해 학습자들의 플립러닝에 대한 인식을 현상학적 분석방법으로 분석한 연구결과 '효율적인 수업 방향 도모', '미디어 매체를 활용한 효율적인 강의' 등의 연구결과가 나타났다. 플립러닝 수업을 받은 학생들은 전반적으로 학습효과에 대해 매우 긍정적인 태도를 보였다.[34] 신정숙(2014)에 의하며 조선대 교양교과목 수강생 199명을 대상으로 학생들의 발표·토론 영상을 활용하여 플립러닝 실시 이전과 이후의 조별 발표 점수를 비교한 연구결과 '전달내용/글쓰기 영역'이 9점에서 9.2점으로, '발표 및 토론 영역'의 점수가 8.9점에서 9.3점으로 향상되었다.

이들을 대상으로 수업 참여도, 흥미도에 대한 설문조사를 실시한 결과 52.3%의 학생들이 기존의 전통적인 수업방식보다 플립러닝 방식이 흥미롭다고 응답했으며, 42.7%의 학생들이 기존 수업과 비교해 더 적극적으로 참여했다고 응답하였다.[35]

그리고 임정훈(2016)은 인천대 창의인재개발학과에서 2개의 전공교과목 수강생 76명을 대상으로 A과목은 이러닝 콘텐츠를 활용하고, B 과목은 교

---

32) 임경화, 김태현, "공학전공수업에서 플립드러닝(Flipped Learning) 적용을 위한 설계모형 탐색"(실천공학교육논문지, 6(2), 2014), 82.

33) 진성희 외, "공학전공 교수를 위한 플립러닝 교수설계 가이드북", (공학교육혁신센터 연구보고, 2016). 14.

34) 한숙정, 정현철, "플립러닝 학습 효과와 경험에 대한 연구"(Asia-pacific Journal of Multimedia Services Convergent with Art, Humanities, and Sociology, 6(1), 2016), 105.

35) 진성희 외, "공학전공 교수를 위한 플립러닝 교수설계 가이드북", (공학교육혁신센터 연구보고, 2016). 14-15.

수자 강의 내용을 동영상으로 촬영한 콘텐츠를 활용하여 플립 러닝을 실시한 연구결과, 학생들은 학습자 중심의 학습 활동이 가능하고, 미리 예습해 오는 습관을 기를 수 있어서 전통적 교육 방법보다 플립러닝 방식에 대한 만족도가 높은 것으로 나타났다.[36]

학습자 중심의 역동적인 학습문화를 형성하는데 기여했으며,[37] 학습자가 직접 토론과 퀴즈 활동을 수행하기 때문에 수업참여도가 증가 되며 이로 인해 수업 집중 효과가 탁월하다. 교실 분위기가 긍정적으로 개선되며 궁극적으로 학습자의 학습역량이 증진되는 데 효과적이다.

플립러닝의 단점으로는 사적 학습 시 개별학습의 부담을 느낄 수 있다는 것이다. 플립러닝을 수행할 때 사전 학습을 수강하지 않고 강의에 참여하는 일부 학생들의 경우는 본 수업에 순조롭게 참여하지 못할 가능성이 있다. 학습자들이 일정을 준수하지 않는 것도 플립러닝을 꺼리는 요인이다. 사전 학습으로 제공된 동영상의 내용 수준이 난해할 경우 학습자가 교수자에게 즉각적인 도움을 받기가 어렵고 교수자는 난이도를 고려해야 함과 동시에 보충학습자료를 준비해야 한다. 교수자가 사전 학습자료, 수업 중 활동자료 등을 설계하고 제작해야 하므로 교수자의 많은 노력이 요구되고, 이로 인한 업무 가중의 우려가 있다.[38]

이는 기존 개발된 타 이러닝 자료 활용으로 부담을 경감할 수 있으며. 플립러닝 운영 중, 후에 교수자가 지속적으로 학습자의 요구를 반영하여 학습자의 부담을 경감하는 노력이 필요하다. 또한, 학습자들에게 새로운 교수학습방법에 적응하려는 노력을 요구해야 하며 플립러닝에 유용한 교수학습 활동은 상호적 질문 및 토론 활동(본 학습에서 교수자-학습자 또는 학습자-학습자의 상호적 질문과 토론이 활성화될 수 있는 강의주제가 적합함), 동

---

36) 진성희 외, "공학전공 교수를 위한 플립러닝 교수설계 가이드북", (공학교육혁신센터 연구보고, 2016). 15.

37) J. Bergmann, and A. Sams, "Flip your classroom: Reach every student in every class every day"(Washington DC:International Society for Technology in Education, 2012).

38) 진성희 외, "공학전공 교수를 위한 플립러닝 교수설계 가이드북", (공학교육혁신센터 연구보고, 2016). 15-16.

료학습과 병행하는 문제 풀이(학습자 1인이 해결하기에는 난이도가 높지만, 팀 협동학습을 통해 해결할 수 있는 난이도의 문제가 유용함), 콘텐츠와 아이디어 탐구(학습자의 지적 호기심을 자극하고 인지적 도전감을 줄 수 있는 탐구과제는 보다 고차원적인 사고활동을 필요로 하기 때문에 유용함), 학생 간 콘텐츠 제작(팀 활동으로 발표를 위한 콘텐츠를 제작하는 것은 프레젠테이션 역량과 더불어 발표과제의 구조화 능력, 내용탐색 등 다양한 학습 활동을 유도하기 때문에 플립러닝에 매우 유용하며 보편적으로 활용하는 방법임) 등이 있다.

플립러닝에 유용하지 않은 교수학습 활동들은 교사의 일방적인 강의(플립러닝 시 학습자들의 이해정도가 낮다고 판단하여 토론 활동을 중단하고 교사의 일방적인 강의가 진행될 경우 플립러닝은 실패한 것으로 볼 수 있음, 교사의 일방적인 설명식 강의가 필요하면, 사전 학습으로 제공하는 것이 바람직하고 강의 내용상 설명식 강의가 주류를 이룬다면, 부득이하게 플립러닝은 포기해야 함), 단순기억(지식전달)의 학습('A국가의 수도는 B이다.'라는 식의 단순명제를 암기하거나 보편적인 지식을 전달할 경우에는 설명식의 강의나 암기를 위한 인지 활동을 유도하는 교사 주도식의 강의가 필요함. 다만 단순기억학습 이후에 지식을 적용하거나 분석 활동 등을 수반하지 않으면 단순기억 활동도 학습효과가 감소할 수 있으므로 플립러닝 수업형태로 구성하여 사전 학습에서 단순 암기 위주의 영상을 제공하고, 본 학습에서 암기내용에 대한 고차원적인 학습 활동을 수반하기를 권장함), 장기적인 도제식 학습유형(장기간의 시간에 걸쳐 습득되는 기술도 플립러닝으로 분절하고, 체계화하면 학습이 가능하지만, 도제식 수업방식 중에서 직접적인 실습이 아닌 참관형태의 수업이 장기간 지속될 경우 부적절할 수 있다) 등이 있다.

③ 플립러닝의 교육적 효과

- 플립러닝의 일반적 교육 효과

플립러닝은 이러닝 학습자료를 최적화하여 활용함으로써 교육적 효과를 가져올 수 있으며 이러닝의 장점은 언제 어디서나 학습을 진행할 수 있는 장점이 가장 큰 특징이고 플립러닝에서 사전/사후로 제공되는 이러닝 자료는 본 수업을 지원하는 최고의 수업 자료로 볼 수 있다. 이론과 실습으로 구성된 수업의 경우 실습 후에도 반복적으로 이론 동영상 강의를 수강할 경우 반복 학습 활용으로 인해 지식의 체계화에 도움이 되며 밀레니얼 세대의 특징 중 하나인 정보화 기기의 손쉬운 사용은 이러닝 자료의 활용도가 더욱 높아질 것으로 기대된다. OER(Open Education Resource), MOOC 등의 자료를 활용하면 교수자가 직접 제작하지 않아도 양질의 사전학습용 이러닝 자료를 대체할 수 있다. Youtube, TED 등의 강좌도 활용 가능하고 이러닝 교육자료 활용만이 아니라 이러닝을 탑재하고 있는 학사관리시스템(LMS)의 지원을 받을 수 있다. 공지 사항, 자료실, Q&A 등의 시스템을 활용하여 학습자와의 상호작용으로 학습자에게 다양한 지원이 가능하다.

플립러닝의 적용은 학습자 중심의 수준별 학습을 제공할 수 있고 학습 전/후 제공되는 이러닝 자료를 통해 다양한 수준의 학습자료를 제공할 수 있을 뿐만 아니라, 강의실 내 활동에서 교수자의 강의식 설명이 배제되어 있기 때문에 많은 시간을 할애하여 학습자의 수준에 맞게 퀴즈, 토론, 팀 활동 등을 수행할 수 있다. 교실 내 활동에서 팀 수준에 맞게 팀 과제를 부여한다거나, 개인 수준에 맞게 난이도별로 다양한 문제 풀이를 제공하여, 수준별 학습활용이 가능하다.

학습자들의 자기주도 학습능력을 향상시키고, 이러닝 수강 및 강의실 활동 위주 수업 방식은 학습자 중심의 수업 방식이므로 자연스럽게 학습자의 자기 주도성이 향상되는데, 이때 교수자는 학습자가 수행해야 할 책무의 범위를 규명해 주고, 목표한 바를 성취할 수 있도록 조력자의 역할을 수행해야 한다. 특히 본 수업에서는 학습자들이 다양한 학습활동에 능동적으로 참여하고, 타 학습자들과 상호작용을 수행하면서 학습 주체의 역할을 수행하게 된다. 실제 학교와 교실에서 실험을 통해 보여준 프로그램에서 학습자들은 학습 의욕이 자극되어 왕성한 활동력을 보여주었고 기대치를 넘는 변화를 보여주었다[39] 이러닝 수강 시 개인이 학습속도에 맞추어 학습을 수행하기 때문에 학습속도에서도 개인이 자기조절이 가능하고, 학습자들이 토론, 문답, 문제풀이 등의 학습 활동에 참여하면서 자신이 모르는 것을 스스로 인지하게 되는 등 다양한 메타인지(메타 인지: 앎에 대한 지각)를 향상시켜 자기주도력을 향상시킬 수 있다.[40]

플립러닝은 학습자 개별학습 후 강의실에서 팀 협동학습을 진행하는 것이 보편적이며 타인과의 협업을 통해 학습하는 협동학습 역량은 학습자가 가져야 할 핵심역량 중 하나이다. 협동학습 참여가 많을수록 협동학습역량은 향상된다. 기존 수업 방식과 달리 협업과 학습자 참여가 많아지게 되므로 지식 전달 위주가 아닌 소통중심의 학습이 이루어지며 이에 소통을 지향하는 학습문화 형성에도 이바지한다.

고차원적인 학습 목표를 달성할 수 있는 학습 활동을 제공하며 블룸의 지식의 체계의 분류에서는 지식, 이해, 적용, 분석, 종합, 평가의 단계를 거쳐 지식의 체계와 난이도가 상승하는 것으로 보고되고 있다. 이전 수업 방식의 경우 지식, 이해, 적용의 하위 차원의 강의 내용으로 강의의 비중이 높고, 분석, 종합, 평가의 경우 시간 제약으로 인해 다루는 비중이 적거나 사후과제로 대체하는 경우를 볼 수 있으며, 플립러닝의 경우 사전 학습으로 저차원의 학습 활동을 수행하고, 고차원의 학습활동을 강의실 내에서 수행하기 때문에 강의실 내

39) 정찬필, "저널리스트의 눈으로 본 교육, 거꾸로교실과 변명의 캬르텔"(서울:교육광장, 52, 2014), 48-50.

40) 이민경 외, "교실수업 혁신을 통한 미시적 교육개혁에 대한시론적 고찰: 거꾸로 교실을 중심으로"(한국사회과학연구회, 95, 2015), 223-251.

수업의 질 개선과 함께 고차원의 학습 내용 접근이 가능하다. 또한, 사후 과제의 경우보다 더 창의적인 과제를 요구하더라도 고차원 학습을 경험한 학습자들의 과제 성공률이 높다.

- 수준별 수업 교실

교수자들이 학습자들에게 사용하는 기술이나 가러치는 노하우, 동기부여 방법은 전부 다 다르다. 교수자는 무대의 주요한 배우가 되기보다는 옆에서 도움을 주는 사람이 되어야 한다.

accd.org에 따르면, 플립 러닝 수업 방식을 이용하는 453명의 교수자가 가르치는 학생의 67%가 시험 성적이 올라 고급 학습과정의 수업을 수강할 수 있게 되었으며, 80%는 학생들의 태도가 발전했다고 한다. 그리고 무려 99%가 다음 해에도 플립 러닝 수업 방식을 유지하고 싶다고 밝혔고, 이를 바탕으로 설계한 플립러닝 수업 과정은 다음과 같다.

첫째, 플립러닝 수업은 학습자가 지식 구성 과정에 주체가 되도록 설계해야 한다. 플립러닝 수업의 특성상 학습자는 사전에 동영상을 통해 개별적으로 학습하고 교실 수업에서는 이를 응용할 수 있는 다양한 활동에 참여한다.

둘째, 플립러닝 수업에서 학습은 교실 밖, 교실 안에서 시・공간에 제한받지 않고 일어나기 때문에 유연한 학습 환경으로 설계되어야 한다. 이에 본 연구는 학습자들이 학습 수행을 위한 충분한 시간을 부여하고 교실 밖 수업에서도 학습자와 동료 학습자, 학습자와 교수자 간의 원활한 의사소통을 유도하기 위해 LMS상의 온라인 팀플 공간을 제공하였다.

셋째, 플립러닝 수업은 의도된 교수・학습 내용을 지녀야 한다. 즉 학습자의 이해와 참여를 돕기 위한 교수학습 전략과 수업 활동, 교육자료 제작 등의 전반적인 교수학습 내용을 사전에 철저히 준비되어야 한다. 이에 본 연구는 E 대학교 내 교수학습지원시스템(Center for Teaching and Learning, CTL)의 녹음장치를 사용하여 사전 학습 영상을 제작하고 차시별 학습 활동지 등의 교육자료를 제작하였다.

넷째, 플립러닝 수업은 전문적인 교수자의 역할이 중요하다. 교수자는 효과적인 플립러닝 수업을 위해 적절한 수업 내용을 선정하고 재구성하기 위한 계획이 필요하다. 즉, 선행학습으로 학습할 내용과 이 중 교실 수업에서 심층적으로 다룰 내용을 선정해야 한다. 또한, 교수자는 선수학습을 통해 학습한 지식을 교실 수업에서 응용하기 위해 학습자의 학습 수준을 고려한 수업 활동을 통해 개별화된 학습과 심화 학습이 가능하도록 설계해야 한다.[41] 본 연구에서 교수자는 플립러닝 수업이 본격적으로 시작되기 전 학습자들에게 플립러닝 수업과 활동에 관해 명확히 정의되고 구조화된 안내를 제공했으며 전반적인 수업 과정에서 적절한 피드백이나 코칭을 제공하였다.

다섯째, 플립러닝 수업은 혁신적인 네트워크 활동으로 구성되어야 한다. 학습자는 교실이나 교과서와 같은 제한적인 학습 환경에서 벗어나 다양한 멀티미디어 자료를 활용하여 언제, 어디서든 원하는 정보를 수집하고 이를 활동에 적용할 수 있다.

여섯째, 플립러닝 수업은 학습자의 참여적이고 효과적인 경험을 유도해야 한다. 이에 본 연구는 플립러닝의 교실 내 수업을 도입-전개-정리의 세 단계로 구분하고 각 단계별 사전에 습득한 지식을 점검해 보는 활동, 본격적인 지식 응용 활동, 그리고 발표나 성찰 활동 등의 마무리 활동 순으로 구성하였다. 또한, 매 차시 수업의 진행 사항과 다음 차시를 위한 준비 및 예고사항을 미리 온라인 포털에 공유하여 구체적인 안내와 스캐폴딩을 제공하였다.

일곱째, 플립러닝 수업은 다양하고 매끄러운 학습 플랫폼을 가져야 한다. 플립러닝 수업에서 학습자는 수업 이전에 미리 학습 동영상을

41) 이동엽, "플립드 러닝(Flipped Learning) 교수학습 설계모형 탐구"(디지털융복합연구, 11(12), 2013). 83-92.

통해 선행학습을 실시하고, 수업 활동에서 이를 적극적으로 응용하는 활동을 수행해야 한다.

④ MOOC

무크(MOOC)는 'Massive Open Online Course'의 앞 글자를 딴 약자로 수강인원에 제한 없이(Massive), 모든 사람이 수강 가능하며(Open), 웹 기반으로(Online) 미리 정의된 학습목표를 위해 구성된 강좌(Course)이다. 대표적인 MOOC 사이트인 'Coursera', 'edx', 'Udacity' 등은 온라인으로 무료 강좌를 제공하고, 해당과목의 모든 프로젝트를 완료하면 수료증을 발급하고 있다.

일본은 2014년 4월부터 JMOOC가 공인하는 배달 플랫폼 'gatto' 가 시작되었다. 대학 교수진의 강의를 무료 온라인으로 수강할 수 있는데 강의 동영상 1편은 10분 정도로 제작되어 있다. 자율 학습과 게시판을 통해 다른 수강생들과 토론이 가능하며 일정의 수료 조건을 채우면 수료증을 받을 수 있다. 일부 강좌는 반전학습코스를 유료로 제공하고 있다.

⑤ 칸 아카데미

대학 등의 고등 교육 기관 이외에서는 칸아카데미가 무료 동영상을 제공하고 있다. 사르만 헤르만 칸이 수학, 수학이나 물리 등 다양한 같은 분야에 걸쳐 동영상을 만들어 공개하고 있다. 초・중・고교 수준의 수학, 화학, 물리학부터 컴퓨터공학, 금융, 역사, 예술까지 다양한 분야의 동영상 강의를 제공하고 있으며, 미국 내 2만여 개 학급에서 교육 자료로 쓰이고 있다.[42]

⑥ 교사 자신이 만드는 동영상

반전 수업이라고 하면 일반적으로 교사가 스스로 동영상를 만들고 그것을 이용하여 반전 수업을 실시한다고도 한다. 또한, 교사들이 만든 동영상을 공유하는 것도 가능하다. 학교 내외에서 연계를 할 수 있다면 동영상을

42) 三保紀裕, "反転授業における予習の仕方とアクティブラーニングの関連"(日本教育工学会論文誌, 40, 2016), 161-164.

공유할 수도 있다. 교사가 만든 동영상에는 자신만의 가르치는 노하우가 녹아 있다. 이러한 동영상을 공유하게 되면 효과적인 방법으로 통합할 수도 있다. 이렇게 함으로써 보다 질 높은 교육을 제공하게 된다.[43)]

[그림 1-18] 교수학습방법의 혁신방향

3.1.5 주요국가의 Active Learning

1) 미국의 Active Learning

① 미국의 Active Learning의 역사

미국고등교육학회(American Association for Higher Education, 이하, AAHE) 연구그룹이 작성한 "Involvement in Learning(1984)" 보고서에서 처음으로 사용되었다. 이후 Chickering & Gamson가[44)] 작성한 "Seven Principles For Good Practice in Undergraduate Education(1987)"에서도 언급되는데, 이를 계기로 미국 고등교육의 학습개념은 일대 변화의 전기를 맞이하게 된다. 특히, Chickering & Gamson(1987)가 지적한 "교육실천 7원칙"은 AAHE 보고서의 기본개념인 "학생을 학습에 참여시키는 것(=능동적 학습)"을 골자로 작성되었으며, 현재까지도 미국 고등교육뿐만 아니라 세계 여러 대학에서 활용[45)]될 만큼 고등교육 분야에 미친 영향력은 매우 크다고 볼 수 있다.

미국의 대학교육에 7원칙이 수용된 이유는 무엇인가? 1980년대 당시 교

---

43) 三保紀裕, "反転授業における予習の仕方とアクティブラーニングの関連"(日本教育工学会論文誌, 40, 2016), 161-164.

44) Chickering, W. & Gibbs, Zealda F, "Seven Principles for Good Practice in Undergraduate Education"(AAHE Bulletin, March 39, 1987), 1-7.

45) 中井俊樹・中島英博, "優れた授業実践のための7つの原則とその実践手法"(名古屋高等教育研究第5号. 2005), 283-299.

육현황에 대한 연방정부 보고서 "A Nation at Risk: The Imperative for Educational Reform"(National Commission on Excellence in Education, 1983)는 다음과 같이 설명하고 있다. ① 국내 17세 청소년의 13%가 기능적 문맹자로 간주된다. 특히, 소수민족 청소년의 경우 40%에 이른다. ② 17세 청소년의 상당수가 고차원의 지적능력이 없다. ③ 대학입시위원회 진학적성시험(SAT) 성적은 1963년부터 1980년에 걸쳐 사실상 저하되고 있다. 언어시험 및 수학 평균점은 각각 50점, 40점 저하 등 공교육의 투자대비 성과의 악화를 지적하였다(National Commission on Excellence in Education, 1983: 115-116).[46] 무엇보다 미국의 고등교육현장은 변함없이 "교수는 이야기하고 학생은 듣는" 전통적 교수법에 따라 진행되고, 교사와 학생 간의 의사소통의 부재와 협동학습의 부족으로 인한 학생의 수동적 학습태도에 대한 한계 극복 노력이 보이지 않았다는 점이다.[47] 다음은 Lyman & Foyle(1990)[48]가 묘사한 교육현장의 모습이다.

수많은 미국 학생들은 침묵 속에서 학습하고 그들의 동료들과 분리되어 있는 쓸쓸한 학교에 다닌다. 종종 학생 간 상호작용은 보상받기보다 처벌받는다. 그런 학습 환경은 사회경제적 배경, 학업준비, 학습방식, 그리고 어렵고 불가능한 환경 속에서 성취해내는 것을 배우는 학습동기 유발 가능한 학생들을 좌절시킨다. 〈중략〉 학생 간 상호작용과 협력은 문제해결 능력의 증진, 성적 향상, 기억 유지, 그리고 친구, 교사, 과목, 학교에 대한 보다 나은 태도에 대한 기반을 형성할 수 있다.[49]

46) National Commission on Excellence in Education (1983). A Nation at Risk: The Imperative for Educational Reform, The Elementary School Journal 84(2) 112-130.

47) Bonwell, C. C. & Eison, J. A, "Active Learning: Creating Excitement in the Classroom"(ASHE-ERIC Higher Education Report No.1, Washington, D.C. George Washington University, 1991).

48) Lawrence Lyman & Harvey C. Foyle, "Cooperative Grouping for Interactive Learning: Students, Teachers, and Administrators"(Washington, DC: National Education Association, 1990).

49) Lawrence Lyman & Harvey C. Foyle, "Cooperative Grouping for Interactive Learning: Students, Teachers, and Administrators"(Washington, DC: National Education Association, 1990).

② 미국 Active Learning의 학교현장

학생들 간 원활한 주체적 상호작용이 없는 학습환경에 대해 당시 고등교육분야의 수많은 지도자와 국가 보고서는 학습과정에 있어 학생들의 관심을 끌고 학습 참여를 독려할 능동적 학습방법을 지속적으로 권고하였다.[50)] 그 결과, 추상적이거나 난해하지 않으며 이해하기 쉬울 뿐만 아니라 실천 가능한 교육방법, 이른바 7원칙이 제기되기에 이른다.

7원칙의 구체적 내용은 ① 학생과 교원의 접촉 촉진, ② 학생 간 호혜와 협력의 기회 늘림, ③ 능동적 학습 기법 사용, ④ 신속한 피드백, ⑤ 학습에 요구되는 시간의 중요성 강조, ⑥ 높은 기대의 전달, ⑦ 다양한 재능과 학습법 존중[51)]이다. 여기에서도 엿볼 수 있듯이 학생의 학습실천 촉진은 교육주체의 상호작용에 기반을 두고 진행되는 능동적 학습에 대한 교수자의 적극적 협조를 중시하고 있음을 이해할 수 있다. 결국, 교수자가 실천하기 어려운 종래의 교수법에 대한 변화와 능동적 학습에 대한 기대를 함축하고 있다고 할 수 있다.

이에 AAHE 관련 연구자들은 7원칙을 어떻게 교원에게 소개하고 참여를 이끌어 낼 수 있는지에 대해 ① 모든 교원이 실천할 수 있는 행동으로 표현하기, ② 이해하기 쉬운 용어 사용하기, ③ 각 원칙에 대한 충실한 정보 제공하기, ④ 교원의 학문분야와 관계없이 실천 가능케 하기를 그 방법으로 제시하였다.[52)]

액티브러닝은 "교육실천 7원칙"이라는 교수법과 이에 상응하는 4가지 실천수법이 이해하기 쉽게 교원들에게 보급됨으로써 미국의 고등교육에 등장·수용될 수 있었다고 볼 수 있다. 그러나 1990년대 이전까지 그 개념이 명확히 정의되지 않았다. 이후 Bonwell & Eison은[53)] 1991년 발표한 "Active

50) Bonwell, C. C. & Eison, J. A, "Active Learning: Creating Excitement in the Classroom"(ASHE-ERIC Higher Education Report No.1, Washington, D.C. George Washington University, 1991).

51) Chickering, W. & Gibbs, Zealda F, "Seven Principles for Good Practice in Undergraduate Education"(AAHE Bulletin, March 39, 1987), 1-7.

52) Gamson, Z, "A Brief History of the Seven Principles for Good Practice in Undergraduate Education"(New Directions for Teaching and Learning, No.47, 1991), 5-12.

53) Bonwell, C. C. & Eison, J. A, "Active Learning: Creating Excitement in the Classroom. ASHE-ERIC

Learning: Creating excitement in the classroom"에서 액티브러닝에 대한 정의 도출을 통해 학습개념의 하나로 이론화하였다. 이어 Barr & Tagg(1995)[54]는 고등교육잡지 "CHANGE"27(6)에서 "교육(Teaching)에서 학습(Learning)으로", 즉 "교수패러다임"에서 "학습패러다임"으로의 전환을 지적함으로써 How to teach보다 How to learn에 중점을 둔 학습론적 성격을 포괄적으로 해석하고자 하였다.

미국의 고등교육 분야에 불어 닥친 액티브러닝에 대한 학계의 관심은 종래의 타율적 교수법에서 벗어나 학생의 능동적 학습법을 통한 대학교육 개혁의지를 담고 있었다. 그런데 왜 미국의 대학사회는 교수・학습 패러다임의 전환시대를 맞이하게 되었는가? 그 이유는 다양하겠지만 근본적으로 다음 2가지를 들 수 있을 것이다.[55]

첫째, 미국 대학의 대중화이다. 1960~70년대 초에 걸쳐 여성, 소수민족, 유학생 등 미국 대학의 학생은 다양화가 가속화된 반면, 변함없는 전통적 강의방식은 그들의 학습 만족도를 향상시킬 수 없었다. 둘째, 대학교원의 역할분화이다. 제1・2차 세계대전을 겪으며 대학교원의 연구자로서의 역할이 주목받게 되고, 대학교원은 전문가이자 연구자라는 이미지가 확립되었다. 이로 인해 다수의 대학교원은 교육활동을 부차적인 것으로 간주하게 되고 연구활동에 몰두하게 됨으로써 학생이 무엇을 어떻게 학습해나가야 하는지에 대한 교육적 역할에 대한 의문을 제기하기에 이른다.

이러한 교육적 환경 속에서 출발한 액티브러닝은 학자에 따라 그 개념에 차이를 보이며 명확하게 정립되어 있지 않다. 먼저, 액티브러닝의 개념화에 선도적 역할을 견인했던 Bonwell & Eison에 따르면, 액티브러닝이란 "학생들이 행하는 무언가에 관한 생각과 행동 속에 그들이 참여할 수 있도록 하는 모든 것"[56]이라고 정의하고 있다. 이와 관련하여 Bonwell & Eison(1991)

Higher Education Report No.1"(Washington, D.C. George Washington University, 1991).

54) Robert B. Barr & John Tagg "From teaching to learning: A new paradigm for undergraduate education"(Change, 27(6), 1995), 12-25.

55) 溝上慎一, "アクティブ・ラーニングの背景と展開"(IDE, 582, 2016), 9-13.

56) Bonwell, C. C. & Eison, J. A, "Active Learning: Creating Excitement in the Classroom"(ASHE-ERIC Higher Education Report No.1, Washington, D.C. George Washington University, 1991).

은 액티브러닝에 요구되는 5가지 특징을 다음과 같이 논한다. ① 학생들은 수업을 듣는 것 이상의 것에 관여한다. ② 정보전달이 강조되기보다 학생의 능력개발에 역점이 주어진다. ③ 학생들은 고차사고(분석, 종합, 평가)에 관여한다. ④ 학생들은 활동(읽기, 토론, 쓰기)에 종사한다. ⑤ 학생 자신의 태도와 가치에 대한 탐구를 가장 강조한다. 결국, Bonwell & Eison(1991)가 생각한 액티브러닝이란, 단순히 수동적으로 듣는 "지식전달형 수업"이 아닌 학생 스스로가 능동적 사고과정을 통해 읽기, 토론, 쓰기 등에 관여하는 참여형(체험형) 학수(学修)방법이라고 볼 수 있겠다.

AAHE 등에서 활동해온 심리학자 Mckeachie(1986)[57]에 따르면, 학생들의 메타인지적 학습방법과 비판적 사고능력의 획득은 협동학습과정의 동료 간 토론에 의해 이루어짐을 밝히고 있다. 특히, 학생들이 수동적이거나 생각없이 정보를 수용하는 문제에 대해 그들 스스로가 학습내용을 기억·활용할 수 있기 위해 학습에 능동적 사고를 가질 것을 주장해왔다는 점에서 Bonwell & Eison(1991)[58]와 일치한다. 즉, 학생들 주도 하의 상호작용을 통해 학습할 수 있는 교수학습환경을 지원함으로써 그들이 학습내용에 대해 명확하게 이해하고 장기간 기억할 수 있도록 할 것을 당부하였다. 또한, 그 과정에서 학생들이 어떠한 생각을 하고 있는지 파악하고 학생의 표정과 몸짓을 이해할 수 있다. 물론, 교수자 역시 그들로부터 피드백을 얻을 수 있음을 지적하였다. 결국, Mckeachie가 생각한 액티브러닝은 학생을 학습과정에 맞닥뜨리게 하여 그 과정에 적극적으로 참여하게 만들기 위한 교수학습 전략이며, 학생에게 질문하는 것과 그들로 하여금 질문하도록 장려함으로써 능동적 학습과 사고가 촉진되는 과정임을 이해할 수 있다.[59]

액티브러닝에 대한 Mckeachie(1998)의 생각은 그의 강의 철학에서도 드

---

57) Mckeachie, W. J. & Gibbs, Graham (1978). Mckeachie's teaching tips: A guidebook for the beginning college teacher 7th ed. Lexington, Mass: Heath.

58) Bonwell, C. C. & Eison, J. A. (1991). Active Learning: Creating Excitement in the Classroom. ASHE-ERIC Higher Education Report No.1, Washington, D.C. George Washington University.

59) Mckeachie, W. J. & Gibbs, Graham, "Mckeachie's teaching tips: A guidebook for the beginning college teacher 7th ed. Lexington"(Mass: Heath, 1978).

러난다. 교육은 가르치는 것이 아니라 협력 · 협동 등 상호작용에 의해 이루어지는 "협력기업"(cooperative enterprise)과 같은 성격을 지닌다. 또한, 강의목표는 다양하지만, 학생의 동기부여와 지속적 학습능력 향상에 유용해야 한다. 그리고 대다수 학생의 학습은 교실 밖에서 이루어진다.

이처럼 액티브러닝이란 학생이 전문적 지식을 이해 · 향상시킬 수 있도록 매개하는 중재자 역할에 머무르지 않고 학생 개인의 고유한 자질, 존엄성, 인간적 성장에 대한 책임, 이런 것들에 대한 역할 확대가 기대되는 학습자 참여 중심의 교수학습법인 것이다. 다시 말해, "교수자가 무엇을 실시하는 것에 중점을 두는 것이 아니라, 학습자가 어떤 생각을 하는 것"[60]에 중심을 두고 그들의 학습지원을 하는 것이다.

고등교육 수업컨설턴트 전문가 Fink(2003)[61]는 Bonwell & Eison(1991) 및 Mckeachie의 주장과 같이 지식전달방식의 수업을 수동적 학습으로 정의하였다. 그러나 "의미 있는 학습경험의 창출"을 위해서는 능동적 학습에 대해 주목해야 하며, 무엇보다 수동적 학습과 능동적 학습이라는 이분법적 논리에서 생각하기보다 양자를 전체론적(holistic) 관점에서 이해하고자 했다는 점에서 그 특색을 찾을 수 있다.

Fink(2003)[62]가 생각한 액티브러닝은 단순히 교수자의 강의를 듣고 책을 읽음으로써 획득하는 정보(information) · 아이디어(ideas), 또한 그 과정에서 이루어지는 경험(experience) · 성찰(reflecting)의 산술적 총합 이상의 의미를 내포한다. 이는 3요소 및 해당 실천과제 해결만으로 액티브러닝 그 자체를 이해할 수 없으며, 학습에 대한 학생의 적극적 참여와 높은 열의가 수반됨으로써 최종적으로 "의미 있는 학습경험"이 성립됨을 시사하고 있다.

그 구체적 방법으로 Fink(2010)[63]는 ① 기초적 지식, ② 응용, ③ 통합, ④

60) Mckeachie, W. J. & Gibbs, Graham, "Mckeachie's teaching tips: A guidebook for the beginning college teacher 7th ed."(Lexington, Mass: Heath, 1978).

61) Fink, L. D, "Creating significant learning experiences: An integrated approach to designing college courses"(San Francisco, CA: Jossey-Bass, 2003).

62) Fink, L. D, "Creating significant learning experiences: An integrated approach to designing college courses"(San Francisco, CA: Jossey-Bass, 2003).

63) Fink, L. D, "Designing our course for greater student engagement and better student learning."

인간의 차원, ⑤ 관심 전환, ⑥ 학습방법의 습득을 제언하였다.

Fink(2003, 2010)는 액티브러닝을 수동적 학습・능동적 학습의 전체론적 교수학습방식으로 이해하는 데 그치지 않고, "의미 있는 경험학습"의 창출과 접목시켜 파악함으로써 교육현장 속 액티브러닝 형 수업을 적용시키고자 하였다. 특히, 기초 지식 및 응용 등 지식 전달만이 아니라 인간성장 및 생애학습 등 기존 교수학습 패러다임을 바꾸는 새로운 도전을 제시하였다. 다시 말해, 학습경험 6요소 간 위계질서를 통한 계층적 관계성이 아닌, 각 요소 간 상호보완적 관계성 속에서 정의하고자 하였다는 점에서 학습 경험론의 구체화에 노력하였다고 할 수 있다.[64]

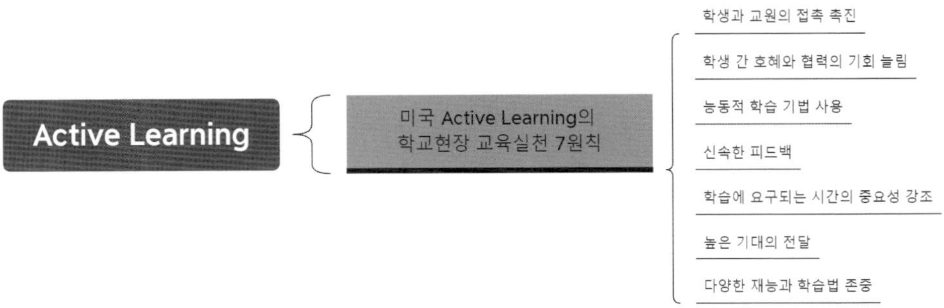

[그림 1-19] 미국학교현장교육실천 7원칙

2) 일본의 Active Learning

① 일본 Active Learning의 역사

일본의 교육정책 속에서 액티브러닝이 대두되기 시작한 것은 2012년 12월 문부과학성 중앙교육심의회 답신, 이른바 "질적전환답신"이 발표된 시점이다. 그러나 1960~70년대 대학의 대중화를 계기로 액티브러닝이라는 용어가 체계화되지는 않았지만 교육계의 능동적 학습에 대한 관심은 날로 높아져 갔다. 일본의 교육정책의 기본은 1960년대 이후 미국의 경제이론에 근간을 둔 능력주의 교육관에서 점차 신자유주의 교육관으로 이행해 왔으며, 그 저류에는 경쟁주의에 의한 인간의 종별화(種別化)가 존재하고 있다.[65] 이를

(Perspectives on Issues in Higher Education, 13(1), 2010), 3-12.

64) 오민석, 장지은, "일본 액티브러닝의 도입과 전개"(한국일본교육학회 연차학술대회, 2017), 14~17.

부추겨 글로벌화와 정보화의 진전 등 급격한 사회변화는 또한 인적관계성의 희박화, 사회 양극화의 고정화・재생산, 고용・취업의 유동화, 지식정보 유통의 급변 등 장래 예측 불가능한 시대의 도래를 촉발시켰다고 해도 과언이 아니다. 특히, 1990년대 불어 닥친 대학의 국제화, 수업 중 학생의 사적인 대화, 자율적・자립적 대학생의 타율적・의존적 고등학생화(化) 등의 문제로 인해 대학현장에서는 수업진행의 어려움이 가속화되었다.[66)]

1991년 "대학설치기준의 대강화"라는 제도가 도입되면서 전통적인 교수학습법에서 벗어나 교원과 학생 간의 의사소통, 학생 간의 의사소통 등 쌍방향 수업을 통한 교수학습법에 대한 전환 요구가 제기되었다.

2000년대에 들어서면, 대학의 주체적 교육연구활동은 대학입학희망자 전원이 입학 가능한 대학전입(全入)시대의 도래, 정보통신(ICT)의 발전, 글로벌 인재육성의 필요성이 대두되는 가운데 실천적 학습이 구체화되었다. 그 정책적 역할을 담당했던 문부과학성 중앙교육심의회에서는 2008년 「학사과정교육의 구축을 향하여」에서 액티브러닝에 대한 교육적 속성에 대해 처음으로 언급한다. 주요 내용은 "학생의 주체성・능동성을 이끌어낼 수 있는 교수법"에 의한 교육정책의 변환을 골자로 학생의 주체적 참여 학습을 강조하였다.

한편 예측곤란한 시대를 살아가기 위해 개인이 갖추어야 할 다양한 능력을 기르기 위한 방법을 평생교육적 관점에서 액티브러닝을 통해 찾고자 하였다. 생애에 걸쳐 지속적으로 배우는 힘, 주체적으로 생각하는 힘을 수동적인 교육의 장에서는 육성할 수 없다. 교원과 학생이 의사소통을 도모하고 서로 자극을 주며 학생이 주체적으로 문제를 발견하고 답을 찾아가는 능동적 학습이 필요하다.

액티브러닝은 학생 개개인의 "인지적・윤리적・사회적 능력"을 끌어낼 수 있는 쌍방향 수업으로의 전환을 통해 학생의 주체적 사고능력을 촉진할

65) 梅原利夫(2011). "学力と生きる力を育てる: 人間像の相克を通して."(和光大学現代人間学部紀要, 2011), 147.

66) 溝上慎一, "アクティブ・ラーニングの背景と展開."(IDE, 582, 2016), 10.

수 있음은 물론, 생애 지속 가능한 능력을 체득할 수 있게끔 고안된 평생교육학적 학습방법이다. 즉, 인식의 주체인 학생을 수동적 존재로 본 객관주의(objectivism)에서 벗어나 개인의 경험과 인지에 따라 지식 구성이 가능하다고 본구성주의(constructivism)로의 지향을 통해 주체적 배움을 구현화하고자 하였다.

2014년 문부과학성 중앙교육심의회는 대학교육뿐만 아니라, 중고등학교교육 및 고등학교교육에 액티브러닝을 도입함으로써 주체적・능동적 배움에 대한 사회적 공감대를 형성하고자 하였다. 또한, 2015년「향후 학교교육을 담당하는 교원의 자질 향상」(답신) 발표를 통해 액티브러닝에 대응 가능한 교원의 자질능력 향상을 위한 연수・양성・채용에 관한 교육개혁을 제언하였다.

이와 같이 일본사회에서 액티브러닝은 학생 스스로가 현사회・실생활 속에서 과제를 발견하고, 그 해결에 대해 주체적・협동적으로 탐구하며, 나아가 배움의 성과[67]등을 일생에 걸쳐 표현・실천할 수 있는 평생학습력 증진을 육성하고자 하였다는 점에서 그 의의를 찾을 수 있다.

액티브 러닝(Active Learning) 또는 액션 러닝(Action Learning)이란 학생을 중심으로 하는 학습방법의 하나로, 학생의 능동적으로 학습에 참가하는 학습방법을 총칭하는 말이다. 즉, 기존의 강의중심의 일방적 수업방식에서 벗어나 21세기에 필요한 범용적 능력을 스스로 키워간다는 의미가 내포되어 있다. 이처럼 광범위한 활동을 포괄하는 액티브 러닝 혹은 액션 러닝은 학습자 중심교육의 유형에 포함된 문제해결학습이나 문제기반 학습(PBL) 등과 달리, 실제 조직 및 경영상의 개선이라는 현안에 초점을 두어 개발되었다는 특징을 지닌다.[68]

일본 사회에서 액티브 러닝은 개개인이 현 사회・실생활 속에서 과제를 발견하고, 그 해결에 대해 주체적・대화적・깊이 있는 배움의 탐구・실천

67) 文部科学省, "初等中等教育における教育課程の基準等の在り方について: 資料1-2 (答申)."(文部科学省, 2015), 2.
68) 이명실, "일본'액티브 러닝' 정책의 표(表)와 리(裏)"(한국일본교육학연구, 22(3), 2018), 19-41.

하며, 나아가 배움의 성과 등을 일생에 걸쳐 표현・실천할 수 있는 평생학습력 증진을 육성하고자 하였다. 이러한 액티브 러닝의 평생교육 실천은 지식의 일방적 수혜자에서 의사소통적 공유자로의 변화를 기대하는 "집합적 참여경험학습"과, 사회적 지성 배양을 위한 "상호소통의 순환교육"을 통해 개인의 주체적 배움을 구현화함은 물론, 지역 정체성 및 공동체 육성을 촉진 시킨다는 점에서 지역평생교육의 의의를 지니고 있었다.[69]

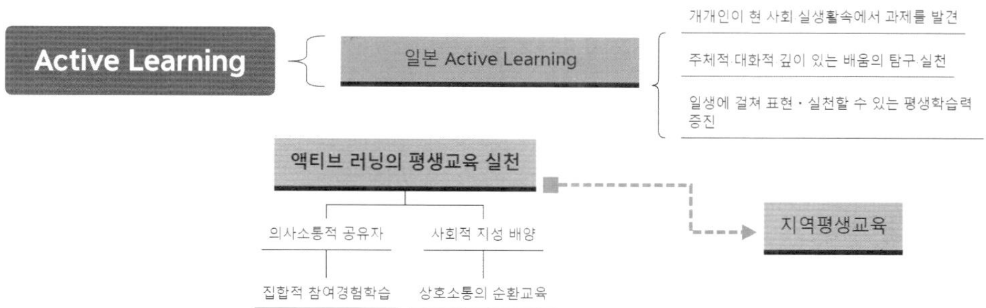

[그림 1-20] 일본의 Active Learning

② 일본 Active Learning의 학교현장

Bonwell & Eison의 능동적 학습이론에 영향을 받은 溝上慎一은 액티브러닝을 일방적인 지식전달형 강의가 아닌 모든 능동적인 학습이라고 정의하고 있다. 능동적인 학습에는 쓰기 말하기, 발표하기 등의 활동과 그 과정에서 발생하는 인지과정의 외화가 포함된다. 다시 말해, 읽기, 듣기 등을 통한 학생 개개인의 지식습득과 학습활동에 대한 이해를 중시하는 내화(internalization)보다 내부에서 발생하는 인지과정을 관찰 가능한 형태로 외계에 표현[70]하는 일련의 활동・결과에 초점을 맞춘 외화(外化)를 중시하는 것이다.

山地 弘起가 생각한 액티브러닝이란 "사고를 활성화하는 학습형태"이며, 효과적 학습에 불가결한 요소로 학습자 간 혹은 학습자와 교수자 간의 상호작용, 이른바 상호 주체적 참여 학습이라고 할 수 있다.

종래 주요 학습형태인 강의형식은 정리된 지식정보를 전달하기에는 편리

69) 오민석, "일본 액티브러닝교육의 평생교육적 함의"(Korean Journal of the Japan Education, 2018).
70) 日本認知科学会編, "認知科学辞典."(東京: 共立出版, 2002), 105.

하지만, 수업을 듣는 사람은 어느 정도 이상의 시간은 집중 할 수 없고, 이미 습득한 지식과 기능을 통합해나갈 여유가 없기 때문에 기억에도 남기 어렵고 응용도 어려운 결점이 있다.[71]

이에 반해 액티브러닝은 학생 자신의 의지로 다른 학생들과 협력하여 적극적으로 행동하는 학생 참여형 학습이자, 학생 주체형 학습인 동시에 대화적 배움의 학습이라고 할 수 있다.

교원에 의한 일방적 강의형식의 교육과 달리, 학습자의 능동적 학습 참여를 도입한 교수학습법인 액티브러닝은 학습자의 능동적 학습에 의한 인지적・윤리적・사회적 능력, 교양, 지식, 경험을 포함한 범용적 능력 육성을 도모한다. 발견학습, 문제해결학습, 체험학습, 조사학습 등이 포함되지만, 교실 내 그룹토의, 토론, 그룹워크 등도 유효한 액티브러닝의 방법이다.[72]

액티브러닝에 대한 다양한 주장은 액티브러닝을 어떻게 인식을 하고 어떠한 교수방법을 활용하여 실시할 것인가? 또한, 이런 방법을 통해 학생들이 어떠한 힘, 이른바 주체성, 협동성, 능동성을 체득하기를 기대하는지에 따라 그 정의가 상이하다고 볼 수 있다. 그러나 종래의 타율적 학습방법에서 벗어나 협동학습, 토론학습, 발견학습, 문제해결학습 등과 같은 주체적 참여 학습방법을 지향했다는 유사성에는 주목할 필요가 있다.

또한 세계경제포럼에서 발표한 '직업의 미래(The future of the jobs, 2016)' 보고서에서는 앞으로 요구되는 직업 역량으로 다음의 열 가지를 들고 있다.

일본 정부는 '액티브 러닝의 관점'으로 학교 교육 과정을 계획했고, 개인・사회・국가의 변화 가능성을 기대하였다. 이를 위해 2017년 2월에 발표된 '학습지도요령 개정안'에서는 새로운 시대에 필요한 자질・능력을 함양토록 하기 위해 새로운 교과를 설치하고 외국어 교육을 실시한다는 방침을 분명히 하였다. 여기에는 학습자가 국가교육과정에 따라 학습을 충실해 행한다면 새로운 시대에 필요한 자질・능력을 가질 수 있게 될 것이라는 전제가 깔려있다.

71) 山地弘起, "アクティブラーニングとはなにか"(大学教育と情報, 1, 2-7. 2014), 2-2

72) 中央教育審議会, (2012), 37

그렇다면 액티브 러닝을 현재 일본 정부가 제시한 교육과정을 통해 평화롭고 민주적인 국가·사회가 형성될 수 있는가? 액티브 러닝을 통해 학생들이 주체적이고 대화 가능한 인간이 될 수 있는가? 그리고 자기답게 살 수 있는 삶의 구축이 가능해지는가?라는 의문을 갖게 된다.

이러한 의문은 비단 액티브 러닝에만 국한되는 것이 아니다. 다시 말하면, 지금까지 일본 정부가 추진해 왔던 표상으로서의 '학습자 중심교육' 전체에 대한 질문일 수 있다는 것이다. 그렇다면 이러한 일본 정부의 교육 방침을 어떻게 파악해야 할까?

먼저, 일본 정부의 논리가 많은 사람들에게 당연한 것으로 받아들여지는 이유가 무엇인지 살펴볼 필요가 있다. 일본 정부에서 추진하는 학습자 중심의 교육과정 및 교육정책에서 국가나 학교의 역할은 사회, 즉 기업에서 요구하는 인재를 공급해 주기 위한 하드웨어, 즉 교육환경이나 교육내용 및 방법을 제공하는 것이고, 그것을 작동시키는 소프트웨어는 철저하게 학습자의 자유로운 선택이나 학습자의 자기 계발 노력에 맡겨진다는 점에 주의를 기울일 필요가 있다.

이 과정에서 국가나 대학, 그리고 기업은 '액티브 러닝'의 필요성과 중요성을 강조하는 논리를 끊임없이 학습자에게 주입하는 역할을 담당한다. 이들은 현재 사회의 급속한 변화나 현재의 학습자들이 앞으로 살아가야 할 미래의 불투명성, 그리고 현재의 지식이 미래 사회에 활용되기 어렵다는 불안을 반복해 증폭해 간다. 그리고 이를 더욱 확대 재생산하며 이러한 사회를 살아가야 하는 현재 학습자들이 스스로의 미래를 스스로 책임질 수밖에 없음을 당연한 것으로 인식하게 하는 구조를 만들어간다.

그런데 이러한 예측은 정말 그대로 실현될까? 우리에게 미래의 불확실성을 확산시키는 이유는 무엇일까? 미래의 불확실성을 위기로 의식토록 하고, 이에 대비하도록 하는 이유는 무엇일까? 유발 하라리(2015)는 실체가 없는 상상의 질서가 확고하게 믿음으로 사람들에게 받아들여지는 구조를 다음과 같이 설명한다.[73)]

73) 유발 하라리, 조현욱 역, "사피엔스"(서울:김영사, 2015).

농업 생산력 확대를 위해 많은 노력이 이루어졌지만, 그 결과가 농부들 개인에게 돌아간 것은 아니라고 유발 하라리는 말한다. 제4차 산업혁명이라고 일컬어지는 시대에 과학·기술은 발달하고 새로운 정보가 넘쳐나고 있지만 이로 인한 혜택이 그 일에 관여한 모든 사람에게 고루 분배된다고 보기는 어렵다. 이러한 설명은 액티브 러닝의 과정을 통해 이루어진 성과가 과연 학습자에게 돌아갈 수 있는가에 대해 의문을 갖게 만든다.

두 번째로 일본 정부가 제시했던 액티브 러닝을 비롯한 학습자 중심 교육에서 학습의 결과가 자칫 학습자의 책임으로 귀결될 가능성이 있다는 점에도 주의할 필요가 있다. 일본 정부의 논리에 따르면 현재 우리에게 닥친 위기를 해결할 수 있는 방법은 개인의 주체적 판단과 결정이며, 이를 가능하게 해 줄 수 있는 교육 방법의 하나가 액티브 러닝이다. 국가나 학교가 개개인에게 일일이 학습내용을 제시해 주는 시대는 지나갔고, 스스로 체험하고 활동하는 학습의 과정을 통해 스스로 선택하고 판단해 자신의 삶을 주체적으로 개척해 나갈 수 있는 힘을 기르는 것이 필요하다는 것이다. 2012년 중앙교육심의회의 답신에서 학습을 강조한 것도 이러한 맥락으로 파악할 수 있다.

일본 문부성이 발표한 신학습지도요령에서 강조하는 액티브 러닝은 이러한 전반적 흐름에 따르는 것이며, 학생의 활동이나 주체성을 더욱 강조하는 방향으로 나아간다는 특징을 띠고 있다. 이는 과학·기술의 급속한 진보가 가져온 미래 사회에 대한 불투명한 전망에 기인하는 것이며 현재 예측하기 어려운 미래를 상정하고 교육정책을 구축해야 하는 정부의 고민과도 연계된 것이라 볼 수 있다.

4. 안전코칭

4.1 코칭의 역사

Collins(2004)[74]는 "코칭은 한 개인이나 그룹을 현재 있는 지점에서 그들이 바라는 더 유능하고 만족스러운 지점까지 나아가도록 인도하는 기술이자 행위이다." 즉 사람들을 격려하고 동기를 부여함으로써 그들의 잠재력을 끌어내고 목표를 달성하도록 도와준다는 개념이라고 정의하고 있다. 권수영(2010)은 내담자의 단계에 더욱 민감하게 대응하면서 변화에 대한 숙고를 하기 이전 단계의 내담자를 초기 상담에서 접하는 상담자가 가져야 할 임상적 태도와 질문에 대해 탐구하면서 특히 코칭 분야에서 사용하는 미래 지향적이고 해결 도모를 위한 학습자적인 질문들이 상담사의 임상 질문과는 대별되고 무의미한 것이 아니라 오히려 초기 상담에서 유용하게 통합될 수 있음을 제안하였다.[75]

코칭이 인적자원개발 분야를 비롯한 여러 부문에서 다양한 주제와 대상으로 실천되고 있다. 1990년대 이래로 코칭이 비약적으로 성장하여 1992년 국제 코칭연맹(International Coach Federation; IFC)이 설립되고 2000년 이후 미국, 영국, 호주에서는 대학과 대학원에서 코칭과목과 과정이 개설되기에 이르렀다.[76]

코칭은 새로운 환경에 적응할 수 있는 경영전략인 동시에 새로운 관리방식과 리더십의 패러다임 변화로 인식되기도 한다.[77]

따라서 코칭과 멘토링의 개발방식은 한때의 유행이 아닌 지속적인 실천과 연구가 활발히 추진될 것으로 전망되고 있다.[78]

---

74) Collins, G. R, Christian coaching. Colorado Spring, (CO: Nav Press, 2001).

75) Yeon Jeong Kang, Eun Kyeong Yang, "Christian Coaching Program for self-management and leadership development of adolescent"(Korean Journal of Christian Counseling 22, 2011). 18.

76) Palmer, S., & Whybrow, A, "Coaching psychology: An introduction. In S. Palmer & A, Whybrow (Eds.), Handbook of coaching psycholgogy: Aguide for practioners"(London: Routledge, 2007).

77) Evered, R. D., & Sclman, J. E, "Coaching and the art of management"(Organizational Dynamics, Autumn, 15, 1989).

코치라는 단어는 본래 네 마리의 말이 끄는 마차를 의미하는 것으로서 이 마차는 마차에 탑승한 손님을 목적지까지 모시고 가는 것이 중요한 목적이기 때문에 여기서 유래되어 코치는 누군가가 자신의 목적을 달성하도록 지원하는 사람으로 인식되었다. 1860년대에 옥스퍼드 대학교는 코치를 개인교사를 의미하는 것으로 명명하였다고 한다. 이때부터 코칭은 개인이나 집단이 목표나 목적을 달성하도록 지시하고 가르치고 훈련을 시키는 기법으로 인식되었으며, 1880년대부터 주로 스포츠 분야에서 선수들이 좋은 성적을 낼 수 있도록 코치들이 도움을 주는 데 응용되기 시작하였다. 하지만 스포츠 분야에서의 코칭은 다소 지시적인 부분을 강조하고 있다. 다음에서 언급할 현대적 의미의 코칭은 미국의 비즈니스 분야에서 관리자급 이상을 대상으로 코칭이 시작되면서 본격적으로 활성화되기 시작하였다. 이후 현재의 코칭 철학은 1950년대 미국에서 인본주의 심리학이 융성하면서 인간은 무궁무진한 잠재력을 가지고 있고 적절한 지원을 받으면 이러한 잠재력을 개발할 수 있다는 믿음에서 영향을 받은 것으로 볼 수 있다.[79)]

이 당시 대표적인 인본주의 심리학자들은 Maslow[80)]와 Rogers가 있는데, 모두 인간의 잠재력 개발을 중요시하고 있다. Maslow(1954)는 그의 욕구 위계 이론에서 자아실현 욕구를 가장 상위에 두고 있으며, 인간은 누구나 이러한 상위의 자아실현 욕구에 도달할 수 있다고 주장하였다. 자아실현 욕구는 다양하게 정의될 수 있으나 자신의 잠재력을 파악하고 이를 지속적으로 개발하려는 욕구로 해석할 수 있다.

Rogers(1951)의 경우에도 상담 분야에서 인간중심 상담 또는 내담자 중심 상담을 주장하면서 기존의 상담에서 중요시해 왔던 상담자의 역할에 있어서 중요한 변화를 촉구하였다. 기존에 상담자의 역할은 내담자에게 문제해결을 위한 방법을 제시해 주는 것이 중요하였다면 인간중심 상담에서는 내

78) Ju. seob. Kim, "Linkage of the Principle of Andragogy and Major Adults Learning Theories to Mentoring and Coaching Process"(Andragogy Today Interdisciplinary Journal of Adult & Continuing Education, 15(4), 2012), 56.

79) Jinko° k Tak, "Coaching Psychology"(Seoul:haki1sa, 2018), 17-18.

80) Maslow, A.H, "Motivatioη aη dpersoη ality"(New York: Harper & Row.1954).

담자가 스스로 자신의 문제를 해결할 수 있는 잠재력이 있다고 믿고 상담자는 내담자가 스스로 해결방법을 찾도록 격려하고 지원해 주는 역할을 하는 것이 중요함을 강조하였다.

코칭이 활성화된 배경에 대해 심리학적 관점에서 고찰해 보기로 하자. 심리학은 전통적으로 심리적인 어려움을 경험하는 사람들만을 대상으로 도움을 주는 데 초점을 두어 왔다. 임상 심리와 상담심리 분야가 대표적으로서 이 분야에 종사하는 전문가들은 심리적으로 건강하지 못한 사람들을 대상으로 심리치료를 통해 이들의 심리 건강을 증진시키는 데 목표를 두어 왔다. 이로 인해 심리적으로 별다른 문제가 없는 사람들은 심리치료를 제공할 사람들이 아니라고 가정하고 이들에게는 별다른 관심을 두지 않았다.

하지만 심리적으로 별다른 문제가 없는 사람들도 지금보다 더 나은 삶을 살려는 욕구가 있으며 특히 기업에서 많은 직원을 관리해야 하는 관리자 입장에서 보면 구성원들을 어떻게 관리하고 이끌어 가야 할지 늘 고민을 갖게 된다. 예를 들어, 관리자 입장에서 어떻게 하면 구성원들의 동기를 향상시켜 부서의 생산성을 높일 수 있을지, 또는 새로운 임원으로 발령받은 신임 임원이 어떤 리더십을 발휘하여 구성원들을 이끌고 나갈 수 있을지에 대해 고민이 있게 마련이다. 이 경우 해당 관리자나 임원 입장에서 이러한 어려움을 해결하기 위하여 임상심리학자나 상담심리학자를 방문한다는 생각을 하기 어려우며, 실제 찾아가서 도움을 청한다 하더라도 이러한 주제에 관한 심리치료 경험의 부족으로 인해 이들이 도움을 주기는 어려울 것이다. 코칭은 이러한 사각지대에 놓인 사람들을 대상으로 이들의 고민을 해결하기 위한 목표를 가지고 시작되었다.

코칭은 처음에 비즈니스 영역에서 시작되었다. 1960년대 들어오면서 인적자원 분야와 훈련과 관련된 논문집에서 코칭이 등장하기 시작했고 코칭과 관련된 책도 출판되기 시작했으며, 본격적으로 코치들도 비즈니스 코칭 시장에 진출하게 되었다. 1970년대 들어 미국에서 임원코칭(executive coaching) 이란 용어가 등장하기 시작하면서 코칭은 조직에서 관리자들의 수행 향상을 위해 도움을 주는 기법으로 인정받게 되었다. 이후 1980년대와 1990년대를 거쳐 비즈니스 영역에서 코칭은 급속도로 성장하기 시작하였다.

1986년에 Gallwey는 "테니스의 이너 게임 (The inner game of tennis)"이란 책을 출간하였는데, 이 책에서 테니스 게임 선수는 외부의 적과 내부의 적을 구분할 필요가 있다고 주장하면서 상대방의 실력과 같은 외부의 적보다 자신감 결여나 자신에 대한 비난과 같은 내부의 적이 더 중요함을 강조하였으며 이러한 내부의 적을 이기는 방법에 관해 기술하였다. Gallwey로부터 훈련을 받기도 한 영국인 Whitmore[81]는 1992년에 이 책을 토대로 비즈니스 분야에서의 코칭을 위한 교재로 "수행 향상을 위한 코칭 (Coaching for performance)"이란 책을 영국에서 출간하였고 이 책에서 코칭을 진행할 때 가장 많이 활용하는 GROW 모형을 제시하였다. 이를 계기로 영국에서도 비즈니스 분야에서 코칭이 성장하기 시작하였다.

이 과정에서 코치에 대한 교육이 중요해지기 시작하였고, 코치에 대한 교육과 훈련을 맡아서 코치를 양성하는 기관들이 생겨나기 시작하였으며 현재 세계에서 가장 많은 코치 회원이 있는 국제코치연맹(International Coach Federation: ICF)은 1995년에 미국에서 설립되었으며, 2017년 기준으로 140개 국가에 약 3만 명의 회원이 있는 것으로 알려져 있다.

비즈니스 영역에서 출발한 코칭은 점차 영역과 대상이 확대되면서 커리어코칭, 라이프코칭, 건강코칭, 부모코칭, 리더십코칭 등 다양한 분야로 확대되어 가고 있다.

국내에서는 대략적으로 2000년대 초반에 코칭이 들어와서 미국과 같이 비즈니스 영역에서 시작되었다. 2003년에는 코치들의 모임으로서 현재 규모가 가장 큰 한국코치협회가 발족하였다. 2004년부터 매년 한 차례 대한민국 코치대회를 개최하여 다양한 코칭 관련 주제를 발표 및 교육을 해 오고 있다. 또한, 코치들의 역량 향상과 자격에 대한 검증을 위해 현재 KAC(Korea Associate Coach), KPC(Korea Professional Coach), KSC(korea Supetvisor

81) Whitmore, J, Coaching for performance, 3rd Eds. London:Nicholas Brealey Publishment. (International Coach Federation, 2002).

Coach) 등 세 가지 종류의 자격증을 수여하고 있다.

코칭의 발달이 비즈니스 코칭에서 시작됨에 따라 마치 비즈니스 코칭이 코칭의 모든 것으로 오해하는 경우가 있다. 특히 코치에게 필요한 역량이나 코칭이 이루어지는 과정에 관한 설명을 할 때, 비즈니스 코칭과 다른 코칭이 요구되는 전문성이 다름에도 불구하고 비즈니스 코칭에 국한해서 기술하는 경우가 자주 나타나고 있다.

비즈니스 코칭은 주로 기업의 임원을 비롯한 관리자급 이상을 대상으로 이들이 피코치가 되어 코칭이 이루어진다. 임원들이 조직에서 업무가 매우 바쁘기 때문에 대부분의 비즈니스 코칭은 코치가 조직을 방문하여 이루어지며 코칭 비용도 임원 본인이 아니라 조직에서 지급하게 된다. 따라서 비즈니스 코칭은 개인 코치가 외부에 개설한 코칭 사무실에 피코치가 커리어나 라이프에 관한 코칭을 받으러 자신이 비용을 지불하고 사무실에 방문하는 일반 코칭과는 운영 체계가 다르다고 볼 수 있다. 이러한 차이점을 이해할 필요가 있다.

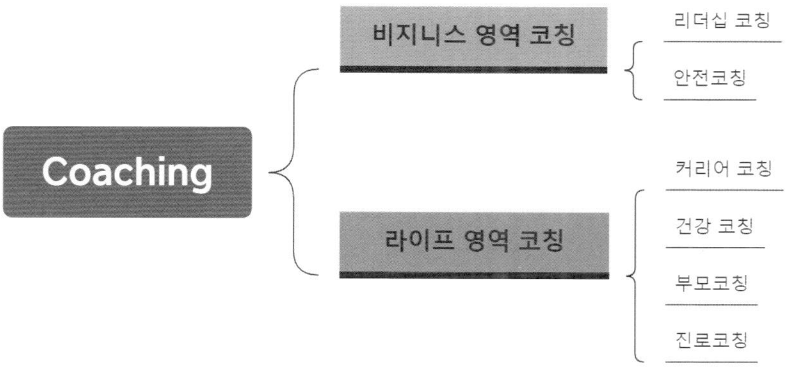

[그림 1-21] Coaching의 분류

4.2 코칭의 개념

Reinhard와 Ho Law(2010)는 코칭의 흐름을 크게 세 가지 '시대'(generation)로 구분한다. 첫째, 문제 혹은 목적의 관점을 가진 코칭을 1세대 접근법으로 본다. 여기에는 스포츠 코칭, GROW(그로우) 모델, NLP

(신경언어 프로그래밍), 그리고 CBT(인지행동적) 코칭 등이 포함된다. 이 모델들의 주된 목적은 코칭 받는 사람이 보여주는데 특정하고 구체적인 문제를 해결하는 것이고 코칭 세션은 문제를 다뤄 구체적인 목적을 달성하는데 집중한다. 이 과정에서 코치는 전문가나 현자의 역할로서 본인이 원치 않는 모습을 갖게 할 수도 있다. 둘째, 해결책 그리고 미래의 관점을 가진 코칭을 2세대 접근법이라고 한다. 체계적이고 해결책에 집중한 코칭, 긍정탐구(appreciative inquiry) 코칭, 그리고 긍정심리학 코칭 등이 여기에 포함된다. 이것의 주목적은 현존하는 자원과 장점을 이용해, 실현 가능한 새로운 미래를 만들어나가는 것이다. 따라서 세션은 과거의 어려움이 아닌 미래의 가능성에 더 많은 중점을 두게 된다. 셋째, 반성적 관점에서의 코칭을 3세대 접근법이라고 한다. 사회구조적, 이야기, 그리고 철학적 코칭이 여기에 포함된다. 이 접근의 목적은 2세대 접근법 모델을 계속 발전시키는 것에 있다. 더불어 공동의 창조와 협동 측면에 초점을 두게 된다. 따라서 코치와 피코치 모두 전문가이자 현자가 된다. 코칭 대화의 주된 주제는 가치와 의미, 즉 일상의 도전을 넘어선 반성적 공간에서 중요하게 여겨지는 문제들이 된다. 양측 모두 인생의 큰 문제를 탐구하는 철학자가 되는 것이다. 그러면 기존에 존재했던 관계적 불균형이 줄어들게 되며, 동등한 위치에서 인간의 기본적 이슈를 탐구하고 존재를 이해할 새 관점을 찾으려 하는 시도를 하게 된다.[82)]

82) Kim, Seon−Young, "The Changes in Identity through Narrative Coaching:Based on the Stories of Esther and Mordecai"(Korean Journal of Christian Counseling 26(4), 2015), 12.

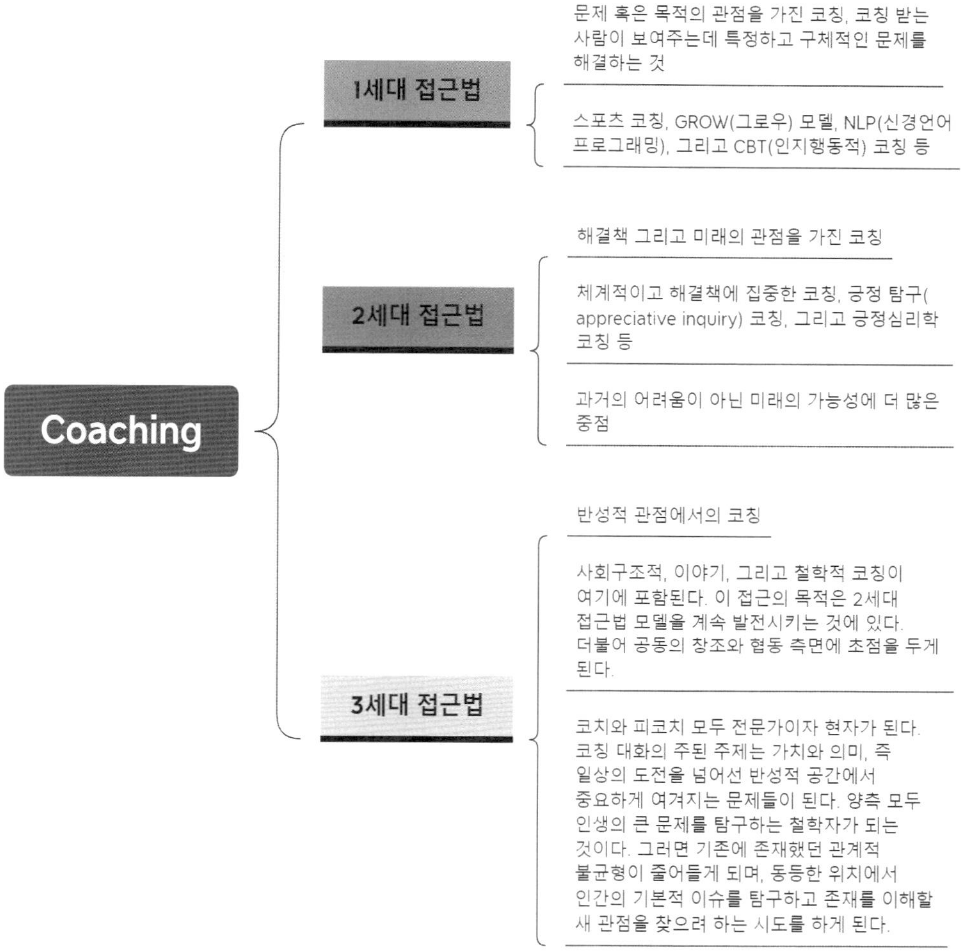

[그림 1-22] Coachinhg의 접근법

코칭 과정을 심리학의 관점으로 바라보고 이해한다는 특징이 있다. 첫째, 당면한 코칭 이슈 해결에서 벗어나 이슈를 가진 한 인간에 초점을 맞추고 관련된 다양한 개인의 독특성을 이해한다는 것이다. 예를 들어, 다른 사람이 아닌 왜 이 피코치가 이런 이슈에 자주 직면하는지, 동일한 이슈를 가진 다른 사람들과 달리 이슈와 관련 상황을 어떻게 독특하게 바라보고 있는지, 이슈해결을 넘어서 이슈를 통해 어떻게 하면 자신에 대한 이해를 더 높일 수 있는지 등이다. 둘째, 단순한 이슈 해결이나 목표 달성을 넘어 피코치의 지속적인 성장 토대를 구축하는 것을 목표로 한다. 인간의 발달 과정에 대한 이해는 코칭을 끊임없이 변화하고 성장하는 과정으로 그리고 피코치를 이러한 변화를 주도하는 주체로 바라보도록 이끈다. 코치가 코칭 과정에서 피코치 주도의 변화를 도움으로써 피코치는 변화에 대한 자신감을 갖고 성공 경험을 통해 지속적인 성장을 위한 자원을 확보할 수 있다. 이 과정에서는 피코치의 자기 성찰을 돕는 심리학 도구와 이론들이 활용된다. 셋째, 코칭의 성공 여부 확인은 주로 행동 변화에 초점을 두지만, 이에 선행되는 사고와 관점의 변화, 행동 유발을 위한 정서와 동기의 변화는 중요하게 다루어야 할 요소이다. 이처럼 행동 변화의 기저에는 다양한 심리 요소들이 존재하므로 정서, 인지 및 행동 간의 관계를 이해하고 이를 토대로 효과적인 변화를 이끌어 내는 전략을 수립한다는 것이다.[83)]

코칭의 형식은 전문코치로서 코칭 프로세스를 가지고 코칭을 하는 '코칭하기'와 자신의 전문영역에서 코칭의 방식을 활용하는 '코칭접근법 활용하기'의 두 가지로 구분된다.[84)] 코칭하기는 코칭철학과 윤리 및 역량에 근거하여 코칭 프로세스를 진행하는 것으로, COACH 모델의 경우, Call – Open – Aim – Choose - Hearten으로 코치이가 달성하고자 하는 분명한 목표(Aim)를 성취하기 위한 단계별 프로세스를 나타낸다. 반면에 '코칭접근법 활용하기'는 '코칭하기'처럼 뚜렷한 목표를 설정해서 정해진 기간 동안 진행하는 것이라기보다는 코칭의 응용된 영역으로서 코칭의 스킬을 부분적으로 일반 대화에 활용하는 것으로, 일상적인 자녀양육이나 교육・보육기관에서의 교수 상황에서 활용하는 데 더 효과적인 접근 방법이라고 보고 있다. 이러한 맥락에서 긍정심리학과 코칭이론 및 코칭철학에 근거하여 '코칭접근법 활용하기'의 관점으로 아동에게 의미 있는 성인이 아동과의 효과적인 상호작용을 하도록 돕기 위해 Treasure Talk 코칭모델을 개발하였다.[85)]

---

83) Eun Jeong Kim, "An Integrative Coaching Model of Development : The Implications for Research and Professional Training in Coaching Psychology"(THE KOREAN JOURNAL OF COACHING PSYCHOLOGY 1(1), 2017), 53.

84) Park, J. Y, "The study for the classification of coaching science-Focused on the forms of coaching practice."(Journal of Korean Coaching research, 2(1), 2009), 61-77.

85) Il-Bu Kim, "The Effects of the Interaction Training of Early Childhood Parents Using the Method of Mentor Coaching and the TREASURE Talk Coaching Model"(Korean Journal of Family Welfare, 21(3), 2016), 491.

코칭은 교육, 카운슬링, 치료심리학, 가족 치료학, 관리자 교육 및 훈련, 조직 심리학 등 다양한 분야에서 논의되어 왔고, 각 분야의 학문적 특징에 따라 조금씩 다른 개념으로 사용되어 왔다. 코칭은 멘토링/ 카운슬링/ 컨설팅과 유사한 점이 많아 혼용되어 사용되기도 한다. 학자들은 경영분야에서 사용되는 코칭은 용어의 차이는 있지만 크게 컨설팅과 카운슬링(심리치료)에서 찾아볼 수 있다고 밝히고 있다.[86][87][88]

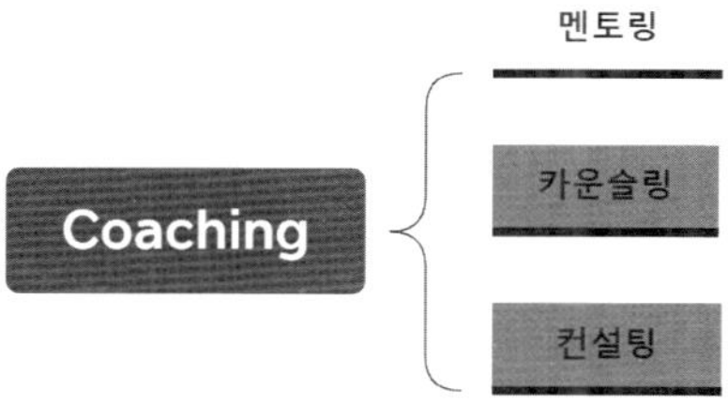

[그림 1-23] Coachinhg의 분야

Ellinger(1997)는 코칭의 구성을 동기부여(Facilitation)와 권한위임(Empowering)으로 제시하였으며, Hamlin et al.(2006)은 지도(Guidance), 촉진(Facilitation), 영감(Inspiration)의 세 가지 차원으로 정의하였다. 정태영(2011)[89]은 Stowell(1986)[90]의 네 가지 구성요인 중 동질성이 있다고 판단되는 요소를 통합하여 방향제시, 역량개발, 수행평가를 '직무기반 코칭리더십'으로, 관계 중심적인 요소인 관계는 '관계기반 코칭리더십'으로 명명하여 각각의 영향력을 검증하였다.[91]

86) Bacon, T. R. & Spear, K. I, "Adaptive coaching: The art and practice of a client-centered approach to peformance improvement."(Palo Alto, CA: Davis-Black, 2003).

87) Joo, BK, "Executive Coaching: A Conceptual Framework From and Integrative Review of practice and Research."(Human Resource Development Review, 4(4),2005), 462-88.

88) Kets de Veris, M. F. R, "Leadership group coaching in action: The Zen of creating high performance team."(Academy of Management, 19(1), 005), 61-76.

89) Chung Tae youn, "The Structural Relationship between Corporate Managers' Life-Long Education Coaching Leadership and Its Member's Problem Solving Ability and Interpersonal Ability"(The Ajou University Graduate School, Department of Education a doctoral dissertation, 2011), 35.

90) Stowell, J. S, "Leadership and the Coaching in organization"(University of Utha, 1986).

91) Mi-Kyung Kwon, "A Study on Airlines Employee's Coaching Leadership, Service Attitude, and Innovation Behavior-Focusing on Moderation Effects from Job Autonomy-"(한국항공경영학회지, 13(1), 2015), 108-109.

Talrarico(2002).[92] Grant(2003)[93]은 과학적으로 검증된 코칭은 네 가지의 지식, 즉 행동과학, 경영 및 경제과학, 성인학습 그리고 철학을 토대로 하고 있다고 언급하고 있다. Kampa-Kokesch & Anderson(2001)은 경영학, 심리학, 교육 훈련 분야에서 코칭을 연구하고 있다고 밝히고 있다. 많은 학자들이 경영자 코칭을 카운슬링(심리치료) 또는 컨설팅 측면에서 접근하고 있는 것이 일반적이다(Bacon & Spear, 2003; Joo, 2005: Kets de Vries, 2005).[94]

상담과 심리치료의 과정에서 어떤 내담자에게는 과거에 초점을 맞추고 병리 중심적으로 문제의 원인을 주로 심리 내적인 요소들에 집중하고자 하는 부정적인 초점보다 현재와 미래에 초점을 맞추고 성장 중심적으로 변화행동이 진행되도록 돕는 긍정적인 초점이 보다 중요할 수 있다. 인간 변화를 도모한다는 측면에서는 치료자들과 동일한 관심을 가지면서 이러한 보다 긍정적인 변화 과정에 초점을 집중하는 방식으로 코칭이라는 신개념이 등장하기 시작하였다.[95] Erik de Haan(2008)은 코칭의 주제를 무엇(what), 어떻게(how), 그리고 누구(who)와 관련된 것으로 나누고 있다. 그리고 무엇(what)은 전문적 지식이나 기술의 문제로 인접 전문가에게서 얻을 수 있는 차원이고, 어떻게(how)는 소통과 관계형성의 과정에 관한 것으로 전문코치에게서 얻을 수 있는 차원으로 보았다. 그러나 누구(who)의 주제는 한 개인의 특성과 근본적인 욕구를 파악해야 하는 주제로 치료자에게서 얻을 수 있는 심도 있는 차원이라고 보고, 이러한 주제를 다루는 것이 가장 발전된 코칭의 단계라고 지적하고 있다(de Haan, 2008).[96]

---

92) Talarico, M, "Manager as coach in a pharmacy benefit management organization: A critical incidents analysis. Doctoral dissertation"(University of Minnesota, 2002).

93) Grant, A. M, "Keeping up with cheese Research as a foundation for professional coaching of the future. International Coach Federation Conference Symposium."(Denver, Colorado, 2003).

94) Bacon, T. R., & Spear, K. I, "Adaptive coaching: The art and practice of a client-centered approach to performance improvement."(Palo Alto, CA: Davis- Black, 2003).

95) Soo Young Kwon, "The Integration of Coaching and Counseling in Early Sessions: Based on Short-Term Question-Centered Therapy"(Korean Journal of Christian Counseling 20, 2010), 30.

96) Soo Young Kwon, "Interface between Counseling and Coaching for Couple`s Interpersonal Desires: On the Clinical Use of the FIRO-B Instrument"(Korean Journal of Christian Counseling 24(1), 2013), 28.

코칭(coaching)의 개념은 스포츠 분야에서 주로 활용되었다. 이후 1970년대를 전후하여 경영학 분야에 적용되고 있다[97]. 경영분야에서 코칭은 경영자 코칭과 관리자 코칭으로 구분한다. 경영자 코칭은 1980년대 성과가 낮은 경영자의 성과향상[98]과 저성과로 이직을 해야 하는 경영자의 개인 경력을 유지하기 위해 외부전문가를 활용하는 학습과정이다. 관리적 코칭은 조직 내에서 상사와 부하가 한 팀이 되어 팀 성과를 향상시키기 위한 과정이다.[99]

코칭은 비단 스포츠나 경영학에서뿐만 아니라 조직심리학이나, 청소년 교육 등 다양한 분야에서 폭넓게 논의되어온 개념이다. 연구자들마다 코칭에 대하여 다양하게 정의하는데 크게 역량개발의 관점과 성과달성의 관점으로 분류해 볼 수 있다.[100] 코칭이 비즈니스계에 본격적으로 등장한 것은 미국 경제가 불황의 늪에서 허덕이던 1980년대 후반으로 거슬러간다. 컨설팅개념과 더불어 컨설팅의 하위개념으로 인식되었으나, 이후 다양한 연구와 검증을 거쳐 일본에서도 개인변화와 조직변혁을 위한 리더십 육성에 필수적인 직무요건처럼 급속히 성장했다. 특히, 리더십 코칭은 코칭의 대상(리더)의 개인적인 요구와 상황에 맞추어 시행되는 맞춤형 역량 개발기법이라는 점에서 이전에 전통적으로 행하여온 집단적 훈련(training)의 일방성을 극복할 수 있는 대안으로 제시되고 있는 것이다.[101][102][103] 그리고 판매관

---

97) Kilburg, R. R, "Toward a conceptual understanding and definition of executive coaching" (Consulting Psychology Journal:Practice and Research, 48(2), 1996), 134-144.

98) Tobias, L. L, "Coaching executive"(Consulting Psychology Journal: Practice & Research, 48(2), 1996), 87-95.

99) Peterson, D. B. & B. Little, "Invited reaction: Development and initial validation of an instrument measuring managerial coaching skill"(Human Resource Development Quarterly, 16(2), 2005), 179-183.

100) J. J. Park, "An analysis on the trend of theses regarding coaching leadership and the performance variables of organizational members"(The Journal of Lifelong Education and HRD, Vol. 8, Issue 1, 2012), 107 -132.

101) Boyatzis, R. E., Smith, M. L., & Blaize, N, "Developing sustainable leaders through coaching and compassion"(The Academy of Management Learning and Education, 5, 2006), 8-24.

102) Bacon, T. R., & Spear, K. I. (2003). "Adaptive Coaching: The art and practice of a clientcentered approach to performance improvement"(Palo Alto, CA: Davis-Black, 2003).

103) Blattner, J, "Coaching: the Successful adventure of a downwardly mobile executive"(Consulting Psychology Journal: Practice and Research, 57, 2005), 3-13.

리자의 코칭행동은 조직몰입, 역할지각과 같은 판매원의 태도에 영향을 미친다. 이는 최근 기업들이 도입하고 있는 코칭 프로그램이나 판매관리자들의 코칭스킬 향상은 단순한 코칭 스킬이나 프로세스로서뿐만 아니라, 판매관리자가 긍정적 피드백을 통해 판매원들을 동기부여 시키고 바람직한 역할 모델을 제시함으로써 신뢰와 존경의 대상이 될 수 있도록 노력하는 것이 선행되어야 하며, 조직운영 구조에 있어서도 판매원들에 대한 코칭 환경 조성에 힘써야 한다는 것을 시사해 주고 있다라고 하며, 판매원의 조직몰입과 역할지각은 성과에 영향을 미친다. 판매원의 조직몰입과 역할지각은 이미 Allen과 Meyer(1984)[104], Angle과 Perry(1983)[105], Bagozzi(1978)[106]와 Kohli(1985)[107] 등의 선행연구자들을 통해 성과에 영향을 미치는 것으로 확인된 바 있으며 본 연구 결과를 통해서도 고성과 조직의 판매원들의 조직몰입도가 저성과 조직의 판매원들보다 높게 나타났으며, 판매원의 역할지각 또한 고성과 조직의 판매원들이 더 명확한 것으로 나타났다. 따라서 판매원의 조직몰입과 역할지각은 판매성과에 영향을 미치는 중요한 요인이 될 수 있다는 것을 확인하였다.[108]

다문화가족센타장이 코칭리더십의 구성요인인 구성원들에게 방향을 제시하고, 구성원들의 역량을 개발하고, 합리적이고 공정한 수행평가를 진행하며, 구성원들과의 신뢰관계를 통하여 구성원들의 직무자율성에 영향을 미친다고 설명할 수 있다. 리더의 코칭 활동 자체가 조직시민행동을 증가시

104) Allen, N. and J. Meyer, "Testing the 'Side-Bet theory' of Organizational Commitment: Some Methodological Considerations,"(Journal of Applied Psychology, 69, 1984), 372-378.

105) Angle, H. and J. Perry, "Organizational Commitment," Work and Occupation, 10, 1983), 123-146.

106) Bagozzi, Richard P, "Salesforce Performance and Satisfaction as a Function of Individual Difference, Interpersonal and Satisfactional Factors,"(Journal of Marketing Research, 15, 1978), 517-531.

107) Kohli, Ajay K, "Some Unexplored Supervisory Behaviors and Their Influence on Salespeople's Role Clarity, Specific Self-Esteem, Job Satisfaction, and Motivation,"(Journal of Marketing Research, 22, 1985), 424-33.

108) Kim, Sang bum, "A Case Study on Differences between High- and Low-Sales Organizations -With a focus on the Coaching behavioral of sales managers at K-"(CRM Research, 3(1), 2010), 67.

키는 것이 아니며, 코칭 활동을 통해 구성원들의 직무에 대한 인식이 긍정적으로 형성될 때, 자발적인 행동을 하게 된다는 권기창(2016)의 연구와 같은 결과가 나타났다. 구성원들의 직무에 자율성이 부여되면 구성원들이 조직생활에 책임의식을 가지고 솔선수범하는 시민의식, 조직과 동료들에게 신사행동을 하는 스포츠맨십, 타인과의 관계에서 배려하는 예의성, 조직의 규칙과 규정 등을 잘 따르는 성실성을 가진 양심성, 그리고 동료를 돕거나 자발적인 행동을 하는 이타주의 등 조직시민행동에 영향을 미친다고 설명할 수 있다.

코칭리더십과 조직시민행동의 하위요인인 시민의식, 스포츠맨십, 양심성에도 유의미한 영향을 미침을 알 수 있다. 이는 구성원의 직무자율성을 통하여 구성원들이 보다 조직생활에 책임의식을 가지고 업무에 임하게 되고, 조직과 동료들과의 관계향상이 되는 것과 더불어 조직의 규칙과 규정 등을 잘 따르는 성실성을 증가시켜주는 역할을 하는 중요한 변인임을 알 수 있다.[109)]

또한, 코칭은 다양하게 정의되고 있다. 다양한 배경을 가진 학자나 코치들이 코칭을 정의하고 있으며 배경이나 코칭분야에 따라 코칭에 대한 정의는 다소 차이가 있다. 특히, 코칭 이슈를 해결하기 위한 방법을 찾는 과정에서 차이가 있다. 현재 많은 학자 및 코치들이 코칭과정을 비지시적인 과정으로 강조하고 있지만 모든 코칭의 정의가 이러한 관점에 동의하는 것은 아니다. 예를 들어, Peterson과 Hicks(1996)는 코칭을 코치(coach)가 피코치(coachee)들에게 이들이 자신을 개발할 수 있는 도구, 지식, 기회를 제공하는 과정으로 정의하면서 코치의 지시적인 역할을 주장하고 있다. Parsloe(1995)도 코칭을 개인교습 또는 가르침을 통해 개인의 즉각적인 수행 향상과 발달을 돕는 것으로 정의한 바 있다.[110)]

---

109) Kim, Il · Park, "A Study of Coaching Leadership Influence on the Job Autonomy and Organizational Citizenship Behavior - Multicultural Family Support Center -"(Human Resource Management Study, 24(5), 2017), 140-141.

110) Ives, Y. "What is coachmg? An exploration of conflictmg paradigms"(International journal of Evidence Based Coachiŋ g and Mentoriŋ g, 6(2), 2008), 100-113.

한편, 코칭과정에서 코치의 비지시적인 역할을 강조하는 정의도 많이 있다. 세계 최대의 코치협회로 볼 수 있는 국제코치연맹(International Coach Federation: ICF)은 코칭을 "고객과 파트너 관계를 맺고 고객이 성찰과 창의적인 과정을 통해 개인 및 전문적인 잠재력을 극대화할 수 있도록 돕는 것"(partnering with clients in a thought-provoking and creative process that inspires them to maximize their personal and professional potential)으로 정의하고 있다. 한국코치협회는 "코칭은 개인과 조직의 잠재력을 극대화하여 최상의 가치를 실현할 수 있도록 돕는 수평적인 파트너십"으로 정의하고 있다.[111]

코칭 과정에서 GROW 모형을 제시하여 유명한 Whitmore는 코칭은 "개인의 잠재력을 개발하여 수행을 극대화하기 위한 것으로서 가르치는 것이 아니라 학습하도록 돕는 것"으로 정의한 바 있다.[112]

코칭심리 분야를 개척한 Grant는 Stober와 함께 코칭을 "코치와 고객이 상호협력적이고 평등한 관계를 유지하면서 함께 목표를 설정하고 해결방법을 찾고 이를 실행하는 과정을 의미하며 이를 통해 고객의 지속적인 자기주도적 학습과 성장을 함양하는 것을 목표로 하는 것"으로 정의하였다.[113] 또한, Grant와 Stober는 이들은 이 과정에서 코치는 반드시 특정 분야의 전문가일 필요는 없음을 강조하였다.[114] Cox, Bachkirova와 Clutterbuck은 코칭을 구조화되고 집중적인 상호작용을 포함하며 적절한 전략, 도구 및 기법을 활용하여 피코치 및 다른 관련된 사람들의 바람직하고 지속적인 변화를 촉진하는 개발과정으로 보았다.[115] 심리학자인 Passmore와 Fillery-Travis는 코칭을 코치와 피코치 또는 참여자 간의 소크라테스식 문답법을 기반으로

111) 탁진국, "코칭심리학"(서울:학지사, 2018), 14.
112) Whitmore, J, "Coaching for peformance: A practical guide to growing your own skills"(London, UK: Nicholas Brealey Publishing, 1992), 10.
113) (Grant & Stober)
114) Grant, A. M., & Stober, D. "Introduction. In D. Stober & A. Grant (Eds.)" (New Jersey: Wiley and Sons. Evidence based coaching: Puttiη g best practices to work for your clients, 2006), 2.
115) Cox, E., Bachkirova, T., & Clutterbuck, D. "Tbe complete handbook of coaching"(London: Sage, 2010).

한 미래 지향적 대화법으로서, 코치는 개방 질문, 요약과 성찰을 활용하여 피코치의 자기인식과 책임감을 촉진하는 데 목표를 둔 과정으로 정의하였다.[116) 한편 임원 코칭을 전문으로 하는 Peltier(2001)는 코칭을 조직의 외부에서 온 사람이 심리 스킬을 활용하여 관리자가 더 효율적인 리더로 성장할 수 있도록 돕는 것이라고 정의하였다.[117)

앞에서 기술한 다양한 정의에서 공통점을 찾아보면, 코치는 목표달성을 위해 피코치를 돕다는 것이며 이 과정에서 코치는 피코치와 수평적인 관계를 유지하면서 지시적인 방법이 아닌 피코치의 자발적인 학습을 강조한다는 점이다. 즉, 피코치의 학습을 통해 해결방법을 스스로 찾는 것을 중요시한다. 또한 피코치의 자기인식과 성찰을 언급하며, 피코치의 성장을 목적으로 한다는 점도 강조하고 있다. 코칭에 대한 정의에서 중요한 것은 대상, 목적 그리고 방법 풍 세 가지 요인을 포함해야 한다는 것이다. 앞서 기술한 코칭에 대한 다양한 정의를 고려하고 Cox 등이 강조한 세 가지 요인을 포함하면서 다양한 대상이나 코칭 분야에 대한 적용을 높이기 위해 필자는 코칭을 "코치가 피코치와 동반자적 관계를 유지하면서 피코치의 자기인식을 바탕으로 자신이 설정한 목표를 달성하기 위한 방법을 찾고 이를 지속적으로 실행해 나가도록 도우며 궁극적으로 피코치의 성장을 돕는 것을 목적으로 하는 과정"으로 정의하고자 한다.

코치와 피코치가 동반자적 관계를 유지한다는 것의 의미는 코치는 피코치와 수직적인 관계에서 피코치에게 어떻게 할 것을 지시하면서 진행하는 것이 아니라 수평적인 관계에서 문제를 해결하는 방법을 같이 찾아 나간다는 의미를 강조하는 것이다. 예를 들어, 의사와 비교해서 설명하면 의사의 경우 찾아온 환자가 무엇이 문제인지 잘 모르기 때문에 치료 과정에서 몇 가지 간단한 질문과 진단을 토대로 자신이 판단하여 적절한 처방을 내리게 된다.

---

116) Passmore, j. & Fillery-Travis, A. "A critical review of executive coaching research:A decade of progress and what's to come"(Coaching: An International journal of Tbeory, Practice, and Research, 4(2), 2011), 70-88.

117) Peltier, B. "Tbe psychology of executive coaching: Theory and application"(New York: Brunner-Routledge, 2001).

이 과정에서 환자와 수평이 아닌 수직적 관계가 형성되어 환자는 별다른 질문도 하지 못하고 수동적인 위치에서 의사가 처방한 내용을 그대로 수용하게 된다. 피코치의 자기인식(self-awareness)은 자기성찰(self-reflection)과 통찰(insight)을 포함하는 개념이다. 자기성찰은 피코치가 평소 시간이 부족하다거나 귀찮아서 깊게 생각하지 않았던 자신에 대해 다시 한번 돌아보는 것을 의미하며 통찰은 이를 토대로 관점 변화를 통해 새로운 사실을 깨닫는 것을 의미한다. 예를 들어, 자기성찰은 자신이 중요시하는 가치는 무엇인지 자신의 강점은 무엇인지와 같은 자신의 특성에 대한 이해부터 시작해서 자신의 평소 생각, 감정 및 행동은 어떠한지에 대해 생각하는 것을 의미한다. 반면, 통찰은 왜 그런 생각을 하고 감청을 느끼고 행동을 하는지에 대한 분석을 통해 그 이유를 깨닫는 것을 의미한다.

많은 사람이 일상생활에서 시간적 여유가 부족하여 자기성찰을 할 기회를 갖지 못하고 있다. 하지만 자기성찰을 한다고 해도 성찰에 그치고 통찰로 이어지지 않는 경우도 많다. 예를 들어, 아침에 배우자와 말다툼한 것에 대해 자기 전에 오늘 하루 자신이 했던 일들을 생각해 보면서 떠올렸다고 하자. 그때 자신이 순간적으로 화가 났었고 그럴 필요가 없었다고 정리를 하지만 거기서 그쳤다면 통찰이 이루어진 것이 아니다. 한편, 추가 분석을 통해 화가 난 원인을 별것 아닌 배우자의 말에 자신이 필요 이상으로 흥분해서 발생한 것으로 이해하고 향후 유사한 상황에서 심호흡을 통해 흥분을 가라앉히겠다는 다짐을 했다면 이는 통찰이 이루어진 것으로 해석할 수 있다.

코칭 과정에서 코치는 적절한 질문을 통해 피코치가 혼자서는 하기 힘든 다양한 관점에서 자신을 돌아볼 수 있도록 유도할 필요가 있다. 자신과 주변 환경을 다시 돌아봄으로써 현재의 문제를 다른 관점에서 바라볼 수 있는 기회가 생기며, 이를 통해 문제를 해결할 수 있는 방법을 도출할 수 있게 된다. 피코치 스스로 자신이 설정한 목표를 달성하기 위한 방법을 찾는다는 것의 의미는 코칭 과정에서 피코치 자신이 원하는 목표(코칭이슈)를 설정하는 것이 중요하며 이러한 목표를 달성하기 위한 방법을 찾는 과정에서 코치는 가능한 해결방법을 제시하지 않고 피코치 스스로 방법을 찾도록 유도하고 격려하는 것이 중요함을 강조하는 것이다. 하지만 실제로 코칭을 진행하다 보면 피코치가 스스로 해결방법을 도출하지 못하는 경우가 생기게 된다. 이러한 경우 코치는 피코치가 해결안을 제시할 때까지 계속 기다리는 것은 바람직하지 못하다. 코치와 피코치 칸에 오랜 시간 동안 침묵이 흐르게 되면 서로 어색함을 느끼게 되고 이는 코칭 진행에 부정적인 영향을 끼치게 된다. 이러한 상황에 직면하게 되면 코치는 가능한 한 자신이 알고 있는 범위 내에서 해결방안을 제안할 수 있다. 즉, 특정 방법을 제시하면서 이렇게 하라고 하는 것이 아니라 이러한 방법도 있을 수 있는데, 이 방법에 대해 피코치는 어떻게 생각하는지 물어보고 최종적으로는 피코치가 선택하도록 하는 것이 좋다. 또한, 코칭 과정에서 피코치가 해결방안을 제시하였지만 코치의 경험과 지식에 따라 고려해 볼 때 피코치가 제시하는 방안이 효과가 낮다고 판단되는 경우도 발생한다. 코치는 이러한 해결방안에 대해 가능한 판단을 유보하는 것이 좋다. 엄밀히 말해 피코치가 해결하려는 코칭 이슈는 모두 삶에 관련된 것이라서 어떤 하나의 해결방안이 최선이라고 하기 어렵다. 특히 코치가 경험하였고 코치에게 효과가 있었다고 해서 피코치에게도 효과가 있으리라는 보장은 할 수 없다. 개인 특성에 따라 효과가 달라지기 때문이다. 하지만 코치가 판단할 때 객관적인 관점에서 좀 더 효과가 있을 수 있는 방안을 알고 있다면 이를 피코치에게 고려해 볼 것을 제안할 수는 있을 것이다. 물론 최종 선택은 피코치의 몫이다.

지속적으로 실행해 나가도록 돕는다는 의미는 코칭 과정에서 피코치가 문제의 해결방법을 스스로 찾고 이를 실행하겠다는 의지를 보인다 하더라도 코칭이 끝난 후 이를 실행하지 않으면 코칭의 효과는 없게 된다. 따라서 코칭 과정에서 코치는 피코치가 제시한 해결방법을 코칭이 종료된 이후에도 이를 실행할 수 있도록 동기부여를 하고 실행 의지를 높이는 지속적인 노력을 기울일 필요가 있음을 강조하기 위한 것이다.

최근의 조직 환경은 고객 최우선 접점에 있는 실무자의 역할이 강조되면서 직무자율성이 강조되고 있다. 직무를 수행하는 과정에서 자율적 의사

결정에 따라 얻게 되는 성취감은 효능감 생성에 긍정적 영향을 미치게 된다.[118)]

마지막으로 피코치의 성장을 목적으로 한다는 것의 의미는 코칭의 목적은 단순히 피코치가 자신의 문제를 해결하는 방법을 찾고 이를 실행하여 목표를 달성하는 선에서 끝나는 것이 아니라 이러한 과정을 통해 피코치 스스로 자신의 문제를 해결할 수 있다는 자기효능감을 증진시킴으로써 향후 유사한 문제에 직면할 때 스스로 해결할 수 있는 역량을 향상시키는 데 있다는 점을 강조하기 위한 것이다. 즉, 코칭의 궁극적인 목적은 코칭을 통해 피코치가 지금보다 한 단계 더 성장할 수 있도록 돕기 위한 것이다.[119)]

Ives(2008)는 다양한 코칭에 대한 접근방법에서의 차이를 세 가지 관점에서 정리하고 이를 토대로 다양한 코칭 유형들을 세 가지 관점에서 요약하였다.

첫 번째 관점은 지시적(directive)이냐 비 지시적(non-directive)이냐에 관한 것이다. 이 두 접근방법에서의 차이는 코칭 과정에서 코치의 역할에 관한 것이다. 코치가 피코치에게 문제 해결을 위해 어떻게 하라고 제시하는 것이 지시적 관점이며 반면에 피코치가 스스로 해결안을 도출하도록 돕는 역할을 하는 것이 비지시적 관점에 해당한다. 구체적인 통계를 내기는 어렵지만 일반적으로 코칭에서는 코치의 비지시적인 역할을 강조한다. 하지만 앞서 코칭 정의에서도 기술하였듯이 코치의 지시적 역할을 강조하는 전문가들도 있어서 코칭과정에 대한 접근방법에서의 차이가 여전히 존재한다.

두 번째 관점은 발달중심(development-focused)이냐 아니면 해결중심(soultionfocused)이냐에서의 차이이다. 발달중심은 코칭 과정에서 피코치의 학습과 발달을 통해 현재의 수행을 향상시키는 것을 중시하는 데 반해서 해결중심은 피코치가 가지고 있는 이슈를 해결하는 것을 중시한다는 점에서 차이가 있다. 발달중심에서는 코칭을 통한 피코치의 학습과 발달이 중요

118) 김해룡, "직무자율성과 조직구성원 태도 간의 관계에 대한 자기효능감의 매개효과에 관한 연구"(조직과 인사관리연구, 30(3), 한국인사관리학회, 2006), 193-226.
119) 탁진국, "코칭심리학"(서울:학지사, 2018), 15-17.

하기 때문에 코칭 시간도 다소 장기적으로 가져가면서 피코치의 특성을 파악하고 이해하는 부분을 중요시한다. 반면, 해결 중심상담에서 파생된 해결중심 코칭 접근법[120]에서는 해결중심을 중요시하며 코칭 시간에서도 단기적인 접근방법을 선호하는 편이다.

세 번째 관점은 치료중심(therapeutic)이냐 또는 수행중심(performance-driven)이냐에 관한 것이다. 치료중심은 코칭 과정에서 코치와 피코치 간의 관계를 중요시하며 수행중심은 이러한 관계보다는 해결중심에서 기술하였듯이 해결안을 도출하여 수행이 증진되는 것을 중시한다. 또한, 치료중심에서는 피코치의 감정과 같은 내면의 상태를 이해하는 데 좀 더 초점을 두고 있으며 이를 위해 Stober(2006)는 피코치에 대한 공감과 무조건적인 수용을 중시하고 있다. 반면, 수행중심에서는 피코치의 외적 행동에 중심을 두며 피코치의 감정상태에 대한 인식보다는 주변 상황을 객관적으로 이해하고 이를 토대로 현 상황에서 적절한 행동을 유도하는 수단으로 자기인식을 활용하는 편이다.[121]

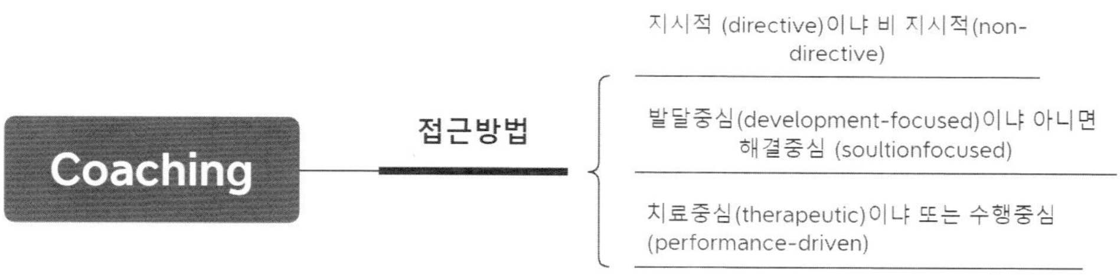

[그림 1-24] Coaching의 접근방법

Ives(2008)는 이러한 세 가지 관점을 토대로 코칭 접근방법에서의 차이를 기술하였다. 이러한 접근방법에서 차이가 존재하고 코치나 학자마다 자신이 주장하는 코칭 접근방법에 따라 코칭을 진행하는 것은 인정할 수 있다. 하지만 코치로서 반드시 각 접근방법에서 주장하는 특정 방법을 선택하여 그 방법으로만 코칭을 진행할 필요는 없을 것으로 판단된다. 피코치의 심리

120) de Shazer, 1985

121) Ives, Y. "What is coaching? An exploration of conflictmg paradigms"(International journal of Evidence Based Coaching and Mentoring, 6(2), 2008) 100-113.

적 상태, 코칭이슈, 코칭 계약기간 등 여러 가지 요인이 영향을 줄 수 있다. 또한, 반드시 어떤 접근방법이 바람직하다고 주장하는 것도 적절하지 않을 수 있다. 예를 들어, 비지시적 방법을 중시하면서 상황에 따라 피코치가 해결안을 찾지 못하는 경우 지시적인 방법으로 코치가 해결방법을 제시할 수도 있을 것이다. 코칭의 궁극적인 목적을 피코치의 성장에 두면서 코칭 과정에서 얼마든지 피코치가 해결방법을 찾고 이를 실행하는 데 주의를 기울일 수 있을 것이다. 즉, 각 접근방법의 강점을 살리는 포괄적인 방법도 가능할 것으로 판단된다.122)

아동기 부모의 진로지도 요구에 맞춰 프로그램을 구성하고 실시하면서 부모 요구에 충실한 프로그램의 내용과 진행을 통해 부모는 아동기는 진로지도가 진로선택이나 결정의 단계가 아니라는 인식을 갖게 되었다. 초등기 진로지도를 위해 의사소통 기술을 습득하고 자녀의 강점을 파악하면서 자녀가 스스로 자신이 원하는 것을 찾을 수 있는 기초과정임을 인식하는 효과를 가지고 왔고 다양한 직업을 탐색하는 과정에서 아버지의 직업을 중심으로 탐색하면서 부모에 대한 존경의 마음과 가족에 대한 마음을 가질 수 있도록 함으로써 자녀의 진로지도에 있어서 근본적으로 어떤 부분을 부모가 해야 하는지에 대한 인식이 생겼음을 알 수 있었다. 또한, 자녀의 성격, 강점, 꿈 찾기 과정을 통해 자녀에 집중하면서 자녀에 대해 더욱 관심과 이해할 수 있게 되면서 부모로서 자신을 내려놓는 과정을 경험하고, 아이와 작업하면서 어머니 자신의 성격과 강점, 꿈에 대해 생각하게 되면서 본 프로그램의 필요성을 강하게 느끼게 되었다.123)

전통적인 부모교육에도 강사 주도의 지시적·강의식 교수 방법에 한계를 개선한 부모 코칭 접근을 시도하고 있으며, 부모와 자녀 개개인에 대한 인간발달 지식과 전문적인 코칭 기술을 기반으로 사회환경변화와 부모·자녀 간의 관계 변화에 유연히 대처하고 있다.124)

---

122) Jinko° k Tak, "Coaching Psychology"(Seoul:haki1sa, 2018), 17-18. 21-23.

123) Eung-Ja Kim, "The Construction and Effect of Parents Coaching Program for Childhood Career Guidance"(Korean Journal of Family Welfare, 19,(4), 2014), 992-993.

124) Kang Ki Jung, "A Study on Parent Coaching Experiences for Strengthening Parent Skills of

코칭은 코칭 대상자에 따라, 혹은 코칭이 행해지는 목적과 형태에 따라 다양하게 분류할 수 있다. Cavanagh & Grant(2004)는 경영 전반에서 일어나는 코칭은 크게 경영자 코칭(executive coaching)과 직장 코칭(workplace coaching) 그리고 라이프 코칭(life coaching) 세 가지가 있다고 언급하였다. 그에 의하면 경영자 코칭이란 경영자를 대상으로 한 코칭으로 리더십과 경영(관리)에 관한 코칭을 주로 다루며 조직 성과와 개인의 경력 개발을 목적으로 한다고 하였다. 직장 내 코칭에서 코칭 대상은 경영자가 아닌 조직 구성원이며, 이들이 상사로부터 받는 코칭과 외부에서 코치를 고용하여 받는 코칭을 모두 포함하는 개념이다. 직장 내 코칭은 직무성과에 초점을 맞춘 코칭이다. 이와 달리 라이프 코칭에서 코치 받는 고객은 삶의 만족을 추구하는 개인이다.

최근 일부 기업들이 조직의 구성원들에게 라이프 코칭을 제공하고 있는데 이는 일과 삶의 균형적인 발전이 개인과 기업에 도움이 될 수 있다고 보기 때문이다. 분류를 정리하면 〈표 1－1〉과 같이 정리할 수 있다.

〈표 1-1〉 경영자 코칭, 직장 코칭 그리고 라이프 코칭의 차이점[125]

구분	경영자 코칭	직장코칭	라이프코칭
코칭내용	리더십/경영	고용/업무	삶의 절반
코칭상황	코치 받는 사람의 경력과 성과 중심 -경영자와 조직의 아젠다에 따라	직무와 성과에 초점을 둠 -조직의 아젠다에 따라	고객의 아젠다에 따라
중요결과	조직 성과와 개인의 경력 개발	개인과 팀의 성과	개인적 만족
고객	경영자(임원)와 조직	종업원과 조직	개인

한편 이외에도 코칭은 분류 기준을 설정함에 따라 보다 세부적으로도 나눌 수 있다. 코칭의 형태에 따른 분류, 코칭 방식에 따른 분류, 고객 즉 코칭료를 지불하는 주체에 따른 분류나 코칭 대상자에 따른 분류도 할 수 있다. 분류 기준에 따른 코칭의 종류를 예시하면 〈표 1－2〉와 같다. 이것 외에도

Muticuitural Family Women"(Korea Journal of Family Welfare, 14(3), 2009), 112.

125) Cavanagh, M. J. & Grant, A. M, "Executive Coaching in Organizations: The Personal is the Professonnal"(International Journal of Coaching in Organisations, 2(1). 2004), 6-15.

분류기준을 추가하여 또 다른 분류도 가능할 것이다. 코칭은 코칭 대상자에 따라, 혹은 코칭이 행해지는 목적과 형태에 따라 다양하게 분류할 이러한 다양한 분류에 따른 코칭이 있음에도 불구하고 코칭이라는 공통적인 접근법은 다양한 코칭에 있어 보편적으로 적용된다.126)

〈표 1-2〉 분류 기준에 따른 코칭의 종류 예시

분류 기준	코칭의 종류		
코칭의 형태에 따라	일대일 코칭	그룹 코칭, 팀 코칭	블랜디드 코칭(일대일 코칭과 그룹 코칭을 포함)
코칭의 방식에 따라	면대면 코칭	원격 코칭 (전화, 화상회의, 인터넷 등 통신 이용)	
코칭의 대상에 따라	임원 코칭, 경영자 코칭, 팀 코칭, 여성 리더 코칭, 해외주재 인력(expat) 코칭, 청소년 코칭, 부모 코칭, 교육자 코칭, 전문가 코칭 등 다양하게 분류 가능		
코칭계약의 주체와 맥락에 따라	기업 코칭 (조직에 의해 코칭계약이 이루어짐	개인 코칭 (코칭받는 사람이 계약의 주체임)	
코치의 존재 형태에 따라	외부 코치에 의한 코칭	조직 내부 코치 혹은 상사에 의한 직장 코칭	
코칭의 주제에 따라	리더십 코칭, 비즈니스 코칭, 학습 코칭, 대인관계 코칭, 진로 코칭, 커리어 코칭 등 다양하게 분류 가능		

조직의 커리어관리와 기업체 팀장의 커리어코칭에서 지식정보화, 국제화, 다양·다변화 사회에서 개인의 주관적 가치와 인식이 중시되면서 기업의 커리어 개발과 관리 방향이 바뀌고 있다.127)128)129)130) 개인 차원의 커리어 개발은 커리어 목표를 구체화하고 달성하기 위한 계획을 수립하고 실천하며 점검하는 활동과정이고, 조직 차원은 조직의 성장과 경쟁력 제고를 위해 인재를 선발, 평가, 배치, 개발하는 과정과 조직 및 개인의 요구가 일치될

126) Ko, Hyonsook, "Comparison of coaching models and process"(Leadership research, 5(2), 2014), 44-45.

127) Kim Heung-guk, "The Theory and Practice of Career Development" (Seoul: Dasan Publishing Co., 2000).

128) Park Yun Hee, "The Theory and Practice of Career Coaching" (Seoul: Sigma Press, 2015).

129) Hall, D. T, "Human resource development and organizational effectiveness. In C"(Fombrun, N. M. Tichy, & M. A. Devanna (Eds.), Strategic human resource management, New York: John Wiley & Sons, 1984).

130) Yates, J, "The Career Coaching Handbook.)"London & NewYork, Routledge, 2014).

수 있도록 개인의 커리어개발을 지원하고 관리하는 활동이다.[131] 이러한 고찰을 볼 때 조직에서 커리어관리는 개인과 조직의 요구를 통합적으로 반영할 수 있는 커리어개발지원을 의미한다.[132][133][134]

기업은 형식학습(formal learning), 무형식(informal learning), 비형식학습(nonformal learning)을 활용하여 교육훈련 및 현장실습을 진행하고 실질적인 직무순환을 통해 구성원의 커리어 개발을 지원한다.[135] 그리고 기업의 이러한 활동 및 제도는 구성원의 커리어 개발 및 인재양성의 역할을 수행하는 팀장의 승인으로부터 시작되므로 이와 관련된 팀장의 역할을 강조하고 있다.[136][137] 개인의 커리어 경험 중 팀장의 지원이 부하의 커리어개발에 가장 중요한 요소이며, 부하의 커리어 성과와 관계가 높음을 주장하면서 연구자들은 구성원의 커리어개발지원을 위한 팀장의 역할을 교육훈련 지원자, 코치, 멘토로 구체화 하였다.[138][139] 그러나 잦은 구조조정으로 인해 개인의 직무 불안정성이 높아지고 국내기업의 성과지상주의가 커리어

131) Cho Young-ah, "Structural relationship between career management behavior and core self-assessment, perceived norms, outcome expectations and will to execute of office workers in large enterprises"(Seoul National University Graduate School doctoral dissertation, 2015).

132) Nam Joong-soo, "The Hierarchical Relationship between Subjective Career Success and Individual and Organizational Characteristics of Office Workers in Large Companies"(Seoul National University Graduate School doctoral dissertation, 2014).

133) Shim Mi-young, "Frontian Career Orientation and Career Success: Role of Career Development"(Korea University Graduate School doctoral dissertation, 2012).

134) Clark, S, "Work cultures and work/family balance"(Journal of Vocational Behavior, 59, 2001), 348-365.

135) Jarvis, P, "Toward a comprehensive theory of human learning"(London: Routledge, 2006).

136) Jeong Dong-ryeol, "The Hierarchical Relationship between the career immersion of early graduates of specialized high schools in small and medium enterprises and their personal and organizational characteristics,"(Seoul National University Graduate School doctoral dissertation, 2014).

137) Gregory, J. M, "Employee coaching: The important of the supervisor/subordinate relationship and related constructs (Doctorial dissertation)"(Akron University, 2010).

138) Kim Guk-gun, "The Influence of Transformational Leader and Human Resource Promotion Behavior in the Intermediate Executive of Naval Ships on the Organizational Immersion of Underlings"(Korea University Graduate School doctoral dissertation, 2012).

139) Ellinger, A. D., Ellinger, A. E., & Keller, S. B, "Supervisory coaching behavior, employee satisfaction, and warehouse employee performance: a dynamic perspective in the distribution industry"(Human Resources Development Quarterly, 14(4), 2003), 435-458.

개발제도를 활용하는 장애요소로 부각되면서 변화에 유연하게 대처하고 구성원의 자발적인 행동을 유발하여 학습을 촉진하는 리더의 코칭이 주목받고 있다.[140)141)142)]

4.3 안전코칭과 리더십

4.3.1 리더십

리더십은 공동의 목표를 달성하기 위해 개인이 조직의 구성원들에게 영향을 끼치는 과정으로 정의하고 있다.[143)] 오늘날 조직의 관리자 리더십은 구성원을 움직이기 위한 핵심 요소로 인식되고 매우 중요시되고 있다. 조직목표 달성을 위한 매우 중요한 원동력 중 하나로 인식된다. 이러한 리더십은 접근 방법 또는 해석하는 시대별 관점에 따라 이론이 다양하게 발전하여 왔다.

리더십 발전은 특성이론에서 행동이론과 상황이론으로 발전되었으며, 변혁적 리더십과 거래적 리더십 등으로 최근 발전하였다. 특히 변혁적 리더십과 거래적 리더십의 경우 안전리더십이 발전하는 근간이며 밀접한 관계가 있다. 1980년대 이후 거래적-변혁적 리더십론은 대중적으로 호평을 받아온 리더십의 하나로 새로운 리더십패턴의 일부이기도 하다.

리더십은 조직구성원에 대하여 강압적인 권력행사가 아니라 조직구성원 스스로 리더를 따를 수 있는 영향력이며, 조직의 구성원과 목표달성을 위해 협력적인 분위기를 조성하고 개인의 역량이 잘 발휘될 수 있도록 지원하고 격려하는 것으로 정의할 수 있다. 또한, 조직구성원의 팀워크를 향상하는

140) Han Huh-jung, "A Study on the Coaching Skills of the Organization's Intermediate Managers" (Seoul National University Graduate School master's thesis, 2007).

141) Whitmore, J, Coaching for performance. Boston, MA: Nicholas Brealey Publishing.

142) Kim, So-Yoon, "Development of a Measurement Scale for the Career Coaching Competencies of Team Leaders in Corporations"(Interdisciplinary Journal of Adult & Continuing Education, 20(3), 2017), 30-31.

143) Peter G. Northouse, "Book Review, Leadership : Theory and Practice" *Journal of education for business* 83(2) (2007) : 116-117.

과정을 통해 갈등을 해소하는 관계 지향적 리더십으로 인간관계 및 참여를 중시한다는 것이다.[144] 리더가 가진 자질과 능력 등으로 영향력 행사, 의미 부여, 변화 유도 등의 행동양식에 관련이 있고, 특정 목적이나 목표를 달성하기 위해 리더와 추종자가 상호작용하는 가운데 형성되는 것임을 알 수 있다.[145] 이상과 같이 다양한 리더십에 대한 정의들을 종합하여 리더십에 대한 정의를 내리면, 특정한 조직이나 집단이 목적 혹은 목표를 달성하기 위해서 리더가 구성원들에게 영향력을 행사하는 과정이라고 할 수 있다. 영향력을 행사하는 과정에 대해선 좀 더 언급이 이루어져야 하지만, 단지 조직의 유효성만 강압적으로 강요하는 것이 아니라 도덕적인 가치와 윤리에 기반하여 영향력이 행사되어야 한다.

4.3.2 안전리더십

안전을 넓은 의미에서 삶의 전부로 본 Horne(안전교육의 창시자)은 좁게는 사고를 방지하는 것을 포함한 신체적 삶으로 보았다. 사람의 사망사고, 상해나 설비나 재산손실 등 상실의 원인이 없는 상태를 사전적으로 안전이라고 의미한다고 말한다.[146] 물적인 위험과 정신적 괴로움을 일으키는 것으로부터 자유로워지는 것을 말한다.

안전이란 위험으로부터 오는 사망, 상해 및 질환 또는 재산상의 손실과 같은 손해를 방지 또는 극소화시키려고 시도하는 상태'라고 정의할 수 있다.[147] 하지만 사람의 일상생활에서 안전은 어느 누구라도 먹는 음식, 마시는 물, 공기, 살고 있는 땅, 사용하는 에너지를 두려워하지 않을 수 없을 정도로 건강한 삶에 대한 안전이 위협받고 있다. 이런 사회에 속해 있는 조직

---

144) 홍승활, "기초자치단체장의 경쟁가치리더십이 조직문화와 조직효과성에 미치는 영향" (행정학 박사학위 논문, 계명대학교 대학원 행정학과, 2014), 8-23.

145) 박승열, "조직공정성과 조직의 비전이 직무만족과 조직몰입에 미치는 영향: 정보통신 및 IT 서비스업 종사자 중심으로" (경영학 박사학위 논문, 서울벤처대학원대학교: 정보경영학과 정보경영, 2013), 111-117.

146) 최상복, "산업안전대사전 = Industrial safety great dictionary" (서울: 골드, 2004).

147) 유혜경, "유아교육기관의 안전교육 실태조사 및 개선방안에 관한 연구" (교육학 석사학위 논문, 경기대학교 교육대학원, 2000), 1-3.

구성원의 안전은 위험에 직면하고 있으며, 강도는 강해지고 있는 상황이다. 식품 속의 독소, 핵무기의 위협, 방사능, 대기 및 수질 오염 등 비가시적이고 사람이 인지하기 어려운 상태에서 위해한 요소로 우리 생활에 가까이 존재하고 있으며, 이는 현대화가 만들어낸 위험요소일 것이다.[148] 구체적으로, 안전한 상태에 있다는 것은 위험한 것으로 간주되는 어떤 행동이나 사건 직후, 더 이후의 결과로서 한 개인에게 고통을 가하게 되는 사건으로부터 벗어난 것을 의미한다.

이와 같이 안전이란 위험의 가능성 혹은 사고를 제거하거나 회피하는 것을 목적으로 하는 인간의 행동에서 발생하는 다양한 형태의 행위[149], 의도하지 않거나 뜻하지 않은 사고로부터 정신적, 신체적 손상을 입지 않고 신체를 편안하게 하는 상태[150]를 말하는 것으로 인간의 편안한 생활을 구축한다는 점에서 안전의 의미는 대단히 중요하다.

리더십은 학자들마다 사회적 현상과 연구관점에 따라 매우 다양한 개념이 생겨났다. 학자들의 연구에 따르면 리더십이 가지는 성질이 구성원에 대한 영향력을 행사한다는 것에는 이견이 없었다. 어떤 환경에서 사용 활용하느냐에 따라 그 의미가 다르게 나타나고, 다르게 받아들여진다는 것이다. 안전리더십은 이러한 리더십에 안전이라는 개념이 더해진 경우이다.[151]

안전리더십은 구성원의 생명과 재산을 보호하고 조직이 설정한 목표 달성을 위하여 규정, 규범, 절차 등을 체계적으로 시행하여 구성원들로부터 의식, 신념, 가치관 등에 안전 가치를 반영하여 안전태도와 안전행동을 실행하도록 하는 것이다. 이런 안전행동을 실천하도록 하여 조직의 안전문화를 형성하는 과정에서 구성원에게 영향력을 주도록 하는 것이다.[152] 리더

148) 김영치, 윤영삼 "기술, 직무구조와 노동소외," 지역산업연구 경남대학교 산업경영연구소 13(1) (1990), 191-208.

149) 박진선, "재난대응능력 향상 방안에 관한 연구: -재난안전교육을 중심으로-" (행정학 석사학위 논문, 전북대학교 행정대학원, 2006), 6-7.

150) 조범상, "2005 초등학교 안전사고 예방을 위한 개선방안" (경영학 석사학위 논문, 공주대학교 경영행정대학원, 2005), 1-4.

151) 이수언, "안전리더십과 조직안전문화의 안전행동에 대한 영향 연구" (행정학 박사학위 논문, 계명대학교 대학원, 2018), 9-15.

152) 이경훈, 박해천, "사업장 관리자의 안전리더십이 작업장 안전문화에 미치는 영향 연구," 대한안

십과 안전문화에 대한 개념이 어느 정도 정착된 20세기 후반부터 안전리더십에 대한 정의는 리더십의 개념과 모형을 근간으로 정의되고 발전되었다. O'Dea & Flin[153]은 안전리더십을 부하직원이 안전에 대한 성과 향상을 시키기 위하여 효율적으로 매진하도록 활동하는 것이며, 안전성에 대한 책임감을 가지도록 동기를 부여하는 것이라고 하였다.

안전리더십은 안전 목표 달성을 위해 조직과 개인요인에 대하여 영향력을 주려는 리더와 구성원 간의 상호작용이다.[154] 안전문화에 있어서 안전리더십의 중요성이 더욱 부각되면서 새로운 개념의 조직 안전문화, 안전풍토나 조직구성원들로 하여금 안전태도, 안전가치관, 안전행동 등에 대한 영향을 미치는 주요한 요소로 자리 잡게 되었다. Thomas[155]는 안전리더십을 리더의 성격, 가치관 및 감정적 몰입 단계, 다음으로 안전리더십 유형의 단계, 훌륭한 안전리더십의 단계, 마지막으로 안전문화의 단계 모형으로 제시하였다.

즉 리더들의 기본 성격과 가치관, 감정적 몰입 등을 통해 안전리더십이 결정된다고 보았다. 또한 훌륭한 안전리더십이 형성되어야 안전문화에 도달되도록 한다고 설명하였다. 다음 2단계에서는 리더십 유형인 거래적 리더십과 변혁적 리더십으로 구분하여 리더의 유형별 행동 양식을 제시하였다. 다음 3단계 훌륭한 안전리더십에는 비전 제시, 협력, 신뢰 구축, 행동지향, 피드백 및 인정, 소통, 책임감 등의 요소를 제시하였다.

박홍준[156]은 안전리더십의 하위변수를 구성하는 요소를 안전의사소통, 안전관심 및 참여유도, 안전의지 및 태도, 안전행동 및 활동으로 구성하였다. 안전 리더십의 하위 변수에 대한 조작적 정의를 살펴보면, 안전의사소

전경영과학회 학술대회논문집 2011(2) (2011): 299-313.

153) Flin R, O Dea A, Yule S, "HSE Horizons: Leadership Behaviors for Maximizing Safety," *Journal of Petroleum Technology Society of Petroleum Engineers of AIME* 54(11) (2002): 28-32.

154) J. B. Wu, "The dual processes of team leadership: A multilevel perspective," *Conference proceedings-Academy of management* 1(1) (2007): 190.

155) Peters, Thomas J, Dorling Kindersley, "Leadership" (London; New York: Dorling Kindersley, 2005).

156) 박홍준, "국내 철도 안전문화 증진을 위한 안전 리더십 요인에 관한 연구" (산업공학박사학위논문, 경희대학교 대학원, 2014), 15.

통은 안전에 대한 생각, 의사, 감정, 정보 등에 대한 상호 교환을 안전이라는 관점에서 구성원 간에 얼마나 행해지는지, 또한 상호 간에 얼마나 영향을 주는지 등에 관한 종합적인 요소를 말한다. 안전관심 및 참여유도는 구성원으로 하여금 관심을 가지게 하고 참여하도록 유도하는 일련의 모든 행위나 영향을 주는 요소이다. 안전의지 및 태도는 안전행동이나 활동의 전단계로 행위를 유발하기 위해 나타나는 의식적, 무의식적 준비된 상태나 태도 등을 말하는 것이다. 이러한 것들이 구성원의 공통된 요소로 봤다면 신뢰관계는 관리자의 관점에서 안전을 구성하는 전체 요소에 대한 믿음을 가지고 있는 것이다. 안전행동 및 활동은 기존의 의식적인 부분, 가치관이나 신념 등과 같은 피상적인 요소가 행동이나 활동을 통해서 표출되는 것으로 구성원이 안전과 관련된 어떠한 행동이나 활동을 하는지에 대한 것이다.

안전리더십은 조직의 목표를 안전하게 달성하기 위하여 리더의 영향력을 구성원에게 강력하게 발휘할 때 형성되는 리더와 구성원간의 상호 동조의 과정이라고 하였다. 안전리더십의 운용상 정의는 안전 코칭, 안전보호, 안전통제에서 경영진이 가지게 되는 리더십으로 정의된다.[157] 그동안 많은 연구 중 산업현장에서 안전관리의 효과적인 방법을 위해 리더십의 중요성이 강조되었다. 산업현장에서 고도의 위험을 내포한 작업을 안전하게 수행하기 위한 최우선 고려사항으로 리더십을 꼽았고 과업수행에 있어서 상하간, 동료 간 신뢰와 인간적 유대관계가 중요한 요소로 작용하였다. 또한 조직구성원은 한 집단의 목적을 달성하기 위해서 신뢰를 바탕으로 리더의 안전리더십이 강조되었다. 일반적으로 안전리더십은 2000년대 이전까지는 안전을 관리하는 경영진이나 최상위의 관리자가 필요로 하는 리더십의 한 축으로 인식되었다. Barling, Loughlin, & Kelloway[158]에 의하면 안전을 강조한 변혁적 리더십이 작업안전에 연계된다는 것을 논증하였으며 이는 조직

157) T.-C. Wu, C.-H. Lin, S.-Y. Shiau, "Predicting safety culture: The roles of employer, operations manager and safety professional," *JOURNAL OF SAFETY RESEARCH* 41(5) (2010): 423-431.

158) J. Barling, C. Loughlin, E. K. Kelloway, "Development and Test of a Model Linking Safety-Specific Transformational Leadership and Occupational Safety," *Journal of applied psychology* 87(3) (2002): 488-496.

구성원의 교육을 통해서 체득할 수 있다.[159] 이경훈・박해천[160]은 안전리더십을 조직을 구성하는 구성원의 생명과 재산을 보호하고자 조직의 목표를 안전이라는 것으로 정하고 이를 이루고자 하는 비전을 제시하고 규범, 규정, 절차 등을 마련하여 구성원으로 하여금 인식하도록 하고 활동을 하도록 영향을 주는 것이라고 하였다. 이러한 관점에서, 박홍준[161]은 안전리더십에 대하여 구성원의 태도, 행동, 습관을 안전한 작업장과 조직문화가 형성되도록 바꾸는 것으로 구성원으로 하여금 안전에 대한 믿음과 가치를 심어주고 변화시키는 것이라고 하였다.

안전리더십의 관심은 안전문화가 가지는 중요성에 대한 의미에 관심을 갖게 되면서 기업의 안전에 대한 풍토나 구성원들의 안전가치관, 조직의 안전문화, 안전행동, 안전태도 등에 영향을 주는 중요한 요소로 인식되었다.[162]

다른 선행연구들에 따르면, 안전리더십은 안전행동과 조직 내 안전 분위기에 영향을 주는 것으로 나타났다. 특히 문광수・이재희・오세진[163]은 관리자의 안전리더십이 근로자의 안전행동으로서 순응행동과 참여행동에 영향을 미치며, 안전리더십이 안전 분위기에도 영향을 미치는 것으로 주장하였다. 따라서 관리자들이 근로자와 근거리에서 작업을 하며 지시 및 감독을 하는 과정에서 안전리더십을 효과적으로 발휘할 수 있으며, 사고 예방에 대한 관심을 높일 수 있다는 것이다.

159) 오정일, "안전리더십과 안전교육이 안전성과에 미치는 영향: 안전풍토의 매개역할" (박사학위논문, 광운대학교, 2016), 54.

160) 이경훈, 박해천, "사업장 관리자의 안전리더십이 작업장 안전문화에 미치는 영향 연구," *대한안전경영과학회 학술대회논문집* 2011(11) (2011): 299-313.

161) 박홍준, "국내 철도 안전문화 증진을 위한 안전 리더십 요인에 관한 연구" (산업공학 박사학위논문, 경희대학교 대학원, 2014), 17.

162) O&apos, Dea A, Flin R, "Site managers and safety leadership in the offshore oil and gas industry," *Safety Science* 37(1) (2001): 39-57.

163) 문광수, 이재희, 오세진, "관리자의 안전 리더십과 조직 내 안전 분위기가 근로자의 안전행동에 미치는 효과," *한국안전학회지* 28(2) (2013): 66-72.

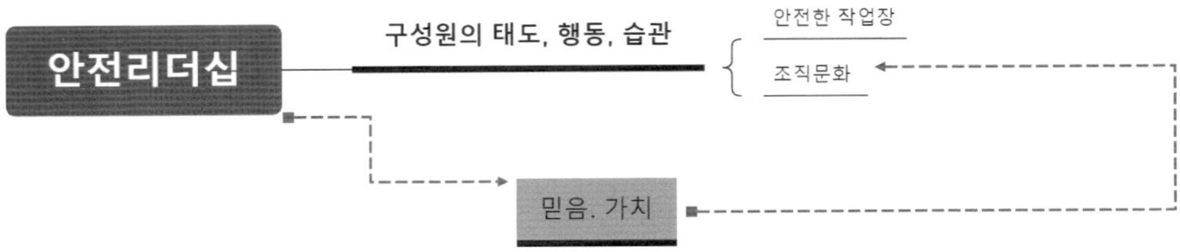

[그림 1-25] 안전리더십의 목표

4.3.3 안전코칭 리더십

이 시대의 조직의 리더들에게는 조직의 성패를 좌우하는 요소인 인재양성은 조직 구성원의 가능성을 발견하도록 개발함으로써 조직의 성과를 위해 코칭은 필수요소가 되었다. 코칭은 리더십과 결합하여 급변하는 기업경영에 반드시 필요한 능력이라는 개념에서 코칭리더십이 탄생하게 되었다.[164]

리더십에는 5가지 요인이 포함되어야 한다고 Lussier와 Acua[165]의 연구에서 주장하였다. 첫째, 리더는 리더십 대상과 영향력 행사 능력이 필요하며, 리더와 부하 간에 쌍방이 영향을 주고받는다. 둘째, 환경변화에 따라 대응하는 조직의 변화가 요구된다. 셋째, 조직 목표를 달성하기 위해 부하 직원들의 동기를 부여하고 목표를 달성한다. 넷째, 리더와 조직 구성원과의 인간관계가 중요하다. 다섯째, 리더가 제시하는 내용을 부하직원이 수용하도록 동기를 부여한다. 코칭 과정에서 리더는 리더의 경험과 축적된 역량을 조직원에게 제공하여 학습 및 성장에 동기를 부여한다. 즉 코칭은 부하직원들을 리딩하는 리더에게 필요 역량이라는 측면에서 리더십과 직접적인 관련이 있다 할 수 있다.

164) M. M. Grant, "Performance Management: Use quality principles to manage people," *Leadership Excellence* 24(3) (2007): 9.

165) Lussier, Robert N, Achua, Christopher F, "Leadership: theory, application, skill development (Mason: Thomson/South-Western, 2004).

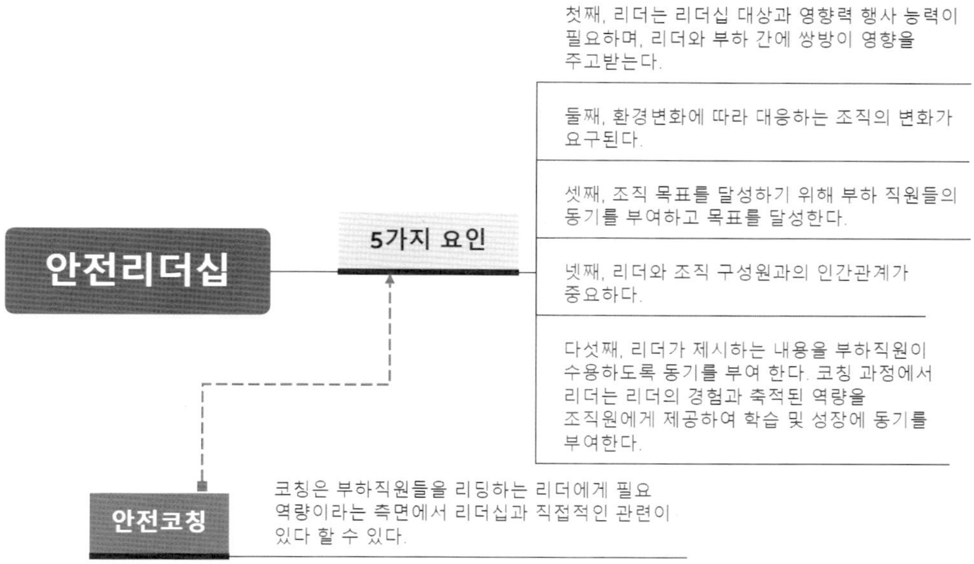

[그림 1-26] 안전리더십의 5가지 요인

Quinn79F[166]은 리더의 역할 중에서 대인관계 기술을 갖춘 리더를 "코치" 형 리더로 제시하였고, 리더의 역할을 대인관계뿐만 아니라 조직 차원의 구조와 문화의 관리까지로 확장될 수 있다.[167] 상황리더십을 주장한 Hersey와 Blenchard 는 리더가 부하의 성숙도에 따라, 특정 상황에서는 코칭기술을 사용하여야 한다고 주장하였다.[168]

Robinson[169]도 최근에 리더의 역할과 관련하여 문제해결사, 외부 인물들과의 연락책, 갈등조정자, 코치의 4가지 역할이 강조되고 있다고 하였다. 이 가운데 코치의 역할은 부하 직원들에게 기대와 역할을 분명하게 하고, 지원을 제안하고, 가르치며, 응원하며, 팀원을 도와 성과를 개선하는 측면에서

166) J. B. Quinn, "Team Innovation: Innovative teams share some common patterns of behavior in the workplace," *EXECUTIVE EXCELLENCE* 13(7) (1996): 13-14.

167) 정국현, "임파워링 리더십이 직무만족과 조직몰입에 미치는 영향: 내재적 동기부여와 직무스트레스의 매개역할을 중심으로" (경영학 박사학위 논문, 성균관대학교 일반대학원 경영학과, 2011), 59-64.

168) P. Hersey, "Get Beyond Fear: Practice the lessons of situational leadership," *LEADERSHIP EXCELLENCE* 26(4) (2009): 12.

169) P. S. Robinson, "Organization behavior (11th Ed)" (New Jersey: Pearson Education: Pretice Hall, 2011)

그 중요성이 증대되고 있다. 리더는 의지는 있지만 능력이 부족한 부하 직원에게 코칭스킬을 사용하여 부하직원들이 업무를 잘 수행토록 하기 위한 리더십을 발휘할 것을 권장하고 있다. 이와 같이 리더들에게 점점 더 코치로서의 역할이 많이 대두되고 있다.[170] 일정 규모 이상의 큰 조직에서는 리더에게 코치로서의 역할에 대한 중요성이 증가하고 있다. 이와 같은 코칭형 리더십은 리더십의 일환으로써 대세가 되어가고 있다.

Kets de Vries[171]는 리더가 코칭 스킬을 잘 사용하여 조직 전체에 영향을 미치게 되면, 이것은 조직 내에 코칭문화를 형성하게 되고, 이런 조직은 21세기의 경쟁력 있는 조직이 된다고 하였다. 즉, 코칭이라는 것이 코치라는 직업을 가진 사람들이 구사하는 기술일 뿐만 아니라, 리더들도 개발해야 하는 덕목 중 하나라는 것이다. 학자들마다 코칭리더십을 다양하게 정의하고 있는데, Whitmore[172]는 리더와 구성원 간에 수평적인 관계 속에서 리더가 구성원의 잠재역량을 개발하도록 돕고 그들의 능력을 극대화하도록 동기부여하고 지원하는 리더십이라 하였다.

이동우[173]는 리더가 조직의 목표를 달성하기 위해 구성원들에게 방향을 제시하고 업무 수행과정을 지도하며 개발시키고, 지속해서 동기부여를 함으로써 자신감을 심어주고 열정을 고취하는 우호적인 영향력의 행사과정이라고 정의하였고, 박재진[174]은 리더와 구성원 간의 관계를 바탕으로 리더가 조직구성원들에 대해 영향력을 발휘할 수 있는 리더십의 개념이라고 하였다. 조은현[175]은 조직구성원이 업무를 수행하는 과정 속에서 자신의 강

---

170) 조대연, 박용호, “관리자의 코칭행동과 부하직원이 인식한 직무성과의 관계 HRD연구 13(4) (2011): 89-109.

171) M. F. Kets de Vries, “Star Performers,” *Organizational dynamics* 41(3) (2012): 173-182.

172) Whitmore, John, “Coaching for performance: GROWing human potential and purpose: the principles and practice of coaching and leadership” (Boston: Nicholas Brealey, 2009).

173) 이동우, 김정식, 유호상, 윤태식, “리더의 코칭이 조직구성원들의 직무만족과 직무몰입에 미치는 영향: 자기효능감의 매개효과를 중심으로” *한국콘텐츠학회논문지* 11(7) (2011): 374-386.

174) 박재진, “기업체 중간관리자의 코칭리더십, 학습조직, 구성원의 문제해결능력 및 조직유효성 변인 간의 구조적 관계”(교육학 박사학위 논문, 숭실대학교, 2013), 19.

175) 조은현, “코칭리더십 척도 개발 및 타당화와 코칭리더십이 조직태도에 미치는 영향” (심리학 박사학위 논문, 광운대학교, 2011), 126-128.

점을 발견하고 개발할 수 있고, 이를 통해 조직과 자신의 성과를 성취할 수 있도록 조직 구성원의 성장과 발전을 지원하고 촉진하는 리더십이라고 정의하였다.

학계에서는 학자들이 조직의 리더들에 의해서 실행되고 있는 다양한 코칭의 용어들을 하나로 통일하여 사용하자고 제안하고 있지만 아직까지는 통일되지 못하고 있는 게 현실이다.

코칭리더십은 일반 관리기법과는 달리 리더와 구성원이 수평적인 관계에서 개방적으로 의사소통을 하며, 조직구성원 중심의 의사결정을 하는 등 차별화된 특성을 가지고 있다. 이동우[176)]는 리더가 조직의 목표를 달성하기 위해 구성원들에게 방향을 제시하고 업무 수행과정을 지도하며 개발시키고, 지속해서 동기부여를 함으로써 자신감을 심어주고 열정을 고취하는 상호적인 영향력의 행사과정이라 보았다. 박재진[177)]은 리더와 구성원 간의 관계를 바탕으로 리더가 조직구성원들에 대해 영향력을 발휘할 수 있는 리더십의 개념, 조은현[178)]은 조직구성원이 업무를 수행하는 과정 속에서 자신의 강점을 발견하고 개발할 수 있고, 이를 통해 자신과 조직의 목표를 성취할 수 있도록 성장과 발전을 지원하고 촉진하는 것이라 하였다. Greene와 Grant[179)]는 구성원 스스로가 수행능력을 향상시켜 성과를 내며, 문제를 해결하도록 하는 결과 지향적 리더의 체계적인 동기부여방식으로 보았다. Whitmore[180)]는 리더와 구성원 간에 수평적인 관계 속에서 리더가 구성원의 잠재역량을 개발하도록 돕고 그들의 능력을 극대화하도록 동기를 부여한다고 하였다. 지원하는 리더십은 피드백을 제공하여 직무를 효과적으로 수행할 수 있게하며, 성과향상과 역량개발로 이어질 수 있다. 또한 이러한

---

176) 이동우, 김정식, 유호상, 윤태식, "리더의 코칭이 조직구성원들의 직무만족과 직무몰입에 미치는 영향: 자기효능감의 매개효과를 중심으로," *한국콘텐츠학회논문지* 11(7) (2011): 374-386.

177) 박재진, "기업체 중간관리자의 코칭리더십, 학습조직, 구성원의 문제해결능력 및 조직유효성 변인 간의 구조적 관계" 교육학 박사학위 논문, 숭실대학교, 2013, 19.

178) 조은현, "코칭리더십 척도 개발 및 타당화와 코칭리더십이 조직태도에 미치는 영향" (심리학 박사학위 논문, 광운대학교, 2011), 126-128.

179) M. Grant, "smart leadership in tough times" *SUPERVISION* 64(6) (2003): 3-6.

180) Whitmore, John, "Coaching for performance: GROWing human potential and purpose: the principles and practice of coaching and leadership" (Boston: Nicholas Brealey, 2009).

조직구성원 중심의 접근은 업무에 대한 권한위임을 수반하여 조직구성원들이 업무에 몰입하여 실패에 대한 두려움 없이 혁신적인 아이디어를 창출할 수 있는 환경을 조성할 수 있게 한다.[181)]

코칭 시 리더는 부하의 성장 가능성을 믿고 신뢰해야 하는 것이 매우 중요하다. 인간은 어느 누구나 성장 가능성과 잠재능력을 지닌 전인적인 존재이며 본인 스스로 문제를 해결할 능력을 가지고 있다고 믿는 데서 코칭은 시작된다고 할 수 있다. 이런 인간에 대한 신뢰를 기반으로 리더의 코칭, 관리자의 코칭, 상사의 코칭행동도 코칭리더십과 그 개념이 같다고 할 수 있겠다. 이것은 코칭의 기본 바탕이 되는 철학, 인간관, 가치관에 가까운 코칭 마인드와도 일치한다. 또한 리더의 코칭리더십은 지시와 통제, 감독자가 아닌 코치로서 역할을 할 때 촉진자라는 인식이 필요하다.

일터에서의 리더십은 다른 사람들로 하여금 일을 해 내게 하는 기술이다. 결국 리더십은 다른 사람들과 함께 목표를 이루는 영향력이라고 표현할 수 있으며, 사업의 규모나 성격에 관계없이 모든 종류의 비즈니스 조직에서 리더십은 매우 중요한 역할을 하고 있다.[182)] 리더십에 대한 연구는 1970년부터 본격적으로 행해졌는데, 국내에서는 변혁적 및 거래적 리더십, 전략적 리더십, 카리스마 리더십, 셀프 리더십, 서번트 리더십, 진성 리더십, 공유 리더십, 긍정 리더십, 코칭 리더십 등이 자주 연구되고 있으며, 그 중 코칭리더십은 가장 최근에 등장한 리더십 이론 중의 하나라고 볼 수 있다.[183)]

코칭은 가장 자주 논의되는 리더십 스킬 중의 하나로서 경영 분야에서 활발히 연구되고 있는 주제다. Grant[184)]는 기업관리자에게 필요한 중요한 역

---

181) 박재진, "기업체 중간관리자의 코칭리더십, 학습조직, 구성원의 문제해결능력 및 조직유효성 변인 간의 구조적 관계" (교육학 박사학위 논문, 숭실대학교, 2013), 80-90.

182) Muhammad Owais Munir, Rabia Furqan, Saba Shahzad and Abdul Basit., "EXAMINING THE ROLE OF LEADERSHIP OF PORTFOLIO MANAGERS IN PROJECT PERFORMANCE," *Journal of Strategy and Performance Management*, 5(1) (2017): 23-41.

183) 탁진국, 손주영, "리더십: 이론과 실제" (서울: 학지사, 2017), 제 8장 황미영 "리더십에 대한 국내 연구동향," *부산교육학연구* 22 (2009): 125-154.

184) A. M. Grant, "Enhancing Coaching Skills and Emotional Intelligence Through Training," *Industrial and Commercial Training* 39(5) (2007): 257-266.

량으로 코칭 능력을 강조했으며, Hunt, & Weintraub[185]는 기업의 리더는 그들의 조직 내에서 내부 코치로서의 역량을 개발하고, 코칭에 더 많은 시간을 사용해야 한다고 역설했다. 조직에서의 코칭과 관련하여 대다수 조직에서 조직의 관리자들이 직원들을 코칭하고, 조직은 관리자가 코치의 역할을 하도록 조직에서 성과를 높이고 조직구성원의 역량을 강화하기 위해 기업의 관리자가 행하는 코칭을 코칭리더십이라고 하며, 국내 연구에서는 이를 코칭, 코칭 행동 또는 관리자 코칭 등으로 표현하기도 한다.

코칭리더십에 대한 정의는 다양하다. Greene, & Grant[186]는 조직구성원이 스스로 문제를 해결할 수 있도록 구성원의 수행능력을 향상시켜 성과를 얻어내는 결과 지향적이며 체계적인 리더의 행동 방식이라고 정의하였으며, Davis[187]는 코칭 역량을 가진 관리자가 자신의 업무를 수행하면서 조직구성원의 성장을 돕는 코칭 행동이라고 정의하였다. Heslin, Latham, & Vande101F[188]는 관리자가 코치이에게 직무수행 방법을 제시하고, 조직의 기대를 전달하며, 피드백을 주고 스스로 문제를 해결할 수 있도록 격려하고, 자신의 가능성을 깨닫도록 돕는 과정이라고 정의하였다. Ellinger, Ellinger, Hamlin, & Beattie[189]는 관리자의 코칭을 조직구성원의 학습과 효과성을 증진시키는 효과적인 관리 및 리더십 행위라고 정의하였다. 관리자의 코칭 행동은 주로 일대일 대화를 통해 일어나며, 적극적 경청과 질문 및 조직 관련 이슈와 구성원의 업무 향상을 위한 건설적인 피드백을 포함한

185) Hunt, James M, Weintraub, Joseph R, "The coaching organization: a strategy for developing leaders" (Thousand Oaks: Sage Publications, 2007).

186) J. Greene, & A. M. Grant, "Solution-focused Coaching: A Manager's Guide to Getting the Best from People" (London: Peason Education Limited, 2003).

187) P. Davis, "Coaching performance: What sort of job are you dong?" *Sprts Coach* 27(1) (2004): 6-8.

188) P. A. Heslin, G. P. Latham & D. VandeWalle, "The effect of implicit person theory on performance appraisals," *Journal of Applied Psychology* 90(5) (2005): 842-856.

189) A. D. Ellinger, A. E. Ellinger, R. G. Hanmlin, & R. S. Beattie, "Achieving improved performance through managerial coaching. In R. Watkins and D. Leigh(Eds.), Handbook of improving performance in the workplace Volume 2: Selecting and implementing performance interventions," (San Francisco, CA: Co-published by The International Society for Performace Improvement and Pfeiffer, 2010), 275-296.

다.[190] Heslin et al.[191]은 관리자의 피드백은 하나의 이벤트가 아니라 조직 구성원의 성장을 위한 지속적인 과정이며, 적절한 질문과 경청 기술을 활용함으로써 조직 구성원이 스스로 생각하고 해결책을 찾게 하는 과정을 통해 조직의 성과를 높일 수 있다고 강조하였다.

국내에서는 조은현[192]이 리더의 코칭 행동을 측정하는 코칭리더십 척도를 개발하고 타당화를 검증하여 코칭리더십의 이론화에 기여하였는데, 일반 직장인 600명을 대상으로 한 조사를 통해 부하의 성장 가능성에 대한 믿음, 심리적 지지와 존중, 목표제시와 피드백, 그리고 관점 변화 촉진이라는 4개 요인으로 구성된 24개 문항이 도출되었다.

이민호[193]는 코칭리더십이란 조직 구성원과의 신뢰 속에서 구성원들의 숨은 잠재력을 개발, 향상시키고 자신의 임무를 스스로 완수 해결할 수 있도록 구성원의 학습 능력을 키워주는 프로세스라고 규정하였다. 이지현[194]은 리더가 집단이 처한 상황과 집단구성원의 특성이나 기대를 고려하여 구성원들로 하여금 집단 목표를 달성하도록 구성원들에게 조직의 기대를 전달하고, 피드백을 주고, 문제를 해결할 수 있도록 격려하고, 가능성을 믿고, 경청하고 질문함으로써 구성원 스스로 역량을 개발하고 발휘할 수 있도록 영향력을 행사하는 것으로 정의하였다. 김수정[195]은 코칭리더십을 리더가 구성원과 수평적인 신뢰 관계를 바탕으로 구성원의 강점 역량을 개발하고 목표를 달성할 수 있도록 업무 수행 과정을 평가하고 경청과 질문을 통해

---

190) G. N. McLean, B. Yang, M. C. Kuo, A. S. Tolbert & C. Larkin, "Development and initial validation of an instrument Measuring managerial coaching skill," *Human Resource Development Quarterly* 12(2) (2005): 157-178.

191) P. A. Heslin, G. P. Latham & D. VandeWalle, "The effect of implicit person theory on performance appraisals," *Journal of Applied Psychology* 90(5) (2005): 842-856.

192) 조은현, "코칭리더십 척도 개발 및 타당화와 코칭리더십이 조직태도에 미치는 영향," (박사학위 논문, 광운대학교 대학원 산업심리학과, 2010), 95-113.

193) 이민호, "코칭 리더십의 공공부문 도입에 관한 연구," (석사학위 논문, 단국대학교 대학원 행정학과, 2007), 97-99.

194) 이지현, "관리자의 코칭리더십이 부하직원의 경력계획과 태도에 미치는 영향," (박사학위 논문, 한국기술교육대학교 테크노인력개발전문대학원 인력개발학과, 2010), 35-37.

195) 김수정, "관리자의 코칭리더십과 조직유효성의 관계: 개별성, 관계성 및 직무자율성의 매개효과를 중심으로" (교육학 박사학위 논문, 한국기술교육대학교 테크노인력개발전문대학원, 2015), 6-8.

피드백해주며 자기 주도적 업무태도로 조직의 성과에 영향력을 미치는 리더의 행동 양식으로 정의하였다. 조은현[196]은 코칭리더십의 측정 척도를 개발하는 과정에서 기존의 리더십과 상관 분석을 실시한 결과, 변혁적 리더십, 배려적 리더십, 서번트 리더십, 수퍼 리더십과 상관이 높게 나와 코칭리더십을 비롯한 다른 연구 대상 리더십들이 서로 변별되지 않는다는 결과를 보고하였다. 이는 상기의 다른 리더십 유형들과 코칭리더십이 모두 인간 존중의 인본주의 심리학과 긍정심리학에 바탕을 두었다는 점에서 본질적으로 유사한 형태임을 의미한다고 할 수 있다. 그러나 코칭리더십과 다른 리더십의 차별점은 현대의 코칭이 학문을 뛰어넘는 방법론으로 개인과 조직의 변화를 주도한다는 것이다.[197] Grant, & Zackon[198]이 2,529명의 전문 코치를 상대로 한 연구에 의하면, 코치들은 과거에 컨설턴트 40.8%, 관리자 30.8%, 경영자 30.2%, 교사 15.7%, 세일즈 담당 13.8%로 매우 다양한 배경을 가지고 있었으며, 심리학 배경 출신은 4.8%에 불과했다. 이러한 코치 배경의 다양성은 강점인 동시에 약점이다.[199] 전문 코치의 배경이 다양하다는 것은 누구나 일정의 훈련을 거쳐 코치가 될 수 있다는 것을 보여주며, 이는 조직의 리더들도 적절한 교육과 훈련을 받으면 효과적으로 코칭리더십을 발휘할 수 있음을 의미한다. 다른 유형의 리더십들이 대체로 이론적이고 개념적인 것에 비하여, 코칭리더십은 비교적 짧은 시간에도 코칭 스킬을 익힘으로써 유의미한 리더십의 향상을 일으킬 수 있는 효과적인 방법론을 제공할 수 있다.[200] 이상의 연구를 종합하여 보면, 코칭리더십이란 구성원과 수평적인

196) 조은현, "코칭리더십 척도 개발 및 타당화와 코칭리더십이 조직태도에 미치는 영향" (심리학 박사학위 논문, 광운대학교 대학원 산업심리학과, 2010), 95-113.

197) A. M. Grant, "A personal perspective on professional coaching and the development of coaching psychology," *International Coaching Psychology Review* 1(1) (2006): 12-22.

198) Anthony M Grant, Richard Zackon MS, "Executive, Workplace and Life Coaching: Findings from a Large-Scale Survey of International Coach Federation Members," *International Journal of Evidence Based Coaching and Mentoring* 2(2) (2004): 1-15.

199) A. M. Grant, "A personal perspective on professional coaching and the development of coaching psychology," *International Coaching P sychology Review* 1(1) (2006): 12-22.

200) A. M. Grant, "Enhancing Coaching Skills and Emotional Intelligence Through Training," *Industrial and Commercial Training* 39(5) (2007): 257-266.

파트너십 관계를 형성하고 경청, 인정, 질문, 피드백을 통해 구성원의 잠재력을 개발하고 스스로 자각하도록 도와 목표를 달성할 수 있도록 지원하는 것이라고 정의할 수 있다.

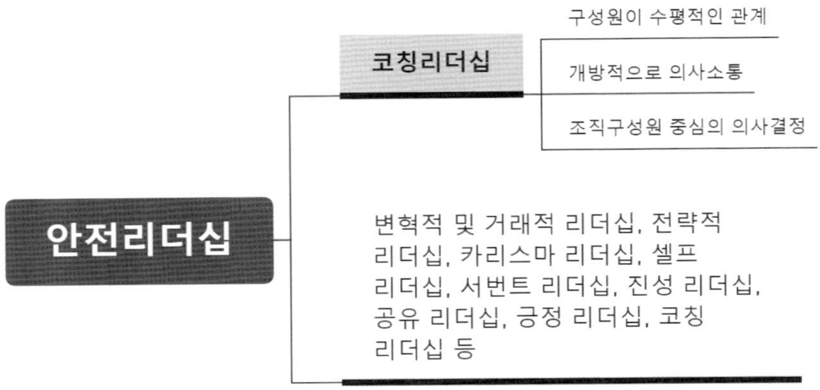

[그림 1-27] 코칭리더십

4.3.4 안전코칭 리더십 구성요인

1) 신뢰감

신뢰는 사회적 관계의 근간을 이루는 기반으로서 사람들 사이에 관계가 형성된 곳이라면 어디서든 관심을 갖고 다루어져 온 주제이다.

신뢰에 대한 학문적 연구 분야는 심리학, 경제학, 사회과학 등의 범주에서 사회현상과 연결하여 개인과 개인, 기업과 소비자. 기업과 기업의 긍정적 관계지속의 영향관계에 대해 연구되어 왔다. 신뢰에 관한 연구는 최근 조직 행동과 조직이론 분야에서 많이 이루어지고 있다. 특히 대인 간, 부문 간, 조직 간, 사회 간에 네트워크에서의 신뢰에 대한 연구는 신뢰가 개인 유효성과 조직 유효성을 유지하는 데 중요한 요인임을 말해주고 있다.

신뢰관계는 인간이나 사물의 특성 혹은 진실에 관한 확신 내지는 의존하는 것으로 학술적으로는 사회적 관계를 지속하도록 하는 데 있어서 필수적인 것이며 당사자 간의 거래가 원활하게 이루어지도록 하는 가장 효율적인 메커니즘으로 역할을 하는 것이고 다른 사람이나 사물은 잘 믿는 개인의 성향 또는 지향성을 말한다.

신뢰의 개념은 크게 두 가지의 관점으로 나눠볼 수 있다. 첫째, 기대와 관련된 개념이다. 둘째, 신뢰는 위험(Risk) 관련된 개념이다. McKnight et al.[201]은 신뢰의 형성요인으로 다음과 같이 5가지 측면을 제시하고 있다. 첫째, 이해타산기반의 신뢰 측면으로 개인은 합리적으로 유추한 비용과 이익을 바탕으로 신뢰적 선택을 한다. 둘째, 제도기반의 신뢰 측면으로 신뢰는 보증, 안전망이나 다른 구조 때문에 어떤 상황에 관하여 느끼는 안정성을 반영한다. 셋째, 지식기반의 신뢰 측면으로 다른 사람과의 경험을 통해 신뢰와 관련된 지식을 축적함으로써 시간을 경과 할수록 신뢰는 발전한다. 넷째, 개성기반의 신뢰 측면으로 유아가 자신을 돌보는 사람에게 도움을 받거나 원하면서 동시에 다른 사람들을 신뢰하는 일반적인 경향을 보이는 유아기 동안 신뢰는 형성된다. 다섯째, 인지기반 관점의 신뢰 측면의 신뢰는 개인의 상호작용에 반대되는 신속하고 인지적인 암시나 첫인상에 의존한다.

McKnight et al.은 신뢰에 대한 다섯 가지 측면 중 지식기반의 신뢰를 제외시킨 네 가지 관점에서 초기 신뢰형성에 영향을 미치는 요인을 연구하였다. 개성기반의 관점에서 인간에 대한 믿음 변수, 이해타산 관점에서 신뢰하는 태도변수, 제도 기반 신뢰 관점에서 구조적 보장과 상황적 규범변수, 인지기반의 신뢰 관점에서 범주화 프로세스 및 통제 프로세스에 대한 환상변수들을 통하여 신뢰에 영향을 미치는 요인에 관하여 설명하고 있다.

2) 안전의식

의식은 다음과 같은 특성을 보인다. 첫째, 안전의식은 실제 안전행동의 선행변수이다. 둘째, 안전의식은 안전행동에 대한 태도, 지각된 행동 통제력, 주관적 규범에 의해 결정된다. 셋째, 이들 결정변수들은 행동적, 규범적, 통제적 신념의 기능과 역할을 결정하거나 개별적으로 그 역할을 수행한다. 넷째, 행동적, 통제적, 규범적 신념은 여러 가지 배경 요소들에 의해 수행된

201) H. McKnight, V. Choudhury & C. Kacmar, "Developing and validating trust measures for e-commerce: An intergrative typology," Information Systems Research, 2002) 13(1): 334-359.

다. 즉 이러한 안전의식은 안전을 위한 행위적 차원에서 가장 근간이 된다는 점에서 안전을 추구하려는 자가 추구해야 할 중요한 요소가 된다.

① 의식과 인식에 대한 개념

의식과 인식은 그 개념을 명확하게 쉽게 구분하기 어렵다. 안전 관련 논문에서 의식과 인식의 명확한 개념적 정의 없이 혼용 사용하는 경우가 대부분이다. 기존의 논문을 통해서도 의식과 인식을 명확하게 구분되는 개념적 정의를 내리기가 어려웠다. 의식과 인식을 영문으로는 각각 Consciousness와 awareness로 나타낸다.[202)] 의식은 지식, 감정, 의지의 세 형식으로 구성되며 서로 통합적으로 상호작용하는 정신활동이며[203)] 의식은 머릿속에 저장된 무엇 또는 머릿속에서 일어나나 추적할 수 없는 무엇의 의미가 강하다면 인식은 그간 몰랐던 것을 새롭게 발견하는 행위의 의미가 강하다고 했으며[204)], 정지현은 인식은 이전에는 의식의 대상이 아니던 외부대상이나 사건에 대하여 의식하는 상태를 말하기도 한다고 하였다.[205)] 철학자 헤겔은 인식이란 의식의 경험을 변증법적인 방식으로 조직하는 연속적인 과정이며, 인식의 내용으로서의 진리는 이 과정의 각 단계에서 산출되는 내용들의 총합이라고 정의한 바 있다.[206)] 인식의 형성은 사물을 알지 못한 상태에서 그것을 아는 것으로 이행하는 과정이며 대상에 대한 인식은 대상의 현상이 아닌 본질을 파악하는 것이다. 이상의 논의를 살펴보면 안전의식은 안전이라는 개념을 기본적으로 가지고 있는 상태라고 말할 수 있고, 안전인식이란 의식된 안전의 개념을 바탕으로 불안전상태나 안전한 상태 등을 확인하고 인지하여 그것을 지식으로서 받아들이게 되는 단계라고 할 수 있다.[207)]

---

202) 정지현, "국어 의식과 '국어 인식'의 교육적 개념화를 위한 방향 탐색," *문법 교육(Grammar education)* 19 (2013): 389-419.

203) 이병승, "사회적 지성에 기초한 존 듀이의 사회개혁론 비판과 그 교육적 시사," *교육사상연구* 23(1) (2009): 141-165.

204) 김은성, "비판적 언어인식에 대한 연구," *서울대학교 국어교육연구소* 15 (2005): 323-355.

205) 정지현, "국어 의식과 '국어 인식'의 교육적 개념화를 위한 방향 탐색," *문법 교육(Grammar education)* 19 (2013): 389-419.

206) 강순진, "정신으로서의 이성: 정신현상학에 나타난 이성에서 정신으로의 이행의 분석을 통한 헤겔의 이성 개념의 계보학적 해명," *철학사상* 38 (2010. 11): 69-98.

② 안전의식과 태도의 관계

안전의식이나 인식과 함께 실제 행동 변화를 논의할 때 거론되는 것이 태도이다. 태도와 행동의 관계는 많은 연구가 진행되어 왔지만 최근에는 안전 관련 태도에 대한 많은 연구가 이루어지고 있다.

태도는 관련 지식, 생각과 신념, 학습, 직접적인 경험의 반복, 강력한 체험 등이 바탕이 되어 후천적으로 형성된다. 태도는 동기적, 감정적, 지각적, 인식적 과정의 지속적 조직으로 정의하기도 하며, 어떤 목적물 또는 아이디어에 대하여 사람들이 호의적이거나 혹은 비호의적으로 행하게 되는 지속적인 인지적 평가, 느낌, 행동경향으로 정의하기도 한다.[208] 또한 주어진 대상에 대하여 일관성 있게 반응하려는 학습된 선입관으로 해석하기도 한다. 이와 같이 태도는 인지된 지식과 생각, 신념에 따라 지속적으로 행동이 반복되어 얻게 되는 몸의 행동변화일 것이다. 안전태도도 끊임없이 반복적인 교육과 훈련, 홍보 등이 지속되고 인식이 바뀌어야 안전에 대한 태도에도 변화가 올 것이다.

③ 안전의식과 행동과의 관계

안전의식은 안전하고자 하는 본능적인 마음의 자세로, 위험으로부터 안전을 유지하거나 사고를 예방하기 위해 가지는 적극적인 인지도이며, 안전한 환경을 위하여 대처하는 자세이며[209], 위험요인에 대한 인식과 발생할 수 있는 위험상황을 효과적으로 다룰 수 있는 능력을 강조하는 가치, 태도, 믿음이라고 정의할 수 있다.[210] 따라서 안전의식은 안전 하고자 하는 가장

---

207) 임대성, “산업위생분야 종사자들의 사회안전의식 변화에 관한 조사연구: 국가 대형안전사고 발생 전후 비교중심으로,” (공학박사학위 논문, 한성대학교 대학원, 2016), 7-8.

208) 여운승, 한상린, 고혁주, “산업재 유통과정에서 관계결속과 수직적 통합의 선행변수 및 성과에 관한 연구,” *마케팅관리연구 = Journal of marketing management research* 15(1) (2010): 107-138.

209) 이경재, “조직의 안전풍토에 대한 종업원의 인식과 개인의 안전의식이 직무만족·조직몰입에 미치는 영향 연구: 조직신뢰를 매개로,” (경영학 박사학위 논문, 순천향대학교 대학원, 2014), 9-11.

210) Bradford H. Forcier, Amy E. Walters, Eric E. Brasher & John W. Jones, “Creating a safer working environment through psychological assessment: A review of a measure of safety consciousness,” *Journal of Prevention & Intervention in the Community* 22(1) (2001): 53-65.

기본적인 마음가짐이라 할 수 있다. 의식이 실제 행동으로 이어지는지에 대한 연구에서는 의식이 곧바로 실제 행동으로 이어진다는 주장도 있고 반대로 의식이 직접적인 행동으로 반드시 이어지는 것은 아니라고 주장하기도 한다.

또한, 구매 행동단계에서의 소비자의 안전행동에서도 안전의식과 태도와 구매행동이 관계가 있다는 주장도 있고, 반대로 관계가 없다는 주장도 있다. 이처럼 의식과 행동은 서로의 상관관계에 대해서 많은 연구들이 진행되고 있다.

심리학에서 발전한 의식과 행동과의 관계를 보면, 의식은 때로는 직접적인 행동으로 어떤 때는 행동으로 나타나지 않는다. 복잡한 문제는 개인별로 의식정도의 차이가 행동에 있어서의 차이도 가져올 수 있을지에 대한 사항이다. 동일한 사물이나 사건에 대한 의식은 사람마다 차이가 있다. 이 경우, 동일한 자극이 동일한 행동(반응)을 이끌어내기 어렵다. 아울러 행동과 의식 간 관계에서 주목해야 할 중요 사항은 의식과 행동이 일 방향적이지 않다는 점이다. 인간은 과거에 했던 행동과 그로 인해 나타난 결과를 기억하게 되고, 이는 의식에 영향을 미친다. 행동으로 인해 변화된 수정된 의식은 또다시 행동에 영향을 미친다. 이전 행동이 부정적 결과라면, 유사한 환경에 다시 처한 사람은 수정된 행동을 하거나 똑같은 행동을 하지 않을 수 있다. 의식과 행동과의 관계는 서로 양과 음의 관계인지 명확하지 않지만 여러 연구를 통해 의식과 행동이 밀접한 관계가 있다는 사실이다. 앞서 살펴본 연구들을 종합해 볼 때 안전행동에 대한 가장 기본적인 시작은 안전의식이며, 안전의식이 갖추어져 있어야 위험을 인지하게 되고, 그로 인해 안전태도가 바뀌어 결국 안전한 행동으로 이어진다는 개념이다.

3) 의지와 태도

안전의식이나 인식과 함께 실제 행동 변화를 논의할 때 거론되는 것이 태도이다. 태도와 행동의 개념도 많은 연구가 진행되어 왔고, 최근에는 안전과 관련된 태도에 대한 연구도 많이 이루어지고 있다. 태도는 직접적인 경험의 반복, 학습, 강력한 체험 등이 바탕이 되어 후천적으로 형성된다. 태도는 개인세계의 어떤 측면에 대한 동기적, 감정적, 지각적, 인식적 과정의 지속적 조직으로 정의하기도 하며[211], 어떤 목적물 또는 아이디어에 대하여 사람들이 호의적이거나 혹은 비호의적으로 행하게 되는 지속적인 인지적 평가, 느낌, 행동경향으로 정의하기도 한다.[212] 또한 주어진 대상에 대하여 일관성 있게 반응하려는 학습된 선입관으로 해석하기도 한다. 이와 같이 태도는 무엇인가를 지속적으로 반복되어 학습 되어질 때 얻게 되는 몸의 변화이다.

확장된 계획행동이론을 통한 관람스포츠 소비자의 소비행동 예측 연구에서 태도는 관람의도에 통계적으로 유의한 정(+)의 영향을 미치고, 관람의도는 관람행동지속성에 통계적으로 유의한 정(+)의 영향을 미치는 것으로 나타났다.[213]

이와 같이 태도의 변화가 행동의 변화를 가져오기 위한 중요 단계라고 할 수 있다. 사람마다의 개인 차이가 있을 수 있고 주변 환경에 따라 달라질 수 있지만, 일반적으로 태도의 변화가 행동의 변화로 이어지게 되는 경우가 많다.

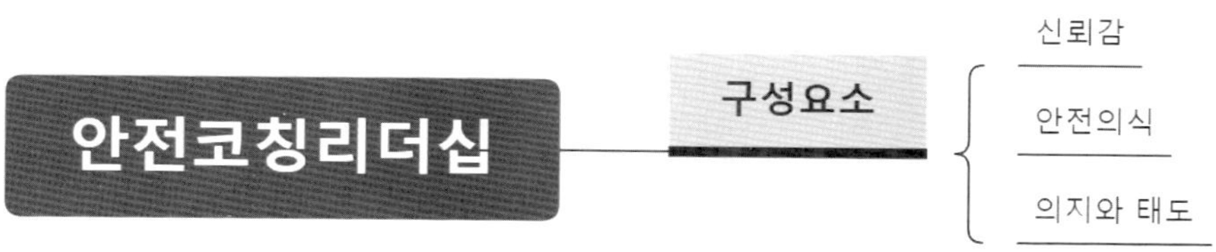

[그림 1-28] 코칭리더십 구성요소

4) 안전코칭 리더십의 연구

안전리더십 코칭에 대한 연구는 안전리더십 코칭의 개념과, 모형, 하위

---

211) 윤훈현, "소비자행동의 이해" (서울: 청목출판사, 2008), 19-12.

212) 여운승, 한상린, 고혁주, "산업재 유통과정에서 관계결속과 수직적 통합의 선행변수 및 성과에 관한 연구," *마케팅관리연구* 15(1) (2010): 107-138.

213) 김동규, "확장된 계획행동이론을 통한 관람스포츠 소비자의 소비행동 예측: 프로야구를 중심으로," (스포츠산업경영학 박사학위 논문, 경희대학교 체육대학원, 2017), 56.

구성 개념에 대한 연구로 나눌 수 있다.

먼저 개념에 대한 연구를 살펴보면, 미국의 산업안전보건청은 경영진의 안전문제의 가장 큰 요인으로 제시하였다. 즉 안전리더십을 리더십에 의한 영향을 인정하였다. 영국의 보건안전청은 사업장은 효과적인 리더십이 있어야지만 우수한 안전성과를 달성할 수 있다고 하였다. 또한, 미국의 연방안전위원회는 안전문화를 정착시키기 위해서는 회사 임원진의 안전리더십이 매우 중요하다고 하였다. O'Dea& Flin[214]은 안전리더십을 '부하직원들이 효율적으로 작업하며, 안전실적 향상을 위해 더욱 열심히 노력하고, 안전성과에 대한 책임감을 갖도록 동기 부여하는 것'이라고 정의하였고, Wu[215]는 안전리더십을 '개인과 조직 안전요인에서 부하직원과 기업의 안전목표 달성을 위해 영향력을 발휘하려는 리더간의 상호작용'이라고 주장하였다.

여기서 개인요인은 조직 구성원 개개인이 안전보건을 중요하게 인정하며 이러한 가치관이 업무 중에 반영되고 있는지 여부와 사업장에 잠재된 유해위험요인을 인식하고 이를 개선하고자 노력하는지에 대한 여부 등을 의미한다. 조직요인은 경영진의 안전보건에 대한 의지, 안전보건에 대한 업무우선순위, 조직의 상사와 부하 간의 의사소통 체계 및 분위기, 회사의 안전업무절차서의 적합 및 이행 여부, 회사 내의 안전보건 확보를 위한 비용, 설비, 인력 등의 자원의 적절한 지원, 계층별 안전보건 활동 참여, 현장의 유해위험 요인에 대한 개선 여부 등을 의미한다.

호주의 NSWMC[216]는 안전리더십을 근로자의 행동과 태도, 습관을 변화하고 현장의 안전문화가 향상되도록 작업자의 가치와 믿음에 영향을 주어 변화시키는 것으로 정의하고 작업자가 안전 가치관과 믿음을 중요시하며, 안전을 모든 활동에서 고려하는 근본적인 것으로 인식하는 것과 동시에 안

214) O'Dea A, Flin R, "Site managers and safety leadership in the offshore oil and gas industry," *Safety Science* 37(1) (2001): 39-57.

215) J.B. Wu, "THE DUAL PROCESSES OF TEAM LEADERSHIP: A MULTILEVEL PERSPECTIVE," *CONFERENCE PROCEEDINGS- ACADEMY OF MANAGEMENT* 1(1) (2007): 190.

216) NSWMC, Submission to the 2005 NSW Mines Safety Review (NSW Minerals Council, 2005).

전을 중요시하면서 업무를 추진하면 회사의 경영층, 동료나 상사도 이를 인정해 줄 것이라고 믿는 것을 의미한다고 한다.

다음은, 모형이나 하위 구성요인에 대한 연구이다. 안전리더십과 관련된 연구모형은 연구자의 관점에 따라 다양한 형태로 제시되었다. Julian[217]은 변혁적 리더십이 업무상 상해에 미치는 영향관계 모형을 제시하였는데 변혁적 리더십이 안전성과에 영향을 미치는 과정에 관리자의 의지, 신뢰, 공정함과 같은 근로자의 의욕과 관련된 요인들이 매개요인으로 작용하고 있으며 이는 안전의식, 인지된 안전풍토와 밀접한 관련이 있음을 나타내었다. 또한 호주의 NSWMC[218]은 안전리더십에 의한 지속가능한 안전문화 모형과 사업장의 계층별 안전리더십 행동을 제시하였다. 안전리더십 요인으로 변화추구 및 비전개발, 전략 및 사업계획 수립, 시스템 개발 및 유지관리, 지식, 스킬, 믿음, 가치를 제시하였다. 이 요인들이 복합적으로 작용하여 조직의 안전문화를 성공적으로 달성할 수 있다고 하였다.

그리고 영국 보건안전청(HSE)은 안전성과에 대한 리더십 통합모델을 제시하고 안전성과를 달성하기 위한 계층별 리더십 요인을 제시하였고, 계층별 관계를 나타내었다.

외부 영향요인으로는 국가문화, 정부규제, 경제요건, 경쟁 환경, 업종, 대중, 주주, 노동조합을 들고 있으며, 계층별로는 임원진은 안전경영방침, 안전프로그램, 안전업무 절차에 대한 의지, 안전분야 자원할당, 안전에 대한 경쟁력, 이익창출, 변혁적 리더십 유형, 법규 준수에 대한 중요성 인식, 부하직원과 신뢰관계를 제시하였다. 안전관리자는 안전의지, 안전 우선순위, 안전참여, 권한위임, 의사소통, 상호작용, 인본주의적 관리를 제시하였다. 그리고 감독자는 지원과 참여, 참여유도, 자율 권한을 제시하고, 근로자는 참여, 위험인식, 소속감, 자율권한, 동기를 제시하였다.

217) Julian, Turner, Nick, Barling, Epitropaki, Olga, Butcher, Vicki, and Milner, Caroline, "Transfromational Leadership and Moral Reasoning," *Journal of Applied Psychology* 87 (2002): 11-304.

218) NSWMC, "Submission: Safety Works: a Proposal for a Coal Mine Health and Safety Act" (NSW Minerals Council, 2002).

이 밖에 Yule, Flin & Murdy[219]는 지적인 자극을 주고, 안전보건 비전을 제시하고, 성과에 대하여 적절한 보상을 제공하는 것을 임원진의 리더십이 안전성과에 긍정적인 영향을 미치는 요인으로 제시하였다.

Kelloway[220]는 안전보건 비전을 제시하는 것, 영감을 주면서 동기를 부여하는 것, 지적인 자극을 제공하는 것, 개개인에 대한 사려 깊은 태도를 갖는 것을 변혁적 리더십의 4가지 요소로 제시하면서 사고 감소 및 안전행동 증가 등의 안전성과에 긍정적인 영향을 미치는 요인으로 꼽았다.

① 지각된 통제감의 개념

지각된 행동통제는 계획된 행동이론에서 중요한 부분이다. 사실상, 계획된 행동에서 지각된 행동 통제를 제외한 이론은 합리적 행동 이론과 다르다. 실제 행동 통제의 중요성은 너무 자명해서 특별히 설명할 필요가 없다.[221] 개인에게 유효한 자원과 기회들은 행동의 성취 가능성에 어느 정도 영향을 준다. 그러나 실제 통제보다 더 큰 심리학적 관심은 행동 통제의 인식과 목적 및 행동의 강력한 영향이다.

지각된 통제는 성공적인 행동 수행을 제한하거나 가능케 할 수 있는 통제 신념에 의해서 결정된다. 이 요소들은 정보, 기술, 능력, 감정, 개인 차이와 같은 내부 통제와 의존성, 기회, 장벽 등의 외부적인 요소가 될 수 있다. 행동을 수행하기 위한 장애물의 부족 또는 기회들이 있다고 인식하는 사람들은 아마도 높은 통제력의 인식을 가지고 있다고 할 수 있을 것이다.[222]

지각된 행동통제는 특정 행동과 직접적 연결 요소들에 중점을 둔 것과 같

219) S. Yule Flin R. & A. Murdy "The role of management & safety climate in preventing risk-taking at work," *International Journal of Risk Assessment and Management* 7 (2007): 137-151.

220) J. Barling, C. Loughlin, E. K. Kelloway, "Development and Test of a Model Linking Safety-Specific Transformational Leadership and Occupational Safety," *Journal of applied psychology* 87(3) (2002) : 488-496.

221) 홍승표, "항공 정비사의 안전 행동에 영향을 미치는 요인에 대한 실증연구,"(경영학 석사학위, 한국항공대학교 대학원, 2015), 20-22.

222) I. Ajzen., "The Theory of planned behavior," *Organizational Behavior and Human Descision Processes* 50 (1991): 179-211.

이 관심된 행동을 수행하는 데 어려움이나 용이함을 가지는 사람들의 인식을 나타낸다. 지각된 행동통제는 통제의 소재가 행동과 상황의 종류 사이의 일반화된 기대와 다르게 행동과 상황을 다르게 할 수 있다. 보통 상황과 행동은 다르다.

지각된 통제의 다른 접근은 Atkinson의 성취동기 이론에서 발견되어 진다. 그의 이론에서 중요한 요소는 주어진 업무 성공의 지각된 가능성으로 정의된 성공의 기대이다. 이 관점은 특정 행동 상황과 일반화된 성향이 아닌 점에서 지각된 행동통제와 꽤 비슷하다. 이 일반적인 성취동기는 성공의 추가 보상과 같은 다른 상황 상세요소와 마찬가지로, 상황의 성공 기대와 함께 상승하는 조합으로 가정된다.

그러나 지각된 행동통제의 관점은, Bandura가 "다가오는 행동을 다루기 위해서 필요한 행동의 과정을 얼마나 적절히 실행할 수 있는지에 대한 판단"으로 정의된 지각된 자기 옹호의 개념과 가장 비교할 만하다. 사람들의 행동이 그것을 수행하기 위한 그들의 능력에 대한 자신감에 의해서 강하게 영향을 받는다는 것을 보여주었다. 자기 옹호 믿음들은 활동의 선택, 활동을 위한 준비, 수행하는 동안 추가된 노력 그리고 사고방식과 마찬가지로 감정적 반응에 영향을 미칠 수 있다. 계획 행동이론은 믿음, 태도, 목적 그리고 행동 사이의 더 일반적인 틀 사이에 자기 옹호 믿음의 구조 또는 지각된 행동 통제를 위치시킨다.

Trafimow et al.136F[223]은 지각된 행동통제가 일차원적인 구성보다 다차원적이라는 관점을 뒷받침하기 위한 증거를 제시했다. 그들 연구의 지각된 행동통제는 지각된 통제와 지각된 어려움을 포함하였다.

지각된 통제란 수행할 행동이 자신의 자발적인 통제 아래 있는 정도를 나타내고 수행한 행동이 어려운 것으로 인식되는 지각된 어려움의 정도를 포함한다.

---

223) D. Trafimow, P. Sheeran, M. Conner & K. A. Finlay, "Evidence that perceived behaviorsal control is a multidimensional construct: perceived control and perceived difficulty," *British Journal of Social Psychology* 41 (2002): 21-101.

Kraft et al.[224]은 또한 지각된 통제와 지각된 위험은 경험적으로 명확한 효과들을 가진다는 것을 발견하였고, 지각이 다른 행동과 연관되어 있다고 생각했다. 이러한 연구들 중 일부는 자기 옹호를 지각된 행동 통제의 제 3 요소로 제안했다.

English & Branaghan[225]은 위반 그 자체는 상황에 따른 환경 때문에 규정에 맞게 따르는 것이 불가능하게 하는 상황에 따른 위반과, 무료함을 덜어주는 등과 같은 목표와 연관된 비업무적인 것을 제공하는 것과 같이 다른 형태로 나타난다고 주장했다. 따라서 지각된 행동 통제의 다른 하부 요인들이 발견되는지 아닌지, 그리고 위반하는 요인들이 다른 목적을 가지고 있는지를 생각하는 것은 흥미로울 것이다.[226]

② 지각된 통제감의 특징

계획된 행동이론을 살펴보면 합리적 행동이론의 가정을 전제하며 임의적 조절·통제에 대해 의문을 제기함으로써 등장하게 되었다. 사람의 행동에 있어 환경으로 인한 제약적 판단이 많다는 것을 전제로 합리적 행동이론에 지각된 행동통제 변인을 추가하였다. 계획된 행동이론에 의하면 어떠한 행동을 실행하기 위한 행동 의도는 행위자의 의지와 동기의 수준을 나타내기 때문에 그 행동에 대해 가장 핵심적 결정요인으로 작용되고 행동의도는 하고자 하는 행동을 이행하기 위해 행위자를 반영하는 일종의 동기요인으로 태도 변수, 주관적 규범 변수, 지각된 행동통제 변수에 의해 영향을 받는다고 하였다.[227]

---

224) P. Kraft, J. Rise, S. Sutton and E. Rosamb, "Perceived difficulty in the theory of planned behaviour: perceived behavioural control or affective attitude?," *British Journal of Social Psychology 44* (2005): 96-479.

225) D. English & R.j. Branaghan, "An empirically derived taxonomy of pilot violation behavior," *Safety Science* 50 (2012): 199-209.

226) M. Phipps Ozanne, L. Luchs, M. Subrahmanyan, S. et al., "Understanding the inherent complexity of sustainable consumption: A social cognitive framework," *Journal of Business Research* 66(3) (2013): 1227−1234.

227) Heather A. Hausenblas, Albert C. Carron, Diane E. Mack, "Application of the Theories of Reasoned Action and Planned Behavior to Exercise Behavior: A MetaAnalysis", *Journal of Sport & Exercise Psychology* 19, (1997): 36-51.

지각된 행동통제는 체계적인 조사연구에 의하여 발전되었으며 선행연구에 따르면 인간의 개개인 행동은 개인의 행동조절에 영향을 받으며 개인에게 호의적인 신념은 행동선택, 행동에 대한 준비, 행동을 수행하고자 하는 노력, 사고의 형태, 감정적인 반응에 영향을 미친다. 계획된 행동이론은 개인의 신념, 지각된 행동통제에 대한 신념, 태도, 행동 의도, 행동 간의 상호작용으로 이루어진다. 지각된 행동통제는 인간들이 행동을 수행함에 있어서 그 행동이 얼마나 쉬운가 혹은 어려운가에 관하여 개인이 인지하는 믿음의 정도이다. 또한 지각된 행동통제는 행동을 수행하는 결정에 직접적인 요인인 통제신념과 통제신념에 관한 인지력에 따라 자각의 영향에 의해 결정된다.[228)]

Ajzen[229)]은 장애물이나 방해요인이 없으면서 시간, 돈, 기술 등의 자원이나 기회가 많다고 지각할 때 행동 의도가 높다고 하였다. 즉, 지각된 행동통제력은 행동을 하는 데 방해가 되는 요소를 해소시켜줌으로써 행동 의도로 이어질 수 있다는 것이다. 행동에서 기회, 자원, 기술이 필요하다고 지각하면 지각할수록 지각된 행동통제가 행동 의도와 행동에 미치는 영향이 커진다.[230)] 지각된 행동통제는 자신이 처한 환경에 대한 신념이며 환경에 대한 지각된 행동통제는 목표행동을 수행하는 개인의 능력, 자신감, 효능감 등과 관련이 있다. 행동 의도가 강하다고 하여 반드시 행동을 수행하는 것이 아니다.[231)] 왜냐하면 행동 의도에서 실제 행동수행으로 나아가는 과정에 장벽이 존재하기 때문이다. 이때 개인의 실질적 통제정도에 따라 행동수행이 달라진다. 그러나 실질적 통제를 측정하는 것은 거의 불가능하기 때문에 계획된 행동이론은 지각된 행동통제 측정에 실질적 통제정도를 반영할

228) I. Ajzen, & B. L. Driver, "Application of the Theory of planned behavior to lesisure choice," *Journal of Leisure Research* 24 (1992): 24-207.

229) I. Ajzen, "The Theory of planned behavior," *Organizational Behavior and Human Descision Processes* 50 (1991): 179-211.

230) 한덕웅, 한인순, "An Application of Theory of Planned Behavior to Passenger Car Drivers Speed - limit Violation", *한국심리학회지: 건강* 6(2) (2001): 39-62.

231) I. Ajzen, Residual effects of past on later behavior: Habituation and reasoned action perspectives. Personality and Social Psychology Review, 6, (2002): 22-107.

수 있도록 하여 행동수행의 예측률을 향상시키고자 하였다.[232] 일반적으로 행동을 수행할 시 긍정적이고 행동 수행에 압력을 느낄 때, 그리고 자신이 목표행동을 수행할 능력이 있다고 믿을 때 행동 의도가 강해진다. 계획된 행동이론의 메타분석 결과에 의하면 태도, 주관적 규범, 지각된 행동통제는 인간행동 의도 39%, 의도와 행동은 42%의 상관성을 가지는 것으로 분석되었다.[233] 이와 같은 이론적 논의에도 불구하고 인간 개인의 신념은 다양한 인구사회학적 요인과 과거경험, 사회적인지, 성별, 연령, 인종 등과 같은 다양한 요인의 영향을 받는다. 인간행동 결정에 있어 영향요인을 명확히 밝히기 위해서는 구체적으로 어떠한 배경요인이 어떠한 신념과 관련이 있는지에 관한 이론적 뒷받침이 필요하다.[234]

지각된 통제란 개인이 특정행동을 하는 경우에 있어서 해당 행동을 수행하는 것이 행위자의 자발적인 통제의 범위를 벗어나 그 행동을 하기가 매우 어렵거나 방해가 되거나 쉽게 촉진하는 요소로 작용되는 요인들에 대한 개인의 지각을 말하며148F[235], 과거의 행동경험에 의하여 영향을 받기도 하지만 주로 행동의 어려움을 증가 또는 감소시키는 요인에 의한 이차적 정보에 의하여 주로 영향을 받기도 하고 많은 자원과 기회가 제공되는 사람들일수록 행동 수행에 장애가 적으며 행동을 통제할 수 있다는 지각이 높다고 할 수 있다.

③ 지각된 통제감의 구성요인

Ajzen과 Madden[236]은 지각된 행동통제의 요소를 내부적 요소와 외부적

232) 김낭희, "약물사용자의 치료서비스 이용 의도에 관한 연구: 건강서비스이용행동모형과 계획행동이론의 적용" (사회복지학 박사학위 논문, 서울대학교 대학원 사회복지학과, 2015), 53-81.

233) C. J. Armitage, & M. Conner, "Efficacy of the theory of planned behaviour: A meta-analytic review," *British Journal of Social Psychology* 40(4) (2001): 471-499.

234) J. Petraitis, B. R. Flay & T. Q. Miller, "Reviewing theories of adolescent substance use: Organizing pieces in the puzzle," *Psychological Bulletin* 117(1) (1995): 67-86.

235) 임혜미, "계획행동이론을 적용한 로하스제품 구매의도에 영향을 미치는 요인들에 관한 연구" (경영학 박사학위 논문, 제주대학교 대학원 경영학과, 2015), 34-35.

236) I. Ajzen, T. J. Madden, "Prediction of goal-directed behavior: Attitudes, intentions, and perceived behavioral control", *Journal of Experimental Social Psychology* 22 (1986): 74-453.

요소 두 가지로 구분하였다. 우선 지각된 행동통제의 내부적 요소는 개인적 성향과 관련된 요인을 의미하고, 개인의 특수한 기술, 능력 혹은 정보의 양 등을 합의한다. 그러나 외적 요인은 시간, 기회, 경제 또는 타인의 협조 등의 지원 환경으로 요약할 수 있다.[237)]

이재신 & 김한나[238)]는 지각된 행동통제는 개인에게 주어진 과제를 스스로 수행할 수 있으므로 정의되는 자기 효율성의 자신감과 연관되어 있고, 이러한 자신감이 높을 경우 어떤 기술을 받아들이는 데 더욱 적극적인 태도를 취한다고 주장했다.

지각된 행동통제의 외부적 요소는 기술 및 인적152F[239)] 그리고 시간 및 경제적 자원들이 얼마나 충분하게 존재하는지의 여부, 가용 자원들이 충분하고 풍부하다고 인식될 때 기술을 수용하고자 하는 의도가 높을 것으로 나타났다.[240)]

이동수[241)]는 지각된 통제가 행동예측에 있어서 다음과 같이 세 가지 역할을 한다고 하였다. 첫째 지각된 통제는 의도에 대해 동기적 의미를 지닌다. 즉 어떤 행동을 수행할 자원과 기회가 부족하다고 생각하는 사람은 설사 그 행동에 대해 긍정적이거나 호의적인 태도를 지니고 있고 타인들이 그 행동의 수행을 지지해 준다고 인식할지라도 그 행동에 대한 의도를 형성하지 않을 수 있다. 이 경우 지각된 통제는 행동의도를 통하여 실제 행동에 대해 간접적인 영향을 주게 된다.[242)] 둘째 지각된 통제는 행동에 대해 직접적인 영향을 준다. 즉 지각된 통제가 어느 정도 정확성으로 실제 통제

237) 홍승표, "항공 정비사의 안전 행동에 영향을 미치는 요인에 대한 실증연구"(경영학 석사학위, 한국항공대학교 대학원, 2015), 23.

238) 이재신, 김한나, "고등학생과 대학생들의 동영상 UCC 제작의도에 영향을 주는 요인에 관한 연구", *한국언론학보* 52(5) (2008): 399-419.

239) R.D. Arvey, Z. Zhang, B.J. Avolio & R. Kruger, "Understanding the developmental and genetic determinants of leadership among females", *Journal of Applied Psychology* 92 (2007): 693-706.

240) 이봉규, 이성준, 서현식, 김준호, "사회문화적 요인과 플로우 경험 및 지각된 행위통제가 IPTV 서비스 수용에 미치는 영향 분석" *한국인터넷정보학회* 11(3) (2010): 105-119.

241) 이동수, "경찰공무원의 행정지도행태에 영향을 미치는 요인에 관한 연구: 계획행태이론(TPB)의 적용을 중심으로" (행정학 박사학위 논문, 조선대학교, 2005)

242) 임혜미, "계획행동이론을 적용한 로하스제품 구매의도에 영향을 미치는 요인들에 관한 연구" (경영학 박사학위 논문, 제주대학교 대학원 경영학과, 2015), 34-35.

력을 반영해 준다면 의도와는 독립적으로 행동 수행을 예측하는 데 도움을 줄 수 있다. 셋째 지각된 통제는 의도와 상호작용하며 매개적인 역할을 한다. 즉 행동이 발생하기 위해 선 행동을 수행하고자 하는 의도와 그 행동의 수행이 자신의 통제하에 있다는 신념 모두가 필요하다. 지각된 통제는 행동유발에 직간접적인 영향을 준다. 지각된통제는 통제신념체계에 의해 결정되는데 이는 통제신념과 통제요인의 영향력Power of Control Factors)에 비례한다.[243]

④ 지각된 통제감의 연구

지각된 행동통제에 대한 연구보다 주로 행동통제에 대한 개념이나, 구성요인, 다른 변인과의 인과관계에 대한 연구가 주를 이룬다. 이에 대한 선행연구를 살펴보면 다음과 같다.

지은미[244]는 행동에 대한 행동의 통제(지각된 통제)란, 자신이 행동을 실행할 수 있다고 지각하는 수준, 행동을 시행하는 데 쉽거나 어려움에 대해 지각하는 수준을 의미한다고 보았다. 반면 Ajzen은 개인이 특정한 행동을 수행하는 데 얼마나 성공적으로 수행할 수 있는지 행동 수행의 용이성 또는 어려움에 대해 개인이 지각하는 믿음의 정도로서 정의된다고 하였다. 지각된 행동통제는 특정한 행동의 지속 여부를 결정하는 중요 요인으로 작용한다. 이는 특정 행동을 수행하는 데 시간, 돈, 자원, 물질 요소, 장애요인에 대한 개인이 인식하는 통제신념과 행동을 촉진하거나 억제하는 자원이나 기회, 장애요인을 자신이 통제할 수 있다고 지각하는 통제력에 의해 결정된다.[245]

따라서 자신의 행동을 실행하기 위해서는 내부 요인인 개인 신념, 태도 등과 외부 요인인 조직의 안전 분위기와 안전 문화가 장애물로서 작용하지

243) 김소영, "소비자와 공급자 관점에서 본 지속가능한 급식 연구" (생활과학 박사학위 논문, 서울대학교, 2012).

244) 지은미, "계획된 행위이론을 기반으로 한 미혼여성의 생식건강증진행위 구조모형" (간호학 박사학위논문, 경상대학교 대학원, 2016), 8.

245) I. Ajzen, "Attitudes, personality, and behavior (2nd. Edition)" (Milton-Keynes, England: Open University Press/McGraw-Hill, 2005).

않으면 지각된 행동의 통제신념이 높아지게 된다. 개인의 지각된 통제신념으로서 내·외부 요인들이 안전행동 방해물로써 인식되지 않는다면 안전한 행동으로 이어질 수 있으며, 불안전한 행동에 따른 사고위험을 감소시킬 수 있다.

인간이 의도된 행동의 실행에 필요한 자원을 적게 보유하고 자신감이 결핍되어 행동에 대한 통제력이 부족하다면 실제 행동의도는 낮아진다. 행동을 실행하기 위해서는 개인 의도와 더불어 개인이 행동 수행을 위한 기술이나 능력을 가지고 있는가? 그리고 본인들의 행동 의도를 실천하는 데 장애가 되는 환경적인 제약이 있는가? 등의 여부를 고려하는 것이 중요하다.

Ajzen[246]은 지각된 행동통제는 행동의도를 경유하여 간접적으로 행동에 영향을 줄 뿐만 아니라 행동의도처럼 직접적으로 행동에 영향을 줄 수 있다고 보았다. 지각된 행동통제의 기본 신념인 통제 신념은 개인의 장애물, 자원, 기회를 지니고 있어서 행동을 할 수 있다고 보는 확률에 한 신념이다. 그러므로 장애물이나 방해요인이 없으며, 기회나 자원이 많다고 생각할 때 지각된 행동통제감은 커진다. 즉, 학생들이 안전 수칙을 많이 안다고 생각할수록, 안전수칙을 지키는 것이 어렵지 않다고 생각할수록, 지각된 행동통제감은 커진다. 따라서 안전수칙에 대한 교육이 필요한데 안전수칙을 알면 안전행동을 할 것이고, 안전행동을 하면 사고가 발생하지 않는다는 신념에 의해 안전행동에 대한 자신감이 붙고 자신감이 있으면 불안전한 행동으로 인한 사고의 위험을 줄일 수 있다.[247] 김동규[248]는 확장된 계획행동이론을 통한 관람스포츠 소비자의 소비행동 예측 연구에서 지각된 행동통제는 관람행동에 영향을 미치지 않았으나 관람의도에는 통계적으로 유의한 정(+)의 영향을 미친다고 검증하였다.

---

246) I. Ajzen., "The Theory of planned behavior", *Organizational Behavior and Human Descision Processes* 50 (1991): 179-211.

247) 박종희, "계획된행동이론을 적용한 사고예방프로그램이 안전행동에 미치는 영향: 치기공과 학생을 대상으로"(보건교육학 박사학위 논문, 이화여자대학교, 2007), 14.

248) 김동규, "확장된 계획행동이론을 통한 관람스포츠 소비자의 소비행동 예측: 프로야구를 중심으로" (스포츠산업경영학 박사학위논문, 경희대학교 체육대학원, 2017), 56.

4.3.5 행위에 대한 태도

1) 태도의 개념

태도의 어원은 라틴어 'aptus'로 준비된 혹은 적응의 상태라는 점을 고려한다면 태도 형성이나 변화는 사람에게 행동을 준비하는 주관적 혹은 심리적 상태로 해석할 수 있으며[249] 기본적으로 새롭게 형성되거나 새로운 태도로 변화 가능한 속성을 가지고 있다.[250] 이처럼 태도의 기본 의미에도 불구하고 태도에 대한 연구를 진행하는 학자들은 자신의 관점에 따라 다소 상이한 정의를 내리고 있다.

태도구조에 대한 논의는 태도를 크게 감정 또는 평가적 반응의 한 요인으로 설명할 것인가? 또는 감정, 인지, 행동요소의 다중요인으로 설명할 것인가의 두 입장으로 대변된다.

태도의 인지적 요소에 영향을 주고 싶다면 인지적 자극을 태도의 감정적 요소에 영향을 주고 싶다면 기분이나 감정의 자극을 주어야 한다. 그리고 태도의 행동적 요소에 영향을 주고 싶다면 특정 행동을 요구하는 자극을 주어야 한다. 이들 세 성분은 높은 상관관계를 유지하면서 서로 긴밀한 영향을 주고받기 때문에 세 성분 중 어떤 하나의 자극을 주더라도 사람의 태도를 형성 또는 변화시킬 수 있게 된다.

홍영일[251]은 태도의 구조에 대해 단일차원과 중, 다차원으로 분류하였다. 태도의 단일 차원설은 태도가 평가차원 또는 감정차원으로 대표된다는 이론으로 정적에서 부적까지의 양극으로 이루어지는 차원이며, 태도의 중, 다차원 설은 태도의 차원이 감정, 인지 및 행동의 3차원으로 이루어져 있다는 주장이다.

세부적으로 분류하면 태도를 태도 대상에 대한 잠재반응[252] 또는 반응

---

249) P. Erwin, "Attitude and persuasion", *Contemporary PsyChology* 49(1) (2004): 73.

250) 홍영일, "태도의 형성 및 변화를 위한 교수 원리 탐색 및 전략 개발 연구"(교육학 박사학위 논문, 서울대학교 대학원, 2014), 15.

251) 홍영일, "태도의 형성 및 변화를 위한 교수 원리 탐색 및 전략 개발 연구"(교육학 박사학위, 서울대학교 대학원, 2014), 23.

252) 윤훈현, "소비자행동의 이해" (서울: 청목출판사, 2008), 219.

성향[253)]으로 규정하고 태도의 세 성분 즉, 감정, 인지, 및 행동을 태도를 구성하는 세 가지 요소로 이해하는 것이다. 태도란 감정적 성분, 정성적 성분, 행동적 성분 세 가지 성분이 복합되어있는 구성체라고 할 수 있다. 전통적 관점에서 태도는 어떤 자극에 대해 반응할 준비가 되어 있는 통합되어 있으며 변함없는 지속적 상태를 의미한다. 최근 연구들이 누적되면서 태도가 맥락에 의존적이며 따라서 쉽게 변화될 수 있다는 인식이 증대되고 있다.

태도에 대한 학자들의 시각은 다양하다. 태도는 세 가지 하위 요소, 인지, 감정, 행동 요소로 구성되어 있으며, 이들 하위 요소들은 각각 지식, 가치, 행동에 의해 영향을 받아 형성되거나 변화되고, 변화된 태도의 결과는 다시 지식, 가치, 행동으로 표출된다[254)]고 보았다. 또한 태도를 개인세계의 어떤 측면에 대한 동기적, 감정적, 지각적, 인식적 과정의 지속적 조직으로 정의하기도 하였으며[255)], 어떤 목적물 또는 아이디어에 대하여 사람들이 호의적이거나 혹은 비호의적으로 행하게 되는 지속적인 인지적 평가, 느낌, 행동경향으로 정의하기도 하였다.[256)] 이것은 태도가 어떠한 요인의 영향을 받아 변화될 수 있으며 이는 다시 행동적 측면으로 영향을 줄 수 있음을 설명하는 것이다. 그러므로 태도를 형성 또는 변화시키기 위한 인지적, 정의적, 행동적 개입전략이 요구된다는 점을 확인할 수 있다.[257)] 태도는 전통적으로 어떤 이슈, 사물 또는 사람 등과 같은 특정 대상에 대하여 갖는 일관된 행동을 하려는 경향성으로 정의되어 왔으며, 인지적, 정의적, 행동적 요인으로 구조가 결정된다.[258)] 개인은 직접적인 경험이나 경험대상의 정보를 받아 그 대상에 노출됨으로써 태도를 학습하게 되며, 학습된 태도는 지속적

253) 여운승, "뉴밀레니엄 마케팅 관리" (서울: 시그마프레스, 2001).

254) 홍영일, "태도의 형성 및 변화를 위한 교수 원리 탐색 및 전략 개발연구" (교육학 박사학위, 서울대학교 대학원, 2014), 23.

255) 윤훈현, "소비자행동의 이해" (서울: 청목출판사, 2008), 219.

256) 여운승, "뉴밀레니엄 마케팅 관리" (서울: 시그마프레스, 2001).

257) 홍영일, "태도의 형성 및 변화를 위한 교수 원리 탐색 및 전략 개발 연구"(교육학 박사학위 논문, 서울대학교 대학원, 2014), 23.

258) J. B. Cohen, A. Reed II, "A multiple pathway anchoring and adjustment(MPAA) model of attitude generation and recruitment." *Journal of Consumer Research* 33(1) (2006): 1-15.

으로 호의적 또는 비호의적 반응형태를 일으키면서 태도 대상과 관련되는 내재적 행동으로 이끌어진다고 하였다.[259] 그러므로 특정 대상에 대해 호의적 또는 비호의적으로 반응하려는 학습된 성향이라 할 수 있다.[260] 그러나 태도에 대한 메타 인지적 모델에 의하면 특정 대상에 대한 태도 자체를 성찰함으로써 자각되는 메타 인지적 태도가 존재하며, 이것은 대상에 대한 태도 변화에 영향을 미친다고 주장되었다.[261]

종합해본다면, 태도는 기본적으로 항상 무엇인가에 대한 태도로서 그 대상이 전제되어 있으며 태도와 행동의 관계는 다른 개념들 간의 관계보다도 긴밀[262]하다는 것을 알 수 있다. 태도는 직접적인 경험의 반복, 학습, 강력한 체험 등이 바탕이 되어 후천적으로 형성되며[263], 결국 사람들에게 행동을 준비하는 일련의 과정으로 요약해 볼 수 있다. 태도는 무엇인가를 지속적으로 반복되어 학습되어 질 때 얻게 되는 몸의 변화로서, 안전에 대한 태도도 마찬가지로 끊임없이 반복적인 교육과 시스템개선, 홍보 등이 지속되어야 안전에 대한 태도에도 변화가 올 것이다.[264] 그런 의미에서 인식 함양을 위한 교육이 병행된다면 태도에 대한 효율성은 높아지는 것으로 이해할 수 있다.[265]

---

259) R. J. Lutz, "Affective and cognitive antecedents of attitude twoard the Ad," Information Processing Research in Ad, 46 (1983): 1-16.

260) 이봉철, "골프연습장 시설디자인이 소비자 태도와 구매 후 행동에 미치는 영향" (체육학 박사학위 논문, 목포대학교, 2014), 35.

261) Cohen, J. B., Reed II, A., "A multiple pathway anchoring and adjustment(MPAA) model of attitude generation and recruitment." Journal of Consumer Research 33(1) (2006): 1-15.

262) 홍영일, "태도의 형성 및 변화를 위한 교수 원리 탐색 및 전략 개발 연구"(교육학 박사학위, 서울대학교 대학원, 2014), 52.

263) M. Fishbein, I. Ajzen, Belief, attitude, intention and behavior (An introduction to theory and research, MA: Addison-Weseley, 1975), *Richard J. Hill Contemporary Sociology* 6(2) (1977): 244-245.

264) 임대성, "산업위생분야 종사자들의 사회 안전의식 변화에 관한 조사 연구: 국가 대형 안전사고 발생 전·후 비교 중심으로" (공학박사학위 논문, 한성대학교 대학원, 2016), 9.

265) 홍승표, "항공 정비사의 안전 행동에 영향을 미치는 요인에 대한 실증연구"(경영학 석사학위논문, 한국항공대학교 대학원, 2015), 17-19.

2) 안전태도의 정의

안전태도는 호의적이거나 비호의적인 행동으로 구성된다.[266] 또한 작업자들의 안전태도는 개인의 믿음, 회의적인 태도와 개인 잘못에 대한 면책 같은 파괴적인 믿음 그리고 작업장에 대한 안전에 대한 평가와 관련된다. 좀 더 호의적인 안전신념 만들기를 위해서 긍정적인 효과와 관련된 믿음은 강화되어야 하고 부정적인 효과와 믿음은 감소되어야 한다.[267]

Zohar181F[268]는 안전에 대한 태도는 종업원의 인식과 관리자 태도, 안전 분위기가 가장 중요한 예측변수임을 발견했다. 작업자의 불완전한 행동을 제거하기 위해서, 필요시 작업자들의 안전태도를 엄격하게 관리 수정하는 것이 필요하다. 작업자에게 안전태도는 정신적으로 중요한 역할을 하고, 사고는 작업자의 안전태도에 매우 큰 영향을 미치는 중요한 요소이다. 작업지휘자와 작업자의 의사소통은 안전태도와 안전사고 사이의 매우 중요한 영향 요소이다. 만약 작업자들이 안전에 대하여 효과적으로 의사소통을 한다면 안전사고에 대해서 인식하게 되고 더 주의 깊게 행동하게 될 것이다. 안전사고 사례는 작업자들을 안전사고와 위험에 민감하게 만든다. 안전사고 사례 교육들은 안전사고에 대한 의사 소통수준을 높여 작업자들을 안전하게 행동토록 유도하기 위한 효과적인 방법이 될 수 있다.

〈표 1-3〉 안전태도의 정의

안 전 태 도 정 의	저 자
안전태도는 작업자와 관련된 모든 사물이나 상태에 대한 그의 반응에 직접적 또는 역동적인 영향을 미치는 경험을 통하여 형성된 정신적 신경적인 준비상태이다.	Allport(1955, 1961)
안전 태도는 특정한 사건, 인물, 사건에 대한 개인적 행위의 선택에 영향을 주는 학습된 내재적 상태이다.	Gagne(1984)

266) I. Ajzen, "The theory of planned behavior," Organizational Behavior and Human Decision Process, 50(2) (1991): 179-211.

267) C.S. Fugas, S.A. Silva, J.L. Melia, "Another look at safety climate and safety behavior: Deepening the cognitive and social mediator mechanisms," *Accident Analysis Prevention* 45 (2012): 77-468.

268) D. Zohar, "Safety climate in industrial or ganizations, Theoretical and applied implications," *Journal of Applied Psychology* 65(1) (1980): 96-102.

사고와 관련된 사람들은 사고 의도가 없지만, 사고로 이끄는 그 들의 행동이 무엇을 하고 있는지 인지하고 있다고 가정한다. 이것은 집중이 순간적으로 흐트러지거나 실수 때문에 사고가 일어난다는 것과 반대된다.	Donald & Canter(1993)
안전 태도는 그룹과 조직의 안전 분위기 수준 또는 생산성보다 안전을 우선시 하는 조직의 안전정책, 절차 그리고 종업원의 안전행동인식과 꽤 연관되어 있지만 분명히 다르다.	Diaz & Cabrera(1997)
안전 태도는 주위의 다른 사람의 안전행동에 의해서 정의된 조직의 역할이다.	Rosa Grau et al.(2002)
안전태도는 안전 정책, 절차 그리고 관례들에 대한 믿음과 감정들의 개인 수준을 반영하고 안전에 대한 구성원의 헌신과 책임감을 포함한다.	Neal & Griffin(2004)
안전 태도는 잠재적인 안전행동체제이다.	최상복(2004)

Hayes et al.[269]은 조직의 과거 사고율, 사고에 대한 걱정 그리고 종업원 안전태도와 관련된 안전행동을 조사하고 연구하면, 그 결과를 통해 향후 미래의 사고율 예상을 하는 것이 가능하다고 하였다. 그리고 안전사고율의 통계를 이용하면 안전사고를 예방할 수 있는 능동적인 안전행동을 하도록 하는 것이 가능하다고 하였다. 안전 학자들의 선행연구를 중심으로 정의된 안전태도들에 대한 견해들을 〈표 1-3〉과 같이 요약할 수 있다.

3) 안전 행동태도

안전에 대한 인간의 욕구는 가장 기본적인 욕구이며, 안전에 대한 행동태도란 긴장을 발생시킬 수 있는 특수한 상황에서 효과적으로 자신을 보호하기 위한 반응에 준비된 상태로서 개인의 안전에 대한 이념과 가치가 반영되어 안전행동을 하기 전 준비된 자세를 의미하는데[270], 특별히 긴장을 야기하는 상황에서 효과적이고 안전하게 반응하려는 준비상태라고 할 수 있다.[271] 다시 말하면 현재의 위험요인 및 잠재 위험요인이 사고로 이어지지 않도록 규정과 절차를 지키고 안전 활동에 자발적으로 참여하여 안전을 확

269) Bob E. Hayes, Jill Perander, Tara Smecko, and Jennifer Trask, "Measuring Perceptions of Workplace Safety: Development and Validation of the Work Safety Scale," *Journal of Safety Research* 29(3) (1998): 145-161.

270) 이경훈, "사업장 관리자의 안전리더십이 작업장 안전문화에 미치는 영향 연구" (산업안전공학 박사학위 논문, 조선대학교 대학원, 2012), 32-36.

271) E. Hannaford, "Supervisors Guide to Human Relations" National Safety Council Chicago (1976).

보하는 행동이다.[272] 모든 인간의 안전은 위험에 노출된 상태에서 위험을 예방, 관리, 대처하는 안전행동을 어떻게 자각하고 행동하느냐에 따라 달라진다. 안전행동이 잠재적인 위험요인과 부상에 대한 노출을 감소하기 위한 절차의 실현이지만, 개인이 안전을 확보하기 위해 취하는 일련의 행동으로 위험을 방지하기 위해 안전절차를 따르거나 안전 활동에 참여하는 등 위험 요인으로부터 위해를 받지 않으려는 행동이다. 김규형[273]은 안전행동의 구성요소를 〈표 1－4〉와 같이 제시하였다.

〈표 1-4〉 안전행동의 구성요소

연구자	구 성 요 소	비 고
Griffin & Neal	순응행동(안전준수), 참여행동(안전참여)	
김기식, 박영석	준수, 습관	
강인원	안전참여, 안전준수, 안전절차	
문기섭	안전준수, 안전통제, 재해빈도	
우상천	안전참여행동, 안전순응행동	
유상영	규정준수행동, 소극적 행동	
홍승표	능동적 안전행동, 순응적 안전행동	

위 〈표 1－4〉을 보면, Griffin & Neal은 안전을 준수하고 안전에 참여하여야 하는 것으로 구성하였고, 김기식, 박영석은 안전 행동 준수와 습관으로 구성하였다. 강인원은 안전참여와 안전준수 그리고 안전절차로, 문기섭은 안전통제, 재해빈도를 추가로 구성하였다. 우상천은 안전참여행동, 안전순응행동을 그리고 유상영은 규정준수행동, 소극적 행동으로 구성하였고, 홍승표는 능동적 안전 행동, 순응적 안전행동으로 구성하여 안전행동 구성요소가 점차 현실화되고 있음을 알 수 있다. 여기에서 준수는 업무와 관련된 제반 규정을 지키는 것이며, 습관은 무의식중에도 몸에 밴 습관으로 인해 자동적으로 안전규칙을 지키는 것을 가리키고, 순응행동은 수동적 혹은 소

272) 우상천, "공군 조종사의 안전동기 결정요인 및 안전행동과의 관계" (경영학 박사학위 논문, 상지대학교 일반대학원, 2014), 8.

273) 김규형, "항공사 안전관리시스템이 안전의식과 안전행동에 미치는 영향"(경영학 박사학위 논문, 경기대학교 일반대학원, 2016), 44.

극적 안전 행동으로, 참여행동은 능동적 또는 적극적 안전행동으로 설명하기도 한다.[274]

이와 같이 안전행동태도에 대한 정의는 다양하지만 안전행동태도는 안전관리에 초점이 맞추어져 있다. 안전행동태도는 현재의 위험요인과 잠재 위험요인이 사고로 이어지지 않도록 규정과 절차를 준수하고 안전 활동에 자발적으로 참여하여 안전을 확보하는 행동이라고 말할 수 있다. 안전하지 않은 행동은 본인뿐만 아니라 타인, 조직까지 위험에 빠트릴 수 있기 때문에 작업자 스스로 안전절차를 따르고 업무를 수행해야 한다.

① 행위에 대한 태도의 특징

태도와 행동통제는 사회적 영향 외에도 개인과 관련된 안전태도의 요소 역시 포함된다. 사회에서 통용되는 인지 수준에서, 태도는 개인의 안전행동과 다르게 연관될 것으로 기대된다. 태도들은 좋음–나쁨, 이익–해로움, 기쁨–불쾌 그리고 선호–불호와 같은 속성 차원에서 개념화된다.[275] 학자들의 현재 연구는 행동 태도는 경험의 측면과 도구를 포함하고, 태도 측정은 이러한 두 가지 하위 요소 항목 들을 포함할 수 있다고 인식한다. 그러나 일반적인 태도는 목적과 연관된 특정한 행동을 예상하고 설명하기 위한 좋은 기반이 아니다. 태도는 안전 이슈에 가능한 한 구체적이어야 한다.

그룹의 행동은 구성원들의 태도와 행동에 영향을 미쳐 개인 구성원들에게 참고 사항들을 제공한다. 긍정적인 그룹 표준은 더욱 긍정적인 태도와 지각된 행동통제를 높은 수준으로 이끌어 종업원의 안전행동을 유도하는 결과를 가져올 것이다.

안전규범이 구성원의 안전을 강제적으로 도울 때, 안전에 대한 작업자의 태도는 더 긍정적이 될 것이다. 이론적으로 더 긍정적인 안전태도는 안전행동을 수행하는 더 큰 동기부여를 이끌어 낸다. 사실상 작업자들이 안전 이

274) 김규형, "항공사 안전관리시스템이 안전의식과 안전행동에 미치는 영향"(경영학 박사학위 논문, 경기대학교 일반대학원, 2016), 43.

275) C. S. Fugas, J. L. Melia & S. A. Silva, "The 'is' and The 'Ought' : How do perceived social norms influence safety behaviors at work?," *Journal of Occupational Health Psychology* 16(1) (2011): 67-79.

슈에 적극적으로 참여하게 될 때 그들이 안전에 관한 강한 태도를 가질 것으로 기대된다. 안전에 대한 긍정적인 태도를 가진 작업자는 개인 안전 장비를 사용하는 등의 긍정적인 성향을 소유하게 될 개연성이 높다. 반면에 안전에 대하여 비우호적인 작업자들은 개인 안전장비 착용과 사용을 불편하게 느끼는 등의 부정적인 행동방향으로 연결될 것이다.

② 행위에 대한 태도의 선행연구

안전행동과 관련된 연구는 개념에 대한 연구와 구성요인에 대한 연구, 안전행동과 리더십, 안전문화, 안전분위기, 안전시스템, 스트레스, 조직몰입 등 다양한 변수와의 관계에 대해 몇 가지 구획으로 구분이 가능하다.

첫 번째, 개념에 대한 연구로는 Griffin과 Neal[276], Cooper와 Phillips[277] 등이 안전성과 측정, 안전 분위기와 안전성과의 관계, 안전 분위기의 선행요인 분석과 같은 연구에서 언급하였다. 한국 내 선행연구에서는 아래와 같이 안전행동을 정의하고 있다. 우상천[278]은 안전분위기가 공군 조종사의 안전 동기에 미치는 영향, 안전 동기가 안전행동에 미치는 영향을 분석하는 연구를 수행함에 있어 Neal 등[279]과 Garavan 등[280]의 안전행동에 대한 관점과 추창엽[281]의 행동과학적 측면에서 불안전행동의 정의 및 Reason[282]의 불안전행동 구분 등에 근거하여 안전행동과 불안전행동의 정의를 제시하였다. 김규형[283]은 안전행동을 업무수행이 안전하게 이루어질 수 있

---

276) A. Neal, M. A. Griffin & P. M. Hart, "The impact of organizational climate on safety climate and individualbehavior," *Safety Science* 34 (2000): 99－109.

277) M.D. Cooper and R.A. Phillips, "Exploratory Analysis of the Safety Climate and Safety Behavior Relationship," *Journal of Safety Research* 35 (2002): 497-512.

278) 우상천, "공군 조종사의 안전동기 결정요인 및 안전행동과의 관계" (경영학 박사학위 논문, 상지대학교 일반대학원, 2014), 78-83.

279) A. Neal, M. A. Griffin & P. M. Hart, "The impactoforganizational climate on safety climate and individualbehavior," *Safety Science* 34 (2000): 99－109.

280) T. N. Garavan, F. O Brien, "An Investigation into the Relationship between Safety Climate and Safety Behaviours in Irish Organisations," *The Irish journal of management: the journal of the Irish Academy of Management* 22(1) (2001): 141 - 170.

281) 추창엽, "행동기반접근법을 이용한 PCB제조공정의 불안전 행동 예방" (생산공학 석사학위 논문, 충북대학교 산업대학원 생산공학과, 2008), 3-6.

282) J. Reason, "Human Error" (New York: Cambridge University Press, 1190).

도록 하기 위한 행동이며 조직의 종사자들이 스스로 안전문화, 안전 분위기, 안전절차를 따르고 더 나아가 자발적으로 조직의 안전에 기여하려는 행동이라고 정의하였다. 류효지[284]는 산업재해를 감소시키기 위해 행동적 측면에서 안전행동을 향상시키고 유지할 필요가 있으며 안전행동이란 불안전 행동을 인지하고 안전하게 행동하는 것이라고 하였다. 윤호동[285]은 안전행동을 개인이 어떤 행동을 함에 있어 그 행동이 안전하게 수행되도록 하는 것이라고 정의하고, 사고 발생 여부에 따라 안전행동과 불안전행동이라 나눌 수 있다고 하였다. 김지선[286]은 안전행동은 잠재적인 위험요인과 부상에 대한 노출을 감소하기 위해 적합한 방법으로 작업을 수행하며 안전 정책과 절차를 따르는 것이라고 하였다. 따라서 안전행동은 불안전행동과 반대되는 행동으로서 인간의 건강과 안전을 위하여 수행하는 일련의 행동을 말한다고 볼 수 있는데, 단순히 자신의 안전을 위해 직접 수행하는 행동뿐만 아니라 조직의 규정과 절차를 준수하는 소극적 행동에서부터 스스로 안전 활동이나 회의에 참여하고 더 나은 방안을 제안하여 본인 및 타인의 안전에 기여하는 적극적인 행동 모두를 통칭하는 것이라 정의할 수 있다.

두 번째, 구성요인에 대해 Griffin과 Neal[287]은 안전성과를 측정하기 위한 도구 개발을 목적으로 한 연구에서 Borman과 Motowidlo의 선행연구로부터 발전시킨 안전행동의 개념에 대하여 제시하였다. Borman과 Motowidlo[288]

---

283) 김규형, "항공사 안전관리시스템이 안전의식과 안전행동에 미치는 영향" (경영학 박사학위 논문, 경기대학교 일반대학원, 2016), 41-42.

284) 류효지, "건설현장의 안전분위기와 안전의식 수준이 근로자 안전행동에 미치는 영향에 관한 연구" (안전전공학 석사학위 논문, 서울과학기술대학교 일반대학원 안전공학과, 2017): 16-37.

285) 윤호동, "서울도시철도 근로자의 직무스트레스와 안전의식 및 행동에 관한 연구" (정책학 석사학위논문, 경희대학교 공공대학원, 2017), 11.

286) 김지선, "석유화학산업의 안전분위기와 안전행동의 상관관계 실증분석" (안전공학 석사학위 논문, 한국교통대학교 일반대학원, 2014), 4-8.

287) A. Neal, M. A. Griffin & P. M. Hart, "The impactoforganizational climate on safety climate and individualbehavior," *Safety Science* 34 (2000): 99－109.

288) W. C. Borman & S. M. Motowidlo, Expanding the criterion domain to include elements of contextual performance (San Francisco: Personnel Selection in Organizations, Jossey-Bass, 1993).

에 따르면 안전성과의 구성요소는 안전 과업 수행, 안전 맥락 수행으로 구분되는데, Griffin과 Neal[289]은 이 두 가지 요소의 정의로부터 도출된 안전 준수와 안전 참여의 두 가지 행동으로 안전행동을 구분하였다. 안전 준수행동은 업무현장의 안전을 유지하기 위해 개인이 수행하는 핵심적인 안전 활동으로 규정 준수, 안전보호구 착용 등의 행동을 말하고, 안전참여행동은 안전에 직접적인 영향을 주진 않지만 자발적인 안전활동참여, 안전회의 참석 등을 통해 안전 환경 조성에 도움을 주는 행동을 말한다. Griffin, Neal, Hart[290]에 의하면 안전준수행동은 안전절차를 준수하고 안전한 방식으로 작업을 수행하는 것을 말하고 안전참여행동은 동료를 돕고, 작업장 내에서 안전 프로그램을 증진시키고, 작업장의 안전을 개선하기 위한 노력을 기울이는 작업을 포함하는 것을 의미하는 것이다.

국내외 선행연구들은 안전행동을 준수/참여, 순응/참여, 또는 능동적/ 수동적 등의 두 가지 요소로 구분하는 것이 일반적이다. 그 외에도 문고리[291]는 4가지 요소로 분류하는 경우도 있다. 문고리는 인간의 행동은 의도한 행동과 의도하지 않은 행동으로 구분된다고 하였고, 안전행동 역시 안전/불안전과 의도/비의도의 2×2 구조로 구성될 수 있다고 가정하고 분석한 결과 안전행동은 의도하지 않은 불안전한 행동(실수), 의도한 불안전행동(위반), 의도하지 않은 안전행동(안전습관), 의도한 안전행동(준수)의 4가지로 구성될 수 있음을 검증하였다.

세 번째, 다양한 변수와의 관계에 대한 연구들을 보면 다음과 같다. 김기식, 박영석[292]은 Griffin과 Neal[293]의 안전분위기, 안전행동 모델을 국내 근

289) A. Neal, M. A. Griffin & P. M. Hart, "The impact of organizational climate on safety climate and individual behavior," *Safety Science* 34 (2000): 99–109.

290) A. Neal, M. A. Griffin & P. M. Hart, "The impact of organizational climate on safety climate and individualbehavior," *Safety Science* Vol. (2000): 99–109.

291) 문고리, "안전행동의 차원에 관한 연구" (심리학 석사학위 논문, 부천 가톨릭대학교 대학원 심리학과, 2009), 1-12.

292) 김기식, 박영석, "안전 분위기가 안전 행동 및 사고에 미치는 효과" *한국심리학회지: 산업 및 조직* 15(1) (2002): 19-39.

293) A. Neal, M. A. Griffin & P. M. Hart, "The impact of organizational climate on safety climate and individualbehavior," *Safety Science* 34 (2000): 99–109.

로 작업자를 대상으로 재검증 확장하여 국내 여건에 적합한 모델을 제시하였다. 연구 결과 직접적으로 안전행동에 영향을 미치는 것은 안전 동기와 안전지식이고 개인의 안전 동기와 안전 지식의 수준은 조직의 안전 분위기에 따라 좌우된다고 하였다.

Neal과 Griffin[294]은 안전분위기, 안전동기, 안전행동 및 사고 간에 유의한 관계가 있는데 안전분위기는 안전동기에 영향을 미치고, 안전동기는 안전행동에 영향을 미친다고 하였다. 류효지[295]는 안전행동을 순응행동과 참여행동으로 구분하고, 건설현장 4곳에서 설문조사를 시행하여 안전분위기, 안전의식 수준이 근로자의 안전행동에 미치는 영향을 살펴보았다. 그 결과 안전의식은 순응행동과 참여행동 모두에 영향을 미치는 데 반해 안전분위기는 참여행동에만 영향을 미치는 것을 확인하였고, 안전분위기보다 안전의식이 안전행동에 더욱 영향을 미친다고 하였다.

조승수[296]는 조선업계에서 반장과 반원의 관계가 안전행동 및 안전 분위기에 미치는 영향을 알아보았는데, 안전행동을 준수와 참여로 구분하고 리더와 구성원 간의 관계가 안전행동에 영향을 미치며 그 관계의 질은 안전분위기와 유의미한 관계가 있음을 확인하였다. 이요한[297]은 소규모 사업장의 현장에서 관리감독자의 역할이 매우 중요하다고 보고 관리감독자의 리더십 유형이 안전행동에 미치는 영향에 대하여 연구하였는데 안전리더십과 과업 중심형 리더십, 인화 중심형 리더십은 공통적으로 안전행동에 긍정적인 영향을 미친다고 하였다. 이수원[298]은 도시철도 조직을 고객 분야와 기술 분

294) A. Neal, M. A. Griffin & P. M. Hart "The impact of organizational climate on safety climate and individual behavior," *Safety Science* 34 (2000): 99−109.

295) 류효지, "건설현장의 안전분위기와 안전의식 수준이 근로자 안전행동에 미치는 영향에 관한 연구" (안전공학 석사학위 논문, 서울과학기술대학교 일반대학원, 2017): 16-37.

296) 조승수, "리더와 구성원의 관계가 안전분위기와 안전행동에 미치는 영향" (석사학위논문, 부산대학교 대학원 2003): 17-23.

297) 이요한, "관리감독자의 안전리더십과 리더십 유형이 근로자의 안전행동 관계에 미치는 영향: 경남 김해 지역 소규모 제조업 사업장 중심으로" (이학석사학위 논문, 인제대학교 보건안전공학과, 2016), 21-22.

298) 이수원, "안전리더십과 조직안전문화의 안전행동에 대한 영향 연구" (행정학 박사학위 논문, 계명대학교 대학원 행정학과, 2018).

야로 구분하고 안전리더십, 조직안전문화, 안전행동 간의 관계에 대하여 연구한 결과, 각 변수 간의 관계는 분야 간의 차이가 없는 것으로 나타났고 안전리더십은 조직안전문화에 영향을 미치고 조직 안전문화는 안전리더십과 안전행동에 영향을 미쳤으며 안전리더십과 안전행동 간의 관계에서 조직안전문화가 매개역할을 한다고 하였다. 안창규[299]는 기관사의 인적오류 및 사고를 줄이기 위한 제도적 방안 제안을 위한 연구에서 직무스트레스가 안전행동에 영향을 미친다는 것을 확인하였고, 이때 자기효능감의 조절효과에 대해 검증하였다.

김동규[300], 확장된 계획행동이론을 통한 관람스포츠 소비자의 소비행동 예측 연구에서 태도는 관람의도에 통계적으로 유의한 정(+)의 영향을 미친다는 것을 확인시켜주었다.

③ 안전행동의 개념과 특징

안전행동이란 산업안전을 위해서는 기술적 접근이 필수적이지만 근로자들의 행동적인 측면에도 반드시 초점을 맞출 필요성이 있음을 인식하고, 사고의 예방은 물리적인 작업환경을 보다 안전하게 만드는 것뿐만 아니라 근로자들이 안전행동에 개입하도록 유도할 수 있을 때에 비로소 가능하다는 주장[301]이 설득력을 얻으면서 시작되었다.[302] 안전행동이란 개인이 안전을 확보하기 위해 취하는 일련의 행동이다.[303] Burke and Dunlap[304]은 안전

299) 안창규, “기관사 직무스트레스가 자기효능감에 따라 안전행동에 미치는 영향,” *한국철도학회논문집* 20(6) (2017): 866-878.

300) 김동규, “확장된 계획행동이론을 통한 관람스포츠 소비자의 소비행동 예측: 프로야구를 중심으로” (스포츠산업경영학 박사학위논문, 경희대학교 체육대학원, 2017), 56.

301) H. G. Fitch & J. Hermann & B. L. Hopkins, “Safe and unsafe behavior and its modification,” *Journal of Occupational Medicine* 18 (1976): 618-622.

302) 최진우, “단계적 반응모델을 적용한 건설업 종사자 안전의식 분석” (건축학 박사학위 논문, 중앙대학교 대학원, 2014), 1-6.

303) T. N. Garavan, F. O Brien, “An Investigation into the Relationship between Safety Climate and Safety Behaviours in Irish Organisations,” *The Irish journal of management: the journal of the Irish Academy of Management* 22(1) (2001): 141-170.

304) Michael J. Burke, William P. Dunlap, “Estimating Interrater Agreement with the Average Deviation Index: A User's Guide,” *Organizational Research* 5(2) (2002): 159-172.

행동을 안전성과로 보고 위험한 작업환경 내에서 근로자 개인, 조직, 환경 또는 사회적 안녕(wellbeing)을 증진하기 위한 근로자의 행동으로 정의하였다. Burke and Dunlap[305], Mearns 등[306]은 안전활동을 핵심적인 안전규정을 따르는 것으로 정의하였다. 또한 개인이 안전을 확보하기 위해 취하는 일련의 행동을 안전행동이라고 정의한 연구들도 있다.[307] 안전행동을 과업수행과 맥락수행으로 구분하여 안전준수 행동과 안전참여 행동으로 구분하였다.[308] 과업수행의 안전준수 행동이란 조직의 안전을 유지하기 위해 필요한 행동으로 직접적인 안전활동이라고 할 수 있으며, 안전준수 행동은 관련된 안전수칙 준수나 안전장비 착용 등을 포함한다. 맥락수행의 안전참여 행동은 안전활동 및 미팅 등에 자원해서 참여하는 것으로 작업장 안전에 간접적인 안전향상 활동으로 정의하였다. 그리고 안전행동은 안전사고와 밀접한 관계가 있는 것으로 사고예방을 위한 근로자의 직・간접적인 활동이라 할 수 있다.[309] 안전행동은 개인이 안전을 확보하기 위해 취하는 일련의 행동으로 업무수행과 관련하여 위험을 예방하기 위해 안전절차를 준수하거나 안전활동에 참여하는 등 위험요인으로부터 해를 받지 않으려는 행동을 뜻한다. 또한 안전행동은 업무수행이 안전하게 이루어질 수 있도록 하기 위한 행동이며, 조직의 종사자들이 스스로 안전절차를 따르고, 수행하여야 한다. Neal & Griffin은 안전문화와 안전행동 간의 관계가 깊으므로, 사고를 줄이는 데에 영향을 줄 수 있다고 하였다. 조직 내에서 수행되는 종사자들 개개인의 안전행동은 안전한 행동을 하고자 하는 개인의 가치관과 그들이 속한 조직의 문화 및 분위기에 영향을 받는다는 것을 알 수 있다.[310] 안전

---

305) Michael J. Burke, William P. Dunlap, "Estimating Interrater Agreement with the Average Deviation Index: A User's Guide," *Organizational Research* 5(2) (2002): 159-172.

306) A. Neal, M. A. Griffin & P. M. Hart, "The impact of organizational climate on safety climate and individualbehavior," *Safety Science* 34 (2000): 99－109.

307) A. Neal, M. A. Griffin & P. M. Hart, "The impact of organizational climate on safety climate and individual behavior," *Safety Science* 34 (2000): 99－109.

308) 주찬희, "노인요양시설의 리스크매니지먼트 시스템 및 안전문화가 안전행동에 미치는 영향" (사회복지학 박사학위 논문, 서울시립대학교 사회복지학과, 2015), 23-24.

309) 주찬희, "노인요양시설의 리스크매니지먼트 시스템 및 안전문화가 안전행동에 미치는 영향" (사회복지학 박사학위 논문, 서울시립대학교 사회복지학과, 2015), 23-24.

행동의 구성요소에 대해 Garavan 등[311]은 위험상황에서의 정확한 반응, 불안전한 작업 상태에서의 의사소통, 장비의 적합한 사용, 안전규정준수, 예방적 안전행동에 관여, 안전행동의 수행여부, 절차와 규정에 대한 관심, 위험행동의 관여 여부, 좋은 관리습관 등을 들었다.[312] Griffin & Neal은 안전행동을 순응행동(안전준수)과 참여행동(안전참여)으로 구성한다. 순응행동은 안전을 유지하기 위하여 개인에게 요구되는 핵심 안전행동이며, 참여행동은 안전에 직접적인 영향을 미치지는 않으나 작업환경의 안전을 위해 도움이 되는 행동을 말한다.[313] 순응, 또는 준수행동은 작업과 관련된 안전규정과 절차를 따르는 소극적인 행동이며, 참여는 사람의 안전보다는 환경을 발전시키는 행동으로, 안전활동에 자발적으로 참여하거나 안전관련 이슈로 동료들을 돕거나 안전회의에 참여하는 활동들을 말한다. 행동특성들로 인해 순응행동은 수동, 혹은 소극적 안전행동으로, 참여행동은 능동적, 또는 적극적 안전행동으로 설명되기도 한다. 이처럼 안전행동은 크게 두 가지 범주로 다루는 것이 일반적이다. 이후 Fugas 등의 연구를 비롯하여, 국내・외 다수의 연구에서 용어의 차이가 있을 뿐, 준수와 참여의 두 범주로 안전행동을 구성 및 측정하였다. 국내 연구에서도 김기식과 박영석은 안전행동을 준수와 습관으로 구성하였다. 준수는 업무와 관련된 제반 규정을 지키는 것이며, 습관은 무의식중에도 몸에 밴 습관으로 인해 자동적으로 안전규칙을 지키는 것을 가리킨다.[314]

우상천 또한 안전행동을 안전 참여행동과 안전 순응행동으로 구성하여,

310) 김규형, "항공사 안전관리시스템이 안전의식과 안전행동에 미치는 영향"(경영학 박사학위 논문, 경기대학교 일반대학원, 2016), 41-42.

311) T. N. Garavan, F. O Brien, "An Investigation into the Relationship between Safety Climate and Safety Behaviours in Irish Organisations," *The Irish journal of management* 22(1) (2001): 141-170.

312) 우상천, "공군 조종사의 안전동기 결정요인 및 안전행동과의 관계" (경영학 박사학위 논문, 상지대학교 일반대학원, 2014), 6-20.

313) 김규형, "항공사 안전관리시스템이 안전의식과 안전행동에 미치는 영향"(경영학 박사학위 논문, 경기대학교 일반대학원, 2016), 42-44.

314) 김규형, "항공사 안전관리시스템이 안전의식과 안전행동에 미치는 영향" (경영학 박사학위 논문, 경기대학교 일반대학원, 2016), 42-44.

참여행동은 안전과 직접 연관되지 않았으나, 교육 등에 적극적으로 참여하는 행동으로, 순응행동은 법규와 절차, 안전규정 등을 준수하여 안전을 수행하는 활동으로 정의하였다. 연구결과인 안전행동과 안전참여를 정리하면 다음과 같다.

안전행동(Safety Behavior or Activities)에 대해서는 Burke와 동료들은 "안전성과를 위험한 작업환경 내에서 이해관계자, 즉 근로자 개인, 조직, 환경 또는 사회적인 안녕(wellbeing)을 증진하기 위한 근로자의 행동"을 말한다고 한다.[315] 안전행동은 "조직 내 근로자가 행동측면에서 정형적인 안전관례를 지키는 것"이라고 정의될 수 있다. 예를 들면 보호구의 정확한 사용, 위험기계 방호장치의 적절한 작동, 유해·위험 물질에의 노출 가능성 저감 등의 공식적인 작업절차 등의 안전활동으로 구성된다.[316] 기업의 위험관리 체계가 아무리 잘되어 있어도 그 취지대로 잘 작동하거나 시행되지 않으면 재해감소라는 목표를 달성할 수 없으며, Mearns와 동료들에 의하면 안전준수활동이란 "핵심적인 안전활동에 있어서 규정을 따르는 것"이라고 정의되며 이것이 안전분위기와 관련되어 나타난다고 한다. 즉, 경영진이 안전에 대해 애착을 가지고 근로자를 챙겨주면 근로자들은 상호적 교환에 의해 더욱 안전보건활동에 열심히 임하게 되고 안전규정과 절차 준수에 몰입하는 바, 이것이 가장 높은 수준의 안전준수활동이 된다는 것이다.[317] Smith-Crowe 등[318]은 안전교육을 통해 인지된 안전지식은 안전보호구, 위험감소, 작업관행, 안전보건소통 등의 측면에서 안전분위기를 매개하여 긍정적인 안전성과를 거두게 한다는 인과관계를 밝힌 바 있다.

안전참여(Safety Participation)에 대해서는 Griffin과 Neal은 종전의 연구가 일

315) M.J. Burke, S.A. Sapry, P.K. Tesluk, K. Smith-Crowe, "General safety performance: a test of a grounded theoretical model," *Pers. Pstchol* 55 (2002): 429-457.

316) Carla S. Fugas Silvia, A. Silva Jose, L. Melia, "Another look at safety climate and safety behavior: Deepening the cognitive and social mediator mechanisms," *Accident Analysis and Prevention* 45 (2012): 468-477.

317) 문기섭, 장영철, "안전문화와 안전리더십 연구," *한국경영사학회* 55 (2013) : 25-44.

318) M.J. Burke, S.A. Sapry, P.K. Tesluk, K. Smith-Crowe, "General safety performance: a test of a grounded theoretical model," *Pers. Pstchol* 55 (2002): 429-457.

차원적 모형에 집중되어 있음을 지적하면서 안전행동 이외에 참여는 변인을 추가하여 이차원적인 연구를 진전시켰다.[319)] 이들은 Borman과 Motowidlo[320)]의 직무수행 모형 중 과업성과와 맥락성과란 개념과 Campbell 등[321)]의 개별적 성과 차이의 결정요인인 지식, 기술, 동기부여의 개념을 안전영역에 적용하여 안전성과의 결정요인으로서 업무지식과 동기부여를, 그 구성요인으로 안전준수 활동과 안전 활동참여를 제시하면서 이들 간의 관계를 분석하였다.[322)] 이때 안전준수활동은 과업성과에 관련된 것으로 작업장 안전을 위해 필수적으로 수행할 핵심행동(안전기준 준수, 보호구 착용 등)과 안전 활동참여는 안전한 작업환경 조성을 위해 필요한 행동을 말한다. 그 결과, 안전분위기는 경영자 가치, 안전소통, 안전업무 관행, 안전교육 및 안전장비 등으로 구성되어 지식과 동기를 통해 매개되어 안전준수활동에 직접적인 영향을 미침을 확인하였다.

안전행동의 영향요인 분석은 초기 안전행동 관련연구의 필요성을 제시한 연구는 점차 안전행동에 영향을 주는 요인을 분석·검증하는 연구로 발전하였다. 이경용[323)]은 설문조사 결과의 통계분석을 실시하여 안전교육훈련 및 안전조직 체계, 안전 중요성 인식, 최고경영자의 안전에 대한 가치부여 인식, 안전지식, 안전관련 의사소통 등 5가지의 요인이 안전행동에 영향을 미치는 주요 요인임을 도출하였다.[324)] 특히 안전의 중요성에 대한 인식수

---

319) A. Neal, M. A. Griffin & P. M. Hart, "The impact of organizational climate on safety climate and individual behavior," *Safety Science* 34 (2000): 99－109.

320) W. C. Borman & S. M. Motowidlo, "Expanding the criterion domain to include elements of contextual performance" (San Francisco: Personnel Selection in Organizations, Jossey-Bass, 1993).

321) K. Gautam, C. Campbell, B. Arrington, "Financial performance of safety-net hospitals in a changing health care environment.," *Health services management research: an official journal of the Association of University Programs in Health Administration* 9(3) (1996): 156-171.

322) 문기섭, "안전분위기의 선행요인과 성과에 관한 연구" (경영학 박사학위 논문, 경희대학교 대학원, 2014), 19-22.

323) 이경용, "안전행동 실천에 영향을 미치는 하위 안전문화," 직업환경의학회 학술대회 논문집 1 (2002): 188.

324) 최진우, "단계적 반응모델을 적용한 건설업 종사자 안전의식 분석" (건축학 박사학위 논문, 중앙대학교 대학원 건축학과, 2014), 107-108.

준이 안전행동에 가장 큰 영향을 미치는 것으로 나타났다. 안관영[325]은 지금까지 불안전한 행동이나 상태 등에 대한 분석이 현재까지의 산재예방을 위한 중요한 기초자료로 활용되었으나 이러한 접근방식에 한계가 있음을 지적하고 안전분위기에 해당하는 안전지식, 안전태도, 업무부담, 경영층 몰입, 안전예방 수준 등의 요인이 안전참여와 사고 횟수에 미치는 효과를 분석하였다.[326] 분석결과 안전지식이 안전참여에는 정(+)의 영향을 사고횟수에는 부(-)의 영향이 있음을 증명하였고[327], 역시 유사한 방법론을 이용하여 화학공장을 대상으로 안전문화에 대한 평가와 영향변수를 도출하였다.[328] 이러한 연구가 진행된 이후, 안전행동에 영향을 주는 영향요인을 조직 내 경영자의 리더십과 의사소통[329], 업무에 대한 스트레스 반응과 조직몰입[330] 등 다양한 요소로 구분하여 안전행동의 영향요인에 해당하는 안전분위기에 미치는 영향을 측정하였다. 이상과 같은 연구들은 초기의 안전행동 관련 연구도입의 필요성을 제시한 것에서 한 걸음 더 나아가 안전행동에 영향을 주는 요인을 파악하는 데 초점을 맞추고 있으며, 특히, 안전행동이 안전분위기와 인식에 큰 영향을 받는다는 것을 증명하는 데 노력하였고 이를 통해 안전행동을 유발하기 위해서는 적절한 안전분위기를 조성하여 안전인식이 정립될 수 있는 노력이 필요함을 제시하였다.

안전행동의 개념[331]을 이해하는 데 있어서 안전행동과 불안전행동과 개

---

325) 안관영, "안전분위기와 안전성과의 관계 및 연령의 조절효과," 한국안전학회지 20(4) (2005) : 122-129.

326) 최진우, "단계적 반응모델을 적용한 건설업 종사자 안전의식 분석" (건축학 박사학위 논문, 중앙대학교 대학원 건축학과, 2014), 107-108.

327) 백종배, "화학공정산업에서 안전문화 이행과 영향 변수," *한국안전학회지 = Journal of the Korean Society of Safety* 21(4) (2006): 127-133.

328) 최진우, "단계적 반응모델을 적용한 건설업 종사자 안전의식 분석" (건축학 박사학위 논문, 중앙대학교 대학원 건축학과, 2014), 107-108.

329) 서남규, 이용갑, 김왕배, 이경용, "사업장 내 의사소통이 안전의식과 행위에 미치는 영향," *대한안전경영과학회지* 12(2) (2010): 9-16.

330) 문광수, 이재희, 오세진, "조직몰입이 안전행동에 미치는 효과: 안전 분위기의 조절효과," *한국심리학회지: 산업 및 조직* (2011): 51-73.

331) 이수언, "안전리더십과 조직안전문화의 안전행동에 대한 영향 연구" (행정학 박사학위논문, 계명대학교 대학원, 2018), 25-28.

념적 차이를 살펴보는 것이 도움이 될 수 있다. 불안전행동이란 외부자극에 대한 습관적 행동으로 안전 상태를 불안전한 상태로 전환시키는 행동을 의미한다.[332] 이러한 점에서 볼 때, 반대로 안전행동은 불안전행동의 반대 뜻으로 업무수행이 안전하도록 하려는 행동이라고 할 수 있다.[333] 또한 Neal, Griffin, & Hart는 안전을 확보하기 위해 인간이 취하는 일련의 행동을 안전행동이며, 윤호동[334]은 개인이 어떠한 행동을 할 때 그 행동이 안전하게 수행되도록 하는 것을 의미한다고 하였다.

안전관리 분야에서 불안전행동에 초점을 맞추던 전통적 관점인 Heinrich, Peterson & Roos 등의 연구에서 산업재해의 88%가 불안전한 행동으로 인해 발생한 것으로 밝혀졌다. 미국에서 발생한 10년간의 산업재해 원인을 조사한 McSween[335]의 연구에 따르면 사고가 일어나는 것 중 행동에 의한 것이 76%가 되며, 간접적인 부분인 환경 및 행동에 의한 부분까지 포함할 경우 96%에 이르는 사고의 원인이 행동에 의해서 발생하는 것으로 나타났다. 전통적 관점에서는 안전사고의 원인을 불안전행동에 초점을 두고 이를 줄이기 위한 방안을 안전사고의 대책으로 수립하였다. 그러나 이러한 불안전 행동은 결국 사고의 책임을 개인에게 묻고자 하는 사업주의 입장을 대변하는 측면이 있었다. 즉, 개인적 특성이 사고에 영향을 주는 것은 분명하지만 개인에게 사고의 책임을 모두 돌리는 것은 사고에 작용하는 조직적 요인을 고려하지 못한 것이다. 또한 단순한 사람의 판단착오와 오류, 부주의 같은 불안전 행동을 사고의 원인으로 보고 이를 줄이는 것만으로는 사고와 재해율을 감소시키는 데 있어 한계가 있다.[336] 이에 따라 안전사고를

---

332) 서희창, "구조방정식모형을 이용한 비정규직 건설 근로자의 개인적 요인과 조직적 요인이 안전행동에 미치는 영향" (건축환경공학 박사학위 논문, 한양대학교 대학원 건축공학과, 2015), 16-18.

333) 김규형, "항공사 안전관리시스템이 안전의식과 안전행동에 미치는 영향" (경영학 박사학위 논문, 경기대학교 일반대학원, 2016), 41-45.

334) 윤호동, "서울도시철도 근로자의 직무스트레스와 안전의식 및 행동에 관한 연구" (정책학 석사학위논문, 경희대학교 공공대학원, 2017), 9-12.

335) T. E. McSween, "The Value-based Safety process: Improving your safety culture with a behavioral approach," (Hoboken, NJ : Wiley, 2003).

336) 정지희, 박영석, "성취 목표 지향성과 안전 분위기가 안전 및 불안전 행동에 미치는 영향," *한국*

예방하기 위해 불안전 행동을 줄이는 것에서 나아가 안전행동에 관심을 두게 되었다.

산업재해에 있어서 안전행동의 개념이 중요해진 또 하나의 이유는 안전의 성과를 측정하기 위해서이다. 일반적으로 안전사고나 재해율의 분포가 정규분포가 아니며, 변량이 매우 적어서 종속변수로 분석하기 어려운 면이 있다. 따라서 최근 안전분야의 연구에서 안전행동은 조직의 안전성과를 측정하는 변수로 선호되고 있다.[337)]

이는 안전성과를 측정할 때 근무와 관련된 사고와 질병의 유무나 빈도로서 측정하여야 할 것이지만 그 발생확률이 희박하고, 자료의 수집 자체가 매우 어려워 안전행동이 측정도구로 사용되고 있는 것이다.251F[338)] 대표적으로 Griffin & Neal[339)]은 안전성과의 측면에서 근무자의 안전행동을 안전순응행동과 안전참여활동 두 가지 차원으로 측정하였다.

안전행동을 위험과 직접적으로 관련하여 정의를 내리는 견해는 직무수행과 관련하여 위험을 방지하기 위해 안전절차를 준수하거나 안전 활동에 참여하여 위험으로부터 피해를 받지 않으려는 행동으로 정의하기도 한다.[340)] 우상천[341)]은 안전행동을 현재에 가지고 있는 위험요인과 잠재적으로 가지고 있는 위험요인이 사고로 실현되지 않도록 모든 안전규정 및 절차를 준수하고, 구성원이 안전활동에 자발적으로 참여하는 등 안전 확보에 기여하는 활동으로 정의하였다.

이상과 같은 안전과 관련된 정의를 정리하면 두 가지로 정리가 가능하다.

심리학회지: 산업 및 조직 27(2) (2014): 367-399.

337) M.D. Cooper and R.A. Phillips, "Exploratory Analysis of the Safety Climate and Safety Behavior Relationship," *Journal of Safety Research* 35 (2004): 497-512.

338) 오지은, 박종승, "직무스트레스가 경찰 안전행동에 미치는 영향에 관한 연구," *한국경찰학회보* 19(5) (2017): 173-198.

339) A. Neal, M. A. Griffin & P. M. Hart, "The impact of organizational climate on safety climate and individual behavior," *Safety Science* 34 (2000): 99－109.

340) 김규형, "항공사 안전관리시스템이 안전의식과 안전행동에 미치는 영향," (경영학 박사학위 논문, 경기대학교 일반대학원, 2016), 41-42.

341) 우상천, "공군 조종사의 안전 동기 결정요인 및 안전행동과의 관계," (경영학박사학위 논문, 상지대학교 일반대학원, 2014), 6-20.

첫 번째는 안전을 침해하는 현상을 말하는 현재의 위험요인, 잠재적인 위험요인 또는 위험한 근무환경 등을 통하여 '위험'이라는 개념을 직접적으로 사용하기도 하는 견해이다. 두 번째는 이러한 위험이 사고로 이어지지 않도록 하는 행동에서 정해진 절차 혹은 규정을 지키는 차원과 조직의 안전과 관련한 활동에 참여하는 두 가지 차원의 안전을 지키기 위한 행동에 초점을 맞추어 설명한 견해 등이다. 우상천의 연구를 바탕으로 안전행동을 현재에 가지고 있는 위험요인과 잠재적으로 가지고 있는 위험요인이 사고로 실현되지 않도록 모든 안전규정 및 절차를 준수하고, 구성원이 안전활동에 자발적으로 참여하는 등 안전 확보에 기여하는 활동의 개념 중심으로 정의한 〈표 1-5〉와 같다.

〈표 1-5〉 안전행동의 정의

정 의	저 자
개인이 어떤 행동을 함에 있어 그 행동이 안전하게 수행되도록 하는 것	윤호동(2017)
불안전한 행동을 인지하고 안전하게 행동하는 것	류효지(2017)
일반적으로 안전행동은 불안전행동의 반대 뜻으로 인식	안창규(2017)
업무수행이 안전하게 이루어질 수 있도록 하기 위한 행동이며 조직의 종사자들이 스스로 안전문화, 안전분위기, 안전절차를 따르고 더 나아가 자발적으로 조직의 안전에 기여하려는 행동	김규형(2016)
잠재적인 위험요인과 부상에 대한 노출을 감소하기 위해 적합한 방법으로 작업을 수행하며 안전 정책과 절차를 따르는 것	김지선(2014)
현재의 위험요인 및 잠재적인 위험요인이 사고로 연계되지 않도록 제반 안전규정과 절차를 준수하며, 조직 내 안전활동에 자발적으로 참여하여 안전확보에 기여하는 행동	우상천(2014)
안전 준수행동 : 규정 준수, 안전보호구 착용 등 안전을 위하여 개인이 수행하는 행동	Neal & Griffin(2000)
안전 활동 참여, 안전회의 참석 등을 통해 안전 환경 조성에 도움을 주는 행동	안전 참여행동
근로자, 고객, 대중 및 환경의 안전과 건강을 증진하기 위해 거의 모든 직무에서 개인이 수행하는 행동	Burke 등(2002)

④ 안전행동의 구성요인과 변인

Griffin과 Neal[342)]은 안전성과를 측정하기 위한 도구 개발을 목적으로 한 연구에서 Borman과 Motowidlo[343)]의 선행연구로부터 발전시킨 안전행동의 개념에 대하여 제시하였다. Borman과 Motowidlo에 따르면 안전성과의 구성요소는 안전과업 수행, 안전맥락 수행으로 구분되는데, Griffin과 Neal, Hart[344)]은 이 두 가지 요소의 정의로부터 도출된 안전준수와 안전참여의 두 가지 행동으로 안전행동을 구분하였다. Griffin과 Neal에 의하면 안전준수행동은 업무현장의 안전을 유지하기 위해 개인이 수행하는 핵심적인 안전활동으로 규정 준수, 안전보호구 착용 등의 행동을 말하고, 안전 참여행동은 안전에 직접적인 영향을 주진 않지만 자발적인 안전 활동 참여, 안전회의 참석 등을 통해 안전 환경 조성에 도움을 주는 행동을 말한다. Griffin, Neal, Hart에 의하면 안전 준수행동은 안전절차를 준수하고 안전한 방식으로 작업을 수행하는 것을 말하고 안전 참여행동은 동료를 돕고, 작업장 내에서 안전 프로그램을 증진시키고, 작업장의 안전을 개선하기 위한 노력을 기울이는 작업을 포함하는 것을 말한다.

국내외 선행연구들은 안전행동을 준수/참여, 순응/참여, 또는 능동적/수동적 등의 두 가지 요소로 구분하는 것이 일반적이다. 그 외에도 문고리[345)], 노주희[346)]의 연구와 같이 4가지 요소로 분류하는 경우도 있다. 문고리는 인간의 행동은 의도한 행동과 의도하지 않은 행동으로 구분된다고 하였고, 안전행동 역시 안전/불안전과 의도/비의도의 구조로 구성될 수 있다

342) A. Neal, M. A. Griffin & P. M. Hart, "The impact of organizational climate on safety climate and individual behavior," *Safety Science* 34 (2000): 99－109.

343) W. C. Borman & S. M. Motowidlo, "Expanding the criterion domain to include elements of contextual performance," (San Francisco: Personnel Selection in Organizations, Jossey-Bass, 1993).

344) A. Neal, M. A. Griffin & P. M. Hart, "The impact of organizational climate on safety climate and individual behavior," *Safety Science* 34 (2000): 99－109.

345) 문고리, "안전행동의 차원에 관한 연구 = A study of safety bahavior dimension" (심리학 석사학위 논문, 부천 카톨릭대학교 대학원 심리학과, 2009), 1-12.

346) 노주희, "조직문화와 안전풍토가 안전행동에 미치는 영향" (경영정책학 석사학위 논문, 서울과학기술대학교 철도경영정책학과, 2015), 20-24.

고 가정하고 분석한 결과 안전행동은 의도하지 않은 불안전행동(실수), 의도한 불안전행동(위반), 의도하지 않은 안전행동(안전습관), 의도한 안전행동(준수)의 4가지로 구성될 수 있음을 검증하였다.

안전행동의 구성요소[347]에 대해서는 대표적으로 Griffin & Neal이 안전행동의 구성요소를 참여활동(안전참여), 순응행동(안전준수)의 두 가지로 제시하였다. 이동연·이재희·문광수·오세진도 안전행동을 수동적, 능동적 측정치로 나타낼 수 있도록 순응행동과 참여행동으로 구분하였다. 여기서 안전 참여활동이란 안전에는 직접적으로 영향을 미치지 않지만 근무환경의 안전 유지에 있어서 긍정적인 행동을 의미한다.[348] 순응행동이란 안전을 유지하기 위해 개인에게 요구되는 핵심적인 안전행동을 말한다. 학자에 따라 순응행동은 수동적·소극적 안전행동으로, 참여활동은 능동적·적극적 안전행동으로 설명하기도 한다.[349] 한편, 안전 참여활동은 안전과 직접적인 관계가 있는 것은 아니지만 안전교육 등에 적극적으로 참여하는 행동을 말하며, 안전 순응행동은 주어진 절차와 규정을 준수하여 안전을 지키는 활동이라고 하였다.[350] 이러한 견해를 종합하면, 안전 참여활동은 안전 환경을 발전시키는 행동으로 근무자가 안전 활동에 자발적으로 참여하거나 안전관련 이슈를 자신의 동료들에게 전달하거나 안전회의에 참여하는 활동 등을 말하며 안전 순응행동(안전준수)은 근무자가 안전규정과 절차를 따르는 소극적인 행동을 의미한다[351].

강근식·신택현[352]은 Park[353]이 제시한 안전행동의 개념을 구성하는 요

347) 이수언, "안전리더십과 조직안전문화의 안전행동에 대한 영향 연구" (행정학 박사학위 논문, 계명대학교 대학원, 2018), 9-28.

348) 우상천, "공군 조종사의 안전동기 결정요인 및 안전행동과의 관계" (경영학 박사학위 논문, 상지대학교 일반대학원, 2014), 6-20.

349) 김규형, "항공사 안전관리시스템이 안전의식과 안전행동에 미치는 영향" (경영학 박사학위 논문, 경기대학교 일반대학원, 2016), 41-45.

350) 김규형, "항공사 안전관리시스템이 안전의식과 안전행동에 미치는 영향" (경영학 박사학위 논문, 경기대학교 일반대학원, 2016), 41-45.

351) 우상천, "공군 조종사의 안전동기 결정요인 및 안전행동과의 관계" (경영학 박사학위 논문, 상지대학교 일반대학원, 2014), 6-15.

352) 강근식, 신택현, "도시철도 기관사조직의 안전리더십과 관련요인 간의 인과관계 구조분석," *대한안전경영과학회지* 19(4) (2017): 105-113.

소로 준수, 습관, 실수, 위반의 4가지 내용을 포함하여 안전리더십과의 관계를 분석하였다. 이들은 도시철도 기관사조직을 대상으로 상사의 안전리더십이 안전행동에 가장 직접적인 영향을 미치는 것으로 주장하였다. 또한 상사의 리더십 확립을 위한 승진 및 평가 제도를 합리적으로 운영하고 리더십 교육을 실시해야 한다고 주장하였다.

⑤ 안전행동의 선행연구

국내외에서는 안전행동과 리더십, 안전문화, 안전분위기, 안전시스템, 스트레스, 조직몰입 등 다양한 변수와의 관계에 대해 많은 연구가 수행되어 왔다. 김기식, 박영석[354]은 Griffin 과 Neal의 안전 분위기－안전행동(안전순응, 안전참여행동) 모델을 국내 근로자를 대상으로 재검증하고 확장하여 국내 상황에 적합한 모델을 제시하였다. 연구 결과 안전행동(순응행동과 참여행동)에 직접적으로 영향을 미치는 것은 안전지식과 안전동기이고 개인의 안전지식과 안전동기의 수준은 조직의 안전분위기에 의해 좌우된다고 하였다.

Neal과 Griffin[355]은 안전분위기, 안전동기, 안전행동 및 사고 간에 유의한 관계가 있는데 안전분위기는 안전동기에 영향을 미치고, 안전동기는 안전행동에 영향을 미친다고 하였다.

조승수[356]는 조선업계에서 반장과 반원의 관계가 안전행동 및 안전분위기에 미치는 영향을 알아보았는데, 안전행동을 준수와 참여로 구분하고 리더와 구성원 간의 관계가 안전행동에 영향을 미치며 그 관계의 질은 안전분위기와 유의미한 관계가 있음을 확인하였다.

---

353) Y-S. Park, "Development of Safety Psychology Coaching Program." Research Report, KOSHA. (2017).

354) 김기식, 박영석, "안전 분위기가 안전 행동 및 사고에 미치는 효과," *한국심리학회지: 산업 및 조직* 15(1) (2002): 19-39.

355) A. Neal, M. A. Griffin & P. M. Hart, "The impact of organizational climate on safety climate and individualbehavior," *Safety Science* 34 (2000): 99－109.

356) 조승수, "리더와 구성원의 관계가 안전분위기와 안전행동에 미치는 영향" (심리학 석사학위 논문, 부산대학교 대학원, 2003), 17-26.

이요한[357]은 소규모 사업장의 현장에서 관리감독자의 역할이 매우 중요하다고 보고 관리감독자의 리더십 유형이 안전행동에 미치는 영향에 대하여 연구하였는데 안전리더십과 과업중심형 리더십, 인화중심형 리더십은 공통적으로 안전행동에 긍정적인 영향을 미친다고 하였다.

최동원[358]은 안전행동을 준수행동과 참여행동으로 구분하고 변환적 리더십이 구성원의 안전행동에 미치는 영향에 대해 연구하였는데 변환적 리더십은 안전행동 이행에 영향력을 미치고 리더의 안전관련 역할행동을 촉진시켜 구성원의 안전분위기를 높이며 따라서 안전행동에 긍정적인 영향을 미친다고 주장하였다. 이수원[359]은 도시철도 조직을 고객분야와 기술분야로 구분하고 안전리더십, 조직안전문화, 안전행동 간의 관계에 대하여 연구한 결과, 각 변수 간의 관계는 분야 간의 차이가 없는 것으로 나타났고 안전리더십은 조직안전문화에 영향을 미치고 조직안전문화는 안전리더십과 안전행동에 영향을 미쳤으며 안전리더십과 안전행동 간의 관계에서 조직안전문화가 매개역할을 한다고 하였다. 안창규[360]는 기관사의 인적오류 및 사고를 줄이기 위한 제도적 방안 제안을 위한 연구에서 직무스트레스가 안전행동에 영향을 미친다는 것을 확인하였고, 이때 자기효능감의 조절효과에 대해 검증하였다.

이소영[361]은 안전행동을 위반행위와 준수행위로 구분하고 항공종사자 양성 전문교육기관에서 안전문화가 안전행동에 미치는 영향에 대해 연구하였다.

---

357) 이요한, “관리감독자의 안전리더십과 리더십 유형이 근로자의 안전행동 관계에 미치는 영향: 경남 김해 지역 소규모 제조업 사업장 중심으로” (안전공학 석사학위 논문, 인제대학교, 2016), 21-22.

358) 최동원, “안전분위기와 안전행동에 미치는 변환적 리더십의 효과” (심리학 석사학위 논문, 부산대학교 대학원, 2003), 16-22.

359) 이수원, “안전리더십과 조직안전문화의 안전행동에 대한 영향 연구” (행정학 박사학위 논문, 계명대학교 대학원, 2018), 1-4.

360) 안창규, “기관사 직무스트레스가 자기효능감에 따라 안전행동에 미치는 영향,” 한국철도학회논문집 20(6) (2017): 866-878.

361) 이소영, “안전문화가 조직구성원의 안전행동에 영향을 미치는 요인에 대한 연구” (항공운항관리학 석사학위논문, 한서대학교 일반대학원, 2017), 70-72.

4.2.5 행위에 대한 태도

1) 행동지속의도의 이론

① 행동지속의도의 개념과 특징

행동의도의 개념은 계획된 행동이론에 따르면 행동의 주된 결정요인은 행동의도이며, 각각의 행동에 대한 태도, 주관적 규범, 지각된 행동통제에 영향을 받으며 이들 변인들은 각각 매개한다.[362] 계획된 행동이론의 핵심 요인은 특정 행동을 수행하려고 하는 개인의 의도이다. 의도는 사람이 행동을 하려는 의지가 얼마나 있는가, 행동을 하려고 얼마나 노력할 계획인가, 즉 의도를 행동에 영향을 미치는 동기적 요인으로 가정한다.[363]

행동지속의도는 개인행동을 지속적으로 하고자하는 것으로 개인의 태도-행동의 이론으로 계획행동이론을 보면 신념(인지적 요소)과 태도(감정적 요소)의 상호관계, 신념과 태도의 행동의도(행동적 요소)에 미치는 영향관계로 구성되어 있다는 Fishbein과 Ajzen의 3대요소 태도 모델에 초점을 두었다.[364] 하지만 3요소 태도 모델은 사람의 역동적 심리구조를 파악하는 데 어려움이 발견되는 문제점을 노출하면서 비판을 받았다. Fishbein과 Ajzen[365]은 합리적 행동이론(TRA: Theory of Reasoned Action)을 제시하면서, 개인의 행동은 행동의도에 의해 결정되고, 행동의도는 개인의 태도와 주관적 규범에 의하여 결정된다고 제시하였다.[366] 합리적 행동이론의 기본 가정은 사람들은 의식적 의도와 일치하는 방향으로 행동하고, 행동을 위한 행동의도는 행동에 대한 잠재적 결과와 다른 사람들이 그 행동에 대해 느끼는 정도에 대한 합리적

---

362) 오세진, 이재희, 문광수, "조직몰입이 안전행동에 미치는 효과 -안전 분위기의 조절효과-," *한국심리학회지* 제24권 제1호 (2011): 51-73.

363) I. Ajzen, "The theory of planned behavior," *Organizational Behavior and Human Decision Processes* 50 (1991): 179-211.

364) 김은희, "환경친화적 행동의 영향요인 분석 -합리적 행동이론(TRA)의 관점에서" 19(2) (2007): 97-119.

365) M. Fishbein, & I. Ajzen, "Belief, attitude, intention and behaviour: An introduction to theory and research," *Reading, MA: Addison-Wesley* (1975): 277-280.

366) 김은희, "환경친화적 행동의 영향요인 분석 - 합리적 행동이론(TRA)의 관점에서," 「한국지방자치학회보」 19(2) (2007): 97-119.

계산에 기초한다는 것이다.[367] 합리적 행동이론에 따르면 인간의 행동은 그 행동을 수행하고자 하는 의도에서 출발하고, 행동의도는 태도와 주관적 규범에 의해 영향을 받는다는 것이다.[368] 즉, 제시된 행동에 대해 개인이 긍정적으로 판단(태도)하고 주변 사람들이 그 행동을 내가 하는 것에 대해서 원한다고 생각(주관적 규범)하면 행동의도는 높아지고, 결국 그 행동을 할 가능성이 높아진다는 것이 합리적 행동이론이다.[369]

윤금화[370]는 행동의도란 경험 후 개인의 만족에 따라 취하는 후속 해동이라고 정의하고 공강[371]은 축제를 대상으로 한 연구에서, 축제에 대한 태도를 형성한 후 특정 미래의 행동으로 나타내려는 의도를 행동의도로 정의하였다. Fishibein & Ajen은 "행동의도는 신념과 태도가 행동화 될 주관적 기능으로써 의도는 개인의 태도와 행동에 있어서 중간변수로 인식되는 것이며 개인의 주관적 상태를 의미하는 것이다"라고 정의하였다.

이주형 외[372]는 호텔 가격 공정성이 브랜드 자산 및 구매의도에 미치는 영향연구에서 행동의도란 신념과 태도가 행동화될 주관적인 가능성이며, 의도는 개인의 행동과 태도 사이의 변수이고 개인이 주관적으로 인지한 상태라고 정의하였다.

이제곤 외[373]는 관광객 행동의도 비교연구에서 관광객 행동의도를 관광지 재방문 욕구와 방문을 유도하는 추천의도로 구분하였고, 긍정적인 행위요소만을 행동의도라고 정의하였다.

---

367) 차동필, "폭음행위 이해: 계획행동 이론의 적용과 확장," *한국언론학보* 49(3) (2005): 346-372.

368) D. Trafimow & K. A. Finlay, "An investigation of three models of multitrait representations," *Personality and Social Psychology Bulletin* 27(2) (2001): 226－241.

369) 이재신, 김한나, "고등학생과 대학생들의 동영상 UCC 제작의도에 영향을 주는 요인에 관한 연구," *한국언론학보* 52(5) (2008): 399-419.

370) 윤금화, "박람회 참여 동기가 만족도와 행동의도에 미치는 영향에 관한 연구: 대한민국농업박람회를 중심으로," (관광학 석사학위 논문, 호남대학교 대학원 관광학과, 2012), 24-25.

371) 공강, "축제 서비스품질이 만족과 행동의도에 미치는 영향 연구: 제남 대명호 연꽃축제 중심으로," (국제회의학 석사학위 논문, 경기대학교 국제회의학과, 2012), 18-21.

372) 이주형, "호텔 가격공정성이 브랜드 자산 및 구매의도에 미치는 영향 연구," 관광경영연구 16(2) (2012): 1-25.

373) 이재곤, 한금희, 김정아, "관광자의 방문경험에 따른 관광동기 및 관광자행동의도 비교연구 - 최초방문자와 재방문자의 비교를 중심으로," *관광연구* 28(3) (2013): 269-289.

② 행동지속의도의 선행연구

행동지속의도의 선행연구를 살펴보면 행동지속의도와 밀접한 관계를 가지고 있는 태도는 어떤 대상이나 사태에 반응하는 행동을 말하는 것으로 보편적으로 일관성 있는 행동을 하게 되고 또한 이후의 반응을 예측할 수 있기 때문이다.

심선애, 임천혁, 정형원[374]의 모바일게임 이용자의 게임 태도가 지속사용의도에 미치는 영향연구에서 모바일게임 이용자의 게임 태도가 지속사용의도에 미치는 영향을 알아본 결과 인지적 태도, 행동적 태도는 모두 유의한 정(+)의 상관관계를 나타내는 것으로 확인되었다.

윤설민[375]의 계획행동이론의 확장을 통한 모험적 여가활동 추구 관광객의 행동지속성에 관한 연구에서 주관적규범(신뢰관계)는 행동지속의도에 직접적 정(+)의 영향관계를 가지고 있다. 그리고 간접적으로 주관적 규범(신뢰관계)은 내재변인인 행동지속성에 정(+)의 영향을 준다고 보고되었다.

이종민[376]은 골프연습장 이용자의 지도자 이미지와 지도자신뢰・골프몰입・참여만족, 참여지속의도 간의 관계연구에서 지도자 신뢰는 참여지속의도에 정(+)적 영향을 주는 것을 확인하였다.

김미경[377]의 계획행동이론의 확장을 통한 모험적 여가활동 추구 관광객의 행동지속성에 관한 연구에서도 신뢰는 관계지속의도에 정(+)적 유의한 영향을 주는 것으로 보았다.

양정석[378]의 외식 프랜차이즈 가맹점의 지각된 관계 혜택, 환경 요인, 거

374) 심선애, 임천혁, 정형원, "모바일게임 이용자의 게임 태도가 지속사용 의도에 미치는 영향," *한국융합학회논문지* 제8권 제7호 (2017. 7): 141-149.

375) 윤설민, "계획행동이론의 확장을 통한 모험적 여가활동 추구 관광객의 행동지속성에 관한 연구: 플로우(Flow), 애착도, 과거행동의 역할 탐색을중심으로" (호텔관광학 박사학위논문, 경희대학교 대학원, 2010), 100.

376) 이종민, "골프연습장 이용자의 지도자 이미지와 지도자신뢰・골프몰입・참여만족, 참여지속의도간의 관계" (스포츠심리학 박사학위논문, 한신대학교 대학원, 2017), 46.

377) 김미경, "외식 프랜차이즈 본부의 커뮤니케이션 유형이 가맹점과의 관계품질과 가맹점의 관계지속의도에 미치는 영향: 관계품질의 매개효과와 다중집단분석을 중심으로" (경영학 박사학위논문, 세종대학교 대학원, 2015), 62.

378) 양정석, "외식 프랜차이즈 가맹점의 지각된 관계 혜택, 환경 요인, 거래 특유 자산, 영향력 지위가 재계약 의도에 미치는 영향: 신뢰, 의존, 그리고 몰입의 매개 효과" (경영학 박사학위논문,

래 특유 자산, 영향력 지위가 재계약 의도에 미치는 영향을 연구하였다. 이 연구에서도 "가맹점과의 신뢰는 가맹점의 관계지속의도에 정(+)의 유의한 영향을 미칠 것이다."라는 가설을 검증한 결과 신뢰는 가맹점의 재계약의도에 통계적으로 유의한 영향을 미친다는 것을 확인하였다.

박해룡[379]은 자율주행 자동차의 지각된 위험이 이용의도에 미치는 영향에 관한 연구에서 "신뢰는 이용의도에 유의한 영향을 미칠 것이다."라는 가설은 신뢰가 관계지속의도에 정(+)영향을 준다고 보고하였다.

문태영, 최미영[380]은 119구급대원의 행위태도 등이 안전행동에 미치는 영향 모형 연구에서 구급대원의 행위 태도는 안전 의도에 정적(+)효과가 있었다. 행위 태도는 안전 행동에 간접적 영향요인으로 작용함으로써 안전 행위 태도는 안전 의도를 통하여 안전 행동으로 이어짐을 확인할 수 있다.

최미영[381]은 계획행동이론을 적용한 119구급대원 안전행동 영향요인 분석에서 행위태도는 안전의도에 유의미한 직접효과가 있다는 것을 확인하였다.

윤설민[382]의 계획행동이론의 확장을 통한 모험적 여가활동 추구 관광객의 행동지속성에 관한 연구에서 행동에 대한 태도는 행동지속의도에 직접적 정(+)의 영향관계를 가지고 있고, 간접적으로 행동에 대한 태도는 내재변인인 행동지속성에 정(+)의 영향을 미치는 것으로 나타난 것과도 일치한다.

문회권[383]의 화물차 운전자 특성이 안전행동에 미치는 영향에 관한 실증

세종대학교 대학원, 2012), 63.

379) 박해룡, "자율주행 자동차의 지각된 위험이 이용의도에 미치는 영향에 관한 연구: 가치, 신뢰의 매개 효과" (벤처경영학 박사학위논문, 호서대학교 벤처대학원, 2019), 62

380) 문태영, 최미영, "119구급대원의 행위태도, 주관적 규범," *Journal of the Korea Academia-Industrial cooperation Society* 19(9) (2018): 215-224.

381) 최미영, "계획행동이론을 적용한 119구급대원의 안전행동 영향요인 간의 구조적 관계분석" (응급구조학 박사학위논문, 강원대학교대학원, 2017), 47.

382) 윤설민, "계획행동이론의 확장을 통한 모험적 여가활동 추구 관광객의 행동지속성에 관한 연구: 플로우(Flow), 애착도, 과거행동의 역할 탐색을 중심으로" (호텔관광학 박사학위논문, 경희대학교 대학원, 2010), 100.

383) 문회권, "화물차 운전자 특성이 안전행동에 미치는 영향에 관한 실증적 연구" (산업경영공학 박사학위논문, 명지대학교 대학원, 2019), 80.

적 연구에서는 '운전 심리 요인 중 행위태도가 안전의도에 정(+)의 영향을 미칠 것이다'를 검증한 결과 통계적으로 유의하지 않아 기각되었다. 또한, '운전 심리 요인 중 지각된 행동통제가 안전의도에 정(+)의 영향을 미칠 것이다'를 검증한 결과 통계적으로 유의성이 업었으나, 운전자의 안전 의도는 안전행동에 정(+)의 효과가 있음을 확인하였다.

정민수 등[384)]은 사회경제적 요인, 건강행태, 행동계기, 자기통제감이 남녀의 금주 의도에 미치는 영향에 대하여 연구하였는데, 금주에 대한 자기통제감이 금주 의도에 유의한 영향을 준다는 것을 검증하였다.

이현미298F[385)]는 어머니의 양육행동 및 유아의 자기 의도적 통제가 유아의 행동문제에 확률적으로 유의한 영향을 미친다는 것을 보고하였다.

정대용 등[386)]은 주관적 규범이 창업태도와 지각된 행동통제를 매개로 창업의도에 미치는 영향에 대하여 연구하였는데, 연구 결과 창업의도에 지각된 행동통제의 매개효과가 있는 것을 연구하였다.

신명진 등[387)]은 계획된 행동이론에서 자기통제와 사후결정의도가 의도행동 불일치에 미치는 영향에 대하여 연구하였는데, 자기통제가 사후결정의도에 확률적으로 유의한 영향을 미친다는 것을 검증하였다.

문태영, 최미영[388)]은 119구급대원의 행위태도 등이 안전행동에 미치는 영향 모형 연구에서 구급대원의 주관적 규범은 안전 의도에 정적효과가 있었으며, 안전 의도를 통하여 안전 행동에 영향을 매개하는 것으로 확인하고 있다. 또한 119구급대원의 지각된 행위 통제는 안전 의도에 정(+)적 효과

---

384) 정민수, 이태로, "사회경제적 요인, 건강행태, 행동계기, 자기통제감이 남녀의 금주 의도에 미치는 영향," *알코올과 건강행동학회* 13(1) (2012): 45-58.

385) 이현미, "어머니의 양육행동 및 유아의 자기 의도적 통제가 유아의 행동문제에 미치는 영향," *동국대 교육연구* 1(1) (2016): 139-158.

386) 정대용, 김영수, 김지혜, "주관적 규범이 창업태도와 지각된 행동통제를 매개로 창업의도에 미치는 영향: Linan and Chen(2009)'s EIM을 중심으로," *한국경영교육학회* 33(1) (2018): 183-204.

387) 신명진, 김인우, 안효연, "계획된 행동이론에서 자기통제와 사후결정의도가 의도행동 불일치에 미치는 영향," *한국체육학회지* 57(3) (2018): 53-64.

388) 문태영, 최미영, "119구급대원의 행위태도, 주관적 규범 및 지각된 행위 통제가 안전의도, 안전행동에 미치는 영향에 관한 구조적 관계 모형," *Journal of the Korea Academia -Industrial cooperation Society* 19(9) (2018): 215-224.

가 있었고, 안전 의도를 통하여 안전 행동을 매개하였다.

또한, 김동규, 한진욱[389]의 연구에서 소비행동 예측 연구에서 계획행동이론의 기본 변수인 태도, 주관적 규범, 지각된 행동통제는 주관적 규범을 제외한 태도와 지각된 행동통제가 관람의도에 정(+)의 영향을 미치는 것으로 나타났다.

한경미, 정혜선[390]의 연구에서 종합병원 간호사의 출산의도연구에서도 지각된 행위통제가 출산의도에 영향을 주는 것으로 보고하고 있다.

최미영[391]의 연구 계획행동이론을 적용한 119구급대원의 안전행동 영향요인간의 구조적 관계분석에서 지각된 행동통제는 안전의도에 유의미한 직접효과가 있었고, 안전의도는 안전행동에 유의미한 정(+)의 직접효과가 있었다.

4.4 안전코칭 방향

안전리더십코칭이 개인의 안전태도변화 및 개인안전행동변화에 미치는 효과를 실증적으로 규명함으로써 기업 산업현장에서 안전리더십 코칭의 중요성이 확인 되었다. 안전 리더십코칭 시 신뢰관계에 의존한 안전태도변화 및 안전행동변화는 기대하지 말아야 한다는 점도 확인할 수 있었다. 또한 산업현장에서 상명하달식의 경직된 문화보다는 수평적 문화로 패러다임의 변화를 가져와야 한다는 것을 보여주고 있다.

오늘날의 기업조직은 안전에 대한 관심과 정책이 매우 중요하고, 이런 정책에 구성원들을 참여시켜 성과를 창출해야만 하는 변화가 요구되고 있다. 또한 직원들의 안전에 대한 동기유발과 몰입을 높여 안전사고를 줄여나가야 하는 공통적인 과제를 가지고 있다. 이는 궁극적으로 조직구성원들에게

---

389) 김동규, 한진욱, "확장된 계획행동이론을 통한 프로야구 관람소비자의 소비행동 예측" *한국체육학회지* 인문사회과학, 56권 2호(2017): 321-338.

390) 한경미, 정혜선, "계획적 행위이론을 적용한 종합병원 간호사의 출산의도 관련요인" *Korean Journal of Occupational Health Nursing* 19(1) (2010): 41-49.

391) 최미영, "계획행동이론을 적용한 119구급대원의 안전행동 영향요인 간의 구조적 관계분석" (박사학위논문, 강원대학교대학원, 2017), 47.

동기부여와 소통 그리고 참여를 극대화해야만 성과로 이어질 수 있다는 점을 알 수 있다.

또한 근로자의 행동과 태도를 지속적으로 변화시키는 방법에 대하여 검증하게 되었다는 점이다. 일반적으로 안전에 대한 근로자의 태도와 행동은 책임자보다 낮으며, 책임자의 강요나 회사의 관심도에 따라 일시적으로 변화를 보이지만 지속되지 못하는 경우가 많이 발생한다. 그러다 보니 근로자의 안전행동은 동기요인 없이 방향성만 강요되기 마련이다. 이런 점에서 근로자 스스로 문제를 해결하고 이끌어 나갈 수 있도록 셀프코칭 리더십은 산업 현장에 적극적으로 할용이 가능하다는 점을 둘 수 있다.

그리고 지각된 행동통제의 안전규칙과 안전수칙 등을 반드시 지킬 수 있도록 회사 내에서 제도화해야 안전사고를 줄일 수 있다 할 수 있다. 즉 개인의 안전사고를 줄이기 위해서는 지각된 통제감을 유도할 수 있는 원스트라이크 아웃제도 같은 강력한 안전제도의 도입이 필요하다는 것을 시사해 준다.

안전사고 예방을 위해서는 소속직원들에 대한 지속적인 안전 코칭 리더십을 향상시켜야 한다. 이를 위해 상사로부터 지시받는 지시형 안전조치보다 자기자신의 안전조치를 스스로 할 수 있는 셀프안전코칭 제도의 도입과 안전코칭 전문 인력양성과 교육에 대한 투자와 지원이 필요할 것이다.

행동지속의도가 안전사고 예방에 원인인 불안전한 안전행동과 태도를 안전한 행동과 태도로 변화시키므로 기업들은 이러한 행동지속의도가 제고될 수 있도록 많은 노력이 필요하다는 것을 알 수 있다. 또한 이런 안전 행동지속의도를 키우기 위한 교육에 더 많은 투자와 지원이 필요하다는 점도 확인할 수 있다. 현재 많은 기업들이 안전사고로 인해 사회적으로 이슈가 될 뿐만 아니라 기업 이미지에 큰 타격을 주어 기업 경영에 큰 경향과 손실을 주는 등 안전사고에 의한 여러 문제점이 야기되고 있다. 이를 해결하기 위해서는 안전사고의 원인이 되는 구성원들의 안전에 대한 태도와 행동이 변화될 수 있도록 기업의 중장기적인 안목과 노력과 지원이 필요하다고 할 수 있을 것이다.

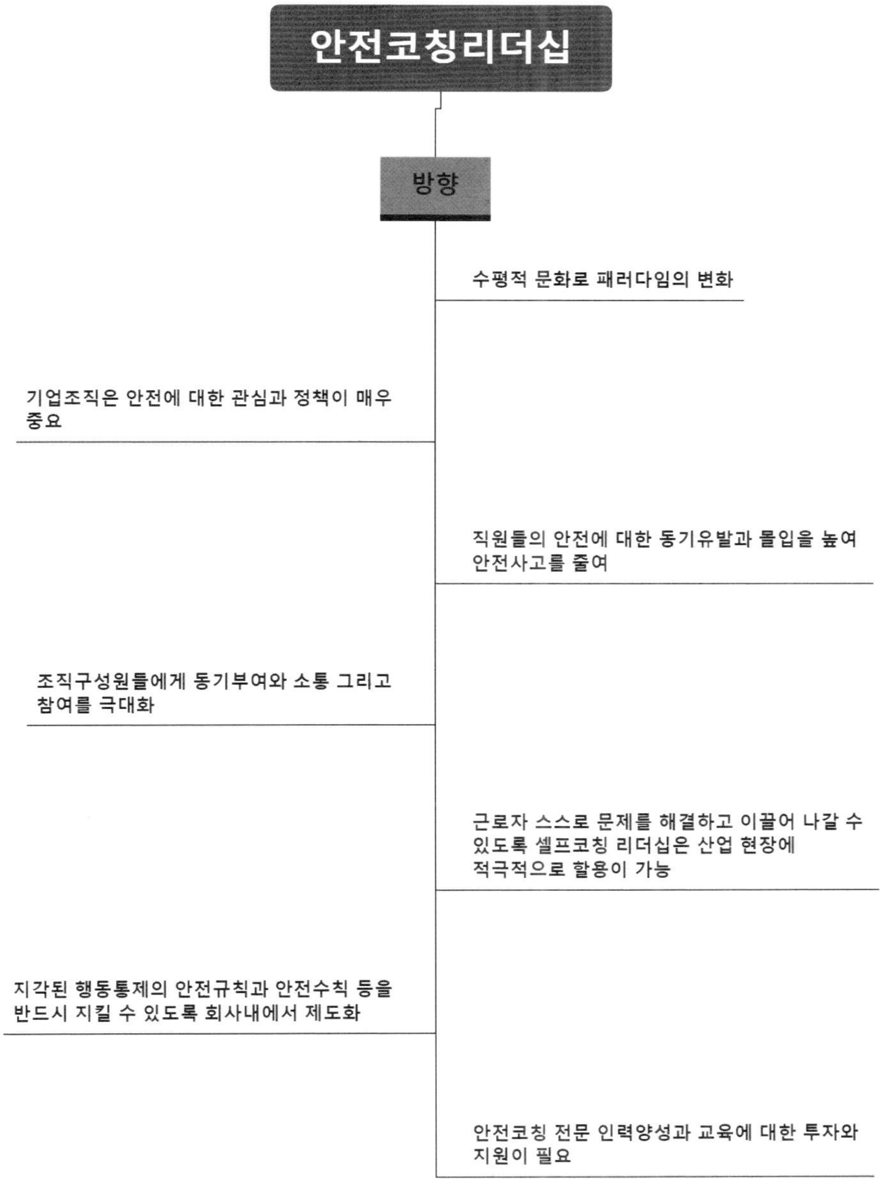

[그림 1-29] 코칭리더십 방향

5. 다른 법률 상 안전교육

5.1. 재난 및 안전관리 기본법에 의한 안전교육

제정이유는 각종 재난으로부터 국민의 생명·신체 및 재산을 보호하기 위하여 재해 및 재난 등으로 다원화되어 있는 재난관련 법령의 주요 내용을 통합함으로써 국가 및 지방단체의 재난에 대한 대응관리체계를 확립하고, 각 부처에 분산되어 있는 안전관리업무에 대한 총괄조정 기능을 보강하는 등 현행 제도의 문제점을 개선·보완하여 재난의 예방·수습·복구 및 긴급구조 등에 관하여 필요한 사항을 제정하였다. 이 법령에서 안전문화 활동에 의한 교육, 훈련, 홍보 등이 포함되며 재난안전분야 책임기관의 종사자 및 전문가 양성 교육이 있다.

5.1.1 재난안전분야 종사자 전문교육

- 재난안전분야 종사자 전문교육은 2014년부터 「재난안전법」 제29조의2에 따라 재난안전업무종사자들은 전문교육을 이수해야 하고, 전문교육은 대행하여 실시할 수 있으며, 동법 시행령 제37조의2에 따라 전문교육기관은 공무원·재난관리책임기관 소속, 민간 교육기관을 지정하고, 동법 시행규칙 제6조의2에서 교육대상, 기간, 종류 등에 대한 내용을 명시하고 있다.
- 교육대상은 재난관리책임기관(중앙행정기관 및 지방자치단체, 지방행정기관, 공공기관·공공단체(지부 포함)에서 재난 및 안전관리 업무 담당 부서의 장·공무원·직원과 시·군·구의 부단체장이다.
- 전문교육 기간은 3일 이내로 하고, 대상자는 해당 재난업무를 맡은 후 1년 이내에 신규교육을 받아야 하며, 2년마다 정기교육을 받도록 규정한다.
- 전문교육기관은 행정안전부, 관계 중앙행정기관 또는 시·도 소속의 공무원교육기관, 재난관리책임기관(행정기관 이외) 소속의 교육기관, 행

정안전부 장관이 지정하는 민간교육기관이 있다.

- 재난안전 교육과정 설계 시 신규자, 실무자, 관리자 공통으로 국가재난 관리체계의 이해, 재난 및 안전관리 기본법, 재난안전 종사자의 임무와 역할, 재난관리 협업기능, 재난발생 시 중(지)대본의 운영, 위기관리 매뉴얼, 자연재난의 이해, 사회재난의 이해, 재난과 언론 등을 계층별 공통교과목으로 구성하고, 선택과목으로 재난관리의 이해, 정책기획과 예산, 재난관리 리더십 등을 지정할 수 있다.

5.1.2 재난관리 분야 전문인력 양성사업

- 「자연재해대책법」 제65조의2에 따라 국가는 방재 분야 전문인력을 양성및 전문인력 양성기관을 지정할 수 있고, 「재해경감을 위한 기업의 자율활동 지원에 관한 법률」(이하 기업재해경감법) 제10조에 근거하여 행정안전부장관은 재해경감활동 전문인력을 육성 및 전문교육과정을 위탁하여 운영한다.
- 전문인력 교육과정 위탁은 대학(재난관리, 지진분야)으로, 매년 2억 원의 국비가 2년에 걸쳐 지원되며 교육이수 요건은 필수 교과목 중 12학점 이상을 포함한 24학점 이상 이수 및 학위논문 1편 이상을 제출해야 한다.
- 필수 교과목은 방재안전분야와 기업재난관리 분야로 나눌 수 있다.
  - 방재안전분야: 재난관리론, 안전관리론, 방재법규, 도시방재학
  - 기업재난관리: 재해경감 이해, 재해경감활동 절차 및 계획수립실행, 업무연속성 계획, 업무영향분석 및 위험평가

5.1.3 재해구호 전문인력 양성사업

- 「재해구호법」 제16조의3에 따라 행정안전부장관 및 시・도지사는 이재민 구호를 위해 재해구호 전문인력을 양성하고, 학교・전문기관 등을 재해구호 양성기관으로 지정할 수 있으며, 동법 시행령 제9조의3에서 전문인력 양성기관의 교육훈련 내용으로 재해구호 절차 및 체계, 구호

물자 및 장비 사용법 등을 규정하고 있다.

- 전문인력 양성 교육기관은 3개 기관으로 나눌 수 있다.
  - 「고등교육법」 제2조에 따른 학교
  - 「재해구호법」 제16조의2에 따른 전문기관(재해구호협회 등)
  - 그 밖에 구호활동을 목적으로 설립된 기관 또는 단체
  - 교육기관 지정유효기간은 4년을 넘지 않아야 한다.
- 교육대상자는 실무자급은 구호담당 공무원, 자원봉사자(지역자율방재단, 대학생)등, 관리자급은 5급 이상 공무원, 재해구호관련 기관 임원, 자원봉사자 리더 등이며 재해구호분야 강사들로 구성 할 수 있다.
- 교육과정은 기본과정, 전문과정, 보수교육과정으로 구성하고, 보수교육과정은 기본 또는 전문교육을 이수한 지 2년이 경과 시 1년 이내에 이수해야 한다.

5.1.4 방재분야 특수전문교육

- 「자연재해대책법」 제65조 제3항에 따라 국가는 방재분야 전문인력을 양성하기 위하여 전문교육과정을 운영하고, 동법시행령 제58조에 의하여 외부 전문기관 또는 단체에 위탁을 통해 방재교육 대상자 중 전문교육과정이 필요한 종사자를 대상으로 특수전문교육과정을 개설할 수 있다.
- 교육대상자는 중앙 및 지자체의 재해 관련 업무 담당공무원, 재난관리책임기관에 근무하는 재해 관련 업무 종사자, 재해 관련 업종에 종사하는 기술인, 자원봉사단체, 구호단체, 협의회, 학교와 민간 분야의 특수한 기술과 지식을 필요로 하는 종사자를 대상으로 한다.
- 교육과정은 지진 및 풍수해 2개 분야에 대해 기본, 전문, 보수과정을 운영하고, 재해 업무에 종사한 경력이 2년 미만인 사람은 업무 담당 후 1년 이내에 1회 이상 방재교육을 받아야 하며, 방재전문인력의 보수교육은 인증서를 발급받은 날부터 3년마다 행정안전부장관이 정하는 바에 따라 이수해야 한다.

5.2 국민안전교육진흥기본법에 의한 안전교육

제정이유는 경주리조트 붕괴 사건 및 세월호 침몰사고, 장성 요양병원 사태 등 각종 안전사고 발생 이후 안전에 대한 국민의 요구가 증가하고 있어 국민 스스로 재난에 대비할 수 있는 역량을 제고할 수 있도록 생애주기별 안전교육의 필요성이 강조되고 있다.

그런데 현행법에서는 안전교육에 관한 사항을 개별법령에서 정하고 있어 국민에 대하여 생애주기별 안전교육을 체계적으로 실시하기에 한계가 있는 실정이므로 이에 각종 재난 및 안전사고 발생 시 국민을 안전하게 보호할 수 있도록 종합적이고 체계적인 안전교육의 실시 및 지원에 필요한 사항을 종합하여 하나의 단일 법안으로 규정함으로써 각종 재난 및 안전사고에 대한 국민의 대처능력을 제고하고 안전한 사회를 만드는 데 이바지하려는 것이다.

주요내용으로는

가. 이 법은 국민의 안전교육 진흥에 필요한 사항을 정함으로써 재난으로부터 안전한 사회를 만드는 데 이바지함을 목적으로 함(제1조).

나. 국민안전처장관은 5년마다 안전교육 기본목표, 추진 내용, 전문인력 양성 등의 내용을 포함한 안전교육기본계획을 「재난 및 안전관리 기본법」 제9조에 따른 중앙안전관리위원회의 심의를 거쳐 확정·시행하여야 함(제5조).

다. 국가 및 지방자치단체는 안전교육의 원활한 시행을 위하여 안전교육 교재 및 프로그램 개발·보급, 안전교육 전문인력의 양성·활용 등 시책을 추진하여야 함(제9조).

라. 학교·다중이용시설 및 사회복지시설 등에서 안전교육을 실시하도록 함(제10조부터 제13조까지).

마. 국가 및 지방자치단체는 안전교육 전문인력의 양성을 위하여 전문인력 육성 등에 관한 시책을 수립·추진하여야 함(제20조).

5.3 기타 법령에 의한 안전교육

국내 대형 재난사고를 원인은 어떤 원인보다 의식에 있다는 것에 공감대가 형성되어 안전교육 향상에 대한 사회적 필요성이 강화되고 있다. 기타 법령에 의한 교육을 정리하면 다음과 같다.

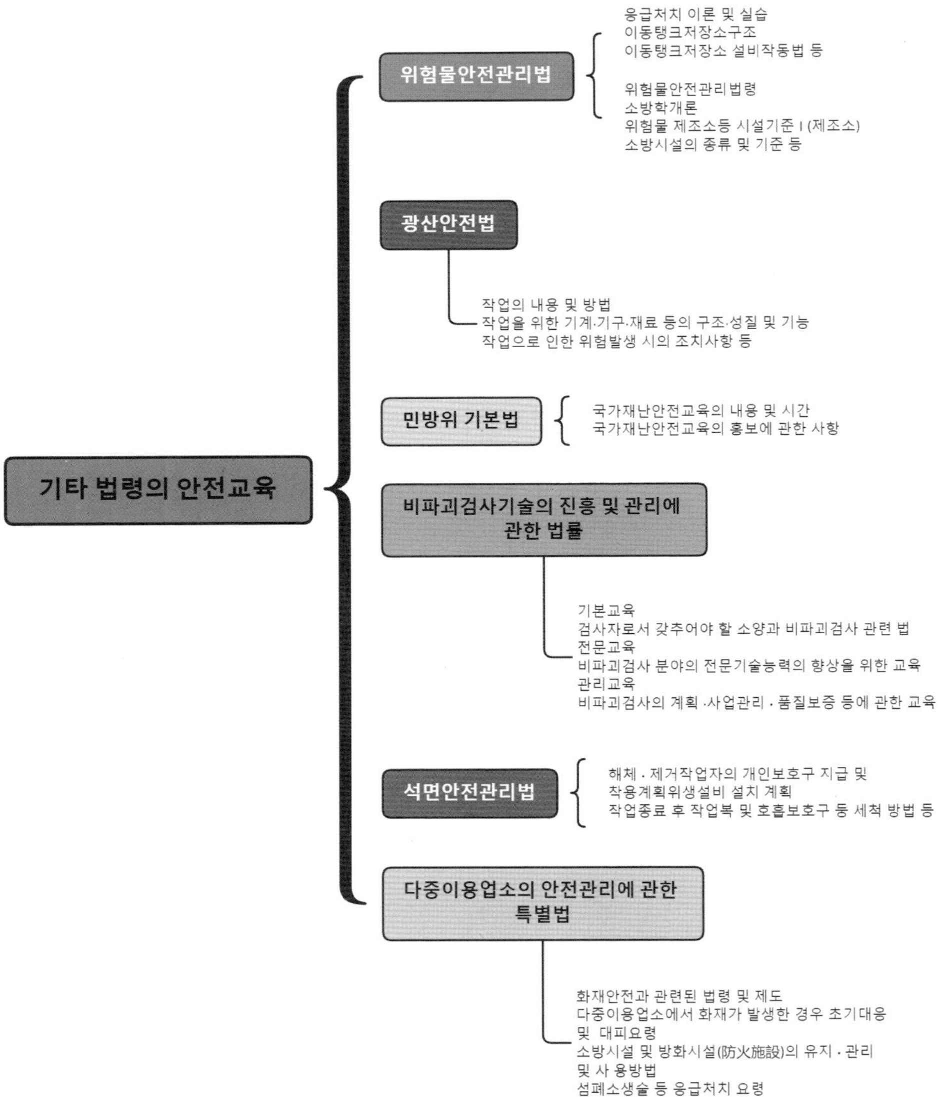

[그림 1-30] 기타 법령의 안전교육

CHAPTER 02

재난안전교육

1. 생활안전
2. 교통안전
3. 자연재난안전
4. 사회기반체제안전
5. 범죄안전
6. 보건안전

CHAPTER 02

재난안전교육

1. 생활안전

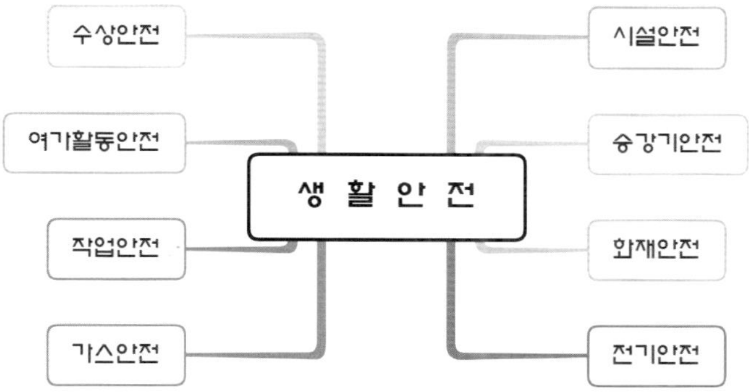

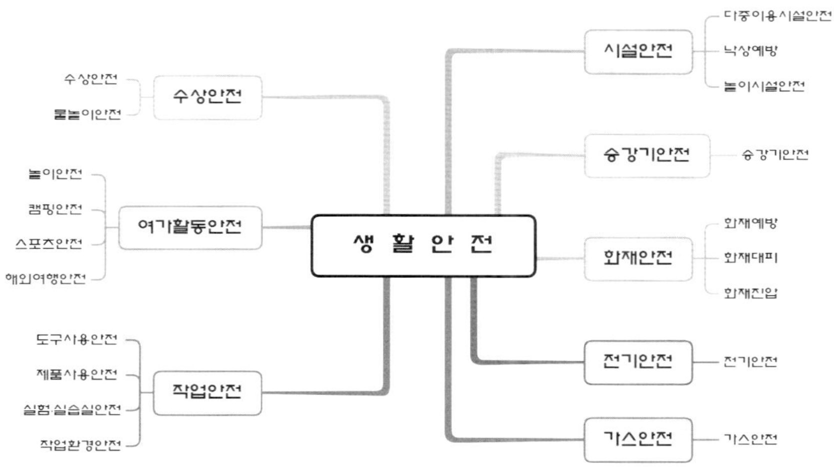

1.1 시설안전

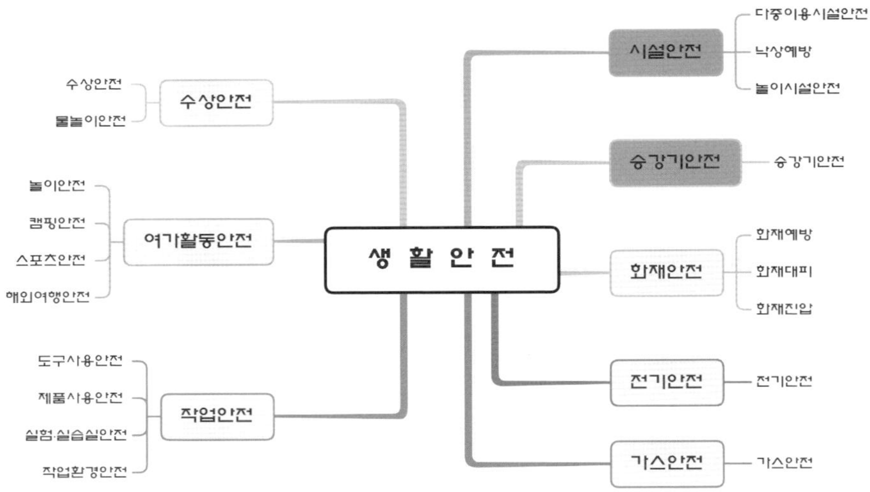

1.1.1 시설안전의 개념

공공장소는 사람들이 공동으로 이용하는 장소로서, 운동경기장, 학교, 공원, 도서관, 박물관, 극장 등이 이에 속한다. 공공장소는 다양한 활동과 학습의 장소로 이용되고 있고, 많은 사람들이 모이는 곳이기 때문에 각종 위험 요소가 잠재해 있다.

각종 시설 내에서 발생하는 사고는 설치물의 추락, 붕괴, 파열, 궤도 이탈로 인한 사고와 갑작스런 정전 및 암전에 의한 사고, 담뱃불, 무대조명, 전등, 전열기 등으로 인한 화재사고, 드라이아이스 등 특수 효과에 의한 사고, 하부구조물의 높이 차에 따른 실족사고, 기타 돌발적인 상황의 발생에 따른 사고 등이 있다. 이 장에서는 시설 내에서 발생하는 사고 현황, 사고 사례, 사고원인을 살펴보고 그에 따른 대처방안 및 안전 실천 수칙을 일상생활 속에서 실천할 수 있어야 한다.

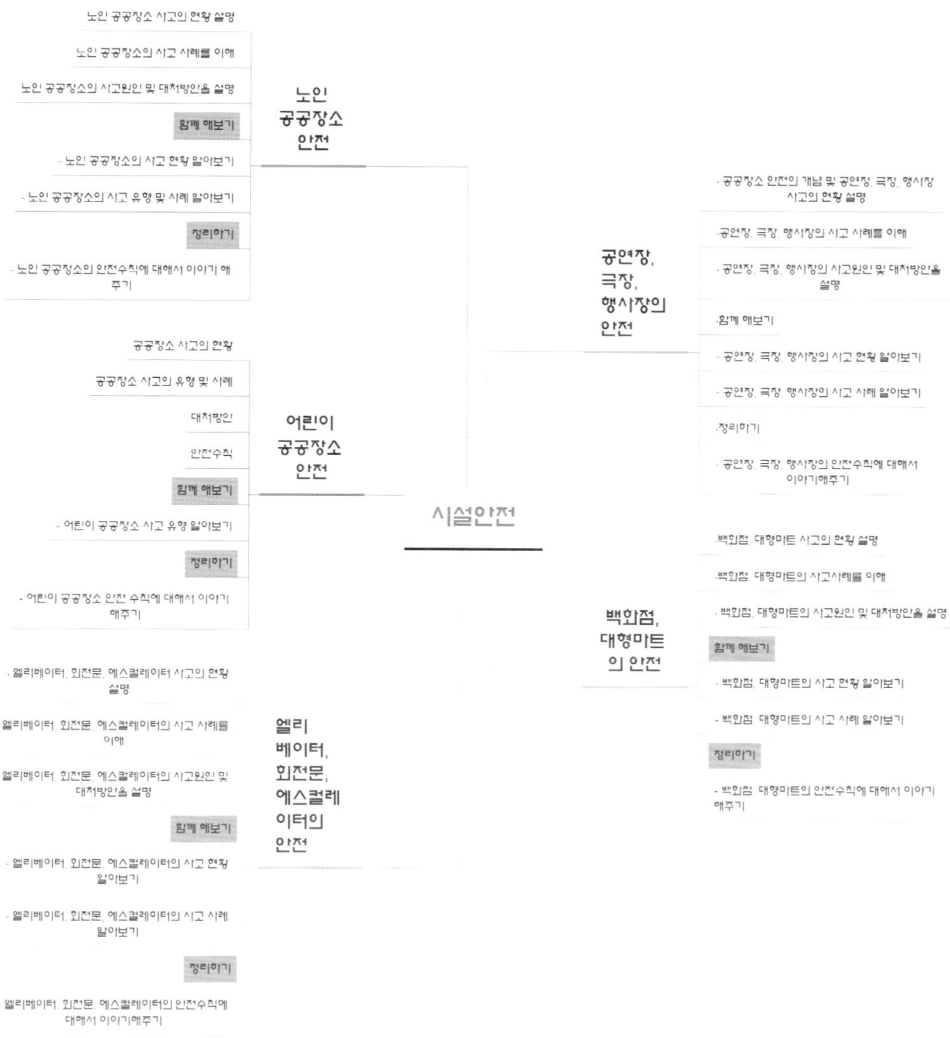

1.1.2 극장, 공연장, 행사장 등의 안전

1) 사고현황

공연장은 다수의 관객이 제한된 공간에 모이는 장소이므로 화재나 정전 등 공연 진행과정에 많은 위험 요소를 가지고 있다. 하지만, 우리나라 공연장, 극장, 행사장에서 발생하는 사고통계는 명확하게 파악되지 않고 있는 실정이다.

최근 대표적인 사례를 살펴보면, 잠실 롯데월드 놀이동산 무료개방 행사에서 11만여 명의 인파가 몰려 밀치면서 35명이 부상을 입는 사고가 있었다.

또한 종로1가 보신각 새해맞이 타종행사에서 시민 6만여 명이 몰려 5세 남아가 인파에 깔려 사망하고 주변에 있던 9명이 부상을 당하기도 했다.

2014년 10월 17일에는 판교 테크노벨리 축제가 개최된 성남시 분당구 삼평동 공연장에서 유명가수들의 축하공연 도중 유스페이스 주차장과 연결된 환풍구 덮개가 무너지면서 그 위에서 공연을 보던 관람객 27명이 약 20미터 아래 6층 높이 유스페이스 주차장 환풍구 바닥으로 떨어져 16명이 사망하고 11명이 부상을 당하는 사고가 발생하였다.

이와 같은 공연장, 극장, 경기장, 연주홀 등의 행사장은 일시에 수많은 사람들이 같은 방향으로 이동하는 특성 때문에 대형사고로 이어지는 위험성을 갖고 있으므로 각별히 주의가 요구되는 장소로 안전교육이 필수적이다.

그러므로 공연장, 극장, 행사장의 평상시와 비상사태 발생 시의 안전행동에 대해 알아보고, 안전 대처방안을 일상생활 속에서 실천할 수 있어야 한다.

시설안전

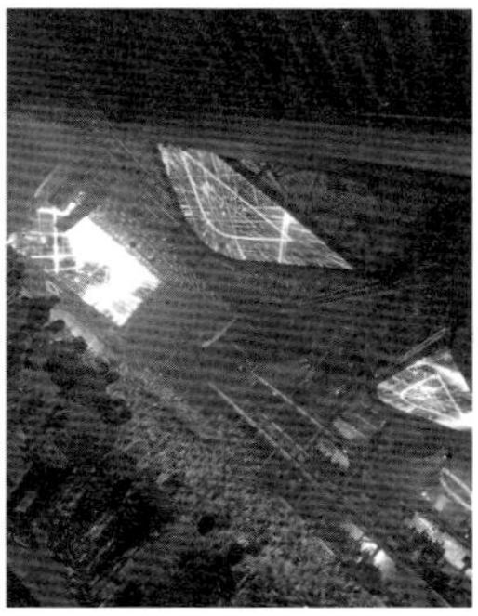

공연장, 극장, 행사장의 사고 현황

- 2014.10.17. 성남시 분당구 삼평동 공연장 제1회 판교 테크노벨리 축제 환풍구 떨어짐
- 2009.12.02. 코엑스 아티움 금발이 너무해 공연 중 무대막 떨어짐
- 2008.09.12. 국립극장 한러 문화 예술의 밤 공연 준비 중 오케스트라 석으로 떨어짐
- 2007.12.12. 예술의전당 오페라극장 라 보엠 공연 중 화재 사고
- 2006.08.12. 롯데월드 여름 불꽃놀이 축제 불꽃놀이로 인한 화재 발생
- 2006.03.26. 잠실 롯데월드 서울 롯데월드 놀이동산 무료개방 행사, 잠실 롯데월드 매표소 앞, 11만 명의 인파가 몰려 밀치면서 35명 부상
- 2005.10.03. 경북 상주시민운동장 mbc 가요 콘서트 관객 일시에 이동 중 한쪽 문으로 몰리면서 주민 11명이 압사하고 162명이 부상
- 2005.08.22. 전남광양 중돈체육관 mbc 가요 콘서트 관중들이 문이 개방되자 앞자리에 앉기 위해 일시에 입장하던 중 앞쪽의 노약자 3-4명이 부상
- 2004.11.11. 대구 오페라하우스 - 무대장치 떨어짐
- 2004.03.18. 문예예술진흥원 예술극장 무용공연 공연 중 석고 조각 떨어짐
- 2004.02.29. 교육문화회관 방귀대장 뿡뿡이의 초록별 대모험 공연 중 화재 사고
- 2003.08.15. 명동 유네스코 회관 쇼 뮤지컬 펑키펑키 무대 스피커 추락 2명 사상
- 2003.09.20. 예술의전당 오페라극장 명성황후 공연장 무대 정지
- 2002.08.30. LG아트센터 검은 수사 연극 정전 사고
- 2000.12.31. 종로 1가 보신각 보신각 타종행사 새해맞이 타종행사에 시민 6만여 명이 몰려 5세 남아가 인파에 깔려 사망, 주변에 있던 9명이 부상
- 1999.09.18. 잠실 주경기장 HOT 공연장 공연 중 그룹멤버가 미끄러져 떨어지자, 흥분한 여중고생 79명 흥분하여 실신, 무대주변 안전대비 소홀
- 1999.06.25. 잠실 주경기장 마이클잭슨 자선공연 보훈단체, 재향군인회에서 6.25날의 행사 반발에 대한 시위, 보안경비철저로 사고 예방 함.
- 1999.01.28. 과천 서울랜드 전래동화관 회전무대에 머리 끼어 사망
- 1999.01.23. 세종문화회관 HOT 공연장 공연 후 그룹멤버들을 보기위해 일시에 복도로 몰려 듦, 여학생 1명 부상

① 공연장 압사

2005년 10월 상주 자전거축제의 일환으로 마련된' 가요 콘서트' 공연장에서 오랜 시간 기다리던 수천 명의 관객이 문으로 한꺼번에 몰리면서 사고가 발생하였다. 사고 당시 12명의 사망자, 80여 명의 부상자가 발생하였고, 노인과 어린이들이 대부분이었다. 이 사고는 공연을 보기 위해 1만여 명의 관객이 여러 출구에서 대기를 하고 있는 상태였다. 그 중 출입문 한 곳이 열리자 입장을 기다리고 있던 5천여 명이 문이 열리는 동시에 질서를 무시한 채 한꺼번에 진입하여 앞줄에 서 있던 사람들이 넘어지면서 뒷사람들에게 깔리는 사고였다.

이처럼, 수많은 사람들이 모이는 곳에서 질서를 지키지 않은 무질서한 행동이 압사사고로 이어져 많은 사람들이 생명을 잃고 부상을 당하였다. 이렇게 사람이 많이 모이는 공연장에서는 안전을 위해 무엇보다 중요한 것은 질서를 지키는 것이다.

② 극장화재

2007년 12월 예술의 전당 오페라극장에서 공연 중 벽난로에서 화재가 발생하였는데, 긴급 상황 대처기준에 따라 무대감독의 판단 하에 무대와 객석 사이에 방화벽을 설치하여 객석으로 화재 확산을 방지하였다. 그러나 이 사고는 출연자 90여 명이 연기로 인한 큰 피해를 입었다. 다행히 무대와 객석 사이에 방화벽이 설치되어 관람자들은 무사할 수 있었지만, 화재로 인한 심리적 공포감을 경험하게 되었다.

이처럼, 공연을 보기 위해 많은 사람들이 모인 밀폐된 공간에서는 전열기, 무대조명, 특수효과 등에 의해 발생할 수 있는 화재에 대한 점검이 무엇보다도 중요하다.

2) 사고원인

공연장, 극장, 행사장에서 일어나는 사고의 특성을 살펴보면, 대부분은 행사 시작 전·후 관람객이 한꺼번에 출입문으로 몰리는 무질서로 인한 출입문 안전사고 및 압사 사고가 대부분이다. 행사진행 중에는 관람객이 폭죽, 폭음탄 등의 화기위험물을 취급하여 화재가 발생하기도 한다. 또한 공연을 자세히 보기 위해 좀 더 높은 곳을 선호하는 행동이 추락 사고로 이어지기도 한다.

공연법에 따르면 공연장 운영자는 공연장 종업원의 임무·배치 등 재해대처계획을 수립하여 매년 관할 특별자치시장·특별자치도지사·시장·군수·구청장에게 신고하여야 한다. 이 경우 특별자치시장·특별자치도지사·시장·군수·구청장은 신고받은 재해대처계획을 관할 소방서장에게 통보하여야 하지만, 행사 운영자들은 이를 이행하지 않는 경우가 많다. 그러므로 행사 운영자는 사고위험에 대한 사전확인·위험평가·위험통제를 사전에 준비해야 하며, 주기적인 안전교육을 실시하여야 한다.

공연장, 극장, 행사장 사고의 원인은 구체적으로 4가지로 설명될 수 있다.

첫째, 행사 주최자의 안일한 사고방식과 관심 부족이다. 행사 주최자는 일반적으로 행사 진행에 많은 비중을 두지만, 행사장 내의 질서유지나 안전관리는 소홀히 하는 경향이 있다. 이는 안전사고의 직접적인 원인이며, 안전불감증이 대형 사고를 유발한다.

둘째, 현장 관리능력 부족이다. 많은 사람들이 몰리는 대형 공연장의 안전관리 요원들은 현장을 잘 모르는 용역업체나 자원봉사를 통해 동원되는 경우가 많다. 현장의 안전관리요원들의 전문지식부족과 구체적인 행동요령에 대한 이해 부족으로 사고가 유발된다.

셋째, 동선 관리의 소홀이다. 공연장, 극장, 행사장의 동선 관리는 장소·시설 등 구조물의 활용, 행사 스케줄 등 시간의 적절한 관리, 이동거리의 연장과 단축, 대상자별 이동로의 분리 등이 안전관리의 핵심적인 요소이다. 특히 많은 인파가 몰릴 것이 예상되는 공연장이나 행사장은 현장 동선 관리가 매우 중요하다. 다수의 인원이 광장에 모이거나, 일시에 출입문에 모일 경우를 대비해서 반드시 통제선을 설치하고 질서 있게 입장 및 관람할 수 있도록 유도해야 한다.

넷째, 관람자의 태도이다. 공연장, 극장, 행사장에서의 관람자는 관람 규칙을 준수하고 행사주최자의 안내에 협조하고 이에 따라 행동한다. 그리고 관람석이 아닌 곳엔 앉지 않으며, 관람에 위험을 줄 수 있는 폭죽이나 폭음탄을 소지하여서는 안 된다.

3) 대처방안

공공연장, 극장, 행사장에서 발생하는 사고를 예방하기 위해서는 행사 주최 측의 안전요원, 경찰력, 소방력 배치 등 각종 공연행사 안전과 관련한 검토 및 조정이 필요하다. 경찰은 공연장 주변 교통통제, 폭력·테러 등의 사고에 대비하여 공연장 내·외부에 일정 인원의 경찰력 배치를 검토한다.

소방은 무대·조명시설 등에 대한 소방점검, 소방차, 구급차 및 소방력 대기검토, 인근 소방서와 응급 지원 체계를 유지한다. 행사 주최자는 공연장 내·외부, 매표소, 출입문, 무대 주변, 관람석 주변에 안전요원을 배치하고 공연행사 안전과 관련한 총괄책임을 수행해야 한다. 특히, 화재예방 및 전문적인 안전요원 배치, 행사장의 출입문 안전관리 등 안전수칙 확인을 통해 사고 원인을 예측하고 사전에 예방할 수 있는 대처방안이 필요하다. 또, 관람객들은 공연 전·후 집단 이동 시 대열에서 이탈하지 않고, 질서를 유지하며 안전요원의 지시에 따라 질서 있게 행동해야 한다.

이처럼 공공장소 사고 예방을 위해서는 국민 개개인의 안전의식 고취와 사고 예방수칙을 지키려는 노력이 필요하다. 이상과 같이 사고는 총체적인 안전 불감증과 안전관리 소홀로 인한 안전의식 부재에서 빚어진 인재사고가 대부분으로 안전의식을 높일 수 있는 안전교육이 필수적이며 이를 위해 대중적 홍보가 강화되어야 할 것이다.

① 공연장 및 행사장 입·퇴장 시 안전수칙

- 공연·행사장 입장 시 뛰거나 앞사람을 밀면 안전사고의 원인이 되므로 걸어서 입장하고, 질서를 우선적으로 생각한다.
- 관람객은 진·출입 시 안전관리원의 안내를 받아 통제선을 잘 지켜 질서 있게 이동하고, 이동 통로와 출입문을 이용하여 입·퇴장한다.

- 관람객은 공연・행사 시간을 사전에 확인한 후 입장 및 퇴장을 하여 공연시간을 잘 지켜야 한다.
- 공연・행사장에 관람객이 가지고 온 물건 등은 버리지 말고 가져가야 한다.
- 공연 시작 전 주최자 및 시설물 운영자는 관람객에게 입장절차, 비상상황 시 요령 등을 충분히 알려야 하며, 관람객은 유의 사항을 잘 듣고 위급상황 시 협조하여야 한다.

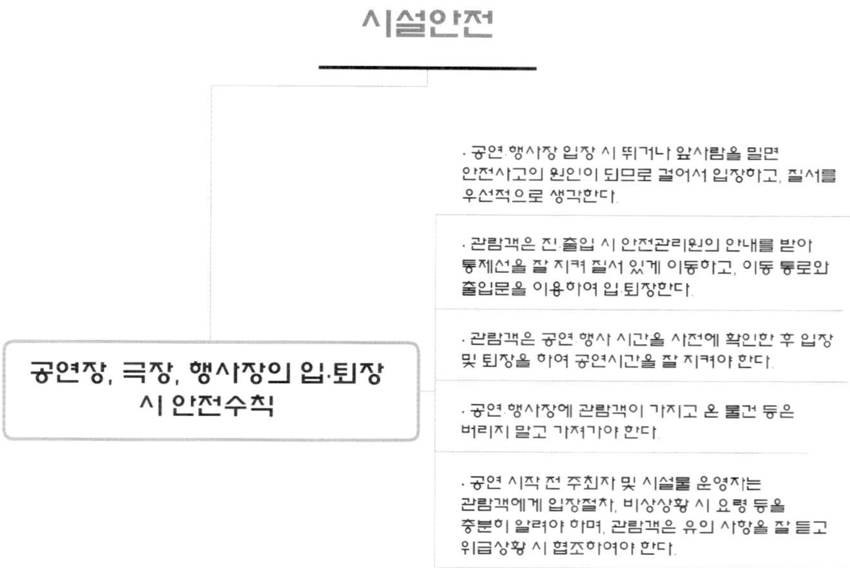

② 공연장 및 행사장 관람 시 안전수칙

- 공연・행사장 등 공공장소에서 음주 및 흡연을 하여서는 안 된다.
- 공연・행사장 내에서 관람객이 큰소리를 지르거나 옆 사람과 장난을 해서는 안 되며, 특히 어린이와 함께 공연・행사를 관람하는 경우에는 더 주의가 요구된다.
- 관람석이 아닌 곳에 앉지 않으며, 옥상, 가로수, 담벼락 등에 올라가 관람하지 않는다.
- 공연・행사 주최자의 안내에 따라 행동을 하여 공연・행사가 잘 진행될 수 있도록 협조하여야 한다.

- 폭죽, 폭음탄 등 행사 중에 화재 위험성이 있는 화기 위험물을 사용하지 않는다.
- 공연・행사 도중 무대 근처로 달려가지 않고 자기의 위치를 지켜야 한다.
- 공연・행사장에서 관람객 행동요령을 잘 지켜 공연・행사가 잘 끝날 수 있도록 협조한다.

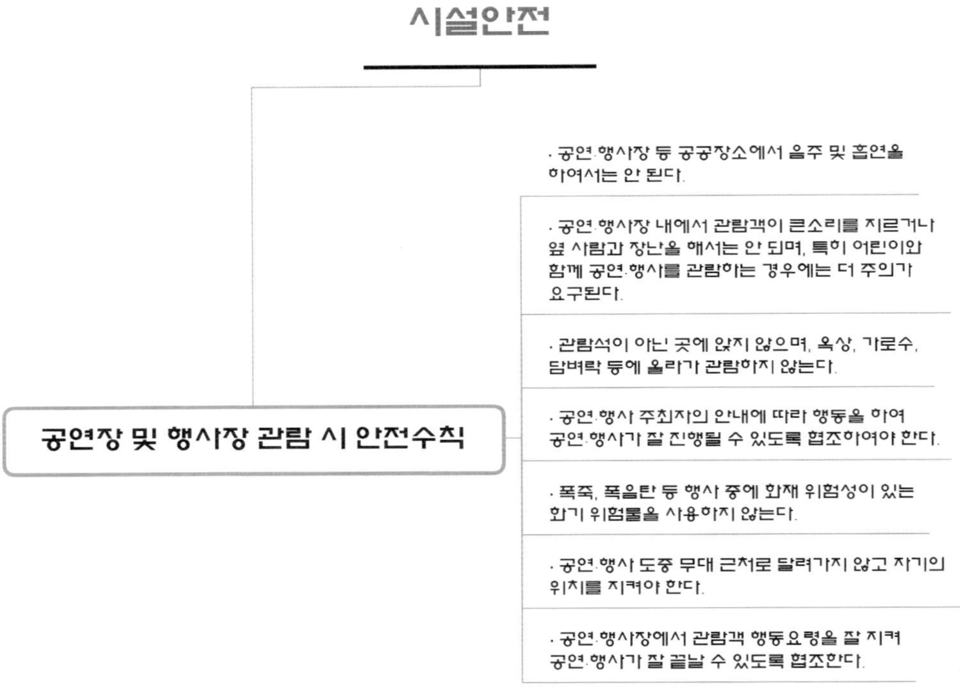

③ 공연장 및 행사장 비상상황 시 안전수칙

- 행사장 내에서 화재가 발생할 경우, '불이야' 하고 큰소리로 외치거나 화재경보 비상벨을 눌러 다른 사람에게 알린다.
- 앞사람을 밀치거나 서두르면 압사사고 우려가 있으므로 앞사람을 따라 낮은 자세로 천천히 안내원의 안내를 따라 질서 있게 이동한다.
- 한꺼번에 출입구에 몰려들지 않도록 앞사람이 먼저 차례대로 대피한다.
- 실내행사장의 경우 갑자기 정전되면 당황하지 말고 안내원의 안내가 있기까지 자리에서 기다린다.

- 대피 시 119 구급대원 등 안전·구조요원의 활동에 방해가 되지 않도록 현장질서를 유지한다.

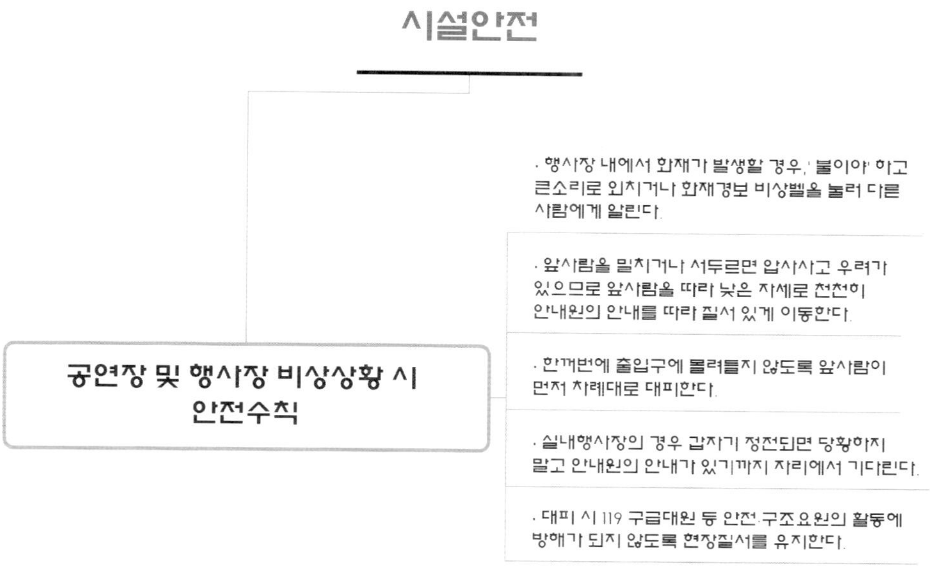

1.1.3 백화점, 대형마트의 안전

1) 사고현황

최근 시장보다 백화점이나 대형마트를 이용하는 소비자들이 증가하고 있다. 백화점이나 대형마트는 어린이 교육시설, 커피 전문점, 대형 음식점 등 편의시설이 갖추어져 있어서 "원스톱 쇼핑"뿐만 아니라 문화생활과 여가선용까지 가능한 공간으로 변화하는 경향을 보이고 있다. 그러나 사람이 많이 오가는 곳이고, 에스컬레이터, 엘리베이터, 무빙카트 등 다양한 이동수단을 이용하는 곳으로 사고의 위험이 따른다.

유통시설 관련 위해사례는 매년 증가 추세이며 매장 내 진열대의 날카로운 부분이나 유리문에 부딪혀 피부가 베이거나 찢어지는 사고, 쇼핑카트를 이용하다 넘어지거나 추락하는 사고, 바닥의 물이나 기름으로 인해 미끄러져 다치는 사고 등 다양한 사고가 발생할 수 있다.

소비자안전본부 조사 자료에 의하면, 대형마트의 사고 현황은 쇼핑구역의 사고 발생 건수가 2006년부터 2009년 9월까지 총 896건으로 조사되었으며, 특히 장소별 사고 발생 건수는 대형마트가 70.0%, 백화점이 22.9%를 차지했으며, 기타 쇼핑구역에서 7.1%를 차지했다. 또한, 유형별 사고발생 건수를 보면, 총 896건 중 쇼핑카트 사고가 29.0%, 무빙워크 사고가 21.0%, 설치 및 전시물에 의한 사고가 16.0% 등으로 나타났다.

이렇게 백화점, 대형마트처럼 사람들이 많이 모이는 곳에서 발생하는 다양한 사고가 우리의 일상생활을 위협하고 있으며, 사고로부터 안전을 지킬 수 있는 대책이 필요하다. 그러므로 백화점, 대형마트의 사고사례를 통하여 안전행동의 대처방안을 일상생활 속에서 실천할 수 있어야 한다.

소비자안전본부에서 조사된 자료에서 쇼핑구역의 장소별 사고발생 현황을 보면 대형마트가 가장 많고 다음으로는 백화점 등 매년 증가하고 있는 추세이다.

백화점, 대형마트 등 유형별 사고는 쇼핑카트가 가장 많이 차지하고, 이어 에스컬레이터에서의 무빙워크 사고가 차지하고 있었으며, 전시물에 의한 사고, 바닥에 미끄러지거나 계단에서의 부주의에 의한 사고, 진열대와 유리문에 부딪히는 사고, 놀이공간, 주차장, 엘리베이터 등에서 발생하는 사고 순으로 나타났다. 이렇게 백화점, 대형마트 영역에서는 다양한 사고가 발생하고 있으며 구체적인 사례를 통해 실천 방법을 생활 속에 적용해야 한다.

시설안전

백화점, 대형마트의 사고 현황

1. 백화점 전시물 낙하
2. 대형마트 무빙워크
3. 설치/전시물
4. 바닥/계단
5. 진열대

① 백화점 전시물 낙하

2010년 10월 30대 주부가 자녀와 함께 백화점 운동용품 매장에서 운동용품을 구경하던 중 함께 온 5세 남아에게 20-30kg의 아령이 아래로 굴러 떨어지면서 아이의 발가락이 골절되는 상해를 입었다.

아이들은 사물에 대한 호기심이 많고, 잠시라도 주의를 기울이지 않으면, 사고로 이어질 수 있는 상황이 발생할 수 있으므로 보호자는 전시물이 안전하게 전시되어 있는지 주변 환경을 항시 주시하며, 위험한 요소가 있는 곳은 매장 직원에게 알려 사고로 이어지는 상황을 미리 예방해야 할 것이다.

시설안전

백화점 전시물 낙하

아이들은 사물에 대한 호기심이 많고, 잠시라도 주의를 기울이지 않으면, 사고로 이어질 수 있는 상황이 발생할 수 있으므로 보호자는 전시물이 안전하게 전시되어 있는지 주변 환경을 항시 주시

위험한 요소가 있는 곳은 매장 직원에게 알려 사고로 이어지는 상황을 미리 예방

② 대형마트 무빙워크

2011년 7월 40대 여성이 대형마트에서 쇼핑을 마치고 돌아가던 중 하행선 무빙워크에서 앞사람이 짐을 가득 실은 쇼핑카트를 놓쳐 쇼핑카트가 무빙워크에 걸리지 않고 빠르게 밀려 내려와 다리의 인대가 파열되는 상해를 입었다.

대형마트 무빙워크 사고는 특히 어린이가 카트를 밀다가 내리막에서 놓침으로 인해 사고가 일어날 수 있고, 너무 많은 짐을 싣고 카트 손잡이를 꼭 잡지 않고 이동하다 발생한다. 이를 방지하기 위해서는 정량의 짐을 싣고, 카트 손잡이는 꼭 잡고 이동해야 한다.

시설안전

대형마트 무빙워크

대형마트 무빙워크 사고는 특히 어린이가 카트를 밀다가 내리막에서 놓침으로 인해 사고 발생

정량의 짐을 싣고, 카트 손잡이는 꼭 잡고 이동

2) 사고원인

백화점, 대형마트에서는 사소해 보이는 부주의한 행동에서부터 사고가 발생된다. 이러한 사고의 원인은 크게 4가지로 나누어 볼 수 있다.

첫째, 진열상품에 의한 사고이다. 백화점이나 대형마트에서는 소비자의 구매 욕구를 자극하기 위해 다양한 상품들을 진열한다. 이러한 진열상품은 전시의 효과를 위하여 진열대 위에 위태롭게 걸려 있는 경우도 많이 있다. 이처럼, 진열상품이 떨어져서 부상을 입기도 하고, 진열대 및 진열대 위의 진열상품에 부딪혀서 부상을 입는 경우도 있다.

둘째, 진열상품에 걸리거나 바닥에 미끄러져서 넘어지는 사고이다. 백화점이나 대형마트 바닥에 넘어지는 사고는 다양한 원인에 의해 발생하며 보통 미끄러지거나 장애물에 걸려서 균형을 잃으면서 넘어진다. 미끄러짐의 사고는 바닥의 이물질(음식, 물, 리스, 기름, 톱밥, 비누, 기타 부스러기)로 인한 원인이거나 바닥이 너무 미끄러워서 고객이 넘어지는 경우도 있다. 그러나 불안전한 물리적 상태로 인한 넘어짐 사고는 진열품이 방치되었거나 잘못 놓이거나 또는 설계가 잘못된 이동식 장비, 부착물 또는 진열물, 불량한 정리정돈, 결함이 있는 장비, 찢어지거나 헐렁한 카펫에 의해 발생한다.

셋째, 에스컬레이터나 무빙워크의 잘못된 이용이다. 에스컬레이터나 무빙워크 이용 시 우산, 여성의 샌들이나 하이힐, 신발 끈, 고무 신발 등은 끼임 사고의 원인이 될 수 있다. 특히, 쇼핑카트를 무빙워크에서 이용할 때는 끝부분에 걸려서 넘어지는 사고가 발생할 수 있으므로 주의가 요구된다.

넷째, 쇼핑카트에 의한 사고이다. 이는 대형마트에서 쇼핑카트를 안전하게 다루지 않아 발생하는 사고로, 쇼핑카트와 관련된 안전수칙을 반드시 지키도록 한다.

3) 대처방안

백화점, 대형마트에서 진열상품에 의한 사고, 바닥에 미끄러짐 사고, 에스컬레이터나 무빙워크에 의한 사고가 주로 발생하므로 그에 따른 안전대책이 필요하다. 백화점, 대형마트 운영자는 각종 위험한 물건의 노출에 대한 안내문 또는 경고 표시를 이용객의 눈에 잘 띄는 곳에 부착하여야 하고, 수시로 안전사항을 점검하여 안전관리가 철저히 이루어질 수 있도록 대처하여야 하며, 각종 사고의 원인을 확인하여 방지할 수 있도록 해야 한다. 특히, 무빙워크 사고를 예방하기 위한 안전표시나 안내문은 무빙워크나 매장 내 소비자의 눈에 잘 띄는 장소에 부착해야 한다. 또한, 직원이 교대로 서서 쇼핑카트가 무빙워크에 걸리지 않도록 도움을 주는 것이 바람직하다.

- 전시물 및 진열대 모서리에 부딪치지 않도록 조심한다.
- 쇼핑카트는 안전 기준에 따른 종류를 사용하여야 한다.
- 쇼핑카트의 손잡이를 항상 잡고 있어야 한다. 특히 무빙워크에서는 손잡이를 놓치지 않도록 주의한다.
- 계단은 조심스럽게 한 칸씩 오르내리고 앞사람을 밀어서는 안 된다.
- 바닥에 떨어진 물, 기름, 쓰레기 등에 의해 미끄러지지 않도록 주의하여야 한다.

- 에스컬레이터를 이용할 때 옷이나 물건, 신발끈, 고무샌들 등이 틈새에 끼이지 않도록 주의하여야 한다.

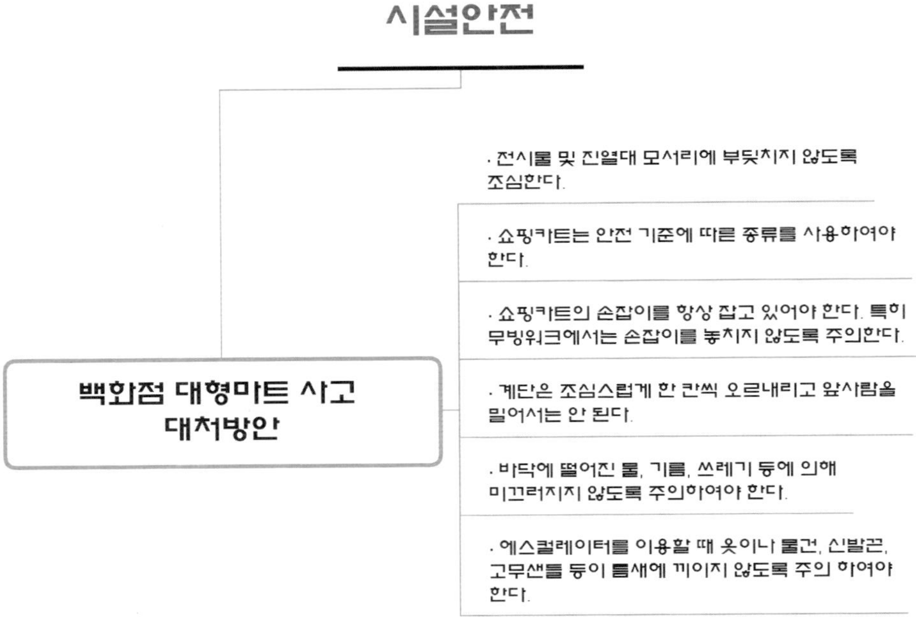

1.1.4 엘리베이터, 회전문, 에스컬레이터에서의 안전

1) 사고현황

우리는 일상생활 중 아파트와 빌딩, 병원, 백화점, 지하철 역사 등 공공장소에 설치된 엘리베이터, 회전문, 에스컬레이터를 흔히 이용하고 있다. 이처럼, 엘리베이터, 회전문, 에스컬레이터가 없는 생활은 상상할 수 없을 만큼 갈수록 그 중요성이 커지고 사용빈도도 증가하고 있다. 하지만, 엘리베이터, 회전문, 에스컬레이터를 올바르게 이용하지 않아서 발생하는 사고가 우리의 안전을 위협하고 있다.

엘리베이터 관련 기계에 대한 검사 강화에도 불구하고 한 해에 100명이 넘는 사상자가 발생하고 있다. 한국승강기안전관리원에서 발표한 최근 10년간의 엘리베이터 관련 안전사고 통계를 살펴보면, 에스컬레이터 사고가 전체 승강기 관련 사고의 39%를 차지하였다. 이러한 에스컬레이터 사고는 디딤판 가장자리에 옷자락이나 신체의 일부가 끼이거나 탑승 중 넘어져 발생하는 경우가 대부분이다.

사고 원인별로는 이용자의 과실이 전체 사고의 63.6%로 올바른 엘리베이터, 회전문, 에스컬레이터의 사용법을 숙지할 필요가 있다. 에스컬레이터 사고는 지하철 역사에서 집중적으로 발생한 것으로 나타났으며, 손잡이를 잡지 않아 발생한 사고가 절반 이상을 차지하고 있다. 피해 정도도 51.9%를 차지해 가장 많았으며, 사망도 12.6%나 되는 것으로 나타났다.

이처럼, 우리가 일상생활에서 빈번하게 이용하는 엘리베이터, 회전문, 에스컬레이터의 사고 사례를 통하여 안전행동 대처방안을 일상생활 속에서 실천할 수 있어야 한다.

시설안전

엘리베이터, 회전문, 에스컬레이터에서의 사고현황

1. 승강문 개폐
2. 엘리베이트 오작동
3. 회전문 끼임
4. 에스컬레이터에서 넘어짐
5. 에스컬레이터 끼임

① 승강문 개폐

2011년 3월 한 여중생이 닫히는 엘리베이터 문에 무심코 발을 집어넣었는데, 엘리베이터가 닫히고, 학생은 다리가 문에 낀 채로 끌려 올라갔다. 황급히 문 열림 버튼을 눌렀지만, 소용이 없었고, 학생은 2m 가까이 끌려 올랐다가 겨우 떨어져 나와 화를 면했다. 이처럼 엘리베이터에서 장난을 하는 행동은 사고의 원인이 될 수 있으므로 주의가 요구된다.

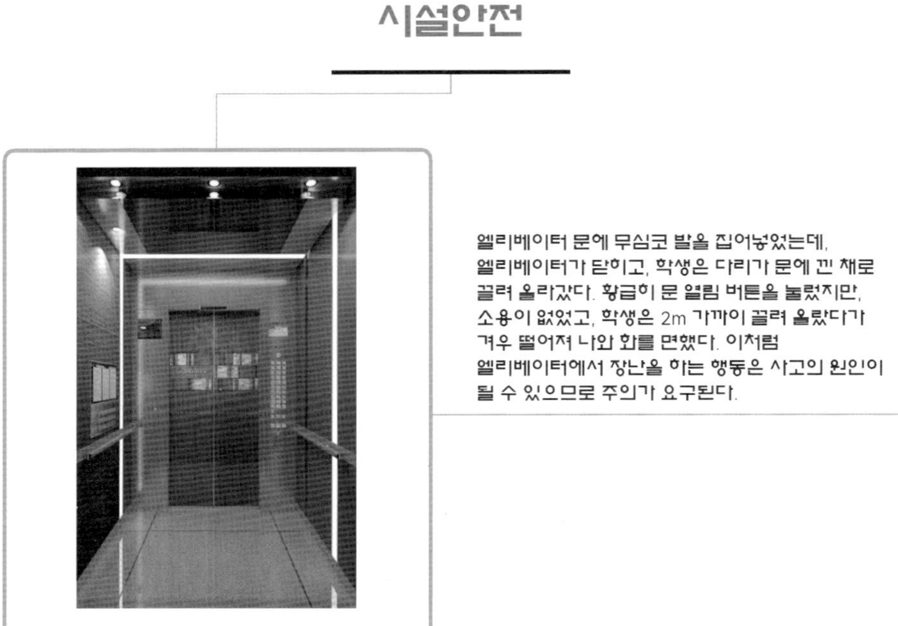

1. 승강문 개폐

② 엘리베이트 오작동

2010년 2월 S아파트 12층에 거주하고 있는 7세 어린이가 엘리베이터를 이용하는 도중 문이 열린 채로 엘리베이터가 상승하여 승강장 도어 상부와 카 문턱 사이에 다리를 끼이는 사고를 당했다. 이날 피해 어린이는 할머니, 동생과 함께 1층으로 내려가기 위해 12층 승강장에서 호출 버튼을 눌렀으며 엘리베이터가 도착하자 피해자가 엘리베이터 안으로 탑승하기 위해 발을 디뎠다. 바로 그때 문이 열려 있는 상태인데도 엘리베이터가 위로 상승하여 사고를 당한 것이다.

시설안전

2. 엘리베이트 오작동

엘리베이터가 도착하자 피해자가 엘리베이터 안으로 탑승하기 위해 발을 디뎠다. 바로 그때 문이 열려 있는 상태인데도 엘리베이터가 위로 상승하여 사고를 당함.

③ 회전문 끼임

2010년 7월 백화점 자동 회전문에 7세 어린이의 발이 끼이는 사고가 발생하였고, 2011년 1월에는 3세 어린이가 백화점 자동 회전문에 머리와 가슴이 끼여 타박상을 입고 병원에서 치료를 받았다.

2004년 3월 26일 도쿄 중심부의 모리타워빌딩에서 만 6세 된 남자아이가 자동 회전문에 끼여 사망한 사고가 발생하였다. 사고 당일 오전 11시 30분경 모리타워 2층 정면 출입구에서 어머니와 함께 온 남아가 전동식자동 회전문에 두부가 끼여 어머니가 구출한 뒤 병원으로 옮겼으나 이미 의식을 잃은 상태로 약 2시간 후 사망하였다. 이 자동 회전문에는 지상 80cm부터 천장까지 물체를 감지할 수 있는 감지센서가 설치되어 있었으나 경찰이 인형을 이용해 실시한 현장조사에서 지상에서 130cm까지 물체가 끼여도 감지하지 못했다. 즉 117cm인 6세 남아를 감지하지 못할 정도로 센서의 감지범위가 축소되어 있었고, 빌딩 측에서 제조업체에 과잉감지로 인한 오작동을 줄이기 위해 센서의 감지범위를 축소해 달라고 요청한 의혹이 있는 것으로 드러났다.

시설안전

도쿄 중심부의 모리타워빌딩에서 만 6세 된 남자아이가 자동 회전문에 끼여 사망한 사고가 발생하였다. 사고 당일 오전 11시 30분경 모리타워 2층 정면 출입구에서 어머니와 함께 온 남아가 전동식자동 회전문에 두부가 끼여 어머니가 구출한 뒤 병원으로 옮겼으나 이미 의식을 잃은 상태로 약 2시간 후 사망하였다. 이 자동 회전문에는 지상 80cm부터 천장까지 물체를 감지할 수 있는 감지센서가 설치되어 있었으나 경찰이 인형을 이용해 실시한 현장조사에서 지상에서 130cm까지 물체가 끼여도 감지하지 못했다. 즉 117cm인 6세 남아를 감지하지 못할 정도로 센서의 감지범위가 축소되어 있었고, 빌딩 측에서 제조업체에 과잉감지로 인한 오작동을 줄이기 위해 센서의 감지범위를 축소해 달라고 요청한 의혹이 있는 것으로 드러났다.

3. 회전문 끼임

④ 에스컬레이터에서 넘어짐

2010년 1월 지하철역 에스컬레이터에서 노인 34명이 연쇄적으로 넘어져 다치는 사고가 발생했다. 비좁은 에스컬레이터 공간에 한꺼번에 많은 인원이 탑승한 데다 사고 초기에 제때 구조를 하지 못해 발생한 것으로 보인다. 사고를 당한 승객 대부분은 60대 이상의 노인으로 지하 3층에서 2층으로 이동하던 중 이었는데 비좁은 에스컬레이터에서 앞사람과 거리를 두지 않고 바짝 붙어 수십 명이 탑승했고, 이 때문에 앞선 사람이 넘어지자 미처 피할 틈도 없이 뒤따르던 사람들이 뒤엉켜서 사고를 당했다.

이처럼, 에스컬레이터 사고의 형태는 무질서한 탑승으로 인한 넘어지는 사고가 가장 많고, 그 다음으로 끼임 사고로서 질서유지 및 손잡이를 잘 잡고 다니는 습관이 필요하다.

시설안전

2010년 1월 지하철역 에스컬레이터에서 노인 34명이 연쇄적으로 넘어져 다치는 사고가 발생했다. 비좁은 에스컬레이터 공간에 한꺼번에 많은 인원이 탑승한 데다 사고 초기에 제때 구조를 하지 못해 발생한 것으로 보인다. 사고를 당한 승객 대부분은 60대 이상의 노인으로 지하 3층에서 2층으로 이동하던 중 이었는데 비좁은 에스컬레이터에서 앞사람과 거리를 두지 않고 바짝 붙어 수십 명이 탑승했고, 이 때문에 앞선 사람이 넘어지자 미처 피할 틈도 없이 뒤따르던 사람들이 뒤엉켜서 사고를 당했다.
이처럼, 에스컬레이터 사고의 형태는 무질서한 탑승으로 인한 넘어지는 사고가 가장 많고, 그 다음으로 끼임 사고로서 질서유지 및 손잡이를 잘 잡고 다니는 습관이 필요하다.

4. 에스컬레이터에서 넘어짐

⑤ 에스컬레이터 끼임

2009년 8월 T빌딩에 친구들과 함께 쇼핑 온 15살 학생이 2층에서 3층으로 상승운전 중이던 에스컬레이터에 탑승하여 올라가면서 손잡이 밖으로 상반신 전체를 내밀고 1층에서 2층으로 올라오는 친구들과 대화를 하다가 에스컬레이터끼리 교차하는 삼각부에 끼어 손잡이에 얼굴이 손상되는 사고를 당했다. 사고를 일으킨 에스컬레이터의 삼각부에는 엘리베이터 검사기준의 규정에 의한 고정식 안전보호판과 비고정식 안전 보호판이 정상적으로 설치되어 있었으나 피해자의 상반신 전체가 손잡이 밖으로 완전히 벗어나 있었으므로 삼각부에 부딪친 후 몸을 완전히 빼내기 전에 손잡이에 얼굴이 쓸려 중상을 입은 것으로 추정된다.

시설안전

2009년 8월 T빌딩에 친구들과 함께 쇼핑 온 15살 학생이 2층에서 3층으로 상승운전 중이던 에스컬레이터에 탑승하여 올라가면서 손잡이 밖으로 상반신 전체를 내밀고 1층에서 2층으로 올라오는 친구들과 대화를 하다가 에스컬레이터끼리 교차하는 삼각부에 끼어 손잡이에 얼굴이 손상되는 사고를 당했다. 사고를 일으킨 에스컬레이터의 삼각부에는 엘리베이터 검사기준의 규정에 의한 고정식 안전보호판과 비고정식 안전 보호판이 정상적으로 설치되어 있었으나 피해자의 상반신 전체가 손잡이 밖으로 완전히 벗어나 있었으므로 삼각부에 부딪친 후 몸을 완전히 빼내기 전에 손잡이에 얼굴이 쓸려 중상을 입은 것으로 추정된다.

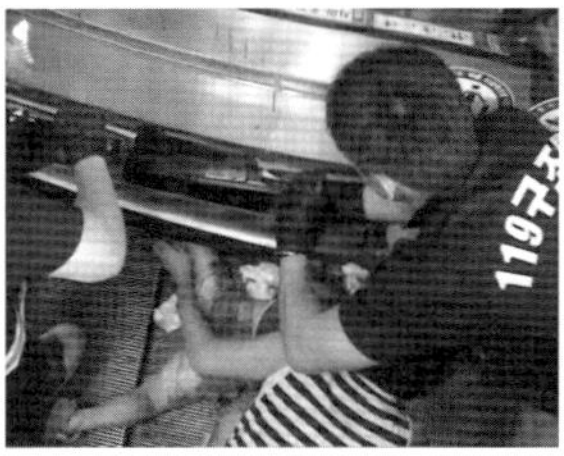

5. 에스컬레이터 끼임

2) 사고원인

승강기의 사고원인은 이용자 과실, 관리 부실, 보수 부실, 작업자 과실, 제조 불량으로 크게 5가지로 구분된다. 엘리베이터, 회전문, 에스컬레이터 사고의 원인은 실제 사례를 통하여 살펴본 결과 엘리베이터 개폐 및 오작동의 문제, 회전문 끼임 사고가 대부분이었으며, 에스컬레이터 사고 원인은 무질서한 탑승과 끼임이 대다수였다.

승강기 관련 기계류의 관리자나 작업자 입장에서 살펴본 사고 원인은 승강기 비전문가가 직접 고장수리를 시도하다 발생한 사고, 작업 중 안전수칙 미준수로 인한 이용자 사고, 이용자의 부주의 또는 난폭한 행동에 의한 사고 등이 있다. 관리자나 작업자 입장에서 살펴본 사고 원인은 작업 중 안전수칙 미준수로 인한 작업자 사고, 부품 불량에 의한 사고, 기타 유지관리 부실에 의한 사고 등이 있다.

그밖에 에스컬레이터 및 수평보행기 관련 사고, 장애인용 휠체어리프트 관련 사고, 자동차용 엘리베이터에서 차량 진입 시 주의를 소홀히 하여 발생한 사고, 자동차용 엘리베이터에서 차가 있는 바닥과 승강로 벽 사이의 틈새에 끼이거나 추락한 사고 등이 있다.

3) 대처방안

엘리베이터, 회전문, 에스컬레이터에서 발생하는 사고를 감소시키기 위한 방안은 교육적 접근, 기술 관리적 접근으로 크게 나누어 볼 수 있다.

교육적 접근은 승강기관련 기계류의 바로타기 캠페인 전개 및 승강기 안전교육 활동 강화를 통해 사고를 미연에 방지하고자 하는 것이다. 승강기 사고의 주요 원인은 이용자의 과실에 있고, 엘리베이터, 회전문, 에스컬레이터를 이용할 때는 장난을 치거나 탑승 후 이동하는 행동이 사고의 원인이 될 수 있다. 특히, 에스컬레이터에 탑승할 때는 손잡이를 꼭 잡고 타는 습관이 필요하다.

회전문의 경우는 회전문을 통과하기 전에는 회전문 앞에 서서 회전 속도를 보고 입구가 가장 크게 열렸을 때 회전문으로 들어가는 것이 안전하다. 입구가 조금 열렸을 때 진입하는 행동, 손으로 문을 미는 행동, 한 프레임에 너무 많은 사람이 진입하는 행동이 사고의 원인이 된다. 엘리베이터는 많은 사람이 이용하는 공공시설 장소이므로 올바른 이용 수칙과 함께 에티켓을 준수한다면, 사고발생을 낮출 수 있다. 특히 엘리베이터를“ 타거나 내릴 때 질서 지키기”,“ 어린이와 노약자에게 우선 양보하기”,“ 뒤에 오는 탑승자를 위해 버튼 누르기” 등의 기본적인 에티켓을 지키면 본인은 물론 이용자 모두가 기분 좋게 이용할 수 있고, 사고도 예방할 수 있다.

관리적 접근은 지자체와 합동 안전점검 실시 및 명예 안전 검사원을 지정하여 안전점검을 활성화하고, 관리주체는 자체점검을 성실히 이행하며, 안전관리자로 하여금 일상점검과 일상관리를 철저하게 하여 안전사고를 예방하는 것이다.

기술적 접근은 취약 엘리베이터의 특별관리 및 안전기술 서비스 제공이다.

15년 이상 노후승강기는 집중 관리하여 사고를 사전에 예방해야 한다. 이처럼 소유의(관리주체) 사후관리 활동이 필요하며 엘리베이터 안전 확보를 위한 활동이 더욱 강화되어야 한다. 이처럼, 공공장소에서 주로 이용하는 엘리베이터와 에스컬레이터 그리고 회전문에서 발생하는 사고를 감소시키기 위한 2가지 접근방법 중 특히, 일상생활 속에서 쉽게 접근할 수 있는 교육적 접근 방법을 통해 체계적인 안전사고 대처방안을 숙지해야 할 것이다.

① 엘리베이터 안전수칙

- 엘리베이터 내에 부착된 유의 사항을 숙지하고 꼭 지켜야 한다.
- 승강장 호출버튼 및 엘리베이터 내의 행선층 버튼 등을 장난으로 누르거나 난폭하게 취급하지 말아야 한다. 승강장 내에서 뛰거나 구르는 등 난폭한 행동을 하지 말아야 한다.
- 엘리베이터 출입문을 손으로 흔들거나 밀지 말아야 하며, 절대 문에 기대지 말아야 한다.
- 승강기 문턱 틈이나 문 사이에 이물질(성냥개비, 껌, 종잇조각 등)을 버리지 않는다.
- 정원 및 적재하중의 초과는 고장이나 사고의 원인이 되므로 엄수하여야 한다.
- 어린이나 노약자는 될 수 있으면 보호자와 함께 탑승하도록 하고 애완동물은 안고 탑승한다.
- 정전 등의 이유로 실내조명이 꺼지더라도 당황하지 말고 인터폰으로 연락하여야 한다.
- 엘리베이터 운행 중 갑자기 정지하면 인터폰을 이용하여 구출 요청하여야 하며, 임의로 판단해서 탈출을 시도하지 말아야 한다.
- 화재가 났을 때는 엘리베이터를 타지 말고 반드시 계단을 이용하여 대피한다.
- 엘리베이터 문을 강제로 여는 행위 등을 하지 말아야 한다.
- 지정된 용도 이외에는 사용하지 말아야 한다.
- 핸드레일을 잡고 있어야 한다.
- 디딤판 위에서 뛰거나 장난을 치지 말아야 한다.
- 디딤판 위에 앉거나 맨발로 탑승하지 말아야 한다.

엘리베이터 및 휠체어리프트 중대고장의 원인
- 출입문이 열린 상태로 움직인 경우
- 출입문이 이탈되거나 파손되어 운행되지 않는 경우
- 최상층 또는 최하층을 지나 계속 움직인 경우
- 운행하려는 층으로 운행되지 않은 경우(정전 또는 천재지변으로 인해 발생한 경우 제외)
- 운행 중 정지된 고장으로서 이용자가 운반구에 갇히게 된 경우(정전 또는 천재지변으로 인해 발생한 경우 제외)

시설안전

1. 엘리베이터 안전수칙

엘리베이터 및 휠체어리프트 중대고장의 원인
출입문이 열린 상태로 움직인 경우
출입문이 이탈되거나 파손되어 운행되지 않는 경우
최상층 또는 최하층을 지나 계속 움직인 경우
운행하려는 층으로 운행되지 않은 경우(정전 또는 천재지변으로 인해 발생한 경우 제외)
운행 중 정지된 고장으로서 이용자가 운반구에 갇히게 된 경우
(정전 또는 천재지변으로 인해 발생한 경우 제외)

- 엘리베이터 내에 부착된 유의 사항을 숙지하고 꼭 지켜야 한다.
- 승강장 호출버튼 및 엘리베이터 내의 행선층 버튼 등을 장난으로 누르거나 난폭하게 취급하지 말아야 한다. 승강장 내에서 뛰거나 구르는 등 난폭한 행동을 하지 말아야 한다.
- 엘리베이터 출입문을 손으로 흔들거나 밀지 말아야 하며, 절대 문에 기대지 말아야 한다.
- 승강기 문턱 틈이나 문 사이에 이물질(성냥개비, 껌, 종잇조각 등)을 버리지 않는다.
- 정원 및 적재하중의 초과는 고장이나 사고의 원인이 되므로 엄수하여야 한다.
- 어린이나 노약자는 될 수 있으면 보호자와 함께 탑승하도록 하고 애완동물은 안고 탑승한다.
- 정전 등의 이유로 실내조명이 꺼지더라도 당황하지 말고 인터폰으로 연락하여야 한다.
- 엘리베이터 운행 중 갑자기 정지하면 인터폰을 이용하여 구출 요청하여야 하며, 임의로 판단해서 탈출을 시도하지 말아야 한다.
- 화재가 났을 때는 엘리베이터를 타지 말고 반드시 계단을 이용하여 대피한다.
- 엘리베이터 문을 강제로 여는 행위 등을 하지 말아야 한다.
- 지정된 용도 이외에는 사용하지 말아야 한다.
- 핸드레일을 잡고 있어야 한다.
- 디딤판 위에서 뛰거나 장난을 치지 말아야 한다.
- 디딤판 위에 앉거나 맨발로 탑승하지 말아야 한다.

② 회전문 안전수칙

- 천천히 침착하게 주위를 살피고, 회전문에 들어갈 때는 완전히 열려 들어갈 공간이 확보되었을 때 진입하고, 통과할 때는 회전문의 중간에 서서 이동한다.
- 어린이나 노약자는 회전문 통과 시에 꼭 보호자의 앞쪽에 세운 다음 천천히 탑승하고 보폭에 맞춰 이동한다.
- 회전문에 급하게 뛰어들어가거나, 유리문과 바깥쪽 틀 사이에 옷자락이나 신체의 일부가 끼이지 않도록 주의한다.
- 회전문에 기대거나 손으로 문을 억지로 밀지 않는다.
- 회전문 통과 시 시선을 정면에 고정시키고, 출구가 완전히 열렸을 때 통과한다.

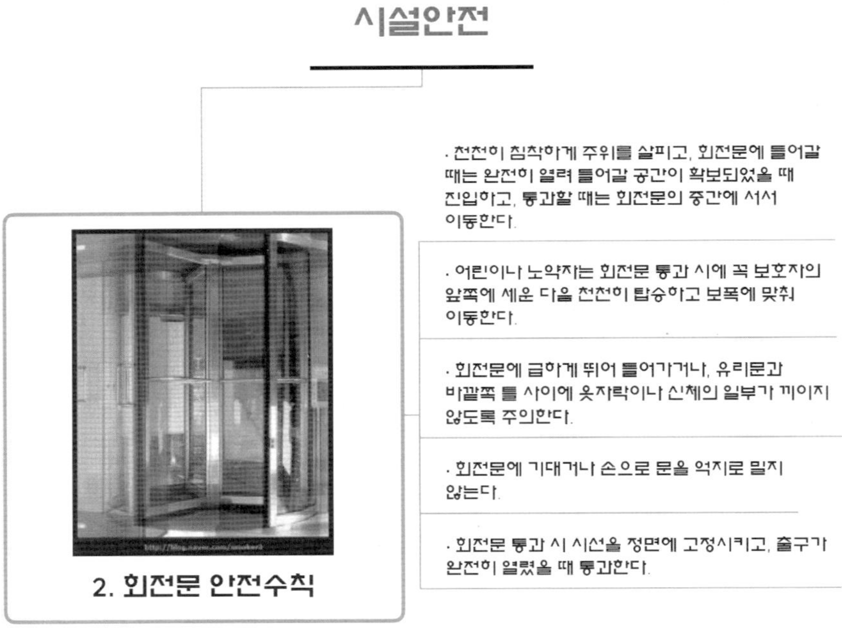

③ 에스컬레이터 안전수칙

- 신체의 일부나 옷, 물건 등이 틈새에 끼일 수 있기 때문에 반드시 계단에 표시된 노란색 안전선 내 가운데 부분에 발을 고정 시키고 서서 이동한다.

- 유아와 애완동물은 안고 타야하며 어린이나 노약자는 반드시 보호자의 손을 잡고 탄다.
- 비상정지 버튼을 함부로 누르거나, 손잡이 밖으로 머리나 팔을 내밀지 않는다.
- 시선을 정면에 고정 시키고, 내릴 때에는 미리 준비하고 내린다.
- 진행방향의 반대 방향으로 오르내리지 않는다.
- 사고 발생 시에는 비상정지 버튼을 조작하여 작동을 멈추게 해야 한다.

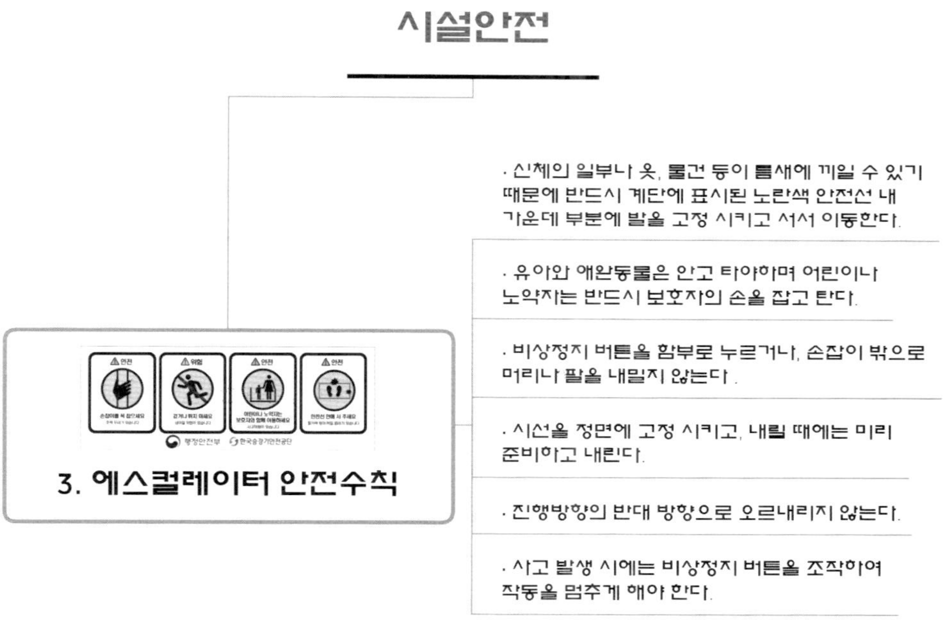

1.1.5 노인 공공장소 안전

1) 사고현황

최근 우리 사회가 급속도로 고령화 사회로 돌입하면서 노인들의 사고가 점차 증가하고 있다. 노인이 되면 신체의 운동신경이 현저하게 떨어져서 여러 가지 사고를 당할 수 있다. 특히, 공중목욕탕, 지하철역사 계단, 도로 등을 비롯한 공공시설에서의 사고 위험이 높다.

사고의 유형으로는 시력의 저하나 손발의 힘이 약한 상태에서 주로 넘어지거나 미끄러지거나 떨어지는 등의 사고가 빈발한다. 또한, 노인들은 체력이 약하기 때문에 사고가 큰 피해로 이어질 수 있다.

한국승강기안전관리원에 따르면 2011년부터 2014년까지 4년간의 에스컬레이터 사고는 388건이 발생했으며, 60대 이상의 노약자 사고가 60%(118건)를 차지했다. 이처럼 공공장소에서 발생하게 되는 노인의 사고는 물건이나 시설물 등에 부딪히거나, 화상을 입거나, 끼임 등의 사고 등 비교적 안전하다고 생각되는 시설물이나 물품에 의한 사고도 쉽게 발생하게 된다. 성별로는 여자가 61.6%로 남자보다 사고를 많이 당하는 것으로 분석됐다.

노인사고의 주된 원인은 노화로 인한 인체기능 및 만성질환으로 일상생활능력이 제한되어 독립생활의 불가능으로 발생한다. 그러므로 노인 안전에 특별한 주의가 필요하다. 이처럼, 빈번하게 발생하는 공공장소에서의 노인 사고 유형을 살펴보고, 안전행동 대처방안을 일상생활 속에서 실천할 수 있어야 한다.

시설안전

노인 공공장소 안전

최근 우리 사회가 급속도로 고령화 사회로 돌입하면서 노인들의 사고가 점차 증가하고 있다. 노인이 되면 신체의 운동신경이 현저하게 떨어져서 여러 가지 사고를 당할 수 있다. 특히, 공중목욕탕, 지하철역사 계단, 도로 등을 비롯한 공공시설에서의 사고 위험이 높다.

사고의 유형으로는 시력의 저하나 손발의 힘이 약한 상태에서 주로 넘어지거나 미끄러지거나 떨어지는 등의 사고가 빈발 한다. 또한, 노인들은 체력이 약하기 때문에 사고가 큰 피해로 이어질 수 있다.

노인사고의 주된 원인은 노화로 인한 인체기능 및 만성질환으로 일상생활능력이 제한되어 독립생활의 불가능으로 발생한다. 그러므로 노인 안전에 특별한 주의가 필요하다. 이처럼, 빈번하게 발생하는 공공장소에서의 노인 사고 유형을 살펴보고, 안전행동 대처방안을 일상생활 속에서 실천할 수 있어야 한다.

2) 사고유형

대표적인 노인 사고의 3가지 유형으로는 넘어지는 사고, 미끄러지는 사고, 떨어지는 사고이다. 겨울철 빙판길에서는 자칫 주의를 조금만 게을리해도 엉덩방아를 찧고 뼈를 상하는 경우가 많은데 이 경우 상당수의 사람들은 고관절 이른바 엉덩이와 다리를 연결하는 관절을 많이 다친다.

특히 노년층은 노화현상으로 뼈가 약해지고 근력마저 떨어져 대부분 엉덩이 관절의 골절이나 척추가 주저앉는 중상을 입게 된다. 노인에게 이런 골절상은 저절로 낫지 않아 수술을 받지 않으면 통증으로 장기간 누워 지낼 수밖에 없는데 이때 합병증이 생겨 대부분 사망에 이르기도 한다. 즉, 숨을 제대로 못 쉬기 때문에 폐렴이 오고 걷지를 못하니까 욕창이 생겨서 2차적으로 감염이 오고 화장실을 마음대로 못 다니기 때문에 요도염증이 와서 사망하는 확률도 높다.

> 에스컬레이터 추락
>
> 에스컬레이터는 이동하는 동안 계단 위에서 걷지 말고, 반드시 핸드레일은 꼭 잡고 이동해야 한다. 2011년 4월 오후 6시쯤 부산지하철 1호선 대티역 승강장에서 83세 현모 할머니가 에스컬레이터로 걸어가던 중 갑자기 중심을 잃고 뒷걸음질 치다 선로로 떨어지는 사고가 발생했다. 주변인의 도움으로 현모 할머니는 무사히 구조되었지만, 뒷머리 등에 부상을 입고 인근 병원으로 옮겨져 치료를 받았으며, 생명에는 지장이 없는 것으로 알려졌다.

3) 사고원인

인지기능이 저하된 노인의 경우에는 쉽게 사고의 위험에 노출 될 수 있다. 또한, 노년기에는 만성질환을 가진 사람의 비율이 높고 이로 인한 증상들이 때로는 치명적 안전 사고를 야기할 수 있다.

노인들은 에스컬레이터가 갑자기 멈추는 등의 돌발 상황에 일반인처럼 재빠른 대처가 어려워 안전사고가 더 많이 발생하므로 손잡이를 꼭 잡고 두 줄로 이용하는 등 안전의식이 필요하다. 특히, 지하철이나 백화점 등과 같은 공공장소에서는 노인들에게 빈번하게 발생하는 미끄러짐, 추락, 넘어짐 사고에 대비한 시설이 필요하고, 그에 따른 안전 예방대책을 강구해야 한다.

4) 대처방안

노인 안전사고 예방을 위한 대처 방안으로는 공공시설의 건물의 바닥 표면은 가급적 물에 젖어도 미끄러지지 않는 재질로 마감해야 하고, 건물 주위에는 수평 혹은 수직 손잡이를 설치해야 한다.

또한 공중목욕탕이나 화장실의 경우 바닥면에는 가급적 높이를 두지 않도록 하며, 출입문은 미닫이나 접이문 형태로 하는 것이 좋다.

공공장소에서의 노인 사고를 막기 위해서는 안전한 환경구성과 가족 및 주변 사람들의 관심과 협조가 무엇보다 필요하다. 공공시설에서의 사고 발생을 예방하기 위해서 사회 전반적인 교육과 배려가 필요하며 노인을 위한 안전시설 설치의 의무화와 관리가 필요하다.

미끄러짐, 떨어짐, 넘어짐 예방수칙

① 겨울철에는 혼자 외출하는 것을 자제하고 혼자 외출하는 노인들은 빙판길을 피한다.
② 걸을 때는 보폭을 평소보다 짧게 하고, 천천히 걷는 것이 좋다.
③ 주머니에 손을 넣고 걷지 않는다.
④ 고관절 체조를 자주하고 골다공증 치료를 충실히 받아 뼈와 근력을 키워둔다.
⑤ 넘어졌을 때에는 통증이 없지만 시간이 지나면서 증상이 나타나는 경우가 많으므로 넘어지자마자 병원 진료를 받는 것이 좋다.
⑥ 계단을 오르내릴 때 계단 디딤판과 가장자리를 잘 살피고, 난간을 꼭 잡고 이동한다.

시설안전

노인 공공장소 사고 대처방안

① 겨울철에는 혼자 외출하는 것을 자제하고 혼자 외출하는 노인들은 빙판길을 피한다.

② 걸을 때는 보폭을 평소보다 짧게 하고, 천천히 걷는 것이 좋다.

③ 주머니에 손을 넣고 걷지 않는다.

④ 고관절 체조를 자주하고 골다공증 치료를 충실히 받아 뼈와 근력을 키워둔다.

⑤ 넘어졌을 때에는 통증이 없지만 시간이 지나면서 증상이 나타나는 경우가 많으므로 넘어지자 마자 병원 진료를 받는 것이 좋다.

⑥ 계단을 오르내릴 때 계단 디딤판과 가장자리를 잘 살피고, 난간을 꼭 잡고 이동한다.

1.1.6 어린이 공공장소 안전

1) 사고현황

어린이 안전에 대한 관심이 높아지고 있는 시점에서, 공공장소 등에 설치되어 있는 엘리베이터, 에스컬레이터, 무빙워크, 회전문 등은 우리에게 편리함을 가져다주기도 하지만 이로 인하여 유아 및 어린이의 안전사고가 그치지 않고 있다.

유아기는 신체기능의 성장과 발달이 미숙하고, 신체 조정능력과 운동기능이 숙달되지 않은 시기로, 인지적·정서적 능력의 제한된 발달로 주변의 위험을 예측할 수 있는 능력들이 부족하여 어느 때보다도 사고를 당하기 쉬운 시기이다.

더구나 어린이는 자신에게 주어진 환경을 조절하거나 바꿀 수 있는 능력이 부족하고, 자신의 행동에 수반되는 위험을 평가하지 못하기 때문에 보호자나 주변 어른들은 안전한 환경과 적절한 감독을 통하여 공공장소에서 발생할 수 있는 사고의 위험으로부터 어린이를 보호해야 한다.

시설안전

어린이 공공장소 안전

어린이 안전에 대한 관심이 높아지고 있는 시점에서, 공공장소 등에 설치되어 있는 엘리베이터, 에스컬레이터, 무빙워크, 회전문 등은 우리에게 편리함을 가져다주기도 하지만 이로 인하여 유아 및 어린이의 안전사고가 그치지 않고 있다.

유아기는 신체기능의 성장과 발달이 미숙하고, 신체 조정능력과 운동기능이 숙달되지 않은 시기로, 인지적·정서적 능력의 제한된 발달로 주변의 위험을 예측할 수 있는 능력들이 부족하여 어느 때보다도 사고를 당하기 쉬운 시기이다.

더구나 어린이는 자신에게 주어진 환경을 조절하거나 바꿀 수 있는 능력이 부족하고, 자신의 행동에 수반되는 위험을 평가하지 못하기 때문에 보호자나 주변 어른들은 안전한 환경과 적절한 감독을 통하여 공공장소에서 발생할 수 있는 사고의 위험으로부터 어린이를 보호해야 한다.

① 엘리베이터, 에스컬레이터 사고

엘리베이터나 에스컬레이터 틈에 신발이나 신체의 일부가 끼어 다치거나 절단되는 사고가 발생할 수 있으며 유모차와 함께 탑승하여 발생되는 바퀴 끼임이나 걸림 사고가 있다.

- 에스컬레이터나 엘리베이터 틈에 신발이나 신체의 일부가 끼어 다치거나 절단되는 경우
- 유모차와 함께 탑승하여 발생되는 바퀴 끼임이나 걸림 사고

② 회전문, 자동문 사고

자동문에 손가락이나 몸이 끼어 다치거나 몸집이 작은 어린이가 회전문 틈에 몸 전체나 일부가 끼어 사망하는 사고가 있다.

- 자동문에 손가락이나 몸이 끼어 부상하는 경우
- 몸집이 작은 어린이가 회전문의 틈에 몸 전체가 끼어 사망하는 경우

③ 쇼핑카트 사고

쇼핑카트에 타고 있던 어린이가 바닥으로 떨어져 큰 부상을 입을 수 있다. 또한, 쇼핑카트 주변을 뛰어다니다가 다른 사람이나 물건에 부딪히는 사고가 발생할 수 있으며, 쇼핑카트에 손가락이 끼거나 어린 아기를 쇼핑카트에 태웠다가 미끄러져 몸이 끼이는 등의 사고도 발생할 수 있다.

- 쇼핑카트에 타고 있던 어린이가 바닥으로 추락하는 경우
- 쇼핑카트 주변을 뛰어다니다가 부딪히는 사고
- 쇼핑카트에 손가락이 끼거나 어린 아기를 쇼핑카트에 태웠다가 미끄러져 몸이 끼이는 사고

3살 아이를 둔 부부가 마트에서 쇼핑카트에 짐을 싣고, 그 위에 아이를 앉히고 무빙워크를 내려가던 중 쇼핑카트가 아래로 밀리면서 아이가 쇼핑카트에서 떨어지는 사고가 발생했다. 그 사고로 아이는 머리와 얼굴 등 전신에 타박상 및 골절상을 입고 병원으로 옮겨졌다. 쇼핑카트에 아이를 태울 때는 규정된 자리에 앉혀서 이용해야 한다.

2) 사고원인

백화점, 쇼핑몰, 아파트 등 공공장소에서 쉽게 볼 수 있는 승강기, 회전문, 에스컬레이터, 무빙워크, 회전문은 우리를 더욱 편하게 해주지만 때로는 큰 위험에 빠지게도 한다.

특히, 대형 쇼핑몰에서 자주 볼 수 있는 무빙워크는 특성상 쇼핑카트를 끌고 이용하는 경우가 많아 카트가 연쇄적으로 뒤엉켜 넘어지거나 무빙워크의 회전부에 어린이의 손, 옷자락 등이 끼이게 되어 큰 사고를 일으킬 수 있다. 또한, 어린이들이 엘리베이터, 에스컬레이터, 무빙워크, 회전문 탈 때 보호자의 손을 잡지 않고 어린이 혼자 과잉행동을 하거나, 승강기 안에서 불필요한 버튼 조작, 장난 등이 사고로 이어질 수 있다.

3) 대처방안

공공장소에서 빈번하게 이용하는 무빙워크, 에스컬레이터를 이용할 때는

안전 선 안에서 바른 자세로 전방을 주시하고 손잡이를 꼭 잡고 이동한다.

이렇게 움직이는 이동수단을 이용할 때는 무엇보다도 질서를 잘 지켜 차례 차례 내리고 난 후 타도록 해야 한다.

① 엘리베이터 안전수칙

㉠ 문이 완전히 열린 후 승강장 안의 바닥판이 있는지 확인하고 탄다.

㉡ 필요한 버튼만 누르고, 안에서는 뛰거나 발을 구르지 않는다.

㉢ 엘리베이터 문을 억지로 열거나 문에 기대어 서지 않는다.

㉣ 롤러스케이트나 자전거를 탄 채로 서지 않는다.

㉤ 문틈에 다른 물건을 끼우지 않는다.

㉥ 갇혔을 때는 비상버튼을 눌러 도움을 요청한 후 기다려야 한다.

㉦ 갇혔다가 문이 열린 경우 밖의 상황이 안전한지 확인한 후에 나간다.

㉧ 화재, 지진 등의 비상시에는 사용하지 않는다.

㉨ 조작반의 인터폰 및 비상정지 스위치 등을 장난으로 조작하지 않는다.

② 회전문, 자동문 안전수칙

㉠ 회전문은 너무 빠르게 밀지 않는다.

㉡ 손, 발, 옷이 끼지 않도록 조심한다.

㉢ 회전문의 한 칸에 너무 많은 인원이 들어가지 않아야 한다.

㉣ 회전문이나 자동문으로 장난치지 않는다.

㉤ 자동 회전문 주위에 어린이가 혼자 접근하거나 놀지 않도록 보호자가 충분히 주의를 기울여야 한다.

㉥ 자동으로 열리는 문에 들어갈 때는 정면에서 이용한다.

㉦ 문이 열리면 신속히 지나가고 문 사이에 멈춰 서지 않는다.

㉧ 되도록 보호자와 함께 이용하도록 한다.

㉨ 자동문이 사람을 확인해도 문이 즉시 열리지 않아 충돌의 위험이 있으므로 문이 열리는 것을 확인하고 이용한다.

③ 에스컬레이터, 무빙워크 안전수칙

㉠ 계단에 표시된 노란 안전선 안에 서 있어야 한다.

㉡ 아래·위로 걸어 다니며 장난치지 않는다.

㉢ 갑자기 멈추면 위험하므로 이동 손잡이를 반드시 잡고 타야 한다.

㉣ 계단 사이에 물건이나 옷자락, 신발이 끼이지 않도록 주의한다.

㉤ 진행방향을 거슬러 오르내리지 않는다.

㉥ 맨발로 타거나, 기대어 서거나 계단에 앉지 않는다.

㉦ 손잡이 밖으로 머리를 내밀지 않는다.

㉧ 유모차에 아이를 태운 상태에서 에스컬레이터로 이동해서는 안 된다.

㉨ 어린이와 노약자는 가급적 보호자와 함께 타야 한다.

④ 쇼핑카트 안전수칙

㉠ 쇼핑카트에 어린이를 태울 때에는 안전벨트를 착용하여 고정시킨다.

㉡ 물건을 담는 곳에는 어린이를 태우지 않는다.

㉢ 쇼핑카트의 옆이나 앞에서 기어오르거나 올라타지 않도록 한다.

㉣ 어린이가 탄 쇼핑카트를 어린이가 밀지 못하도록 한다.

㉤ 쇼핑카트 사용 전에는 안전벨트와 바퀴 등이 고장 나지 않았는지 살피고 사용한다.

㉥ 쇼핑카트에 영·유아를 태울 시에는 최대 허용 체중을 확인하고 태운다.

시설안전

어린이 공공장소 사고 대처방안

1. 엘리베이터 안전수칙

- ① 문이 완전히 열린 후 승강장 안의 바닥판이 있는지 확인하고 탄다.
- ② 필요한 버튼만 누르고, 안에서는 뛰거나 발을 구르지 않는다.
- ③ 엘리베이터 문을 억지로 열거나 문에 기대어 서지 않는다.
- ④ 롤러스케이트나 자전거를 탄 채로 서지 않는다.
- ⑤ 문틈에 다른 물건을 끼우지 않는다.
- ⑥ 갇혔을 때는 비상버튼을 눌러 도움을 요청한 후 기다려야 한다.
- ⑦ 갇혔다가 문이 열린 경우 밖의 상황이 안전한지 확인한 후에 나간다.
- ⑧ 화재, 지진 등의 비상시에는 사용하지 않는다.
- ⑨ 조작반의 인터폰 및 비상정지 스위치 등을 장난으로 조작하지 않는다.

2. 회전문, 자동문 안전수칙

- ① 회전문은 너무 빠르게 밀지 않는다.
- ② 손, 발, 옷이 끼지 않도록 조심한다.
- ③ 회전문의 한 칸에 너무 많은 인원이 들어가지 않아야 한다.
- ④ 회전문이나 자동문으로 장난치지 않는다.
- ⑤ 자동 회전문 주위에 어린이가 혼자 접근하거나 놀지 않도록 보호자가 충분히주의를 기울여야 한다.
- ⑥ 자동으로 열리는 문에 들어갈 때는 정면에서 이용한다.
- ⑦ 문이 열리면 신속히 지나가고 문 사이에 멈춰 서지 않는다.
- ⑧ 되도록 보호자와 함께 이용하도록 한다.
- ⑨ 자동문이 사람을 확인해도 문이 즉시 열리지 않아 충돌의 위험이 있으므로 문이 열리는 것을 확인하고 이용한다.

3. 에스컬레이터, 무빙워크 안전수칙

- ① 계단에 표시된 노란 안전선 안에 서 있어야 한다.
- ② 아래·위로 걸어 다니며 장난치지 않는다.
- ③ 갑자기 멈추면 위험하므로 이동 손잡이를 반드시 잡고 타야 한다.
- ④ 계단 사이에 물건이나 옷자락, 신발이 끼이지 않도록 주의한다.
- ⑤ 진행방향을 거슬러 오르내리지 않는다.
- ⑥ 맨발로 타거나, 기대어 서거나 계단에 앉지 않는다.
- ⑦ 손잡이 밖으로 머리를 내밀지 않는다.
- ⑧ 유모차에 아이를 태운 상태에서 에스컬레이터로 이동해서는 안 된다.
- ⑨ 어린이와 노약자는 가급적 보호자와 함께 타야 한다.

4. 쇼핑카트 안전수칙

- ① 쇼핑카트에 어린이를 태울 때에는 안전벨트를 착용하여 고정시킨다.
- ② 물건을 담는 곳에는 어린이를 태우지 않는다.
- ③ 쇼핑카트의 옆이나 앞에서 기어오르거나 올라타지 않도록 한다.
- ④ 어린이가 탄 쇼핑카트를 어린이가 밀지 못하도록 한다.
- ⑤ 쇼핑카트 사용 전에는 안전벨트와 바퀴 등이 고장 나지 않았는지 살피고 사용한다.
- ⑥ 쇼핑카트에 영 · 유아를 태울 시에는 최대 허용 체중을 확인하고 태운다.

1.1.7 어린이 가정 안전

1) 사고현황

어린이는 가정에서 사고가 가장 많이 발생하고 있다. 어린이에게 가정은 생활의 장인 동시에 탐험과 학습의 장이기 때문이다. 특히 어린이를 보호하는 부모는 가정을 어린이에게 안전한 환경으로 구성해야 한다. 화재로 인한 사고의 경우 연기감지기가 이것을 결정하는 중요한 요인이기는 하지만 가정 내 어린이의 손이 닿는 곳에 성냥과 라이터를 남겨둔 가족구성원의 부적절한 감독과 인식부족이 더 중요한 잠재요인이 된다. 이를 예방하기 위해서는 가족구성원들이 물리적 환경을 점검하여 어린이가 안전하게 놀 수 있는 환경을 구성해야 하며 환경의 변화가 어렵다면 끊임없는 교육을 통해 가족구성원의 행동을 변화시키도록 노력해야 한다.

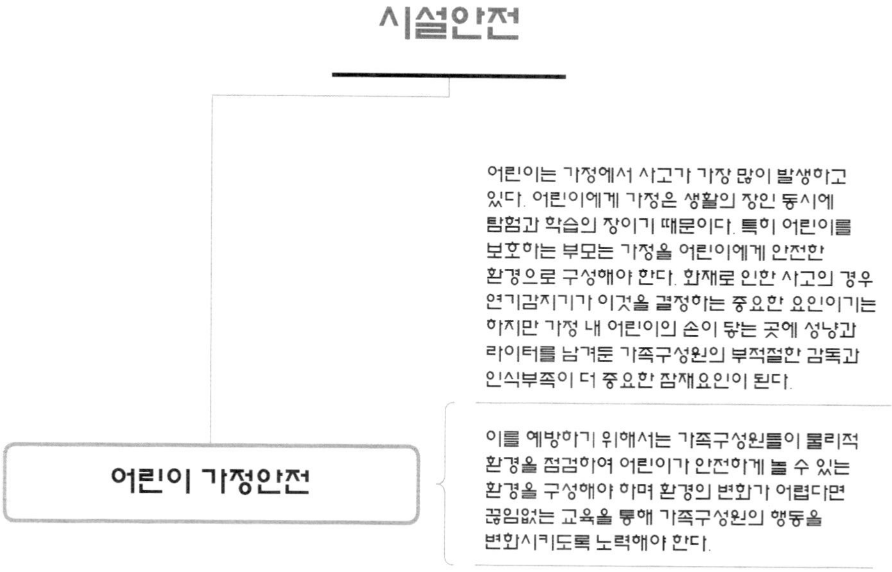

2) 사고원인

① 창문 떨어짐 사고

빌라 5층에 사는 남매가 1층 바닥으로 떨어졌다. 집들이에 온 친척과 함께 술래잡기를 하던 남매가 창틀 위에 숨었다가 밖으로 떨어진 것이다. 더운 날씨탓에 창문을 열고 방충망만 치고 있던 것이 문제였다. 나무에 떨어진 A군은 팔다리가 골절되어 바로 병원으로 이송되었지만, 시멘트 바닥으로 바로 떨어진 동생 B양은 더 심각한 상태였다.

방충망 대부분이 창틀에서 쉽게 빠지는 데다, 망도 종이처럼 쉽게 뜯어져 어린이들의 무게를 이겨내지 못하기 때문이다. 전문가들은 베란다나 난간 등에 아이들이 딛고 올라설 수 있는 물건을 없애고, 가능하면 방충망 외에 방범창 같은 안전장치를 함께 설치할 것을 권장한다.

② 백화점, 쇼핑몰, 아파트 등

공공장소에서 쉽게 볼 수 있는 승강기, 회전문, 에스컬레이터, 무빙워크, 회전문은 우리를 더욱 편하게 해주지만 때로는 큰 위험에 빠지게도 한다.

특히, 대형 쇼핑몰에서 자주 볼 수 있는 무빙워크는 특성상 쇼핑카트를 끌고 이용하는 경우가 많아 카트가 연쇄적으로 뒤엉켜 넘어지거나 무빙워크의 회전부에 어린이의 손, 옷자락 등이 끼이게 되어 큰 사고를 일으킬 수 있다. 또한, 어린이들이 엘리베이터, 에스컬레이터, 무빙워크, 회전문 탈 때 보호자의 손을 잡지 않고 어린이 혼자 과잉행동을 하거나, 승강기 안에서 불필요한 버튼 조작, 장난 등이 사고로 이어질 수 있다.

3) 대처방안

① 주방 사고 예방법

- 칼이나 가위 등 다칠 우려가 있는 주방용품은 어린이의 손이 닿지 않는 곳에 보관하거나 잠금장치를 한다.
- 전기압력밥솥은 어린이의 손이 닿지 않는 곳에 두고, 증기의 위험을 알려 주어 밥솥에 접근하지 않도록 한다.
- 전자레인지는 어린이가 혼자서 사용하지 못하게 하거나, 어린이 손이 닿지 않는 곳에서 사용한다.
- 믹서기 등 주방기기를 사용한 후에는 어린이의 손이 닿지 않는 곳에 보관한다.

- 정수기의 온수는 어린이가 사용하지 못하도록 하고, 잠금장치가 있는 것을 구입한다.
- 전기 주방기구를 켜둔 채 자리를 비우지 않는다.
- 가구를 구입할 때는 되도록 모서리가 둥글게 처리된 것을 고르고, 모서리가 뾰족한 경우 안전보호대를 씌운다.
- 어린이가 식탁보를 잡아당겨 식탁 위의 물건들이 떨어져 다칠 수 있으므로 가능한 식탁보는 사용하지 않는다.
- 냄비나 손잡이가 긴 주방용구를 사용할 때에는 반드시 손잡이가 안쪽을 향하도록 돌려두어 어린이가 잡아당겨 떨어지는 사고가 없도록 한다.

② 욕실 사고 예방법

- 어린이가 욕실바닥에 물건을 늘어놓고 장난을 하지 않도록 주의한다.
- 비누, 치약, 샴푸는 쓰고 난 뒤에 제자리에 두고, 세제는 유아의 손이 닿지 않는 곳에 보관한다.
- 3세 미만 어린이는 욕조에서 익사할 우려가 있으므로 혼자 욕실에 있지 않도록 한다.
- 아이들의 손이 젖어 있는 상태에서 전기기구를 만지지 않도록 한다.
- 가장 많이 일어나는 사고가 미끄러져 넘어지는 사고이므로 바닥에 항상 물기가 없게 닦아두도록 한다.
- 어린이가 변기 뚜껑을 밟고 올라가 높은 곳에 있는 물건을 꺼내는 경우 체중을 이기지 못하고 뚜껑이 부러지면서 발이나 발목뼈가 다칠 수 있으므로 주의한다.
- 욕실에서 뜨거운 물을 사용한 후 수도꼭지를 반드시 차가운 방향으로 돌려두어 어린이가 화상을 입지 않도록 한다.

③ 계단 사고 예방법

- 어린이가 계단을 올라갈 때 보호자는 반드시 아래쪽에서 걸어가며, 계단을 오르내릴 때에는 주머니에 손을 넣지 않게 한다.

- 계단에 날카로운 부위가 없는지 수시로 점검한다.
- 자기 발보다 큰 신발을 신거나, 신발끈을 매지 않고 계단을 오르내리지 않도록 한다.
- 계단에서는 뛰어다니거나 장난을 하지 않도록 한다.

④ 방 · 거실 사고 예방법

- 잠을 자다가 바닥에 떨어지는 일이 없도록 난간이 있는 침대에서 재운다.
- 침대 안전망을 설치하거나 바닥에 이불을 깔아두는 것도 좋다.
- 소파나 침대 등 아이가 잘 올라가는 공간의 주변은 비워둔다. 뛰어내리다가 주변 가구의 모서리에 찧을 수 있다.
- 계단이 있는 곳에는 안전문을 설치해 아이가 계단으로 굴러떨어지지 않도록 한다.
- 아이 혼자 보행기를 타다가 문턱에 걸려 넘어지거나 계단에서 떨어져 머리를 다치는 경우가 많으므로 보행기에 아이를 태울 때는 잠시라도 한눈을 팔면 안 되고, 문턱이나 계단이 없는 제한된 공간에서 태운다.
- 방충망은 아이의 추락을 예방해주지 못하므로, 추락 방지용 창살을 설치해야 한다.
- 의자, 침대, 책상 등 아이가 딛고 올라갈 수 있는 가구를 창문 옆에 두지 않는다. 평소 아이가 보는 앞에서 창문 밖을 내려다보는 것을 삼간다.

시설안전

어린이 가정사고 대처방안

1. 주방 사고 예방법

- 칼이나 가위 등 다칠 우려가 있는 주방용품은 어린이의 손이 닿지 않는 곳에 보관하거나 잠금장치를 한다.
- 전기압력밥솥은 어린이의 손이 닿지 않는 곳에 두고, 증기의 위험을 알려 주어 밥솥에 접근하지 않도록 한다.
- 전자레인지는 어린이가 혼자서 사용하지 못하게 하거나, 어린이 손이 닿지 않는 곳에서 사용한다.
- 믹서기 등 주방기기를 사용한 후에는 어린이의 손이 닿지 않는 곳에 보관한다.
- 정수기의 온수는 어린이가 사용하지 못하도록 하고, 잠금장치가 있는 것을 구입한다.
- 전기 주방기구를 켜둔 채 자리를 비우지 않는다.
- 가구를 구입할 때는 되도록 모서리가 둥글게 처리된 것을 고르고, 모서리가 뾰족한 경우 안전보호대를 씌운다.
- 어린이가 식탁보를 잡아당겨 식탁위의 물건들이 떨어져 다칠 수 있으므로 가능한 식탁보는 사용하지 않는다.
- 냄비나 손잡이가 긴 주방용구를 사용할 때에는 반드시 손잡이가 안쪽을 향하도록 돌려두어 어린이가 잡아당겨 떨어지는 사고가 없도록 한다.

2. 욕실 사고 예방법

- 어린이가 욕실바닥에 물건을 늘어놓고 장난을 하지 않도록 주의한다.
- 비누, 치약, 샴푸는 쓰고 난 뒤에 제자리에 두고, 세제는 유아의 손이 닿지 않는 곳에 보관한다.
- 3세 미만 어린이는 욕조에서 익사할 우려가 있으므로 혼자 욕실에 있지 않도록 한다.
- 아이들의 손이 젖어 있는 상태에서 전기기구를 만지지 않도록 한다.
- 가장 많이 일어나는 사고가 미끄러져 넘어지는 사고이므로 바닥에 항상 물기가 없게 닦아두도록 한다.
- 어린이가 변기 뚜껑을 밟고 올라가 높은 곳에 있는 물건을 꺼내는 경우 체중을 이기지 못하고 뚜껑이 부러지면서 발이나 발목뼈가 다칠 수 있으므로 주의한다.
- 욕실에서 뜨거운 물을 사용한 후 수도꼭지를 반드시 차가운 방향으로 돌려두어 어린이가 화상을 입지 않도록 한다.

3. 계단 사고 예방법

- 어린이가 계단을 올라갈 때 보호자는 반드시 아래쪽에서 걸어가며, 계단을 오르내릴 때에는 주머니에 손을 넣지 않게 한다.
- 계단에 날카로운 부위가 없는지 수시로 점검한다.
- 자기 발보다 큰 신발을 신거나, 신발끈을 매지 않고 계단을 오르내리지 않도록 한다.
- 계단에서는 뛰어다니거나 장난을 하지 않도록 한다.

4. 방 · 거실 사고 예방법

- 잠을 자다가 바닥에 떨어지는 일이 없도록 난간이 있는 침대에서 재운다.
- 침대 안전망을 설치하거나 바닥에 이불을 깔아두는 것도 좋다.
- 소파나 침대 등 아이가 잘 올라가는 공간의 주변은 비워둔다. 뛰어내리다가 주변 가구의 모서리에 찧을 수 있다.
- 계단이 있는 곳에는 안전문을 설치해 아이가 계단으로 굴러 떨어지지 않도록 한다.
- 아이 혼자 보행기를 타다가 문턱에 걸려 넘어지거나 계단에서 떨어져 머리를 다치는 경우가 많으므로 보행기에 아이를 태울 때는 잠시라도 한눈을 팔면 안 되고, 문턱이나 계단이 없는 제한된 공간에서 태운다.
- 방충망은 아이의 추락을 예방해주지 못하므로, 추락 방지용 창살을 설치해야 한다.
- 의자, 침대, 책상 등 아이가 딛고 올라갈 수 있는 가구를 창문 옆에 두지 않는다. 평소 아이가 보는 앞에서 창문 밖을 내려다보는 것을 삼간다.

생활 속의 안전 실천 수칙

1. 공연장, 극장, 행사장의 안전 실천 수칙

- 공연·행사장 입장 시 뛰거나 앞사람을 밀지 말고, 질서를 잘 지켜 입 · 퇴장한다.
- 공연 전 관람객은 관리자의 입장절차, 비상상황 시 요령 등을 숙지하고, 유의 사항을 잘 듣고 위급 상황 시 협조한다.
- 관람석이 아닌 곳에 앉지 않으며, 옥상, 가로수, 담벼락 등에 올라가 관람하지 않는다.
- 폭죽, 폭음탄 등 행사 중에 화재 위험성이 있는 화기 위험물을 사용하지 않는다.
- 비상상황 시 압사사고 우려가 있으므로 앞사람을 따라 천천히 질서 있게 이동한다.

2. 백화점, 대형마트의 안전 실천 수칙

- 쇼핑카트는 안전 기준에 따른 종류를 사용하며, 유아 또는 어린이 안전벨트 착용 등을 생활화 한다.
- 전시물 및 진열대 모서리에 부딪치지 않도록 조심한다.
- 계단은 조심스럽게 한 칸 씩 오르내리고 앞사람을 밀어서는 안 된다.
- 바닥에 떨어진 물, 기름, 쓰레기 등에 의해 미끄러지지 않도록 주의한다.
- 에스컬레이터를 이용할 때 옷이나 물건, 신발끈, 고무로 된 신발 등이 틈새에 끼이지 않도록 주의한다

3. 엘리베이터, 회전문, 에스컬레이터의 안전 실천 수칙

- 엘리베이터 탑승 이후 불필요한 버튼 조작이나, 내부에서 뛰는 행동을 삼간다.
- 엘리베이터 출입문을 손으로 흔들거나 밀지 말아야 하며, 절대 문에 기대지 말아야 한다.
- 에스컬레이터에 신체의 일부나 옷, 물건 등이 틈새에 끼일 수 있기 때문에 반드시 계단에 표시된 노란색 안전선 내 가운데 부분에 발을 고정 시키고 서서 이동한다.
- 에스컬레이터의 비상 정지 버튼을 함부로 누르거나, 손잡이 밖으로 머리나 팔을 내밀지 않는다.
- 회전문을 통과할 때는 천천히 침착하게 주위를 살피고, 완전히 열려 들어갈 공간이 확보되었을 때 진입하고, 통과할 때는 회전문의 중간에 서서 이동한다.

1.2 화재안전

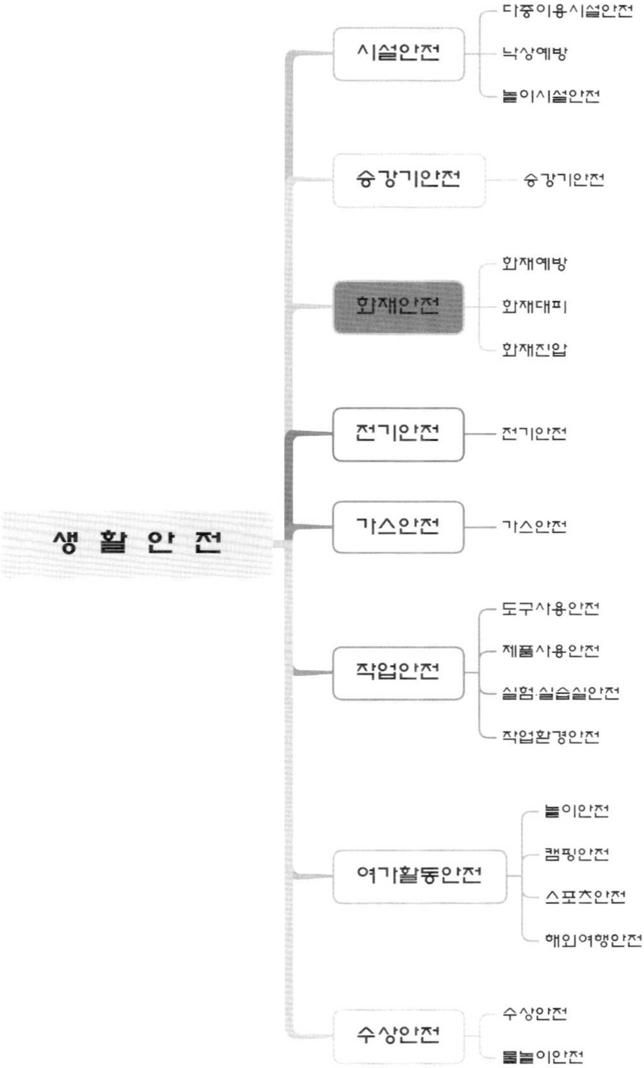

1.2.1 화재안전의 개념

대부분의 화재는 사람들이 안전수칙을 지키지 않거나 관리를 소홀히 하여 발생하고 있는데 부주위로 인한 화재가 매년 2만 건 내외로 발생하고 있으며, 대구지하철 화재나 숭례문 화재와 같이 나쁜 의도를 갖고 불을 내는 방화(放火)도 증가하는 추세이다.

미국, 일본 등을 보면 전체 화재 중 방화가 차지하는 비율이 좀처럼 감소되지 않고 있으므로 우리도 현 수준에서 방화비율을 줄이거나 최소한 동결시킬 수 있는 대책 마련이 시급한 실정이다.

화재 발생 건수와 피해의 증가는 경제성장, 인구 증가, 사회적 복잡성 등과 비례하지만, 우리의 생각과 행동에 따라 상당 부분을 줄일 수 있다. 이를 위해 안전교육과 더불어 화재의 특징과 예방대책, 피난방법 등을 조금이라도 알아 둔다면 위급한 상태에서 유용하게 사용할 수 있다.

1970년 이후 사망자를 기준으로 한 대형 인명피해 화재를 보면 서울 대연각 호텔에서 LP가스 취급 부주의로 163명이 사망한 것을 비롯하여 서울 대왕코너에서 전기결함으로 88명, 부산 대아호텔에서 석유난로 취급 부주의로 38명, 인천 라이브 호프에서 불장난으로 56명, 대구 중앙로역 지하철 방화로 인해 192명, 부산 실내사격장에서 화약 관리 소홀로 15명 등 수년마다 대형 인명피해 사고가 있었다. 이외에도 우리에게 아픈 기억으로 남아 있는 씨랜드 청소년 수련원 화재, 예지학원 화재, 낙산사 화재, 숭례문 화재 등 많은 화재가 있어 왔다. 대형 재산피해는 주로 산업시설에서 발생하였으며, 주요 원인으로는 부주의, 전기적 결함, 관리 소홀, 불티 등이다.

과거 대형 화재 사례를 보면 발생장소나 이유도 다양하여 앞으로도 어디서든 화재가 발생할 수 있다. 피해가 발생할 가능성이 있으면 언젠가는 나타나게 되어있기 때문에 항상 준비를 하고 기본적인 안전수칙을 지키는 것이 중요하다. 기술과 장비를 개발하고 법적인 조치를 강화하는 등 다양한 안전대책이 강구되지만 우리 스스로가 자신을 지키려는 자구 노력이 없이는 효과를 기대하기 어렵다.

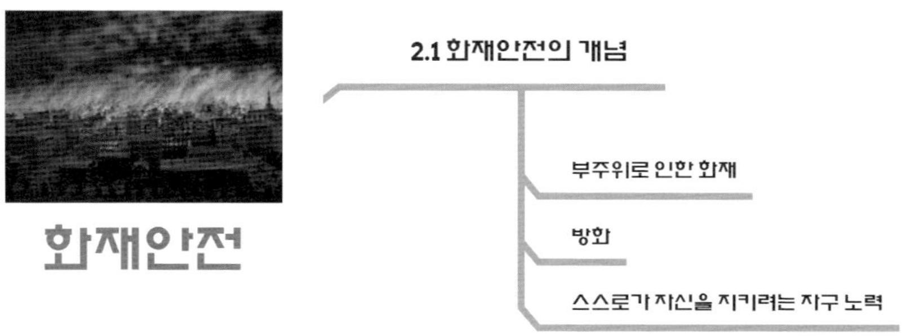

1.2.2 화재의 원인

불은 우리에게 이로운 불과 해로운 불로 나누어 생각할 수 있는데 불을 제대로 통제하지 못하거나, 사람의 의도에서 벗어나 피해를 주는 불을 화재라고 하며, 본래 사용 목적에 따라 사용하게 되면 화재라고 하지 않는다.

화재 현상을 설명하기 위해서 연소라는 표현을 쓰고 있는데, 물질이 빛이나 열 또는 불꽃을 내면서 빠르게 산소와 결합하는 반응을 연소라고 정의하기도 한다. 일반적으로는 불꽃을 내며 타는 현상이지만 숯과 같이 불꽃은 없이 표면만 타는 훈소도 있다. 불티나 담뱃불과 같은 작은 점화원이 훈소 상태로 있다가 나중에 불꽃 연소로 번지기도 한다. 훈소는 눈에 잘 띄지 않아 한 참 후에 화재로 발견되는 경우가 있어 더욱 주의하여야 한다.

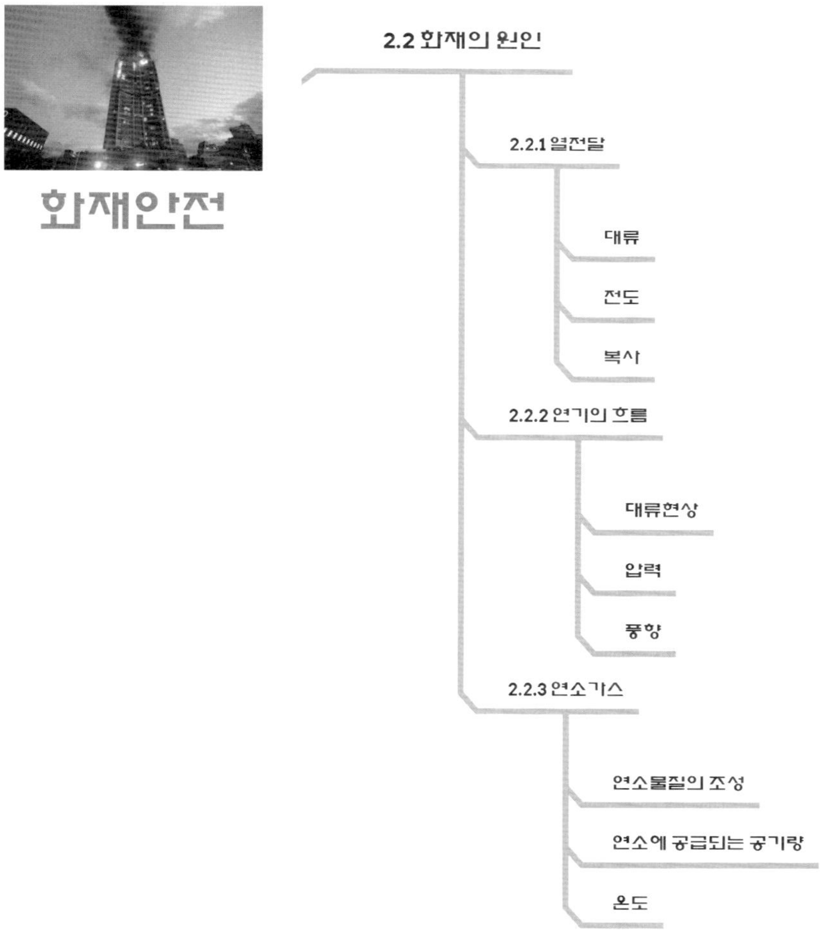

1) 열전달

화재가 나면 고온의 열이 발생하여 가연물을 태우게 되는데 열전달 과정을 이해한다면 변화가 많은 화재 현장에서 안전하게 대피하거나 피해를 줄일 수 있는 방법을 찾을 수 있으며, 점화원이나 가연물의 열전달 특성을 알 수 있어 근본적인 화재 예방대책을 세우는 데도 도움이 될 수 있다. 열이 전달되는 방법에는 대류, 전도, 복사가 있다.

- 대류는 공기가 이동하는 것으로 화재로 인하여 뜨거운 공기는 위로 이동하게 된다. 따라서 화재가 발생한 장소에서 부득이한 경우를 제외하고는 불이 난 장소 아래로 피난하는 것이 안전하다. 또한 자세도 가능한 낮추어 뜨거운 공기와 인체에 해로운 가스를 마시지 않도록 하여야 한다.
- 전도는 물질의 이동이 없이 열이 전달되는 현상으로 금속과 같은 물질은 열전달이 매우 빠르다. 씨랜드 청소년수련원 참사에서 나타났듯이 철판으로 만들어진 칸막이는 빠르게 열을 전달하게 되므로 그만큼 위험하게 된다.
- 복사는 열에너지가 전자파의 형태로 이동하는 것으로 태양의 열에너지가 지구에 도달하는 원리와 같다. 우리 주변에서 보면 난로와 직접 접촉하지 않고 조금 떨어져 있는 수건에 난로에서 나오는 복사열이 전달되어 불이 붙게 된다.

2) 연기의 흐름

화재 시 발생하는 인명피해는 대부분 연기에 포함된 유독성 가스를 흡입하여 발생하게 된다. 연기로 인한 피해를 입기까지는 다소 시간적 여유가 있으므로 침착하게 대처하는 것이 중요하다. 이러한 연기의 흐름은 대류현상과 압력, 풍향 등에 영향을 받는데 보통 연기의 속도는 수평으로 초당 0.5m 정도 이동하며, 수직방향으로는 2~3m 정도로 빠르게 확산된다.

3) 연소가스

연소에 의하여 생성되는 것으로는 연소가스, 화염, 열, 연기가 있다. 이들은 인체에 여러 가지 영향을 미치는데 가장 중요한 것으로는 고온의 복사열과 가열된 공기로 인한 화상과 연기에 포함된 독성가스를 흡입하여 기도가 다치거나 뇌에 손상을 주는 것이다 .

대부분의 가연성 물질은 탄소를 포함하고 있고, 이 탄소가 타서 공기 공급이 충분하면 이산화탄소가 되고 공기 공급이 부족하면 독성이 큰 일산화탄소가 된다. 또한 물질이 타면 황화수소, 이산화황(아황산가스), 암모니아, 시안화수소, 일산화질소, 이산화질소, 포스겐, 염화수소 등이 연소가스에 포함되어 발생된다.

화재 상태에서 기진한 사람은 열과 연기 때문에 호흡속도가 빨라지기 때문에 일반 상태에서 보다 독성 효과가 커지게 된다. 따라서 연기가 가득 찬 곳에서는 자세를 낮추고 호흡을 짧게 하라고 하는데 이와 같은 유독성 가스를 적게 흡입하여 피해를 최소화하고자 하는 것이다.

연소가스의 종류는 여러 가지 요인에 의하여 달라지는데 그 가운데 중요한 것은 연소물질의 조성, 연소에 공급되는 공기량, 온도이다. 일산화탄소는 독성이 강한 연소가스는 아니지만 많은 양이 발생하기 때문에 위험하고, 특히 좁은 공간에서 불꽃을 내지 않고 연기만 나는 화재에서 일산화탄소 발생량이 크다.

공기 중 일산화탄소 농도에 따른 일반적인 위험은 0.05%에서 3시간 정도 노출되거나 0.15%에서 1시간정도 노출되면 생명이 위험하며, 0.4%에서 1시간 이내 노출되면 치사 가능성이 매우 높으며, 1.3%에서 2~3번의 호흡으로 의식을 잃고 몇 분 내 사망할 수 있다. 실제 일산화탄소의 위험농도는 주변 온도, 기타 유독가스의 존재 및 사람의 건강상태 정도에 따라서 결정된다.

이산화탄소는 그 자체가 독성이 있는 것은 아니지만 화재 시 대량으로 발생하여 산소의 양을 줄이게 됨으로써 호흡속도를 매우 빠르게 하며, 산소 부족 및 자극성 물질의 존재로 말미암아 허파의 팽창을 일으키게 하는데 이산화탄소 농도가 2%가 되면 호흡심도는 50%가 증가하고, 이산화탄소 농도가 3%가 되면 100%의 증가를 가져온다.

1.2.3 사고사례

1) 빠르게 확산된 화재

꽃샘추위로 건물 주변에 행인이 거의 없는 일요일 오후에 화재가 발생하였다. 목격자(59세)에 의하면 "방에서 휴식을 취하고 있는데 밖에서' 탁탁'거리는 소리가 들려 계단으로 나가보니까 401호 베란다 쪽에서 검은 연기가 새어 나왔다고 한다. 화재라고 생각하고 건물 뒤에 있는 소방파출소에 신고하였다"고 한다. 401호 작은 방에 있던 거주자의 아들과 손녀는 불길을 피하지 못하고 사망하였다. 거주자의 진술에 의하면" 목욕탕에서 빨래를 하던 중 방안에서 TV를 보던 아들이 타는 냄새가 난다고 하여 거실로 나와 보니 벽체 하부 마룻바닥 틈새에서 연기가 나는 것을 보았다"고 한다. 아래층에서 연기가 올라오는 것으로 생각하여 3층에 다녀온 사이 불길이 현관까지 번져 있었다고 한다.

2) 비상구가 막힌 화재

지하 록카페에서 불이 나 술을 마시던 남녀 손님 12명이 숨지고 2명이 중화상을 입는 사고가 발생하였다. 화재가 입구 쪽에서 발생하여 사람들이 빠져나오지 못했다. 술을 마시던 목격자에 의하면 "출입구 쪽에서 불길이 솟아 셔츠를 벗어 물에 적셔 불을 끄려고 하는데 갑자기' 펑'하는 소리가 나면서 불길이 덮쳤다"고 말했다.

많은 인명 피해가 발생한 이유는 밀폐된 공간에서 내부 장식재 등이 타면서 유독가스가 나오게 되었고, 출구 쪽에서 불이 났는데 반대편 비상구가 막혀 있어 대피를 하지 못한 것으로 나타났다.

이처럼 비상구 확보가 반드시 필요함에도 불구하고 여러 가지 이유로 비상구를 막아 놓거나 물건 등을 적재하여 비상시에 사용하지 못할 정도로 관리하고 있는 곳이 있다면 사람을 죽일 수 있는 행위라는 것을 명심해야 할 것이다. 사람이 많이 모이는 곳에 비상구가 제대로 나 있지 않다면 대형사고는 준비된 것이나 다름없다.

최근 극장에서 영화를 상영하기 전에 피난로와 비상구 위치를 알려주고 있는데 이때 주의를 갖고 어느 곳으로 대피할 것인지를 확인하는 것이 필요하다. 또한 천장에서 아래로 내려오는 연기나 유독성 가스로부터 멀어지기 위해 자세를 낮추어야 한다.

3) 계단을 통해 확산된 화재

인천 호프집에서 청소년 58명이 사망한 사고가 있었다. 화재가 발생한 지하층은 내부수리를 하고 있었으며 사고 당일에는 마무리 작업으로 페인트 도색을 하던 중 시너를 갖고 불장난을 하다가 화재가 발생한 것으로 밝혀졌다. 하루 종일 페인트 작업을 했던 지하층에는 인화성 증기가 체류하고 있어서 순식간에 화염이 커졌으며 주변에 있던 페인트와 시너 등 인화물질로 전파되었다.

화염이 형성된 상황에서 아직 페인트가 마르지 않은 내장재는 빠른 속도로 연소되고 열과 연기는 계단을 통해 2층으로 올라갔다. 3층과 4층 계단으로 올라갔던 연기가 4층 계단에 설치된 방범용 철문에 막혀 다시 2층으로 내려오고 지하층에서 올라온 열기가 가세되면서 유일한 계단측 출입구가 막혀 대피하지

못하고 수많은 인명피해가 발생하였다. 현장에서 구조된 고등학교 1학년 P군은 "불이 났다는 소리를 듣고 친구들과 함께 밖으로 나가려는 순간 전기가 나가 실내는 암흑천지로 변했고, 곧이어 유독가스로 숨을 쉴 수가 없어 바닥에 엎드린 채 옷으로 코를 막았는데 그만 기절한 것 같다."고 말했다. 또한 2층 호프집은 유리 창문을 목재로 막아 학생들의 탈출을 불가능하게 하여 많은 사상자를 발생시켰다.

지하 노래방 작업에 사용한 페인트 및 용제 등의 물질은 인화성 증기가 발생하여 쉽게 화재나 폭발이 일어날 수 있으므로 밀폐된 공간에서 작업을

할 경우 반드시 환기가 필요하며 비상시에 사용할 소화기를 옆에 두어야 한다.

4) 위험물 취급 부주의로 인한 화재

국내 대형화재 중 호텔에서의 사고가 2차례 있었는데 공통점을 갖고 있다. 대연각 호텔에서의 화재는 가스 누출로 인한 것이며 대아 호텔의 화재는 석유난로 취급 부주의로 인한 것이어서 모두 인화성 연료의 취급 부주의라는 공통점을 갖고 있으며 이와 유사한 사고는 지금도 계속되고 있다. 또한 모두 투숙객들이 미처 잠에서 깨어나지 못한 아침에 화재가 발생하였으며 대피를 못 한 사람들이 창문으로 탈출하려다 인명피해가 있었다.

화재 당시 석유난로에 불이 붙지 않아 연료가 떨어진 것으로 판단하고 연료 입구에 석유를 주입하는 순간 "펑"하는 소리가 나자 당황한 종업원이 석유를 난로에 쏟으면서 화재가 발생하였다. 이처럼 석유난로를 완전히 끄지 않은 상태에서 연료를 주입하는 것은 대단히 위험한 일이다. 헬스클럽 내부로 옮겨진 화재는 호텔과 연결된 경사복도를 따라 호텔 4층 전체로 확산되었고 덕트와 계단을 통해 상층 객실로 확대되었다.

화재가 발생하자 헬스클럽에 있던 손님과 종업원들이 대피하였으며 사우나에 있던 손님들도 비상계단을 통하여 무사히 대피하였다. 그러나 대피 과정에서 비상벨이 울리지 않았으며 안내방송이 없어 객실에 있던 투숙객들이 빠져나오지 못해 피해가 커졌다. 많은 사람들이 구조를 기다리지 못하고 침대 시트를 묶어 아래층으로 대피하거나 뛰어내리다 사망하였다

5) 공연 무대 화재

미국 로드 아일랜드주의 한 나이트클럽에서 100명이 사망한 사고가 있었다. 밴드가 무대에 오르자 여러 가지 색의 조명이 켜졌고 4개의 불꽃 발생 장치가 공연의 시작을 알리며 점화되었다. 불꽃 발생 장치에서 뿜어져 나오는 화염이 무대 뒤편 상부에 닿았고 순식간에 무대 양쪽의 폴리우레탄 폼을 점화시켰다.

25초 후 화염이 무대 양쪽 천장에 도달하였으며, 폴리우레탄 폼을 따라 빠르게 확산되었다. 30초 만에 밴드는 공연을 중단했고, 관객들이 무리지어 탈출하기 시작했다. 약 41초 후 음향경보와 시각경보등이 작동했다. 90초 만에 검은색의 짙은 연기층이 바닥 위 0.3m까지 형성되었다. 발화 후 100초도 되지 않아서 정문 복도는 공연장을 빠져 나가려는 관객들로 정체되었다. 5분이 지나서, 화염이 창문과 정문 복도 밖으로 뿜어져 나오는 것이 관찰되었다.

대부분의 사망자가 피난과정에서 사망하였다. 빠르게 확산되는 화재상황에서 단시간에 이용객들을 모두 탈출시킬 수 없었던 출구가 인명피해를 키운 가장 중요한 요인이었다. 주방은 메인 바 및 다트룸과 분리되어 있었으며 주방 내에는 건물 밖으로 나갈 수 있는 출구가 있었다. 건물 후면에는 건물 밖으로 나갈 수 있는 출구는 없었으며 기존의 창 또는 문들이 모두 목재기둥 또는 패널로 막혀 있었다.

화재 후 1분여간은 군중이 질서 있게 정문을 통해 이동하였으나 화재가 본격화되면서 정문 현관에서 군중들이 엉켜서 넘어져 피난로를 막아버렸다. 이러한 사태는 한 개의 문으로 여러 방향에서 오는 사람들이 합쳐지게 된 배치와 나이트클럽 주요 부분의 상태가 악화되면서 빠르게 탈출하려는 심리 때문에 발생하였다. 현장에 비상행동계획, 소방계획, 안전하고 질서 있는 피난을 위한 직원훈련계획 등은 게시되지 않았다.

6) 화재로 인한 추락

아파트에서 담뱃불로 추정되는 화재로 거주자가 추락하여 사망하였다. 담뱃불은 불꽃이 없는 형태로 있다가 화재조건이 맞으면 불꽃을 내는 화재로 커지게 된다. 화재 발생 아파트는 발코니를 확장하여 사용하고 있었으며, 발화 장소인 작은방이 출입문 방향에 있어 화재가 발생하자 거주자는 밖으로 미처 대피하지 못하고 거실 창문에서 불길을 피하는 과정에서 추락하였다.

아파트의 고층부에서 발생한 화재에서 적절한 피난 기회를 놓쳤거나 피난이 불가능한 상황에서는 외기에 접한 베란다 또는 창문 주위에서 구조를 기다리는 것이 생존확률이 높다. 구조에 필요한 시간을 최대한 벌기 위해서 방과 거실의 문을 닫아버리는 것이 화재전파를 지연하는 데 상당한 도움이 될 수 있다. 세대 내부의 방문은 거의 목재 문이기는 하나 화재 전파를 어느 정도 지연할 수 있는 역할을 한다.

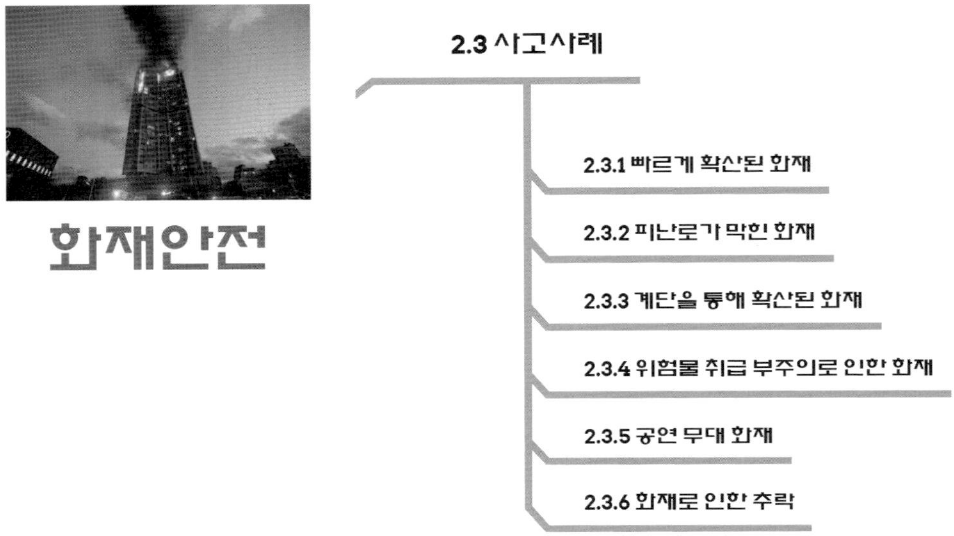

1.2.4 화재의 원인

화재원인은 연소의 3요소 중 어떤 것이 화재에 직접적인 영향을 주었는지에 따라 가연물과 점화원의 종류로 구분할 수 있으며, 행위주체에 따라 자연화재나 인위화재로 구분할 수 있다.

최근 자료에 의하면 부주의로 인한 화재가 절반 가까이 되고 있으며, 이 중 담뱃불 방치로 인한 화재와 음식물 조리 중 화재, 불장난으로 인한 화재가 절반이 넘고 있다.

화재원인은 통계 작성 방법에 따라 조금씩 달라지는데 최근 자료에 의하면 부주의로 인한 화재가 절반 가까이 되고, 부주의로 인한 화재 중에서 담뱃불 방치로 인한 화재와 음식물 조리 중 화재, 불장난으로 인한 화재가 절반이 넘는다.

화재안전

2.4 화재의 원인

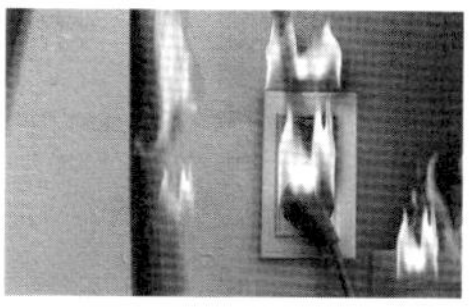

2.4.1 전기 화재

2.4.2 담뱃불 화재

2.4.3 불장난 화재

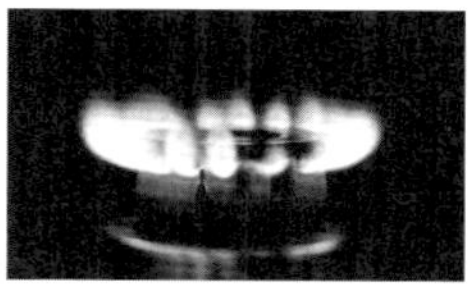

2.4.4 가스 화재

2.4.5 유류 화재

2.4.6 불티 화재

1) 전기 화재

화재원인 중 가장 많은 비율을 차지하고 있는 전기화재는 우리나라 화재의 약 1/3 정도를 차지하고 있었으나 전기시설의 안전성 향상 등으로 인해

25% 수준으로 낮아졌다.

전기화재의 주요 원인으로는 전선의 합선, 전기기구 과열, 콘센트 접촉 불량, 용량 초과 사용, 취급 부주의로 인한 것이 많으며, 인증되지 않은 불량한 전기제품을 사용하여 발생하고 있다.

합선은 단락이라고 하는데 전선이 눌리거나 꺾이거나 전선피복이 벗겨지거나 하여 서로 접촉하게 되면 열이 발생하게 되고 전선이 타면서 화재로 이어지게 되는 것이다.

2) 담뱃불 화재

담배를 피우고 난 후 아무 데나 담배를 버려 화재가 발생하는 경우가 전체 화재의 13% 정도를 차지하고 있다. 특히 담뱃불로 인한 화재는 몇 시간이 지난 다음에 불이 나는 경우가 있으므로 담뱃불을 끌 때에는 반드시 불씨를 확인하여야 한다.

3) 불장난 화재

어린이들이 촛불, 성냥, 라이터 등 주변에서 흔히 보이는 것을 갖고 장난하다가 불이 나는 경우가 있는데 불에 대한 개념이 없는 3~7세 사이의 어린이들이 집에서 장난감처럼 갖고 놀다가 불이 나는 경우가 많다.

초등학생들의 경우에는 주택 골목이나 아파트 계단 창 등 인적이 드문 곳에서 친구들과 함께 종이, 옷과 같은 것에 불을 내는 경우가 있으며, 계절적으로는 10월부터 5월 사이에, 시간별로는 방과 후인 오후 1시부터 7시 사이에 많이 발생한다. 이와는 별도로 야외에서 폭죽, 쥐불놀이, 모닥불 놀이를 하다가 불이 나는 경우도 있다.

4) 가스 화재

고체연료나 액체연료를 가스연료로 대체하면서 취급 부주의로 인한 화재가 자주 발생하고 있는데 도시 지역의 주택에서 많이 사용하고 있는 도시가스는 중간 밸브를 열어 놓는 경우나 연결 부분에서 가스가 새어 나와 불이

나는 경우가 있으며, 조리 도중 자리를 비우거나 잊고 있다가 불이 나는 경우가 있다.

도시가스가 공급되지 않는 지역에서는 액화석유가스(LPG)를 사용하는데 잘못된 용기 보관방법, 낡은 배관, 도시가스와 마찬가지로 사용 부주의 등으로 가스가 누출되어 화재나 폭발이 발생하는 경우가 있다. 도시가스는 특성상 공기보다 가벼워 누출되면 위로 올라가며, 액화석유가스는 공기보다 무거워 아래로 내려간다.

5) 유류 화재

경유나 등유를 사용하는 보일러, 난로, 주방기구 등을 과열된 상태에서 오랫동안 사용하거나 주변에 옷, 종이 등 불에 타기 쉬운 물질을 놓아두고 있다가 복사열로 인하여 불이 나는 경우가 있다. 특히 석유난로를 사용하는 도중에 연료를 채우는 경우 불꽃을 완전히 없애고 난로가 식을 때까지 잠시 기다려야 한다.

6) 불티 화재

논두렁이나 밭두렁을 태우는 도중 불티가 바람에 날아가 산불이 나거나, 용접작업 중에 발생한 불티로 인하여 건물이나 공장에 화재가 발생하는 사례가 종종 있는데 불티는 바람에 의해 수십 미터까지 날아가므로 조심해야 한다.

1.2.5 화재 피해

대형 인명피해가 발생한 장소는 지하철, 호텔과 같은 숙박시설, 주점 등으로 화재가 발생한 후 적절하게 대피를 할 수 없는 상황에서 발생하였으며, 과거 사례에서 지적된 문제점이 되풀이되고 있다.

대형 재산피해는 주로 공장과 같은 사업장에서 발생하고 있는데 시설에 대한 직접 피해보다는 조업중단, 신용도 하락 등과 같은 간접피해가 차지하는 비율이 점점 커지는 경향이 있다.

화재 원인자 중 초등학생이나 중학생, 고등학생의 경우 각각의 사고 발생 횟수가 비슷하게 나타나고 있는 것을 볼 때 성장과정에서 생활안전을 위한 기본 습관이나 질서의식의 함양이 전혀 이루어지지 않고 있다는 것을 알 수 있다. 따라서 초등학교부터 고등학교까지 꾸준한 교육이 이루어져야 성인이 되어서도 자신과 주변 사람들의 안전을 지킬 수 있을 것이다.

화재로 인한 피해는 인명피해와 재산피해 그리고 환경피해로 구분할 수 있으며, 대형 인명피해의 주요 원인으로는 연기로 인한 호흡곤란과 연기 중에 포함된 독성가스로 인한 것이다. 화염에 직접 노출되어 사망하는 경우는 오히려 개별적인 사고 형태로 나타나고 있다.

사회가 발전함에 따라 시스템이 유기적으로 연결되어 상호 영향을 주는 시대가 되면서 피해의 파급효과는 가름하기 어려울 정도가 되고 있다. 예를 들어 통신망이 설치된 지하 공동구에서 비교적 작은 화재가 발생할지라도 사회 기간망을 흔들어 놓을 수 있어 상당한 피해와 불편을 초래하게 된다.

산불이나 위험물 취급소 등에서 화재가 발생하면 이차적으로 환경이 오염되어 장기적인 복구가 필요하게 되므로 화재로 인한 직접손실보다 더 많은 피해가 발생하게 된다.

대형 화재의 원인과 피해 요인의 유사한 문제점

- 피난시설을 포함한 건물구조의 부적합
- 가연물의 취급 부주의
- 에너지원의 취급 부주의 및 통제 미흡
- 소방시설의 관리 소홀
- 인적 실수를 유발하는 시스템의 결함

화재안전

2.5 화재 피해

대형 화재의 원인과 피해 요인의 유사한 문제점

- 피난시설을 포함한 건물구조의 부적합
- 가연물의 취급 부주의
- 에너지원의 취급 부주의 및 통제 미흡
- 소방시설의 관리 소홀
- 인적 실수를 유발하는 시스템의 결함

1.2.6 화재 예방요령

1) 주택화재 예방

- 자택에 불필요한 가연물(헌옷, 신문폐지, 폐박스 등)을 쌓아 놓지 않는다.
- 인화성 액체(알코올, 휘발유 등)나 인화성 기체(부탄가스)를 함부로 놓지 않는다.
- 카펫의 밑면이나 장롱 뒤편 등의 보이지 않는 곳에 전선을 늘어뜨리지 않는다.
- 어린이의 손이 닿거나 쉽게 사용 가능한 곳에 라이터나 성냥갑을 두지 않는다.
- 가스불 위에 요리를 올려놓고, 내버려 둔 채 주방을 장시간 비우지 않는다.
- 담배는 흡연실이나 실외에서 피우도록 하며, 부득이 실내에서 피울 경우 깜박 졸 수 있는 침대나 이불 주위에서는 피우지 말고, 피운 담배꽁초는 필히 끄고 확인 후 버린다.
- 전열기는 벽이나 탈 수 있는 물품 주위에 두지 않는다.
- 비상구에는 빈 박스, 쓰레기 등 탈 수 있는 물건을 두지 않는다.

2) 아파트화재 예방

- 이웃으로 통하는 발코니 비상문 또는 비상 칸막이벽이 있는지 확인하고, 통행을 막지 않도록 가구를 놓지 않는다.
- 피난계단이 연기에 오염되는 경우를 대비하여 연기를 피해 공기를 마실 수 있는 발코니 창문을 염두에 둔다.
- 발코니를 확장하여 창문의 개방이 어려운 주상복합 고층아파트에서는 현관문을 통하여 연기의 확산이 예상되므로 연기 침투를 막을 수 있는 안전구역(밀폐 가능한 작은방 등)이 필요하다.
- 복도나 계단에 탈 수 있는 물질을 방치하지 않는다.
- 아이들이 불장난을 하지 않도록 주의한다.
- 아이들이 젓가락 등을 콘센트에 넣지 않도록 한다.
- 조리 시에는 자리를 비우지 않는다.
- 전열기나 난로 주변은 1m 이상의 공간을 확보한다.
- 주변에 소화기를 비치하고 쉽게 사용할 수 있도록 보관한다.
- 화재를 가정하여 대피훈련을 해본다.

3) 전기화재 예방

- 손상된 전선이나 플러그, 헐거운 콘센트는 사용하지 않는다.
- 전선을 잡아 당겨 플러그를 빼거나 젖은 손으로 플러그를 만지지 않는다.
- 전선을 무리하게 구부리거나 전선 위에 무거운 물건을 올려놓지 않는다.
- 콘센트에 여러 개의 전기제품을 사용하는 경우에는 용량을 초과하지 않도록 한다.
- 가연성 가스가 샐 때에는 전원 플러그를 만지지 않는다.
- 천둥 · 번개가 칠 때에는 안테나선, 컴퓨터의 모뎀선 등을 만지지 않는다.
- 먼지 · 습기가 많거나, 고온 발생 장소 주위에 콘센트를 설치하지 않는다.
- 콘센트 · 플러그 위의 먼지는 정기적으로 청소한다.
- 벌레 · 곤충 · 쥐 등에 의해 손상될 우려가 있다면 청결한 장소에 설치한다.

4) 유류화재 예방

- 석유난로 등은 불이 켜진 상태에서 연료를 넣어서는 안 된다. 열에 의하여 가연성 증기가 더욱 많이 발생하여 화재·폭발 위험이 높아진다.
- 연료는 연료탱크의 계량장치에서 허용하는 만큼만 넣어야 한다.
- 연소기구 등을 사용 중에 장시간 자리를 비워서는 안 된다.
- 연소기구는 평평한 장소에 설치하여야 하며, 바닥 또는 받침대는 불에 잘 타지 않는 불연재를 사용하여야 한다.
- 연소기구 등을 사용하는 장소에는 소화기를 비치한다.
- 연소기구 근처에서 인화성 가스나 액체가 들어간 스프레이 작업을 하지 않는다.
- 연소기구 등을 장시간 사용 시에는 반드시 환기를 하여 밀폐된 공간에서 산소부족으로 인한 불완전연소를 방지해야 한다.
- 급유구의 뚜껑은 확실하게 닫고, 주입작업 때 흘린 기름은 깨끗이 닦아야 한다.
- 사용 도중에 이동을 해서는 안 된다.
- 연료가 새거나 그을음이 발생하는 등 이상연소가 있을 때에는 사용을 중지한다.
- 출입문의 부근에 연소기구를 설치하면 바람에 의해 불이 꺼질 우려가 있다.
- 어린이가 만지거나, 접근·이물질 투입·불장난 등은 화재사고의 원인이 되거나 화상을 입을 수도 있으므로 안전망을 설치하여 사고의 위험을 줄여야 한다.

화재안전

2.6 화재 예방요령

2.6.1 주택화재 예방

- 자택에 불필요한 가연물(헌옷, 신문폐지, 폐박스 등)을 쌓아 놓지 않는다.
- 인화성 액체(알코올, 휘발유 등)나 인화성 기체(부탄가스)를 함부로 놓지 않는다.
- 카펫의 밑면이나 장롱 뒤편 등의 보이지 않는 곳에 전선을 늘어뜨리지 않는다.
- 어린이의 손이 닿거나 쉽게 사용 가능한 곳에 라이터나 성냥갑을 두지 않는다.
- 가스불 위에 요리를 올려놓고, 내버려둔 채 주방을 장시간 비우지 않는다.
- 담배는 흡연실이나 실외에서 피우도록 하며, 부득이 실내에서 피울 경우 깜박 졸 수 있는 침대나 이불 주위에서는 피우지 말고, 피운 담배꽁초는 필히 끄고 확인 후 버린다.
- 전열기는 벽이나 탈 수 있는 물품 주위에 두지 않는다.
- 비상구에는 빈 박스, 쓰레기 등 탈 수 있는 물건을 두지 않는다.

2.6.2 아파트화재 예방

- 이웃으로 통하는 발코니 비상문 또는 비상 칸막이벽이 있는지 확인하고, 통행을 막지 않도록 가구를 놓지 않는다.
- 피난계단이 연기에 오염되는 경우를 대비하여 연기를 피해 공기를 마실 수 있는 발코니 창문을 염두에 둔다.
- 발코니를 확장하여 창문의 개방이 어려운 주상복합 고층아파트에서는 현관문을 통하여 연기의 확산이 예상되므로 연기 침투를 막을 수 있는 안전구역(밀폐 가능한 작은방 등)이 필요하다.
- 복도나 계단에 탈 수 있는 물질을 방치하지 않는다.
- 아이들이 불장난을 하지 않도록 주의 한다.
- 아이들이 젓가락 등을 콘센트에 넣지 않도록 한다.
- 조리 시에는 자리를 비우지 않는다.
- 전열기나 난로 주변은 1m 이상의 공간을 확보한다.
- 주변에 소화기를 비치하고 쉽게 사용할 수 있도록 보관한다.
- 화재를 가정하여 대피훈련을 해본다.

2.6.3 전기화재 예방

- 손상된 전선이나 플러그, 헐거운 콘센트는 사용하지 않는다.
- 전선을 잡아 당겨 플러그를 빼거나 젖은 손으로 플러그를 만지지 않는다.
- 전선을 무리하게 구부리거나 전선 위에 무거운 물건을 올려놓지 않는다.
- 콘센트에 여러 개의 전기제품을 사용하는 경우에는 용량을 초과하지 않도록 한다.
- 가연성 가스가 샐 때에는 전원 플러그를 만지지 않는다.
- 천둥·번개가 칠 때에는 안테나선, 컴퓨터의 모뎀선 등을 만지지 않는다.
- 먼지·습기가 많거나, 고온 발생 장소 주위에 콘센트를 설치하지 않는다.
- 콘센트·플러그 위의 먼지는 정기적으로 청소한다.
- 벌레·곤충·쥐 등에 의해 손상될 우려가 있다면 청결한 장소에 설치한다.

2.6.4 유류화재 예방

- 석유난로 등은 불이 켜진 상태에서 연료를 넣어서는 안 된다. 열에 의하여 가연성 증기가 더욱 많이 발생하여 화재·폭발 위험이 높아진다.
- 연료는 연료탱크의 계량장치에서 허용하는 만큼만 넣어야 한다.
- 연소기구 등을 사용 중에 장시간 자리를 비워서는 안 된다.
- 연소기구는 평평한 장소에 설치하여야 하며, 바닥 또는 받침대는 불에 잘 타지 않는 불연재를 사용하여야 한다.
- 연소기구 등을 사용하는 장소에는 소화기를 비치한다.
- 연소기구 근처에서 인화성 가스나 액체가 들어간 스프레이 작업을 하지 않는다.
- 연소기구 등을 장시간 사용 시에는 반드시 환기를 하여 밀폐된 공간에서 산소부족으로 인한 불완전연소를 방지해야 한다.
- 급유구의 뚜껑은 확실하게 닫고, 주입작업 때 흘린 기름은 깨끗이 닦아야 한다.
- 사용 도중에 이동을 해서는 안 된다.
- 연료가 새거나 그을음이 발생하는 등 이상연소가 있을 때에는 사용을 중지한다.
- 출입문의 부근에 연소기구를 설치하면 바람에 의해 불이 꺼질 우려가 있다.
- 어린이가 만지거나, 접근·이물질 투입·불장난 등은 화재사고의 원인이 되거나 화상을 입을 수도 있으므로 안전망을 설치하여 사고의 위험을 줄여야 한다.

2.6.5 가스화재 예방

- 가스가 새는 것을 알았을 때 밸브를 잠그고 창문·출입문 등을 열어 환기를 시킨다.
- 가스가 샐 때 선풍기는 날개·모터에서 생기는 스파크에 의해 가스 폭발 위험이 있으므로 사용하지 않는다.
- 가스기기가 설치된 장소 주위에는 불에 타기 쉬운 재료를 치우도록 한다.
- 가스용기를 외부에 보관하는 경우에는 통풍이 잘되고 햇빛·빗물 및 눈을 맞지 않는 장소에 설치한다.
- 가스용품은 '한국가스안전공사'의 합격표시(검)가 부착된 것을 사용하거나 KS표시 (㉿)가 있는 제품을 사용하여야 한다.
- 가스가 새는 경우를 대비하여 가스누출 경보기나 자동 차단장치를 설치한다.
- 호스의 길이가 3m 이상이 되면 금속관(강관, 동관 등)으로 설치한다.

5) 가스화재 예방

- 가스가 새는 것을 알았을 때 밸브를 잠그고 창문·출입문 등을 열어 환기를 시킨다.
- 가스가 샐 때 선풍기는 날개·모터에서 생기는 스파크에 의해 가스 폭발 위험이 있으므로 사용하지 않는다.
- 가스기기가 설치된 장소 주위에는 불에 타기 쉬운 재료를 치우도록 한다.
- 가스용기를 외부에 보관하는 경우에는 통풍이 잘되고 햇빛·빗물 및 눈을 맞지 않는 장소에 설치한다.
- 가스용품은 '한국가스안전공사'의 합격표시(검)가 부착된 것을 사용하거나 KS표시 (Ⓚ)가 있는 제품을 사용하여야 한다.
- 가스가 새는 경우를 대비하여 가스누출 경보기나 자동 차단장치를 설치한다.
- 호스의 길이가 3m 이상이 되면 금속관(강관, 동관 등)으로 설치한다.

6) 화재 시 대처요령

- 자기 주변에 있는 출입구를 확인한다.
- 건물에서 화재가 나면 비상구와 피난계단을 찾아서 대피한다.
- 승강기는 화재로 인하여 전원이 꺼질 수 있으며 연기의 이동경로가 될 수 있으므로 이용하지 않도록 한다.
- 건물의 비상구 위치를 모르면 유도등 표시방향을 따라간다.
- 연기가 들어오지 않는 곳으로 대피한다.
- 연기가 많이 찬 곳은 자세를 낮춰서 피난한다.
- 연기가 가득 찬 곳에서는 손수건 등으로 코와 입을 막고 호흡을 짧게 한다.
- 물건을 챙기려고 지체하지 말고 바로 대피한다.
- 문의 손잡이가 뜨거운지 확인하고 열어야 한다.
- 건물에 고립되어 있을 때는 가능한 대응을 하고 구조를 기다린다.

화재안전

2.7 화재 시 대처요령

- 자기 주변에 있는 출입구를 확인한다.
- 건물에서 화재가 나면 비상구와 피난계단을 찾아서 대피한다.
- 승강기는 화재로 인하여 전원이 꺼질 수 있으며 연기의 이동경로가 될 수 있으므로 이용하지 않도록 한다.
- 건물의 비상구 위치를 모르면 유도등 표시방향을 따라 간다.
- 연기가 들어오지 않는 곳으로 대피한다.
- 연기가 많이 찬 곳은 자세를 낮춰서 피난한다.
- 연기가 가득 찬 곳에서는 손수건 등으로 코와 입을 막고 호흡을 짧게 한다.
- 물건을 챙기려고 지체하지 말고 바로 대피한다.
- 문의 손잡이가 뜨거운지 확인하고 열어야 한다.
- 건물에 고립되어 있을 때는 가능한 대응을 하고 구조를 기다린다.

8) 화재 시 대피 요령

① 대피요령

- 대피훈련에 정기적으로 참여하여 화재 시 탈출 가능한 통로를 숙지한다.
- 불을 발견하면' 불이야'하고 큰소리로 외쳐서 다른 사람에게 알린다.
- 화재경보 비상벨을 손으로 힘차게 누른다.
- 출입문을 열기 전에 문을 손등으로 대어보거나, 손잡이를 만져본다.
  - 손잡이를 만져보았을 때 뜨겁지 않으면 문을 조심스럽게 열고 밖으로 나간다.

- 손잡이가 뜨거우면 문을 열지 말고 다른 길을 찾는다.

- 연기가 있을 경우 낮은 자세로 대피한다.
  - 연기 층 아래에는 맑은 공기층이 있다는 사실을 유념하여야 한다.
  - 연기가 많은 곳에서는 팔과 무릎으로 기어서 이동하되 배를 바닥에 대고 가지 않도록 한다.
  - 한 손으로는 코와 입을 젖은 수건이나 옷옷 등으로 막아 가급적 마시는 연기량을 줄이도록 한다.
- 대피통로를 선택할 때 엘리베이터는 절대 이용하지 않도록 하며 계단을 이용하여야 한다.
- 외부로 대피한 경우에는 바람이 불어오는 쪽에서 구조를 기다린다.
- 밖으로 나온 뒤에는 다시 안으로 들어가지 않는다.
- 아래층으로 대피할 수 없는 때에는 옥상으로 대피한다.
- 대피가 늦어 도저히 연기가 충만한 통로를 통과하여 대피가 불가능하다고 판단되면 비상조치를 강구한다.
  - 다른 출구가 없으면 외부 창문을 열어 신선한 공기가 들어오도록 하고 구조대원이 구해줄 때까지 기다린다.
  - 연기가 방안에 들어오지 못하도록 문틈(문짝 하부포함)을 옷이나 이 불로 막는다(물을 적시면 더욱 좋다)
  - 불길이 방안에 들어오지 못하도록 샤워실의 샤워기를 사용하여 문 주위에 물을 최대한 적셔라.

② 옷에 불이 붙었을 때

첫째, 그 자리에 멈춰선다. 뛰거나 몸을 흔들면 불이 더 크게 번진다.

둘째, 바닥에 엎드려 두 손으로 눈과 입을 가린다. 눈과 입을 가리는 것은 얼굴에 화상을 입거나 폐에 연기가 들어가는 것을 막기 위한 것이다.

셋째, 불이 꺼질 때까지 계속 뒹군다. 노인이나 휠체어 사용자와 같이 엎드릴 수 없는 사람의 몸에 불이 붙었을 경우에는 수건이나 담요를 덮어서 불을 꺼준다.

③ 화재 신고 요령

- 침착하게 전화 119번을 누른다.
- 불이 난 것을 말한다.
- 화재의 내용을 침착하게 화재발생장소, 주요건축물, 화재의 종류 등을 상세하게 설명한다(예: 우리 집 주방에 불이 났어요. 2층 집이에요).
- 주소를 알려준다(예: ○○구 ○○동 ○○번지예요/○○초등학교 뒤쪽이에요).
- 소방서에서 알았다고 할 때까지 전화를 끊지 않는다.
- 공중전화는 빨간색 긴급통화 버튼을 누르면 돈을 넣지 않아도 긴급신고(119, 112 등) 통화를 할 수 있다.
- 휴대전화는 사용 제한된 전화나 개통이 안 된 전화도 긴급신고가 가능하다.
- 안전디딤돌 앱을 활용하여 신고할 수 있다.

④ 소화기 사용법

- 소화기를 불이 난 곳으로 옮긴다.
- 손잡이 부분의 안전핀을 뽑아준다.
- 바람을 등지고 서서 호스를 불쪽으로 향하게 한다.
- 손잡이를 힘껏 움켜쥐고 빗자루로 쓸듯이 뿌려준다.
- 소화기는 잘 보이고 사용하기에 편리한 곳에 두되 햇빛이나 습기에 노출되지 않도록 한다.

⑤ 지하철 전동차 화재 발생 시

- 노약자·장애인석 옆에 있는 비상버튼을 눌러 승무원과 연락한다.
- 여유가 있다면 객차마다 2개씩 비치된 소화기를 이용하여 불을 끈다.
- 출입문이 열리지 않으면 비상용 망치를 이용하여 유리창을 깨고, 망치가 없으면 소화기로 유리창을 깬다.

- 화염이 크게 번지지 않았다고 판단되면 열차가 승강장에 정차 시 내려서 소화전을 이용하여 불을 끈다.

㉠ 수동으로 문을 여는 요령

- 출입문 쪽 의자 옆의 아래에 있는 조그만 뚜껑을 연다.
- 뚜껑 속의 비상 코크를 잡아당기고, 공기 빠지는 소리가 멈출 때까지 3~10초간 기다린다.
- 공기가 빠진 후 손으로 출입문을 연다.

㉡ 대피 요령

- 코와 입을 수건, 티슈, 옷소매 등으로 막고 비상구로 신속히 대피한다.
- 정전 시에는 대피유도 등을 따라 출구로 나가고, 유도등이 보이지 않을 때는 벽을 짚으면서 나가거나 시각장애인 안내용 보도블록을 따라 나간다.
- 지상으로 대피가 여의치 않을 때는 전동차 진행방향 터널로 대피하되 승강장 인근에 위한 환기구로 나간다.

⑥ 공공지하상가 화재 발생 시

- 지하상가 구조상 방향감각을 상실할 수 있으니 우왕좌왕하지 말고 한 방향의 피난경로를 택하여 대피하되 여의치 않을 경우 반대방향의 경로를 택하여 대피한다.
- 화재가 발생한 반대쪽, 공기가 유입되는 방향으로 대피한다.
- 연기 · 열기가 급속하게 확산할 수 있으니 지상으로 무조건 재빨리 피난한다.
- 지하상가는 구조상 모든 실에 연기가 찰 수 있으니 지하에 남지 말고 지상으로 무조건 재빨리 피난한다.

⑦ 고층건물 화재 발생 시

- 화재가 발생한 사무실에서 탈출할 때에는 문을 반드시 닫고 나와야 하며 탈출하면서 열린 문이 있으면 모두 닫는다.

- 건물 밖으로 빠져나오면 건물에서 떨어진 안전한 장소로 이동하여 모든 인원이 탈출하였는지 확인한다.
- 대피하지 못한 사람이 있을 때는 즉시, 소방대원에게 인원수와 마지막으로 확인된 위치를 알려주어야 한다.
- 탈출한 경우에는 절대로 다시 화재 건물로 들어가지 않는다.
- 건물 밖으로 대피하지 못하면 밖으로 통하는 창문이 있는 방으로 들어가서 구조를 기다린다.
- 방안으로 연기가 들어오지 못하도록 문틈을 커튼 등으로 막고, 주위에 물이 있으면 옷에 물을 적셔 입과 코를 막고 호흡을 한다.
- 119로 전화하여 자신의 위치를 정확하게 알린다.
- 엘리베이터는 절대 이용하지 않는다.
- 특히, 장애인과 같이 혼자 대피하기 어려운 사람에게 비상시 도움을 줄 동료를 반드시 지정해 둔다.

⑧ 피난계획 수립

화재 등의 위급 상황 시 건물 내에 있는 사람이 안전하게 대피하도록 피난유도계획과 피난시설 계획을 수립하여야 한다. 평소에 피난시설을 확인해 두는 습관을 가져야 하며, 피난경로를 건물배치도 위에서 그려보는 것도 좋은 방법이다. 위치별 피난 시나리오 작성 예시는 아래 자료를 활용하도록 한다.

위치별 피난 시나리오 작성 예시

1) 불이 난 장소에서의 피난

연기가 실내에 차기 전에 실내에 있는 모든 사람이 일상 출입구를 통해 실외로 탈출할 수 있도록 계획하는 것이 기본적인 방안이다. 피난에 많은 시간이 필요하거나 옥내 보행거리가 길고, 화재로 인하여 피난통로가 차단될 우려가 있는 경우에는 비상구나 발코니 등을 피난 통로로 이용할 수도 있다. 화염을 통과하여 대피할 때에는 물을 적신 담요 등을 뒤집어쓰고 신속히 안전한 곳으로 대피한다.

2) 불이 난 층에서의 피난

연기로 그 층의 피난통로가 영향을 받기 이전에 불이 난 층에 있던 사람이 계단실 (또는 특별피난계단, 부속실 등)과 같이 어느 정도 안전한 부분까지 피난할 수 있도록 계획한다. 이때 불이 난 방 이외의 다른 방에서 피난하는 경우에는 화재감지가 지연되는 시간까지도 배려하여 계획을 세운다. 피난경로의 계획에서는 통상적으로 주 계단, 비상계단을 어느 상황에서도 선택적으로 사용할 수 있도록 2방향 피난을 원칙으로 한다.

3) 불이 난 층의 상층부에서의 피난

불이 난 층의 위에 있는 사람들의 안전을 확보하기 위해서는 위층으로의 연기 전파를 방지하는 수직 관통부(예를 들어 계단실, 배관·전기시설이 설치된 장소 등)의 방화·방연 대책이 중요하다. 고층 건축물에서는 수직 피난동선인 계단에서의 혼란을 최소화하기 위하여 위험이 미치기 쉬운 층부터 순차적으로 피난시킬 수 있도록 계획을 수립한다. 원칙적으로 전 층에서 동시에 피난하지 않도록 발화층, 그 바로 위층, 연기의 전파 우려가 있는 최상층의 순으로 한다.

4) 중간 피난거점

초고층 건축물과 같이 지상과의 거리가 상당히 긴 경우에는 중간층에 외기로 개방된 안전한 장소를 설치하고, 그곳을 일시적인 피난장소로 사용하는 것을 고려할 수 있다. 대형 판매시설과 같이 피난 인원이 매우 많은 경우에는 저층부의 옥상광장을 일시적인 피난장소로 계획하는 것도 피난 안전성을 높이는 데 효과가 있다.

5) 피난층에서 옥외로의 피난

화재 상황에 따라서 건물 내에 있는 사람이 옥외까지 피난해야 하는 경우가 있으므로, 지상과 연결된 피난층에서도 최종 대피 장소에 이르기까지 피난동선이 끊어지지 않도록 계획하여야 한다. 안전한 대피방법 외에 왜 그렇게 행동해야 하는지를 화재 원리와 연결시켜 이해시키는 것이 필요하다.

- 자기 주변에 있는 출입구를 확인한다.
  - 외부로 나가는 출입경로를 판단한 후 움직여야 고립되지 않는다.
- 건물에서 화재가 나면 비상구와 피난계단을 찾아서 대피한다.
  - 고층건물에는 일반계단 외에 화재로부터 안전하게 설계된 피난계단이 있으므로 이 계단을 이용한다. 또한, 일반승강기는 화재로 인하여 전원이 꺼질 수 있으며 연기의 이동경로가 될 수 있으므로 이용하지 않도록 한다.
- 건물의 비상구 위치를 모르면 유도등 표시방향을 따라간다.
  - 유도등은 화재로 인하여 정전이 되는 경우라도 최소 20분 이상 켜지도록 설계되어 있으며, 유도등 표시 방향을 따라가면 출입구나 비상구로 나갈 수 있다.
- 연기가 들어오지 않는 곳으로 대피한다.
  - 일반적으로 연기는 화재가 발생한 장소에서 외부로 흐르기 때문에 연기흐름을 따라 대피하는 것이 안전하다. 그러나 풍향, 온도, 압력 차이 등에 따라 연기 흐름이 변할 수 있으므로 화재의 특성을 이해하여 주의 깊게 상황을 판단해야 한다.

- 연기가 많이 찬 곳은 자세를 낮춰서 피난한다.
  - 뜨거운 연기는 위로 올라 간 후 천장에 부딪히면 다시 아래로 내려오기 때문에 아래쪽이 상대적으로 안전하다.
- 연기가 가득 찬 곳에서는 호흡을 짧게 한다.
  - 연기에는 인체에 유해한 성분이 있으므로, 한 번에 많이 마시지 않도록 하기 위한 것이다. 가능하다면 손수건으로 코와 입을 막고 호흡하도록 한다.
- 물건을 챙기려고 지체하지 말고 바로 대피한다.
  - 화재가 발생하면 5-10분 이내에 위험한 상황이 되므로 가능한 빠르게 행동하여야 한다.
- 문의 손잡이가 뜨거운지 확인하고 열어야 한다.
  - 문이 뜨겁다면 이미 화재가 확산되어 있을 가능성이 높으므로 출입구 손잡이로 온도를 확인한 후 열도록 한다. 부득이 하게 뜨거운 문을 열어야 할 경우에는 자세를 낮추고 몸을 문 뒤에 두고 천천히 열어 연기나 화염이 들어오는지 확인하여야 한다.
- 건물에 고립되어 있을 때는 가능한 대응을 하고 구조를 기다린다.
  - 위치를 알리고, 연기가 문틈으로 들어오지 않도록 수건이나 담요로 막는다. 실내에 물이 있다면 충분히 뿌리고 커튼과 같이 타기 쉬운 물건은 떼어 둔다.

피난시설 확인

평소에 피난시설을 확인해 두는 습관을 가져야 하며, 피난경로를 건물 배치도위에서 그려보는 것도 좋은 방법이다. 사람들이 위치한 곳으로부터 복도, 계단을 지나 출구까지 피난에 관련된 시설을 미리 알려주어야 한다.

일반적으로 계단 및 계단참의 폭은 1.5m 이상이어야 하며, 경사로가 설치된 경우에는 경사도가 1:8을 넘지 않아야 한다.

피난통로가 막히거나 불길로 인해 밖으로 나가기 어려울 때 창문 등을 통해 대피할 수 있도록 도와주는 피난기구로는 피난사다리, 미끄럼대, 구조대, 완강기 등이 있다.

⑨ 경보설비 이용

경보설비는 불이 난 것을 사람들에게 알려주는 장치이다. 사람이 손으로 스위치를 눌러 화재사실을 알려주는 수동방식과 감지기가 화재로 발생한 열이나 연기를 인식하여 벨을 울려주는 자동방식이 있다. 일정 규모 이상의 건물에는 의무적으로 설치되어 있으므로 벨 소리가 들리면 주변을 확인하고 바로 대피하여야 한다.

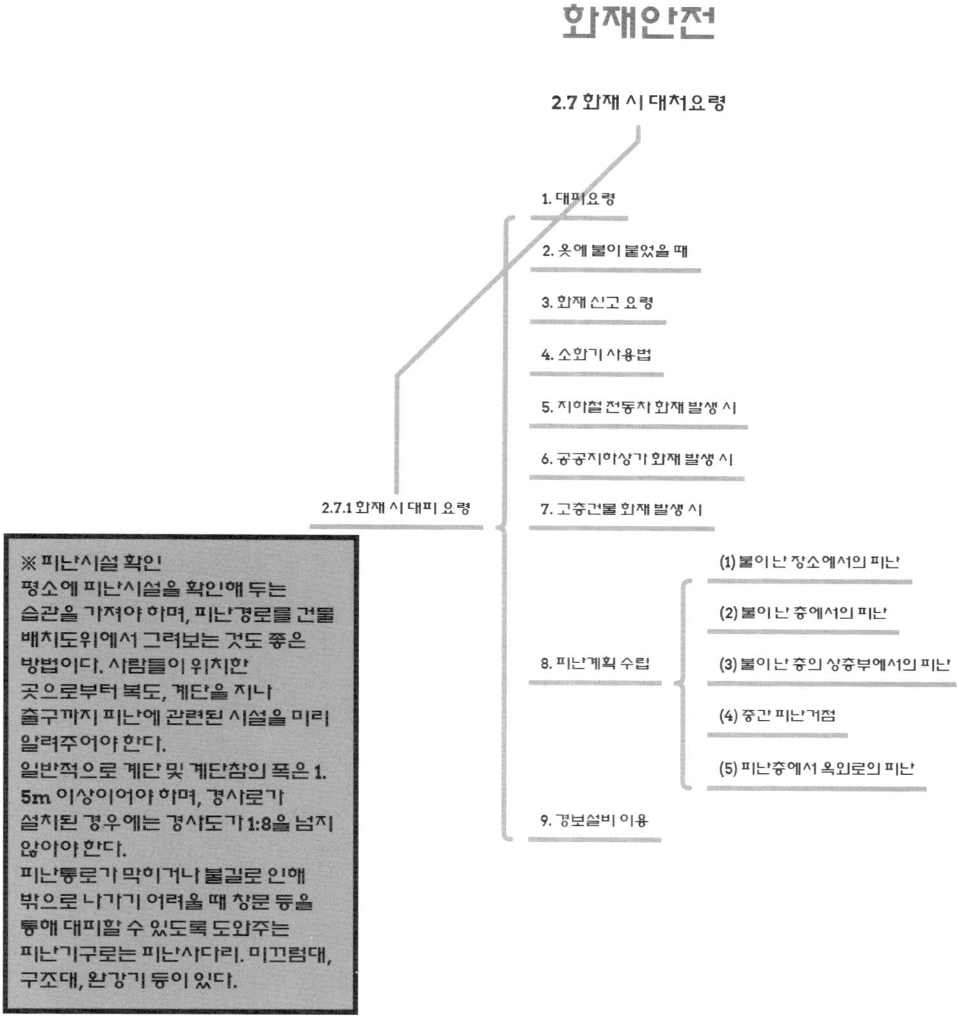

⑩ 불을 끄는 방법

불을 끄는 기본 원리는 앞에서 설명한 연소의 3요소(점화원, 가연물, 산소) 중 하나 이상을 효과적으로 제거하는 것이다. 이러한 원리를 응용하여 화재를 효과적으로 끄기 위해서 소화기구를 설치해 두는데 약간의 지식과 훈련을 통해 효과적으로 사용할 수 있다. 주변에서 볼 수 있는 것으로 소화기, 소화전, 스프링클러 설비가 있다.

㉠ 소화기

- 화재의 종류와 소화기

우리 주변에서 흔히 볼 수 있는 화재를 일반화재(A급 화재), 유류화재(B급 화재), 전기화재(C급 화재)의 3가지로 구분하고 있으며, 화재의 종류에 따라 소화방법도 달라진다.

일반 소화기는 A, B, C급 화재에 모두 사용할 수 있으며, 사진의 소화기와 같이 소화기 표면에 'ABC'로 표기되어 있으며, 상부에 압력계가 설치되어 있어 눈금이 녹색을 가리키고 있으면 소화기 내부의 압력이 정상적으로 관리되고 있다는 것을 알 수 있도록 되어 있다. 유류화재에 물을 사용하는 경우 유류가 물 위에서 계속 연소하는 특징이 있으므로 물을 사용하지 않도록 한다.

가정에서 많이 사용하는 식용유가 과열되어 불꽃이 크게 일어나는 경우가 있는데 주변에 있는 채소류 등을 집어넣으면 잠시 불꽃이 크기가 줄어들 수 있으므로 이때 당황하지 말고 가스밸브를 잠그도록 한다. 전기화재의 경우 외부에서 들어오는 전선과 가까운 스위치를 꺼 두어야 2차 피해를 방지할 수 있다.

- 소화기 사용방법

- 불이 난 장소로 소화기를 가져간다.
- 바람을 등지도록 자리를 잡는다.
- 소화기의 안전핀을 뽑는다.
- 한 손으로 소화기 손잡이를 잡고 다른 한 손으로 호스를 잡는다.
- 호스를 불꽃으로 향하고 손잡이를 잡은 손으로 손잡이 위를 누른다.
- 불꽃의 아래를 향하여 빗자루로 청소하듯이 앞에서부터 좌우로 뿌린 후 점차 멀리 뿌린다.

㉡ 소화전

아파트, 업무시설, 판매시설 등 우리 주변에서 흔히 볼 수 있는 소화전은 물을 사용하여 불을 끄는 장치이다. 보통 건물 내부 벽체에 소화전 함이 설치되어 있으며, 소화전 함에 있는 호스를 풀고 배관의 밸브를 열면 물이 나오게 된다.

건물 안에 설치한 경우 옥내소화전이라고 하며, 건물 외부에 설치하게 되면 옥외소화전이라고 하는데 소화전은 일정 압력 이상으로 상당한 양의 물이 나오게 되므로 비교적 큰 화재도 끌 수 있다.

- 소화전 사용방법
  - 먼저 소화전 함의 문을 열고,
  - 호스가 꼬이지 않게 해서 화재지점까지 끌고 간다.
  - 소화전 함에 설치된 개폐밸브를 시계방향 반대로 열면 물이 나온다.
  - 기동스위치로 작동하는 경우 적색 버튼을 누른 후 밸브를 연다.
- 소화전 사용 시 주의 사항
  - 노즐 조작자와 개폐밸브 조작자 등 2명 이상이 필요하다.
  - 개폐밸브를 열고 화점에 방수한다.
  - 방수 시 호스가 꺾이지 않도록 한다.
  - 방수 시 호스의 반동력이 크므로 노즐을 도중에 놓아서는 안 된다.
  - 옥외소화전은 반동력이 크므로 노즐을 잡을 경우 보조자가 필요하다.
  - 소화가 끝나면 반드시 밸브를 잠근 후 노즐을 놓는다.
- 스프링클러

화재 시 발생되는 열이나 연기를 자동으로 인식하여 화재장소에 물을 뿌려 불을 끄는 장치로서 천장이나 벽에 설치되어 있는 스프링클러 헤드로부터 물이 분사된다. 11층 이상 건물이나 영화관, 지하철 역사, 판매시설, 노유자 시설, 교육시설 등이 일정 규모 이상이 되어 화재로 인한 피해가 예상되는 곳에는 설치가 의무화되어 있다.

스프링클러 설비는 건물에서 불이 났을 때 가장 효과적인 소화설비로 알려져 있으므로 우리 주변에 설치되어 있는지를 확인해 보는 것이 좋다. 스프링클러 설비는 전문적이라 우리가 관리하기는 어렵지만 헤드에 페인트를 칠하거나 헤드 주변에 칸막이를 설치 또는 물건을 쌓아 놓으면 물이 분사되는 데 지장을 주므로 주의하여야 한다.

- 기타 소화설비

가스 소화설비는 전산 장비 설치장소나 전기제품과 같이 물로 인한 피해가 우려되는 장소에 사용하며, 압력을 이용하여 가스를 방출하게 된다.

사람이 바로 사용할 수 있도록 사진과 같이 소화기 형태로 되어 있는 것도 있어 초기 소화에 사용할 수 있으며, 스프링클러 설비와 같이 시스템으로 설치되어 화재 시 발생되는 열이나 연기를 감지기가 인식하여 화재장소에 가스를 방출하는 자동방식이 있다.

또한 액체의 소화약제를 투명한 플라스틱 용기에 넣어 화재 장소에 던지면 용기가 깨지면서 불을 끌 수 있도록 만든 던지는 소화기도 있다. 노약자가 사용하기 편하나, 화재가 발생한 장소 근처에서 깨져야 효과가 있으며, 화재 초기에 사용하여야 한다. 화재를 완전하게 끄지는 못하더라도 화염의 크기를 줄이거나 화재 확산 속도 지연 효과가 있다.

화재안전

2.7 화재 시 대처요령

※ 피난시설 확인
평소에 피난시설을 확인해 두는 습관을 가져야 하며, 피난경로를 건물 배치도위에서 그려보는 것도 좋은 방법이다. 사람들이 위치한 곳으로부터 복도, 계단을 지나 출구까지 피난에 관련된 시설을 미리 알려주어야 한다.
일반적으로 계단 및 계단참의 폭은 1.5m 이상이어야 하며, 경사로가 설치된 경우에는 경사도가 1:8을 넘지 않아야 한다.
피난통로가 막히거나 불길로 인해 밖으로 나가기 어려울 때 창문 등을 통해 대피할 수 있도록 도와주는 피난기구로는 피난사다리, 미끄럼대, 구조대, 완강기 등이 있다.

2.7.2 불을 끄는 방법

- 1. 소화기
  - (1) 화재의 종류와 소화기
  - (2) 소화기 사용방법
    - •불이 난 장소로 소화기를 가져간다.
    - •바람을 등지도록 자리를 잡는다.
    - •소화기의 안전핀을 뽑는다.
    - •한 손으로 소화기 손잡이를 잡고 다른 한 손으로 호스를 잡는다.
    - •호스를 불꽃으로 향하고 손잡이를 잡은 손으로 손잡이 위를 누른다.
    - •불꽃의 아래를 향하여 빗자루로 청소하듯이 앞에서부터 좌우로 뿌린 후 점차 멀리 뿌린다.
- 2. 소화전
  - (1) 소화전 사용방법
    - •먼저 소화전 함의 문을 열고,
    - •호스가 꼬이지 않게 해서 화재지점까지 끌고 간다.
    - •소화전 함에 설치된 개폐밸브를 시계방향 반대로 열면 물이 나온다.
    - •기동스위치로 작동하는 경우 적색 버튼을 누른 후 밸브를 연다.
  - (2) 소화전 사용 시 주의 사항
    - •노즐 조작자와 개폐밸브 조작자 등 2명 이상이 필요하다.
    - •개폐밸브를 열고 화점에 방수한다.
    - •방수 시 호스가 꺾이지 않도록 한다.
    - •방수 시 호스의 반동력이 크므로 노즐을 도중에 놓아서는 안 된다.
    - •옥외소화전은 반동력이 크므로 노즐을 잡을 경우 보조자가 필요하다.
    - •소화가 끝나면 반드시 밸브를 잠근 후 노즐을 놓는다.
- 3. 스프링클러
- 4. 기타 소화설비

1.3 전기/가스안전

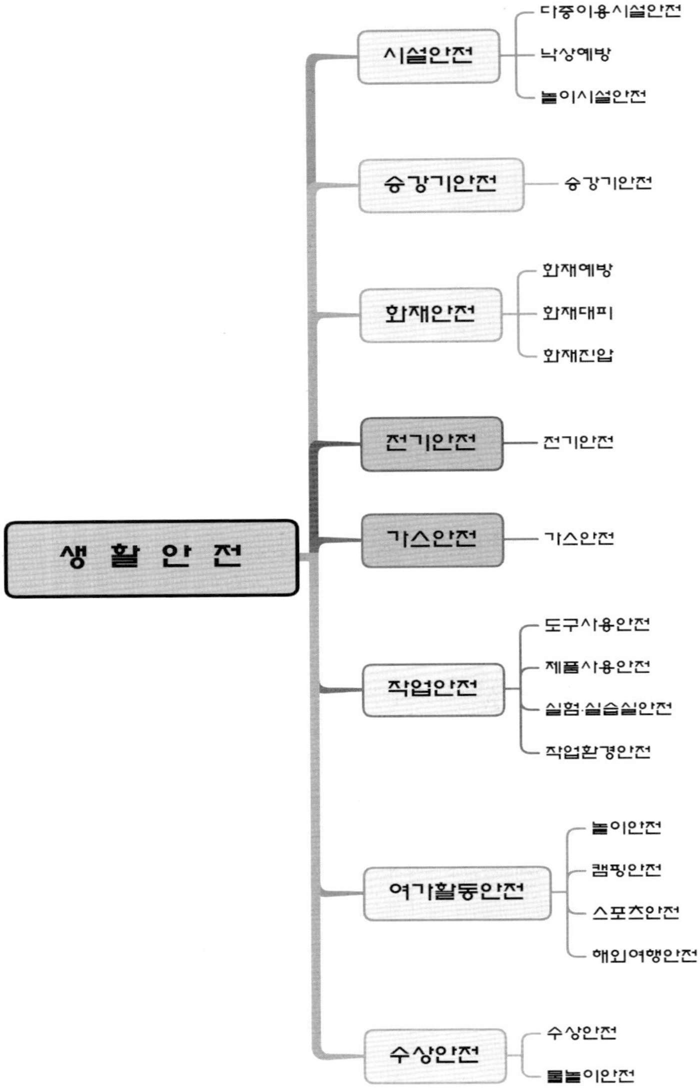

1.3.1 전기/가스안전의 개념

전기와 가스는 깨끗하고 편리한 가장 이상적인 에너지로서 인간의 삶을 편리하고 윤택하게 하고 인류문명을 밝혀오고 있다. 인간의 발명 중 가장 위대하다는 전기와 가스는 현대생활에 있어서 공기나 물과 같이 한순간도 없어서는 안 될 생활 필수품이 되었다. 그러나 이렇게 편리한 전기와 가스가 자칫 부주의로 인해 사고가 나면 실로 엄청난 인명피해와 재산손실을 가져온다. 전기와 가스를 사용하기 전에 그 특성과 사용법을 익혀 사고를 미연에 방지해야 한다.

1.3.2 사고현황

1) 전기사고

비교적 안전하다고 생각하며 사용하고 있는 TV, 세탁기, 냉장고의 화재가 많이 발생하고 있었다. TV, 세탁기, 냉장고 등의 화재발생 사고가 많은 이유는 보급률이 높고, 타 전기제품보다 주기적이고 지속적으로 사용한다는 점과 사고발생 가능성에 대한 소비자의 인식이 높지 않다는 점을 들 수 있다.

최근에는 신종 코로나바이러스 감염증(코로나19) 영향으로 가정 내 전력 사용이 늘어나고 있다. 한국전력통계에 따르면 지난해 제조업 분야 판매전력량은 25만 104기가와트시(Gwh)로 전년도보다 4.2% 감소했으나 가정용 분야 판매전력량은 7만 4천 74Gwh로 5.1% 증가했다. 소방청은 "이는 코로나19에 따른 '사회적 거리두기'와 재택근무·원격교육 등으로 가정에 머무르는 시간이 늘어났기 때문으로 보인다"고 분석했다.

최근 5년(2016~2020년) 발생한 전기 화재는 전체 화재 건수의 23%에 해당하는 4만7천492건이다. 이로 인해 246명이 숨지고 1천654명이 다쳤으며 6천680억원의 재산피해가 났다. 전기화재의 원인은 기기나 재료에 전기·열이 통하지 않게 하는 기능이 약해지는 '절연열화'에 의한 단락(극이 다른 두 전선이 접촉하는 것)이 24.3%로 가장 많았다.

이어 트래킹(전기부품 주변에 이물질이 쌓여 일어나는 발열·발광 현상)에 의한 단락이 11.1%, 접촉 불량에 의한 단락 10.8% 등의 순이었다. 발생 장소는 단독주택이나 아파트 등 일상 주거시설이 27.8%로 가장 많았고 산업시설(17.3%), 생활서비스 시설(14.2%) 등이 그 뒤를 이었다. 전기화재 사망자도 주거시설에서 가장 많이 발생했다.[1)]

---

1) 연합뉴스, 코로나19로 가정 내 전력 사용량 증가최근 5년(2016~2020년) 전기화재 발생 및 피해 현황, 2021/05/12.

구분	화재(건)	인명피해(명)			재산피해(천원)
		계	사망	부상	
2016년도	8,964	343	47	296	70,672,150
2017년도	9,267	233	32	201	111,775,869
2018년도	10,473	554	87	467	120,642,931
2019년도	9,459	372	41	331	231321,444
2020년도	9,329	398	39	359	133,600,497
소계	47,492	1,900	246	1,654	668,012,891

출처 : 연합뉴스, 최근 5년(2016~2020년) 전기화재 발생 및 피해 현황, 2021/05/12

2) 가스사고

가스사고의 주요 원인으로는 사용자 부주의, 시설미비 및 고의 사고가 많았다. 전체 가스사고가 여름철에 발생했다. 장마철에는 각 가정에서 사용하는 가스시설 중에 호스와 가스용품, 배관과 용기, 배관과 호스 등 연결부분이 잘 조여져 있는지 살펴보고 오래된 시설은 가스누출의 위험이 높으므로 미리 교체해 주어야 가스사고를 미연에 방지할 수 있다. 특히 대기의 순환이 잘 이루어지지 않으면 누출된 액화석유가스(LPG)의 경우 공기 중으로 확산되지 않고 바닥 같은 낮은 곳에 체류하므로 사고의 위험이 크다.

2020년 총 98건의 가스사고가 발생하여 전년(101건)과 비교하여 3.0%(3건) 감소하였다. 가스별로는 전년대비 LP가스 18.9% 감소, 도시가스 9.5% 증가, 고압가스 11.1% 증가, 이동식부탄 연소기 22.2% 증가하였다.[2)]

구분	2016년	2017년	2018년	2019년	2020년	계	점유율(%)
계	101	98	121	101	98	519	100.0
증감률(%)	4.1	△3.0	23.5	△16.5	△3.0	-	-
LP가스	48	53	46	53	43	243	46.8
도시가스	18	19	27	21	23	108	20.8
고압가스	17	11	24	9	10	71	13.7
이동식부탄연소기 (접합용기)	18	15	24	18	22	97	18.7

출처: 한국가스안전공사, 최근 5년간 가스사고 현황분석

2) 한국가스안전공사, "2020 가스사고연감, 2021.

최근 5년간 연평균 가스사고 점유율에 따른 사고 증감률은 LP가스 2.0% 감소, 도시가스 7.2% 증가, 고압가스 11.7% 감소, 이동식부탄연소기 5.1% 증가하였다.

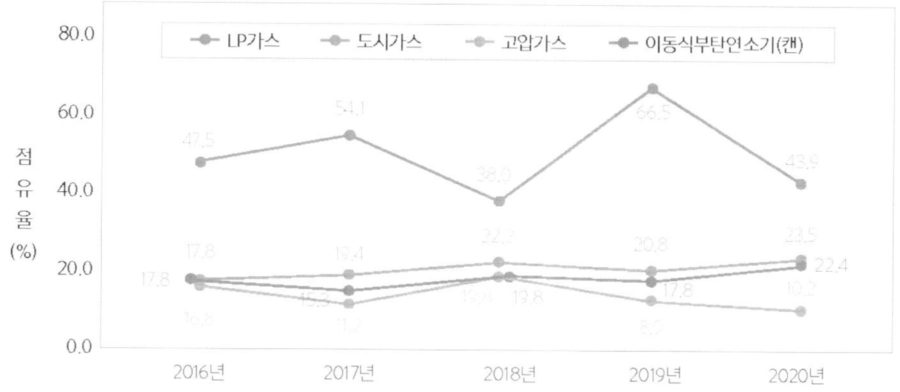

< 최근 5년간 가스별 사고 점유율 추이 >

출처: 한국가스안전공사, 최근 5년간 가스별사고 점유율 추이

3) 사고원인

① 전기사고원인

소비자원에서 가정 내 안전관리실태를 조사한 결과, 조사대상 가구의 81.7%가 1개 이상의 안전문제에 노출이 되어 있었다.

TV는 무게중심이 앞쪽으로부터 20~30% 지점에 위치하고 있기 때문에 어린이가 TV 위에 있는 장난감 등을 잡기 위해 TV에 오를 경우 TV가 앞으로 넘어져 사고로 이어질 위험이 크다. TV의 경우 전도 방지조치를 하지 않은 경우, TV 위에 꽃병, 화분, 화장품, 약품 등 액체용기가 있는 경우에 사고위험이 높았다. 특히 문어발식 배선을 하고 있거나 TV가 책장이나 벽장 등 통풍이 안 되는좁은 공간에 설치된 경우에도 사고위험이 높다.

냉장고의 경우 접지를 하지 않고 냉장고를 사용하는 경우가 많으며 접지단자가 없는 연장콘센트를 사용하거나 벽면콘센트를 주로 사용한다. 이들의 경우에는 제품 이상 발생 시 누전이나 감전 등 사고 발생 우려가 있으며 도어 손잡이 및 측면모서리 등에서 인체에 전기를 느낄 수 있을 정도로 미세한 누설전류가 발생할 수 있으므로 반드시 접지를 해야 한다. 냉장고가 평소보다 가동 소리가 이상하게 커졌을 때에도 전문가의 점검을 받는 것이 좋다.

욕실과 같이 습기가 많은 곳이나 통풍이 안 되는 곳에서 세탁기를 사용하는 경우가 많다. 세탁기 화재의 상당수가 화장실이나 욕실 등 습기가 많거나 통풍이 안 되는 곳에서 발생하고 있어 세탁기 설치환경에 대한 주의가 필요하다. 또한 세탁기를 사용하지 않을 때 수도꼭지를 잠그지 않으면 급수호수 연결부위에 나사가 풀어지거나 틈이 생겨 물이 분사될 경우 누전으로 인한 감전, 화재 등으로 인해 신체 재산상의 피해를 입을 수 있다.

에어컨을 보유하고 있는 가정의 대부분이 전원을 전원콘센트에 연결하지 않는 것으로 나타났다. 접지선이 바르게 접속되어 있지 않은 경우도 많고, 실외기를 장애물이 가로막고 있는 경우, 제품을 연장콘센트에 연결하고 있는 경우도 사고의 위험이 높다.

② 가스사고원인

2020년에는 가스사고로 인하여 사망 17명, 부상 79명의 인명피해가 발생하였다(사고 1건당 사망 및 부상자수는 각 0.17명 및 0.81명).

(단위: 건, 명)

구분	2016년	2017년	2018년	2019년	2020년
사고건수	101	98	121	101	98
사망	9	9	12	8	17
부상	97	93	86	85	79
사고 1건당 사망/부상	0.09/0.96	0.09/0.95	0.10/0.71	0.08/0.84	0.17/0.81

출처: 한국가스안전공사, 최근 5년간 가스사고 인명피해

원인별 사고는 시설미비에 의한 사고는 27건으로 사고 원인 중 가장 높은 점유율인 27.6%를 차지하며, 전년(29건) 대비 2건(6.9%) 감소하였다.

- 배관(호스) 막음조치 미비 사고와 호스연결부 누출에 의한 사고가 주로 발생

- 취급 부주의(사용자 23건, 공급자 2건)에 의한 사고는 전체 사고원인의 25.5%(25건)를 차지하고 있으며, 전년(26건)에 비해 1건(3.8%) 감소
- 사용자 취급 부주의 사고는 이동식부탄연소기 및 접합용기 사고가 높은 비중을 차지
- 공급자 취급 부주의 사고는 이충전작업 사고와 연소기연결작업 중 발생
- 제품노후(고장)로 인한 사고가 16건으로 전년(14건) 대비 2건(14.3%) 증가
- 제품의 제조상 결함이나 장기간 사용중 노후·마모 등에 의한 사고가 주로 발생
- 타공사 사고는 11건으로 전년(14건) 대비 3건(21.4%) 감소
- 주로 도시가스배관 매설상황 미확인 및 배관 손상방지 기준 미준수로 발생
- 교통사고는 1건으로 전년(2건) 대비 1건(50.0%) 감소

(단위: 건)

구분		2016년	2017년	2018년	2019년	2020년
계		101	98	121	101	98
취급 부주의	사용자	9	9	12	8	17
	공급자					
타공사		97	93	86	85	79
시설미비						
제품노후(고장)		0.09/0.96	0.09/0.95	0.10/0.71	0.08/0.84	0.17/0.81
교통사고						
*기타						

※ 기타(18): 작업부주의(9), 기타(7), 원인미상(2)
출처: 한국가스안전공사, 최근 5년간 가스사고 원인별 사고

최근 5년간 인명피해는 연평균 2.4% 감소 추세에 있다.

- 2020년 가스사고로 인한 인명피해는 사망 17명, 부상 79명으로 전년 대비 사망은 9명(112.5%) 증가하고, 부상은 6명(7.1%) 감소함

(단위: 명)

구분	2016년	2017년	2018년	2019년	2020년
인명피해계	106	102	98	93	96
사망	9	9	12	8	17
부상	97	93	86	85	79

※ 기타(18): 작업부주의(9), 기타(7), 원인미상(2)
출처: 한국가스안전공사, 최근 5년간 가스사고 인명피해별 사고현황

사용처별 사고는 주택에서의 가스사고는 전체 사고(98건) 중 32건으로 32.7%를 차지, 전년(35건) 대비 8.6% 감소하였고, 식품접객업소사고는 24건으로 전년(22건) 대비 9.1% 증가하였다.

LP가스(43건)는 주택(19건)·식품접객업소(11건) 순으로 사고가 많이 발생하였고, 도시가스(23건)는 공급시설(12건)·식품접객업소(4건) 순으로, 고압가스(10건)는 허가업소(7건)·차량(1건) 등의 순으로, 이동식부탄연소기 및 접합용기는 주택(11건)·식품접객업소(9건) 순으로 사고가 많이 발생하였다.

(단위: 건)

구분	2016년	2017년	2018년	2019년	2020년
계	101	98	121	101	98
주택	30	32	45	35	32
식품접객업소	13	20	18	22	24
공장	5	4	9	6	6
공급시설	5	5	5	8	14
허가업소	15	11	17	9	9
다중이용시설	–	1	–	–	–
차량	4	2	1	6	1
제1종보호시설	6	5	9	7	1
*기타	23	18	17	8	11

※ 기타(11): 상가(6), 공사장(2), 해수욕장(1), 캠핑자(1), 푸드트럭(1)
출처: 한국가스안전공사, 최근 5년간 가스사고 사용처별 사고현황

4) 대처방안

① 전기사고 대처방안

가정용 배전반의 퓨즈는 전기용량이 조금만 넘쳐도 끊어지게 되어 있다. 사람이 무리하면 피곤한 것과 같은 이치다. 정전 시나 사용하지 않는 전기기구는 플러그를 콘센트에서 뽑아두는 것이 좋다. 사고 발생 시에는 119 또는 1588-7500(한국전기안전공사)으로 전화한다.

- 누전이 될 경우 자동으로 전기가 끊어질 수 있게 하는 누전차단기를 부착한다.
- 한 개의 콘센트에 많은 가전제품을 연결하면 화재의 위험이 있으므로, 전기기구를 문어발식으로 사용하지 않는다.
- 젖은 손으로 전기기구를 만지지 않는다.
- 콘센트는 안전덮개가 있는 것으로 설치한다. 가전제품은 사용 후 스위치를 반드시 끄고 콘센트에서 플러그를 뽑아 둔다.
- 콘센트는 반드시 접지 기능이 있는 안전규격을 인정받은 콘센트를 사용한다.
- 전깃줄이 바닥에 끌려 발에 걸리는 것을 피하기 위해 붙박이나 천장에 부착하는 것이 좋다.

㉠ 에어컨

냉방 시 실내온도와 실외온도 차이는 5℃ 이내로 하여야 하며, 지나친 냉방은 여름감기, 두통 등의 냉방병으로 건강을 해치게 된다. 에어컨을 강 대신 약으로 강도를 낮추고 선풍기를 함께 가동하면 종전 소비량의 60%를 절감할 수 있다.

㉡ 선풍기

2~3시간 이상 계속 사용하면 피부 수분이 증발되어 건강에 해로우며 기기 자체에 무리를 주기 때문에 20~30분 간격의 타이머를 사용하는 것이 바람직하다. 자연풍과 같은 방향으로 틀고 잠들기 전에 반드시 끄도록 한다.

㉢ 냉장고

뜨거운 음식은 반드시 식힌 다음 보관한다. 냉장고 안의 음식물은 냉장고 용량의 60%를 넘지 않는 것이 좋다. 냉장고는 뒷면 벽과 10㎝ 이상, 윗부분의 차폐물로부터는 30㎝ 이상 떨어뜨려 설치하는 것이 좋다.

㉣ 세탁기

세탁물은 섬유의 종류, 유색물과 흰색 등으로 분류하여 1회 세탁 분량만큼 모아서 실시한다. 세탁은 10분 이상 하면 더 이상 때가 빠지지 않고 천만 손상된다. 헹구기 전에 반드시 탈수를 하고, 탈수시간은 3분 이내가 적당하다.

㉤ 전기다리미/장판

다림질한 옷감은 가능한 한 모아서 다린다. 손수건 등 얇은 옷감은 스위치를 켠 즉시 다리거나 전원을 끄고 남은 잔열을 이용한다. 전기장판은 온도조절기를 잘 맞추어 과열되지 않도록 한다. 장판 밑에 두꺼운 요를 깔면 보온이 잘 된다. 반듯하게 펴서 사용하고 사용하지 않을 때는 반드시 전원플러그를 빼놓도록 한다. 전기히터는 방의 용도에 맞추어서 적정온도를 유지토록 해야 한다(거실 17~19℃, 침실 14~16℃). 커튼을 치면 방의 온도가 3℃ 정도 올라간다. 열손실이 많은 유리창, 벽, 천장 등은 단열을 하도록 한다. 창문이나 문의 틈새는 테이프 등으로 막아 되도록 통기를 적게 한다.

㉥ 난방기구

공산품품질관리법에 적합하거나 전문기관의 검사제품 등 믿을 수 있는 제품을 구매해야 한다. 난방기구는 사용 중에 기름을 넣어서는 안 되며 급유시 흘린 기름은 반드시 닦아내야 한다. 난로를 켠 채 이동하는 것은 위험하며, 잠자리에 들 때는 난방기구를 끄고 잔다.

② 가스사고 대처방안

가스를 사용하지 않을 때는 차단밸브를 잠가 두며 외출 시나 취침 전에는 반드시 밸브를 확인한다. 부근에 화재 발생 시에는 밸브를 잠그고 용기를 불로부터 먼 곳으로 이동시킨다. 가스불이 붉은 불꽃을 띠면 불완전 연소이므로 공기조절밸브를 조정한다. 각 가정에서 사용하는 가스시설 중에 호스와 가스용품, 배관과 용기, 배관과 호스 등 연결 부분이 잘 조여져 있는지 살펴보고 오래된 시설은 가스누출의 위험이 높아 미리 교체해 주어야 가스사고를 미연에 방지할 수 있다. 특히 대기의 순환이 잘 이루어지지 않으면 누출된 액화석유가스(LPG)의 경우 공기 중으로 확산되지 않고 바닥 같은 낮은 곳에 체류하므로 사고의 위험이 크다.

㉠ **평상시**

가스 불을 켜기 전에 가스가 새는지 확인하고 창문을 열어 실내를 환기시킨다.

불을 켜는 순간 불이 붙었는지 확인한다. 조리 시에는 국물이 넘쳐 불이 꺼지지 않는지 지켜본다. 가스를 다 쓴 후에는 점화 코크는 물론 중간 밸브도 잠근다. 집을 비울 때에는 용기 및 메인 밸브까지 잠근다. 평소 연소기 불구멍이 막히지 않도록 청소를 한다. 호스와 이음새 부분에서 가스가 새는지 비눗물로 수시로 점검한다.

㉡ **가스누설 시**

가스누설이 발견된 즉시 코크와 중간밸브, 용기밸브까지 잠근다. 창문과 출입문 등을 열고 비나 방석, 부채 등을 사용해 밖으로 쓸어낸다. 주변의 불씨를 멀리하고 환풍기나 선풍기 등 전기기구를 절대로 사용하지 않도록 한다. 이상의 조치를 취한 후 가스를 공급한 판매업소나 도시가스 대행 업소에 연락하여 점검을 받아본 다음 사용한다.

1.4 작업(산업) 안전

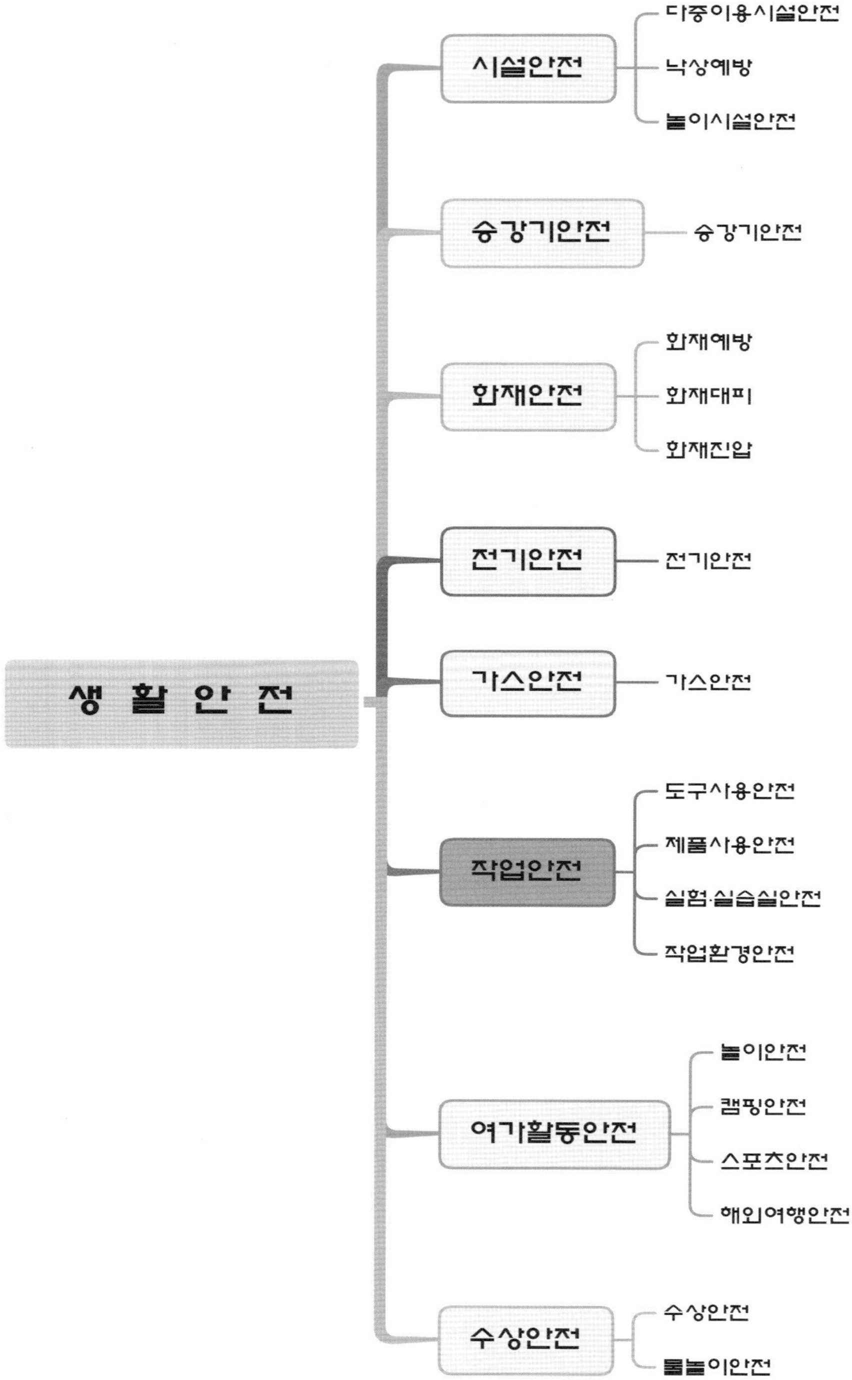
생 활 안 전
시설안전
다중이용시설안전
낙상예방
놀이시설안전
승강기안전
승강기안전
화재안전
화재예방
화재대피
화재진압
전기안전
전기안전
가스안전
가스안전
작업안전
도구사용안전
제품사용안전
실험·실습실안전
작업환경안전
여가활동안전
놀이안전
캠핑안전
스포츠안전
해외여행안전
수상안전
수상안전
물놀이안전

1.4.1 작업(산업) 안전의 개념

근로를 제공하는 종사하는 직업에 따라서 특수하고 다양한 사고 발생의 위험에 노출되어 있어 산업재해는 개인적으로 건강을 해칠 뿐만 아니라 경제활동에도 지장을 준다. 곧 성인으로서 사회생활을 시작하게 될 것에 대비하여 산업장에서 발생하는 재해의 유형과 원인을 알고 직업안전에 필요한 기본적인 안전행동과 기술을 익히는 것이 필요하다.

산업재해로 인한 사고사망자 수가 연간 천여 명에 이르고 있고, 이는 주요 선진국보다 2배 이상 높은 수준으로서 산업재해로 인한 피해는 당사자뿐만 아니라 국가적으로도 큰 손실을 초래하고 있다. 이에 산업재해를 획기적으로 줄이고 안전하고 건강하게 일할 수 있는 여건을 조성하기 위하여 산업안전보건교육이 필요하다.

산업안전・보건교육은 산업안전보건법 제29조에 근거하여 근로자가 유해・위험작업 수행과정에서 당할 수 있는 재해를 사전에 예방하기 위하여 사업주가 채용 시, 작업내용 변경 시 등 유형별로 근로를 제공하는 사람에게 실시하여야 하는 교육을 말한다. 즉 산업안전・보건교육은 근로 제공하는 사람에게 안전하게 업무를 수행할 수 있도록 하기 위하여 안전의 중요성을 인식시키고, 구체적으로 주어진 작업에 대해서 안전작업 방법에 관한 지식, 기능을 습득하도록 교육・훈련하여 정해진 작업에 대하여 안전하게 작업할 수 있는 태도를 양성하는 것이다.

산업안전・보건교육이란 교육이라는 수단을 통하여 일상생활에서 개인 및 집단의 안전과 보건에 필요한 지식, 기능・태도 등을 이해시키고, 자신과 타인의 생명을 존중하며 안전하고 건강한 생활을 영위할 수 있는 습관을 육성시키는 것으로 개인과 집단의 안전성과 건강을 최고도로 발달시키는 교육이며, 근본적으로 인간생명의 존엄성을 인식시키는 것이다. 결국, 산업안전・보건교육은 근로를 제공하는 사람으로 하여금 안전한 행동내용을 숙지하여 이행하도록 유도함으로써 교육을 통한 동기부여로 잠재위험의 발견능력을 기르고 비상시 대응력을 기르게 하여 안전사고를 방지하기 위하여 실시하는 것이다.

우리나라는 안전 불감증, 안전에 대한 낮은 국민의식, 사업주의 안전경영과 근로자의 안전보건 수칙준수 미흡 등으로 인해 산업재해의 발생이 선진국에 비해 심각한 수준에 이르고 있다. Herbert William Heinrich(1936)의 연구에 의하면, 전체 사고 원인 중에서 88.0%가 사람들의 불안전한 행동 때문이라는 결과가 나온 것과 같이 가장 효과적이고 중점을 두어야 할 재해예방은 근로자의 불안전한 행동을 제거하는 것이다. 즉 산업재해 예방을 위한 산업안전·보건교육의 필요성은 다음과 같다.

첫째, 외부적인 위험으로부터 자신의 신체와 생명을 보호하려는 것은 인간의 본능이다. 안전은 인간의 본능이지만 이러한 의지에 상반되는 재해가 발생하는 이유는 그 본능에도 불구하고 그것을 행동화하는 기술을 알지 못하기 때문이다.

둘째, 안전사고의 많은 현상은 물체에 대한 사람들의 비정상적인 접촉에 의한 것이 많은 부분을 차지하고 있어서 무엇이 비정상적인가를 작업자에게 알릴 필요가 있다. 산업안전·보건교육을 통해 위험에 관한 인식을 넓히고, 직업병과 산업재해의 원인에 대한 지식을 확산시키며 효과적인 예방책을 증진하는 데 있다.

셋째, 과거의 재해경험에 의한 누적된 지식을 활용함으로써 기계·기구·설비와 생산기술의 진보 및 변화는 이루어졌으나, 인적요인에 의한 안전 문화는 교육을 통해야만 실현될 수 있다. 작업장에 아무리 훌륭한 기계·설비를 완비하였다 하더라도 안전의 확보는 결국 근로자의 판단과 행동 여하에 따라 좌우되기 때문이다.

넷째, 사업장의 위험성이나 유행성에 관한 지식, 기능 및 태도는 이것이 확실하게 습관화되기까지 반복하여 교육훈련을 하지 않으면 이해, 납득, 습득, 이행되지 않는다.

산업재해란 근로자가 노동과정에서 작업환경 또는 작업행동 등 업무상의 이유로 발생한 노동자의 신체적 피해를 말한다. 여기에는 부상과 그로 인한 사망이 포함된다. 산업 활동을 중심으로 경제활동이 이루어졌던 1970년 이

전까지 업무상 재해를 산업재해(Industrial Accident)로 표현하였으나, 산업 활동 이외의 경제 분야가 발달됨에 따라 직업성 재해 (Occupational injury)로 수정하여 현재까지 사용하고 있다.

우리나라의 산업안전보건법에서 산업재해라 함은 근로를 제공하는 사람이 사무에 관계되는 건설물, 설비, 원자재, 가스, 분진, 증기 등에 의하거나 작업 기타 업무에 기인하여 사망 또는 부상하거나 질병을 겪게 되는 것을 포함한 부상과 사망 사고를 말한다.

산업안전이란' 사업장에서 산업재해를 일으킬 가능성이 있는 건설물, 기계, 장치, 재료, 불안전한 행동 등의 생산 활동과 관련된 모든 잠재위험으로부터 안전성을 확보하고 쾌적한 작업환경을 조성함으로써 산업재해를 방지하는 것'을 말한다.

인간은 누구나 보다 행복한 삶을 살기 위해서 끊임없이 노력한다. 그러나 생산 활동을 하면서 생활하는 곳에는 반드시 재해가 뒤따르며, 산업이 고도화되고 사회가 복잡해짐에 따라 산업재해의 발생률은 점차 높아지고 있다.

사업장 내 대부분의 전통적인 위험 요인들은 여전히 존재하고 있으며, 변화하는 작업패턴에서 새롭게 대두되는 위험에 많은 근로자들이 노출되고 있어 산업재해 예방을 위한 계속적인 관심이 필요하다.

1.4.2 직업(산업) 재해의 발생현황

2014년부터 2018년도까지 최근 5년간 산업재해 발생 추이를 나타낸 것이다. 산업재해 현황 중 재해율은 2014년부터 2017년까지 지속적으로 감소하다가 2018년은 최근 4년 중 최고치인 2014년 0.53%보다 더 높게 증가한 것으로 나타났다. 이 가운데 사망자 수는 2014년부터 2016년까지 1,850명에서 1,777명까지 감소하다가 2017년에는 1,957명, 2018년은 2,142명으로 증가하여 5년 평균으로 보더라도 매일 6~7명 이상의 근로자가 업무 중 질병이나 사고로 인해 사망하고 있으며 사망만인율(근로자 10,000명당 발생하는 사망자 수의 비율)은 2016년 0.96에서 2017년 1.05, 2018년 1.12로 지속적으로 증가됨을 알 수 있다(통계청, 2014~2018).

〈표 2-1〉 최근 5년간 산업재해 현황

구분	근로자(명)	재해자(명)	재해율(%)	사망자(명)	사망만인율(%)
2014년	17,062,308	90,909	0.53%	1,850	1.08
2015년	17,968,931	90,129	0.50%	1,810	1.01
2016년	18,431,716	90,656	0.49%	1,777	0.96
2017년	18,560,142	89,848	0.48%	1,957	1.05
2018년	19,073,438	102,305	0.54%	2,142	1.12

최근 5년간 산업별 재해율 현황을 나타낸 것이다. 대업종별 분류에 따른 재해율을 살펴보면 광업이 14.43%로 가장 높았으며 임업(1.62%), 건설업(0.82%), 제조업(0.65%), 운수창고통신업(0.53%), 전기가스수도업(0.14%) 순으로 높았다.

아래의 다른 표는 최근 5년간 산업별 사망만인율 현황을 나타낸 것이다. 대업종별 분류에 따른 사망만인율을 살펴보면 광업이 368.88로 가장 높았으며 임업(2.20), 건설업(1.71), 운수창고통신업(1.59), 제조업(1.06), 전기가스 수도업(0.76) 순으로 높았다.

〈표 2-2〉 최근 5년간 산업별 재해율 현황

구분	재해율					
	2014년	2015년	2016년	2017년	2018년	평균
광업	10.54%	11.91%	13.75%	16.94%	19.02%	14.43%
제조업	0.72%	0.64%	0.62%	0.61%	0.66%	0.65%
건설업	0.73%	0.74%	0.84%	0.84%	0.94%	0.82%
전기가스수도업	0.18%	0.15%	0.14%	0.12%	0.14%	0.14%
운수창고통산업	0.54%	0.50%	0.49%	0.51%	0.61%	0.53%
임업	2.19%	1.85%	1.54%	1.36%	1.16%	1.62%

〈표 2-3〉 최근 5년간 산업별 사망만인율 현황

구분	사망만인율(%)					
	2014년	2015년	2016년	2017년	2018년	평균
광업	342.30	359.02	326.37	408.07	408.65	368.88
제조업	1.14	1.03	0.96	1.04	1.14	1.06
건설업	1.50	1.47	1.76	1.90	1.94	1.71
전기가스수도업	1.26	0.93	0.41	0.53	0.65	0.76
운수창고통산업	1.53	1.63	1.54	1.44	1.80	1.59
임업	4.39	1.85	1.39	1.93	1.45	2.20

아래의 표는 최근 5년간 재해다발 상위 세부 업종에 대한 재해율 현황을 나타내고 있다. 세부업종별 재해율은 기계기구·비금속 광물제품 제조업(1.03%), 선박건조 및 수리업(0.89%), 식료품제조업(0.80%), 수송용 기계기구 제조업(0.65%), 화학제품제조업(0.61%) 순으로 화학제품 제조업의 경우 최근 5년 평균 재해율(0.51%)과 최근 5년 내 가장 높았던 2018년의 재해율(0.54%)에 비해 모두 높음을 알 수 있다.

〈표 2-4〉 재해다발 상위 세부업종 재해율 현황

종업종	2014년	2015년	2016년	2017년	2018년	평균재해자수	평균인원	재해율
기계기구비금속광물제품제조업	9,100	8,810	8,350	8,952	9,485	8,939	871,768	1.03%
수송용가계기구제조업	2,921	2,692	2,345	2,703	3,033	2,739	418,869	0.65%
식료품제조업	2,241	2,202	2,184	2,173	2,592	2,278	284,811	0.80%
화학제품제조업	2,584	2,363	2,397	2,218	2,396	2,392	389,988	0.61%
선박건조 및 수리업	1,713	1,940	1,911	1,953	1,848	1,873	209,449	0.89%

산업재해로 인한 사회가 부담해야 하는 경제적 손실액은 2015년 20.4조 원에 서 2018년에는 약 25.2조 원으로 증가하였다. 재해건수의 증가 및 직업성 질병 유소견자의 증가로 인한 산업재해보상보험 비용 증가는 기업은

물론 범국가 차원에서 지혜를 모아야 할 당면과제 중의 하나이다. 이에 이번 정부는 교통사고, 자살사고, 산업재해로 인한 사망자수를 2022년까지 절반으로 감축하는 목표를 설정하고 책임주체별 역할/책임 명확화, 건설업 등 고위험 분야 집중관리, 현장관리/감독 시스템의 체계화, 안전 인프라 확충 및 안전중시 문화확산 등 세부 추진방향을 수립하여 실행하고 있다(안전보건공단, http://kosha.or.kr/kosha/index.do).

1.4.3 직업(산업) 재해의 유형

1) 재해의 유형

직업안전을 위한 산업현장의 피해 유형은 떨어짐, 넘어짐, 깔림·뒤집힘, 부딪힘, 물체에 맞음, 무너짐, 끼임, 잘림, 감전, 폭발, 파열, 화재, 이상온도/기압접촉, 익사, 중독질식, 광산사고, 무리한 동작, 교통사고, 업무상 질병 등으로 나눌 수 있으며, 공사의 내용에 따라서 같은 피해 유형이라도 피해의 내용은 더 다양하게 나타난다.

2) 재해자의 사고 유형

재해자의 피해의 유형은 부상 또는 사고, 사망으로 구분할 수 있다. 부상 또는 사고는 상해에 해당하는 피해 유형으로 상해종류는 부상 또는 질병의 의학적 성질로서 주요한 신체적 상병 특성을 포함하며, 질병은 작업장의 특수한 환경으로 인한 위험 노출, 가령, 유해 화학물질에 대한 위험성에서 과로 등 까지 다양하며, 질병의 내용에 따라 그 유형은 더욱 다양하다. 안전대책과 관련해서는 작업공정·절차의 미흡한 경우가 가장 많으며, 방호조치 미흡, 작업상의 기타 고유위험요인 등에 의한 불안정한 작업환경이 주된 원인이 되고 있다. 또한, 근로자의 안전수직 준수와 관련해서는 작업수행 소홀이나 절차의 미준수가 원인이 되는 경우가 많으며, 작업수행 중의 과실이나 복장 및 보호장비 미착용 또는 잘못된 사용으로 인해 사고가 발생하고 있는 것으로 나타나고 있다.

① 넘어짐, 깔림 · 뒤집힘 사고

넘어짐, 깔림 · 뒤집힘은 재해발생 형태별 분류방법에 있어서 사람이 바닥 등의 장애물에 걸려 넘어지거나 환경적 요인으로 미끄러지는 경우를 말한다. 또, 물체가 넘어지거나 뒤집히는 경우나 물체가 다른 외부의 힘을 받아 넘어지거나 뒤집히는 경우도 넘어짐에 해당한다. 미끄러짐에 영향을 주는 주위 환경적인 요인들은 보행로 표면의 형태, 오염물질, 신발, 방해물 및 조명이 포함된다.

최근의 재해 특성을 보면 2006년 이후 계속적으로 사고 발생 건수가 증가 추세에 있다. 상시적으로 미끄러짐, 걸려 넘어짐 등의 넘어짐, 깔림 · 뒤집힘 재해가 줄지 않고 있고 넘어짐 · 깔림 · 뒤집힘 사고의 주된 근로재해자는 고령자나 여성 근로자로 나타나고 있다. 국내에서는 미끄러짐과 헛디딤에 의한 넘어짐, 깔림 · 뒤집힘 사고가 가장 빈번하게 발생하고 있다. 여기서 미끄러짐의 발생 장소별 재해는 작업장, 식당, 계단의 순으로 나타나고 있다. 또한 업종별로는 제조업이나 건설업에서 집중적으로 발생하고 있어 해당 사업 분야에서 보다 각별한 산업재해 예방대책이 요구되고 있다.

② 끼임사고

끼임 사고는 기계의 움직이는 부분 사이 또는 움직이는 부분과 고정 부분 사이에 신체 또는 신체의 일부분이 끼이거나, 물리는 것을 말한다. 설비나 기계의 움직임에 신체의 일부가 물리거나 감겨서 발생하는 재해로서 끼임은 평균 산업재해발생의 약 20% 정도 차지한다. 우리나라의 경우, 끼임 사고는 2008년까지는 줄어드는 추세였으나, 2009년 이후 다시 증가하고 있다. 주요 원인으로는 프레스(압력기)로 인한 재해가 가장 많다. 끼임 사고는 업무상 사고 발생 형태로는 넘어짐, 깔림 · 뒤집힘에 이어 두 번째로 높으며, 사고로 인한 사망자 수는 떨어짐에 이어 두 번째로 많다. 유형별로 프레스 작업과 같은 직선운동 중인 설비나 기계 사이의 끼임이 전체 끼임 재해의 40% 이상을 차지하고 회전체에 물리거나 감기는 끼임이 그 다음으로 자주 발생한다. 사고 발생 현황을 근무 경력으로 나누어 볼 때 6개월 미만의 근무자에게서 50% 이상이 발생하고 있어, 미숙련자의 사고가 가장 많다.

③ 떨어짐 사고

사람이 건축물, 기계, 사다리, 계단, 수목 등에서 떨어지는 것을 말한다. 떨어짐 사고 발생은 작업 성질상 난간 등을 설치할 수 없는 장소, 작업자의 안전대 미착용 등의 안전불감증, 사다리, 작업대 등의 방호설비 미비 및 불량 등이 대표적인 문제점이다.

떨어짐 사고는 2005년 이후 지속적인 증가 추세에 있으며, 떨어짐 사고에 따른 사망재해가 전체 사망 재해의 20%를 차지하고 있어 사고 발생 시 근로자 개인에게 이르는 피해가 가장 큰 사고로, 사고를 당한 가족이나 친지들에게도 직접적인 영향을 주는 중대 재해에 해당한다.

떨어짐 사고는 사다리 이용 등으로 인해 일반적인 산업 현장에서도 발생 가능하나, 특정 산업분야에서 제한적으로 나타나는 경우도 있다. 특히, 우리나라의 경우 건설업 분야에서의 떨어짐 사고 발생률이 높으며, 제조업이 그 다음으로 높았다.

④ 부딪힘 사고

부딪힘은 상대 속도를 갖는 두 물체가 닿아서 서로 힘을 미치는 현상으로 하나의 질량과 다른 질량이 1회 서로 부딪치는 것을 말한다. 산업재해 분류에 관한 지침에서는 부딪힘 사고를 재해자 자신의 움직임이나 동작으로 인하여 물체에 접촉 또는 부딪히거나, 물체가 고정부에서 이탈하지 않은 상태로 움직임 등에 의하여 부딪친 경우로 정의하고 있다.

부딪힘 사고는 2007년 이후 사고발생 건수가 감소하였으나, 국내의 업무상 사고 중 발생 형태별로는 네 번째로 많이 발생하고 있다. 재해 발생 건수는 기계 조작 중 재해가 가장 많았다. 부딪힘 사고의 대부분은 제조업, 건설업, 기타 산업, 운수창고 및 통신업에서 발생하고 있다. 부딪힘 사고가 빈번하게 발생하는 작업 형태는 운반, 가공, 조립, 청소 순으로 부딪힘에 따른 중대 재해는 차량 등에 의한 사고로 후진 시 발생하는 경우가 가장 많았다.

⑤ 물체에 맞음 사고

산업재해 중 물체에 맞는 사고는 날아오는 물건, 떨어지는 물건 등이 주체가 되어서 사람에게 부딪힘으로써 발생하는 사고를 말한다. 물체에 맞음 사고는 2008년 이후 사고발생 건수가 감소하였으나, 업무상 사고 발생 형태로는 넘어짐, 깔림·뒤집힘, 끼임, 떨어짐에 이어 우리나라에서 발생빈도가 높다.

재해방지를 보다 효과적으로 추진하기 위한 방법으로 근로자가 산업장에서 꼭 지켜야 할 기본적인 필수 사항들을 모아 습관화하는 것이 필요하다. 특히, 물체에 맞음 사고는 작업현장에서 근무 중 부주의뿐만 아니라, 작업현장 내의 안전점검 실시 및 관리 소홀 등이 원인이 되어 나타나는 경우가 많으며, 작업 전 안전점검 등을 통해 미연에 방지하는 것이 사고에 대비하는 가장 효과적인 수단이 된다.

3) 직업(산업) 재해의 현황

① 원인별 산업재해 현황

원인별 산업재해 현황은 안전대책이 원인이 되는 경우와 재해자가 사고원인을 제공하는 경우로 나눌 수 있다. 안전대책과 관련해서는 작업공정·절차의 부적절 24.9%, 방호조치의 부적절 19.6%, 작업상의 기타 고유위험요인 19.5% 등의 불안정한 작업환경이 중요한 문제로 나타나고 있다. 재해자의 사고원인으로는 작업수행소홀 및 절차 미준수 24.6%, 작업수행 중 과실 19.2%, 복장·보호 장비 부적절한 사용 17.6%, 설비·기계 및 물질의 부적절한 사용·관리 15.6% 등으로 나타나고 있다.

② 업종별 산업재해 현황

재해율이 가장 높은 업종은 채석업의 7.6%로 2012년도 한 해 동안 근로자 100명당 7.6명이 산업재해를 당한 것으로 나타난다. 우리나라의 지난 10여 년간의 산재예방대책과 투자는 제조업과 건설업 위주에서 최근 재해가 증가세인 서비스업 등으로 확대되고 있으나 예방대책과 투자가 적기에 이루어지지 못하여 타 업종 산재 발생 증가 문제점 중의 한 원인이 되고 있다.

③ 연령별 산업재해 현황

산업·경제의 발달과 함께 직업의 다양성이 증가하면서, 직업을 갖는 연령대는 청소년으로부터 노인에 이르기까지 다양하게 나타나고 있다. 우리나라의 연령별 산업재해 유형을 보면, 24세 이하의 젊은 근로자에게서 교통사고의 발생 빈도가 특징적으로 많은 데 비하여 54세까지 연령대가 올라갈수록 사고 건수가 많은 것으로 나타나고 있다. 또 60세 이상의 노인 근로자에게서도 피해 건수가 높은 편으로 초전도(超傳導), 떨어짐, 부딪힘, 끼임 등 타 연령대와 비슷한 유형의 재해 발생빈도가 높으며, 업무상 질병도 많은 것으로 나타나고 있는 특징이 있다.

4) 직업(산업) 재해의 원인

① 직접적 원인

㉠ 물적원인

재해발생의 직접적인 원인은 물적인 여러 조건에 의한 것과 인적인 여러 조건에 의한 것으로 대별되는데, 불안전한 기계를 사용하게 되면 근로자가 아무리 주의력을 집중하여도 또한 기능이 우수하더라도 언젠가는 재해가 발생한다. 이러한 물적 원인으로는 기계 설비의 위험성은 물론이고 위험물에 의한 화학적 위험, 전기 등의 에너지 위험, 작업 중의 원재료, 작업환경 등의 위험이 해당되지만 작업조건이나 작업방법 등도 관련된다는 것을 이해하여야 한다.

㉡ 인적원인

인간이 불안전한 행동을 일으키는 인적 원인에는 여러 가지가 존재하는데, 작업능력과 작업의욕으로 분류할 수 있다. 작업능력은 생리적 능력과 정신적 능력으로 나누어진다. 생리적 능력에는 체격, 체력, 건강, 피로 등이 있으며, 정신적 능력에는 지능, 지식, 성격 등이 포함된다. 작업의욕에는 기초적 의욕인 가치관, 하고자 하는 의지 등이 포함되며, 직접적 의욕, 직무조건, 근로조건 등이 포함된다.

② 간접적 원인

㉠ 기술적 원인

기술적 원인은 주로 산업현장의 장치, 기계, 건물 등의 설계, 점검, 보전등 기술상의 예방 대책을 하지 않는 경우에 발생한다. 구체적으로 살펴보면, 기계장치의 배치, 공장바닥의 정비, 실내의 조명 및 환기, 위험장소의 방호설비 및 경계설비, 보호구류의 정비 등 모든 기술적 부분에 대한 결함이 포함된다.

㉡ 교육적 원인

교육적 원인은 안전에 관한 지식 및 경험의 부족에 의한 것으로 작업행동의 위험성 및 작업을 안전하게 수행하는 방법에 대한 무지, 경시, 훈련미숙, 나쁜 습관, 미경험 등이 포함된다.

산업재해의 경우 안전교육이나 안전수칙의 준수 등으로 예방이 가능하다. 그러나 안전에 대한 교육 부족으로 인한 불안전한 행동이 산업재해로 이어지는 경우가 많다.

㉢ 신체적 원인

신체적 원인에 의한 산업재해는 주로 신체적 결함으로 인해 발생하는 피해를 의미하는 것으로, 예를 들면 두통, 현기, 간질 등의 병, 근시, 난청 및 수면부족 등에 의한 피로, 숙취 등이 포함된다. 신체적 결함으로 작업을 쉬거나 충분한 휴식을 통해 건강한 상태에서 작업에 임해야 함에도 불구하고 실제 현재 산업현장에서는 작업 일정을 이유로 근로자 스스로가 이를 무시하고 작업을 하다 사고가 발생하는 경우가 있다.

㉣ 정신적 원인

정신적 원인은 근로자의 심리적인 불안정 상태로 인해 사고가 일어나는 경우를 말한다. 태만, 반항, 불만 등의 태도 불량, 초조, 긴장, 공포, 불화, 우울 등의 정신적인 동요, 편협 등의 성격적인 결함, 백치 등의 지능적인 결함 등이 포함된다.

또한 심리적 불안정은 지속적인 경우도 있으나, 한시적으로 감정에 휩싸여 나타나는 경우도 있다. 예를 들어, 가정 내의 문제나 다툼이 이유가 되어 정신적으로 집중이 어려운 상태에서 작업을 무리하게 수행하다 산업재해가 발생하는 경우가 이에 해당한다.

㉤ 관리적 원인

관리적 원인은 경영자의 안전에 대한 책임감의 부족을 비롯하여 작업기준의 불명확, 점검 보전 제도의 결함, 인사·적성 배치의 부적절 등 관리상의 결함이 포함된다. 이는 직접적으로 근로자에 의한 경우보다는 산업현장의 안전점검을 소홀히 한 결과 사고가 발생하는 경우가 많다.

5) 직업(산업) 재해 예방대책

① 대처방안

산업재해 예방은 인적 예방, 환경적 예방, 노동 예방으로 크게 3가지 차원으로 나눌 수 있다. 인적 예방은 산업 현장에서 근로시간 준수, 자신의 적성에 맞는 일을 수행, 안전교육 실시를 통해 가능하다. 환경적 예방은 직업과 환경을 능률적이고 효과적으로 개선하고 실질적인 안전 설비를 구축하는 것이다. 노동 예방은 생산 속도를 적정하게 조절하고 안전에 대비하여 규정된 복장으로 근무하는 것으로 재해의 발생을 줄일 수 있다.

② 일반 안전수칙

산업 업종이나 현장의 특성에 따라 각별한 주의를 요구하는 안전수칙들은 다양하다. 대부분의 산업현장에서는 근로자의 불안전한 행동이나 상태를 줄여 재해를 미연에 예방하고자 일반 안전수칙을 두고 있다.

- 작업을 할 때는 규정된 복장 및 보호구를 착용한다.

- 기계 및 작업기구는 충분한 시운전과 점검을 실시한 후 사용한다.
- 작업장 및 안전통로는 주변을 항상 정리한다.
- 인화물질 또는 폭발물이 있는 장소에는 화기취급을 엄금한다.
- 위험표시 구역은 담당자 외 무단출입을 금한다.
- 담배는 지정된 흡연 장소에서만 피우며, 음주 후 또는 숙취 상태에서는 작업을 금한다.
- 모든 기계는 담당자 이외의 취급을 금하며, 사전 승인 없는 화기취급은 절대 엄금한다.
- 작업장 내에서는 장난을 하거나 뛰어다녀서는 안 된다.
- 모든 전선은 전기가 통한다고 생각하고 감전 사고에 주의한다.
- 기계가동 중 청소, 측정, 정비 및 칩 등을 제거하지 않는다.

③ 작업복장 및 보호구

㉠ 보호구

작업에 적합한 보호구의 올바른 선택과 착용방법, 관리요령 등에 대한 교육이 꼭 필요하다. 보호구에는 안전모, 안전장갑 등이 있으며, 특히 인체 중에서도 머리를 보호하는 안전모에는 각별한 주의가 필요하다. 안전모는 전선작업, 보수작업 등에서는 반드시 착용해야 하며, 안전모를 착용할 때는 턱 끈을 조이는 등 올바르게 착용해야 한다.

㉡ 안전장구

착용함으로써 위험물로부터 작업자를 보호하는 제반 장비를 말한다. 이와 달리, 안전장구는 뜨거운 물질이나 추락 등 중대재해의 방지를 위해서 사용하는 일종의 보호 장비를 말한다. 안전장구는 완벽한 사고예방법은 아니며, 위험을 최소화하기 위한 보조수단이므로 안전장구를 선택할 때는 다음의 사항을 항상 유의한다.

- 사용목적에 적합한지를 확인하고 사용한다.
- 산업규격에 합격하고 보호성능의 신뢰성이 높은 것인지 확인해

야 한다.

- 작업에 방해가 안 되는지 확인한다.
- 착용이 쉽고, 크기 모양 등이 사용자에게 편리한지 확인한다.

㉢ 작업 복장 및 보호구 안전수칙

근로자의 안전을 위한 작업 복장 및 보호구 안전수칙은 다음과 같다.

- 작업복은 몸에 잘 맞는 것으로 착용하고 떨어지거나 찢어진 것은 수선하여 입는다.
- 기름이 묻은 작업복은 인화의 위험이 있으므로 세탁하여 착용한다.
- 신발은 안전화, 작업화 등 작업에 적합한 것을 착용한다.
- 고무신 또는 슬리퍼를 신거나 맨발로 작업하지 말아야 한다.
- 수건을 허리에 차거나 목에 걸치는 것은 기계에 말려들기 쉬우므로 이런 행동은 하지 말아야 한다.
- 피부를 노출하지 말고 작업 중 짧은 하의는 입지 말아야 한다.
- 안전모는 작업 중 항시 착용하며, 회전하는 기계작업에는 장갑을 끼지 말아야 한다.
- 보호구의 사용이 정해진 장소나 정해진 작업에서는 반드시 해당 보호구를 착용한다.
- 보호구는 항상 깨끗이 사용하고 정비를 하여 두며 불량품은 즉시 교환한다.

㉣ 안전점검

안전점검은 작업자가 현장에서 생산 활동을 하는 중에 발생할 수 있는 위험 요인을 미리 찾아내어 제거하는 활동으로 현장에서 기계 설비 등을 직접 보면서 실시한다. 안전점검의 생활화는 직장의 안전 수준을 높이고, 동일 작업의 반복에 따라 안전 불감증에 빠지기 쉬운 상황에서 자신의 안전 재확인으로 업무에 신선한 활력소 역할을 한다.

㉤ 작업정리

안전은 정리 정돈으로 시작하여 정리 정돈으로 끝난다. 작업 전 안전점검 및 작업 중 정리 정돈은 사용하게 될 기계, 기구 등에 대한 이상 유무 등 위험요인을 사전에 확인하여 예방대책을 강구하는 것으로 현장 안전관리의 출발점이며, 비용이 수반되지 않으면서도 적은 노력으로 큰 예방효과를 얻을 수 있는 기본적 사항이다.

작업장에서 정리는 제품 생산에 필요한 물품과 긴급을 요하는 물품을 구분하여 필요한 것은 찾기 쉽게 구분하여 정리해 두고 불필요한 것은 작업장에서 다른 곳으로 옮겨 보관하는 것을 말한다.

정돈은 제품 생산에 필요한 물품을 필요로 하는 장소에 옮겨 놓는 것을 말한다.

ⓑ 안전표지

안전표지는 산업현장에서 산업재해를 예방하기 위하여 위험한 곳이나 위험요소가 있는 부분에 색채를 사용하여 누구나 쉽게 알아보고 구분하도록 하여 사고나 재해를 사전에 방지할 목적으로 만든다.

표지의 색깔은 6가지가 있으며, 금지표지에는 빨강, 경고표지에는 노랑, 지시표지에는 파랑, 안내표지에는 녹색을 사용하고, 보조색으로 흰색과 검정색을 사용한다. 안전사고는 작업장 주변의 여러 가지 요인에 의하여 발생하지만 최소한의 예방책으로 안전표지의 내용만 준수하여도 약 88%의 예방효과를 거둘 수 있다.

1.5 여가활동/수상 안전

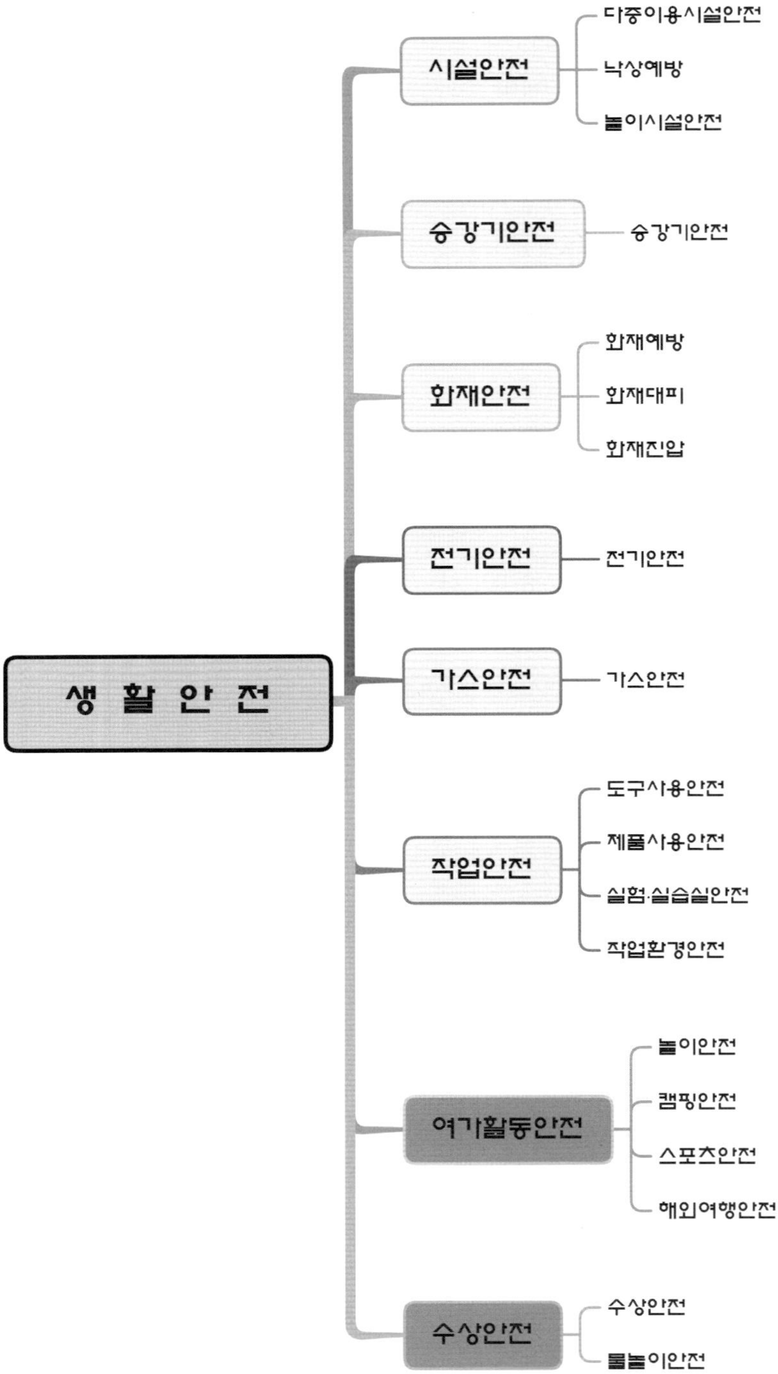
생 활 안 전
시설안전
다중이용시설안전
낙상예방
놀이시설안전
승강기안전
승강기안전
화재안전
화재예방
화재대피
화재진압
전기안전
전기안전
가스안전
가스안전
작업안전
도구사용안전
제품사용안전
실험·실습실안전
작업환경안전
여가활동안전
놀이안전
캠핑안전
스포츠안전
해외여행안전
수상안전
수상안전
물놀이안전

1.5.1 여가활동/수상 안전의 개념

농경사회와 중세를 거쳐, 근대, 그리고 지금 현재 우리의 삶의 방향은 과거 생존을 위한 삶에서 점차 즐기기 위한 삶으로 바뀌고 있다. 특히 사람들은 사회가 발전할수록 더욱 안전하고 쾌적하게 여가를 즐기려는 경향이 높아지고 있으나 여가와 놀이시간이 늘어나고 복잡해 질수록 이로 인해 파생되는 사고의 위험은 더욱 높아지고 있다. 계절별로 즐길 수 있는 대표적인 놀이 여가 안전 사고의 발생 원인과 유형을 이해함으로써 사고를 예방하기 위한 방법을 습득한다.

1.5.2 놀이여가 사고의 현황

1) 등산사고

건강과 여가를 즐기려는 인구가 늘어나면서 등산과 관련된 사고는 매년 크게 증가하는 추세다. 원인별로는 실족 및 추락 사유가 가장 많았으며 원인이 규명된 것으로는 조난, 개인질환, 안전수칙 불이행의 순으로 조사되었다.

또한 요일별로는 토, 일요일에 시간대별로는 12시에서 오후 3시 사이에 가장 많이 발생하고 있다.

2) 물놀이 사고

여름철 물놀이 안전사고는 6~8월에 집중적으로 발생하였고, 여름휴가의 절정기인 7월 하순에서 8월 중순에 최고점을 나타내고 있다. 사고 원인으로는 안전수칙 불이행과 수영 미숙이 가장 많았으며, 장소는 하천 또는 강이 가장 많았다.

하천(강), 계곡 등은 해수욕장에 비해 물놀이 환경이 열악하므로 이에 대한 대책이 필요하며 급류나 수영 미숙 및 음주, 수심이 급변하는 지역 등 지형적으로 위험구역 또는 취약구역에서 조난사고를 당하는 경우가 많았고, 특히 어린이 물놀이 시 어른들의 보호부주의와 안이한 행동으로 사고가 자주 발생하였다. 물놀이 사고 주요 원인은 안전수칙 불이행, 수영미숙, 음주수영 순으로 대부분 자기 과신에 따른 안전 불감증에 의한 부주의가 대부분이다.

3) 스키사고

최근 여가활동의 증가로 매년 증가추세를 보이고 있으며 월별로는 1월에 가장 많았으며 동기간 중 총사고의 절반가량이 발생하고 있다.

안전사고 부상 부위로는 골절이 가장 많았고, 이어서 타박상/좌상/부종순이었다. 스키장에서 사고가 발생할 경우 고속으로 주행 중에 타인과 부딪히거나 중심을 잃고 넘어지는 경우가 많기 때문으로 분석되며 이어 골절까지는 이르지 않았지만 타박상과 염좌 등이 발생하는 경우가 뒤를 이었다.

사고 유형별로는 혼자 넘어지는 사고가 가장 많았다. 두 번째는 최근 스노보드 이용객이 늘어남에 따라, 스노보드 간 부딪힘 순으로 나타났다.

4) 스포츠 사고

야구, 축구 등 가장 많은 안전사고가 발생한 스포츠 경기 종목은 야구였으며, 축구와 자전거가 그 뒤를 이었고 배드민턴과 게이트볼, 스키, 배구, 승마, 패러글라이딩, 인라인스케이팅 등의 순이다.

1.5.3 놀이 여가 사고 유형

1) 등산사고

① 떨어짐

폭풍, 지반약화 등 자연적 요인과 방심, 판단미숙, 피로, 균형 잃음, 음주, 만용, 소아적 영웅심, 준비부족, 기술부족 등 인위적 요인이 많다.

② 탈진

자신의 능력을 생각하지 않고 무리하게 걷거나 무거운 짐을 지고 산행하는 경우에 발생한다.

③ 저체온증(하이포서미아)

체온이 35도 이하로 떨어진 상태로 몸에서 발생하는 열보다 몸 밖으로 빠져나가는 열이 더 많을 때 발생하며, 악천후와 탈진이 주 원인이다(凍死와 구분).

저체온증은 영하의 날씨에서만 발생하는 것이 아니라 한여름이라도 악천후(비바람)를 만나면 저체온증에 걸릴 수 있다. 젖은 옷을 입고 바람을 쐬면 마른 옷을 입고 있을 때 보다 최대 240배까지 열 손실이 발생하므로 산행 시 옷이 많이 젖는 것은 피해야 한다.

저체온증은 4단계로 나눌 수 있으며 단계별 증상은 아래와 같다.

- 1단계(33~35도): 몸이 심하게 떨리며, 기억력 저하 및 발음장애, 무기력증과 호흡곤란이 나타난다.
- 2단계(29~32도): 의식이 혼미해지고, 떨림이 사라지며, 맥박이 불규칙해진다.
- 3단계(22~28도): 호흡이 감소되고, 자율적 움직임과 반응이 없어지며 뇌혈류량 및 심박출량 감소, 폐부종이 발생한다.
- 4단계(21도 이하): 맥박과 호흡이 현저하게 감소하고, 혼수상태, 호흡중단 등으로 사망한다.

④ 계곡급류 사고

폭우로 계곡물이 불어나 급류로 바뀐 때는 절대 건너지 말아야 한다. 계곡의 급류에 휩쓸리는 사고는 계곡에 들어가지 않는 한 발생하지 않는다. 따라서 우천 시 계곡산행은 피해야 한다. 폭우로 계곡물이 불어나 급류로 바뀐 때는 절대 건너지 말아야 하며 여유를 가지고 물이 빠지기를 기다리거나 상류로 올라가 물살이 약하고 폭이 좁고 얕은 곳으로 로프를 이용해 건너야 한다.

⑤ 일사병

여름철 장시간 뜨거운 햇빛에 노출되어 있을 때 발생한다. 일사병을 방지하기 위해서는 몸이 적응할 수 있도록 천천히 걷는다. 얇고 헐렁한 옷을 입고 챙이 넓은 모자를 쓰고, 수시로 염분과 수분을 섭취한다.

⑥ 동상 및 동사

겨울철 옷과 신발, 장갑 등이 젖어서 얼었을 때 발생한다. 몸을 조이거나 꽉 끼는 옷과 장갑, 신발 등은 혈액순환을 방해해 동상에 걸리기 쉬우므로 피해야 한다.

⑦ 낙석

경사진 곳과 바위벽 아래를 지날 때 돌을 떨어뜨리지 않도록 서로가 조심해야 한다. 낙석 사고를 예방하기 위해서는 낙석이 자주 발생하는 경사진 곳과 바위벽 아래를 지날 때 돌을 떨어뜨리지 않도록 서로가 조심해야 한다.

또 암벽등반을 할 때는 항상 헬멧을 쓰는 습관을 들이고, 낙석의 위험이 많은 곳에서 등반을 하거나 하강할 때에는 로프의 흐름에도 주의해야 한다.

⑧ 벼락과 감전

벼락을 유인하는 것은 사람의 몸 자체이지 몸에 걸쳐져 있는 금속이 아니다. 하지만 우산이나 피켈, 알파인 스틱 같은 것들이 머리보다 위에 올라와 있으면 재질과 관계없이 벼락을 유인하는 역할을 한다. 벼락은 주로 높은 곳에 떨어지므로 천둥번개가 칠 때는 낮고 안전한 곳으로 신속히 대피한다

⑨ 중독

식물에 대해 잘 모르는 사람은 아예 야생의 식물을 먹을 생각조차 하지 않아 중독 사고를 일으키지 않지만, 어설픈 지식을 가진 사람들의 잘못된 판단이 여러 사람을 위험에 빠져들게 한다. 먹을 수 있는 것이라는 확신이 없으면 절대로 아무것이나 먹지 말아야 한다. 일반 사람들은 식물이나 버섯에 독이 있는지 구별하기가 쉽지 않기 때문에 먹을 수 있는 것이라는 확신을 가지고 있지 않는 한 절대 아무것이나 먹어서는 안 된다.

2) 물놀이 사고

① 해수욕장

해수욕장은 물놀이 안전요원 배치 및 운영면에서 안전관리를 철저히 하는 장소임에도 불구하고 밀물 시간 사전 미숙지로 인한 고립, 음주 후 수영 등 대부분 개인의 안전의식 부족으로 인한 안전사고 발생하고 있다. 이로 인해 조류나 파도에 휩쓸려 물놀이 안전선 밖으로 표류하는 경우가 발생하고 가족, 친구 등 단체로 물놀이를 즐기는 경우가 대부분으로 수영실력 과시, 수영 미숙으로 인한 사고가 주류를 이루고 있다.

② 하천

하천에서 수상레저시설 이용 시 구명동의 등 구조장비 미착용으로 인한 인명사고와 보호자의 무관심으로 인한 어린이 안전사고, 음주수영 및 수영실력 과시 등의 안전 불감증으로 인한 안전사고가 주로 발생하고 있다. 또한 충분한 사전 운동없이 입수하여 심장 마비로 인한 사망, 물에 빠진 사람을 충분한 구조 지식없이 무리하게 구조함으로 인한 사고, 폭우 후 강우량이 증가하고 유속이 빨라진 하천(강)에서 물놀이하다 급류에 휘말림 등의 사고 등 주의를 기울이면 예방할 수 있는 사고가 주를 이루고 있다.

③ 저수지

저수지에서의 사고는 수상레저시설 이용 시 구조장비 미착용 등 안전부주의로 인한 사고와 음주수영 및 수영실력 과시 등으로 인한 안전사고, 수영금지 구역 및 위험구역에서의 물놀이로 인한 안전사고 등 인적 요인에 의한 사고가 주 원인으로 분석되고 있다.

④ 계곡

계곡에서는 래프팅 등 기구를 타고 전복되어 급류에 휩쓸려 안전사고가 발생하거나 지구온난화, 엘니뇨현상 등에 의한 이상 기후변화로 게릴라성 호우에 의하여 갑자기 불어난 계곡물에 고립, 무방비 상태로 입수하는 등의 사고가 주로 발생하고 있으며, 특히 단체 모임 분위기에 취해 음주 및 안전 부주의로 인한 안전사고가 주를 이루고 있다. 또한 어린이의 물놀이 안전사고 예방을 위한 보호장구 미착용 등 보호자의 관심 소홀에 의한 어린이 안전사고가 주로 발생하는 추세다.

3) 스키장 사고

① 부딪힘 및 넘어짐으로 인한 골절, 타박상

추울 때는 근육이 경직되며, 유연성이 떨어져 가볍게 미끄러져도 골절이 발생할 확률이 그만큼 높다. 엉덩이뼈 윗부분이 잘 부러지며, 무릎을 지탱해주는 전방십자인대 손상도 흔하다.

스키장의 경우 고속으로 주행하는 스키와 보드로 인해 이용자끼리 부딪히는 경우가 대부분이며 이로 인한 골절, 타박상, 염좌 등의 손상으로 이어지는 경우가 많다. 스키 초보자의 경우 넘어지는 횟수가 많은 만큼 주의해야 한다. 갈수록 스노보드를 즐기는 인구가 많아지고 있는데, 스노보드의 경우 손과 팔로 방향을 잡기 때문에 손목 부상이나 팔 골절이 많은 만큼 조심해야 한다.

척추 골절은 넘어지거나 주저앉을 때의 충격으로 척추가 압박을 받아 생긴다. 특히 좁은 슬로프에 많은 인원이 함께 즐기는 만큼 상대방과의 부딪힘은 더욱 주의해야 한다.

② 추위로 인한 동상

동상은 손가락, 발가락, 귀, 코, 볼과 같은 말단 조직의 온도가 0도 이하로 떨어질 때 일어난다. 증상은 추위와 함께 통증이 동반되다가 조직의 마비가 온다. 동상이 걸린 부위는 피부 조직이 상한 것이므로 문지르거나 비비면 안 된다. 술과 담배도 역시 삼가야 한다. 예방을 위해 두꺼운 옷보다는 얇은 옷을 여러 겹 겹쳐 입는 것이 좋다.

③ 피부 손상

스키장에서는 자외선과 차가운 바람에 주의를 해야 한다. 스키를 타기 30분 전 그리고 2시간 마다 자외선 차단제를 발라주는 것이 좋다. 여름에 비해 자외선에 의한 피해가 적을 것이라고 생각하지만, 눈에 의해 반사되는 자외선의 양도 평상시보다 4배나 되기 때문에 방심은 금물이다.

스키장에서 피부보호를 위해 자외선 차단제만으로 끝이라고 생각하면 오산이다. 스키장의 위치는 높은 산을 중심으로 한 탁 트인 지형이기 때문에 바람도 많고 쌀쌀하다. 이러한 찬 기온과 강한 바람은 피부를 자극해 거칠고 건조하게 만들기 때문에 로션 등을 이용한 보습에도 신경 써야 한다.

4) 스포츠 사고

① 축구

가장 많은 사람이 즐기는 스포츠인 축구에서는 주로 상대방 선수의 태클에 의해 걸려 넘어지거나 승부욕에 치우친 나머지 과도한 몸싸움 중 부딪히거나 넘어지는 경우가 많다. 또한 공을 드리블하다 밟아서 부상당한다거나 슛이나 킥 중 공이 신체에 맞아 부상당하는 경우, 헛발질하다 부상당하는 경우가 많다.

② 농구

농구는 손을 주로 사용하므로 공을 주고받다가 손가락에 맞아 부상당하거나 기술이 부족함에도 선수들의 기술을 모방하다가 부상당하는 경우가 발생한다. 또한 공을 서로 잡기 위해 몸싸움을 한다거나 슛을 던지고 난 뒤 제대로 착지하지 못해 사고가 발생한다.

③ 야구

최근 생활체육 인구가 대폭 늘어나고 있는 야구는 투수나 야수가 던진 공이 신체에 맞아 사고가 발생하거나 타자가 친 공에 야수가 맞는 등 공에 의한 사고가 많이 발생한다. 높이 뜬 공을 잡기 위해 이동하다 선수끼리 부딪히는 경우와 펜스에 부딪히는 경우도 자주 발생하고 있다.

④ 달리기

마라톤 등 달리기 스포츠에서는 서로 앞서 달리려고 하다가 부딪히면서 넘어지는 경우와 준비운동 없이 달리다가 근육이 손상되거나 갑작스런 심장마비도 안전사고 발생의 주요인 중 하나다.

1.5.4. 놀이여가 사고 발생 원인

1) 등산 사고

① 자연적 요인

산에서는 기온 급강하, 폭우, 폭설, 바람, 폭풍, 태풍, 벼락, 강한 햇빛, 어둠, 안개 등 날씨 변화로 인한 위험과 산의 높이, 산사태, 눈사태, 낙석, 낙빙, 바위의 무너짐, 급류, 계곡의 범람 등과 같은 지형에 따른 자연적 위험이 항상 도사리고 있다.

② 인위적 요인

산악 사고와 조난은 항상 존재하고 있는 자연적인 위험에 사람이 인위적으로 문제를 일으켜 위험 요인을 더해 줌으로써 복합적으로 일어나는 경우가 대부분이다. 하지만 자연 환경 변화로 인한 위험은 충분히 예측하고 준비해서 피할 수 있다. 그래서 대부분의 산악 사고와 조난의 원인은 거의 사람의 잘못이나 실수에서 비롯된다.

2) 물놀이 사고

① 자연적 요인

물놀이도 자연에 포함되어 놀이를 즐기는 여가행위이다. 즉 기후, 환경 등 자연으로부터의 위험은 항상 상존한다. 계곡이나 하천에서 예기치 못한 급류로 인해 위험에 처하고 사고로까지 이어지는 경우도 있고 물놀이 중 갑작스런 높은 파도로 인해 사고가 발생하는 경우가 매년 끊이지 않고 있다.

또한 최근에는 지구 온난화 등으로 인해 예측할 수 없는 지진해일로 인해 대형사고를 당하는 경우까지 발생하고 있으므로 항상 일기예보 등을 귀담아듣고 위험한 상태에 노출되지 않도록 본인 스스로 준비하는 노력이 필요하다.

② 인위적 요인

물놀이 사고의 대부분의 원인은 개인부주의로 나타나고 있다. 예를 들어 해가 지는 데도 불구하고 물놀이를 하거나 평소 심장이 나쁘거나 몸이 좋지 않은 데도 불구하고 본인의 건강상태를 고려하지 않고 무리한 물놀이를 하다가 사고를 당하는 경우가 많다. 또한 물에 들어가기 전에는 충분한 준비운동으로 몸에 열을 내고 들어가야 하고 손발부터 가슴에 이르기까지 물을 충분히 묻힌 뒤 물놀이를 즐겨야 한다.

3) 스키장 사고

① 자연적 요인

스키장의 경우 몸을 가누지 못할 정도의 강풍이나 폭설 등의 경우에는 스키장 자체적으로 리프트나 곤돌라 등의 운행을 제한하거나 슬로프 이용을 규제하는 경우가 있으므로 자연적 요인에 의한 사고 발생 가능성은 낮은 편이다.

② 인위적 사고

스키장에서의 사고 대부분은 스키실력 부족 때문에 발생한다. 실력이 부족한 상황에서 중력을 따라 미끄러지다 보면 스키 또는 보드 이용자 서로 간에 충돌하는 경우가 대부분이다. 강습과 연습 없이 실력이 부족하여 슬로프 내에서 타인을 배려할 여유를 찾지 못하거나 초보자로서 활주 속도를 제어하지 못하여 발생하는 경우가 많다. 또 자만심과 영웅심으로 자신의 등급보다 높은 슬로프를 이용한다든지, 최근 급증하고 있는 초보 이용자들이 최소한 갖춰야 할 보호 장구를 갖추지 않음으로써 사고가 보다 심각해지는 원인이 되고 있다.

4) 스포츠 사고

스포츠 사고의 경우에는 자연적 요인보다는 대부분의 사고가 인위적 원인으로 볼 수 있다. 특히 충분한 준비운동 없이 과도한 자신감으로 신체의 한계를 넘는 스포츠에 도전한다든지, 안전장구를 갖추지 않아 발생하기 때문에 충분히 예방이 가능하다.

1.5.5 대처 방안

1) 등산 사고 예방 대책

① 등산 시 안전 대책

산행은 아침 일찍 시작하여 해지기 한두 시간 전에 마쳐야 하며 하루 8시간 정도 산행하고, 체력의 30%는 비축하는 것이 좋다. 2인 이상 등산을 하되, 일행 중 가장 약한 사람을 기준으로 산행하고 배낭을 잘 꾸리고, 손에는 가급적 물건을 들지 않는다. 등산화는 발에 잘 맞고 통기성과 방수능력이 좋은 것을 신는 것이 좋으며 산행 중에는 한꺼번에 너무 많이 먹지 말고, 조금씩 자주 섭취해야 한다. 썩은 나뭇가지, 풀, 불안정한 바위를 손잡이로 사용하지 말고 급경사 등 위험한 곳에서는 보조자일을 사용하는 것이 좋다.

② 하산 시 안전 대책

내려오는 것은 오르는 것만큼이나 힘들다. 걷기 쉽다고 함부로 달리듯 내려오면 안 된다. 체중과 배낭의 하중으로 무릎관절이나 발목에 충격이 가해지기 때문에 무릎 통증이 생기고 물집 등의 원인이 된다. 뿐만 아니라 척추에 충격이 가해지고, 오랫동안 내려온 다음에는 두통이 생기기도 한다.

내려올 때에는 경사가 급할수록 속도를 늦춰야 하며 여분의 양말 등을 신고 신발 끈을 꼭 매어 발이 놀지 않도록 해야 한다. 또한 내려올 때의 보폭은 오를 때보다 안정감이 있어야 하며 발은 될 수 있으면 가볍게 땅에 딛고 무릎을 굽혀 충격을 흡수하도록 한다. 빠른 속도로 하산할 경우 곧잘 길을 잃어버리기도 한다. 하산 시의 휴식도 오를 때만큼 중요하다.

③ 조난 사고 시 대책

길을 잃었을 때에는 아는 곳까지 왔던 길을 되돌아가는 것이 가장 현명한 방법이다. 그런 다음 그곳에서 자신의 위치를 정확하게 파악하고 계획했던 방향을 찾는다. 만일 짙은 안개, 눈보라, 어둠 때문에 지형과 방향을 살필 수 없을 때에는 그 자리에서 다른 사람들이 올 때까지 기다리거나 정확히 알고 있는 곳까지 되돌아가야 한다. 조난에 대비하는 노력도 필요하다. 혹시라도 밤이 늦어지거나 어두운 곳으로 이동할 것을 고려하여 랜턴을 반드시 챙기고, 여분의 배터리를 상시 휴대하는 것이 좋다.

지쳤거나 어두워졌거나 악천후로 산행을 계속하기 어려운 상황이라면 섣불리 움직여서는 안 된다. 가능한 방법으로 구조요청을 하고 그곳에서 구조대가 올 때까지 체온과 체력을 유지하며 기다리는 편이 더 안전하다. 산행하기 전에 가족에게 언제 누구와 어느 산을 어디로 올랐다가 언제 하산할 예정인지 간단하게 알려두면 혹시라도 조난을 당했을 때 도움이 될 수도 있다.

조난을 당했더라도 다친 사람이 없다면 크게 걱정할 것은 없다. 먼저 상황을 정확하게 파악하고 안전한 장소로 옮겨 밤을 새울 것인지 아니면 바로 탈출할 것인지를 결정한다. 안전한 장소로 옮겨서 밤을 새울 작정이라면 될 수 있는 대로 바람이 적게 불고 눈과 비의 피해를 막을 수 있는 곳으로 자리를 옮긴 후 가지고 있는 모든 장비를 활용하여 밤을 새울 준비를 한 다음 상황이 좋아지기를 기다린다.

④ 산행 행동요령

㉠ 위급 상황 시 행동 요령(3C)

- 1단계: 위급상황을 인식하고 어떻게 행동할지를 결정하는 것(Check)
- 2단계: 도움을 요청하는 것(Call)
- 3단계: 응급의료기관에 인계할 때까지 적절한 처치를 하는 것(Care)

㉡ 구조 요청 시 꼭 알려야 할 정보

- 응급 상황이 발생한 정확한 장소
  - 무슨 일이 일어났는지
  - 부상자의 상태 정도
  - 전화 거는 사람의 이름, 연락처
  - 얼마나 많은 사람이 다쳤는지
  - 응급처치는 어떻게 하고 있는지

㉢ 응급조치

- 가슴통증, 호흡곤란 등의 급성질환이 발생했을 때
  - 등산을 하다가 극심한 가슴통증이 발생했다면 심장혈관, 즉 관상동맥의 이상을 의심해 볼 수 있다.
  - 특히, 가슴이 터질 듯하거나 짓누르는 듯한 통증을 느낀다면 협심증이나 심근경색일 때 발생하는 현상일 수 있으므로 즉시 편안한 자세로 휴식을 취해야 하며 구조대에 도움을 요청하도록 한다.
  - 심혈관계에 이상이 있는 사람은 무리한 등산을 피해야 하며 혈관확장제를 미리 준비하여 증상이 나타났을 때 복용하는 것이 좋다.
  - 호흡곤란 증세가 나타났을 때에는 등산을 중단하고 안정을 취해야 하며 호흡을 깊게 천천히 하도록 하고 증상이 좋아지지 않으면 즉시 도움을 요청해야 한다.
- 겨울철 디카, 휴대폰 랜턴 배터리 방전보호
  - 리튬이온 배터리는 온도가 낮으면 작동에 무리가 가거나 방전될 소지가 있다. 따라서 평상시 배터리를 따뜻한 체온으로 보호하여 방전 및 예기치 못한 상황에 유의한다.
  - 추운 날씨에는 재킷 안에 넣어 다니며 손난로 등으로 함께 보관하면 효과적으로 배터리 방전을 예방할 수 있다.
  - 랜턴 배터리의 경우 사용 중인 배터리와 배터리 사이에 종이를

넣어둠으로 절전효과를 일으킬 수 있다.

- 고혈압 및 빈혈 환자 등산 시 주의 사항
  - 평소 고혈압이 있는 사람이 혈압이 잘 조절되지 않은 상태에서 산에 오르면 혈압이 더욱 상승하게 된다.
  - 갑작스러운 혈압상승은 뇌출혈 등 위험한 상황으로 이어질 수 있으므로 각별히 주의해야 한다.
  - 빈혈환자 역시 등산을 하게 되면 운동량이 증가하여 몸에 더 많은 산소를 공급해야 하는데 이는 심장에 부담을 줄 수 있다.
- 골절
  - 뼈가 부러지는 부상을 입었을 경우에는 먼저 손상 부위를 차갑게 유지하고 부목을 대고 고정시켜야 한다.
  - 나뭇가지나 두꺼운 종이 등을 사용하여 옷가지 등으로 묶으면 된다.
  - 골절 부위에 출혈이 있으면 직접 압박으로 지혈을 하고 부목을 대도록 한다.
  - 뼈가 외부로 노출된 개방성 골절 부상을 입었다면 뼈를 억지로 안으로 밀어 넣으려 하지 말고 만약 뼈가 안으로 들어간 경우라면 의료진에 알리도록 한다.
  - 개방성 골절은 노출된 부위를 통해 감염이 생길 우려가 있으므로 환부를 깨끗한 가제나 수건으로 덮고 부목으로 고정시켜 빨리 병원으로 이송해야 한다.
- 다리에 쥐날 때
  - 만약에 왼쪽 다리에 쥐가 나는 등 근육이 경직 혹은 경련이 일어날 경우 왼쪽 손등의 새끼손가락 중간 마디를 오른손 검지 손톱 등으로 꾹 눌러본다.
  - 특별히 아픈 부위가 있다면 지속적으로 해당 부위를 누르게 되면 일시적으로 통증을 경감시킬 수 있다.
  - 오른쪽 다리의 경우 같은 방법으로 오른쪽 손등의 새끼손가락

중간 마디 부위를 지압한다.

- 머리 손상
  - 머리를 다쳤을 때 환자가 의식을 잃거나 토하거나 두통을 계속 호소한다면 반드시 응급실에 가서 검사를 받아야 한다.
  - 이때는 가능한 가장 가까운 응급실을 찾는 것이 바람직하다.
- 뱀에 물렸을 때
  - 몸을 눕혀 안정시킨 뒤 움직이지 않게 하고 물린 부위가 부풀어 오르면 5~10cm 위쪽을 묶어 독이 퍼지지 않게 한다.
  - 입에 상처가 없을 때 물린 부위를 약간 절개하고 입으로 독을 빨아낸다.
  - 뱀에게 물린 경우 뱀의 모양을 잘 살펴야 한다.
  - 독사는 머리가 삼각형이고 목이 가늘며 물리면 2개의 독이빨 자국이 난다.
  - 독사가 아니면 당황할 필요는 없다.
  - 소독을 주된 처치로 하면 되는데 비누와 흐르는 물로 상처 부위를 깨끗이 씻고 옥시풀 등의 소독약으로 소독한 다음 거즈 같은 청결한 천으로 덮는다.
  - 동물에게 물린 상처는 여러 가지 감염증의 원인이 되므로 처치가 끝났으면 조속히 의사의 진찰을 받는다.
  - 만약 독사에 물린 사람이 있을 때는 우선 환자가 안정하도록 바닥에 눕힌다.
  - 움직이면 혈액순환이 좋아져 독소가 빨리 퍼지므로 주의해야 한다.
  - 상처 부위를 물로 잘 씻어 내고 소독을 한 다음, 상처보다도 심장에 가까운 곳을 가볍게(표면의 정맥을 압박할 정도로) 묶어 둔다.
  - 구조자는 환자의 상처 부위에 직접 입을 대고 독소를 빨아낸다. 강하게 빨아내고 빨아내거든 재빨리 뱉어 버린다.

- 이러한 처치를 몇 번 되풀이 하고 독소를 빨아낸 사람은 깨끗이 양치질을 한다.
- 상처의 처치가 끝나면 환자를 들 것 같은 것에 태워서 안정한 상태 그대로 서둘러 의사의 치료를 받게 한다.
- 치료가 늦어지면 독소가 전신에 퍼져서 쇼크상태에 빠지는 수가 있으므로 주의해야 한다.

- 벌레에 물렸을 때
  - 밝은색의 옷이나 헤어스프레이, 향수 등은 곤충을 유인할 수 있으므로 피하고, 남은 음식도 꼭 덮어놓으므로 벌레들로부터의 피해를 예방한다.
  - 산행 중에는 긴 상하의가 모기를 막는 일차적 방책이다.
  - 그 외 초음파를 발생시켜 모기를 퇴치한다는 초음파 모기 퇴치기, 바르는 모기약 등을 병용한다.
  - 또한 손목에 걸어 착용할 수 있는 모기퇴치 용품도 휴대한다.
- 벌에 쏘였을 경우
  - 산행 중 벌에게 쏘이는 경우, 억지로 독침을 빼려 하지 말고 신용카드 같은 얇은 도구를 이용하여 살살 긁어 주면 곧 벌침이 빠진다.
  - 이후 환부를 절대로 문지르지 말아야 한다.
  - 계곡물이나 생수 등으로 차가운 물수건을 만들어 상처 부위를 덮어준다.
  - 이때 얼음물에 적신 물수건으로 냉찜질을 해주면 통증이 가신다.
  - 한편 얼음 등으로 물린 부위를 찜질하고 암모니아 수 등을 바르면 큰 문제는 없다.
  - 또한 보통 대용으로 우유를 바르는 것도 좋다.
  - 전신적인 쇼크나 알레르기 반응 시 병원에 입원, 응급치료를 받아야 한다.

- 여름철에 잡목숲을 산행할 때
  - 날씨가 무더운 한여름, 가시넝쿨로 뒤덮인 잡목 숲을 산행할 경우 피부보호를 위해 가급적 긴팔을 입어야 한다.
  - 그러나 더위로 인해 여의치 않을 경우 반팔에 토시를 착용하여 산행길이 좋으면 토시를 벗고 잡목구간 출연 시는 다시 입는 형태로 수시로 갈아입도록 함으로 가시넝쿨에 피부가 상하지 않도록 주의한다(토시: 손목을 감싸는 천으로 만든 것. 일명 "소대"라고 함).
- 열상
  - 찢어져서 생긴 상처를 열상이라고 한다.
  - 열상은 출혈도 많고 때로는 피부 속의 근육과 인대 등도 밖으로 보일 수 있다.
  - 특히 머리 부위의 열상은 출혈량이 많아서 상처 부위 범위가 작더라도 심한 출혈을 발생시킨다.
  - 열상이 있을 때에는 열상의 정확한 부위를 확인한 후 거즈를 덮고 손으로 눌러주면 지혈이 된다.
  - 이때 지혈제를 사용하면 지혈제 가루가 상처 사이에 박혀 세척으로도 완전히 제거되지 않아 나중에 봉합해도 상처가 잘 치유되지 않을 수 있기 때문에 사용하지 않는 것이 좋다.
  - 열상은 대부분 상처를 봉합해야만 하기 때문에 가능한 빠른 시간 안에 응급실을 찾아야 한다.
- 예기치 못한 눈길 상황 발생 시
  - 예상치 못한 폭설 등으로 산길이 눈으로 덮였을 시, 비상 아이젠을 착용하여야 하나 상황이 위급하다면 대용으로 신발 위에 양말을 벗어 신고 산행한다. 또는 아이젠 대용으로 배낭에 항상 9mm 줄을 예비하여 눈길 발생 시 발에 줄을 감고 산행하도록 한다.

• 저체온증

- 저체온증은 체온이 35℃ 이하로 내려간 상태를 말하는데 추운 겨울철에만 발생하는 것이 아니라 땀 등으로 옷이 젖어 있는 상태에서 바람이 불면 발생할 수 있다.
- 특히, 체력이 저하되고 탈진한 상태라면 더욱 위험할 수 있으므로 주의해야 한다.
- 체온이 떨어지기 시작하면 움직임이 둔화되기 때문에 스스로 정상체온을 회복하는 능력이 저하된다.
- 따라서 날씨가 크게 춥지 않은 가을철이라도 등산을 할 때에는 체온을 유지시켜 주는 재질의 등산복과 여벌의 옷을 준비하고 탈진되지 않도록 수분과 탄수화물을 적절히 섭취해야 한다.
- 만약 체온이 저하되었다면 옷이나 담요 등을 덮어 보온하고 따뜻한 물을 마시며 피부를 강하게 문질러 혈액순환이 잘되도록 하는 것도 좋다.
- 무엇보다 빨리 도움을 요청해서 따뜻한 곳으로 이동해야 한다.

• 주변에 응급환자 발생시

- 우선 당황하지 말고 침착하게 행동해야 한다.
- 당황하게 되면 평소에 잘 알고 있던 응급처치조차 제대로 하지 못하고 환자를 더욱더 불안하게 할 수 있다.
- 혼자서 모든 것을 해결하려는 것은 잘못이다. 환자 상태가 나쁘거나 급할수록 주변의 도움을 청해야 한다.
- 소방서에서 운영하는 119 구급대는 응급환자 신고접수 후 5분 안에 현장에 출동하여 도움을 주고 있다. 전국 어디서나 119로 전화 가능하다.
- 추락사고 현장에서 무리하게 환자를 옮기려고 서두르게 되면 손상을 악화 시킬 수 있으니 구급대를 기다린다.
- 응급처치가 항상 필요한 것만은 아니다. 무엇인가를 해야 한다는 강박관념에 욕심을 부리다 보면 불필요한 처치를 하거나 응

급실 도착시간을 지연시킬 수 있다.

- 예를 들어 부엌에서 요리를 하다가 칼에 손을 베인 경우에 출혈이 멈추도록 상처 부위를 거즈로 감싸거나 손으로 누르는 것은 좋지만 약국에 달려가 지혈제나 항생제를 사다가 상처에 뿌리고 응급실에 오는 것은 잘못이다.
- 응급처치의 우선순위 중 가장 중요한 것은 생명유지를 위한 호흡과 심장운동이다. 이를 위하여 기도유지, 인공호흡, 심장압박 등이 다른 처치에 우선되어야 한다.
- 예를 들어 교통사고로 의식을 잃고 고개가 앞으로 젖혀져 있으면 기도가 막실 수 있는데 이 경우에 눈에 보이는 사지의 출혈에만 신경쓰다 보면 숨을 못쉬어 불행한 일이 생길 수 있다.
- 병원응급실로 옮겨야겠다고 결정이 되면 가장 가까운 병의원의 응급실로 환자를 옮겨 1차 응급조치를 받아야 한다.
- 무조건 큰 병원만 고집하여 멀리 떨어진 대학병원 등으로 옮기다 보면 치료 시기를 놓쳐 상태가 악화될 수도 있다.

• 철과상과 절상

- 등산 시에는 날카로운 나뭇가지나 등산장비 등에 피부를 긁히거나 베이는 경우도 자주 발생한다.
- 사소한 부상이라면 소독 후 반창고를 붙이도록 하고 만약 피가 멈추지 않거나 출혈이 심각할 때는 환부를 심장보다 높은 곳으로 들어 올리고 피가 나는 부위는 압박을 통해 지혈하도록 한다.

• 치아 손상

- 치아가 뿌리째 빠진 경우는 식염수나 우유에 빠진 치아를 담가서 치과 응급처치를 받을 수 있는 병원으로 빠른 시간 안에 가져가면 적절한 이식치료를 받을 수 있다.

• 탈진

- 탈진을 방지하기 위해서는 사전에 수분을 충분히 섭취하는 것

이 중요하다.

- 등산을 하면서 물을 조금씩 자주 마시고 쉬는 동안에는 탄수화물을 섭취하도록 하며, 알코올이나 고단백 음식은 피하는 것이 바람직하다.
- 만약 등산로에서 길을 잃고 오랜 시간 헤매다 탈진 증세가 나타날 때에는 그늘에 편한 자세로 눕도록 하고 등산화와 양말을 벗고 조이는 옷과 허리띠 등을 느슨하게 풀어주는 것이 좋다.
- 물을 충분히 공급하며 이때 소금물이나 염분제를 먹는 것은 피해야 한다.

- 발목염좌
  - 발목을 '삐었다' 혹은 '접질렸다'고 표현하는 발목염좌는 울퉁불퉁한 바위나 계단을 오르내릴 때 흔히 발생하는 증상이다.
  - 다리가 균형을 잃으면서 발목이 돌아갔을 때 걷기 힘들어지고 부위가 부어오르는 것을 느낄 수 있는데 이는 인대의 일부 혹은 전체가 늘어나거나 파열됐기 때문이다. 가벼운 발목 염좌의 경우 따로 치료를 하지 않아도 저절로 낫게 되지만 2~3일이 지났는데도 지속적으로 발목 부위에 통증을 느낀다면 병원을 찾는 것이 좋다.
  - 단순 염좌라 생각하여 방치했다가 뒤늦게 골절이 발견되는 경우도 있기 때문이다.
  - 인대가 손상된 경우라면 3~4주간 석고부목 고정을, 인대가 파열된 상황이면 4~6주간 석고 고정을 해야 한다.
  - 발목 염좌를 초기에 제대로 치료하지 않을 경우 다친 부위를 반복적으로 삐게되거나 만성적 통증에 시달릴 수도 있으므로 주의해야 한다.

⑤ 산행시 기본 수칙

- 산행은 아침 일찍 시작하여 해지기 한두 시간 전에 마친다.

- 하루 8시간을 산행하고, 체력의 30%는 비축한다.
- 일행 중 약한 사람을 기준으로 산행한다.
- 될 수 있으면 30킬로그램 이상의 짐을 지지 않는다.
- 배낭에는 기상이변 등을 대비 랜턴, 우의, 휴대전화(예비 축전지), 상비약품을 준비하고 손에는 될 수 있으면 물건을 들지 않는다.
- 등산화는 발에 잘 맞고 통기성과 방수성이 좋은 것을 신는다.
- 산행 중에는 한꺼번에 너무 많이 먹지 말고, 조금씩 자주 섭취한다.
- 산에서는 아는 길도 자주 지도를 보고 확인한다.
- 길을 잘못 들었을 때는 당황하지 말고, 아는 위치까지 되돌아가서 다시 확인한다.
- 등반로 외의 산행을 삼가고, 길을 잃었을 때에는 계곡을 피하여 능선으로 올라간다.
- 등산화 바닥 전체로 지면을 밟고 안전하게 걷는다.
- 보폭을 너무 넓게 하지 말고 항상 일정한 속도로 걷는다.
- 발 디딜 곳을 잘 살펴 천천히 걷는다.
- 처음 몇 차례는 15~20분 정도 걷고 5분간 휴식하고, 차츰 30분 정도 걷고 5~10분간 휴식한 다음 산행에 적응이 되면 1시간 정도 걷고 10분간씩 휴식하는 것이 좋다.
- 산행 시에는 수시로 지형과 지도를 대조하여 현재 위치를 소방서에서 설치한 위치판 고유번호와 함께 확인하는 것이 좋다.
- 내려갈 때는 자세를 낮추고 발아래를 잘 살펴 안전하게 디딘다.
- 썩은 나뭇가지 풀, 불안정한 바위를 손잡이로 사용하지 않는다.
- 급경사 등 위험한 곳에서는 보조 자일을 사용하는 것이 좋다.

⑥ 산에서 캠핑할 때는

- 야생동물이나 곤충으로부터 피해를 보지 않도록 주의하고, 뱀 등이 나타나면 절대로 공격을 하면 안 된다.
- 계곡에서 캠핑할 때는, 밤사이 집중호우가 내려 물이 갑자기 불어나

면서 위험해질 수 있으므로 물 가까이 텐트를 치지 않는다.

- 물을 쉽게 구할 수 있고 바닥이 평평해야 하며, 뒤에 암벽이나 언덕이 없어 산사태 위험이 없는 곳에 텐트를 친다.
- 벌레에 물리면 비눗물로 즉시 씻고, 항히스타민제 연고를 바른다.
- 휴대용 랜턴, 라디오, 밧줄(로프), 구급약품 등을 준비해둔다.
- 호우주의보 발령 시 라디오에 귀를 기울여 기상상태를 주시한다.
- 등산 중일 때에는 빨리 하산하거나 급히 높은 지대로 피신하되, 물살이 거센 계곡을 절대로 건너지 않는다.
- 야영 중에 물이 밀려들 때에는 절대로 물건에 미련을 두지 말고 신속히 대피한다.
- 집중호우 시 나무로 만들어진 다리(교량)는 건너지 않는다.

⑦ 국민행동요령

산행 안전에 대하여 국민행동요령으로 총정리를 해보자.

- 등산로를 미리 파악하고 통신장비 등 기본 등산장비를 휴대하며 음주, 단독산행을 삼가야 한다.
- 산행은 아침 일찍 시작하고 해지기 한 두 시간 전에 마쳐야 한다.
- 하루 산행은 8시간 이하로 하며 일행 중 가장 약한 사람을 기준으로 산행한다.
- 배낭 무게는 가급적 가볍게 하고 발에 맞는 등산화를 신어야 한다.
- 사고를 대비하여 비상식량을 챙기고 산행 중 음식물은 한꺼번에 너무 많이 먹지 말고 조금씩 자주 먹는다.
- 등산로가 아닌 곳은 출입하지 않아야 하며, 길을 잘못 들었다고 판단되면 빨리 되돌아가야 한다.
- 우천 시 계곡산행은 피해야 하고 폭우로 계곡물이 불어나 급류로 바뀐 때에는 절대 건너지 말아야 한다.
- 낙석이 자주 일어나는 경사진 곳과 바위벽 아래를 지날 때에는 낙석에 유의한다.

- 산행 중 조난 또는 길을 잃었을 경우에는 계곡을 피하고 능선을 따라 이동한다.

충분한 산행코스 정보

체력에 맞는 등산장비

보온병 준비

겨울철 아이젠착용

산행시 안전 행동요령

2) 물놀이 사고 예방 대책

① 물놀이 안전 수칙

수영을 하기 전에는 반드시 준비운동 및 구명조끼를 착용하고 물에 들어갈 때는 심장에서 먼 부분부터(다리→ 팔→ 얼굴→ 가슴) 물을 묻혀야 한다. 몸에 소름이 돋고 피부가 당겨질 때는 몸을 따뜻하게 하고 휴식을 취해야 한다. 물이 갑자기 깊어지는 곳은 특히 위험하므로 조심하고 건강 상태가 좋지 않을 때, 배가 고플 때, 식사 후에는 수영을 하지 않는 것이 좋다. 본인의 수영능력 과신은 금물이다. 장시간 수영은 체력이 떨어지므로 하지 말고 호수나 강에서 혼자 수영하는 것도 위험하므로 자제하는 것이 필요하다. 물에 빠진 사람을 발견하면 주위에 소리쳐 알리고 즉시 119에 신고하고 구조

경험 없는 사람은 무모한 구조는 하지 말고 함부로 물에 뛰어들면 본인도 위험할 수 있으므로 절대금물이다.

구조 시에는 가급적 튜브, 장대 등 주위 물건을 이용하여 안전하게 구조해야 한다.

② 어린이 물놀이 활동 시 유의사항

어른들이 얕은 물이라고 방심하게 되는 그곳이 가장 위험할 수 있고 어린이는 거북이, 오리 등 각종 동물 모양을 한, 보행기처럼 다리를 끼우는 방식의 튜브사용은 뒤집힐 경우 아이 스스로 빠져나오지 못하고 머리가 물속에 잠길 수 있다.

보호자의 활동 범위 내에서만 안전이 보장될 수 있으며, 어린이는 순간적으로 익사할 수 있다는 점을 명심해야 한다. 유아 및 어린이들은 보호자의 손을 뻗어 즉각 구조가 가능한 위치에서 감독해야 한다. 활동 반경이 넓어지는 만 6~9세 이하 어린이들은 보호자의 통제권을 벗어나려는 경향을 보이므로 사전 안전교육 및 주의를 주어 통제한다.

③ 물놀이 10대 안전 수칙

수영을 하기 전에는 손, 발 등의 경련을 방지하기 위해 반드시 준비운동을 하고 물에 처음 들어가기 전 심장에서 먼 부분부터(다리, 팔, 얼굴, 가슴 등의 순서) 물을 적신 후 들어간다. 수영 도중 몸에 소름이 돋고 피부가 당겨질 때에는 몸을 따뜻하게 감싸고 휴식을 취한다. 특히 이 경우는 다리에 쥐가 나거나 근육에 경련이 일어나 상당히 위험한 경우가 많으므로 특히 주의한다. 물의 깊이는 일정하지 않기 때문에 갑자기 깊어지는 곳은 특히 위험하다. 구조 경험이 없는 사람은 안전구조 이전에 무모한 구조를 삼가야 한다.

물에 빠진 사람을 발견하면 주위에 소리쳐 알리고 구조에 자신이 없으면 함부로 물속에 뛰어들지 않는다. 수영에 자신이 있더라도 가급적 주위의 물건들(튜브, 스티로폼, 장대 등)을 이용한 안전구조를 한다. 건강상태가 좋지 않을 때나, 몹시 배가 고프거나 식사 후에는 수영을 하지 않는다. 자신의 수영능력을 과신하여 무리한 행동을 하지 않는다. 장시간 계속 수영하지 않으며, 호수나 강에서는 혼자 수영하지 않는다.

④ 여름철 물놀이 행동요령

특히, 여름철에 잘 일어날 수 있는 물놀이 상황별 대처요령에 대하여 알아보자.

㉠ 파도가 있는 곳에서 수영할 때는

- 체력의 소모가 적게 편안한 기분으로 수영한다. (긴장하면 그 자체로서 체력소모가 발생한다.)
- 머리는 언제나 수면상에 내밀고 있어야 한다.
- 물을 먹지 않으려고 기를 쓰고 참기보다 마시는 쪽이 오히려 편안할 수도 있다.
- 큰 파도가 덮칠 때는 깊이 잠수할수록 안전하다.
- 지쳐서 휴식을 할 때는 바람이 부는 방향에 따라 다르다.
- 큰 파도에 휩싸였을 때는 버둥대지 말고 파도에 몸을 맡기고 숨을 중지해 있으면 자연히 떠오른다.
- 파도가 크게 넘실거리는 곳은 깊고 파도가 부서지는 곳이나 하얀 파도가 있는 곳은 일반적으로 얕다. 또 색이 검은 곳은 깊고, 맑은 곳은 얕다.
- 간조와 만조는 대개 6시간마다 바뀌므로 간만 때의 조류변화 시간을 알아 두는 것은 대단히 중요하다. 조류가 변할 때는 언제나 흐름이나 파도, 해저의 상태가 급격하게 변화하게 된다.
- 거센 파도에 밀려 나갔을 때에는 파도에 대항하지 말고 비스듬히 헤엄쳐 육지를 향한다.

㉡ 수초에 감겼을 때는

- 수초에 감겼을 때는 부드럽게 서서히 팔과 다리를 움직여 풀어야 하고 만약 물 흐름이 있으면 흐름에 맡기고 잠깐만 조용히 기다리면 감긴 수초가 헐거워지므로 이때 털어 버리듯이 풀고 수상으

로 나온다.

- 놀라서 발버둥 칠 경우 오히려 더 휘감겨서 위험에 빠질 수 있으므로 침착하게 여유를 가지고 호흡하며, 서서히 부드럽게 몸을 수직으로 움직이면서 꾸준히 헤어나오도록 한다.

㉢ 수영 중 경련이 일어났을 때는

- 경련은 물이 차거나 피로한 근육에 가장 일어나기 쉽고 수영하는 사람은 수영 중 그러한 상황에 항시 놓여 있으므로 흔히 발생할 수 있다.
- 경련이 잘 일어나는 부위는 발가락과 손가락이고 넓적다리 부위에서도 발생하며, 식사 후 너무 빨리 수영을 하였을 때에는 위경련이 일어날 수 있다.
- 경련이 일어나면 먼저 몸의 힘을 빼서 편한 자세가 되도록 하고 (당황하여 벗어나려고 하면 더 심한 경련이 일어난다.) 경련 부위를 주무른다.
- 경련 부위를 신전시키거나 근육의 갈라지는 부분을 강하게 압박한다. 특히 위경련은 위급한 상황이므로 신속히 구급요청을 한다.

㉣ 하천이나 계곡물을 건널 때는

- 물결이 완만한 장소를 선정하여, 될 수 있으면 바닥을 끌 듯이 이동한다.
- 시선은 건너편 강변 둑을 바라보고 건너야 한다.
- 이동 방향에 돌이 있으면 될 수 있으면 피해서 간다.
- 다른 물체를 이용 수심을 재면서 이동한다(지팡이를 약간 상류 쪽에 짚는다).
- 물의 흐름에 따라 이동하되 물살이 셀 때는 물결을 약간 거슬러 이동한다.
- 건너편 하류 쪽으로 밧줄(로프)을 설치하고 한 사람씩 건넌다.
- 밧줄(로프)은 물 위로 설치한다. 밧줄이 없을 때 여러 사람이 손을 맞잡거나 어깨를 지탱하고 물 흐르는 방향과 나란히 서서 건넌다.

㉤ 물에 빠졌을 때는

- 수영을 할 수 있는 경우
  - 흐르는 물에 빠졌을 때는 물의 흐름에 따라 표류하며 비스듬히 헤엄쳐 나온다.
  - 옷과 구두를 신은 채 물에 빠졌을 때는 심호흡을 한 후 물속에서 새우등 뜨기 자세를 취한 다음 벗기 쉬운 것부터 차례로 벗고 헤엄쳐 나온다.
- 수영을 할 수 없는 경우
  - 팔과 다리를 벌리고 하늘을 향해 누워 편안한 호흡을 한다(잎새 뜨기, 생존 수영).
  - 구조구호를 외친다.
- 저체온증상
  - 몸을 웅크려 체온발산을 줄인다.

㉥ 침수 · 고립되었을 때는

- 부유물 등을 이용하며, 특히 배수구나 하수구에 빠지지 않도록 유의한다.
- 도로 중앙지점을 이용하고 될 수 있으면 침수 반대 방향이나 측면 방향으로 이동한다.
- 자기 체온 유지에 관심을 둬야 하며 무리한 탈출 행동을 삼간다.
- 가능한 모든 방법을 이용하여 구조 신호를 한다(옷이나 화염을 이용)
- 가능하다면 라디오나 방송을 청취하여 상황에 대처한다.

㉦ 보트를 탈 때는

- 보트에 들어갈 때는 배를 도크나 강변에 나란히 대놓고 안정시키고 배 뒤쪽에서 양손으로 뱃전을 잡고 배 위의 바닥으로 발을 천천히 옮긴다.
- 배 안에서 균형이 잡히면 중심을 낮춘 자세로 자리를 이동한다.
- 보트에서 나올 때는 보트에 들어갈 때와 반대로 하고 내릴 때 뒷

발이 배를 강 쪽으로 밀지 않도록 유의한다.

- 물속으로 떨어졌을 때는 즉시 수면으로 올라와 배를 붙잡아야 하고 잠시 휴식한 후 배 뒤쪽으로 돌아와서 몸을 솟구쳐 상체부터 올려놓는다.
- 모든 승선자는 구명조끼를 착용해야 한다.

ⓞ 계곡에서 야영지를 선택할 때는

- 계곡에서 야영지를 선택할 때는 물이 흘러간 가장 높은 흔적보다 위쪽에 있도록 하고, 대피할 수 있는 고지대와 대피로가 확보된 곳을 선정하며 또한 낙석 위험과 산사태 위험이 없는 곳이어야 한다.

※ 물놀이 사고 및 안전사고 발생 때 즉시 119로 신고하시기 바랍니다.

ⓩ 갯벌에서 물놀이를 할 때는

- 어민들이 갯벌 출입을 위해 만들어 놓은 진입로가 있는 경우에는 진입로를 이용해 출입하며, 진입로로부터 멀리 떨어진 곳은 출입하지 않는다.
- 갯벌에 갯골이 있는 경우 갯골을 넘어가지 않는다. 밀물 시 갯골에 물이 먼저 차오르기 때문에 수심이 깊어져 넘어오지 못하는 경우가 있으며 갯골 주변의 갯벌은 물이 많이 머물고 있어 발이 빠지는 경우가 많으니 접근하지 않는다.
- 갯벌에는 절대로 어린이 혼자 들어가지 않도록 하며 어른도 혼자 들어가지 않는다.
- 갯벌에 발이 깊이 빠진 경우 빠지면 반대 방향으로 엎드려 기어 나오며, 안내인의 도움을 받는다. 위급한 경우 119의 도움을 받는다.
- 갯벌에는 맨발로 들어가지 않는다. 발에 잘 맞는 장화를 착용하며 샌들을 착용할 때 반드시 양말을 착용한다. 갯벌에는 어패류의 패각 등이 있어 맨발로 출입하면 심한 상처를 입을 수 있다.
- 갯벌체험 시 되도록 긴소매의 옷을 착용하며 챙이 넓은 모자로

자외선으로부터 보호하며 자외선 차단제를 발라 화상을 예방하고 식수를 준비해 탈수를 예방한다.

- 갯벌체험 시 갑자기 안개가 끼면 밀물 시간과는 관계없이 즉시 갯벌에서 나오고, 방향을 잃었을 때는 갯벌에 조류 때문에 생긴 물결 모양 결(연흔)의 방향을 살펴보고 경사가 완만한 연흔의 직각 방향으로 나오면 육지 쪽으로 나올 수 있다.

ⓩ 갯벌 해루질 사고예방 요령

- 구명조끼를 착용한다.
- 진입로로부터 멀리 떨어진 곳은 출입하지 않는다.
- 절대로 혼자 들어가지 않는다.
- 들물 시간을 확인하고 휴대폰 등에 알람을 설정하여 미리 대응할 수 있도록 한다.
- 갑자기 안개가 끼면 밀물 시간과는 관계없이 즉시 갯벌에서 나온다.
- 갯골을 넘어가지 않는다.
- 갯벌에 발이 깊이 빠진 경우 반대 방향으로 엎드려 기어 나오며, 옆 사람의 도움을 받는다.
- 맨발로 들어가지 않는다.

ⓚ 해파리에 쏘였을 때 대처요령

- 해파리 접촉피해 응급대처법
  - 쏘인 즉시 환자를 물 밖으로 나오도록 하고, 쏘인 부위가 넓거나 환자 상태가 좋지 않으면(호흡곤란, 의식불명) 바로 구급차를 부르고 구조요원에게 도움을 청한다.
  - 환자의 상태를 관찰하여 호흡곤란 등으로 인한 긴급한 구조가 필요하다고 판단되면 인공호흡을 비롯한 심폐소생술을 실시한다.
  - 쏘인 부위는 약 30초 정도의 시간 동안에 충분한 양의 식초로 뿌려주거나 담그게 한다.
  - 해파리 쏘임 시에 알코올 종류의 세척제는 독액의 방출을 증가시

킬 수 있어서 금한다. 작은부레관해파리의 쏘임 시에는 식초가 독액의 방출을 증가시킬 수 있어서 식초를 이용한 세척을 금한다.

- 남아 있는 촉수는 제거해주고 바닷물로 세척해 준다.
- 테트라사이클린(Tetracycline) 계열의 연고를 쏘임 부위에 발라 준다.
- 열 찜질 또는 냉찜질을 하면 통증을 완화시키는 데 도움을 줄 수 있다.

• 해파리에 쏘였을 때 나타나는 증상

- 회초리로 맞은 듯한 발진과 통증, 가려움증 등이 나타난다고 한다. 시간이 지나면 구역질, 구토, 설사, 복통이 생기기도 하고, 심한 경우 혈압저하, 호흡곤란, 의식불명으로 사망할 수도 있다.

ⓔ 국민행동요령

물놀이 안전에 대하여 국민행동요령으로 총정리를 해보자.

• 물놀이 전

- 물에 들어가기 전에는 충분한 준비운동을 하고 구명조끼 착용 후 들어간다.
- 해수욕장, 하천 등에서는 안전구역을 벗어나지 않도록 주의하고 음주 후 수영은 절대 하지 말아야 한다.

• 물놀이

- 어린이 물놀이는 반드시 보호자와 함께해야 한다.
- 안전요원의 안내에 따라 물놀이한다.

• 물놀이 사고 대처요령

- 익수사고 발생 시 주위에 소리쳐 알리고(즉시 119에 신고) 구조하려고 함부로 물속에 뛰어들지 않아야 한다.
- 수영에 자신이 있더라도 물놀이 현장에 비치된 안전장비(구명환, 구명조끼, 구명 로프 등)를 활용하여 안전하게 구조한다.
- 물에 빠진 사람을 구조할 때에는 인공호흡이나 심폐소생술 등 응급처치를 실시한다.

충분한 준비운동

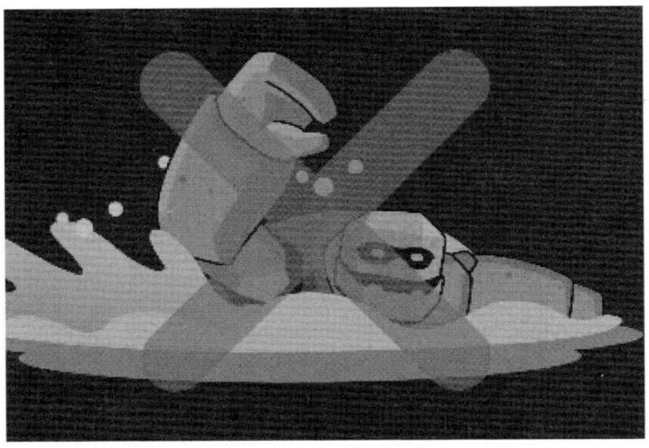

혼자 장시간 수영금지

익수자 발견 시 즉시 119 신고

안전장비 구조

물놀이 안전 행동요령

⑤ 수상레저안전법(개정 2021.01.05.)에 따른 정의 및 안전수칙

㉠ 정의

- "수상레저활동"이란 수상(水上)에서 수상레저기구를 이용하여 취미・오락・체육・교육 등을 목적으로 이루어지는 활동을 말한다.
- "래프팅"이란 무동력수상레저기구를 이용하여 계곡이나 하천에서 노를 저으며 급류 또는 물의 흐름 등을 타는 수상레저활동을 말한다.
- "수상레저기구"란 수상레저활동에 이용되는 선박이나 기구로서 대통령령으로 정하는 것을 말한다.
- "동력수상레저기구"란 추진기관이 부착되어 있거나 추진기관을 부착하거나 분리하는 것이 수시로 가능한 수상레저기구로서 대통령령으로 정하는 것을 말한다.

- "수상"이란 해수면과 내수면을 말한다.
- "해수면"이란 바다의 수류나 수면을 말한다.
- "내수면"이란 하천, 댐, 호수, 늪, 저수지, 그 밖에 인공으로 조성된 담수나 기수(汽水)의 수류 또는 수면을 말한다.

ⓛ 안전수칙

- 조종면허: 동력수상레저기구 조종면허를 취득한 자만 동력수상레저기구를 조정할 수 있다. 하지만, 조종면허의 효력이 정지된 경우나 조종면허를 받지 않는 경우는 해양수산부령으로 정하는 경우는 1급 조종면허가 있는 자의 감독하에 또는 조종면허를 가진 자와 동승한 경우에는 조종할 수 있다.

수상레저안전법

제4조(조종면허) ① 동력수상레저기구를 조종하는 자는 제6조에 따른 면허시험에 합격한 후 해양경찰청장의 동력수상레저기구 조종면허(이하 "조종면허"라 한다)를 받아야 한다. 〈개정 2017. 7. 26.〉

② 조종면허는 다음 각 호와 같이 구분한다.

1. 일반조종면허 : 제1급 조종면허, 제2급 조종면허
2. 요트조종면허

- 수상안전교육 : 조종면허를 받으려는 사람은 면허시험응시원서를 접수한 후부터, 면허증을 갱신하려는 사람은 면허증 갱신 기간 아내에 각각 해양경찰청장이 실시하는 수상안전교육을 받아야 한다.

수상레저안전법

제10조(수상안전교육) ① 조종면허를 받으려는 사람은 제6조에 따라 면허시험 응시원서를 접수한 후부터, 면허증을 갱신하려는 사람은 제9조에 따른 면허증 갱신 기간 이내에 각각 해양경찰청장이 실시하는 다음 각 호의 수상안전교육(이하 "안전교육"이라 한다)을 받아야 한다. 다만, 최초 면허시험 합격 전의 안전교육의 유효기간은 6개월로 하며, 대통령령으로 정하는 사람에 대해서는 안전교육을 면제할 수 있다. 〈개정 2019. 8. 27.〉

1. 수상안전에 관한 법령

> 2. 수상레저기구의 사용과 관리에 관한 사항
> 3. 그 밖에 수상안전을 위하여 필요한 사항
> ② 해양경찰청장은 제1항에 따른 안전교육에 관한 사무의 전부 또는 일부를 해양경찰청장이 지정하는 기관이나 단체(이하 "안전교육 위탁기관"이라 한다)에 위탁하여 실시할 수 있다. 〈개정 2017. 7. 26.〉
> ③ 안전교육 위탁기관의 인적 기준, 장비·시설 등의 지정 기준 및 절차는 대통령령으로 정한다. 〈개정 2019. 8. 27.〉

- **야간 수상레저활동** : 누구든지 해진 후 30분부터 해뜨기 전 30분까지는 수상레저활동을 하여서는 아니 된다. 다만, 해양수산부령으로 정하는 바에 따라 야간 운항장비를 갖춘 수상레저기구를 이용하는 경우에는 가능하다.
  - **주취 중 조종**: 누구든지 술에 취한상태에서 동력수상레저기구를 조종하여서는 안 된다.
  - **기구등록**: 동력수상레저기구는 주소지를 관할하는 시장·군수·구청장에게 동력수상레저기구를 소유한 날부터 1개월 이내에 등록신청을 하고 동력수상레저기구의 잘 보이는 곳에 등록번호판을 부착하여야 한다.
  - **등록대상**:
    - 수상오토바이
    - 선내기 또는 선외기인 모터보트
    - 공기를 넣으면 부풀고 접어서 운반할 수 있는 고무보트를 제외한 고무보트
    - 총톤수 20톤 미만의 요트
  - 보험가입: 등록 대상 동력수상레저기구의 소유자는 소유일부터 1개월 이내에 보험이나 공제에 가입하여야 한다.

3) 스키장 사고 예방 대책

① 스키장 안전 수칙

부츠는 대여하는 것보다는 자기 발에 맞는 개인용을 준비하는 것이 좋다.

부득이하게 대여할 때는 발에 잘 맞는 것으로 고른다. 부츠와 스키(보드)를 고정시켜 주는 바인딩의 작동 상태도 잘 점검한다. 헬멧, 고글, 손목보호대·엉덩이보호대(스노보드) 등 보호 장비는 선택이 아닌 필수이다.

스키나 스노보드는 빠른 속도를 즐기는 운동인 만큼 부상의 위험도 크고 자신의 잘못으로 다른 사람도 위험하게 할 수 있다. 처음 타는 사람이라면 전문 강사의 강습을 받고 안전 교육도 받는 것이 좋다. 표지판이나 근무자의 안내에도 잘 따르도록 한다.

자신의 기량과 실력을 객관적으로 판단하고 그에 맞는 코스를 선택하자. 무리하게 상급 코스를 이용하다가 부상을 입는 경우가 많다. 과욕을 부리지 말고 자신의 수준에 맞는 슬로프에서 스키와 스노보드를 즐기도록 한다.

스키장의 슬로프 상태를 확인해 설질(눈의 상태)이 좋지 않은 경우 경사도가 낮은 코스에서 스키를 타거나 평소보다 속도를 낮추는 것이 좋다. 눈이 녹았다가 얼어 빙판을 이룬 곳, 눈이 일부 녹은 곳과 슬로프에 눈이 내리는 경우에 부상이 많이 발생한다.

시작 전에 적어도 10분 이상 스트레칭으로 근육을 유연하게 푸는 것이 중요하다. 피로를 느낄때는 즉시 중지하고 휴식을 취해야 사고를 막을 수 있다. 하루 3~4시간의 스키는 피로를 유발하므로 사이사이 적절한 휴식이 필요하다.

음주운전과 마찬가지로 음주를 하고 스키나 스노보드를 타는 것도 매우 위험하다. 음주 상태에 서는 순발력이 떨어지고 순간 판단력이 둔해진다. 또 위험한 순간에 제동이 불가능하게 된다.

넘어지지 않으려다가 더 큰 부상을 당하는 경우가 많다. 스키는 두 팔을 앞으로 뻗고 몸을 약간 돌려 옆으로 넘어지는 것이 좋다. 스노보드는 뒤로 넘어질 경우 손을 짚지 말고 엉덩이부터 땅에 닿도록 한다. 이때 머리나 후두부가 땅에 부딪히지 않도록 턱을 가슴 쪽으로 당긴다.

넘어지면 신속하게 일어선 후 위쪽에서 내려오는 다른 이용자들을 주시하며 슬로프 가장자리로 이동한다. 바인딩이 풀리거나 다른 장비가 벗겨진 경우에도 일단 가장자리로 이동해서 다시 착용한다.

슬로프와 슬로프가 만나서 하나의 코스로 합쳐지는 지점에서는 일단 정지하거나 속도를 줄이는 것이 좋다.

리프트 탑승 중 장난을 치거나 심하게 움직이면 추락의 위험이 있다. 스키나 스노보드를 떼어서 들고 탔다가 떨어뜨릴 경우 리프트 아래쪽에 있는 다른 사람들을 다치게 할 수 있으므로 주의한다.

② 슬로프에서의 안전 수칙

초보자 및 중급자 리프트가 붐빈다고 하여 실력에 걸맞지 않은 상급자 리프트를 사용하여, 자신 및 타인의 안전을 위협해서는 안 되며 반드시 자신의 실력에 맞는 슬로프를 선택한다. 붐비는 슬로프에서 직활강을 금하고 넘어진 사람을 일으키거나 폴 등 장비를 집어주는 것은 당사자에게 큰 도움이 될 수 있고 2차 사고를 예방할 수 있다.

4) 스포츠 사고 예방 대책

본인의 건강을 충분히 점검해본 후에 스포츠에 참여하도록 해야 한다. 또한 스포츠 활동에 참여할 때에는 해당 스포츠 종목을 위한 안전장구를 몸에 맞도록 착용하고 참가하도록 해야 한다. 새로운 종목을 익힐 때는 적절한 훈련으로 기술을 습득할 수 있도록 해 주어야하며 게임에 참여할 때에는 안전한 환경에서 안전장비를 갖추고 충분한 준비운동을 실시하고 스포츠 프로그램에서 제공하고 있는 안전수칙을 지켜야 한다. 또한 신체 및 정신적인 상태가 좋은 경우에만 활동에 참가할 수 있도록 해야 사고를 미연에 예방할 수 있다.

또한 스포츠에 임할 경우에는 기술 수준이나 몸무게, 신체의 성숙도에 따라 비슷한 그룹에 참여해야 하며 충분한 양의 수분 등을 섭취할 수 있도록 하고 덥거나 습기가 많은 날씨에는 자주 쉬면서 참여해야 한다. 특히 항상 적절한 운동 장비를 갖추고 참여하도록 하며 위험한 행동은 하지 않도록 해야 한다.

운동을 하기 전에는 반드시 준비운동을 함으로써 근육과 관절을 부드럽게 해 주고 호흡과 순환기능을 조절하여 운동으로 인한 신체적 부담에 우리 몸이 충분히 적응할 수 있는 상태가 되도록 만들어준다. 또한 운동이 끝난 뒤에는 정리운동을 함으로써 신체 기관의 기능이 서서히 정상상태에 이르도록 해야 한다.

자신의 신체조건이나 운동종목에 알맞은 좋은 장비를 사용하면 상해를 예방할 수 있다. 예를 들어 운동화가 크면 염좌나 골절의 위험이 있으므로 발에 맞는 크기를 골라야 하며, 등산화는 바닥의 마찰력이 높은 것을 착용해야 상해나 부상의 위험의 부담을 줄일 수 있다.

5) 한파발생시 행동요령

① 평상시 행동요령

㉠ 핵심 행동요령

한파는 저체온증, 동상, 동창 등의 한랭질환을 유발할 수 있으며, 심하면 사망에 이르게 됩니다.

뿐만 아니라 농·축·수산 분야의 재산피해와 전력 급증으로 생활 불편을 초래하기도 한다.

겨울철에는 다음 사항을 숙지하여 가족이나 이웃과 함께 피해를 사전에 예방할 수 있도록 미리 준비한다.

㉡ 상세 행동요령

- 겨울철에는 항상 기상상황에 주목하며 주변 사람들과 함께 정보를 공유한다.
  - TV, 라디오, 인터넷 등을 통해 한파와 관련한 기상상황을 수시로 확인한다.
- 저체온증 등 한랭질환의 증상과 가까운 병원 연락처 등을 가족이나 이웃과 함께 사전에 파악하고 어떻게 조치해야 하는지를 알아둡니다.
  - 집에서 가까운 병원 연락처를 알아 두고, 본인과 가족의 저체온증 등 증상을 확인한다.

- 어린이, 노약자, 심뇌혈관질환자 등 취약계층은 추위에 약하므로 건강관리에 더욱 유의해야 한다.
- 추위로 인한 질병(저체온증, 동상, 참호족·침수족, 동창 등)에 대한 증상과 대처 방법을 사전에 알아 둡니다.

㉢ 한파예보에 맞추어 추위에 필요한 용품이나 준비사항을 가족이나 이웃과 함께 확인하고 정보를 공유한다.

- 보일러, 배관, 난방기구 등은 사전에 사용할 수 있도록 정비하고 화재에 주의한다.
- 동파 방지를 위해 계량기 등은 미리 보온 조치를 한다.
- 외출할 때를 대비하여 내복, 목도리, 모자, 장갑 등을 준비한다.
- 정전에 대비하여 손전등, 비상 식음료, 휴대용 라디오 등을 미리 준비한다.
- 단수에 대비하여 생수를 준비하고, 생활용수는 욕조에 미리 받아 둡니다.
- 오래된 주택은 변압기를 사전에 점검하여 과부하에 대비한다.
- 장거리 운행계획이 있다면 빙판길 교통사고 등이 발생할 수 있으므로 신중히 판단한다.

㉣ 한파 안전 상식

- 무리한 신체활동이나 장시간 야외활동은 자제하고, 주기적으로 따뜻한 곳에서 휴식을 취한다.
- 충분한 영양 섭취와 수분 공급을 유지하고 따뜻한 옷과 담요, 음료 등으로 체온을 유지한다.
- 선천성 질환이나 만성질환(내분비계, 심뇌혈관, 신경계, 감염병, 피부질환 등)이 있는 경우 주치의와 상의하여 동절기 기간에 적절한 예방과 치료를 받아야 한다.
- 한파는 호흡기나 순환기 질환의 발병률을 높이고 심각한 경우는 사망에 이르게 한다.
- 한파가 지속될 때 실내 기온이 4℃ 떨어지면 심혈관 질환 사망 위

험이 5% 높아지고, 저온에서는 혈액 유속이 더욱 느려지며, 혈청 피브리노겐 수준이 높아져 뇌경색 발병 위험을 높게 만듭니다.

㉤ 취약계층 안전 확인

- 어린이, 노약자 등은 사전에 연락처를 확인하고 한파 대처 상황을 꼼꼼하게 챙깁니다.

② 한파 발생 시 행동요령

㉠ 핵심 행동요령

TV, 라디오, 인터넷 등에서 한파가 예보된 때에는 최대한 야외활동을 자제하고 주변의 독거노인 등 건강이 염려되는 분들의 안부를 살펴봅니다.

㉡ 한파 발생 시

- 일반 가정에서는 가족들과 함께
- 야외활동은 되도록 자제하고, 부득이 외출을 하는 경우에는 내복, 목도리, 모자, 장갑 등으로 노출 부분의 보온에 유의해야 한다.
- 외출 후에는 손발을 씻고 과도한 음주나 무리한 일은 피하도록 한다. 또한, 당뇨환자, 만성폐질환자 등은 미리 독감 예방접종을 하여야 한다.
- 심한 한기, 기억상실, 방향감각 상실, 불분명한 발음, 심한 피로 등을 느낄 때는 저체온 증세를 의심하고 바로 병원으로 가야 한다.
- 동상에 걸렸을 때는 비비거나 갑자기 불에 쬐어서는 안 되며, 따뜻한 물로 세척 후에 보온을 유지한 채로 즉시 병원으로 가야 한다.
- 외출 시에는 되도록 대중교통을 이용하고, 가족에게 행선지와 시간 계획을 알려둡니다.
- 거동이 불편한 노인, 신체허약자, 환자 등을 남겨두고 장시간 외출할 경우에는 친인척, 이웃 등에 보호를 부탁한다.
- 특히, 연세 많은 어르신, 장애인이 홀로 거주하는 경우 수시로 전화 등을 통해 안부를 확인한다.

- 빙판길 낙상사고를 줄이기 위해서는 보폭을 줄이고 굽이 낮고 미끄럼이 방지된 신발을 신는 등 주의해야 한다.
- 수도계량기, 수도관, 보일러 배관 등은 헌 옷 등 보온재로 채우고 외부는 테이프로 밀폐시켜 찬 공기가 들어가지 않도록 한다.
- 장기간 집을 비우게 될 때는 수도꼭지를 조금 열어 물이 흐르도록 하여 동파를 방지하고, 수도관이 얼었을 때는 미지근한 물이나 드라이로 녹입니다.
- 과도한 전열기 사용을 자제하고, 인화물질을 전열기 부근에 두지 않는다.
- 전기, 가스, 지역난방 등 시설이 고장난 경우에는 관리기관이나 지자체에 신고하도록 한다.

㉢ 빙판길 낙상사고 줄이는 요령

- 보폭을 평소보다 10~20% 줄입니다.
- 굽이 낮은 미끄럼 방지 밑창 신발을 신는다.
- 옷 주머니에 손을 넣거나, 스마트폰을 보면서 걷지 않는다.
- 가능한 한 손에 물건을 들고 다니지 않는다.
- 응달진 곳을 피하고, 급격한 회전을 하지 않는다.
- 움직임을 둔하게 하는 무겁고 두꺼운 외투는 피한다.
- 넘어질 때는 무릎으로 주저앉으면서 옆으로 굴러 피해를 최소화한다.
- 진정제, 수면제 등 어지럼 유발 약물 복용자는 외출을 삼간다.

㉣ 자동차 운전 중에는 가족이나 동승자가 함께

- 도로 결빙에 대비하여 스노체인, 염화칼슘, 삽 등 월동용품을 미리 구비하고, 부동액, 축전지, 윤활유 등 자동차 상태를 사전에 점검한다.
- 운전 전에는 앞 유리의 성에를 완전히 제거하고, 운전 중에는 평소보다 저속 운전하고 차간 거리를 충분히 확보하여 사고를 예방한다.

- 미끄러운 길이나 빙판길, 커브길 등에서는 되도록 가속과 멈춤을 하지 말고, 속도를 미리 줄이도록 한다.
- 차량 이동 중 고립되었을 때에는 가능한 수단을 통해 구조 연락을 취하고, 동승자와 함께 체온을 유지하고 돌아가며 휴식을 취하도록 한다.
- 한 사람은 반드시 깨어있어야 하며 야간에는 실내등을 켜거나 색깔 있는 옷을 눈 위에 펼쳐 놓아 구조요원이 쉽게 찾을 수 있도록 한다.

㉤ 농・어촌에서는 가족이나 지역 주민과 함께

- 비닐하우스 등 동해 피해 방지를 위해 난방, 온실 커튼, 축열 주머니 등 미리 동해 방지 조치를 취한다.
- 축사 등은 쌓인눈에 의한 붕괴 등에 대비하여 보수・보강하고, 샛바람 방지를 위한 보온덮개와 난방기 등을 준비한다.
- 양식장은 사육지 면적의 1% 이상을 별도 확보하여 월동장을 설치하고, 방풍망 등으로 보온조치 한다.
- 장기 한파 피해가 예상될 때에는 양식어류는 조기 출하하여 피해를 예방한다.

③ 한파 관련 정보

㉠ 핵심 행동요령

한파에 대한 특보 기준과 질병상식 등을 미리 알아 두어 한파 특보나 응급상황에 즉시 대처할 수 있도록 한다.

㉡ 한파특보

종류	주의보	경보
한파	10월~4월 사이의 기간에 다음 중 어느 하나에 해당하는 경우 ① 아침 최저기온이 전날보다 10℃ 이하이고 평년값보다 3℃가 낮을 것으로 예상될 때 ② 아침 최저기온이 −12℃ 이하가 2일 이상 지속될 것이 예상될 때 ③ 급격한 저온현상으로 중대한 피해가 예상될 때	10월~4월 사이의 기간에 다음 중 어느 하나에 해당하는 경우 ① 아침 최저기온이 전날보다 15℃ 이상 하강하여 3℃ 이하이고 평년값보다 3℃가 낮을 것으로 예상될 때 ② 아침 최저기온이 −15℃ 이하가 2일 이상 지속될 것이 예상될 때 ③ 급격한 저온현상으로 광범위한 지역에서 중대한 피해가 예상될 때

저체 온증	• 말이 어눌해지거나 기억 장애 발생 • 점점 의식이 흐려짐 • 지속적인 피로감을 느낌 • 팔, 다리의 심한 떨림증상	1. 신속히 병원으로 가거나 바로 119로 신고합니다. 2. 젖은 옷은 벗기고 담요나 침낭을 감싸줍니다. 3. 겨드랑이, 배 위에 핫팩이나 더운 몸통 등을 둡니다. * 이런 재료가 없는 경우 사람을 껴안는 것도 효과적입니다. 4. 의식이 있는 경우에는 따뜻한 음료가 도움이 될 수 있으나, 의식이 없는 경우 주의합니다.
동상	• 말이 어눌해지거나 기억 장애 발생 • 점점 의식이 흐려짐 • 지속적인 피로감을 느낌 • 팔, 다리의 심한 떨림증상	※ 병원을 방문하여 진료를 받는 것이 우선입니다. 1. 환자를 따뜻한 환경으로 옮깁니다. 2. 동상부위를 따뜻한 물(38~42℃)에 담급니다. * 38~42℃: 동상을 입지 않는 부위를 담갔을 때 불편하지 않을 정도의 온도 3. 얼굴, 귀: 따뜻한 물수건을 대주고 자주 갈아줍니다. 4. 손, 발: 손가락, 발가락 사이에 소독된 마른 거주를 끼웁니다. * 습기를 제거하고 서로 달라 붙지 않게 함 5. 동상부위를 약간 높게 합니다. * 부종 및 통증을 줄여줍니다. 6. 다리, 발 동상환자는 들 것으로 운반합니다. * 다리에 동상이 걸리면 녹고 난 후에도 걸어서는 안됩니다.
손상	• 낙상에 의한 손상 * 미끄러짐, 넘어짐, 떨어짐 등에 의한 탈구, 골절, 타박상 등	※ 병원을 방문하여 진료를 받는 것이 우선입니다. 1. 환자를 따뜻한 환경으로 옮깁니다. 2. 동상부위를 따뜻한 물(38~42℃)에 담급니다. * 38~42℃: 동상을 입지 않는 부위를 담갔을 때 불편하지 않을 정도의 온도 3. 얼굴, 귀: 따뜻한 물수건을 대주고 자주 갈아줍니다. 4. 손, 발: 손가락, 발가락 사이에 소독된 마른 거주를 끼웁니다. * 습기를 제거하고 서로 달라 붙지 않게 함 5. 동상부위를 약간 높게 합니다. * 부종 및 통증을 줄여줍니다. 6. 다리, 발 동상환자는 들 것으로 운반합니다. * 다리에 동상이 걸리면 녹고 난 후에도 걸어서는 안됩니다.

㉢ 주요기관 연락처

- 위기상황, 긴급상황 시 신고전화
  - 재난신고 119, 범죄신고 112, 민원 상담 110
  - 행정안전부 중앙재난안전상황실 044) 205-1542~3
- 행정안전부 국민행동요령, 임시주거실 등 안내
  - 행정안전부 홈페이지 http://www.mois.go.kr
  - 행정안전부 국민재난안전포털 http://www.safekorea.go.kr
  - 스마트폰 어플리케이션 '안전디딤돌'
- 유관기관 연락처 및 홈페이지
  - 행정안전부 044)205-6366, http://www.mois.go.kr
  - 기상청 02)2181-0900, http://www.kma.go.kr
  - 고용노동부 044)202-7746, http://www.moel.go.kr
  - 보건복지부 044)202-2652, http://www.mohw.go.kr
    (질병관리청 043)719-7265, http://www.kdca.go.kr
  - 농림축산식품부 044)201-1474, http://www.mafra.go.kr
  - 농촌진흥청 1544-8572, http://www.rda.go.kr
  - 해양수산부 044)200-5617, http://www.mof.go.kr
  - 교육부 044)203-6355, http://www.moe.go.kr

㉣ 국민행동요령

한파에 대하여 국민행동요령으로 총정리를 해보자.

- 노약자, 영유아 등을 위해 난방과 온도관리에 유의한다.
- 외출 시에는 동상에 걸리지 않도록 보온에 유의한다.
- 동상에 걸리면, 비비지 말고 따뜻한 물에 30분가량 담그고, 온도를 유지하며 즉시 병원으로 간다.
- 수도계량기, 보일러 배관 등은 헌 옷 등으로 보온한다.
- 장기간 외출 시 온수를 약하게 틀어 동파를 방지한다.
- 도로가 얼 수 있으니 차에 스노체인 등 월동용품을 준비하고, 부동액 등 자동차 점검을 한다.

1.5.6 어린이 놀이 안전

1) 놀이터 사고는 어디서 많이 일어나고 있을까요?

놀이터에서 안전사고가 매년 증가하고 있다. 놀이기구별로 살펴보면 미끄럼틀이 가장 많았고, 그네, 오르는 기구 순으로 나타났으며 사고 내용은 추락이 가장 많았으며, 베인 상처, 열상, 넘어짐, 골절 등의 순이었다. 사고 부위는 눈·코·이마 등 얼굴부위가 가장 많았으며, 머리·팔·손 순이었다.

2) 놀이터 사고는 왜 생길까요?

어린이들이 안전하게 놀이터를 이용하기 위해서는 놀이시설의 불안전한 요소를 제거하거나 이용자인 어린이들의 안전하지 못한 행동을 변화시키면 된다. 그러나 어린이의 행동 특성상 불안전한 행동을 변화시키는 것은 한계가 있고 체계적이고 지속적인 교육이 요구되므로 시설에 대한 불안전한 요소를 제거하는 것이 보다 중요하다고 하겠다.

3) 놀이터 사고를 예방하려면 이렇게 해요

① 놀이기구별 안전 이용 요령

그네를 탈 때는 그네가 완전히 정지한 후에 타고 내려야 하며 줄을 꼬지 않고 타야 한다. 다른 사람이 그네를 타고 있을 때 그 앞으로 지나가면 부딪힐 수 있으므로 타고 있는 그네 앞으로 지나가지 않아야 한다. 배를 깔고 엎드려 타거나 두 명이 한 그네에 타는 것은 위험하므로 그네 중앙에 한 사람씩 앉아서 타야 하며 탈 때는 줄을 꼭 잡고 도중에 뛰어내리지 않아야 한다.

미끄럼틀에 올라갈 때는 손잡이를 꼭 잡고 계단을 한 개씩 올라가고 미끄럼판으로 올라가지 않아야 한다. 앞사람이 올라간 다음 올라가야 하며 다른 사람을 밀거나 당기면 넘어질 수 있으므로 주의해야 한다. 또한 미끄럼판에서 내려올 때는 한 사람씩 앉아서 내려오고 내려온 뒤에는 다른 사람이 곧

바로 내려와도 부딪히지 않도록 빨리 자리를 비켜주어야 하며 가방이나 장난감을 들고 타지 않도록 한다. 시소 등 흔들놀이기구를 탈 때는 위에 서 있거나 뛰지 않으며 두 손으로 손잡이를 꼭 잡고 타야 안전하다.

회전하는 놀이기구에서는 회전하는 도중에 뛰어내리거나 뛰어오르면 관성에 의해 사고를 당할 수 있으므로 주의한다. 회전 중에는 같이 탑승한 사람과 밀고 당기는 등의 장난을 치지 않으며 회전대를 갑자기 고속으로 회전시키지 않도록 한다. 특히 회전 중에 회전대를 멈추게 하려고 붙잡을 경우 몸이 이기지 못하고 사고를 당할 수 있으며 회전대를 발로 돌리거나 회전대 밑으로 발이나 몸이 끼일 수 있으므로 주의한다.

정글짐 등을 오를 때는 반드시 두 손을 사용하여 손잡이를 꽉 쥐고 이용하고 정글짐이 비에 젖어 미끄러울 때나 한여름에 햇볕을 받아 뜨거울 때는 사용하지 않는다. 꼭대기에서는 눕거나 앉지 않아야 하고 거꾸로 매달리거나 뛰지 않는다. 내려올 때도 뛰어내리지 않고 천천히 내려온다.

② 놀이터를 이용할 때

맨발로 놀면 날카로운 유리조각이나 돌 등에 의해 다칠 수 있으므로 주의하고 놀이터 바닥은 흙이나 잔디가 깔려져 있는 곳보다 부드러운 재질의 고무매트나 모래, 완두콩 모양의 자갈, 나무껍질이 두툼하게 깔려 있는 곳이 좋다.

특히 미끄럼틀이나 그네, 철봉, 늑목 등과 같이 어린이가 떨어질 가능성이 있는 놀이시설물 아래와 주변의 공간은 충격을 흡수할 수 있는지 꼭 확인해야 한다. 어린이와 함께 이용할 경우 보호자는 미끄럼틀, 흔들다리 등 높은 곳으로 올라가는 계단 손잡이나 보호 장치 등이 제대로 되어 있는지 미리 확인하고 모서리나 돌출부위의 마무리 처리가 제대로 되어 있지 않은 경우가 많으므로 모서리, 이음새 등을 꼼꼼하게 살펴보아야 한다.

또한 놀이기구별 안전수칙을 지키고 끈 달린 옷을 입을 경우 회전식 또는 직진식 놀이기구에 끼어 사고가 발생할 수 있으므로 주의한다.

③ 놀이공원에서 놀이기구 안전하게 이용하기

㉠ 놀이기구 안전 이용 요령

- 탑승대기 주의 사항

대기 중에 안전 울타리에 걸터앉거나 넘어가는 행위 또는 울타리 안으로 들어가 사진을 찍는 행위는 넘어지거나 놀이기구에 부딪힐 위험이 있으므로 특별히 조심한다.

- 일반 시설 안전 이용

물놀이 시설이 있는 곳에서는 바닥에서 미끄러지기 쉬우므로 뛰어다니는 행동을 하지 말아야 하고, 놀이기구 간 이동 시 계단 등의 미끄럽거나 날카로운 부분을 주의해서 다니도록 한다.

전기시설이나 울타리 내부 등 접근금지 구역이나 운행하지 않는 놀이시설에 들어가면 위험하므로 출입금지 구역에는 절대 들어가지 않는다.

키 제한은 규정된 키보다 작은 사람은 놀이 기구에 탑승할 수 없다는 것을 의미하며, 가장 기본이 되는 안전 보장 조건이다.

임산부, 노소약자, 음주자 등 신체적으로 안전 위험이 따르는 사람은 놀이기구를 이용할 수 없다. 겉으로 보이지 않는 손님의 건강상태를 근무자가 일일이 확인하기 어려운 만큼 고혈압이나 심장질환, 디스크 등을 앓고 있는 사람은 놀이기구 이용을 스스로 자제하는 것이 안전을 위한 최고의 방법이다.

놀이기구를 무리하게 오래 이용하거나 식사 후 이용할 때에는 충분한 휴식을 취한 다음 이용해야 안전하다.

- 어린이 탑승

어린이와 함께 이용할 때는 안쪽으로 어린이를 앉히고 레버나 안전벨트가 제대로 장착되었는지 보호자가 반드시 확인한 후 안전봉을 두 손으로 잡게 한 다음 출발한다.

어린이 전용 놀이기구를 탈 때에는 출발 전에 반드시 보호자와 탑승을 하고 안전벨트를 확인하고, 하차할 때도 반드시 보호자와 함께 하는 것이 중요하다.

- 탑승 때 주의 사항

놀이기구 탑승 시 안전에 불필요한 행동은 삼가고 정확한 자세를 갖춘 다음 안전벨트를 착용했는지 점검한다.

청룡열차 등의 놀이기구 중 상체가 고정되는 기종은 개인별로 안전레버와 벨트가 있지만, 하체를 고정하고 타는 기구는 개인별 안전장치가 없으므로 안전점검 시 함께 탄 사람들이 서로 확인해주는 배려가 필요하다.

안전장치가 없는 놀이기구에서는 탑승 중 일어서거나 뛰어내리는 등의 돌발 행위를 하지 말아야 한다.

놀이기구의 기종마다 각기 특성에 맞는 안전벨트의 종류와 장착 방법이 다르므로 반드시 운행 요원의 안내에 따라야 한다.

- 운행 중 자세

운행 중 떨어질 수 있는 물건은 가지고 타지 않으며 항상 안전레버를 손으로 잡고 있어야 한다. 운행 중 일어서거나 안전장치를 풀거나 또는 문을 열거나 하는 일체의 행위는 절대 해서는 안 된다. 창으로 손을 내밀거나 놀이기구 밖으로 오물을 버리는 행위, 운행 중 음식물을 먹거나 친구들과 과격하게 장난하는 행위 역시 위험하므로 하지 말아야 한다.

- 탑승 완료 후 퇴장

정지하기 전에 안전장치를 푸는 행위나 정지하고자 서서히 움직이는 동안 놀이 기구에서 뛰어내리는 행위는 매우 위험하므로 결코 해서는 안 된다. 탑승객은 자신의 소지품을 확인한 후 천천히 놀이기구에서 지정된 출구로 나간다.

ⓒ 놀이기구 이용 중 정전 발생 시 행동 방법

- 정전 등으로 운행이 정지한 경우에는 실제는 안전장치가 가동되어 정지한 상태이므로 안전요원의 지시에 따라 침착하게 행동한다.
- 청룡열차 등 일부 놀이기구는 다시 가동하는 데 시간이 소요될

수 있어 옆의 비상계단으로 걸어 내려오도록 안전요원이 안내하는 경우에는 안내요원의 안내에 따른다.

1.5.7 자전거 안전수칙

1) 자전거 타기 전 준수사항

① 자전거 선택

자전거를 선택할 때에는 편안하고 안전하며 체형에 맞는 크기 등을 고려해야 한다.

② 자전거 점검사항

- 핸들은 단단히 고정되어 있는가
- 탔을 때 양쪽 발끝이 지면에 닿을 정도로 조절되어 있는가
- 안장에 앉아 핸들을 잡았을 때 상체가 조금 앞으로 기울도록 조절되어 있는가
- 핸들은 앞바퀴와 직각으로 고정되어 있는가
- 체인은 너무 느슨하지 않은가
- 브레이크는 앞, 뒷바퀴에 정상적으로 작동되는가 (시속 10km로 달리다가 브레이크를 걸었을 때 3m 이내로 정지하는가)
- 경음기는 잘 울리는 가
- 전조등은 밝은가(10m 전방이 잘 보이는가)
- 방향지시기나 변속기가 있으면 잘 작동하는가
- 후미등이나 반사기재가 붙어 있고 후방에서 잘 보이는가
- 타이어에 공기가 충분히 들어 있고 마모되지는 않았는가

③ 안전 장치와 의복 · 신발

- 자전거용 안전모를 착용한다.
- 체인이나 바퀴, 페달에 걸리는 폭이 넓은 옷이나 장신구를 착용하지 않는다.

- 복장은 화려하고 밝은 색상이나 형광색으로 착용하여 시계가 불량한 지역이나 야간에 쉽게 발견할 수 있게 해 준다.
- 야간에는 후미등이나 반사경을 사용한다.

2) 자전거 배울 때의 주의사항

- 균형 잡기, 페달(클릿) 돌리기, 출발하기, 정지하기 등의 기본적인 조작을 충분히 익혀야 한다.
- 보행자, 다른 자전거 승차자, 차량 운전자들의 행동을 이해하여 예측하는 능력을 기른다.
- 다른 도로 이용자들이 사용하는 표지들과 신호를 보며 이해해야 한다.
- 나의 의도를 다른 도로 이용자에게 정확하게 알리도록 표시할 수 있어야 한다.

3) 안전모 착용에 대한 법률 및 시행규칙

자전거 운전자는 안전모 미착용으로 인한 벌금 등에 처해지진 않지만 개인의 안전을 위해 꼭 착용할 것을 권장한다. 충분한 시야 및 청력을 확보하는 충격 흡수 및 내관통성이 있는 2키로그램 이하의 안전모를 착용하여야 한다. 그것은 인체에 상처를 주지 않도록 충격으로 쉽게 벗겨지지 않도록 고정하여야 한다.

도로교통법

제156조(벌칙) 다음 각 호의 어느 하나에 해당하는 사람은 20만 원 이하의 벌금이나 구류 또는 과료(科料)에 처한다. 〈개정 2021. 1. 12.〉

6. 제50조 제1항, 제3항 및 제4항을 위반하여 좌석 안전띠를 매지 아니하거나 인명보호 장구를 착용하지 아니한 운전자(자전거 운전자는 제외한다)

도로교통법 시행규칙

제32조(인명보호장구) ① 법 제50조 제3항에서 "행정안전부령이 정하는 인명보호장구"라 함은 다음 각 호의 기준에 적합한 승차용 안전모를 말한다. 〈개정 2017. 7. 26.〉

1. 좌우, 상하로 충분한 시야를 가질 것
2. 풍압에 의하여 차광용 앞창이 시야를 방해하지 아니할 것
3. 청력에 현저하게 장애를 주지 아니할 것
4. 충격 흡수성이 있고, 내관통성이 있을 것
5. 충격으로 쉽게 벗어지지 아니하도록 고정시킬 수 있을 것
6. 무게는 2킬로그램 이하일 것
7. 인체에 상처를 주지 아니하는 구조일 것
8. 안전모의 뒷부분에는 야간운행에 대비하여 반사체가 부착되어 있을 것

② 법 제50조 제4항에서 "행정안전부령으로 정하는 인명보호장구"란 제1항 제1호 및 제3호부터 제7호까지에 따른 기준에 적합한 안전모를 말한다. 〈개정 2017. 7. 26.〉

도로교통법

제50조(특정 운전자의 준수사항) ④ 자전거 등의 운전자는 자전거도로 및 「도로법」에 따른 도로를 운전할 때에는 행정안전부령으로 정하는 인명보호 장구를 착용하여야 하며, 동승자에게도 이를 착용하도록 하여야 한다. 〈개정 2021. 1. 12.〉

1.5.8 지하철, 철도, 유•도선 사고 행동요령

1) 지하철 사고 발생시 국민행동요령

① 지하철 화재발생시 대피요령

- 노약자·장애인석 옆에 있는 비상버튼을 눌러 승무원과 연락한다.
- 여유가 있다면 객차마다 2개씩 비치된 소화기를 이용하여 불을 끈다.
- 출입문이 자동으로 열리지 않으면 수동으로 문을 열고, 여의치 않으면 비상용 망치를 이용하여 유리창을 깨고, 망치가 없으면 소화기로 유리창을 깬다.
- 스크린도어(PSD)가 열리지 않을 경우는 스크린도어에 설치된 빨간색 바를 밀고 나간다.
- 코와 입을 수건, 티슈, 옷소매 등으로 막고 비상구로 신속히 대피한다.
- 정전 시에는 대피유도 등을 따라 출구로 나가고, 유도등이 보이지 않을 때는 벽을 짚으면서 나가거나 시각장애인 안내용 보도블록을

따라 나간다.

- 지상으로 대피가 여의치 않을 때는 전동차 진행방향 터널로 대피한다.

② 출입문을 수동으로 여는 요령

- 출입문 쪽 의자 아래 또는 벽면에 있는 조그만 뚜껑을 여세요.
- 뚜껑 속의 비상 코크를 잡아당기거나, 빨간색 비상핸들을 시계방향으로 90도 돌린다.
- 공기 빠지는 소리가 멈출 때까지 3~10초간 기다린다.
- 출입문을 양쪽으로 밀어서 연다.

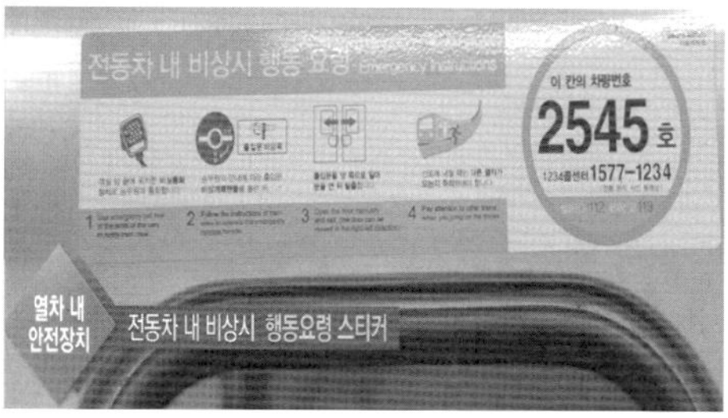

비상행동요령

비상통화장치

비상탈출용 망치

소화기

지하철 사고시 행동요령

2) 고속철도사고 및 태러(독가스) 발생시 국민행동요령

① 고속철도 탈선・충돌사고 발생시 대피요령

- 기관사 및 승무원의 안내방송에 따라 대피한다.
- 승무원이 승강문을 개방하면 질서 있게 대피한다(필요시, 비상 사다리 설치).

- 부상자, 노약자, 임산부가 먼저 대피할 수 있도록 배려하고 도와준다.
- 승강문이 열리지 않으면 비상용 망치를 이용하여 비상 창문을 깨고 탈출할 수 있다.
- 반대선 선로에는 절대로 대피하지 않도록 하고, 선로변 내에 머무르지 않는다.
- 터널 내에서는 비상 유도등을 따라 가까운 터널 입구 및 비상대피소로 이동한다.
- 안전한 장소에서 구급차, 구원열차, 버스 등 연계수송 교통수단을 기다린다.

② 고속철도 테러(독가스) 발생시 대피요령

- 차량 출입문 옆에 있는 인터폰을 이용하여 승무원에게 연락한다.
- 코와 입을 수건, 티슈, 옷소매 등으로 막고 사고가 발생하지 않은 다른 객차로 이동한다.
- 기관사 및 승무원의 안내방송에 따라 대피한다.
- 승무원이 승강문을 개방하면 질서 있게 대피한다(필요시, 비상사다리 설치).
- 부상자, 노약자, 임산부가 먼저 대피할 수 있도록 배려하고 도와준다.
- 승강문이 열리지 않으면 비상용 망치를 이용하여 비상창문을 깨고 탈출할 수 있다.
- 반대선 선로에는 절대로 대피하지 않도록 하고, 선로변 내에 머무르지 않는다.
- 터널내에서는 비상 유도등을 따라 가까운 터널 입구 및 비상대피소로 대피한다.
- 안전한 장소에서 구급차, 구원열차, 버스 등 연계수송 교통수단을 기다린다.

③ 고속열차 승강문을 수동으로 여는 요령

- 승강문 왼쪽 상단 에어 제거 버튼을 내린다.
- 공기 빠지는 소리와 함께 승강문 쇄정버튼이 밖으로 나온다.
- 승강문 쇄정버튼을 잡아당깁니다.
- 승강문이 밖으로 튀어나가면 승강문 손잡이를 옆으로 잡아당겨 문을 연다.

3) 유・도선 사고 발생시 행동요령

우리가 일상생활속에서 휴일, 휴가기간 중 해수면(바다) 및 내수면(댐구역, 하천)에서 이용하는 '유선 및 도선사업법'에 의한 유선, 도선과 관련하여 승객에 대한 안전 주의사항 매뉴얼이다.

▶ **유선**: 유선 및 유선장을 갖추고 수상에서 고기잡이, 그 밖의 유락을 위하여 선박을 대여하거나 유락하는 사람을 승선시키는 것을 영업으로 하는 것을 말한다.

▶ **도선**: 도선 및 도선장을 갖추고 내수면 또는 해수면 (대통령령으로 정하는 바다목)에서 사람 또는 사람과 물건을 운송하는 것을 영업으로 하는 것을 말한다.

① 유・도선 이용객이 하여서는 안 되는 행위 및 주의사항

- 정원을 초과하여 승선을 요구하는 행위
- 유・도선 사업자, 선원 기타 종사자의 구명조끼 착용지시 기타 안전운항이나 위해방지를 위한 주의사항이나 지시에 위반하는 행위
- 유・도선 내에서 술을 마시거나 기타 선내의 질서를 어지럽히는 행위
  - 외부 갑판에서는 바람이 많이 불어 모자나 장신구가 날아갈 수 있으니 주의토록 한다.
- 인명구조용 장비나 기타 유・도선의 설비를 파손하여 장비나 설비의 기능을 손상시키는 행위
- 음란행위 기타 선량한 풍속을 해 하는 행위

- 「위험물 선박운송 및 저장규칙」에서 규정된 화약, 폭약, 탄약 등 폭발물, 고압가스와 인화성 액체류 등을 선내에 반입하거나 운송하는 행위
  - 안전난간 밖으로 나가거나 기대고 걸터앉아 사진촬영 등을 하는 경우 미끄러져 추락의 위험이 있으니 금지
  - 주위 경관을 보려고 대부분의 승객이 한쪽으로 몰리면 위험하므로 주의토록 한다.

② 유·도선 사고발생 시 행동요령

- 선박사고가 발생하면, 큰 소리로 외치거나 비상벨을 눌러 사고발생 사실을 알린다.

  화재시 소화기는 선실 앞쪽과 중앙, 뒤쪽에 비치되어 있으니 화재 발생시 사용한다.
- 위험한 상황이 되었을 경우에는 의자 밑 또는 선실에 보관되어 있는 구명조끼를 입고 선장 또는 승무원의 지시에 따라 탈출한다.

  출입문(비상탈출구)이 열리지 않는 경우 선내(조타실 등)에 비치된 도끼를 이용하여 창문 등을 깨고 탈출한다.
- 선박에서 탈출한 후 사망하는 사람들의 사망원인 1순위는 익사가 아닌 체온저하이다. 따라서 물속에서는 침착하게 팔을 서로 끼고 가능한 한 다리를 올려 당기고 머리는 물 밖으로 세워 최대한의 열 손실을 줄여야 한다.

선박탈출 행동요령: 다리와 팔을 웅크린 자세로 체온 유지

4) 국민행동요령

유·도선 사고 발생에 대하여 국민행동요령으로 총정리를 해보자.

① 지하철 사고

- 객실 양 끝에 있는 인터폰으로 승무원에게 알린다.
- 화재 발생 시 119에 신고하고 여유가 있다면 객실 양 끝에 비치된 소화기로 불을 끈다.
- 입과 코를 젖은 천으로 막고 화재가 발생하지 않은 다른 객실로 이동한다.
- 안내방송과 승무원의 안내에 따라 질서있게 대피한다.
- 부상자, 노약자, 임산부가 먼저 대피할 수 있도록 배려하고 돕는다.
- 문이 열리지 않으면 열차가 멈춘 후에 안내방송에 따라 비상핸들이나 비상콕크를 돌려 문을 열고 탈출한다.
- 스크린도어는 손잡이를 양쪽으로 밀거나 빨간색 바를 밀고 탈출한다.
- 선로로 대피할 때에는, 감전위험이 있으므로 반드시 대피안내에 따라 반대편 선로의 열차 진입에 유의하며 대피한다.
- 대피할 때에는 대피 유도등을 따라 침착하게 비상구로 대피한다.

② 고속철도 사고

- 차량 출입문 옆에 있는 인터폰을 이용하여 승무원에게 알린다.
- 화재 발생 시 119에 신고하고, 여유가 있다면 객실 연결통로에 비치된 소화기로 불을 끈다.
- 코와 입을 젖은 천으로 막고 화재가 발생하지 않은 다른 객실로 이동한다.
- 안내방송과 승무원의 안내에 따라 질서있게 대피한다.
- 부상자, 노약자, 임산부가 먼저 대피할 수 있도록 배려하고 돕는다.
- 문이 열리지 않으면 비상망치로 객실 양 끝의 비상창문을 깨고 탈출한다.

- 선로로 대피할 때에는 반대편 선로의 열차 진입에 유의한다.
- 터널 내에서는 자세를 낮추고 비상 유도등을 따라 가까운 터널 입구나 비상대피소로 이동한다.
- 안전한 곳에서 구급차, 구원열차, 버스 등 연계 수송 교통수단을 기다린다.

③ 선박사고

- 사고 위험을 감지하면 큰소리로 외치거나 비상벨을 눌러 사고 발생 사실을 알리고, 119에 신고한다.
- 비상상황에서는 당황하지 말고 승무원의 안내에 따른다.
- 배가 급격히 기울 경우 캐비닛, 탁자 등이 미끄러져 부상을 당할 수 있으므로 조심한다.
- 폐쇄된 장소에 갇혔을 때에는 119에 신고한다.
- 화재 발생 시 119에 신고하고, 소화기로 즉시 불을 끈다.
- 문이 열리지 않으면, 비상 도끼로 창문 가장자리를 깨고 탈출한다.
- 바다로 탈출할 때에는, 구명조끼를 착용하고 휴대전화를 소지하여 갑판으로 빨리 나온다.
- 구명뗏목으로 탈출하는 경우 질서 있게 탑승한 후 구조를 기다린다.
- 구명조끼를 입고 물속에 뛰어드는 경우 팔을 서로 끼고 다리를 올려 당기고 머리는 물 밖으로 세워 최대한 체온을 유지한다.

2. 교통안전

생활주기별
안전교육
생활안전
교통안전
자연재난안전
사회기반체계안전
범죄안전
보건안전

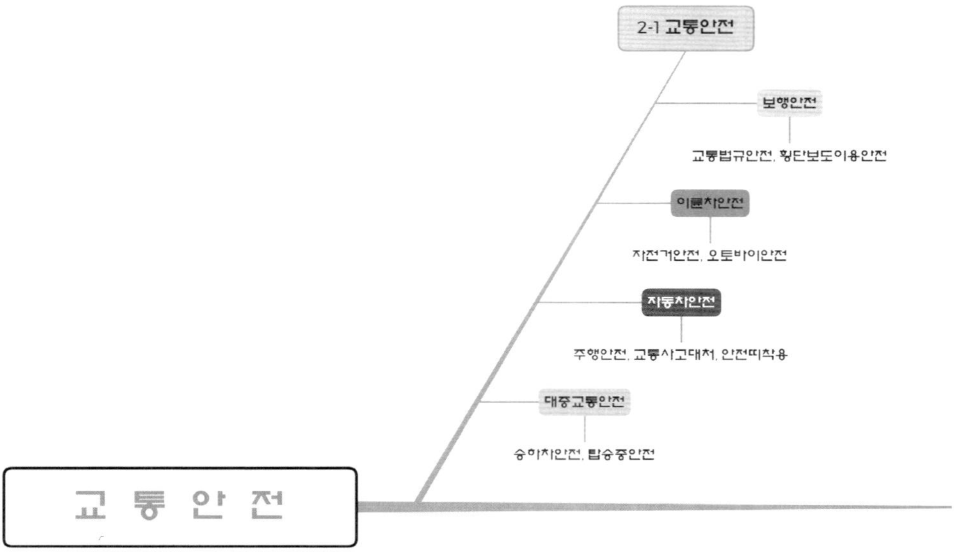
2-1 교통안전
보행안전
교통법규안전, 횡단보도이용안전
이륜차안전
자전거안전, 오토바이안전
자동차안전
주행안전, 교통사고대처, 안전띠착용
대중교통안전
승하차안전, 탑승중안전
교 통 안 전

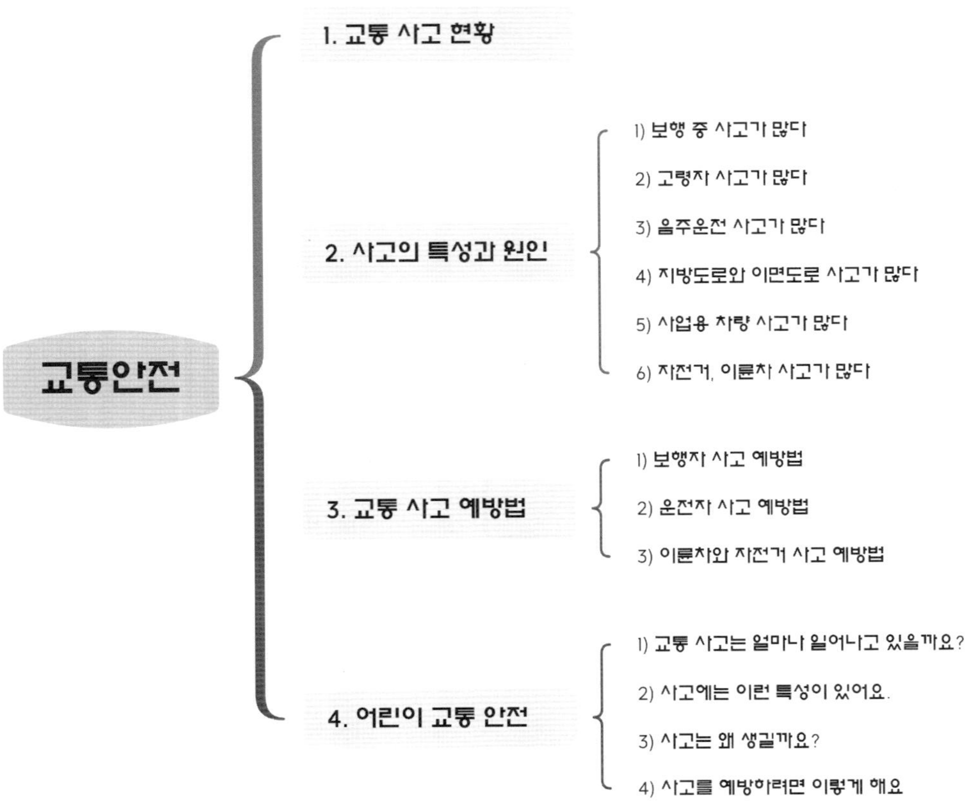

2.1 교통안전의 개념

교통안전은 인적 요인(운전자, 보행자), 물적 요인(안전띠, 에어백 등), 환경적 요인(도로, 교통, 사회 여건 등) 제도적 요인으로 구성된다. 이들 각각의 요인이 제 기능을 다하지 못하면 균형이 깨지고, 교통사고로 직결된다. 교통사고 감소를 위해서 모든 요인이 중요하지만 최근 들어 이슈화되고 있는 부분이 학교와 지역사회의 교통안전 교육이다. 이는 안전한 보행태도를 습득하고 자동차를 안전하게 운전할 수 있도록 도와주는 것을 목적으로 실시되어야 한다.

또한, 시민정신 및 보행자 안전과 차량 안전운전, 법과 규제 등에 관한 교육의 기회를 제공해야 한다. 또한 국민들에게 우리나라 교통사고의 심각성을 제대로 알려 나 자신, 우리 가족의 교통사고에 대한 위기의식을 제고하고 그 불안감을 해소할 수 있는 구체적 실천방법을 제공하여 평상시 교통안전을 생활화하도록 해야 한다. 특히, 현대사회에서 생활하는 어린이는 교통의 발달에서 오는 여러 유형의 사고에 직면해 있다. 이러한 위험으로부터 안전을 유지하고, 위험에 대처할 수 있는 능력을 길러주기 위해서는 어린이의 눈높이에 맞춘 교육 실시로 바람직한 태도와 습관을 조성할 수 있도록 하는 것이 매우 중요하다 하겠다.

2.2 교통사고의 현황

2018년도 우리나라 교통사고 사망자는 자료를 수집하기 시작한 1974년 이후 가장 적은 3,349명을 기록하였고, 앞으로 사망자수가 더욱 감소할 것으로 기대하고 있다. 1991년 한 해 교통사고로 13,429명의 가장 많은 사망자가 발생했던 것과 비교하면 괄목할 만한 성과이다.

그동안 정부기관이 주도하여 지자체, 경찰, 교통관련기관 등과 함께 교통안전 종합대책, 교통사고 잦은 곳 개선사업 등 다양한 교통안전정책을 추진한 결과 사망자를 지속적으로 줄이는 성과를 보였으나, 아직 우리나라 교통안전 수준이 선진국 반열에 서는 길은 순탄하지 않습니다. '18년 인구 10만명당 사망자는 36개 OECD 회원국 중 29위에 머물렀고, 특히 후진국형 교통사고라 할 수 있는 보행사고의 비율은 39.3%로 OECD 평균에 비해 2배가량 높은 기록을 보이고 있다.

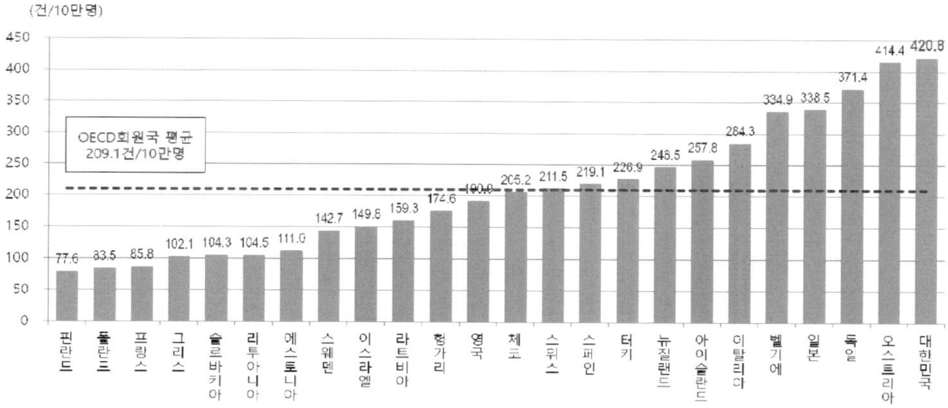

출처: 도로교통공단, 2020년판 OECD회원국 교통사고비교, 인구10만명당 교통사고건수, 2018.

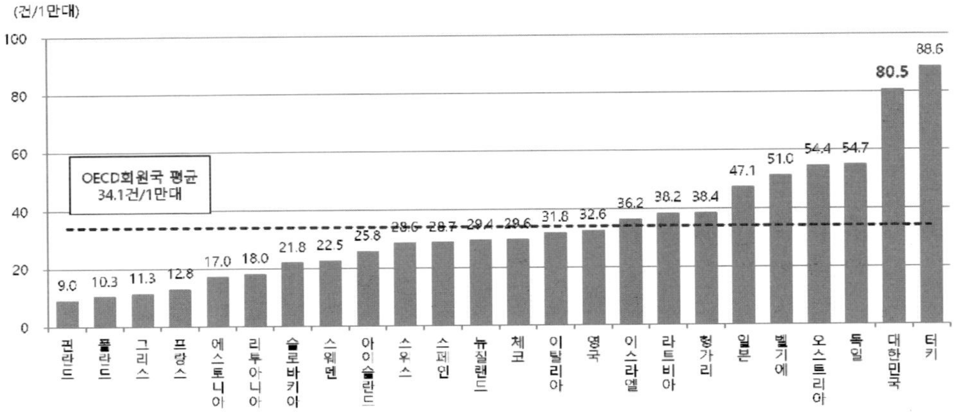

출처: 도로교통공단, 2020년판 OECD회원국 교통사고비교, 자동차 1만대당 교통사고건수, 2018.

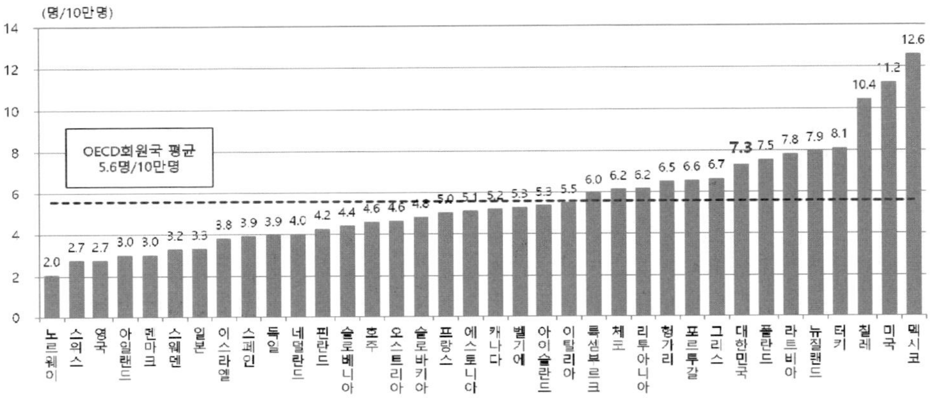

출처: 도로교통공단, 2020년판 OECD회원국 교통사고비교, 인구10만명당 교통사망자수, 2018.

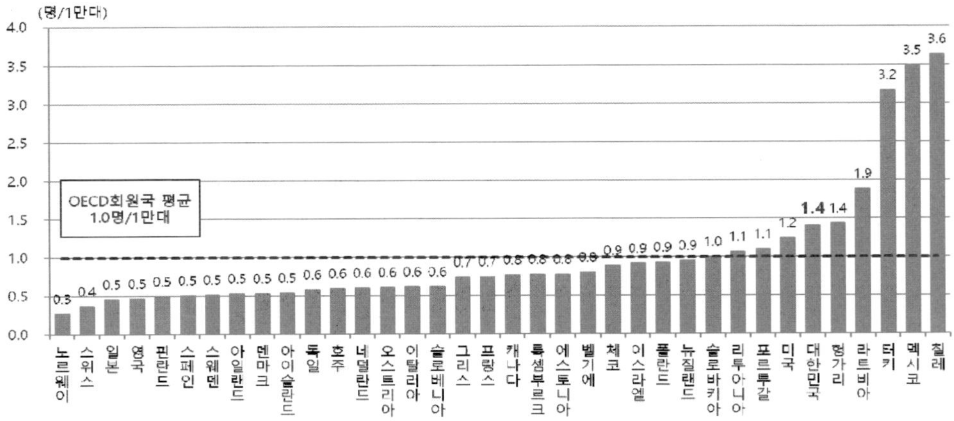

출처: 도로교통공단, 2020년판 OECD회원국 교통사고비교, 자동차 1만대당 교통사고 사망자 수, 2018.

2020년 한 해 동안 우리나라에서는 총 1,247,623건이 발생하였는데, 이는 연간 약 209,654건인 경찰교통사고와 비교하여 6.0배에 해당하는 큰 규모이다. 사망자수는 총 3,081명으로 보험사 및 공제조합이 경찰과 사망사고정보를 공유하고 있어 동일한 수치를 나타냈다.

부상자의 경우 총 2,061,788명으로 집계되었는데, 세부적으로 보면 중상자 84,513명으로 4.1%, 경상자 736,334명으로 35.7%, 부상신고자 1,240,941명으로 60.2%를 차지한 것으로 나타나, 경찰사고와 비교 시 중상자는 1.4배, 경상자는 3.3배, 부상신고자는 63.3배 많은 것으로 분석되었다.

한편 부상정도에 따른 경찰 신고율을 보면 중상자의 경우 경찰에 신고되는 비율이 71.7%, 경상자는 30.7%, 부상신고자수는 1.6%로 나타나, 부상정도가 가벼울수록 경찰 신고 없이 보험사 및 공제조합 등을 통하여 자체적으로 해결하는 경우가 많은 것을 알 수 있다.[3)]

2.3 사고의 특성과 원인

2.3.1 보행중 사고

우리나라의 보행 중 사망사고는 39%로 교통안전 선진국의 10%대보다 2~3배 이상 높고 어린이교통사고의 경우 70%에 육박할 정도로 많이 발생하고 있다. 이렇게 보행 중 사망사고가 많은 이유는 교통정책 자체가 보행자의 안전보다는 차량통행 위주로 이루어져 있고 보행자 고려가 미흡한 도로・교통시설이 설치되어 있기 때문이다.

또한 주거지, 보행자 통행이 잦은 지역의 속도관리가 미흡하고, 차량 운전자의 신호위반 등 법규 위반, 야간 횡단 시 시인성 부족, 불법 주・정차로 인한 시야 제한 등이 사고를 부추기고 있는 것으로 여겨진다.

3) 도로교통공단, 2021년판 교통사고 통계분석(2020년 통계), 2021.

2.3.2 고령자 사고

최근 고령 인구의 증가로 그 운전자가 증가하고 있으며 사고 또한 지속적으로 늘고 있다. 실제로 매년 30,000여 건이 발생하여 1,800여 명이 넘게 사망하는 등 전체 사망자의 30%를 넘고 있다.

최근 조사된 고령자 10만 명당 교통사고 사망자수를 보면 한국이 34.6명으로 영국 5명, 프랑스 7.9명, 일본 10.5명보다 3~6배 이상 월등히 높다.

이는 노인 인구의 증가와 노인을 고려한 도로, 교통안전 시설이 미비하기 때문이며, 특히 노인통행이 많은 실버존에 보·차도 분리, 횡단시설, 과속방지턱 등 교통안전시설이 턱없이 부족하기 때문이다. 아울러 보행속도, 인지 반응시간 저하, 주의능력 감퇴 등 노인의 신체적 특성변화에 따른 사고 위험성이 지속적으로 증대되고 있는 반면 고령운전자, 보행자의 교육 관리는 매우 미흡한 실정이기 때문이다.

2.3.3 음주운전 사고

매년 3만여 건의 음주운전 사고가 발생하여 700여 명이 사망하고 5만여 명이 부상당하고 있는데 이는 일본의 음주운전 사망자 50여 명에 비해 14배나 높은 수치이다.

이렇게 음주운전 사고가 많은 이유는 우리 사회가 음주운전에 대해 너무 관대하기 때문이다. '한 두 잔쯤이야'하는 운전자의 안일한 의식, 음주 운전자에 대한 가벼운 처벌, 생계형 운전자의 음주운전에 대한 처벌 경감 등을 개선하여 사고를 예방해야 한다.

2.3.4 지방도로와 이면도로 사고

교통사고 중 83%가 지방도로에서 발생하고 있으며, 전체 교통사고의 46% 이상이 차도 폭이 9m 미만 도로에서 발생하고 있다. 이는 지방도로가 전체 도로 89%를 차지하고 있으나 포장률은 61% 수준으로 매우 낮기 때문이다. 또한 이렇게 사고가 많은 이유는 보도와 차도 구분이 되어있지 않아 보행자가 차량 사이를 곡예보행하고 있으며 보·차도 경계 턱, 방호울타리, 과속방지턱 등 교통안전시설이 매우 부족하기 때문이다.

2.3.5 사업용 차량 사고

선진국의 경우 사업용 차량 사고가 자가용 사고보다 사고율이 낮은데 우리나라의 경우 사업용 차량의 사고율이 자가용보다 5배나 높다. 이는 사업용 운전자들이 열악한 근무조건과 환경 속에서 과속, 난폭운전과 같은 법규위반을 많이 하고 있고 사업용 차량 운전자에 대한 처벌 수준이 매우 낮기 때문이다. 또한 실제 사고사례 중심의 위험 대처 능력 교육이 부족하고 운수업체의 차량과 운전자 관리등이 제대로 되지 않는 데 원인이 있다.

2.3.6 자전거, 이륜차 사고

자전거 이용 인구가 급격히 늘면서 자전거 사고 역시 급격히 증가하고 있다. 매년 자전거 사고가 1만 건 이상 발생하여 300명이 사망하고 있으며 이륜차 사고 역시 매년 1만 건 이상 발생하여 사망자가 500명에 육박하고 있다.

사고가 많은 원인은 운전자들의 헬멧 등 안전 장비의 미착용과 신호위반, 보행자 보호 의무 위반, 보도주행과 같은 법규 위반이 많은 데에 있다. 또한 청소년 운전자에 대한 교통안전 교육, 면허관리제도, 50cc 미만 원동기 장치, 자전거 등 이륜차 관리가 매우 미흡하기 때문이다.

또한, 자전거 전용도로의 설치가 증가하고 있으나 도시 자전거 전용도로의 설치 및 안전시설 미흡으로 자전거 관련 사고가 증가하고 있다.

3. 자연재난안전

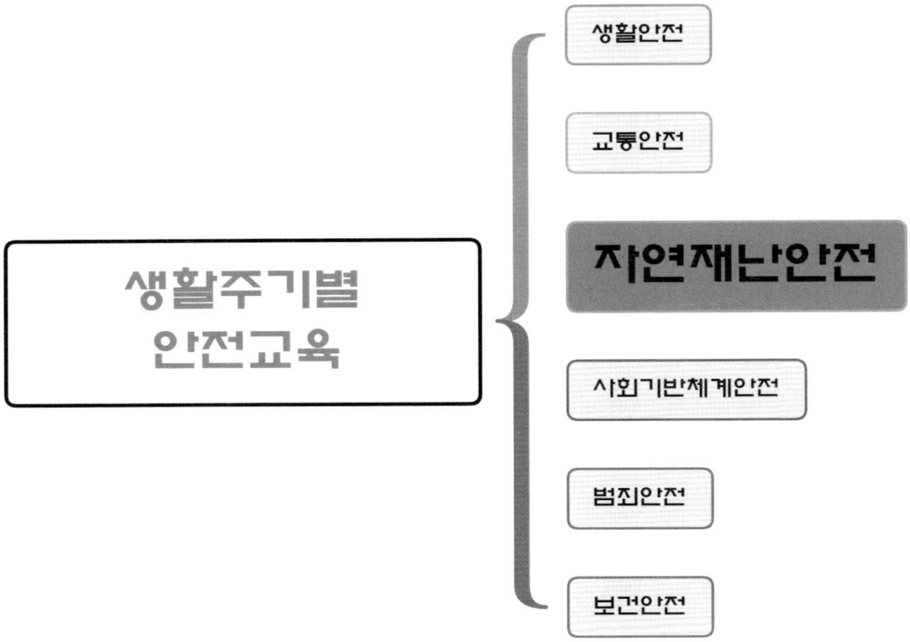
생활주기별 안전교육
생활안전
교통안전
자연재난안전
사회기반체계안전
범죄안전
보건안전

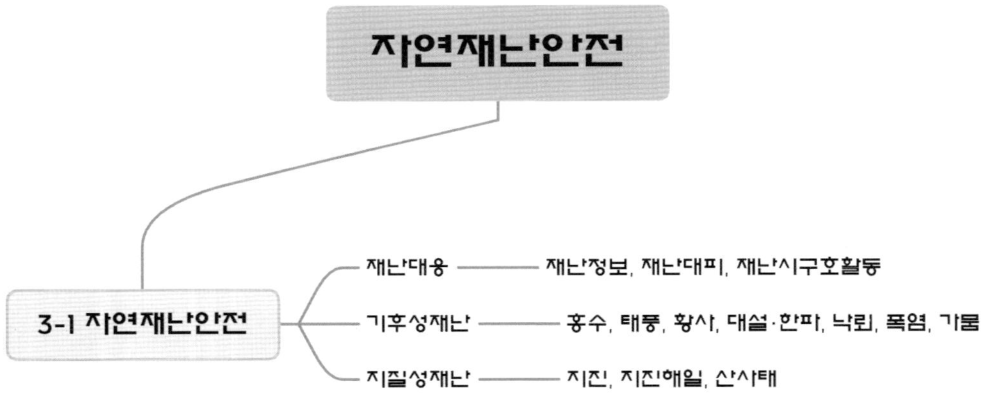
자연재난안전
3-1 자연재난안전
재난대응
재난정보, 재난대피, 재난시구호활동
기후성재난
홍수, 태풍, 황사, 대설·한파, 낙뢰, 폭염, 가뭄
지질성재난
지진, 지진해일, 산사태

3.1 자연재난안전의 개념과 분류

3.1.1 개념

재난은 원래 태풍·홍수·지진과 같이 주로 자연이 주는 위급한 상황을 의미했다. 그러던 것이 산업과 사회가 발전함에 따라 화재·붕괴와 같은 사람이 관계된 대형사고 상황을 포함하게 되었다.

통상적으로 '재해'는 자연재해, '재난'은 사회재난의 의미로 사용되어 왔으나, 2004년 재난 및 안전관리기본법 제정 이후' 재난'으로 용어가 통일되었다.

재난과 대량 인적 피해 발생과의 차이는 재난의 개념을 이해하는 데 매우 중요하다. 재난이 인적 피해 이외 의도 경제적, 사회적, 지역적, 정신적 피해 등을 동반하는 넓은 개념이다.

재난과 사고와의 구별은 재난은 대규모 사태, 지역의 능력만으로 대응이 불가, 의외의 사건으로 인식되는 데 반해 사고는 소규모이고 지역의 능력만으로 대응이 가능하며, 일상적 사건으로 인식되는 차이가 있다. 결국 어떠한 측면에서 이해하건 재난은 사회의 어느 한 분야만 피해를 입히는 것이 아니라, 사회의 여러 분야에 직·간접적인 피해를 주며, 다양한 분야의 유기적인 대응을 필요로 하는 복잡한 상황임을 알 수 있다.

피해규모 및 대응방식에 따라 사고와 재난을 구분할 수 있으며, 이 구분에 따르면 재난은 사고보다 규모가 크고 정부의 대규모 개입이 필요한 상황을 말한다. 간혹, 사고를 잘못 대응하여 재난으로 악화되기도 한다.

자연재난안전

3.1 자연재난안전의 개념과 분류

재난은 원래 태풍·홍수·지진과 같이 주로 자연이 주는 위급한 상황을 의미했다. 그러던 것이 산업과 사회가 발전함에 따라 화재·붕괴와 같은 사람이 관계된 대형사고 상황을 포함하게 되었다.

통상적으로 '재해'는 자연재해, '재난'은 사회재난의 의미로 사용되어 왔으나, 2004년 재난 및 안전관리기본법 제정 이후 '재난'으로 용어가 통일되었다.

재난과 대량 인적 피해 발생과의 차이는 재난의 개념을 이해하는 데 매우 중요하다. 재난이 인적 피해 이외 의도 경제적, 사회적, 지역적, 정신적 피해 등을 동반하는 넓은 개념이다.

재난과 사고와의 구별은 재난은 대규모 사태, 지역의 능력만으로 대응이 불가, 의외의 사건으로 인식되는 데 반해 사고는 소규모이고 지역의 능력만으로 대응이 가능하며, 일상적 사건으로 인식되는 차이가 있다. 결국 어떠한 측면에서 이해하건 재난은 사회의 어느 한 분야만 피해를 입히는 것이 아니라, 사회의 여러 분야에 직·간접적인 피해를 주며, 다양한 분야의 유기적인 대응을 필요로 하는 복잡한 상황임을 알 수 있다.

피해규모 및 대응방식에 따라 사고와 재난을 구분할 수 있으며, 이 구분에 따르면 재난은 사고보다 규모가 크고 정부의 대규모 개입이 필요한 상황을 말한다. 간혹, 사고를 잘못 대응하여 재난으로 악화되기도 한다.

3.1.2 재난의 분류

재난의 유형은 전통적으로 자연재난과 사회재난으로 분류하여 왔다. 그러나 최근에는 이러한 전통적 분류만으로는 분류되지 않는 새로운 유형의 재난들이 계속 생겨나고 있다. 이에 따라 현재의 「재난 및 안전관리기본법」에는 자연재난과 사회재난의 유형으로 분류하고 있다.

1) 자연재난

태풍, 홍수, 호우, 강풍, 풍랑, 해일, 대설, 낙뢰, 가뭄, 지진, 황사, 조류 대발생, 조수, 화산활동, 그 밖에 이에 준하는 자연현상으로 인하여 발생하는 재난

2) 사회재난

화재・붕괴・폭발・교통사고(항공사고 및 해상사고를 포함한다)・화생방사고・환경오염사고, 미세먼지 등으로 인하여 발생하는 대통령령으로 정

하는 규모 이상의 피해와 에너지 · 통신 · 교통 · 금융 · 의료 · 수도 등 국가 기반체계의 마비, 「감염병의 예방 및 관리에 관한 법률」에 따른 감염병 또는 「가축전염병 예방법」에 따른 가축전염병의 확산 등으로 인한 피해

3) 재난의 등급

① **재난1급**: 재난이 발생한 지역에서 자체적으로 수습이 가능한 규모의 재난

② **재난2급**: 재난이 발생한 지역에서 자체적으로는 수습하기 어려운 규모의재난으로서 인근 지역으로부터의 지원이 요구되는 재난

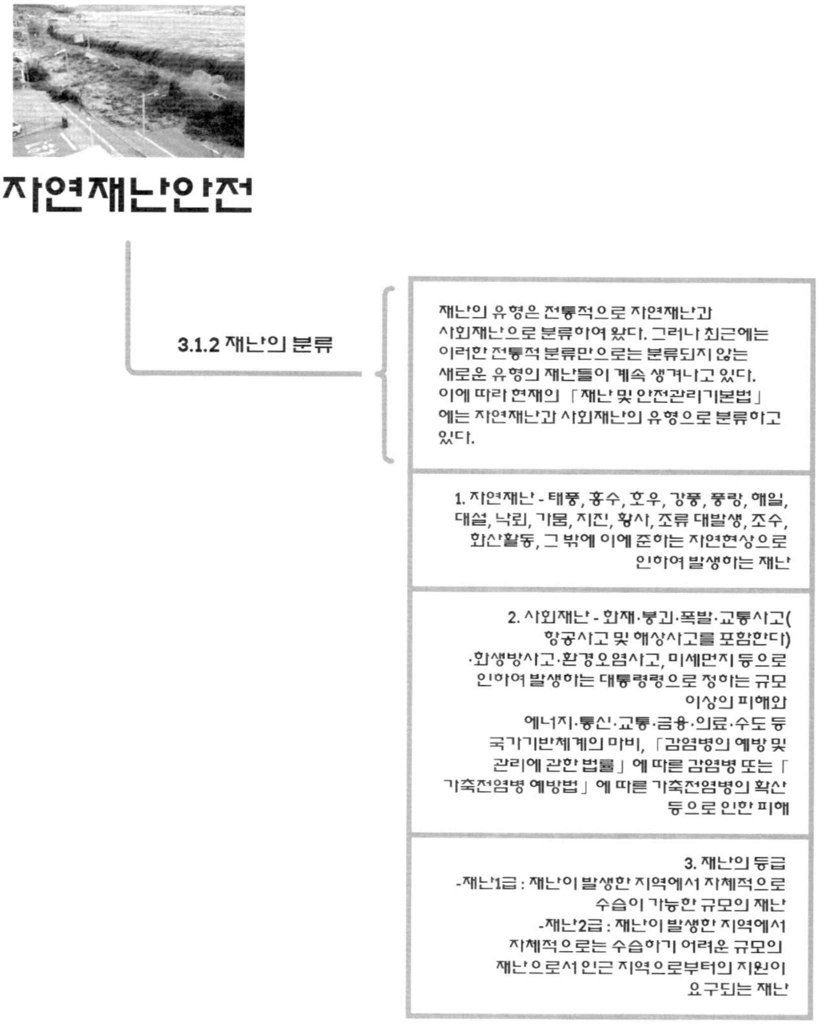

3.1.3 재난의 특성

재난은 그 규모와 속성상 해당 지역 밖으로부터의 도움을 필요로 하므로, 국가적인 대응체계가 존재해야 한다. 아직까지도 세계적으로 재난의 피해는 풍수해가 가장 크지만, 도시화와 산업화에 따라 과거에 흔하지 않았던 다양한 재난이 발생하는 것이 최근의 추세이다. 또한 기후 변화에 따른 지구 온난화 현상으로 자연재난의 발생도 변화무쌍해져 과거보다 예측이 힘들어지고 이에 따른 피해액도 증가하고 있다. 사회재난은 예방이 가능하다는 점에서 예방적 측면이 강조되고 있으며, 국소지역의 집중적 인명피해로 대량 사상자가 발생한다는 측면에서 인명구조와 응급의료적 관리가 강조된다. 자연재난도 기상과 지질 활동의 예측과 현대의 정보통신 발달로, 재난 영향의 확산에 대한 대응과 피해감소를 위한 방법이 첨단화되고 있다.

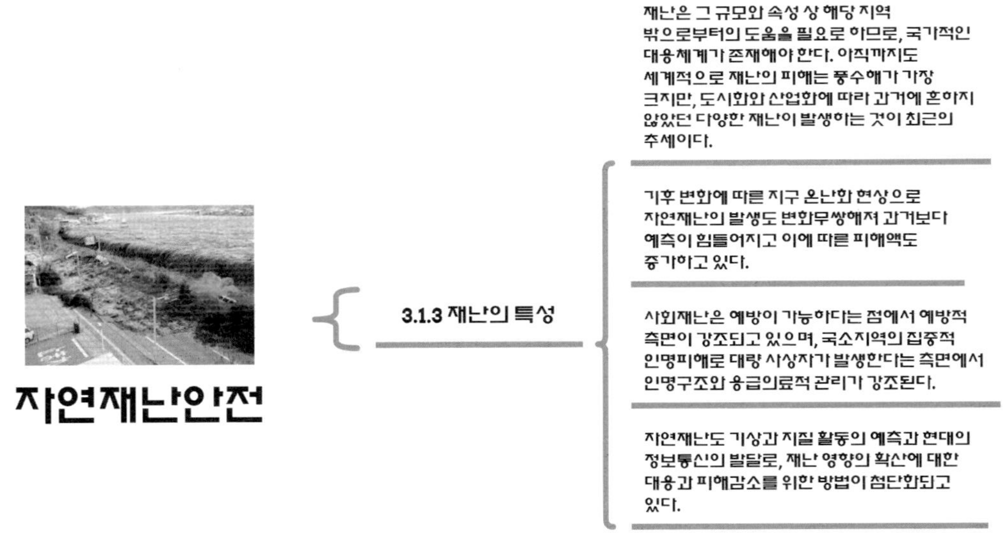

3.1.4 재난관리의 단계

흔히 재난의 단계라 하면 단계를 분류하는 데 여러 가지 방법이 있으나 여기에서는 「재난 및 안전관리 기본법」에서 제시하는 예방, 대비, 대응, 복구의 4단계를 재난관리의 단계로 소개하고자 한다. 예방 및 대비단계는 시간적으로 재난발생 이전에 해당하며, 대응 및 복구단계는 재난 발생 이후에 해당한다. 예방과 대비의 근본적 차이는 예방은 재난이 발생되지 않도록 하는 활동이지만, 대비는 현실적으로 예방만으로는 많은 재난의 발생을 완벽하게 막을 수 없으므로 재난이 발생하는 상황을 가정하여 미리 준비하는 활동이다.

1) 예방단계

안전관리계획 수립, 위험성 분석 및 위험지도 작성, 건축 관련 법 제정과 정비, 조세유도, 재해보험, 토지이용관리, 안전 관련 법 제정 및 정비

2) 대비단계

재난대응계획 수립, 비상경보체계 구축, 비상통신망 구축, 유관기관 협조체제 유지, 비상자원의 확보

3) 대응단계

재난대응계획의 시행, 재난의 긴급대응과 수습, 인명구조 구난활동 전개, 응급의료체계 운영, 환자의 수용과 후송, 의약품 및 생필품 제공

① **대응1단계**: 재난신고 및 비상소집(신고접수 및 초기 출동, 재난 확인 및 재난 선포, 비상연락 및 재난본부 소집)

② **대응2단계**: 재난진압, 구조 및 처치(피해자 색출 및 구조, 중증도 분류, 현장에서의 응급처치, 피해자 이송, 병원에서의 의료 처치)

③ **대응3단계**: 긴급복구(도로 긴급복구, 전력선 긴급복구, 통신체계 긴급복구, 가스시설 긴급복구, 수도시설 긴급복구)

4) 복구단계

잔해물 제거, 전염방 예방 및 방역활동, 이재민 지원, 임시거주지 마련, 시설복구 및 피해보상

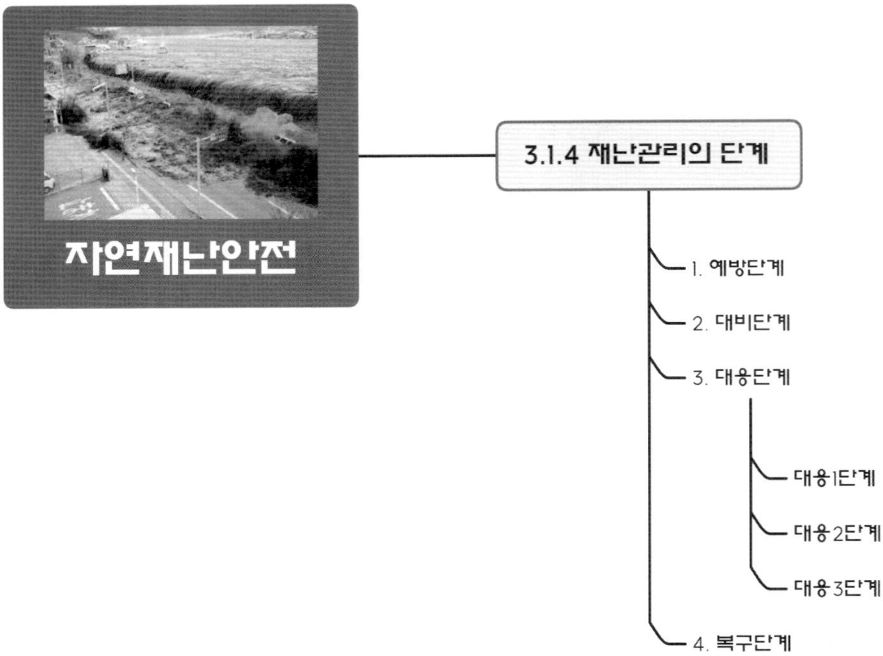

3.1.5 재난발생 현황

1) 사회변화 속의 재난

우리나라는 과거 1·2차 산업중심의 사회로 대형 구조물이나 교통수단이 많지 않아 자연재해와 화재를 제외한 건물의 붕괴나 가스폭발 등의 도시형 재난은 크게 염려할 정도는 아니었다. 그러나 1980년대 중반기 이후 대단위 공업단지가 조성되고 생활환경 또한 고밀도의 도시화와 고도산업 사회로 재난환경이 급변하면서부터는 작은 방임이나 실수가 대형 참사를 초래한 경험을 하였다.

2) 재난발생 예측

지난 수십 년간의 불균형, 집중 개발시대의 부실·노후 시설물들은 그간의 안전조치 강화와 재개발로 상당 부분 해소될 것으로 예상되나 공사장 안전사고, 가정용 가스폭발, 도로교통사고 등 생활 주변의 재난 발생률은 앞으로도 크게 줄어들지 않을 것으로 예상된다.

또한 산업시설의 대형화, 집중과 노후화, 다중이용시설의 증가, 생활공간의 밀집화로 재난발생 시 그 피해 규모는 더욱 커질 것으로 예상되며, 관광·산업인구의 증가와 유동성이 높아지면서 유원시설 및 산업 안전사고, 철도·항공사고 또한 늘어날 가능성이 많고, 환경오염사고도 광범위하게 발생할 가능성이 높다.

그리고 기후 변화는 지구 온난화의 영향을 받고 있다. 지구 온난화는 단순히 전지구가 동시에 더워지는 것이 아니고, 더운 지역이 더욱 더워지거나, 추운 지역이 더욱 추워지는 등의 현재의 기후와 다른 양상으로 전개되는 상황으로 전개되고 있다. 기후변화는 사회, 경제, 생태, 환경, 수자원 등 다양한 분야에 영향을 미치고 있으며, 이로 인한 파급효과는 상당 할 것이다.

특히 기후 변동성은 물 순환 체계에 영향을 미쳐 수자원의 변동을 초래할 수 있다. 단적인 예로 기후 변화에 의해 강수량은 증가하고 빈도는 감소할 경우 유역의 증발산량의 증가와 지하수 이용량의 증가로 인해 지하수량과 하천유출량이 감소하고 수질오염이 증가할 수 있다. 기후 변화로 인한 기온과 강수의 변화는 유역 변화, 수생태 변화, 수력발전 능력, 용수공급문제, 수질문제, 홍수 및 가뭄 등의 자연재해에 대한 취약성을 증가시킨다. 우리나라는 기상학적 변동성이 크고, 상대적으로 인구밀도가 높은 특성을 가지고 있어 기후 변화로 증가되는 홍수 및 가뭄 등에 상당한 피해가 예상되고 있다.

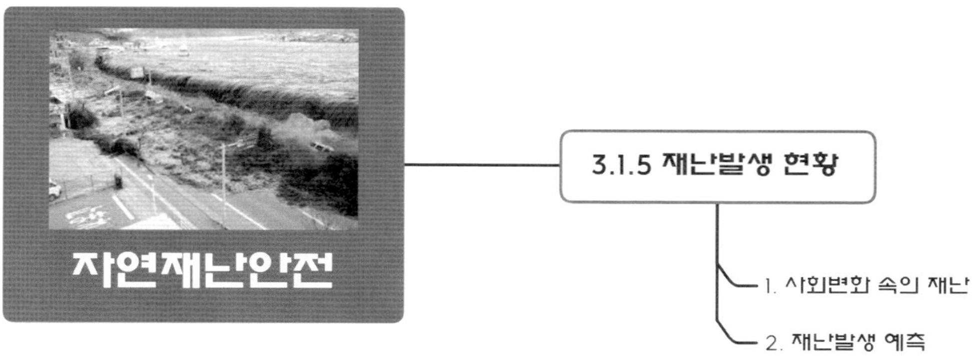

3.1.6 재난관리

1) 매뉴얼

재난에 안전하게 대응하기 위해서는 미리 체계적인 매뉴얼이 있어야 한다. 재난 매뉴얼은 다음 요건이 충족되어야 한다.

- 인간의 행동 양식에 대한 이해가 근본이 되어야 한다.
- 각 기관의 의견을 잘 조합하여야 한다.
- 제한된 자원을 고려하여야 한다.
- 참여자들이 대책을 잘 숙지할 수 있어야 한다.

2) 재난관리

'재난관리'는 광의의 개념으로서는 사전에 재난을 예방하고 대비하며 재난 발생 후 그로 인한 피해를 최소화하고 본래의 상태로 시설을 복구하기 위한 모든 활동을 의미한다. 이와 비슷한 뜻으로 '비상관리'는 재난 및 여타 요인에 의해 야기된 일상에서 벌어지는 비상상황에 대한 관리를 뜻하며, '위기관리'는 주로 국제 관계 수준에서 발생하는 갈등에 대한 위기의 통제와 확대를 방지하는 시스템의 뜻으로 사용되고, 안전관리는 적게는 사업체, 넓게는 일반 사회생활에서 사고방지 업무를 위한 모든 활동을 의미하는 넓은 개념이다.

그리고 자원에는 인적, 물적 자원이 있으나 자원 관리는 주로 장비나 물품에 관한 내용이다. 기본물품은 평소에 사용하던 것을 사용하며, 재난물품은 재난을 대비해 준비해 놓은 것으로 평소에는 잘 쓰지 않던 것이다. 특히 특수 물품은 자체적으로 보유하지 않은 것이 많으므로 상호협조체계를 통해 필요 시 사용 가능하도록 준비해야 한다.

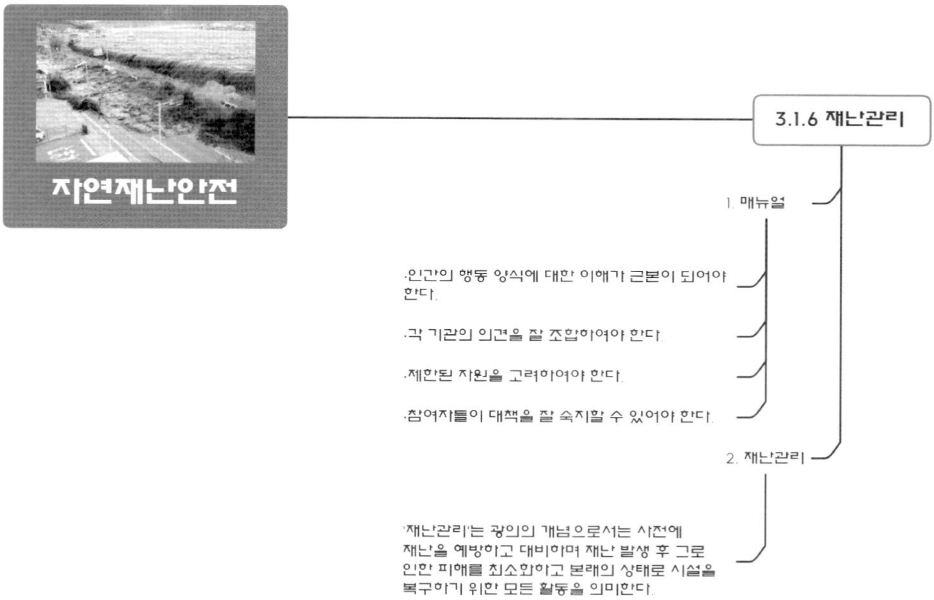

3.1.7 재난 대처 방안

재난 발생 초기에 적절한 재난신고는 초동조치를 위하여 필수적이다. 신고 시에 신고접수자가 적절한 정보를 얻을 수 있도록 필요한 정보를 전달해 주어야 한다. 또한 재난본부에서 재난의 규모와 피해자에 관한 정보를 분석하여 재난의 등급을 판단하고 현장에 설치할 현장지휘소의 규모를 결정한다.

1) 재난장소에 관한 정확한 정보

① 표식이나 상징물 (예: 기념탑, 건물명 등)
② 적절한 지리적 표기
③ 신고자의 전화번호

2) 교통사고의 경우는 사고차량의 수와 차량종류

① 화물차인 경우에 적재물질 (예: 유류, 폭발물, 유독가스 등)
② 사고차량 중에 대형버스도 포함되어 있는가?
③ 사고차량의 상태 (예: 차량전복, 차량화재 등)

3) 환자수 및 중증환자의 여부

4) 사고현장에 위험요소가 있는가?

① 화재, 위험물질 누출, 파편 혹은 잔해 등
② 사고에 의한 고압전기줄 노출
③ 차량의 위치가 불안정한가 (예:수중으로 추락, 벼랑에 걸림 등)
④ 사고현장의 교통상황(예: 교통의 완전 혹은 부분 마비)

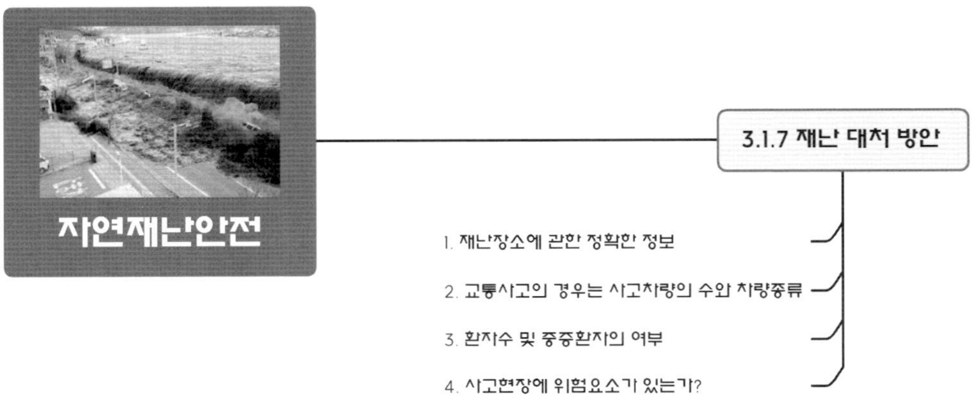

3.1.8 중증도 분류

중증도 분류의 정의는 응급처치와 피해자이송의 우선순위를 결정하기 위하여 피해자를 심각한 정도별로 구분하는 것으로서, 한정된 인원으로 최대의 피해자에게 최선의 도움을 제공하여야 하므로 처치 및 이송의 우선순위를 부여한다는 중요성을 갖는다.

중증도 분류의 방법 중 가장 많이 사용되는 것이 다음과 같이 4가지로 분류하는 방법이다. 특히 중요한 것은 분류색은 거의 일정하다는 것이며 재난대응에 대한 국제적 공조가 부각되고 있어 분류색은 재난 관련 인력들에게는 일종의 국제 공용어로서 이해해도 좋을 것이다.

〈표 3-5〉 중증도 분류와 색

분류	분류색	피해자의 중증도
긴급	적색	수 분 혹은 수 시간 이내의 응급처치를 요하는 중증 피해자
응급	황색	수 시간 이내의 응급처치를 요하는 중증 피해자
비응급	녹색	수 시간, 수 일 후에 처치해도 생명에 관계가 없는 피해자
지연	흑색	사망하였거나 생존의 가능성이 없는 피해자

3.2 자연재난의 일반

우리나라 자연재난의 대부분을 차지하는 풍수해는 연중 반복되어 인명과 재산상의 막대한 손실을 가져오고 있는데 기후, 지형 및 지질 등과 같은 기상학적 및 지형학적 요인과는 달리 우리나라의 사회 경제적인 발전과 변화로 인한 도시화로 하천 주변 저지대에 주택, 공장 등 시설물이 집중되고 무질서하게 산지가 개발되는 등 인위적인 현상에 의한 홍수의 피해가 점차 대형화되고 있다.

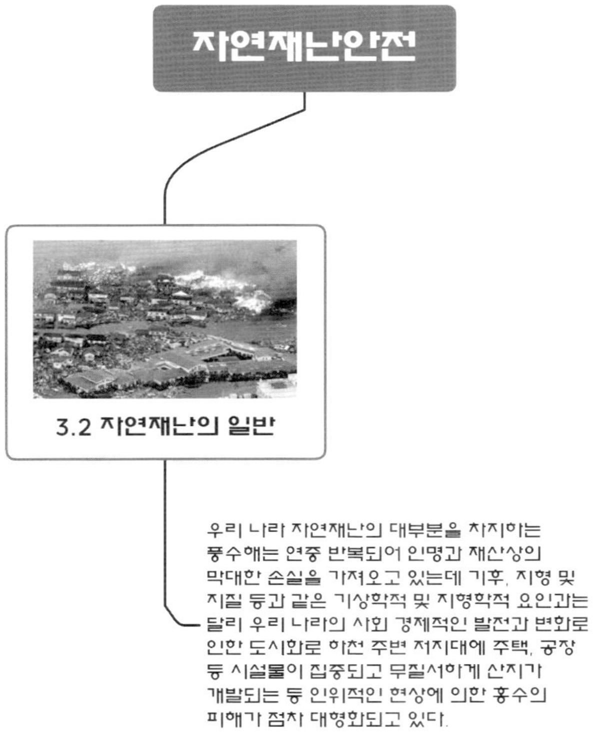

3.2.1 분류와 개념

자연재난을 크게 분류하면 기상 요인에 의해 발생하는 기상재난과 지반의 운동으로 발생하는 지진 및 화산 활동으로 인한 지질재난으로 나눌 수 있다. 우리나라에서 발생하는 대부분의 자연재난은 이상 기상현상이 원인이 되어서 발생하는 기상재난에 해당한다.

3.2.2 재해 현황

우리나라는 태풍, 호우 등 한 해 평균 10회 정도의 자연재난이 발생하여 최근 10년 간(2001~2010년) 연평균 인명피해 68명, 재산피해 1조 7,044억 원이 발생한 것으로 집계되었다.

3.2.3 피해 사례

2011년 8월에는 서울 중심부에서도 집중 호우에 이은 침수 피해 및 산사태로 인하여 인명 및 재산 피해가 발생하였다. 이러한 피해발생의 가장 큰 원인은 폭우였으며, 짧은 시간 내의 집중호우로 인해 약해진 지반이 붕괴되면서 발생한 것이다.

3.3 기상재난

3.3.1 태풍

1) 원인

태풍은 주로 북태평양의 서부인 필리핀 동쪽의 넓은 해상에서 발생하여 북서쪽으로 서서히 세력이 증가하면서 이동하다가 동지나해 부근에 이르면 진로를 바꾸어 북북동 혹은 북동쪽으로 대략 포물선을 그리면서 이동하는 것이 보통이다. 태풍은 매년 그 발생 횟수가 다르지만 평균적으로 일 년에 약 26개 정도가 발생하며 그 중 2, 3개 정도가 우리나라에 영향을 미쳐 인명과 재산의 손실을 초래한다.

태풍이 건조한 육지로 상륙하면 점차 쇠약해지지만 이때부터 호우와 폭풍이 위력을 떨치면서 막대한 피해를 주게 된다. 우리나라는 비가 많이 내리는 7, 8월과 태풍 내습기가 겹치기 때문에 피해가 더 크게 나타난다. 때로는 9월에 태풍이 도달하여 피해를 입기도 하며 6월에도 태풍의 통과로 인한 피해를 받기도 한다.

2) 대처방법

① 태풍 예보 시

- 가정의 하수구나 집 주변의 배수구를 점검하고 막힌 곳을 뚫는다.
- 침수나 산사태가 일어날 위험이 있는 지역에 거주하는 주민은 대피장소와 비상연락 방법을 미리 알아둔다.
- 하천근처에 주차된 자동차는 안전한 곳으로 이동한다.
- 응급약품, 손전등, 식수, 비상식량, 등의 생필품은 미리 준비한다.
- 날아갈 위험이 있는 지붕, 간판 등을 단단히 고정한다.

② 태풍의 영향권에 있을 때

- 저지대·상습침수지역 거주 주민은 대피를 준비한다.
- 공사장 근처는 가까이 가지 않는다.

- 전신주, 가로등, 신호등을 손으로 만지거나 가까이 가지 않는다.
- 감전의 위험이 있으니 집 안팎의 전기 수리는 하지 않는다.
- 운전 중일 경우 감속 운행한다.
- 천둥·번개가 칠 경우 건물 안이나 낮은 곳으로 대피한다.
- 간판, 창문 등 날아갈 위험이 있는 물건은 단단히 고정한다.
- 대형, 고층 건물에 거주하는 주민은 유리창에 X자로 테이프를 붙여 파손에 대비한다. 테이프가 없을 때는 임시로 젖은 신문지로 창을 덮어 두면 유리 조각에 의한 피해를 줄일 수 있다.
- 송전철탑이 넘어졌을 경우 119나 시·군·구청 또는 한전에 즉시 연락한 후 접근을 금지시킨다.
- 집안의 창문이나 출입문을 잠가둔다.
- 노약자나 어린이는 집 밖으로 나가지 않는다.
- 물에 잠긴 도로로 걸어가거나 차량을 운행하지 않는다.
- 대피할 때에는 수도와 가스밸브를 잠그고 전기차단기를 내려둔다.
- 라디오· TV·인터넷을 통해 기상예보 및 호우상황을 잘 알아 둔다.

3.3.2 호우

1) 원인

호우란 일반적으로 큰비와 같은 뜻으로 사용되며, 특히 단시간에 많은 양이 내리는 비를 가리키는 경우가 많다. 집중호우란 명확한 기준은 없으나 일반적으로 하루 강수량이 연 강수량의 10% 이상일 때를 기준으로 하는 경우가 많다. 우리나라 장마철의 비는 짧은 시간에 맹렬히 쏟아지는 호우이다.

1일 강수량이 300㎜를 넘는 경우도 많고, 1시간 동안 100㎜를 넘는 집중 호우도 곳곳에서 기록되고 있다. 호우 등의 이유로 구조물 등이 물에 잠기는 피해를 침수라고 한다.

2) 대처방법

① 호우주의보 및 경보 시

- 저지대・상습침수지역에 거주하고 있는 주민은 대피를 준비한다.
- 대형공사장, 비탈면 등의 관리인은 안전 상태를 미리 확인한다.
- 가로등이나 신호등 및 고압전선 근처에는 가까이 가지 않는다.
- 집 안팎의 전기 수리는 하지 않는다.
- 공사장 근처에는 가까이 가지 않는다.
- 도로에 있는 차량은 속도를 줄여서 운전한다.
- 천둥・번개가 칠 경우 건물 안이나 낮은 지역으로 대피한다.
- 물에 떠내려갈 위험이 있는 물건은 안전한 장소로 옮긴다.
- 송전철탑이 넘어졌을 경우 119나 시・군・구청 또는 한전에 즉시 연락한다.
- 감전의 위험이 있으므로 전봇대나 전선에 접촉하거나 위험, 고압이라는 글귀가 보이는 곳에서 떨어진다.
- 건물의 출입문이나 창문을 닫아둔다.
- 아파트 및 고층건물 옥상이나 지하실 및 하수도 맨홀에 가까이 가지 않는다.
- 침수가 예상되는 건물의 지하공간에는 주차를 하지 않고, 지하에 거주하고 있는 주민은 대피한다.
- 노약자나 어린이는 집밖으로 나가지 않는다.
- 라디오・TV・인터넷을 통해 기상예보 및 호우상황을 잘 알아 둔다.

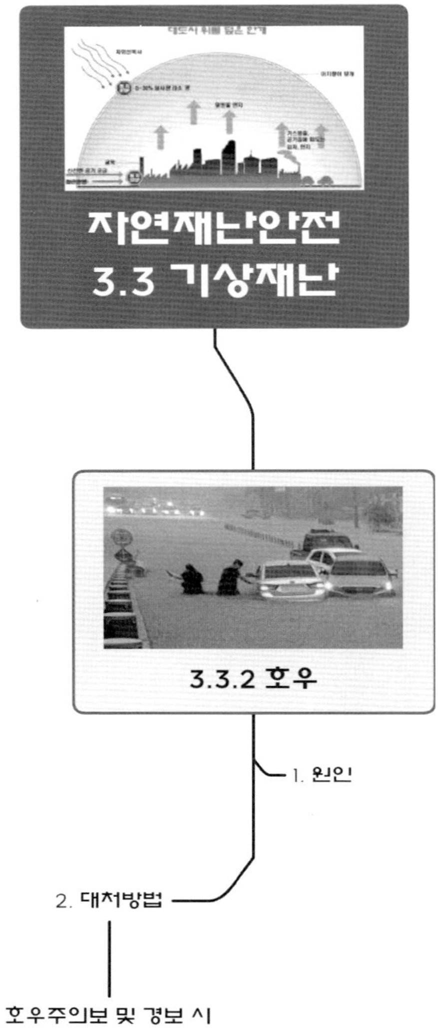

3.3.3 낙뢰

1) 원인

낙뢰(혹은 번개)는 대기 아래의 온도 차가 커 공기층이 불안정한 경우 구름 하부의 음전하와 지표면의 양전하가 각각 분리, 축적되고 일정치 이상의 전위차가 생기면 두 전하 간의 격렬한 반응으로 순간적인 대 전류가 방전되는 현상이다. 한편 천둥은 구름(양극)과 구름(음극), 구름(음극)과 지표면(양극) 간의 높은 전위차에 의하여 발생하는 뇌방전 시 순간적이고 폭발적인 공기팽창에 의해 나는 소리이다. 벼락에 직접 맞지 않아도 낙뢰가 떨어진 지점 20m 이내의 사람은 감전 피해가 발생할 수 있으며 낙뢰 전류가 흐르는 물체의 저항이 클수록 피해가 커진다.

2) 대처방법

① 가정

- 외출을 자제한다.
- 전화기나 전기제품의 플러그를 빼어 두고, 전등이나 전기 제품에서 1m 이상의 거리를 유지한다.
- 창문을 닫고, 감전 우려가 있으므로 잠시 샤워나 설거지 등을 하지 않는다.

② 야외

- 평지에서는 몸을 낮게 하고 물이 없는 움푹 파인 곳으로 대피한다.
- 키 큰 나무나 전신주에는 낙뢰가 칠 가능성이 크므로 피한다.
- 골프, 들일, 낚시 중일 때에는 골프채, 농기구, 낚싯대 등을 몸에서 떨어뜨리고 몸을 낮추어 건물이나 낮은 장소로 대피한다.
- 대피할 때에는 다른 사람들과는 5~10m 이상 떨어지되, 무릎을 굽혀 자세를 낮추고 손을 무릎에 놓은 상태에서 앞으로 구부리고 발을 모은다.
- 하천 주변에서의 야외활동을 삼간다.
- 자동차에서는 차를 세우고 라디오 안테나를 내린 채 차 안에 그대로 머문다.

3.3.4 해일

1) 원인

해일은 바다에서 발생하는 대단히 긴 주기를 갖는 해양파로서, 해저 지진이나 화산활동에 의해 지층의 수평이동이나 수직이동으로 인하여 발생하는 경우(지진해일 혹은 쓰나미)와 태풍과 같이 심한 바람에 의해 발생하는 경우(태풍해일)로 구분할 수 있는데, 전자는 자연재난 중 지질재난이며 후자는 기후재난으로 해일이라는 모습은 동일하지만 원인은 다를 수 있다. 해일은 만(灣)이나 항구에서 상당한 진동을 발생시켜 해안지역에서의 침수 및 해안구조물에 심한 피해를 준다. 우리나라는 태평양에서 발생되는 해일의 경우 일본이 가로막고 있어 직접적인 피해는 받지 않고 있으나 일본 근해에 해일이 발생할 경우 동해안에서도 큰 피해를 입을 수 있다.

2) 대처방법

① 해일의 대비

- TV나 라디오를 통한 기상상황이나 해일경보 등을 주의 깊게 듣는다.
- 해안 저지대 주민은 대피장소 및 대피방법을 미리 알아둔다.
- 해안에서 진동을 느꼈을 경우나 지진해일 경보를 들었을 경우 즉시 높은 곳으로 대피한다.
- 지진해일 시 먼 바다에서 조업 중인 선박은 귀항하지 말고 대기하며, 항구에 있는 선박도 먼 바다로 안전하게 대피한다.
- 마실 물, 식료품, 손전등, 라디오 등을 준비한다.
- 대피에 대비하여 비상 소지품을 챙겨둔다.
- 집 주변에 있는 물건을 치우거나 고정시켜 둔다.
- 현관문턱, 개구멍 등 물이 들어올 수 있는 곳을 막아둔다.
- 집 주변 하수구가 흙이나 쓰레기로 막혀있는지 확인하고 제거한다.
- 침수에 대비하여 방이나 거실의 중요한 물건은 높은 곳으로 옮긴다.
- 외출을 하지 않는다.

② 즉시 대피해야 하는 경우

- 기상청의 해일경보, 시・군・구청 또는 소방서의 대피명령이 있을 때 즉시 대피한다.
- 지반의 진동이 있을 때 대피한다.
- 해일이 밀려들 때 대피한다.

③ 미처 대피 못 한 경우

- 1층보다는 2층, 2층보다는 3층, 경우에 따라서는 지붕이 안전하니 높은 곳으로 이동한다.

- 목조 주택은 떠내려 갈 가능성이 있으니 벽돌이나 철근콘크리트 건물로 이동한다.
- 해안에 가까울수록 위험하므로 해일이 발생하면 해안에서 멀리 떨어진 급경사가 없고 지형이 높은 안전한 곳으로 이동한다.
- 해안에서 멀리 떨어진 곳은 직접적인 파도의 영향이 없으므로 바닥에서 높이가 2~3m만 높아도 비교적 안전하다.
- 지붕이나 옥상 등 안전한 곳으로 대피하고 흰 옷가지 등을 흔들어서 구조를 요청한다.
- 구조대가 도착하기 전에 떠내려갈 위험이 있다면 침착하게 문짝이나 스티로폼 상자 등을 이용하여 빠져나온다.

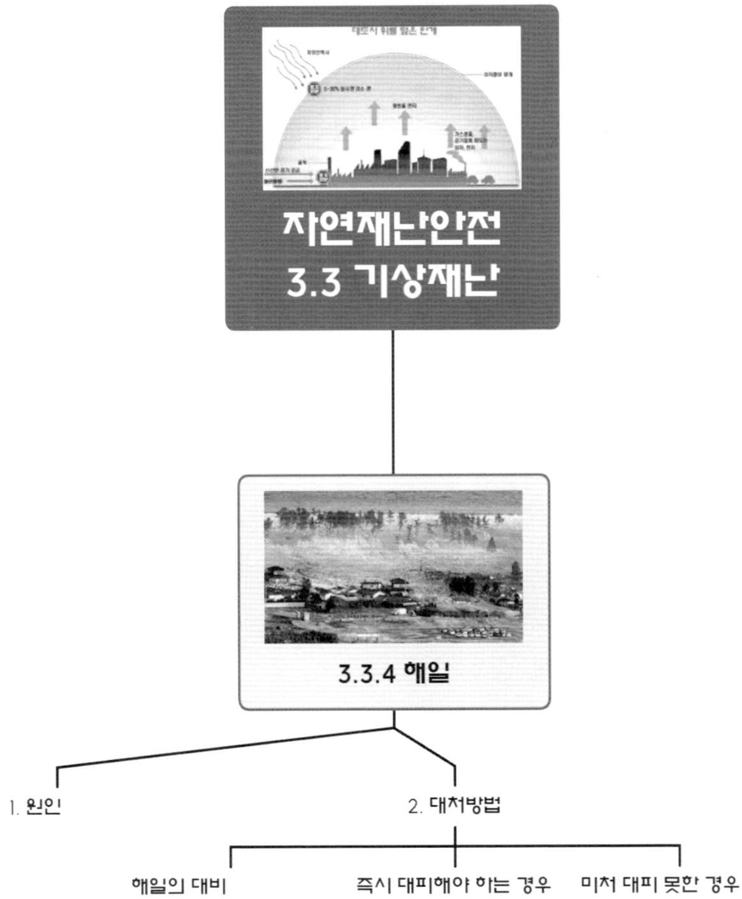

3.3.5 가뭄과 폭염

1) 원인

우리나라는 대규모 지하수층의 발달이 빈약하여 지하수 개발은 불리하나 비홍수 시 또는 물 부족 시에 중소규모 지하수 개발로 대처할 수 있는 정도의 양은 충분하다. 그러나 이러한 수자원 공급량이 실제 수요량보다 부족하게 되면 가뭄이 발생한다. 1994년의 경우 유례없는 극심한 가뭄이 발생하여 전국적인 용수 공급 및 농작물에 극심한 피해를 주었으며 하천유지 용수의 부족 등으로 식수원이 오염되는 등 큰 피해를 입었다.

2) 대처방법

① 가뭄 시 대처요령

- 가정에서는 식기류 세척・세수・샤워 시 물을 받아 사용한다.
- 가정에서 세탁할 때에는 빨래를 한꺼번에 모아서 한다.
- 식당 등 물을 많이 사용하는 업소는 물을 적게 사용하는 방법으로 영업한다.
- 정원이나 꽃밭에는 한 번 사용한 허드렛물을 재활용한다.
- 개인소유의 우물은 공동으로 이용한다.

② 폭염 시 대처요령

- 라디오나 TV의 무더위 관련 기상상황에 매일 주목한다.
- 정전에 대비 손전등, 비상 식음료, 부채, 휴대용 라디오 등을 미리 확인한다.
- 집에서 가까운 병원의 연락처를 확인하고 열사병 등 증상을 체크한다.
- 단수에 대비하여 생수를 준비하고 생활용수는 욕조에 미리 받아 둔다.
- 냉방기기 사용 시는 실내・외 온도차를 5℃ 내외로 유지하여 냉방병을 예방한다.
- 변압기의 점검으로 과부하에 사전 대비한다.

- 창문에 커튼이나 천 등을 이용, 집안으로 들어오는 직사광선을 최대한 차단하고 맞바람이 불도록 환기시킨다.
- 차량의 장거리 운행계획이 있다면 도로의 변형 등으로 교통사고 등이 발생할 수 있으므로 신중히 검토한다.

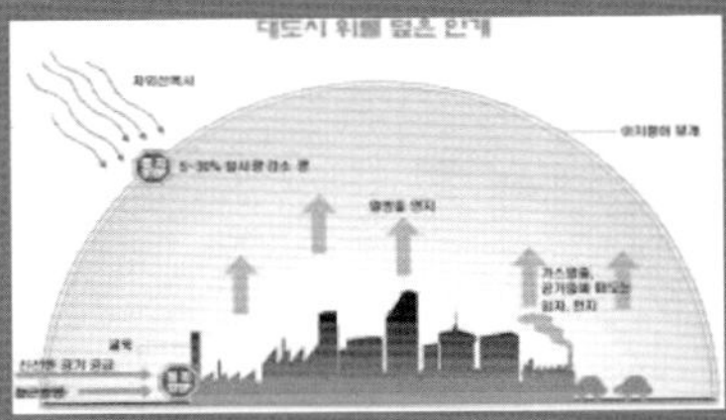

자연재난안전

3.3 기상재난

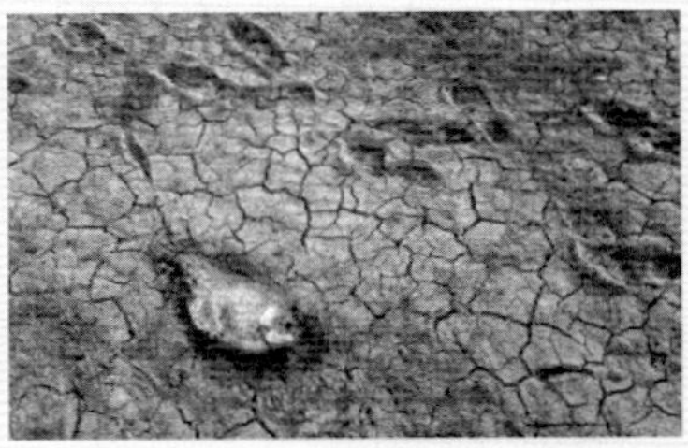

3.3.5 가뭄과 폭염

1. 원인

2. 대처방법

가뭄 시 대처요령

폭염 시 대처요령

3.3.6 대설

1) 원인

우리나라의 대설은 겨울철 시베리아 대륙에서 확장하는 찬 대륙성 고기압의 세력이 호남지방과 동해상으로 확장할 때 상대적으로 서해상 저기압으로부터 남서기류에 의하여 따뜻하고 다습한 공기가 계속 다량 유입됨에 따라 발생한다. 특히 영동지방은 태백산맥을 넘는 습윤 공기와 동해에 위치한 찬 북동기류가 만나 대설의 원인이 된다.

2) 대처방법

① 보행자

- 가급적 외출을 자제한다.
- 외출 시에는 미끄러지지 않도록 바닥면이 넓은 운동화나 등산화를 착용한다.
- 미끄러운 눈길을 걸을 때에는 주머니에 손을 넣지 않는다.
- 걸어가는 중에는 휴대전화 통화를 삼간다.
- 계단을 오르내릴 때에는 난간을 잡고 다닌다.
- 야간 보행은 매우 위험하므로 조속히 귀가한다.
- 차도로 나와서 차량에 승차하여 타 차량의 주행을 방해하지 않는다.

② 가정

- 내 집 앞, 내 점포 앞 도로의 눈은 내가 치운다.
- 내 집 주변 빙판길에는 염화칼슘이나 모래 등을 뿌려서 미끄럼 사고를 예방한다.
- 어린이 및 노약자는 외출을 삼간다.
- 30㎝ 이상 적설 시 차량, 대문, 지붕 및 옥상 위의 눈을 치운다.
- 노후가옥은 안전점검을 실시하여 붕괴사고를 예방한다.
- 고립지역은 비상연락체계를 유지한다.

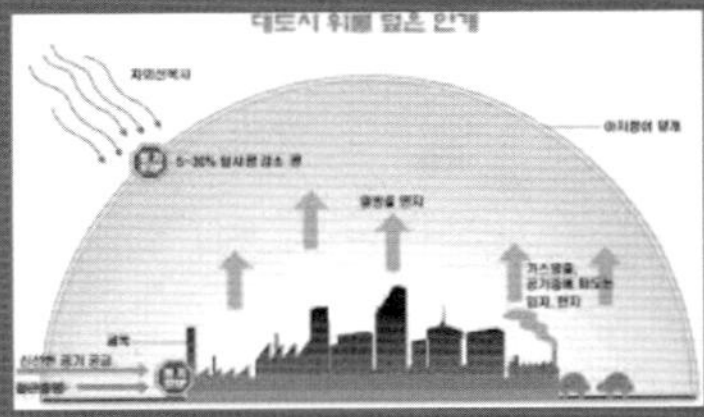

자연재난안전
3.3 기상재난

3.3.6 대설

1. 원인	
2. 대처방법	보행자
	가정

3.3.7 황사

1) 원인

주로 중국 북부나 몽골의 건조한 황토 지대에서 바람에 날려 올라간 미세한 모래와 황토 먼지가 대기 중에 퍼져서 하늘을 덮었다가 서서히 내려오는 현상 또는 내려오는 흙먼지를 말한다. 3~5월에 많이 발생하며 강한 서풍을 타고 우리나라를 거쳐 날아간다. 황사의 크기는 발원지에 따라 크기가 다르나 20㎛보다 큰 입자는 구르거나 부근에 떨어지고, 그 이하는 부유하여 대기권까지 올라간다. 우리나라에서 관측된 황사의 크기는 1~10㎛ 정도이다.

황사가 발원지로부터 우리나라까지 오는 데 걸리는 시간과 이동 고도는 중국 북부 사막지대에서는 3~5일 소요되고 이동 고도는 1~5km, 황토 지대에서는 2~4일 소요되고 이동 고도는 1~4km, 만주지대에서는 0.5~3일 소요되고 이동 고도는 1~3km이다.

2) 대처방법

황사는 알레르기성 결막염, 비염, 기관지 천식 등을 유발하므로 준비를 철저히 하여 황사로 인한 질환을 예방할 수 있도록 해야 한다.

① 가정

- 창문을 닫고 노약자, 호흡기 질환자 등은 실외활동을 삼간다.
- 가능한 한 외출을 삼가고, 외출 시에는 보호안경, 마스크, 긴소매 의복을 착용한다.
- 외출 후에는 손발을 깨끗이 씻고 양치질을 한다.
- 물을 자주 마시고 공기정화기와 가습기를 사용하여 실내 공기를 쾌적하게 한다.
- 황사에 노출된 농수산물은 충분히 세척한 후 요리한다.
- 황사가 지난 후에는 실내 환기를 철저히 하고 황사에 오염된 물품을 충분히 세척한 후 사용한다.

② 학교

- 유치원생과 초등학생들의 실외 활동을 중지하고 경보 시 수업단축 또는 휴업을 실시한다.
- 실외 활동, 운동경기 등을 중지하거나 연기한다.

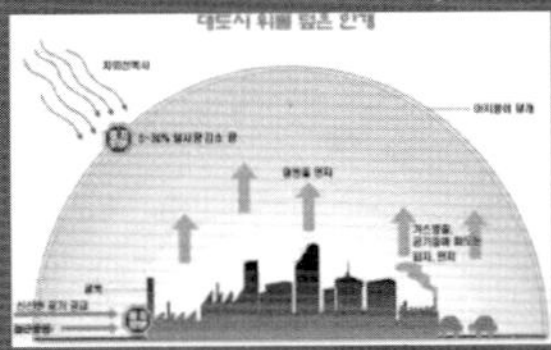

자연재난안전 3.3 기상재난

3.3.7 황사

<table>
<tr><td></td><td></td></tr>
<tr><td>1. 원인</td><td></td></tr>
<tr><td rowspan="2">2. 대처방법</td><td>가정</td></tr>
<tr><td>학교</td></tr>
<tr><td rowspan="2">
3. 미세먼지</td><td>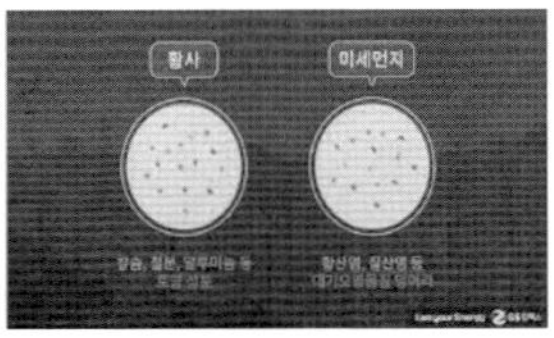

황사와 미세먼지 입자</td></tr>
<tr><td>

황사와 미세먼지 구별</td></tr>
</table>

3.4 지질재난

4.1.1 지진

1) 원인

지진은 일시적으로 일어나는 지각변동으로서 급격한 단층운동에 의한 단층지진, 화산활동에 의한 화산지진, 지반의 함몰에 의한 함락지진 등이 있다. 우리나라에서는 20세기 이후 대형 지진은 없었으나 만약 발생 시 도시의 광역화, 인구의 조밀화, 산업규모의 확대, 지진 대비 구조물의 미흡 등으로 지진에 의한 피해가 대형화될 것으로 예상된다. 그러므로 고층 건물이나 핵 발전 설비, 댐 설비 등의 중요구조물의 경우 지진에 대한 안전성 검토가 우선적으로 이루어져야 할 실정이다.

2) 대처방법

① 지진 발생 중 대처요령

- 진동이 진행되고 있을 때에는 질서를 유지하면서 위치한 장소에 그대로 머무른다.
- 건물 내부에서는 파손되거나 넘어지기 쉬운 물건 주위를 피하고 견고한 탁자 밑이나 화장실로 대피한다. 대피할 때에는 유리파편 등을 조심한다.
- 문틀이 틀어져 문이 안 열리게 되어 방안에 갇힐 수 있으므로 문을 열어 둔다.
- 거리에서 심한 진동이 오면 자세를 낮추고 진동이 멈출 때까지 잠시 그 자리에 머물러 있고 건물·가로등·전선에 접근하지 않는다.
- 고층빌딩 안에 있는 경우, 창문으로부터 떨어진 견고한 책상 아래로 대피한다.
- 번화가에서는 떨어지는 물체가 위험하므로 갖고 있는 소지품으로 머리를 보호하면서 건물과 떨어진 넓은 장소나 대형건물 안으로 대피한다.

- 많은 사람이 모여 있는 곳에서는 출입구로 몰려가면 안전사고가 발생하여 더 큰 피해를 입을 수 있으므로 헬멧, 책가방, 방석 등으로 머리를 보호하고 떨어지거나 넘어질 수 있는 물건을 멀리하면서 진동이 멈출 때를 기다려 대피한다.
- 대피하지 않은 사람들은 건물 내 안전한 장소에 함께 머무르고 정전되거나 화재경보기나 스프링클러가 작동할 수 있다는 것을 기억한다.
- 이동 중인 차량은 빨리 건물, 나무, 고가도로 전선 아래, 주변의 정지된 차 등을 피해 멈추고 침착하게 차량 밖으로 탈출한다.
- 지진이나 불이 났을 때에는 엘리베이터를 이용하지 않는다.
- 엘리베이터에 타고 있을 때 지진을 느끼면 즉시 각 층의 버튼을 전부 눌러서 엘리베이터를 정지시킨 후 신속히 대피한다.
- 엘리베이터에 갇히면 휴대전화로 119신고를 하거나 인터폰으로 관리실에 구조요청을 한 후 침착하게 구조를 기다린다.

4.1.2 산사태

1) 원인

산사태는 다량의 암석이나 쇄설물질, 토사 등 지표상의 지반 재료가 경사면을 따라 급격하게 아래로 이동하는 현상으로, 태풍과 장마철에 주로 급경사지에서 발생하며 산림이나 경작지, 가옥, 인명에 피해를 주는 것을 말한다. 산사태는 집중호우 때문에 지하수위가 상승할 경우와 경사도가 높은 하천과 계곡의 사면 하부가 침식되는 경우, 그리고 단층과 균열 등이 발달한 파쇄대와 풍화가 심한 지질 상태와 지진의 진동 때문에 지반이 약해지는 경우에 발생한다. 1998년부터 2007년까지 10년간 자연재난으로 인한 전체 사망자는 1,174명이며, 이 중 산사태 등 급경사지 재난으로 인한 인명 피해는 총 320명으로 나타나 전체 사망자의 약 27%를 차지하고 있다.

2) 대처방법

① 산사태 발생 전 대처요령

- 배수시설을 포함한 급경사지를 점검한다.
- 위험 인지 시 관계기관이나 전문가에게 도움을 요청한다.
- 산사태 징후를 사전에 알아 둔다.
- 대피 계획과 비상연락 방법을 미리 알아 둔다.

② 산사태 발생 중 대처요령

- 산사태 경로 밖으로 피신한다.
- 산사태 방향과 멀어지는 방향으로 가장 인접한 높은 곳으로 피신한다.
- 갑자기 산사태 물질이 접근해 오면 견고한 건물로 피신한다.

자연재난안전
3.4 지질재난

3.4.2 산사태

1. 원인
2. 대처방법

산사태 발생 전 대처요령

· 산사태 발생 중 대처요령
- 산사태 경로 밖으로 피신한다.
- 산사태 방향과 멀어지는 방향으로 가장 인접한 높은 곳으로 피신한다.
- 갑자기 산사태 물질이 접근해 오면 견고한 건물로 피신한다.

4. 사회기반체제안전

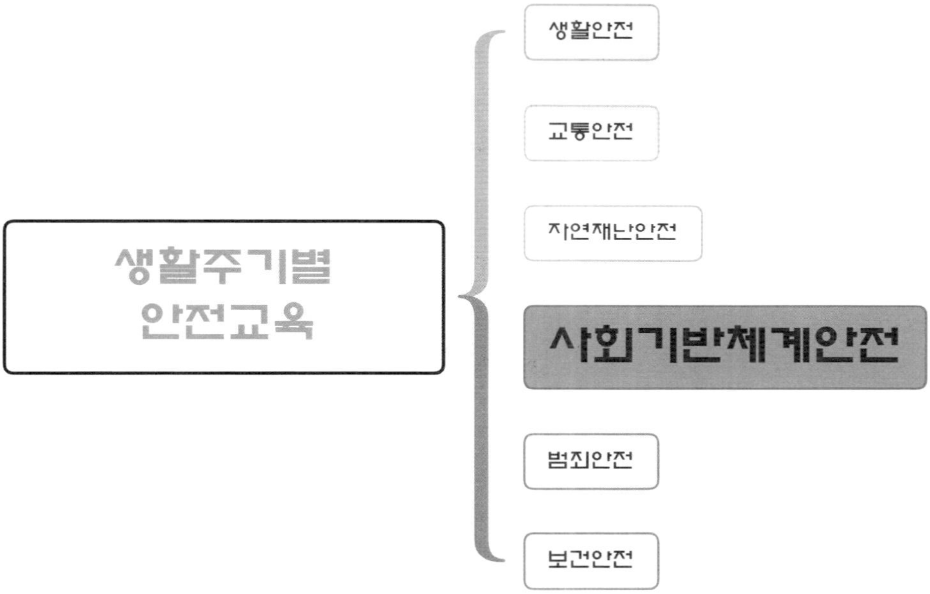
생활주기별
안전교육
생활안전
교통안전
자연재난안전
사회기반체계안전
범죄안전
보건안전

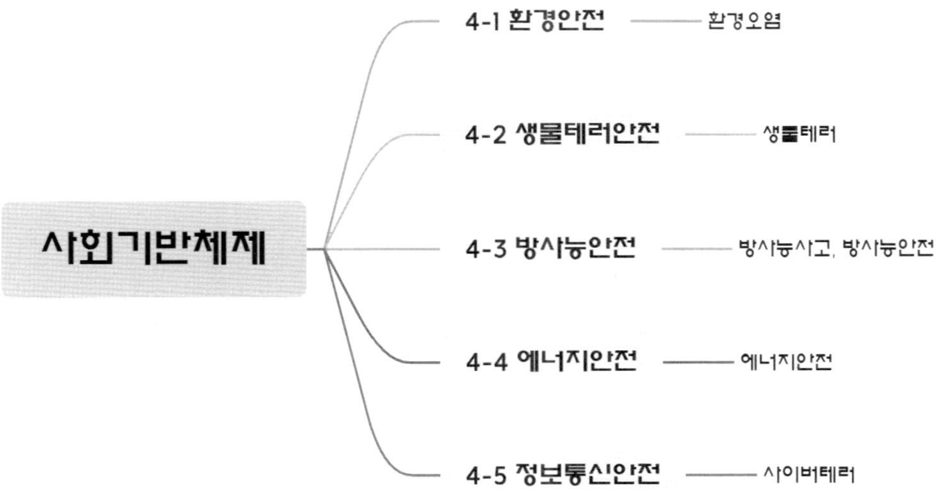
사회기반체제
4-1 환경안전
환경오염
4-2 생물테러안전
생물테러
4-3 방사능안전
방사능사고, 방사능안전
4-4 에너지안전
에너지안전
4-5 정보통신안전
사이버테러

4.1 사회기반체제안전의 개념과 분류

4.1.1 개념

사회재난은 화재·붕괴·폭발·교통사고(항공사고 및 해상사고를 포함한다)·화생방사고·환경오염사고 등으로 인하여 발생하는 대통령령으로 정하는 규모 이상의 피해와 국가핵심기반의 마비, 「감염병의 예방 및 관리에 관한 법률」에 따른 감염병 또는 「가축전염병예방법」에 따른 가축전염병의 확산, 「미세먼지 저감 및 관리에 관한 특별법」에 따른 미세먼지 등 자연현상이 아닌 인간의 활동과 관련된 재난을 말한다.

4.1.2 재난의 분류

1) 구조물 붕괴

붕괴사고는 각종 건축물, 교량, 댐 등이 안전점검 미흡, 부실 설계, 화재, 폭발 등으로 인해 무너지고 깨지는 사고이다. 대표적인 예로 성수대교 붕괴사고, 삼풍백화점 붕괴사고 등이 있다.

[그림 2-1] 삼풍백화점 붕괴사고

붕괴사고 발생 시 대처

- 주변을 살펴서 대피로를 찾는다.
- 엘리베이터 홀, 계단실 등과 같이 견디는 힘이 강한 벽체가 있는 안전한 곳으로 임시 대피한다.
- 완강기, 로프, 손전등 등 탈출에 필요한 물품을 찾아 건물 밖으로 탈출 가능한 통로를 찾아본다.
- 건물에 대해 잘 알고 있는 건강한 성인을 선두로 하여 이동하며, 방석 등으로 머리를 보호하면서 질서 있게 대피한다.
- 이동 중에는 장애물을 움직이지 않도록 하고, 불가피하게 제거할 경우 추가 붕괴 위험에 대비한다.
- 건물 밖으로 나오면 추가붕괴 및 가스폭발 등의 위험이 없는 안전한 지역으로 대피한다.
- 붕괴건물 밖에 있는 주민들은 사고현장에 접근하지 않는다.

2) 방사능 사고

방사능 사고는 어느 위험물질에 의한 재난보다 위협적이다. 손상 형태로서 노출, 오염, 침착이 있고, 손상 정도의 결정에는 종류, 노출된 시간, 방사선과의 거리가 영향을 준다.

방사선 조사는 외부 방사선에 노출되는 것을 의미하며 조사된 양에 따라 증상이 발현되는 시간과 종류가 다르다. 방사능의 영향은 수일 또는 수주일 이후 나타나므로, 방사능 측정, 오염관리, 사고장소의 정화작업 등이 선행되어 위급한 문제를 먼저 해결하여야 한다. 흡수 오염을 방지하고, 방사능 물질을 탐지하여 확산을 방지하여야 한다.

방사능의 오염 및 침착은 넓은 지역에 걸쳐 방사능 물질이 사람에게 영향을 주는 것으로 일본의 후쿠시마와 체르노빌 원자로 누출사고가 대표적인 예이다.

대표적 문제로서 환경오염이 있으며 이는 방사능이 식량사슬에 오염, 침착되어 이의 대처로서 전문가들이 즉각적으로 투입될 수 있는 유기적인 관계를 준비해야 한다.

[그림 2-2] 일본 후쿠시마 원전사고

〈표 2-6〉 방사능 오염의 형태

구 분	내 용
노출	방사능 물질이 의복, 신체 일부에 묻는 것을 의미
오염	상처를 통해 흡수되거나 흡입
침착	방사능 물질의 화학적인 성상과 원자, 갑상선의 조직에 침착

방사능 사고의 대처 방법은 방사능 누출 시와 낙진 발생시로 구분하여 대처한다.

① 방사능 누출 시

- 지하실이나 건물의 지하에 대피한다.
- 모든 창문과 출입문을 닫는다.
- 가옥 내에 대피 시 노란 천을 걸어 가옥 내에 대피하고 있음을 표시한다.
- 대피 시에는 전기와 가스를 끄고 수도꼭지를 잠근다.
- 가축은 외부와 격리된 장소에 수용한다.
- 자녀가 학교에 있으면 집단으로 옥내 대피 또는 이동시키므로 학교에 찾아가지 않는다.
- 상황이 종료된 후에도 안전 지역 이외에는 접근하지 않는다.
- 담요, 의복, 구급약품, 유아용품을 지참한다.

② 낙진발생 시

- 가능한 한 건물 내에서 생활한다.
- 외출 시에는 우산, 비옷을 휴대하고 눈, 비를 맞지 않도록 한다.
- 우물이나 장독 뚜껑을 덮는다.
- 옥외에 있던 물이나 식품은 폐기하고 사용 시에는 오염 검사 후 사용한다.
- 음식물을 실내로 옮겨 놓고 옥외에서는 음식물을 섭취하지 않는다.
- 허용된 음식물 이외에는 섭취하지 않는다.
- 채소, 과일류는 잘 씻어 먹는다.
- 창문을 닫아 외부 공기 유입을 최소화한다.
- 대형 건물에서는 공조 설비를 끄거나 흡입하는 공기를 정화할 방법을 마련한다.

3) 화학물질 사고

화학물질에 의한 사고는 흔히 화학물질을 사용하는 공장에서 누출이나 폭발 등의 사고로 나타나는 경우가 많으나, 최근 세계적으로는 화학물질을 사용한 테러도 경계의 대상이 되었다. 과거냉전 시대에 화학전을 위한 화학물질이 개발, 보관되었으나 아직도 세계적으로 이러한 위험물질들이 남아서 인류에게 잠재적 위협이 되고 있다고 한다. 액체 화학물질의 경우 낮은 곳으로 흘러내리는 성질이 있어 높은 곳으로 대피해야 하나, 기체 화학물질의 경우 바람의 방향에 따른 확산의 속도와 방향에 차이가 있고 공기보다 밀도가 낮은 경우는 밑으로 깔리는 성질이 있기 때문에 바람의 방향, 날씨에 영향을 많이 받게 된다.

화학물질이 누출 시
- 화학물질 누출을 발견 즉시 119에 신고한다.
- 사고 지점 가까이에서는 바람이 불어오는 방향, 높은 곳으로 대피한다.
- 대피할 때에는 방독면, 물수건, 마스크 등으로 호흡기를 보호하고 우의나 비닐로 피부가 노출되지 않도록 한다.
- 건물 내로 대피했을 경우에는 창문을 닫고 문틈을 꼭 막아서 외부공기가 들어오지 않도록 한다.
- 오염된 지역 내에서는 식수나 음식물은 먹지 말고 오염이 의심되는 것은 만지지 않는다.
- 오염된 지역 내에서 안전 지역으로 빠져나갈 경우 전문 요원들의 도움을 받아 화학물질 오염 정도를 측정하고 오염이 의심되면 준비된 장비로 몸을 세척하여 오염이 일차적으로 해결된 상태로 안전 지역으로 나가야 한다.

[그림 2-3] 레바논 베이루트 질산알미늄 폭발사고

4) 정전

최근에는 여름과 겨울에 특히 냉난방 수요의 증가와 더불어 기후 변화로 인한 예상치 못한 냉난방 수요의 증가로 인하여 국가 전체의 전력 생산량이 일시적으로 수요를 충족시키지 못하는 상황이 발생할 수도 있게 되었다. 따라서 국가적인 대규모 정전사태는 발생 가능한 시나리오가 되었다.

① 불시 정전의 사전 대비
- 손전등, 비상 식음료, 라디오 등을 미리 준비한다.
- 전기 기기의 동시 과부하 사용을 자제하고 전용 회로나 전용 콘센트를 마련한다.

- 전기를 사용하는 중요 작업 시에는 무정전전원공급장치(UPS)를 사용한다.
- 경보기 등 정전을 감지할 수 있는 시설을 갖춘다.

② 불시 정전 시 대처

- 플러그를 뽑고 스위치를 꺼두며 누전차단기 또는 개폐기의 이상 유무를 확인한다.
- 이웃과 같이 정전되면 한전에 연락하고 기다리며, 아파트인 경우에는 관리사무소에 연락한다.
- 엘리베이터 내에서 정전으로 조명이 꺼지면 인터폰으로 연락하고, 운행이 중단된 상태에서는 인터폰, 핸드폰 등으로 구조 요청을 하고, 임의 탈출을 시도하지 않는다.

5) 사이버 위기

사이버 위기는 국가의 주요 기간 전산망이 사이버 테러, 사이버 전쟁, 해킹의 형태로 의도적인 전산망에 대한 침투로 나타나거나, 기타 기술적 원인에 의한 전산망 장애로서 생길 수 있다. 사이버 테러는 넓게는 "네티즌 사이에 공포감을 조성할 목적으로 행하는 사이버상의 일체의 만행"으로 이해할 수 있고 좁은 개념은 "특정한 집단이나 개인이 자신의 정치적 목적이나 이념을 관철시킬 목적으로 대중, 정부요인 또는 정부기관이나 공공기반시설 등에 대해 위협을 가할 수 있는 무기로 서의 컴퓨터 사용"으로 이해할 수 있다.

또한 특정한 목적 없이도 해커들에 의한 자기 과시적 정보보안체계의 붕괴시도도 끊임없이 벌어지고 있으며 그 결과도 사이버 테러와 비슷한 양상을 띠고 있다. 사이버 테러가 갖는 파급효과는 개인적 법익침해가 사회적 법익의 침해로 그리고 사회적 법익의 침해가 국가질서의 혼란으로 이어지는 연쇄성과 개인적 법익침해를 매개로 하여 국가기반질서의 파괴도 가능한 공간초월성을 감안할 때 초기단계에서부터 가급적 관련 국가기관과 정보를 공유하거나 모니터링하면서 국가질서에 대한 위협으로 전이되지 않도록 예방활동을 해야 한다.

① 사이버 위기 시 개인의 대처

- 개인 컴퓨터의 주기적 점검 및 백신 사용을 생활화한다.
- 개인 정보에 대한 무단 접근이 어렵도록 주기적으로 비밀번호를 교체한다.

② 사이버 위기 시 국가의 대처

- 사이버 안전대책 수립 및 자체 대응역량 강화
- 주기적인 안전성 확인 및 정보통신망 보안대책 수립
- 정보보호 조직 강화 및 최신 보안장비 도입
- 주기적 보안교육 실시 및 개인정보보호 관심도 증가
- 홈페이지 보안설계 재검토 및 자체 점검 실시

[그림 2-4] 사이버 공격

5. 범죄안전

생활주기별 안전교육
생활안전
교통안전
자연재난안전
사회기반체계안전
범죄안전
보건안전

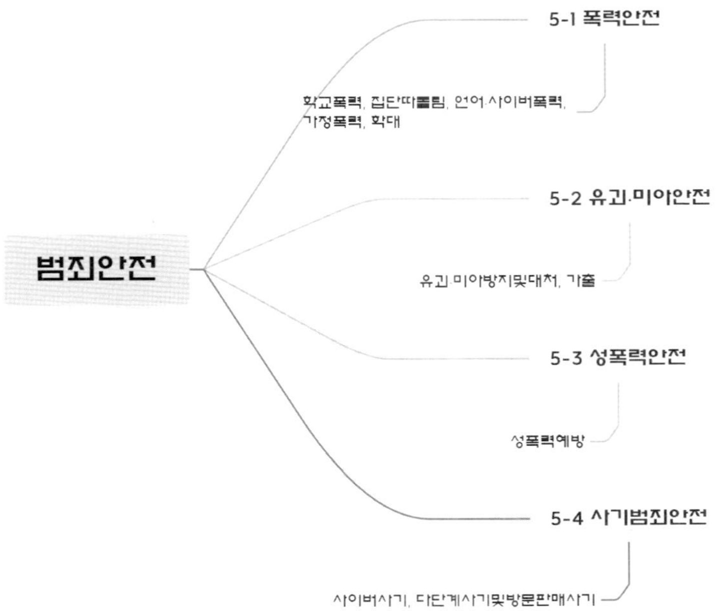
범죄안전
5-1 폭력안전
학교폭력, 집단따돌림, 언어·사이버폭력, 가정폭력, 학대
5-2 유괴·미아안전
유괴·미아방지및대처, 가출
5-3 성폭력안전
성폭력예방
5-4 사기범죄안전
사이버사기, 다단계사기및방문판매사기

5.1 범죄안전의 개념과 분류

5.1.1 개념

급변하는 사회구조 속에서 현대인들은 여러 가지 스트레스를 경험하며 살고 있으며 정신적, 신체적으로 건강하게 성장하지 못해 발생하고 있는 범죄로부터 신체적 피해와 정신적 손상의 위험으로부터 어느 누구도 안전할 수 없다. 이에 따라 범죄예방을 위해 자신과 환경을 이해하고 자신의 행동을 통제하고 적절한 결정을 하며, 환경에 적극적으로 대응하도록 해야 한다.

5.1.2 폭력안전

1) 폭력안전 개념

폭력이란 말은 사람을 비롯하여 각종 생명체나 물적 분야에 이르기까지 다양한 대상에 대하여 적용할 수 있으나 무엇보다 가장 근본적이며 문제시되는 것은 소중한 인간의 신체에 대한 직접적인 공격이 될 것이다.

어떠한 행동이 폭력인지 아닌지를 알아볼 수 있는 가장 좋은 방법은 입장을 바꿔놓고 생각해 보는 것이다.

누군가 나에게 이런 행동을 한다면 나는 어떤 마음이 들까를 생각해 보면 그것이 폭력인지 아닌지 쉽게 알 수 있을 것이다. 그 행동이 나를 기분 나쁘게 한다거나 상처를 입히게 된다면 그것은 폭력적인 행동이다.

2) 폭력안전의 유형

폭력의 유형은 언어폭력, 신체적 폭력, 정신적 폭력 등이 있다.

① 언어폭력

글 또는 말과 같은 언어를 이용하여 상대방을 인격적으로 모욕하는 행동을 의미한다. 즉, 말이나 욕설 등으로 감정을 상하게 하거나 상대방에게 불쾌감을 주는 행동으로 예를 들면, 따돌림, 성희롱 등과 같은 것이다.

② 신체적 폭력

구타와 같은 것으로 상대방의 신체에 대한 가혹행위를 의미한다. 즉, 몸을 다치게 하거나 물건을 망가뜨리는 등 신체적인 해를 입히는 행동이다. 예를 들면 학교폭력, 성폭력 등에서 나타난다.

③ 정신적 폭력

정신적 폭력은 언어적・신체적 폭력에 연관되는 것으로, 상대방이 가지게 되는 사회적 스트레스를 정신적 폭력이라고 할 수 있다. 즉, 나쁜 소문이나 험담을 통해서 친구 사이를 이간질하거나 특정한 사람을 의도적으로 소외시키는 행동이다. 따돌림, 학교폭력, 성희롱, 성폭력, 유괴 등과 같은 예가 있다.

폭력의 원인은 본능적 생존 욕망의 성취, 탐욕적인 생활, 억압과 소외된 삶, 광적인 호기심, 물리적인 해결 등이 원인으로 곱을 수 있다.[4)]

범죄의 양적 증가뿐만 아니라 최근 들어서는 강력범죄가 예전보다 더욱 잔인해지는 양상을 띠고 있는데, 이는 경제난이 현대인들에게 스트레스를 가중시키면서 강력사건 발생을 부채질하고 그 양상도 더욱 잔인하게 만드는 큰 원인이라고 볼 수 있다.

똑같은 사람이 호황기 땐 남의 물건에 손을 안 댈 수도 있겠지만 불황 속에는 스트레스를 많이 받아서 남의 재산을 탐할 수 있다. 또 극도로 개인주의가 팽배해지는 상황에서는 범죄가 잔인해지며 더욱이 경제적 상황이 어

---

4) 본능적 생존 욕망의 성취:자신이나 소속된 집단의 생존을 위해 식물을 비롯하여 이웃의 소유물을 강취하거나 목표물을 발견하고 선점하기 위해 서로 싸움을 벌이는 것이다.
- 탐욕적 생활:여타 생물들은 생존에 필요한 기본욕구를 충족하면 그 이상의 탐욕적 행동을 하지 않지만 인간은 모든 사물을 자신이나 소속집단이 소유하여 지배하고자 끝없는 욕심을 부리면서 살아간다.
- 억압과 소외된 삶:인간사회의 구조적 모순에 의한 불평등 가운데 사회의 구성원으로서 정상적인 사회활동의 참여와 소통이 되지 못하여 빚어지는 불만으로 많은 스트레스를 받기 때문이다.
- 광적인 호기심:적의로 가득한 인간이 짓궂은 광적 호기심이 발동하여 인간의 존엄성을 무시하고 선택된 상대방에 대하여 인간으로서 할 수 없는 수치스럽고 잔인한 폭력을 행사하여 그 반응을 살피며 즐기는 갖가지 악행들이다.
- 물리적인 해결:기대가 불확실한 자신의 이기적 욕망을 확실히 성사시키기 위해 폭력을 통하여 모든 장애 요소를 단시간에 제거하고 일을 빨리 끝내려는 행위들이다.

려워지면 이 같은 현상이 더욱 촉진될 수 있다.

경제난으로 심리적으로 몰리는 상황에서는 평소에는 생각하지 않았던 과격하게 잔인한 행동이 자주 표출된다. 개인적으로 심적 등 어려움이 있을 때, 그 문제에 집착하기보다는 건강 또는 학습 등 업그레이드하는 방향으로 사고를 전환하는 것이 필요하다.

3) 폭력안전의 대처방안

① 폭력 문제해결을 위한 실천

㉠ 바른 삶의 가치관을 확립한다. 인간으로서의 합당한 삶의 윤리·도덕적 가치관을 재확립하여 이기적인 생각이나 탐욕의 생활을 버리고 공생을 위한 바른생활로 바꾸어야 한다.

㉡ 사회구조를 개혁한다. 전통적인 생활 관습에 얽매이지 말고 인간사회의 구조적 모순을 모두 찾아 과감히 개혁하고 다 함께 소통하여 웃고 살 수 있는 평등하고 자유로운 인간사회를 만들기 위해 힘써야 한다.

㉢ 사랑의 정신을 실현한다. 인간에 대한 진정한 사랑의 마음과 폭넓은 이해와 관용으로 서로의 인격과 인권을 존중하며 정신적·물질적으로 불평등한 기존 사회의 모순을 해결하고, 이웃에 대한 사랑과 나눔의 생활을 통하여 밝고 명랑한 사회를 만들기 위해 다 함께 노력해야 한다.

② 폭력의 예방

폭력은 가정에서나 사회에서나, 어린이나 성인 등에 상관없이 누구에게나 일어날 수 있다. 폭력이 존재한다는 것은 학교뿐만 아니라 지역사회 전체의 안전을 위협하는 것으로 사후 대책보다는 사전예방에 더 중점을 두어야 한다.

예방의 기본 원칙은 안전하지 않은 상황을 피함으로써 폭력 범죄로부터 자신을 보호하는 것이다. 우리 주변에 경보를 알리고 자신의 본능을 믿는 것으로 자기 보호 습관을 개발한다. 상황이 위험하다고 느낀다면 아마도 그럴 것이다. 미리 계획함으로써 폭력이 발생하기 전에 위협 상황을 준비하는 것이다.

③ 폭력의 대처방안

범죄가 발생했거나 위험상황이 야기될 때 개인을 포함한 모든 사람의 안전을 위하여 신속하게 112에 신고하여 이러한 사실을 알린다(112신고제도란 사건 발생 시 경찰의 도움을 애타게 기다리는 시민의 요청에 신속히 대처하기 위하여 범죄현장으로 총집결하여 필요한 조치를 하도록 하는 자동화된 시스템이다).

범죄 신고를 112로 하면 신고내용이 컴퓨터에 자동 입력되어 신고자의 위치와 전화번호가 모니터 화면에 나타나고 가장 가까운 곳에 있는 경찰관이 3분 이내에 출동한다. 또한 112신고 접수에서부터 상황전파, 현장 출동, 도착시간, 조치결과까지도 녹음 또는 컴퓨터에 입력되므로 허위·장난·오인 신고는 막대한 경찰력의 낭비와 업무에 지장을 초래하고 있으므로 반드시 필요한 경우에만 신고 전화를 해야 한다.

5.1.3 집단 따돌림 안전

1) 성인 따돌림

폭력의 한 유형인 따돌림은 자살과 같이 심각한 결과를 초래할 수 있는 집단 내의 구성원들에 의한 지속적이고 고의적인 괴롭힘을 말하며, 따돌림엔 성인도 예외가 아니다. 최근 경기불황과 사회안전망 부실 등 사회의 불안전성이 높아지면서 집단의 다수가 약자에게 분노, 불만을 쏟아내는 경우가 증가하고 있으며, 성인집단에서의 따돌림이 훨씬 더 위험하다.

왜냐하면 성인의 따돌림은 은밀하게 진행되고 소속감 박탈에 대한 두려움과 수치심 때문에 표현도 쉽지 않아 청소년에 비해 심리적 충격이 더욱 크다.

우리나라 고용노동부는 직장 내 집단따돌림을' 사업주, 상급자 또는 근로자들이 집단을 이루어 특정인을 그가 소속한 집단 속에서 소외시켜 구성원으로서의 역할 수행에 제약을 가하거나 인격적으로 무시 혹은 음해하는 정신적, 육체적 가해행위'로 정의하고 있다.

① 따돌림의 유형[5)]

㉠ 피해자의 적절한 의사소통의 차단

업무와 관련되어 언어적인 공격을 가하거나, 피해자에게 의사소통의 가능성을 주지 않거나 또는 의사교환을 거부하는 언어적 활동에 해당한다.

㉡ 사회적 관계의 단절

다른 사람들로부터 멀리 떨어진 방에 격리되는 등 조직 내에서 피해자가 다수에 의해 사회적으로 고립되는 것뿐만 아니라 교육과 같은 기회에 대한 접근이 차단되고, 정보의 근접도 제한된다.

㉢ 피해자의 개인적 명성에 대한 위해

피해자에 대한 소문, 모욕, 약점(신체적 약점이나 나이 등) 및 종교나 신념 등에 대한 조롱이나 행동방식 또는 말투를 웃음거리로 만드는 것 등이 이에 해당한다.

㉣ 피해자의 업무적 상황에의 영향

피해자를 업무로부터 배제시키기, 무의미한 업무를 할당하기, 피해자의 직무를 바꾸기, 고의적으로 업무수행을 어렵게 만들기, 공공연하게 업무수행에 대해 창피를 주기, 불가능하거나 실패하게 되는 업무에 배치하기, 마감기한을 줌으로써 극도의 압력을 가하거나 성과에 대한 인정이나 보상이 결여되는 것 등이 이에 해당한다.

---

5) 직장 내 따돌림은 직접적 혹은 간접적인 많은 유형의 행동들이 발생한다는 것을 알 수 있다. 또 집단 따돌림의 행동이 항상 신체적 공격으로 나타나는 것이 아니라 심리적 공격으로도 나타난다는 것을 알 수 있다. 미디어에서는 직장 내 집단따돌림에 신체적 폭력이 수반된다는 것을 강조하는 반면 미묘한 집단따돌림의 유형에 대해서는 지나치고 있다. 하지만 신체적 폭력보다 비방하는 소문을 내거나, 집단에서 무시해 버리는 등의 심리적인 무시나 배척은 직접적으로 표면화되는 폭력보다 더 심각할 수 있다. 따라서 신체적 폭력보다 비폭력적인 집단따돌림에 관심을 기울일 필요가 있다.

ⓜ 피해자의 신체적 건강에 대한 영향

피해자에게 위험한 업무를 부여하거나 타인들이 피해자에게 신체적으로 위협을 가하고 공격하거나, 성희롱을 하는 것이 이에 해당한다.

② 따돌림의 특성

㉠ 이미 자아가 형성된 성인이므로 그 고통을 호소할 상대를 찾기가 쉽지 않기 때문에 피해가 더 심각하다.

㉡ 성인의 따돌림은 은밀하게 진행되고 소속감 박탈에 대한 두려움과 수치심 때문에 청소년에 비해 심리적 충격이 더욱 크다.

㉢ 따돌림의 피해자들은 대체적으로 처음에는 자신에 대한 괴롭힘이 시작됐다는 사실조차 인지하지 못하는 경우가 많다.

㉣ 따돌림의 가해자 및 피해자의 특징을 살펴보면 따돌림의 가해자는 일종의 성격장애인 자기애형 성격을 가진다. 자신이 스스로 뛰어난 사람이라 느끼고 싶어서 타인을 희생양 삼아 평가 절하 하는 것이다. 또한 따돌림의 피해자는 기본적으로 책임감이 강하고 남들에게 좋은 사람으로 인식되고자 하는 바람이 크고 밝고 똑똑한 편으로 뭐든 열심히 하고 인내심이 강하다.

③ 따돌림의 원인

비록 집단따돌림이 대부분 학교 내에서 발생하지만, 직장 내에서도 이에 못지않게 빈번하게 발생하고 있다. 현재 직장 내 집단따돌림은 만연되어 있고, 누구든지 심각한 집단따돌림을 당할 위험에 처할 수 있다.

직장에서의 집단따돌림은 대부분 심리적으로 상대방을 괴롭히는 것으로 나타나고, 이미 자아가 형성된 성인이 피해자가 되었을 경우 그 고통을 호소할 상대를 찾기가 쉽지 않기 때문에 성인 간 집단 따돌림의 피해가 더 심각한 것일 수 있다.

㉠ 성격

전형적인 피해자들은 학생들보다 더 걱정하고, 불안해하며, 조심스러워하고 예민하고 내성적인 모습을 보인다. 양심적이거나 융통성이 없고, 다소 순진한 모습을 보인다. 또한 지나치게 예민하고, 더 의심을 많이 하며, 화를 잘 낸다. 성인들은 집단따돌림을 당한 후의 반응에서도 다른 학생들보다 더욱 부정적인 자기 존중감을 나타낸다.

㉡ 조직 내 개인 간 갈등

직장 내 따돌림은 구성원의 갈등으로부터 기인하여 때로는 매우 빠르게, 때로는 여러 주 혹은 여러 달 후에 나타나게 된다.

㉢ 심리적 작업환경

개인에 대한 관심의 부족, 직무수행에 있어 불충분한 정보의 흐름, 과업이나 목표에 대한 서로 간의 대화의 부족 등의 열악한 심리적 작업환경은 직장 내 집단따돌림의 발생과 관련이 있다.

㉣ 조직 분위기

구성원들이 서로의 대화를 경청하는지, 업무 수행시 발생하는 문제들과 관점의 차이에 대해 공공연하게 토론할 수 있는지, 타인의 의견을 존중해 주는지, 개인적 차이가 수용되는지 등의 정도로 파악할 수 있다. 또한 근무 환경에 있어 질투와 시기가 존재하는지, 서로간의 경쟁이 치열한지, 파벌과 과소평가가 있는지 등이다.

조직구성원들이 지각하는 직장 내 집단따돌림은 극단적인 직장 내 사회적 스트레스가 원인으로 다른 직무관련 스트레스의 원인보다 더욱 신체적, 심리적으로 심각한 문제를 일으킨다. 직장 내 집단따돌림이 피해자 개인적 측면에서 살펴보면, 신체적, 심리적 건강을 해칠 수 있다.

신체적으로는 위장장애 및 복통, 불면증, 기억상실, 성기능 저하 등에 영향을 주고, 정신적인 측면에서는 근심, 우울증, 짜증, 좌절, 스트레스, 저항감, 무기력, 소외감, 자기통제력 약화, 자기존중감 저하, 부정적인 정서 등에 영향을 미친다. 또한 직장 내 집단따돌림이 조직에 미치는 영향에 대해서는 작업동기 상실, 조직에 대한 불신 증가, 이직의도의 증가, 성과장애 또는 사고장애, 자신의 능력에 대한 회의 등이다.

집단따돌림으로 인한 이직은 피해 즉시 나타날 수도 있고, 피해자들이 다른 직장을 구할 때까지 시간이 걸릴 수도 있다. 하지만 결국 이러한 이직으로 인해 조직의 비용은 증가하게 된다. 또 조직 내에서의 이러한 집단따돌림은 동기부여 부족, 직무만족 저하 등 구성원의 태도와 행동에 영향을 미치게 되고 이는 생산성 저하 등으로 연결되어 조직의 효율성을 떨어뜨리게 된다.

뿐만 아니라, 집단따돌림 등을 발생하게 하는 열악한 심리사회적 작업환경으로 인한 구성원들의 이직으로 인해 사회적 비용이 증가하고 있다. 열악한 심리사회적 환경은 매년 근로자들의 조기 퇴직의 원인에 있다. 이러한 결과로 인해 공적 예산과 보험 비용 등 사회적 비용이 크게 증가하였고, 집단따돌림 방지를 위한 특별 법률까지 제정하게 되었다.

④ 따돌림의 현상

㉠ 표적으로 삼은 이와 인사나 대화를 하지 않는다.

㉡ 상대가 말을 하려고 하면 가로막는다.

㉢ 일과 관련된 의사전달 시 메모나 메일 등을 써서 표현하고, 항상 상대의 의견에 강하게 반대한다.

㉣ 직무상 상대의 책임이 될 만한 실수를 일부러 하기도 하며, 실행 불가능한 지시를 내리거나 제안을 해 일부러 실수하게끔 유도한다.

㉤ 표적으로 삼은 상대가 직장에서 크게 신뢰를 잃을 만한 일들을 계속해서 언급한다.

㉥ 폭언이나 신체적·성적 폭력을 행사하는 경우도 더러 있으나 대부분은 주위에서 눈치채지 못하도록 조용하고 끈질기게 괴롭힌다.

㉦ 결국 피해자가 스스로 직장을 그만둘 수밖에 없게끔 사태를 몰아간다.

⑤ 따돌림의 대처방안

㉠ 자신에게 책임을 돌리지 않는다.

자신이 다른 사람의 인권을 짓밟고 폭력과 폭언, 무책임한 행동을 한 것이 아니라면 책임도 없는 것이 당연하다. 물론 그런 행동을 한 가해자도 왕따를 당하는 것이 아닌, 그 행위에 걸맞은 처벌을 받아야 한다.

㉡ 직장만 그만두면 해결이라고 생각해서는 안 된다.

집단따돌림 피해자는 비참하고 위축된 상태가 되어 퇴사를 결심하기 쉽다. 하지만 평소 좋아하거나 하고 싶었던 일, 배우고 싶었던 것을 하면서 최대한 직장 내 인간관계로부터 받는 스트레스를 해소하고 자기 계발을 하면서 미래를 준비한다.

㉢ 아무리 사소한 것이라도 그 자리에서 의사를 표시한다.

부당한 업무박탈, 인사이동, 회의에서 발언기회를 차단하는 것은 물론 사소한 것도 그냥 넘기지 말고 이의를 제기한다.

㉣ 집단따돌림의 발언이나 행위를 기록하고 필요 시 녹음하여 결정적인 단서를 확보한다.

언제, 어디서, 누가, 어떻게, 어떤 발언과 행위를 했는지 구체적으로 기록한다. 가해자들은 명백한 사실도 부인하게 마련이므로 향후 법적 대응이 필요한 시점에서 좋은 입증자료가 된다.

㉤ 집단따돌림의 사실을 외부에 알리고 지속적으로 상담한다.

집단따돌림에 동참하지 않지만 그렇다고 적극적으로 도와주지도 않는 사람들에게 당신이 당하는 일을 적극적으로 호소해야 한다. 또한 집단따돌림 문제는 개인의 문제가 아닌 사회문제이므로 노동조합 등에 가입해 조직적인 지원을 받는다.

㉥ 업무를 박탈해도 당당해야 한다.

은근한 압력과 따돌림으로 퇴사를 종용하다 목적 달성을 하지 못하면 주요 업무를 다른 사람에게 넘기거나 업무를 아예 박탈하는 방식으로 왕따를 한다. 업무가 없는 것은 내 책임이 아니다.

ⓢ 직장 밖에서 가치 있는 일을 시작한다.

평소 좋아하거나 하고 싶었던 일, 배우고 싶었던 것을 하면서 최대한 직장 내 인간관계로부터 받는 스트레스를 해소하고 자기계발을 하면서 미래를 준비한다.

ⓞ 결정적인 단서를 확보할 때까지 때를 기다린다.

처음에는 원인도 잘 모르고 왕따 당하는 경우가 많다. 점차 퇴출 음모라는 것을 파악해도 가해자가 그 의도를 분명히 드러낼 때까지 기다린다. 고통스럽다면 직접 당사자를 찾아가 이유를 묻는 것도 한 방법이다.

ⓙ 주위 사람들을 설득해 내 편으로 만든다.

따돌림의 가장 큰 문제점은 한번 시작되면 개인의 힘으로는 이겨내기 힘들다는 것이다. 엄청난 파급력이 있어 따돌림을 싫어하던 사람들도 시간이 지나면 익숙해져서 따돌림에 자신도 모르게 동참을 하는 경우가 태반이다. 왕따에 동참하지 않지만 그렇다고 적극적으로 도와주지도 않는 사람들에게 당신이 당하는 일을 적극적으로 호소해야 한다. 기본적으로 인권이 무엇인지 생각하는 사람이라면 지지자가 될 가능성이 높다. 아무 말도 하지 않고 있으면 당신에 대한 오해만 가중시키는 결과를 초래한다.

⑥ 따돌림의 치료방법

㉠ 행동주의 치료기법

상상적 노출과 역할 연습, 모델링 기법, 피드백, 자기 모니터, 과제 제출 등을 사용하는 치료로써 실제 관계에 필요한 기술을 익히고 문제를 피하지 않고 뚫고 나갈 수 있도록 한다.

㉡ 인지적 치료기법

자동적인 생각으로 연결되는 핵심 사고를 분석하여 잘못된 생각을 수정하도록 한다. 잘못된 생각 때문에 지나치게 대인관계에서 예민하게 반응하여 생리적 불안 현상이 일어남을 알고 생각을 바꾸고 행동을 바꾸도록 한다.

㉢ 자기주장 훈련기법

자신의 감정과 생각을 충분히 표현할 수 있도록 하는 연습이 장기간 필요하다. 자신의 욕구를 알게 하여 싫어하는 것을 당당하게 NO라고 말할 수 있게 훈련되어야 한다.

㉣ 대인관계 치료기법

대인관계 패턴분석, 가족관계 패턴분석, 그리고 대인관계 기술훈련 등을 사용해서 문제의 뿌리가 어린 시절 가족관계에서 시작되었고 그 패턴이 아직도 계속되고 있음을 깨닫게 하고 잘못된 것을 수정하도록 한다. 치료자와의 관계에서 새로운 관계 패턴을 배우고 실제로 동료들과의 관계에서 적용하게 한다.

따돌림을 완전히 치료하기 위해서는 왕따를 당하는 사람도 변해야겠지만 우선적으로 따돌림 시키는 사람들을 치료해야 한다는 사실을 간과해서는 절대 해결할 수 없다. 그런데 성인 왕따를 해결하는 것은 쉽지 않다. 학교 내 따돌림은 학칙에 따라 처벌이 가능하지만 성인의 경우 매우 은밀히 진행되고, 현실적으로 형사처벌도 어렵다.

따라서 원인은 다양하지만 청소년 따돌림과 마찬가지로 직장 내 따돌림도 적극적인 해결의지가 필요하다. 쉬쉬하거나 감추지 말고 용기를 내어 확실하게 대응해야 한다. 최근에는 인사팀에서 상담업무를 병행하는 곳도 많다. 인사팀이 없는 작은 기업의 경우는 상사에게 적극적인 도움을 요청해 어떻게든 해결해야 큰 피해를 막을 수 있다. 해결의 의지가 있었음에도 심각한 피해를 당했을 때는 법의 도움을 받는 것도 고려할 수 있다. 따돌림으로 인해 업무에 지장을 받았거나 정신적인 고통을 당했을 경우 업무상 재해로 인정받을 수가 있다.

하지만 형법상 문제제기를 하기는 힘들다는 게 사실이고 산재로 인정받는 것도 문제 될 수 있다.

아예 회사를 퇴직했으면 모를까 재직 중이면 회사나 동료를 상대로 법률상 문제를 제기한다는 것을 꺼리는 것이 현실이므로 법보다는 회사 내 상담센터나 윗사람의 도움을 받는 것을 고려해 보아야 한다.

2) 노인 따돌림

산업화, 핵가족 시대에 살고 있는 요즘' 왕따'는 어린 학생들만의 문제가 아니다. 노인들이 가정에서 소외되고 학대 받는 것에 그치지 않고 또래 집단에서도 따돌림을 당하는 사례가 적지 않다. 심한 경우 물리적 학대로까지 이어지기도 한다. 우리나라의 경우 노인 왕따가 자주 발생하는 곳은 경로당이다. 다른 지역의 거주 노인이나 저소득층 노인들은 차별당하기 일쑤이다.

노인들의 이러한 행동에 전문가들은 뇌 기능의 저하로 억제기능이 상실되면서 머릿속에 숨겨두었던 생각이 여과 없이 표출되기 때문이라는 주장이다. 또 노년기에 자신의 힘을 과시하거나 힘을 획득하고 싶은 욕망과 관계가 있다고 풀이하고 있다. 왕따에 대한 해결책 역시 청소년 가해자들과 마찬가지로 피해자들이 이들의 공격에 당당히 맞설 수 있도록 방법을 찾아야 한다.

3) 청소년 집단 따돌림

① 청소년 집단 따돌림의 개념

학교와 같은 공동생활 장소 내외에서 한 명 또는 그 이상의 사람들이 특정인이나 특정 집단의 사람들을 대상으로 지속적이거나 반복적으로 신체적·언어적 또는 심리적 공격을 가하여 상대방이 고통을 느끼도록 하는 일체의 행위를 말하는데, 이러한 현상은 대부분 집단적으로 의도와 적극성을 가지고 관계에서 소외시키거나 괴롭힘으로 나타난다. 여기서 '왕따'라는 말은 학생들이 쓰는 용어로 이런 집단따돌림을 당하는 사람을 일컫는 것이다.[6]

집단따돌림은 그 특성상 교사의 감독권이 있는 학교에서도 매우 은밀하게 일어나므로 지속되는 기간이 길고 심각성이 커져야만 교사와 학부모가 인지하는 경우가 많다.

실제 집단 따돌림의 13% 정도에만 교사나 학부모의 개입이 이루어진다. 만약 교사나 학부모의 적절한 대응이 이루어진다면 피해 사실에 대해 적극적으로 알리려는 행동이 증가될 것이다.

피해학생이 가해학생에 대해 느끼는 감정을 살펴보면, '복수하고 싶다, 죽이고 싶다, 증오한다.'와 같은 응답이 많은 것을 볼 수 있다. 집단의 다른 학생들에 의해 반복적이고 지속적인 직·간접 고통을 당하는 피해자의 입장이 크게 고려되어야 한다. 또한 타인의 거부가 남긴 상처는 매우 심각해 피해자의 상당수는 일생 동안 그 상처를 안고 살며, 자살이나 가족의 이민 등 심각한 결과를 초래할 수 있으므로 피해학생의 분노 감정에 대하여 교사나 학부모의 관심이 반드시 필요함을 알 수 있다.

초·중·고의 40%가 따돌림 가해 경험이 있으며, 가해 경험이 있는 청소년들 중 30%는 죄책감을 느끼지 못하고 따돌림이 재미있다, 기분이 좋다(30%)고 하였다. 따돌림의 이유는 따돌림 당할 행동을 했기 때문(65.4%), 그밖에 특별한 이유 없이' 덩달아서', '심심해서' 등으로 따돌림에 대해 아무런 죄의식이 없는 것으로 나타났다.

학교폭력 중 신체적 폭행 피해, 협박피해, 금품갈취의 피해 장소는 주로 교사의 감독권을 벗어난 등하굣길, 학원 주변, 오락실, PC방에서 발생하지만, 집단따돌림은 그 특성상 교사의 감독권이 있는 학교에서도 매우 은밀하

6) 1. 학교폭력: '학교폭력 예방 및 대책에 관한 법률' 제2조 제1항에 '학교내외에서 학생 간에 발생한 상해, 폭행, 감금, 협박, 약취·유인, 명예훼손·모욕, 공갈, 강요 및 성폭력, 따돌림, 정보통신망을 이용한 음란·폭력 정도 등에 의하여 신체·정신 또는 재산상의 피해를 수반하는 행위'(법제처, 2010)

2. 괴롭힘: '공식적 또는 사회적으로 정의된 강자의 위치에 있는 사람들이 자신들의 목적이나 만족을 위해 스트레스를 유발할 의도로 저항할 힘이 없는 사람들을 신체적, 심리적, 사회적, 언어적으로 반복하여 공격하는 행위'(강진령·유형근, 2000)

3. 집단따돌림: '두 명 이상이 집단을 이루어 특정인이나 특정 집단을 그가 소속해 있는 집단에서 소외시켜 구성원으로 서의 역할 수행에 제약을 가하거나 인격적으로 무시 혹은 음해하는 언어적, 신체적 일체의 행위' (구본용, 1997)

게 일어나므로 지속되는 기간이 길고 심각성이 커져야만 교사와 학부모가 인지하는 경우가 많다.

실제 집단따돌림의 13% 정도에만 교사나 학부모의 개입이 이루어진다(Coloroso, 2003). 피해학생이 느끼는 가해학생에 대한 감정을 살펴보면, 복수하고 싶다, 죽이고 싶다, 증오한다와 같은 응답이 많이 차지하는 결과를 볼 때, 피해학생의 분노 감정에 대하여 교사나 학부모의 관심이 반드시 필요함을 알 수 있고, 이러한 관심은 피해학생이 가해학생이 되는 차후의 집단따돌림 발생을 예방할 수도 있을 것이다.

② 집단따돌림의 유형

㉠ 수동적 피해자

수동적 피해자(passive victims)는 신체적인 공격이나 모욕을 당해도 맞대응하지 못하는 불안정하고 스스로 무가치한 태도나 행동양식을 보이며, 남학생의 경우는 여기에 '신체적 열세'가 추가되는 특징을 보인다.

즉, 외모가 단정하지 못하고 신체적으로 나약해 보이며 상황에 맞는 적절한 대처능력이 부족한 청소년들이 주로 따돌림을 당한다. 수동적 피해자는 학교에서 혼자지내며, 친구가 거의 없다. 또한 동년배보다 신체적으로 허약한 특성을 가지며, 부모와의 밀접한 관계를 유지하기 때문에 종종 과잉보호를 받는다.

㉡ 도발적 피해자

도발적 피해자(provocation victims)는 주의 집중의 결핍과 과잉행동의 문제로 주위 사람들에게 긴장과 불편감을 초래하는 경우가 많고, 불안한 반응 형태의 공격적 반응형태가 결합되어 있는 특징을 보인다.

이들은 또래들과 어울리고 싶어 하지만 친구들을 귀찮게 하거나 방해하고, 특히 수업시간이나 또래가 함께하는 상황에서 부적절한 행동양식을 보이는 것이 특징적이다.

그리고 왕자병, 공주병으로 일컬어지는 아이들 역시 도발적 피해자 유형이 되기 쉽다. 이들은 '잘난 체하는' 행동 특징을 보이고, 자기 본위로 행동하는 경향이 있다. 그러다 보니 타인과 공감을 이루지 못하고 자신의 문제를 인식하지 못해서 아이들로부터 소외당하게 된다.

㉢ 피해자이면서 가해자

따돌림 피해자이자 가해자인 유형이 있는데, 최근 들어 이 유형이 늘어나는 추세이다. 이들은 처음에는 따돌림의 피해자였다가, 자신보다 더 약자인 학생을 발견하면 그 학생을 따돌리거나 폭력을 가함으로써 자신이 받는 혹은 받았던 피해를 보상받고자 하는 경향을 보이게 된다. 이렇게 피해자와 가해자의 이중역할에 놓여 있는 아이들은 대체적으로 가해 주동자 주변을 맴도는 경향이 있다. 스스로 완전히 가해자 역할을 하지 못하고 가해 주동자 주변을 맴돌다가 자신보다 힘의 우위를 점하고 있는 아이로 부터 만성적인 따돌림이나 폭력을 당하는 것이다.

③ 집단따돌림의 원인

따돌림은 어느 시대, 어느 문화권에서도 있어 왔는데, 사람이 모여 사는 곳이라면 일정 정도는 발생할 수밖에 없는 것이 현실이다. 그러나 따돌림은 피해자 및 가해자의 심리적 요인과 가장 밀접하게 관련되어 있지만, 우리나라에서 특히 따돌림의 정도가 심한 이유는 사회·환경적인 측면에서 찾아 볼 수 있다.

즉, 우리나라의 처벌위주의 양육태도를 가진 가정환경과 통제 위주의 학교환경은 집단따돌림을 일으키기 쉽다.

㉠ 개인 내적 요인

- 집단 따돌림의 가해자는 강한 공격성을 지니고 자신의 공격성을 통해 성공을 성취한다고 확신하며, 다른 또래에게 가해질 고통과 피해의 가능성에 대해서는 거의 의식하지 않는다.

- 부모로부터 격려를 받지 못했거나 정서적 자극을 받지 못하고 자란 학생들은 타인의 고통에 대한 공감능력이 부족하고 죄의식 없이 가해 행동을 반복할 가능성이 높다.
- 사회적 기술이 부적절한 학생들은 사고의 초점이 자신에게 과도하게 집중되어 있어서 또래에게 고립되어 일상생활을 하면서 실패와 욕구좌절을 느끼게 된다.

㉡ 가정적 요인

- 부모의 무분별한 처벌적 양육방식에서 비롯되는 자녀의 공격적 행위는 또래와의 관계에서 그대로 나타나게 된다.
- 부모의 지나친 과잉보호는 아동이 각 발달단계에서 스스로 정립해야 할 가치관과 독립심을 갖지 못하게 하여 또래와의 적절한 관계를 갖지 못하게 한다.

㉢ 학교 환경적 요인

- 학업성적 및 입시에 대한 압박감은 학생들을 이기적이고 배타적으로 만들어 친구들을 단지 자신의 생존을 위협하는 경쟁자로 의식하게 한다.
- 집단따돌림은 그 특성상 교사의 감독권이 있는 상황인 학교에서도 은밀하게 발생하기 때문에 대부분은 교사의 시야에서 벗어나 발생한다.

㉣ 사회문화적 요인

- 비인간적인 사회 현상을 비판 없이 그대로 보도함으로써 학생들에게 도덕적 불감증을 갖게 하고 있다.
- 인간의 존엄이나 인권의 중요성보다는 지나친 출세주의에 의해 경쟁사회에서 낙오된 사람이나 소외된 사람을 무시하는 풍조를 갖게 되었다.

④ 집단따돌림의 특성

㉠ 가해자의 특성

- 가족과의 긍정적인 상호작용이 적다.
- 자신감이 있고, 훌륭한 의사소통 기술을 가지고 있다.
- 재치있게 대답하고, 자신의 문제를 드러내 놓고 이야기할 수 있다.
- 자기 자신을 강하고 성공적이며 능력 있는 사람이라고 여기며, 외향적이다.
- 피해학생은 벌을 받을 만하다고 믿는다.
- 주변에서 대담한 사람으로 불린다.
- 체격이 큰 편이며, 체력적으로 강하다.
- 공격행동에 자신감을 나타낸다.
- 어릴 때부터 사회성, 인기, 자신감 등에 영향을 주는 요인인 운동을 잘한다.
- 활동적이고 활력이 넘치는 편이다.
- 피해학생보다 나이가 많거나 힘이 세다.
- 또래보다 매력적인 외모를 지녔다.

㉡ 피해자의 특성

- 소위 말하는 튀는 행동을 한다.
- 다른 학생들을 무시하는 말이나 행동을 한다.
- 학교 환경에 능동적으로 대처하지 못하고 공상이나 잡념 등 자신만의 세계에 몰입하는 정도가 심하다.
- 내성적이며, 자기주장을 잘 하지 못한다.
- 대인관계에서 피해의식이 많고, 상대방의 입장에 대한 이해나 공감이 부족하다.
- 지나치게 잘난 체하거나 이기적이다.
- 과도하게 긍정적이거나 부정적인 자아개념을 갖는다.
- 무능력하거나 정서적 장애가 있다.
- 체격이 작고 왜소하다.

- 힘이 약해서 주변 또래의 놀림감이 되기 쉽다.
- 체력이 약하거나 신체 구조상 문제가 있거나 운동능력이 부족하다.
- 활동 및 활력 수준이 낮고, 신체적인 매력이 없는 편이다

㉢ 방관자의 특성

- **가해자**: 집단따돌림을 주도적으로 시작하고 직접 가담한다.
- **동조자**: 집단따돌림을 시작하지는 않지만 직접 가담한다.
- **지지자**: 시작하지도 않고 직접 가담하지도 않지만 집단따돌림을 지지한다.
- **소극적**: 지지자 집단따돌림을 좋아하지만 공개적으로 지지하지는 않는다.
- **무관심자**: 무슨 일이 일어나는지 보기만 하고 상관하지 않고 참여하지도 않는다.
- **소극적 방어자**: 집단따돌림을 싫어하고 도와주어야 한다고 생각만 한다.
- **적극적 방어자**: 집단따돌림을 싫어하고 따돌림받는 피해자를 도와주는 것을 시도하거나 도와준다.

⑤ 집단따돌림의 징후

공통적으로 대상 개인을 무시하고, 소외시키고, 싫어하는 데도 불구하고 지속적으로 괴롭힌다. 구체적인 형태는 상대 안 하고 무시하기, 딴 동료와 못 놀게 방해하기, 싫어하는 별명이나 말로 바보 취급하기, 말 따라 하며 놀리기, 시비걸기, 빈정거리기, 면박이나 핀잔주기, 지나갈 때 발 걸고 물건 던지기, 소지품 뺏기, 엉뚱한 소문 내기 및 때리기 등이 있다.

㉠ 집단따돌림 피해 학생의 징후

- 안색이 좋지 않고 기운 없어 보인다.
- 혼자 멍하니 있는 경우가 많다.
- 친구의 심부름을 많이 하며, 싫은 소리를 들어도 반항하지 못하고 아부하듯 웃는다.

- 넓은 장소에서 혼자 일하거나 청소한다.
- 모임이나 소풍, 견학 등을 피한다.
- 지각과 결석이 많아진다.
- 친구들에게 멍청이, 이상한 놈 등의 말을 듣는다.

㉡ 가정에서 집단따돌림 관련 여부를 확인할 수 있는 징후

- 피곤한 듯하며 혼자 있고 싶어 한다.
- 근심에 잠겨 있거나 말이 없어진다.
- 화를 잘 내는 등 감정조절을 못 하는 것 같다.
- 집안의 돈을 몰래 가져가거나 씀씀이가 커지거나, 손발에 작은 상처를 입고 있고, 옷·노트·가방 등에 낙서나 흠집이 많다.
- 학교에 가기를 싫어하고 전학 보내 달라고 조른다.
- 두통이나 소화불량을 호소한다.
- 지각과 결석이 잦아진다.
- 같이 어울리는 친구가 거의 없다.
- 옷이 더럽혀져 있거나 책 등의 물건이 자주 없어진다.
- 잠을 자지 못하거나 악몽을 자주 꾼다.
- 매사에 의욕이 없으며 식욕부진이나 눈물 등을 자주 보인다.

㉢ 집단따돌림 가해학생의 징후

- 교사와 만남을 회피하려 한다.
- 자신에게 관심을 갖는 것에 반발한다.
- 자주 화를 낸다.
- 교실이나 벽에 낙서를 한다.
- 몇몇 친구와 패거리를 만든다.
- 남들이 자신을 공격할 것이라고 생각한다.
- 자신이 남들보다 불행하다고 생각한다.
- 말투가 거칠고 불평불만이 많다.

⑥ 집단따돌림의 예방 및 대처 방안

㉠ 따돌림의 예방 방안

예방은 현재 문제를 가지고 있지 않은 학생들을 대상으로 하여 심리적인 부적응이나 역기능의 발생을 사전에 방지하기 위한 모든 노력을 기울이는 것을 의미한다. 피해학생은 시간이 지나면서 점차 자신감과 자아존중감이 저하되고, 부모나 교사에 대한 신뢰감도 잃게 되어 고립된 느낌을 갖게 된다. 이렇게 피해학생이 따돌림 상황에 장기간 놓이게 되면 학교생활 부적응은 물론 성인이 되어서도 대인관계에 어려움을 보일 가능성이 높기 때문에 집단 따돌림처럼 후유증이 오래 남는 문제들은 그만큼 예방이 더욱 중요하다.

집단따돌림이 발생하고 나면 문제 해결이 어려울 뿐만 아니라 시간도 많이 걸리고, 피해자의 심리적 상처를 치유하기 어려운 경우가 많으므로 집단따돌림은 발생 후의 대처보다는 예방이 훨씬 효과적이다. 따돌림 문제의 효과적인 해결을 위해서는 초기 대응, 지속적인 관심 및 전문적인 개입이 필수적이다. 또한 피해자나 가해자의 부모, 담임교사 및 학교당국, 전문 상담교사가 적절한 역할을 해주는 것이 필요하다.

- 학교에서는 집단따돌림을 절대 용납하지 않을 것이며 확고하게 대처해 나갈 것이라는 점을 분명하게 명시하는 교칙을 제정한다.
- 학교에서는 예방교육을 통해 학생들이 집단따돌림에 대한 인식의 폭을 넓힐 수 있는 기회를 마련해 주어야 한다.
- 집단따돌림 문제는 현실적으로 교사 한 사람의 개입으로는 해결하기 어렵기 때문에 ONESTOP 지원센터, Wee센터, 한국청소년상담복지개발원 등과 같은 외부 전문기관과의 연계가 요청된다.
- 집단따돌림과 같이 여러 학생이 개입되는 상황은 전문 상담 교사가 학생, 학부모, 일반 교사들에게 많은 정보를 제공하여 이해의 폭을 넓히고 사전에 예방할 수 있도록 하는 데 중점을 두고 있다.
- 담임 교사는 학급 내 역동의 변화를 쉽게 파악할 수 있고 학생들

에게 영향력을 발휘할 수 있는 정도가 가장 크기 때문에 교실 내 집단따돌림 징후를 인지하고 초기에 예방할 수 있도록 하는데 가장 중요한 역할을 한다. 따돌림의 발생을 조기에 알아챌 수 있을 만큼 담임교사는 평소 학생들에 관심을 갖는다.

- 부모를 포함한 가족들의 적극적인 지지와 격려, 자녀에 대한 관심과 대화, 올바른 가치관과 교육은 자녀가 다른 학생들을 따돌리는 것이 잘못된 행동임을 느끼게 하고, 혹시 집단따돌림을 당하게 되는 경우에도 어려움을 극복할 수 있는 힘을 제공한다.

㉡ 집단따돌림 대처 방안

- 학교 내에서 집단따돌림이 발생했을 때 학교폭력대책자치위원회는 학교폭력 사건을 면밀하고 정확하게 조사해야 한다.
- 전문 상담교사는 가해학생과 피해학생을 대상으로 집단따돌림 사실을 객관적이고 정확하게 조사한다.
- 담임 교사는 피해학생에게 정서적인 위로와 격려를 제공하고, 학급회의 시간에 집단따돌림에 대한 토의를 실시하여 가해학생들 스스로가 집단따돌림이 잘못된 행동임을 깨달을 수 있도록 하여 자신의 행동이 친구에게 상처와 어려움을 줄 수 있음을 교육한다.
- 학부모는 관심을 가지고 적극적으로 자녀의 상태를 파악하고 집단따돌림 상황에서 벗어나기 위한 적절한 역할을 수행하는 것이 중요하다.
- 따돌림을 받으면 적극적으로 선생님이나 부모님에게 도움을 요청하는 등의 노력을 한다.
- 피해자가 안심하고 도움을 요청할 수 있도록 학교 내에서 집단따돌림이 발생했을 때 학교폭력 대책자치위원회는 학교 폭력사건을 면밀하고 정확하게 조사해야 한다.
- 담임 교사는 피해학생에게 정서적인 위로와 격려를 제공하고 가해학생에게는 자신의 행동에서 비롯된 친구의 상처와 어려움에 대해서 교육한다.

- 학부모는 관심을 가지고 적극적으로 자녀의 상태를 파악하고 집단따돌림 상황에서 벗어나기 위한 적절한 역할을 수행하는 것이 중요하다. 잦은 부부싸움은 자녀의 자살 충동과 폭력행동과 관련이 있다. 그러므로 따돌림 피해 학생들에게는 부모-자녀 사이의 건강하고 원활한 대화가 중요하다. 자녀가 따돌림 문제로 고민하는 경우 부모 역시 함께 상담에 참여하여 적극적으로 해결책을 모색한다.

㉢ 집단따돌림을 비롯한 학교폭력 발생 시 대응절차

집단 따돌림을 인지하게 되면 학교 내 설치된 학교폭력대책자치위원회에 반드시 신고하여야 한다. 교내에서 발생하는 전반적인 학교폭력 관련 사항은 학교폭력대책자치위원회에서 처리 및 처리 과정을 법률로 정하고 있다.

㉣ 집단따돌림 상황 시 도움을 요청할 수 있는 기관

- 117학교폭력신고센터(117)
- 학교폭력 SOS 지원단(1588-9128)
- 청소년폭력예방재단(www.jikim.net, 02-585-0098)
- 한국청소년상담복지개발원및 Cys-Net청소년상담지원센터 (http://www.kyci.or.kr, 02-1388)
- Wee센터(모든 학교에 설치)
- 홈페이지 신고상담, 1:1채팅 상담(www.safe182.go.kr)
- 모바일 웹/앱 신고(m.safe182.go.kr 접속 또는 모바일앱 실행)
- 휴대폰 문자신고(학교신고의 경우, #0117을 수신번호로 하여 송신)

4) 청소년 자살예방

① 자살의 개념

자살이란 '자신의 목숨을 스스로 끊는 행위' 또는 '의도적으로 자신을 죽이는 행위'라고 말할 수 있다.[7] 자살은 아동기 이후 전 생애에 걸쳐 나타나

7) 자살(自殺, suicide)이라는 용어는 Thomas Browne 경(1605~1682)이, 자신의 저서인 종교의학

지만 특히 청소년기에 가장 발생률이 높은 치명적인 행위이다. 청소년기에는 아직까지 자아가 미숙하고 약하기 때문에 심한 스트레스를 받게 되면 자살로 이어지기 쉽다.

② 청소년에게 흔한 자살 심리

㉠ 입시부담, 학교폭력, 부모처벌 공포 등의 어려운 상황을 피하기 위한 회피심리

㉡ 부모, 선생님, 이성 친구에 대한 강한 분노 감정으로 인한 보복심리

㉢ 자아존중감의 부족으로 인한 자기 처벌 심리

㉣ 욕구좌절 시 감정을 자제하지 못하고 흥분하는 충동적인 자해심리

㉤ 대인관계 상실 시 죽은 친구나 부모를 사후세계에서 만나기 위한 재결합 심리

③ 자살의 원인

㉠ **개인적 위험요인**: 지나친 완벽주의, 절망감, 상실감, 분노 통제의 어려움, 수치심에 대한 공포와 과장된 수치심, 우울증 등 정서 통제 기술이 미숙하고 충동적이다.

새로운 상황에 대한 대응 전략이 부족하고 인지 전략이 폭넓지 못해 다양한 대안을 고려하지 못하여 극단적인 사고를 하기 쉽다. 따라서 입시에 대한 스트레스와 학업 부담의 증가, 부모나 교사와의 갈등, 진로문제 등에 적절하게 적응하지 못해 과도한 스트레스를 받는다. 또한 지나친 완벽주의, 절망감, 상실감, 분노 통제의 어려움, 수치심에 대한 공포와 과장된 수치심, 우울증 등이 있다.[8)]

(Religion Medicine, 1642)에서 처음 사용하였다'. 자살' 또는' 자살 행동'은 스스로 자기 자신을 죽이는 것, 즉' 자신의 목숨을 스스로 끊는 행위' 또는' 의도적으로 자신을 죽이는 행위'라고 말할 수 있다.

8) 성차: 자살생각 여>남 청소년 (Liu & Tein, 2005)자살시도 및 자살률 여<남 청소년(Halfors, 2004), 연령: 연령이 높을수록 자살률도 상승, 과거 자살시도 경험 : 자살관련 행동 예측력이 매우 높음 (Dlekstra, 1989), 청소년의 흡연, 음주 등 약물 사용 : 자살생각보다 자살시도와 밀접한 연관성 (Kelly 외, 2002), 절망감 : 우울과 자살 행동 간 매개 요인이며, 자살행동 예측시 우울보다 더 결정적 요인으로 작용(Beck, Steer 외, 1990), 공격성 및 충동성 : 높은 공격성은 자살관련 행동 재발의

ⓒ **행동적 위험 요인**: 약물복용, 알코올 중독, 자살시도 경험, 자기 파괴적인 행동, 학교 무단결석과 부적응 등

ⓒ **가정적 위험 요인**: 자살 가족력, 부모의 이혼, 가정폭력 존재, 비현실적인 부모의 지나친 기대감 등[9)]

ⓔ **환경적 위험 요인**: 잦은 이사, 원만하지 못한 친구 관계, 학교폭력 피해 경험, 언론매체의 자살에 대한 보도, 자살방지를 위한 사회적인 체제의 부족 등[10)]

④ 자살의 특성

㉠ 충동성

- 성인에 비해 충동적으로 일어나는 경우가 많다.
- 장·노년층에 비해 정신과적 질환보다 일반적인 사건이나 스트레스에 의한 시도가 더 많다.
- 외적인 요인에 영향을 많이 받으므로 유사한 자살 동기를 가진 또래를 찾는 경향이 있다.
- 다른 연령대와 비교 시 자살 시도율에 비해 자살 사망률이 낮다.
- 죽음에 대한 환상을 갖고 있다. 도피 수단으로 사후 세계를 지향하고 문제를 해결하려는 의존성이 있다.
- 촉발사건이 자살에 직접 영향을 준다.

㉡ 공유성

- 자살을 결정하는 사람들은 몇 주, 몇 달 또는 몇 년 동안 구체적

위험성을 높임(Stein 외, 1998), 정신질환 : 조울증, 정신분열증, 인격 장애 등, 상실경험 : 경제적 손실, 지위의 실추, 질병이나 외상

9) 가족의 의사소통 부족 및 왜곡, 부모와의 갈등, 소외감: 자살생각의 위험성을 높이는 주요 원인(Lester, 1987), 부모의 신체적, 성적 학대(Gibb, 2001), 가족의 우울, 약물문제(Wagman 등, 1999) 부모의 범죄경력 및 가족구성원의 상실: 청소년의 자살시도와 깊은 관련(Joff 외, 1988; Wichstorm, 2000)

10) 또래와의 어려움은 청소년 자살 시도와 유의한 관련성(Bjarnaron 외, 1997), 친구의 죽음은 자살 관련 행동을 경험할 가능성 높음(Buddeberg 외, 1996), 사회적 지지의 결여는 청소년들의 자살행동에 대한 가장 좋은 예측변인(Morano 외, 1993), 대중매체에서 제시하는 자살관 및 자살 소식은 청소년 자살과 유의한 상관관계(Hawton 외, 1999)

인 계획을 세우기도 한다.

- 외적인 요인에 영향을 많이 받으므로 유사한 자살 동기를 가진 또래를 찾는 경향이 있다.
- 특히 청소년들은 자살 생각이나 계획을 친구들과 공유하는 특성이 있으므로 관심과 대화를 통하여 충분히 예방이 가능하다.[11)]

⑤ 자살의 징후[12)]

자살 위험 징후는 자살과 관계되는 여러 위험 인자들의 표출로, 주변 사람들에 의해 쉽게 관찰될 수 있기 때문에 이를 정확히 이해한다면 약 80%

---

11) 청소년과 성인의 자살 특성을 비교해 보면, 성인은 시도 결과가 더 치명적이고 더 심각한 의도를 갖고 있으며, 행동・정동장애 진단을 더 많이 받을 상태인 반면에, 청소년은 충동적이고, 덜 치명적인 손상을 입으며, 덜 심각하지만 더 자주 시도하게 되고, 적응 또는 불안장애이지만, 진단명은 없다(Parellada etal., 2007). 한국 사회에서 발생하고 있는 청소년의 자살은 입시 위주의 교육, 부모의 이혼이나 별거, 자살의 표현, 우울증, 열등감, 소외감, 복수심, 인터넷 중독, 동조 및 모방적 특성 등 매우 복잡한 양상을 띠고 있다. 청소년들은 사소한 자극에도 민감하게 반응하며 문제 해결을 위한 노력보다는 충동적인 성향이 있어 정서적 불안정과 충동에 의한 자살 행위를 보일 위험이 높다.

12) ① 자살에 대해 넌지시 암시한다.: '어디 먼 곳에 가고 싶다', '아무도 아는 사람이 없는 곳으로 가고 싶다', '잠들면 다시 깨어나지 않으면 좋겠다' 등의 말을 하며 자살을 암시한다'. '죽고 싶다'거나 '죽겠다'고 확실하게 표현하는 경우는 매우 위험한 상태이다. 또한 자살할 곳을 미리 알아보고 대수롭지 않게 은근히 장소를 흘리듯 말하는 경우도 있다. ② 주변 정리 및 이별을 준비한다.: 평상시 아까워하던 자신의 소지품을 주변 사람들에게 나누어 주기도 하고, 그동안 써왔던 일기, 편지, 사진 같은 것을 처분하여 빌려온 물건을 돌려주는 등 자신의 주변을 정리하며 자살을 준비하는 경우도 있다. 또한 오랫동안 만나지 않았던 친구를 갑자기 만나러 가는 경우도 있다. ③ 과도하게 위험한 행동을 한다. : 사고가 발생할 만한 위험한 행동을 자주 한다. 잠재적인 자살 소망을 본인도 자각하지 못하는 때가 종종 있는데 본인이 부정한다고 해서 자살 위험이 없는 것은 아니다. ④ 태도가 갑작스럽게 변화한다(평소 관심을 갖던 일에 갑자기 흥미를 잃는다, 대인관계를 끊고 방 안에 틀어박힌다, 정신 집중이 안 된다고 호소한다, 지금까지 손쉽게 해 왔던 일을 하지 못한다, 학업성적이나 업무 성적이 급격히 떨어진다, 초조감과 불안감이 늘어나 안절부절못하며 침착하지 못하다, 잘 다니던 학교나 직장에 가지 않는다, 감정의 기복이 심하고 경솔한 태도가 눈에 띈다, 자살에 대한 생각이 머릿속에 가득하기 때문에 자살에 대한 낙서나 글을 쓰고 그림 등을 그린다, 식욕 부진, 체중 감소, 불면 등을 호소하며 건강을 포함한 자기 관리에 소홀하다, 술이나 약물 복용이 부쩍 늘어난다, 도박이나 무모한 주식 투자 및 방탕한 성생활을 한다.) ⑤ 자신의 신체에 실제로 자해 행위를 한다. : 자신의 손목을 칼로 긋거나 정량 이상의 약을 복용하는 행동을 한다. 이 경우 실제 사망의 위험은 없지만 이런 행동까지 보인다면 자살은 매우 빠르게 진행될 수 있으므로 간과하지 말고 진지하게 받아들여야 한다.

정도까지 예방할 수 있다.

- 언어적 표현
- 죽음 생각에 몰두
- 우울증과 사회적 고립, 대인 접촉 기피
- 슬픔, 절망감, 분노 등의 과대적인 표현
- 지나친 죄책감 또는 당혹감
- 수면상태나 체중의 변화
- 술, 약물의 오·남용
- 자신의 소중한 물건을 다른 사람에게 나누어주기

이러한 위험 징후가 발견되면 교사나 정신과 의사를 포함한 자살 예방 전문가를 만나 실제적이고 유용한 도움을 받도록 지지해 준다.

⑥ 자살 예방 및 대처 방안

자살의 위험 요인을 제거 하고 보호 요인을 증가하는 것이 원칙이다. 한국청소년상담복지개발원에서 실시한 조사에 따르면 청소년들이 자살을 하려고 했을 때 자살 기도를 포기한 이유는 다음과 같다.

- 부모님이 괴로워할까봐 (22.6%)
- 상황이 좋아지겠지 하는 희망 때문(17.3%)
- 너무 무서워서 (16.7%)
- 나를 이해해 주는 친구가 있어서(11.5%)
- 나 자신에 대한 믿음 때문에(10.2%)
- 자살이 나쁘다고 생각돼(10%)
- 기타(6.7%)
- 자살을 생각하게 된 문제가 해결돼(3.7%)
- 전문 상담가의 도움(0.6%)

㉠ 자살 예방법[13)]

- 모든 사람이 생명 존엄성의 윤리를 지켜야 한다. 자살은 고통스러운 삶의 해결책이나 탈출구가 아니라 삶과 죽음을 선택하는 생명의 문제이다. 즉, 삶에서 얻어진 고통스러운 문제를 자신의 소중한 생명을 고의적으로 중단하는 자살로 풀지 말아야 함을 주지해야 할 것이다.
- 평소에 도움을 받을 수 있는 사람이나 기관을 알아두어 어려움에 처한 친구에게 자가 진단, 사이버 및 전화 상담 등을 받을 수 있도록 도와준다.
- 개인과 가정, 학교, 지역사회에서는 여러 위험요인과 징후를 조기에 발견해 조치할 수 있어야 한다.

㉡ 자살 위기 대처법

- **사고의 구도를 바꾼다**: 자신이 가진 생각과 문제 등을 글로 나열해 보고, 이를 각각 긍정적인 사고방식이나 제안의 형태로 바꾸는 연습을 해 본다.
- **도움을 요청한다**: 자살의 위기감이 들면 숨길 것이 아니라 주위의 믿을 만한 친구나 어른에게 직접 도움을 요청한다.

5.1.4 성폭력안전

1) 성폭력안전 개념[14)]

「성폭력방지 및 피해자보호 등에 관한 법률」에서, 성폭력이란 상대방이 싫어하는 데도 강제로 몸을 만지거나 말이나 행동으로 놀리는 등 성과 관련

---

13) 가족 내 요인(가족 구성원 간의 좋은 관계 유지, 가족으로부터의지지, 일관된 양육방식, 의사소통의 원활, 가족의 안정과 능력), 인지 방식과 성격(좋은 사회성 기술과 대처기술, 자신, 환경, 성취에 대한 자신감, 어려운 일이 발생하였을 때 도움을 구함, 중요한 결정을 내려야 할 때 조언을 구함, 다른 사람의 경험과 해결책을 잘 받아들임, 새로운 지식을 잘 받아들이는 것), 사회문화적 요인(사회생활에 잘 어울리는 것, 동료들과 대인관계가 좋은 것, 학교 선생님이나 다른 어른들과의 관계가 좋은 것, 주위 사람들로부터의지지, 종교활동 및 종교적 신념, 지역사회 자원 활용)

14) 성폭력 중에서 형사처벌의 대상이 되는 성적 언동은'성폭력범죄'라 하여 이에 관해서는 「성폭력범죄의 처벌 및 피해자보호 등에 관한 법률」에서 열거하고 있다.

하여 옳지 않은 행동을 하는 것으로, 아동이나 장애인 등을 상대로 상대방이 성 결정 능력이 없거나 의사소통 능력이 없는 것을 이용하여 행하는 성행위도 포함된다.[15)]

우리나라 성폭력 발생률은 매년 증가하여 연간 25만 건 이상으로 심각한 사회문제가 되고 있다. 한국성폭력상담소의 전체 상담통계에 따르면, 여성 피해자가 큰 비중을 차지하고 있으며, 가해자가 남성 성인인 경우가 대부분이었다.

또한 남성이 피해자인 경우, 상대 가해자가 남성인 경우로 대부분 남성에 의해 성폭력이 발생되고 있음을 알 수 있다. 더욱이 성폭력 가해자 중 아는 사람으로, 피해자의 생활공간에서 많이 발생한다.

우리나라 성폭력 발생률은 매년 증가하여 연간 25만 건 이상으로 심각한 사회문제가 되고 있으며, 이는 세계 2위의 성폭력 나라라는 불명예를 가져다주었다. 이 중 30%가 10대 청소년들에 의해 자행되었으며 39.6%가 10대 이하의 성폭력 피해자이었다. 뿐만 아니라 공공장소에서의 성추행과 스토킹이 늘어나고 있으며, 직장 내에서의 성추행 문제는 심각한 것으로 나타나고 있다.

한국성폭력상담소의 전체 상담통계에 따르면, 성폭력 상담이 전체 상담 중 성폭력 상담비율은 90% 이상을 차지하고 있다. 성폭력 상담건수 중 성인 여성 피해자가 큰 비중을 차지하고 있다.

또한 남성이 피해자인 중에서도 상대 가해자가 남성인 경우가, 여성인 경우보다 대부분 남성에 의해 성폭력이 발생되고 있음을 알 수 있다.

성인과 청소년은 강간>성추행 순으로 피해 양상이 드러나나 연령이 낮은 어린이와 유아의 경우 성추행>강간 순으로 피해가 보고된다. 성인의 경우 다른 연령에 비해 성희롱 상담 건수가 매우 높다는 사실에도 주목할 필요가 있다.

가해자의 평균 연령이 피해자의 평균 연령보다 높다는 것을 알 수 있다.

15) 성폭력 중에서 형사처벌의 대상이 되는 성적 언동은 '성폭력범죄'라 하여 이에 관해서는 「성폭력범죄의 처벌 및 피해자보호 등에 관한 법률」에서 열거하고 있다.

성폭력은 동등한 관계가 아닌 수직적이고 일방적인 관계일 때 성폭력이 쉽게 발생할 수 있다는 사실을 염두에 둔다면, 성폭력이 성별 권력차 뿐만 아니라 나이・지위・계급・경제력의 차에 따라 발생하고 있음을 알 수 있다.

더욱이 성폭력 가해자 중 아는 사람과 행해졌는데, 20세 이상 성인의 경우 직장 관계자인 경우로 가장 높은 비율을 차지하였고, 청소년(14~19세)의 경우는 학교와 관련된 관계의 경우가 어린이(8~13세)의 경우 친족, 친인척, 유아(7세 이하)도 친족, 친인척으로 가장 많았다. 이처럼 성폭력은 피해자의 주요한 생활공간에서 많이 발생한다.

2) 성폭력의 유형[16)]

성폭력의 범위는 강간, 2인 이상에 의해 행해지는 강간인 윤간, 강도강간 뿐 아니라 성추행, 성적 괴롭힘, 음란전화, 성기노출, 어린이 성추행, 성적 가혹행위, 음란물 보이기, 음란물 제작에 이용, 아내 강간 등 상대방의 의사에 반하여 가하는 모든 신체적, 언어적, 시각적, 정신적 폭력을 포괄하는 광범위한 개념이다.

'상대방의 의사에 반한다' 함은 상대방이 원치 않거나 거부하는 행위를 상대방에게 계속 하거나 강요한다는 뜻이다. 따라서 상대방으로 하여금 성폭력에 대한 막연한 불안감이나 공포감을 조성할 뿐 아니라 그것으로 인한 행동 제약을 유발시키는 것도 간접적인 성폭력이라 할 수 있다.

① 행위에 따른 유형

㉠ 강간

강간이란 저항을 할 수 없게 하거나 혹은 현저하게 저항을 곤란하게 할 정도로 상대방의 신체에 폭행을 하거나 혹은 '죽여 버리겠다', '내 말을 듣지 않으면 부모님을 죽이겠다'는 등의 협박을 통하여 행

---

16) 성학대(abus sexuels): 쾌락을 위하여 피해자의 몸을 사용하는 모든 행위로써, 폭력에 의하지 않았거나 상대방의 동의하여 일어난 경우까지도 포함, 성폭행(aggressions sexuelles): 폭력, 강제, 협박이 사용되거나 기습적으로 이루어진 성학대, 성남용(atteintes sexuelles): 성폭행과 같이 수단이 사용되지 않은 경우

해지는 성과 관련된 신체적, 정신적, 언어적 폭력이다.

㉡ 강제추행

강제추행이란 사람에게 폭행을 하거나 협박하여 강제로 추행하는 행위이다.

추행이란 일반인에게 성적 수치심이나 혐오감을 일으키게 하는 행위로 일반인의 성적 도덕관념에 반하는 행위로 강제로 가슴, 엉덩이 등 특정한 신체부위를 만지는 등의 행위를 말한다.

㉢ 성희롱

성희롱이란 업무, 고용 그 밖의 관계에서 공공기관의 종사자, 사용자 또는 근로자가 그 직위를 이용하거나 업무와 관련하여 성적 언동 등으로 성적 굴욕감 또는 혐오감을 주는 것이다. 또한 성적 언동이나 성적 요구 등에 대한 불응을 이유로 고용상의 불이익을 주는 것이라고 정의한다.

㉣ 기타로 음란 전화, 과도한 신체 노출, 스토킹 등이 있다.

② 대상에 따른 유형

㉠ 어린이 성폭력

어린이 성폭력이란 만 13세 미만의 어린이에게 가해지는 성폭력으로 '아동성학대'라는 용어로도 사용된다. 어린이 성폭력의 약 80% 이상은 아는 사람에 의해서 발생하는데, 이를 2가지 유형으로 나누어 볼 수 있다. 첫 번째는 친부, 의부, 삼촌, 이모부, 할아버지 등 혈족 혹은 인척에 의해 일어나는 것으로, 이를 친족 성폭력이라고 한다. 다른 유형은 교사(학원 강사 포함), 유치원 원장, 통학버스 기사, 동네 이웃, 경비원 등 어린이가 일상생활에서 접촉하기 쉬운 사람에 의해 일어나는 폭력이다.

㉡ 청소년 성폭력

청소년 성폭력은 만 13세 이상 19세 이하의 청소년에게 발생하는 성폭력을 말한다. 청소년 성폭력의 경우에는 어린이나 성인의 경우와 비교해 볼 때 윤간, 강도강간 등 특수강간의 비율이 높고 남성 피해자도 상당수 있다. 이는 불량배, 학교 폭력배 등이 집단 폭행, 강도, 흉기사용, 침입 등의 방법으로 폭행을 하는 데 청소년이 표적이 되고 있기 때문이다. 또한 다른 연령층과 비교하여 친족 내의 피해, 선배나 동급생에 의한 피해, 교사나 강사 등에 의한 성폭력의 비율이 높은 특징이 있다.

㉢ 데이트 성폭력

이성 간의 데이트 중에 상대방으로부터 강요나 조종에 의해 일어나는 성폭력으로서 상대의 동의없이 일어나는 성행위를 의미한다. 데이트 상대에 의해서 일어나는 성폭력은 대부분 강간으로 성폭력 상담의 10%를 차지하고 있다.

㉣ 사이버 성폭력

최근 들어 인터넷의 발달로 인해 상대가 원치 않음에도 불구하고 음란물을 보내거나, 인터넷과 채팅방을 통해 오고가는 욕설 등도 사이버 성폭력으로 분류되며 이 또한 성폭력 범죄로 처벌을 받을 수 있다. 사이버 성폭력은 최근 들어 꾸준한 증가 추세에 있지만, 온라인의 특성 상 정확한 통계를 파악하기 힘들다.

3) 성폭력의 원인

① 사회의 잘못된 성문화

- 성을 소중하게 생각하지 않고 즐거움을 얻기 위한 목적으로 무절제하게 사용하는 문화이다.
- 여성을 남성에게 즐거움을 주는 대상으로 생각하는 문화이다.

② 성에 대한 무지 · 그릇된 성교육의 현실

- 가정과 학교의 성교육이 생물학적, 보건적 내용에 치우치며, 여학생의 경우 순결만 강조하는 남성 중심의 성교육이다.
- 친구나 선배 등 또래 집단으로부터 단편적인 정보를 입수하고 있다.

③ 성에 대한 잘못된 인식과 통념

- 여성에 대한 남성의 공격행위를 정당화시키는 믿음을 갖고 있다.
- 남성의 성욕을 통제할 수 없다고 생각한다.
- 피해 여성이 먼저 유혹한다는 등의 인식이다.
- 여성의 거절의사를 거절로 받아들이지 않는 경향이다.
- 노출이 심한 옷차림과 화장을 하고 밤늦게 혼자 다니는 것은 암묵적인 동의라고 생각한다.
- 여자가 필사적으로 저항하면 강간을 피할 수 있다고 생각한다.
- 강간당한 여자는 순결을 잃었다고 생각한다.

④ 대중매체·음란물에의 노출

- 대중매체의 선정성과 폭력성이 난무하고 있다.
- 음란물이 강간 등의 성폭력을 미화시키고 있다.

4) 성폭력의 후유증

① 정신적 증상[17)]

충격과 혼란, 두려움과 불안감, 억누를 수 없는 분노, 우울과 죄책감, 사람을 신뢰하는 마음의 상실, 성에 대한 두려움과 부정적인 생각, 자아존중감의 저하

② 신체적 증상[18)]

두통이나 불면증, 식욕상실, 메스꺼움 등 다양한 신체적 증상

③ 사회적 증상

건강한 사회 구성원을 잃게 되고 불신과 공포로 인한 사회적 불안감이 조

17) 성폭력으로 인한 수치심과 공포심을 느끼며 대인기피증 및 정신공황을 나타낼 수 있다. 즉, 충격과 혼란, 두려움과 불안감, 억누를 수 없는 분노, 우울과 죄책감 및 자아존중감이 낮아질 수 있다.
18) 강압에 의한 신체 접촉으로 인해 상처를 입을 수 있고, 성병에 걸릴 수도 있다. 또한 두통이나 불면증, 식욕상실, 메스꺼움 등 다양한 신체적 증상들로 고통 받는 경우가 많다.

성된다. 마음의 상처로 사람을 신뢰하는 마음이 깨진다. 성에 대한 두려움과 부정적인 생각을 갖게 한다.

5) 성폭력 예방

- 평소 자기 주장을 분명히 하는 태도를 갖도록 한다.
- 규칙적인 운동과 체력 단련을 통해 힘과 자신감을 기른다.
- 성에 대한 가치관, 행동 범위의 한계에 대해 분명한 결정선을 가지고 있어야 한다.
- "예"와 "아니오"가 뒤섞인 태도를 보이지 말고, 의사 표현을 분명히 한다.
- 불쾌한 성적인 접촉이나 상황에 직면했을 때에는 분명한 거부 의사를 표시한다.
- 평소 성폭력에 대한 충분한 예비 지식과 대처 방법을 숙지한다.
- 음담패설을 삼간다.
- 자신이 가는 곳을 주변에 명확히 알린다.
- 숙박업소는 어떤 구실로든 따라가지 않는 것이 좋다. 부득이한 경우 구조 요청을 할 수 있는지, 비상구가 있는지 살펴둔다.
- 평소 자신의 주량을 파악하고, 술은 자신이 조절 가능한 만큼 마신다.
- 어디서든 혼자 택시를 타고 집에 올 수 있도록 비상금을 소지하고, 콜택시의 전화번호를 가지고 다닌다.
- 택시를 탈 경우는 차량의 번호와 회사 이름을 알아둔다.

6) 성폭력의 대처 방안

① 성폭력 피해 상황의 대처법

- 그 자리에서 빨리 도망가는 것이 가장 좋다.
- "불이야"하고 큰 소리를 지르거나 호루라기를 불어 다른 사람들의 관심을 끌어야 한다.
- 구토나 소란, 나쁜 병에 걸린 척을 하여 도망칠 기회를 만든다.

- 머뭇거림은 피해를 당하는 가장 큰 원인이다. 적극적으로 대항해야 한다.
- 아는 사람이 성폭력을 가할 경우에는 거절 의사를 분명히 밝혀야 한다.
- 상대방의 눈, 목, 배 등을 힘껏 공격하여 그 자리를 모면한 후, 지나가는 사람 등의 도움을 청한다.

② 성폭력 피해 후의 대처 방법

- 부모나 선생님께 즉시 도움을 요청하고, 성폭력 관련 전문기관을 찾아간다.
- 피해 직후(12시간 이내) 병원으로 가서 치료 받은 후 진단서를 발급받고, 상처부위는 사진을 찍어 보관한다.
- 언제, 어디서, 누가, 어떻게 성폭력을 했는지 등 피해사실을 자세히 기록해두어야 한다.
- 가해자와 전화 통화를 할 경우 녹음해 두고 핸드폰 문자메시지나 이메일 등은 저장해 둔다.
- 가능한 경우 사건 현장을 핸드폰 카메라 등을 이용해서 찍어두는 것도 필요하다. 이는 사건을 신고하고 조사하는 데에도 도움이 되지만 가해자가 또 다시 나를 공격했을 때 보호 할 수 있는 방법이 되기도 한다.
- 경찰에 고소, 신고하는 등 법적 조치를 취한다.
- 성폭력의 모든 책임은 가해자에게 있다. 피해자는 자신을 비하하거나 자책하지 말고 용기를 잃지 않도록 부모님이 다독거려 주어야 한다.

성폭력 사건이 발생하면 누구라도 대처하기 쉽지 않다. 성폭력 가해자는 피해자에게 성폭력 피해사실을 말하지 못하게 위협하는 경우가 많기 때문이다.

그러나 가해자가 아무리 위협하더라도 믿을만한 어른이나 친구에게 반드시 이야기하고 도움을 요청해야 한다. 법적 처벌을 통해 가해자와 다른 사람들에게 성폭력은 심각한 범죄이며 가해자는 반드시 처벌받게 된다는 사실을 알려 범행을 예방하는 효과도 거둘 수 있다.

내 안의 성폭력 지수

아래의 질문들은 당신도 모르게 갖고 있을지 모르는 성폭력 발생 가능성을 측정해 보는 것입니다. 이 테스트의 목적은 얼마나 많은 정답을 알고 있는지를 체크하는 것이 아니라, 나 자신을 알아가기 위한 것입니다. 그러므로 가능한 한 솔직하게 평소에 가지고 있던 생각을 천천히 돌아보며 답해보세요.

1. 애인이나 아내라면 배려하지만, 보통 다른 여성들에게는 그럴 필요를 별로 느끼지 않는다.
2. 괜찮은 남자란, 여성을 보호하고 챙겨주는 남자라고 생각한다.
3. 화가 나거나 괴롭고 힘들 때, 이런 감정을 말로 표현하기 힘들다.
4. 노출이 심한 옷을 입는 여자는 성관계에 대해서도 개방적일 것이라고 생각한다.
5. 성관계에서는 남자가 리드해야 한다.
6. 키스나 스킨십 전에, 상대에게 동의를 구하는 것은 창피하고 무드를 깨는 일이다.
7. 성폭력 피해 중에는 피해자에게도 일정 정도 책임이 있을 것이라고 생각된다.
8. 여성이 밤에 여관이나 집에 따라 왔다는 것은 섹스를 허락한다는 의미이다.
9. 성경험이 많다고 자랑하는 친구를 보면서 부러움을 느낀 적이 있다.
10. 적극적으로 성관계 의사를 표현하는 여성은 성관계 경험이 많을 것 같다.
11. 여자들은 은근히 터프하고 박력 있는 남자들에게 매력을 느끼는 것 같다.
12. 여자가 싫다고 해도, 꾸준히 애정을 전달하여 사랑을 얻어내는 것은 낭만이고 순정이다.
13. 나는 여자들을 잘 이해할 수 없다. 여자들과 소통하는 데 어려움을 많이 느낀다.
14. 화가 난 대상에게 직접 표현하지 못하고 다른 대상에게 짜증을 내거나 화풀이를 할 때가 있다.
15. 자신보다 나를 더 배려하고, 내 말을 믿고 따라와 주고, 나를 존경하는 여자가 좋다.

내 안의 성폭력 지수평가

- 1~2개 초록 신호등: 이미 멋진 서포터즈인 당신! 당신의 의미 있는 경험과 긍정적인 느낌들을 주변 이들에게도 알려주세요.
- 3~6개 노란 신호등: 폭력에 반대하고, 평등하고자 하는 당신. 그러나 주변의 관계와 감정들을 돌아보는 노력이 좀 더 필요할 것 같아요.
- 7~15개 빨간 신호등: 주변의 감정에 귀 기울여 주세요. 그리고 자신의 감정을 적절하게 표현하기 위해 노력해 주세요.

해설 : 생각했던 것보다 지수가 높게 나온다 하더라도 상심하지 마세요. 나를 알아가고자 하는 것만으로도 충분히 의미 있는 출발이고 실천이니까요. 가장 중요한 것은 여러분이 스스로를 인정하고 변화하고자 하는 것입니다.

6. 보건안전

생활주기별 안전교육
생활안전
교통안전
자연재난안전
사회기반체계안전
범죄안전
보건안전

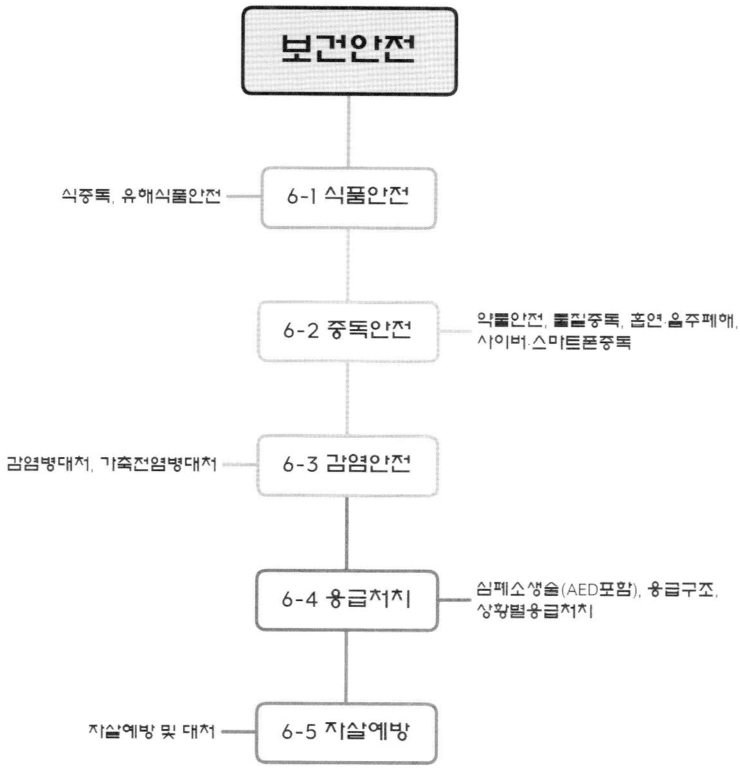
보건안전
6-1 식품안전
식중독, 유해식품안전
6-2 중독안전
약물안전, 물질중독, 흡연·음주폐해, 사이버·스마트폰중독
6-3 감염안전
감염병대처, 가축전염병대처
6-4 응급처치
심폐소생술(AED포함), 응급구조, 상황별응급처치
6-5 자살예방
자살예방 및 대처

6.1 식품안전

6.1.1 개념

안전을 위협하는 요소에는 환경적인 측면 외에도 의식주의 하나인 식품에 의한 사고를 들 수 있다. 식품에 의한 식중독이 가장 많이 발생하고 있다.

식중독이란 인체에 해로운 미생물이나 유독물질에 오염된 식품을 섭취한 뒤 일어나는 복통, 설사, 구토 등 건강상의 장해를 말하며, 우리나라 식품위생법에서는 식품의 섭취로 인하여 인체에 유해한 미생물 또는 유독물질에 의하여 발생하였거나 발생한 것으로 판단되는 감염성 또는 독소형 질환으로 정의하고 있다.[19] 날이 더워지면 식중독 사고가 자주 일어나는데, 식중독은 음식물의 위생관리만 잘하여도 충분히 예방할 수 있으므로 평상시 위생적인 식생활을 유지하는 것이 중요하다.

6.1.2 원인 및 분류

1) 식중독에 의한 사고

① 원인

최근 식중독 발생 원인으로는 노로바이러스와 병원성 대장균이 1, 2위로 나타났다. 노로바이러스와 병원성 대장균은 사람의 분변에 오염된 물이나 식품, 육류, 어패류 등에 존재하기 때문에 음식물을 충분하게 가열・조리하지 않고 제공하거나, 손을 씻지 않고 음식을 조리하고 나서 실온에 음식을 보관한 뒤 제공하는 경우 식중독이 발생할 수 있다.[20]

---

19) 식품위생법(제2조 제14항) 식품의 섭취로 인하여 인체에 유해한 미생물 또는 유독물질에 의하여 발생하였거나 발생한 것으로 판단되는 감염성 또는 독소형 질환
WHO(세계보건기구) 식품 또는 물의 섭취에 의하여 발생되었거나 발생된 것으로 판단되는 감염성 또는 독소형 질환

20) 식중독이 발생하기 쉬운 환경(식품을 충분한 온도와 시간(74℃, 1분 이상)으로 조리하지 않은 경우, 조리 후 음식물을 부적절한 온도(5℃~59℃)에서 장시간 보관하는 경우, 오염된 기구와 용기 및 불결한 조리 기구를 살균・세척 없이 사용하는 경우, 개인의 비위생적인 습관, 손씻기 소홀, 개인 질병, 식품 취급을 부주의한 경우, 비위생적이거나 안전하지 못한 식품원료를 사용하는 경우)

예) 오염된 어패류(생선회, 굴, 조개) 등을 날 것으로 먹었을 경우
오염된 주방기구로 처리된 어패류를 날 것으로 먹었을 경우

② 증상

음식섭취 후 6~48시간 내에 설사, 복통, 발열, 두통, 메스꺼움을 동반한 구토증세 및 근육통 등이 나타난다.

6.1.3 대처방안

1) 식중독에 의한 사고

식중독은 흔히 음식점에서 사먹는 경우에나 생기는 병이라 여기기 쉽다. 하지만 가정에서 식사를 한 경우에도 많이 발생한다. 식품의약품안전청은 식중독 3대 예방요령으로 "손 씻기, 익혀먹기, 끓여먹기"를 강조하고 있으며, 준수해야 할 안전수칙은 다음과 같다.

① 식사 전, 조리 시, 화장실을 다녀온 후에는 반드시 손을 씻는다.
② 음식물은 실온에 오래 두지 않으며, 맛이 이상하면 버려야 한다.
③ 신선한 식재료는 한 번에 먹을 분량만큼만 구입하여 조리한다.
④ 음식은 충분히 익혀서 먹는다.
⑤ 칼, 도마, 행주 등 주방기구는 열탕 소독하거나 세척, 소독제로 소독한 후 볕에 잘 말려서 사용한다.

특히, 올바른 손위생관리는 식중독 예방을 위해 매우 중요하다. 손 씻기를 반드시 해야 하는 경우는 식재료 취급 전·후, 기구나 설비를 사용하기 전·후 등이나 음식물을 만지기 전, 손이 비위생적인 곳에 접촉한 경우 항상 손을 깨끗이 씻어야 한다.

손은 모든 표면과 직접 접촉하는 부위이기 때문에 각종 세균과 바이러스를 전파시키는 역할을 한다. 따라서 손 씻기란 각종 세균과 바이러스가 손을 통하여 전파되는 경로를 차단하는 중요한 과정이다.

2) 어린이 식품사고 예방법

① 식사 시 주의사항

- 뜨거운 국이나 밥 등은 잘못하면 화상의 위험이 높으므로 항상 주의해야 한다.
- 식사 전·후에는 반드시 손을 씻고 주변을 청결히 해야 한다.
- 음식물에 이물질이 나오거나, 색깔이 변색된 경우, 또는 우유의 유통기한이 지난 경우 등의 문제를 발견했을 경우 이야기를 해야 한다.
- 복용하는 약이나, 몸 상태에 알맞지 않은 음식이 있는지 주의 깊게 체크하여 먹도록 하며 알 수 없는 음료수나 물은 절대 마시지 않는다.

② 이물이나 식품에 의한 사고

- 영·유아가 견과류·둥근 사탕·포도·방울토마토 등을 먹을 때에는 주의한다.
- 음식은 먹기 쉬운 크기로 잘라 잘 씹어 먹는다.
- 급 정차할 가능성이 있는 차 안이나 흔들리는 비행기 안에선 음식을 먹이지 않는다.
- 눕거나, 걷거나, 놀면서 먹지 않는다.
- 음식을 입에 넣은 채로 대화하거나 TV를 보며 식사하지 않는다.
- 작은 음식물을 던져서 입으로 받아먹지 않는다.

6.2 중독안전

6.2.1 개념

가정 내외에 방치된 의약품 및 화학제품 등 유독성 물질에 의한 사고가 위험요인임을 인지하고, 이를 예방하기 위한 안전에 최선의 노력이 절실히 필요하다.

6.2.2 발생현황

가정 내 유독성 물질에 의한 중독사고는 어린이 보호포장 제도가 시행되면서 매년 감소하는 추세이지만 여전히 많은 어린이들이 중독사고 피해를 입고 있다.

사고 장소의 경우 전체의 86.6%가 가정에서 발생하였고, 그 외 보육시설 등이 많은 것을 볼 때, 가정 내 어린이 중독사고에 대한 사전예방이 필요하다. 가정 내 사고는 대부분 의약품을 통해서 일어나고 있다.

어린이 중독사고 위해 품목별로 살펴보면 의약품이 가장 높은 비율을 차지하며 가정에서 상비하는 감기약, 해열제, 피임약, 안약 등도 다수 발견되어 가정 내 의약품 보관 관리를 철저히 해야 한다.

〈표 2-7〉 최근 3년 간 CISS에 접수된 어린이 중독사고 현황

구분	2016년	2017년	2018년	2019년	2020년
중독사고	62	59	55	41	30

〈표 2-8〉 위해품목별 현황

주요 위해품목	중독사고	비율(%)
의약품	90	46.4
의약외품	34	17.5
가정용 청소 및 세탁용품	27	13.9
오식-분식	8	4.1
가정용 난방・환기용품	7	3.6
주방용구 및 용품	7	3.6
방향용 화장품	6	3.1
손발톱용 화장품	5	2.6
완구	5	2.6
인체 세정용 화장품	5	2.6

6.2.3 사고사례: 약물오남용에 의한 사고사례

어린이가 있는 가정에서는 유독성 물질을 별도의 용기에 보관하고, 어린이의 손이 닿지 않는 곳에 두어야 한다.

① 최근 2세 된 B가 집안에서 할머니가 드시는 약을 집어 먹고 전신쇠약증 및 눈이 돌아가는 증세를 보여 병원에 입원하여 치료받은 사고가 발생하였다.

② 2010년 1월, 5세 C 여아가 어머니가 화장실에 간 사이에 화장대 위에 있던 아세톤 뚜껑을 열고 20cc가량을 먹고 응급실에서 응급처치를 한 사고가 발생하였다.

6.2.4 원인과 분류

유독성 물질에 의한 사고는 주로 가정 내외에 방치된 의약품 및 화학제품 등을 의도하지 않은 상태에서 잘못 먹거나, 마시거나, 흡입하여 발생하는 우발적 사고로서, 의약품 등의 정상적 사용에서 발생하는 부작용과는 구별된다. 가정에서 흔히 사용하는 제품 중 기침약, 아스피린 같은 비처방 의약품과 처방약, 가구광택제 및 배수관 클리너, 구강청결제, 접착제 같은 화학제품은 아주 위험할 수 있다. 특히 이들 제품의 내용물을 5세 이하의 어린이가 일정량 이상을 마시거나, 먹을 경우 심각한 위해를 입거나 사망에 이를 수 있다.

의약품의 아스피린 성분을 가진 해열진통제는 이명, 발열, 의식장애, 시력장애, 경련, 두드러기나 천식 등의 알레르기의 독성이나 부작용이 있을 수 있다. 리도카인 성분을 지닌 국소마취제는 경련이나 혼수상태, 호흡곤란 등을 유발할 수 있으며 나프록센 성분의 소염진통제는 설사, 복부통증 등 위장의 합병증, 현기증, 두통, 이명 등의 부작용이 나타날 수 있다.

가정용 화학제품인 가정용 세척제, 구강청결제, 화장품, 살충제 등을 잘못 먹는 경우, 가정용 세척제는 입이나 식도염증, 소화관 천공, 호흡곤란 등을 유발할 수 있으며, 구강청결제의 에탄올은 과다복용의 경우 사망과 혼수

상태에 이를 수 있는 과민성, 신진대사 합병증 등이 나타날 수 있다.

화장품의 경우 하이드로카본(Hydrocarbons)의 성분으로 폐에 직접 흡입될 경우 화학적 폐렴, 구토나 두통, 심할 경우 뇌질환이나 사망에 이를 수 있다.

〈표 2-9〉 의약품 및 화학제품 종류 및 부작용

■ 의약품 종류 및 부작용

구분	성분	독성 및 부작용
해열진통제	Aspirin	귀울음, 발열, 의식장애, 시력장애, 경련, 두드러기나 천식 등의 알레르기
지사제	Lopermide	현기증, 구토, 복부팽창・장애, 호흡곤란, 혼수상태, 사망
국소마취제	Lidocaine	경련, 혼수상태, 호흡곤란 등
소염진통제	Naproxen	설사, 복부통증 등 위장의 합병증, 현기증, 두통, 이명 등
발모촉진제	Minoxidile	혼수상태, 심장손상, 부종, 협심증 악화 등

출처: CPSC Final Rule: Requirements for Child-Resistant Pacakaging

■ 가정용 화학제품 종류 및 부작용

구분	성분	독성 및 부작용
가정용세척제	Potassium Hydroxide	입이나 식도 염증, 소화관 천공, 호흡곤란, 쇼크, 식도나 유문(위의 출구) 협착증세
구강청결제	Ethanol	과다 복용의 경우 사망과 혼수상태에 이를 수 있는 과민성, 무기력 반응, 신진대사, 합병증 등
화장품	Hydrocarbons	폐에 직접 흡입이나 토할 경우 화학적 폐렴, 구토나 두통, 심할 경우 뇌질환, 사망
살충제	Pyrethroid	흥분, 손발 떨림, 전신경련, 호흡곤란

출처: 가리키히데아키. 생활속의 음식독물 60. 서울: 국일미디어

6.2.5 대처방안

가정 내에서 유해물질에 대한 삼킴이나 흡입 등의 사고가 많이 발생한다. 이에 대한 사고 예방대책은 다음과 같다.

- 세척제, 화학약품 등은 보기 쉽게 표기를 하고 별도로 보관한다.
- 장기 복용 약품 등은 보기 쉽게 표기를 하여 오용하지 않도록 한다.

- 식품 용기에 화학물질, 농약 등을 담아두지 않도록 한다.
- 노인 등의 가독성을 높이기 위해 글자 크기, 쉬운 표현, 눈에 잘 띄는 위치 등에 표시를 하여 쉽게 읽고 이해할 수 있도록 한다.
- 화학약품이 피부에 묻었을 때 수돗물 등 흐르는 물로 20분 이상 씻어 낸다.
- 어린이 중독사고 위해 품목은 어린이 손에 닿지 않는 곳에 보관한다.

유독성 물질에 의한 사고

유독성 물질에 의한 어린이 중독사고를 미연에 방지하기 위해서는 가정용 화학제품은 어린이의 손이 닿을 수 있는 싱크대 밑 공간에 보관하기보다는 되도록 높은 위치의 수납장에 보관하는 것이 좋으며, 특히 살충제를 집안에 설치할 때는 어린이의 손이 닿지 않도록 위치 선정에 각별한 주의가 필요하다. 의약품은 가방이나 침실 탁자 속에 보관하지 말고 되도록 잠금장치가 있는 의약품 수납장을 별도로 마련해 보관하는 것이 안전하며, 이 밖에도 제품 구입 시' 어린이 안전 캡'이 달린 용기를 선택하는 것이 좋고, 모든 제품은 원래 담겨 있던 용기에 보관하는 것이 혼동을 피할 수 있다.

미국 소비자보호원(Consumer Product Safety Commission; 이하 CPSC)에서 발표한 어린이 중독사고 예방법은 다음과 같다.

① 매번 쓸 때마다 용기를 꽉 닫고 어린이 안전 포장이 되어 있는 제품을 사용한다.
② 모든 화학제품과 의약품을 어린이가 볼 수 없는 장소에 보관한다.
③ 독극물 중독사고가 발생한 경우에는 독극물통제센터에 연락한다. 구토제를 상비해 두고 있으면서 독극물통제센터에서 그 구토제를 사용할 것을 지시하는 경우에만 사용한다.
④ 약품을 복용하고 있는 경우라면 절대로 아이 혼자 두지 말아야 한다. 전화를 받는 다거나 현관문을 열어 주기 위해 나가는 경우라 할지라도 어린이를 혼자 남겨두지 않는다.
⑤ 모든 물품을 원래 그 용기가 담겨 있는 곳에 둔다.
⑥ 모든 제품에 원래의 라벨을 그대로 붙여 두고 사용 전에 그 라벨을 숙지해야 한다.
⑦ 약을 주거나 먹을 때는 항상 복용량을 체크한다.
⑧ 어린이 앞에서 약을 먹지 않는다. 그리고 '사탕'이 아니라 '약'을 먹고 있는 것이라고 어린이에게 주지 시켜야 한다.
⑨ 약품 보관함을 정기적으로 청소하고 불필요하거나 유효기간이 지난 제품은 버린다.

6.3 감염안전

6.3.1 개념

국내 보건의료 수준의 향상으로 감염성 질환의 발생은 감소 추세에 있으나 교통수단의 발달과 생활수준의 향상, 국제 교류 활동의 증가로 인해 해외에서 발생하는 신변종 감염병의 국내 유입이 증가하고 있다.

최근에는 COVID19(코로나)로 영향으로 전 세계적으로 재난이 선포된 상태이다. 이 감염이 일시적 현상이 아닌 토착화 되는 현상으로 빠르게 확산되고 있어 무엇보다 심각한 상태이다.

감염병의 종류나 발생 기전은 매우 복잡하므로 개별 감염병에 대한 세부적인 사항을 이해하도록 하기보다는 감염병의 일반적인 예방수칙을 이해하고 치료 방법이나 예방백신 등이 개발되어 있지 않은 해외 발생 신변종 감염병에 걸리지 않도록 해외 여행 시 주의해야 한다.

6.3.2 개요

① **신종・재출현 감염병**: 기존에 알려지지 않은 새로운 감염병 및 기존에 알려진 감염병으로 최근 유행 우려가 높은 감염병

② **해외유입 감염병**: 해외에서 발생하여 우리나라 국민들이 해외여행 시 감염될 가능성이 있는 각종 감염병

③ **감염병 환자**: 감염병의 병원체가 인체에 침입하여 증상을 나타내는 사람으로서 감염병의 예방 및 관리에 관한 법률 제11조 제5항의 진단기준에 따른 의사 또는 한의사의 진단이나 보건복지부령이 정하는 기관의 실험실 검사를 통하여 확인된 사람

④ **감염병 의사환자**: 감염병 병원체가 인체에 침입한 것으로 의심이 되나 감염병환자로 확인되기 전 단계에 있는 사람

⑤ **병원체 보유자**: 임상증상은 없으나 감염병 병원체를 보유하고 있는 사람

⑥ **격리**: 감염병의 전파를 막기 위해 감염자 또는 밀접하게 접촉한 자를 일정기간 동안 자택이나 격리시설, 병원 등에 수용 또는 입원시켜 타인과의 접촉을 차단하는 조치

⑦ **인수공통 감염병**: 동물로부터 사람에 감염을 일으키는 병원체에 의하여 발생되는 감염병 중 보건복지부 장관이 고시하는 감염병

⑧ **감염**: 병원체가 사람의 몸에 침입하여 질병을 일으키는 현상

⑨ **전염**: 병원체를 보유한 사람이 타인에게 해당 병원체를 전파시키는 현상

⑩ **역학조사**: 감염병환자, 감염병의사환자 또는 병원체보유자(이하 "감염병환자 등"이라 한다)등이 발생한 경우 감염병의 차단과 확산방지 등을 위하여 감염병환자등의 발생규모를 파악하고 감염원을 추적하는 등의 활동과 감염병 예방접종 후 이상반응 사례가 발생한 경우 그 원인을 규명하기 위하여 하는 활동

6.3.3 감염병의 발생인자

감염병의 발생에는 병원체, 환경 및 숙주의 3개 질병요인이 관여한다. 이들 요인의 균형이 깨지면 질병상태가 된다. 즉 숙주(사람)가 건강한 경우라도 침입한 병원체의 병독성이 강하면 발병을 하게 되며, 반면 병독성이 낮은 병원체는 건강한 사람에게는 문제가 되지 않지만, 면역력이 떨어진 저항력이 낮은 사람에게 병을 일으킬 수 있다.

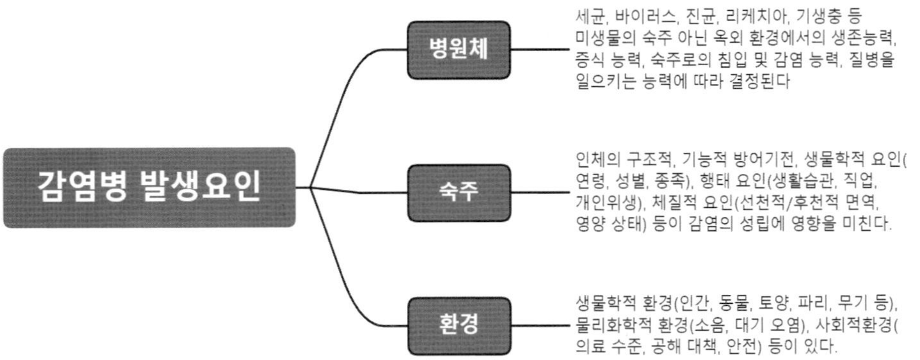

[그림 2-5] 감염병의 발생요인

6.3.4 감염병의 분류

감염병을 분류하는 방법에는 병원체, 발병 및 경과의 완급, 감염경로, 전파방법, 법률적 기준 등이 있다.

1) 병원체 따른 분류[21)]

① **동물성 기생충**: 말라리아, 아메바증, 각종 기생충 질환

② **진균**: 캔디다증, 스포로트리쿰증

③ **세균**: 장티푸스, 콜레라, 디프테리아, 파상풍, 임질

④ **바이러스**: 수두, 홍역, 풍진, 유행성이하선염, 인플루엔자, A형/B형 간염, 후천성면역결핍증후군

2) 발병 경과의 완급에 따른 분류

① **급성 감염병**: 수두, 홍역, 인플루엔자, 디프테리아, 장티푸스, 콜레라, 이질

② **만성 감염병**: 결핵, 한센병, 매독

3) 감염경로에 따른 분류

① **호흡기 감염**: 인플루엔자, 홍역, 수두, 유행성이하선염, 풍진, 디프테리아, 백일해, 결핵

② **경구 감염**: 콜레라, 이질, 장티푸스, 파라티푸스, A형 간염

③ **생식기 접촉감염**: 임질, 매독, 연성하감, 후천성면역결핍증후군, 비임균성요도염, 성기단순포진, 첨규콘딜롬, 클라미디아 감염증

④ **곤충/동물 매개감염**: 일본뇌염, 말라리아, 쯔쯔가무시증, 뎅기열, 광견병

---

21) **생물 병원체의 종류**

- 동물성기생충: 단세포 동물로 중간 숙주에 의해 전파되는 원충류(protozoa)와 숙주 몸 속에서 영양을 섭취하는 후생동물(metazoa) 등을 말한다.
- 진균 또는 사상균(fungus): 곰팡이, 버섯, 효모 등의 아포형성 식물로 무좀, 습진 등의 피부병을 일으킨다.
- 세균(bacteria): 가장 흔한 질병의 원인체
- 바이러스(virus): 핵산과 단백질로 구성. 유전자복제 능력이 없다. 생물과 무생물 중간에 해당되며 조직 세포 내에서 증식한다.

4) 법정 감염병의 종류와 분류

제1군, 제2군, 제3군(인플루엔자 제외), 제4군은 지체없이 신고하여야 하는 감염병이며 제3군 감염병 중 인플루엔자, 제5군 감염병 및 지정감염병은 7일 이내 보건소에 신고하여야 한다.

〈표 2-10〉 법정 감염병

구분	분류기준	종류	신고주기
제1급 감염병 (17종)	생물테러감염병 또는 치명률이 높거나 집단 발생 우려가 커서 발생 또는 유행 즉시 신고하고 음압격리가 필요한 감염병	• 에볼라바이러스병 • 마버그열 • 라싸열 • 크리미안콩고출혈열 • 남아메리카출혈열 • 리프트밸리열 • 두창 • 페스트 • 탄저 • 보툴리눔독소증 • 야토병 • 신종감염병증후군 • 중증급성호흡기증후군(SARS) • 중동호흡기증후군(MERS) • 동물인플루엔자 인체감염증 • 신종인플루엔자 • 디프테리아	즉시
제2급 감염병 (20종)	전파가능성을 고려하여 발생 또는 유행시 24시간 이내에 신고하고 격리가 필요한 감염병	• 결핵 • 수두 • 홍역 • 콜레라 • 장티푸스 • 파라티푸스 • 세균성이질 • 장출혈성대장균감염증 • A형간염 • 백일해 • 유행성이하선염 • 풍진 • 폴리오 • 수막구균 감염증 • b형헤모필루스인플루엔자 • 폐렴구균 감염증	24시간 이내

		• 한센병 • 성홍열 • 반코마이신내성황색포도알균(VRSA) 감염증 • 카바페넴내성장내세균속균종(CRE) 감염증 • E형감염	

6.3.5 감염병의 전파경로

1) 비말 전파

5㎛ 이상의 비교적 큰 입자들이 기침, 재채기나 대화를 할 때 다른 사람의 결막이나 비강 또는 구강 점막에 튀어 전파되는 경우이다. 이때 발생하는 비말은 공기 중에 부유하지 못하며 대개 주변 약 1~2m 이내에 전파한다.

2) 공기 전파

병원체를 포함한 5㎛ 이하의 작은 입자들이 공기 중에 떠다니다, 감수성이 있는 환자가 이를 흡입함으로써 호흡기로 전파되는 경우이다. 이러한 경로로 전파되는 병원체는 기류를 타고 먼 거리까지 전파가 가능하다.

3) 접촉 전파

병원체가 분비되는 환자와 직접 또는 간접 접촉시 전파되는 경우이다. 환자와 악수 등 직접 접촉하거나 또는 환자로부터 오염된 탁자, 손잡이 등 환경 표면을 통하여 간접적으로 접촉하여 감염된다.

4) 매개체 전파

오염된 음식, 물, 혈액, 기구 등을 통하거나 모기, 파리, 진드기 등 매개충을 통하여 병원체가 전파되어 감염되는 경우이다.

6.3.6 감염병의 예방활동

1) 손씻기

흐르는 물에 비누를 사용하여 손을 씻는 것은 세균이나 먼지를 씻어내 주어 감염병의 70% 이상을 예방할 수 있다.

① 손을 씻어야 하는 경우

- 식사를 하거나 음식을 먹여주기 전
- 식탁 차리기 전
- 음식물을 조리하기 전
- 기침, 재채기, 콧물 닦기 등 호흡기 분비물에 노출된 후
- 화장실에서 용변을 본 후
- 렌즈를 끼기 전
- 눈에 보이게 손이 더러워졌을 때
- 환자와 접촉 후, 환자의 옷을 만진 후
- 동물 혹은 동물의 분비물과 접촉한 후, 애완동물의 집을 청소한 후

② 물과 비누를 이용한 손 씻기

- 비누를 사용하기 전에 흐르는 물에 손을 충분히 적신다.
- 충분한 시간(30초 이상) 동안 비누와 함께 손을 비빈다(손을 씻는 동안 부를 수 있는 노래를 가르치는 것이 도움이 된다).
- 손을 씻을 때는 손목, 손바닥, 손등, 손가락, 손가락 사이 및 손톱 밑을 철저히 씻는다.
- 손을 씻은 후에는 일회용 타월로 닦고 완전히 말린다.

③ 손소독제를 이용한 손 씻기

- 물과 비누의 사용이 어렵고 눈에 보일 정도의 오염물이 묻어 있지 않으면 알코올 성분이 포함된 손소독제를 사용할 수 있다.
- 소독제의 알코올 농도가 60~90%일 때 최적의 살균력을 보인다.

- 한 손바닥에 적정량(보통 1~3cc)의 손소독제를 던다.
- 손과 손가락표면 전체에 골고루 바르고 소독제가 마를 때까지 문지른다.

2) 기침예절

① 호흡기 감염 증상이 있는 사람은 기침이나 재채기를 할 때는 코와 입을 휴지나 손수건으로 가리고, 없을 경우에는 소매로 가린다. 사용한 휴지는 즉시 휴지통에 버리고 흐르는 물에 비누나 소독제를 사용하여 손을 씻거나 물 없이 사용하는 알코올 제제를 사용하여 손을 닦는다.
② 호흡기 감염 증상이 있는 사람은 가급적 마스크를 착용하도록 한다.
③ 호흡기 증상으로 마스크를 착용할 때에 일회용 마스크는 젖으면 필터링 능력이 떨어지므로 바로 교환하고 재활용하지 않도록 한다.

3) 예방접종

면역(immunity)은 자기 자신(self)의 물질과 외부물질(foreign material)을 구별하여 외부물질에 대항함으로써 이를 제거하는 인체의 능력을 일컫는다. 대부분의 병원체는 면역체계에 의해 외부물질로 인식되므로 면역은 감염질환으로부터 인체를 보호하는 역할을 수행한다. 미생물에 대한 면역은 대개의 경우 항체의 존재 여부로 알 수 있다. 면역은 특정한 균 또는 밀접하게 연관된 미생물군에 특이적인 것이다.

면역은 획득하는 방법에 따라 크게 능동면역(active immunity)과 수동면역(passive immunity)의 두 가지로 나뉜다. 능동면역은 자기 자신의 면역체계에 의해서 만들어지며 대부분 영구적이다.

한편, 수동면역은 동물 또는 사람에 의해서 만들어진 면역물질의 투여에 의해서 획득되는 면역력으로, 대개 수주에서 수개월이 지나면 소실되게 된다.

① 수동면역

수동면역은 다른 사람이나 동물에게서 만들어진 항체를 투여하여 얻게 되는 면역이다. 수동면역으로 감염이 어느 정도 예방되나 예방력은 일시적이다. 항체가 수주에서 수개월에 걸쳐서 소실됨에 따라 면역력이 없어지게 된다. 수동면역의 가장 흔한 형태는 영아가 모체로부터 받는 것으로 임신 후반 1~2개월에 항체가 태반을 통해서 전해지고, 결과적으로 만삭의 영아는 엄마와 비슷한 정도의 항체를 가지게 된다. 이러한 항체로 인해 일부 감염병은 1년까지도 예방할 수 있다.

② 능동면역

능동면역은 항원에 특이적인 체액성 면역반응 및 세포성 면역반응을 생성하도록 면역체계를 자극하는 것이다. 수동면역과 달리, 능동면역은 대개 수 년 간 지속되며 평생 지속되기도 한다. 이러한 능동면역을 획득하는 방법은 자연면역과 예방접종의 두 가지 방법에 의해서 가능하다. 특정 미생물에 의한 감염 질환을 직접 앓고 난 후 획득될 수 있는 자연면역은 평생 동안 지속된다. 항원에 노출된 후 특정 세포들(기억 B세포; memory B cell; 골수 및 혈액에 존재)이 혈중에 수년 간 순환하는데, 특정 해당 항원에 다시 노출되면 이러한 기억 세포들이 증식하며 항체를 생산하여 빠른 시간 내에 방어 능력을 재확립한다. 이렇게 감염 후 수 년 동안 예방효과가 지속되는 것을 면역기억 (immunologic memory)이라고 한다.

능동면역을 생성하는 다른 방법은 예방접종을 하는 것이다. 백신은 면역체계와 상호작용을 하며 흔히 자연감염과 비슷한 정도의 면역반응을 유발할 수 있으나, 접종받은 사람을 그 질환과 그 질병의 잠재적 합병증의 위험에 노출시키지는 않는다. 즉, 인플루엔자 백신 접종으로 인플루엔자를 앓게 되지는 않는다. 많은 백신들은 자연감염과 유사한 면역 기억반응을 생성할 수 있다.

여러 가지 인자들이 면역반응에 영향을 미치며, 이에는 모체로부터 받은 항체의 존재 여부, 항원의 성상 및 양, 접종 경로, 면역증강제(adjuvant) 함유 여부 등이 포함된다. 나이, 영양 상태, 유전학적 소인, 다른 질병의 동반 여부 등의 숙주 인자도 영향을 미칠 수 있다.

6.3.7 주요 감염병의 특성

1) 호흡기 감염병

홍역	홍역이란	사계절 두루 발생하지만 유행하는 시기는 3월~6월이고, 5월에 많이 발생하는 급성 열성발진성 질환입니다. 특히 1세~5세사이의 소아에게서 발생률이 가장 높습니다.
	주요증상	• 전구기: 기침, 콧물, 발열 등이 발생하며 전염력이 가장 강한 시기로 3~5일간 지속 • 발진기: 전신 발진 증상과 함께 40℃이상의 고열이 동반됨. • 회복기: 피부발진이 작은 겨 껍질모양으로 벗겨지며 폐렴, 중이염 등의 합병증이 유발될 수 있음.
	감염경로	흡기를 통한 감염 및 인후 분비물과 접촉 시 전파
	잠복기	8일~12일
	예방요령	• 환자의 격리는 발진 후 5일까지 해야 합니다. • 외출 후 곧바로 손발을 씻고 양치질을 합시다. • 반드시 예방접종을 맞도록 합시다.
유행성 이하선염 (볼거리)	볼거리란	주로 봄철에 유행하는 질병으로 5세~15세 소아에게서 빈발하는 급성 열성 질환입니다.
	주요증상	잠복기후 1~2일간의 발열, 두통, 근육통등의 전구 증상이 있다가 침샘(주로 이하선)을 침범하여 종창, 동통(통증)을 유발함.
	감염경로	비말등에 의한 공기 감염 또는 환자의 타액에 직·간접적으로 접촉되어 감염됨.
	잠복기	14일~24일
	예방요령	• 감염된 어린이는 집에서 쉬도록 합시다. • 침샘의 종창 후 9~10일동안 환자의 타액이나 호흡기 분비물에 오염된 물품을 소독합시다. • 외출 후 곧바로 손발을 씻고 양치질을 합시다. • 반드시 예방접종을 맞도록 합시다.
수두	수두란	늦은 겨울과 초봄에 호발하는 질환으로 주로 6세~12세 아동에 발생하는 연쇄구균의 발열성 외독소에 의한 급성 열성 질환입니다.
	주요증상	발열, 인두통, 구토 증상이 생긴 후 12시간~48시간에 발진 전신으로 확산됨.
	감염경로	비말감염 또는 환자와 보균자의 분비물과 직접 접촉에 의해 전파됨
	잠복기	1일~7일
	예방요령	• 환자의 화농성 분비물과 오염된 물건은 소독해야 합니다. • 현재 유효한 예방법은 없으나 유행 발생시는 사람이 많이 모이는 곳은 피합시다.

계절성 인플루엔자	계절성인플루엔자란	주로 6세~12세 아동에 발생하는 연쇄구균의 발열성 외독소에 의한 급성 열성 질환입니다.
	주요증상	38℃이상의 발열, 두통, 인후통, 근육통, 전신피로감 등
	감염경로	환자의 기침이나 재채기를 통해 균이 공기중 전파, 호흡시 감염
	잠복기	1일~3일
	예방요령	• 환자의 화농성 분비물과 오염된 물건은 소독해야 합니다. • 유행발생 시에는 사람이 많이 모이는 곳의 출입을 삼갑시다. • 다음의 예방접종 대상자는 필히 예방접종을 합시다.(60세 이상 노인, 폐질환, 심장질환, 간질환, 당뇨병 등 만성질환자)

2) 수인성 · 식품매개질환

세균성이질	원인균	이질균(Shigella spp.)
	감염경로	불완전급수와 식품매개로 주로 전파됨
	증상	고열, 구토, 경련성 복통을 동반한 설사가 주요증상이며 대개 대변에 혈액이나 고름이 섞여나오는 급성염증성 질환
	예방요령	• 상하수도 완비와 음료수 정화, 염소소독 관리가 중요 • 식품을 적절히 냉동 및 청결유지, 손을 깨끗이 씻는다. • 유행지역은 물을 반드시 끓여 먹는다(아직 유용한 백신은 없음)
장출혈성 대장균감염증	원인균	장출혈성대장균(Enterohemorrhagic Escherichia coil)
	감염경로	오염된 고기를 덜 익혀 먹었을때, 오염된 식수, 환자 또는 보균자에 의한 2차 감염
	증상	오심, 구토, 복통, 수양성설사에서 혈성설사로 이행 등 출혈성 장염질환 / 병원성대장균 O-157
	예방요령	• 육류제품은 충분히 익혀 먹고 야채류는 염소처리 한 깨끗한 물로 씻어 먹는다. • 손을 깨끗이 씻는다. (아직 유용한 백신은 없음)
장티푸스	원인균	장티푸스균(Slimonella Typhi)
	감염경로	자나 보균자의 배설물에 오염된 식수나 음식물의 섭취, 파리, 오염된 해저에서 자란 갑각류 및 어패류
	증상	지속적인 고열, 두통, 권태감, 식욕부진, 서맥, 변비 등 급성 전신성 열성(일명 열병)질환으로 계절에 관계없이 발병* 장기보균자 관리가 중요하여 2년간 보균검사 실시
	예방요령	• 개인위생 및 철저한 환경위생이 가장 중요 • 예방접종은 고위험군(장티푸스 보균자와 밀접하게 접촉한 사람, 장티푸스 유행지역 여행 또는 파병군인 등)

콜레라	원인균	비브리오콜레라균(Vibrio cholera)
	감염경로	원인균에 오염된 식수, 음식물, 과일, 채소, 해산물을 날로 먹었을 때 주로 감염)
	증상	갑작스런 설사로 시작 구토, 발열, 근육경련, 탈수증 등 급성설사 질환(심한 탈수현상을 초래하여 적절한 치료를 하지 않으면 사망)
	예방요령	• 물은 반드시 끓여먹고 음식물은 익혀서 섭취 • 오염된 음식물이나 식수의 섭취를 금함 • 손을 깨끗이 씻는다. • 설사증상이 있는 경우 입국 시에는 검역소에, 입국 후에는 인근 보건소에 신고

3) 안과 감염병

구분	유행성각결막염(EKC)	급성출혈성결막염(AHC)
병원체	아데노바이러스(주로 8형, 19형, 37형)	엔테로바이러스 70형 콕사키바이러스 A24 variant 형
전파경로	1. 직접 신체적 접촉: 눈 분비물 등 2. 개인용품을 통한 간접 접촉: 수건, 침구물, 세면기구 등 3. 수영장 등 물을 통한전파	
발생현황	• 산발성~유행성 • 늦여름~초가을에 주로 발생	• 약 5~10년 주기로 유행 • 늦여름~초가을에 주로 발생
주요증상	• 잠복기: 5~7일 1. 눈곱, 이물감, 눈꺼풀 부종, 양안의 충혈, 동통, 눈물, 눈부심 2. 결막하 출혈 3. 귓바퀴 앞 림프절 종창 4. 3~4주 지속됨	• 잠복기: 8시간~2일 1. 갑작스러운 이물감, 충혈, 눈부심, 눈물이 주 증상 2. 안검부종, 결막부종, 결막여포, 상피결막염 3. 결막하 출혈반이 70~90%에서 발생 4. 결막하 출혈은 7~12일에 걸쳐 점차 흡수됨 5. 귓바퀴 앞 림프절 종창이 있을 수 있음
전염력	발병 2주 정도까지 전염력이 있음	증상발생 후 적어도 4일간 전염력이 있음
합병증	• 각막 상피 하 혼탁이 남아 심해지는 경우 시력저하가 생길 수 있음 • 결막에 분비된 눈물보조세포나 점액분비세포가 바이러스나 염증에 손상을 입으면서 안구건조증 발생(보통 6개월 지속) • 그 외 영구적인 결막반흔, 눈꺼풀 처짐, 눈꺼풀과 결막의 유착	결막염을 앓은 수 주 후에 사지마비 또는 뇌신경마비가 드물게 일어날 수 있음
치료	• 바이러스에 대한 특이적인 치료는 없음 • 전문의의 진료를 받고 필요 시 염증을 억제하기 위한 안약이나 세균감염을 예방하기 위한 항균제 안약을 점안할 수 있음	

4) 매개체 관련 감염병

지카바이러스 감염증	매개체	모기
	증상	주 증상으로는 발진이며, 관절통 & 관절염, 근육통, 비화농성 결막염 & 결막충혈 증상이 동반됩니다.
	주의사항	• 여행 전 : 질병관리본부 홈페이지에서 환자 발생 국가를 확인한 후, 모기 예방법을 숙지해야 합니다. 또한, 모기 기피제, 밝은 색상의 긴 옷도 챙기는 것이 좋습니다. • 여행 중 : 방충망 또는 모기장이 있고 냉방이 잘되는 숙소에서 생활을 하거나, 외출 시 긴 옷 착용과 모기 기피제를 사용합니다. • 여행 후 : 2주 이내 의심 증상이 발생하면 의료기관을 방문하고 해외여행 이력을 의사에게 알려야 합니다. (*의심증상: 발진, 결막염, 관절통, 근육통, 발열, 두통) • 또한, 1개월간 헌혈을 금지하며, (남녀 모두) 6개월간 임신을 연기하고, 금욕하거나 콘돔 사용을 권고합니다.
뎅기열	매개체	모기
	증상	• 발열기 : 일반적으로 2-7일정도 지속되며, 심한 두통, 안와통증, 근육통, 관절통 및 뼈 통증, 홍반 및 반구진 발진, 출혈성 반점, 자반병, 구강출혈 등이 발병됩니다. • 급성기 : 해열 이후부터 1-2일정도 지속되며 4일까지도 진행되며, 대부분의 환자는 이 시기에 회복되지만 심각한 혈장 유출이 있는 환자의 경우, 중증 뎅기열로 진전 흉막 삼출, 복수, 저단백혈증, 혈액농축을 동반될 수 있습니다. 또한 쇼크 상태가 지속된 경우에는 환자들은 토혈, 혈변, 하혈 등의 심각한 출혈성 징후가 나타납니다
	주의사항	• 여행 전 : 동남아, 남미 등 뎅기열 발생 국가 여행 계획시 반드시 모기장, 모기 예방법을 숙지해야 합니다. 또한, 모기 기피제, 밝은 색상의 긴 옷도 챙기는 것이 좋습니다. • 여행 중 : 방충망 또는 모기장이 있고 냉방이 잘되는 숙소에서 생활을 하거나, 외출 시 긴 옷 착용과 모기기피제를 사용합니다. • 여행 후 : 2주 이내 의심 증상이 발생하면 의료기관을 방문하고 해외여행 이력을 의사에게 알려야 합니다. (*의심증상: 발진, 결막염, 관절통, 근육통, 발열, 두통) • 뎅기열과 같이 숲모기류에 의해 전파되는 지카바이러스 감염증 및 치쿤구니야열에도 감염되지 않도록 주의해야 합니다.
말라리아	매개체	모기
	증상	• 서서히 발생하는 발열과 권태감이 초기에 수일간 지속됩니다. • 오한, 발열, 발한 후 해열이 반복적으로 나타날 수 있으나 열대열말라리아의 경우에는 발 열이 주기적이지 않은 경우가 많습니다. • 중증 환자(열대열말라리아)에게는 황달, 혈액응고장애, 신부전, 간부전, 쇼크, 의식장애・섬망 혼수 등의 급성 뇌증이 발생되며, 신속한 치료가 결정적이므로 조기 진단이 중요합니다.

	주의사항	• 여행 전 – 모기에 물리지 않는 회피 수단에 대해 숙지 – 어두운 색은 모기를 유인하므로 피하는 것이 좋으며, 불가피하게 야간 외출 시에는 가능한 밝은 색의 옷을 입고 긴 팔, 긴 바지 등을 착용하여 모기와의 접촉빈도를 줄임 – 야외에서 취침하는 경우에는 반드시 모기장을 이용 • 여행후 – 말라리아 예방약의 경우 종류에 따라 위험지역에서 벗어난 후에도 길게는 4주까지 복용하여야 하므로, 정해진 기간 동안 적절한 복용법에 따라 복용기간을 준수 – 말라리아 위험지역에서 벗어난 후에도 말라리아 의심증상이 발생하면 즉시 가까운 병의원을 찾아 전문의(의사)에게 여행력을 알리고 진료받기를 권고
일본뇌염	매개체	모기
	증상	• 대부분 무증상 및 발열이나 두통과 같은 가벼운 증상이지만, 감염자의 250명 중 약 1명 정도가 심한 증상을 보입니다. 이 경우, 급성 뇌염, 수막염 등에 이환됩니다. • 뇌염의 경우 경련 또는 성격 변화, 착란과 같은 중추신경계 증상이 나타난 후, 오한과 두통이 심해지면서 고열과 함께 의식 저하 및 혼수상태로 진행됩니다. 약 30%의 치명률을 보입니다. • 합병증: 뇌염의 경우 회복되어도 1/3에서 침범부위에 따른 다양한 신경계 합병증을 남깁니다.
	주의사항	• 야외 활동 시 밝은 색의 긴 바지와 긴 소매의 옷을 입어 피부 노출을 최소화하고, 모기가 흡혈하지 못하게 품이 넓은 옷을 착용하는 것이 좋습니다. • 노출된 피부나 옷, 신발상단, 양말 등에 모기 기피제를 사용하고, 야외 활동 시 모기를 유인할 수 있는 진한 향수나 화장품 사용은 자제하는 것이 좋습니다. • 가정 내에서는 방충망 또는 모기장을 사용하고, 캠핑 등으로 야외 취침 시에도 텐트 안에 모기 기피제가 처리된 모기장을 사용하는 것이 좋습니다.

6.3.8 신종 감염병

신종 감염병이란 최근 20년간 발생이 증가했거나 가까운 미래에 유행할 위험성이 있는 감염병을 말한다.

1) 신종 감염병의 발생원인

신종전염병의 주력군은 바이러스다. 최근들어 전세계적으로 신종 전염병이 기승을 부리는 것은 얌전했던 바이러스 대신 흉포해진 바이러스가 잇따라 출몰하고 있기 때문이다. 바이러스 질환은 대부분 가볍게 앓다 저절로 완치되며 생명을 위협하는 일은 거의 없다. 특별한 치료가 없어도 때가 되면 낫는 감기가 대표적 사례다. 이 때문에 요즘 유행하는 볼거리나 수족구병은 지나치게 걱정하지 않아도 된다.

헤르페스바이러스나 EB바이러스, CMV바이러스처럼 인체세포 내에 침투해 수십 년 동안 잠복해 있으면서도 별다른 탈을 일으키지 않는 바이러스도 많다. 예외가 있다면 독감과 광견병 바이러스. 하지만 독감은 수만 명씩 사상자를 낳는 유행시기가 아닐 경우 얌전히 지나가는 경우가 대부분이며, 광견병은 거의 자취를 감춘 질환이다. 최하등생물인 바이러스와 최고등생물인 인간사이의 공생을 통한 밀월은 2백만년전 지구상에 인간이 처음 모습을 드러낸 이래 지금까지 깨지지 않는 불문율이었다.

그러나 바이러스에 대한 낙관적 기대는 80년대초 에이즈의 출현으로 여지없이 깨졌다. 인체면역을 담당하는 T림프구 내로 직접 침투해 생명을 앗아가는 에이즈 바이러스는 현재 4000만 여명의 감염자를 낳고 있는 지구촌 최대의 역병이 됐다. 매년 전체 유전자의 1%씩 돌연변이를 일으키는 탁월한 변신술로 항체나 예방백신을 개발하는 일도 쉽지 않은 실정이다.

1997년 인류를 공포로 몰아넣은 광우병과 에볼라바이러스, 조류독감도 모두 바이러스가 만들어낸 신종전염병이다. 과거 원인을 몰랐던 질환 중 바이러스가 유력한 원인으로 밝혀진 경우도 많다. 급작스런 어지럼증을 유발하는 전정(前庭) 신경염, 감각이상 등 신경기능이상을 초래하는 다발성경화증, 6개월 이상 극심한 피로감에 시달리는 만성피로증후군 등이 모두 여기에 해당된다.

바이러스 질환이 문제시되는 이유는 세균과 달리 항생제로 치료할 수 없다는 것. 지금까지 등장한 항바이러스 제제는 모두 바이러스의 증식을 억제할 뿐 바이러스를 직접 죽이진 못한다. 긴 잠복기와 발암성도 문제다. 에이즈는 면역결핍증상이 나타나기까지 10년 이상 소요되므로 이 기간 내내 다른 사람에게 전염시킬 수 있으며 간염바이러스나 파필로마바이러스 감염자는 비감염자보다 수십배나 높은 간암과 자궁경부암 발생률을 감수해야 한다.

그렇다면 최근들어 이처럼 바이러스가 극성을 부리는 이유는 무엇일까. 서울대 의대 내과 최강원 교수는 이에 대해 "문명발달로 인한 급격한 생태계의 변화로 그동안 노출되지 않았던 병원균과 접촉할 기회가 늘어났기 때문"이라고 설명한다. 환경공해로 인한 돌연변이와 스트레스로 인한 면역력 저하, 엘니뇨로 인한 기온상승도 중요한 원인으로 지목된다. 따라서 신종 바이러스 질환에 대비하기 위해선 질병발생을 조기에 발견, 전염경로를 사전에 차단할 수 있는 범국가적 감시체계의 확립이 필요하다.

2) 신종 감염병의 종류

과거 20년간 사람에서 발생이 증가한 감염병과 가까운 미래에 증가가 의심되는 감염병이 해당된다.

① 기존의 병원체가 변화 혹은 진화 등으로 인하여 발생하는 새로운 감염병
② 새로운 지역 혹은 새로운 인구집단으로 전파되어 발생하는 기존의 감염병
③ 생태학적인 변화로 과거에 인지하지 못하였으나, 새로이 발견된 감염병
④ 여러 요인으로 다시 재출현하는 기존의 감염병

종류	진행내역
사스	• 2000년대 초반, 중국 남부지역 • 원인바이러스 : SARS-CoV • 2003. 3. 12. WHO가 병원직원들 사이에 퍼지는 비전형적인 폐렴을 경고하며 전세계 경보를 발령 • 총 환자의 21% 의료종사자 • 2003. 7. 5. WHO 사스 유행이 억제됐다고 공식적으로 선언
조류독감	• 2000년대 • H7N9 이라는 형태의 새로운 조류독감이 중국 남부지역에서 사람에게 감염. 대략 30%의 사망률이 있는 중증 호흡곤란을 야기한 것으로 확인 • 사람을 감염시키는 변종 바이러스의 위협
신종플루	2009년, 펜데믹 유발
에볼라	• 2014년, 서아프리카 • 에볼라 바이러스 • 열이 나고, 바이러스가 내부 장기를 침범하는 경우 출혈이 생기는 증상 특징 • 치사율 최대 90% • 체액 및 혈액을 통해 직접 전파 되는 질환 특성상 국내 환자 유입 및 전파가능성 낮음

메르스	• 2015년 • 사회적, 경제적, 보건의료 환경의 변화에 영향 • 메르스코로나바이러스 • 단봉낙타와의 직간접적 접촉이 가장 흔한 감염 경로 (WHO) • 사람간 전파 드뭄
코로나 바이러스-19	• 2020년 • SARS-CoV2 • 2019. 12월 중국 우한에서 처음 보고 • 2020.1.5. WHO, 불분명한 원인의 질병 발생 처음 발표, 1월말 공공보건 긴급상황 선언 • 2020.2.11. COVID-19 공식적으로 명명, 1달 뒤 펜데믹 선언

6.3.9 검역 감염병

검역감염병이란 국내에서 발생되지 않았거나 해외에서 유행하여 국내에 환자 유입이 우려되어 국내 입국 시 검역 대상이 되는 감염병을 말한다.

1) 검역감염병의 종류

① 콜레라, 페스트, 황열, 중증급성호흡기증후군, 조류인플루엔자 인체감염증, 신종인플루엔자 감염증

② 외국에서 발생하여 국내로 들어올 우려가 있거나 우리나라에서 발생하여 외국으로 번질 우려가 있어 보건복지부장관이 긴급 검역조치가 필요하다고 인정하여 고시하는 감염병

2) 해외여행 건강정보

① 해외여행 전

㉠ 여행자 주의사항

- 여행 전, 여행국에 위험요인이 있는지 미리 확인하고, 필요한 예방접종, 말라리아 예방약 또는 기타 구급약 및 장비 등을 체크하고 필요시 의사와 상의하는 것이 좋다.
  - 예방접종이 요구될 경우 최소 2개월 전부터 준비해야 한다.
  - 말라리아 예방약은 전문 의약품으로 반드시 의사의 처방을 받아 최소 일주일 전부터는 복용해야 한다.

- 기존 복용약물(피임약 포함), 진통제, 해열제, 자외선차단제, 반창고, 살충제, 항생제, 일회용 밴드, 콘돔 등을 준비한다.

- 길거리에서 파는 음식은 피한다.
- 임신 중이거나 임신 계획이 있는 경우, 의사와 반드시 상의한다.
- 여행 전, 적절한 여행자보험에 가입하는 것이 좋다. 또한, 운전 계획이 있다면, 보험의 보상내용 및 범위 등을 확인한다.

㉡ 예방접종

구분	백신종류	접종횟수	접종간격
아스트라제네카	전달체 백신(바이러스 벡터)	2회	8~12주
얀센	전달체 백신(바이러스 벡터)	1회	-
화이자	핵산백신(mRNA)	2회	21일
모더나	핵산백신(mRNA)	2회	4주

전달체 백신(바이러스 벡터)은 코로나19 바이러스의 표면항원 유전자를 다른 바이러스 주형에 넣어 몸에 주입하고, 핵산백신(mRNA)은 코로나19 바이러스의 표면항원 유전자를 RNA 형태로 몸에 주입하여 체내에서 표면항원 단백질을 생성해 면역반응을 유도합니다. 두 백신 모두 생백신이 아니므로 백신이 코로나19 감염을 유발하지 않습니다.

- 황열
  - 황열 예방접종 후 항체 형성기간은 약 10일이며, 1회 접종으로 10년 간 유효하다. 따라서 황열 유행지역을 여행한다면 출발 10일 전에는 예방접종을 받는 것이 안전하다.
- 콜레라
  - 예방은 철저한 개인위생과 안전한 음식섭취로 충분하며, 예방접종에 의한 면역 형성은 기초 접종 2회와 추가 접종이 권고되고 있다.
- 장티푸스
  - 경구용과 주사용 백신이 있다. 경구용 백신은 전신 부작용이 없고 약 70%의 예방효과가 있다. 경구용 백신의 경우 5년 간, 주

사용 백신은 3년 간 유효하다.

- 일본뇌염
  - 성인의 경우 일본뇌염 예방접종의 대상이 되지는 않으나, 소아는 백신을 맞는 것이 좋다. 예방접종은 초회 접종인 경우 1주일 간격으로 2회 피하주사하며, 1년 뒤 1회 접종한다. 추가접종은 6세, 12세에 한다. 여행 10일 전에 예방접종을 완료하여야 한다.
- 광견병
  - 시골을 방문하는 경우, 동물과 접촉이 많을 것이 예상되는 경우, 1달 이상 장기간의 여행을 하는 경우에 예방접종을 하는 것이 좋다. 예방접종은 어깨근육에 3회 접종한다.
- B형간염
  - 아프리카나 동남아 지역에서 현지인과 밀접한 접촉이 있을 것으로 예상되는 여행자는 미리 예방접종을 하는 것을 권유하고 있다. 유효기간은 5년이므로 5년 후에는 추가접종을 해야 한다.
- 인플루엔자
  - 65세 이상의 노인, 심장질환, 폐질환을 가지고 있는 환자, 아스피린 치료를 받고 있는 소아 등이 접종대상이 되며 매년 1회씩 접종 받아야 한다.
- 말라리아 예방약
  - 말라리아 유행지역을 가는 경우에는, 여행 출발 1~2주 전에 예방약을 복용해야 한다. 예방약을 복용하여도 말라리아에 걸릴 위험성이 있으므로 여행 중이나 귀국 후 2달 이내에 열이 나면 즉시 병원을 방문하도록 한다.

2) 해외여행 중

① 음식과 물

- 음식을 먹기 전에는 반드시 비누로 손을 씻는다. 비누와 손 씻을 물이 없다면 60% 이상 알코올을 포함하는 세척 gel을 사용한다.

- 생수나 끓인 물, 탄산수만 마시는 게 좋다. 수돗물, 분수물, 얼음은 먹지 않도록 한다.
- 길거리에서 파는 음식은 피한다.
- 음식은 완전히 익힌 것만 먹는다.
- 완전히 파스퇴르화된 제품을 제외하고는 유제품을 먹지 않는다.

② 여행자 주의사항

- 30%-50% DEET를 사용한 곤충 기피제를 사용한다.
- 야외에서는 긴팔옷, 긴바지, 모자를 착용한다.
- 말라리아 모기가 극성을 부리는 시기(황혼에서 새벽까지)에는 방충망이 설치되거나 에어컨 디셔닝이 되는 방에 머무르는 것이 좋다.
- 방충망이 설치되지 않았거나 에어컨디셔닝이 되지 않는 방인 경우 permethrin(살충제) 처리된 모기장 안에서 잔다.

③ 자외선

- 대낮에는 태양에 노출되는 것을 최소화 한다.
- 팔과 다리를 덮는 옷을 입는다.
- 자외선 차단 선글라스와 챙이 넓은 모자를 착용한다.
- 피부가 노출되는 부위에는 SPF 15 이상의 선크림을 사용한다.
- 물에서 자외선에 과다하게 노출되지 않도록 주의한다.

④ 운전 및 교통사고

- 사고에 대비해 반드시 보험에 가입한다.
- 자국 운전면허증과 함께 국제 운전면허증을 지참한다.
- 렌트카는 타이어, 안전벨트, 스페어바퀴, 전등, 브레이크 등을 점검한다.
- 여행국의 교통관습을 알아둔다.
- 낯선 곳이나 조명이 어두운 길에서는 운전을 피한다.

⑤ 수상레크리에이션

- 구명조끼 사용법 등 안전수칙을 숙지한다.
- 얕은 물이라도 어린이는 어른이 주위에서 감독한다.
- 다이빙 전에 물의 깊이를 확인하고, 흐린 물 속에는 뛰어들지 않는다.
- 스파나 사우나에서는 극단적인 온도를 피한다.
- 물가나 강둑, 늪지대에서는 반드시 신발을 신는다.

⑥ 기타

- 동물에게 물리거나 동물을 통해 전염될 수 있는 질환(광견병이나 페스트 등)예방을 위해 개나 고양이 같은 동물을 건드리거나 만지지 않는다.
- 만약 물렸거나 할퀴었다면 상처를 비눗물로 세척하고 의사를 찾아 광견병 백신이 있는지 물어본다.
- HIV(인체 면역 결핍 바이러스)나 바이러스성 간염의 예방을 위해 문신, 피어싱 등에 사용되는 주사기를 절대 공유해서는 안된다.
- HIV 및 기타 성병의 전파를 막기 위해 성관계시 반드시 콘돔을 착용한다.

3) 해외여행 후

① 의학적 검사를 받아야 하는 경우

- 만성질환(심부전, 당뇨, 만성호흡기 질환 등)을 앓고 있는 경우
- 귀국 일주일 이내에 열, 설사, 구토, 황달, 소변이상, 피부질환이 생기는 경우
- 여행하는 동안 심한 감염성 질환에 노출되었다고 생각하는 경우
- 여행하는 동안 동물에게 물린 경우
- 개발도상국에서 3개월 이상 체류한 경우

② 항-말라리아 치료를 받은 경우

- 여행 전 항말라리아 치료를 받은 경우 귀국 후에도 같은 치료를 받아야 하는지 확인한다. 귀국후에도 말라리아 약을 계속 복용해야 하

는 경우가 있다. 말라리아는 경한 질병이 아니며 경우에 따라 사망할 수도 있다. 말라리아 위험 지역의 여행 중 혹은 이런 지역의 여행을 마치고 귀국 후(1년까지) 열이 나거나 독감 같은 증상이 생기면 즉시 의사를 찾아가 해외여행을 한 적이 있다고 말해야 한다.

③ 기타

- 임산부, 소아, 만성질환자에게는 위에서 기술한 권고안이 다를 수 있으니 가까운 병원의 의사를 찾아가 무엇이 필요한지, 각 개인별 질병상황에 맞는 정보를 확인하는 것이 좋다.

6.3.10 감염병 예방을 위한 국민행동요령

1) 감염병 예방은

① 평소에도 손을 자주, 비누를 사용하여 흐르는 깨끗한 물에 씻어야 합니다.

- 손을 씻어야 하는 때: 외출 후, 많은 사람이 모이는 장소를 다녀온 후, 조리하거나 식사하기 전, 화장실 사용 후, 기침이나 재채기 후 등

② 식수는 반드시 끓였거나 병에 든 물(생수)을 드셔야 합니다.

- 이외 요리 시, 설거지 시, 손을 씻거나 양치 시 등에도 안전한 물, 소독된 물 사용 권고. 채소류 등 식재료는 흐르는 깨끗한 물에 씻고, 충분히 가열하여 드셔야 합니다.
- 특히, 여름철 조리 음식 보관 금지, 오염된 물에 닿았던 음식 섭취 금지, 이상한 냄새가 나거나 색깔, 모양 등이 변한 음식물 섭취 금지

③ 도마, 칼 등은 식품별 구분하여 따로 사용하고, 사용 후 깨끗이 씻고, 잘 말려서 사용해야 합니다.

- 설사 증상이나 손에 상처가 있는 사람은 조리 금지
- 특히, 설사 증상이 있는 경우 의료기관 방문 진료 권고

④ 기침, 재채기를 할 경우 휴지나 손수건, 옷 소매 이용 입 가리기 등 기침 에티켓을 지키고 기침이 계속된다면 마스크 착용을 권장합니다.

⑤ 손으로 가급적 눈, 코, 입 만지는 것을 피하고, 집안 실내 등은 청결히 하고 환기를 자주 시킵니다.

⑥ 발열이나 호흡기 증상(기침, 목 아픔, 콧물이나 코막힘)이 있을 때에는 사람과 밀접한 접촉을 피하고 가급적 많은 사람이 모이는 장소로의 외출은 자제하시는 것이 좋습니다.

2) 감염병 증상이 나타날 때에는

① 설사, 발열 및 호흡기 증상이 나타날 때에는 바로 의료기관을 방문하시기 바랍니다.

- 특히, 고위험군(5세 이하, 65세 이상, 임신부, 만성질환자 등) 경우 즉시 진료 권고

② 해외 여행객은 귀국시 발열, 호흡기 증상, 설사, 구토 등의 증상이 있을 경우 건강상태 질문서에 성실히 기재하고 검역관에게 반드시 신고하셔야 합니다.

6.4 응급처치

6.4.1 개념

간단한 상처의 처치부터 사망의 가능성이 높은 심정지 상태까지 급한 의학적 상황에서 현장에서의 응급처치는 유용하고 때로는 생명을 살리기도 한다. 제대로 된 현장에서의 응급처치 없이는 병원에 가서도 해결될 수 없는 경우도 있다. 응급상황과 응급의료체계의 개념 및 중요성을 이해하고, 실제 응급처치를 실행할 수 있는 기본지식을 갖고 반복된 연습을 통하여 응급처치를 할 수 있다.

1) 응급의료체계와 응급처치

① 응급상황 발생 시 대처요령

응급상황이 발생한 경우에는 신속히 119나 1339(응급의료정보센터)로 전

화하여 도움을 요청한 후, 응급처치를 시행하는 것이 중요하다. 119에 전화를 하면 환자 이송 및 응급처치의 도움을 받고 구급차가 출동할 수 있으며, 응급의료정보 센터인 1339에 연락 시에는 응급처치 요령, 병원안내, 질병상담 등의 도움을 받을 수 있다. 119 연결 시 전화접수자에게 기본적인 사항을 정확히 말로 전달하여야 하며, 구급차가 현장에 도착할 때까지 연락을 계속 유지함으로써 응급처치에 대한 조언을 받아가며 위급한 상황에 대처해야 한다. 119와 1339가 2012년7월부터 통합되어 1339에서 받던 서비스도 119[22]에서도 받을 수 있다.

② 응급처치의 정의

응급처치란 위급한 환자 발생 시 전문 의료진의 진료 전에 행하는 즉각적이고 임시적인 처치를 말하며 이는 병원에서의 전문 진료에 계속적으로 연계되어야 하며, 전문 진료에 도움이 될 수 있어야 한다.

③ 응급처치의 목적

응급처치의 목적은 응급환자의 생명을 구하고 상태를 최단시간 내에 정상 내지 이에 가까운 상태로 회복시켜 계속되는 치료나 수술, 재활의 치료효과를 높이는 데 있다.

④ 응급처치의 실시

응급상황 중 가장 급한 것은 갑자기 심장이 멈춘 심장마비 상태인데, 이때 소생의 사슬이라고 하는 신속한 확인과 신고, 신속한 심폐소생술, 신속한 제세동(전기적 충격으로 심장을 뛰게 하는 행위), 신속한 전문소생술 및 심정지 이후의 통합치료의 단계가 순서적으로 행하여질 때 환자의 생존 확률이 높아진다.

---

22) **119 요청 시 응급 상황들의 대표적 예**(기도폐쇄, 마비 환자, 호흡곤란이나 숨을 쉬지 않는 경우, 중독 환자, 심장마비, 물에 빠졌을 때(익수), 심장질환이나 흉통, 중등도 이상의 화상, 의식이 없는 경우, 전기손상, 심한 출혈, 자살기도, 척수 손상이 의심되는 경우, 분만, 경련 환자)
응급환자 신고 시 전달할 기본 정보(환자가 발생한 위치, 주소 및 전화번호 (정확히 알려준다.), 응급상황이 발생한 경위와 환자상태, 주위의 위험요소 유무 (화재, 사고, 위험물질 등), 환자의 수)

또한 잘못된 처치나 이송은 환자의 상태를 악화시킬 수도 있어 기본적인 지식이 필요하나, 맥박과 호흡이 없어 심폐소생술이 필요한 환자는 비록 약간의 잘못이 있더라도 인명 소생술을 시행하는 것이 아무것도 안 하는 것보다 환자를 살릴 가능성이 높아진다.

⑤ 응급처치 시 지켜야 할 원칙

응급처치 시행 시 준수해야 할 원칙이 있는데 이는 다음과 같다.

㉠ 응급처치를 하는 사람 자신부터 안전을 확보해야 한다. 구조자가 위험한 상태에서 환자에게 달려드는 것은 양쪽 다에게 해로운 일이다.

㉡ 언제나 신속, 침착, 질서 있게 대처해야 한다.

㉢ 여러 환자가 있는 경우 긴급한 환자부터 처치해야 한다. 이 때 누가 긴급한 환자인지 구별하는 중증도 분류가 필요할 수 있다.

㉣ 이송이 필요한 상태라면 지체 없이 119에 신고하여 도움을 받아야 한다.

㉤ 음식물을 줄 때는 신중을 기한다. 특히 무의식 환자에게 음식물 제공은 기도를 막아 숨을 못 쉬게 할 수 있으므로 절대 금지해야 하며, 심각한 손상, 심한 출혈 등 수술이 필요한 환자에게 음식물 제공은 수술시작 시간을 지연시킬 수 있다.

㉥ 부상자 운반 시 제대로 고정하지 않고 이송하는 행동은 상태를 악화시킬 수 있다.

⑥ 선의의 응급의료에 대한 면책(선한 사마리아인 법)

응급의료에 관한 법률에 선의의 응급의료에 대한 면책조항이 있다. 이 법 제5조 제2항(선의의 응급의료에 대한 면책)은“ 생명이 위급한 응급환자에게 해당하는 응급의료 또는 응급처치를 제공하여 발생한 재산상 손해와 사상에 대하여 고의 또는 중대한 과실이 없는 경우, 해당 행위자는 민사 책임과 상해에 대한 형사 책임을 지지 아니하고 사망에 대한 형사 책임은 감면한다."로 규정함으로써, 선의의 구조자를 보호할 수 있는 법적 근거를 제공하고 있다. 상기 법률의 해당 행위자에게는 일반인 및 업무시간 외의 의료종사자가 포함된다.

2) 응급상황의 파악과 이해

① 응급상황의 원인, 종류 및 특징

응급처치를 필요로 하는 응급상황은 환자의 신체, 정신적 질병으로 인한 경우와 외부 환경의 영향을 받아 응급상황에 다다른 경우의 내부, 외부적 원인으로 나눌 수 있다. 외부적 원인은 다시 물리적 힘으로 인한 외상, 환경변화로 인한 환경 손상 및 신체에 위해한 독극물 중독 등으로 생각 할 수 있다.

② 응급현장의 파악

응급상황 시 응급현장을 우선적으로 파악해야 하는 이유는 우선 구조자의 안전 확보이다. 따라서 응급상황이 벌어진 현장에서는 즉시 위험한 요소가 있는지 살펴본다. 여기서 위험요소란 화재, 구조물 붕괴 위험성, 독성 먼지나 가스, 폭발의 위험성, 감전 가능성, 교통사고 위험성, 미끄러운 표면, 깨어진 유리, 뾰족한 물체 등 다양하다. 주위가 안전한지에 대한 확신이 서지 않거나 현장이

위험한 상황에서는 현장에 접근하지 말고 연락한 전문구조자의 도움을 기다린다. 또한 환자가 몇 명인지 살펴보고 여러 명이면 도움을 더 요청한다. 때로는 현장에서 환자의 혈액, 구토물 등의 신체분비물과 접촉할 수 있는데 혈액 접촉, 체액 접촉 및 공기전파로부터 자신을 보호하는 최선책은 신체분비물을 격리시키는 것이며, 마스크와 보호 장갑 등의 개인 보호 장구가 자신의 보호를 위해 도움이 된다.

③ 응급상황 시 환자상태 파악

응급현장의 위험을 파악 후 안전하다면 신속히 환자의 상태를 파악하여야 하며, 이는 1차 및 2차 평가로 이루어진다. 1차 평가는 간단히 위험한 상

황만 신속히 파악하고, 다음 2차 평가로 머리부터 발끝까지 자세히 살펴보아야 한다. 1차 평가 중 의식을 확인하는 데 몇 번의 행동에 반응이 없으면 의식이 없는 것으로 간주하고 즉시 도움을 요청한다. 환자가 의식이 있는 경우는 편안한 환경과 말로 환자를 안심시키고, 몸의 움직임이 자유로운지 부위마다 확인하며, 불편한 곳을 파악하여 도와주며 환자가 가장 편한 자세를 취하도록 한다. 출혈, 골절 등에 대한 간단한 지혈, 처치 등을 시행하고 119, 건강관리실, 가족 등 도움 받을 곳에 연락하며 의사의 진단에 도움이 될 수 있는 자료를 보존하도록 한다.

6.4.2 인명소생술

인명 소생술은 가장 기본적인 방법이고 인간으로서 알아야 하는 필수적인 기술이다.

1) 성인 기본인명소생술

심폐정지 시 누구나 배워서 시행해야 할 기본적인 대처법을 기본인명소생술이라고 하며, 이 중 핵심적인 기도, 호흡, 순환에 대한 응급처치를 기본 심폐소생술이라고 한다.

① 반응의 확인 및 신고

환자에게 접근하기 전에 구조자는 현장상황이 안전한지를 우선 확인하여, 안전하다고 판단되면 환자에게 다가가 어깨를 가볍게 두드리며" 괜찮으세요?"라고 물어본다. 이때 환자가 반응은 있으나 병원 진료가 필요한 상태이면 119에 연락을 한 다음 환자의 상태를 자주 확인하면서 상담원의 지시를 따른다. 만약 환자가 반응이 없고, 호흡이 없거나 비정상적인 호흡(심정지 호흡)을 보인다면 심정지 상태로 판단한다.

② 가슴 압박

가슴압박으로 혈액순환을 유지하려면, 흉골의 아래쪽 절반 부위를 강하게 규칙적으로, 빠르게 압박해야 한다. 흉골의 절반 부위는 양 젖꼭지에서 가상의 선을 이어 흉골의 수직 정중앙선과 만나는 지점으로 찾으면 된다.

성인 심정지의 경우 가슴압박의 속도는 적어도 분당 100회 이상을 유지해야 하지만 분당 120회를 넘지 않아야 하고, 압박 깊이는 적어도 5cm 이상을 유지하지만 6cm를 넘지 않도록 한다.

가슴압박할 때 손의 위치는 가슴의 중앙이 되어야 한다. 또한 가슴압박 이후 다음 압박을 위한 혈류가 심장으로 충분히 채워지도록 각각의 압박 이후 가슴의 이완이 충분히 이루어지도록 한다. 가슴압박이 최대한으로 이루어지기 위해 가슴압박이 중단되는 시간과 빈도를 최소화해야 한다. 가슴압박과 인공호흡의 비율은 30:2(가슴압박 30번에 인공호흡 2번 실시)를 권장한다. 매 2분마다 가슴압박을 교대해 주는 것이 구조자의 피로도를 줄이고 양질의 심폐소생술을 제공할 수 있다.

심폐소생술 교육을 받은 적이 없거나, 받았더라도 자신이 없는 경우, 혹은 인공호흡에 대해 거부감을 가진 경우에는 심폐소생술을 시도조차 하지 않는 경우가 많다. 그러나 인공호흡을 하지 않고 가슴 압박만 하더라도 아무것도 하지 않는 경우에 비하여 심정지 환자의 생존율을 높일 수 있다. 따라서 일반인이 심폐소생술 교육을 받은 적이 없거나 할 수 있는 자신이 없는 경우, 혹은 인공호흡에 대해 거부감을 가진 경우에는 인공호흡을 제외한 가슴압박만을 하도록 권장한다. 그러나 익수 혹은 약물중독으로 인한 질식성심정지, 심정지로부터 시간이 경과한 경우에는 가슴압박과 더불어 반드시 인공호흡을 시행해야 한다.[23)]

③ 기도 열기

의식이 없는 사람이 누워 있을 때 기도폐쇄의 원인은 혀가 중력에 의하여 아래로 쳐지고 목구멍의 근육도 이완된 상태에서 혀가 숨 쉬는 길을 막기 때문이다. 의식이 없는 사람은 기도가 막혀서 제대로 숨을 쉬지 못하고 사

---

23) **심폐소생술**(압박 위치: 가슴뼈 하부 1/2 ☞ 손의 위치 : 양손을 깍지 끼고 손가락이 환자 가슴에 닿지 않도록 ☞ 자세: 환자는 평평하고 딱딱한 바닥 위에 위치시키고, 처치자는 다리를 어깨넓이로 하여 무릎을 꿇고, 팔꿈치를 펴고, 체중을 가한다. ☞ 압박술: 속도 100~120회/분, 깊이 5~6cm

망하게 되므로, 적절한 자세교정을 하여 막힌 숨길을 열어주어야 한다.[24]

④ 인공호흡

인공호흡에 대한 권장사항은 다음과 같다.

㉠ 1초에 걸쳐 인공호흡을 한다.

㉡ 1회 호흡량은 가슴상승이 눈으로 확인될 정도로 한다.

㉢ 2인 구조자 상황에서 인공기도(기관 튜브, 후두마스크 기도기 등)가 삽관된 경우에는 1회 호흡을 6~8초(8~10회/분)마다 시행한다.

㉣ 가슴압박 동안에 인공호흡이 동시에 이루어지지 않도록 주의한다.

㉤ 인공호흡을 과도하게 하여 과환기를 유발하지 않도록 한다.

⑤ 자동심장충격기 사용

갑자기 발생된 심정지의 대부분은 심실세동에 의해 유발되며, 심실세동의 가장 중요한 치료는 기계에 의한 전기 충격을 가하는 전기적 제세동 이다. 자동심장충격기는 심정지 현장에서 신속하게 시행되어야 한다. 자동심장충격기는 의료지식을 갖추지 못한 일반인이 사용할 수 있도록 환자의 심전도를 자동으로 판독하여 제세동이 필요한 심정지를 구분해주며, 사용자가 쉽게 제세동을 할 수 있도록 유도한다. 그러므로 자동심장충격기는 신속하게 사용될 수 있도록 많은 사람들이 이용하는 공공장소에 상시적으로 비치되어야 하며, 심정지 환자를 발견한 사람은 누구라도 지체 없이 자동심장충격기를 환자에게 사용해야 한다. 우리나라에서도 공공보건의료기관, 구급차, 여객 항공기 및 공항, 철도객차, 20톤 이상의 선박, 다중이용시설 등에 자동제세동기를 설치할 것을 법률로 규정하고 있다.

우리나라에서도 공공보건의료기관, 구급차, 여객 항공기 및 공항, 철도객차, 20톤 이상의 선박, 다중이용시설 등에 자동제세동기를 설치할 것을 법률(응급의료에 관한 법률 제38조, 제47조)로 규정하고 있다.

---

24) **일반적인 기도 열기** : 두부후굴 하악거상법 = 머리 젖히고 턱 들기(구체적인 방법은 이마에 한 손을 대고 이마를 뒤로 젖히며, 두 손가락으로 턱뼈를 들어 올려 턱의 끝이 하늘을 향하도록 유지한다.)

2) 기도 폐쇄의 응급처치

기도란 사람이 호흡을 할 때에 외부의 공기가 폐로 들어오거나 나가는 통로를 가리킨다. 기도가 막히면 혈액으로의 산소공급이 중단되어 4분 이내에 의식을 잃으며, 4~6분이 경과되면 뇌가 손상되고, 10분이 경과하면 사망할 가능성이 높다. 그러므로 기도가 폐쇄되는 경우에는 신속한 응급처치가 시행되어야만 환자의 생명을 구할 수 있다.

① 기도가 폐쇄되는 경우

기도가 폐쇄되는 대표적인 경우는 소아 및 노인 이물질(사탕, 고기, 땅콩 등)을 삼키다가 기도가 막히는 경우, 외상/사고 입안이 손상되어 부러진 치아나 출혈 등에 의해 기도가 막히는 경우, 의식이 없는 경우 혀가 뒤로 말리는 바람에, 또는 구토물에 의해 막히는 경우 등이 있다.

② 기도 폐쇄 시의 증상

기도가 완전히 막히면 말을 하지 못하면서 양쪽 손으로 목을 감아쥐는 행동이 나타나면서 얼굴과 입술이 파랗게 변하는 청색증이 관찰된다. 또한 기도가 일부분 막히는 경우에는 환자가 기침을 하지만 말을 할 수 없으며, 매우 안절부절 못하는 행동을 나타낸다.

③ 기도를 막고 있는 이물질을 제거하는 방법

기도 폐쇄에 대한 처치 중 의식이 있고 기침을 할 수 없는 경우에는 하임리히법을 시행한다. 그 방법은 환자의 등 뒤에 서서 주먹을 쥔 손의 엄지손가락 방향을 상복부에 대고 다른 한 손을 위에 겹친 후 환자의 배꼽에서 명치 사이의 복부를 두 손으로 후상방으로 이물질을 제거하고 이물질 제거를 확인한다. 호흡을 조금이라도 할 수 있고 기침을 할 수 있는 의식이 있는 환자에게는 계속 기침을 하도록 유도하며, 지속적으로 기침을 해도 이물질이 배출되지 않을 때에는 즉시 119로 연락을 취한다.

복부밀어내기가 효과적이지 않거나 임신, 비만 등으로 인해 복부를 감싸안을 수 없는 경우에는 가슴밀어내기를 사용할 수 있다. 성인 환자가 의식을 잃으면 일반인 구조자는 환자를 바닥에 눕히고 즉시 심폐소생술을 시행하도록 하는데, 인공호흡을 하기 전 입안을 확인하여 이물질이 보이는 경우에만 제거한다(주먹을 쥔 손의 엄지손가락 방향을 상복부에 대고 다른 한 손을 위에 겹친 후 후상방으로 강하게 잡아당기며, 환자가 의식이 있을 때 사용).

6.4.3 외상의 응급처치

1) 외상의 이해

① 손상 기전

외상은 외부의 힘에 의해 폭발적으로 인체가 입은 손상이라 정의되며, 청년 및 중년층의 사망원인 중 가장 많은 원인이 된다. 외상환자의 손상 종류와 정도를 예측하기 위해서는 손상 기전을 이해하여야 하는데, 손상 기전에 따라 즉시 의료기관으로 외상환자를 이송하는 기준은 7m 이상의 높이에서 떨어짐, 교통사고 시 동승자의 사망, 시속 32킬로 이상 속도의 차량과 부딪힘, 교통사고 시 차량에서 환자가 튕겨져 나옴, 교통사고 시 심각한 차량 손상, 교통사고 시 부딪힌 후 차량 뒤집힘 등이 있다.

② 외상의 종류

외상에는 폐쇄성과 개방성 외상이 있고, 폐쇄성 외상인 둔상의 원인으로는 교통사고, 떨어짐, 운동손상 등이 있다. 자동차 사고의 경우 부딪힘의 형태는 정면, 측면, 회전, 후면, 뒤집힘의 5가지 형태가 있고 각각은 차량부딪힘, 신체부딪힘, 장기부딪힘, 2차 부딪힘의 과정을 거치게 된다.

③ 초기 대처

외상은 여러 부위에 다발적으로 일어날 수도 있으므로 한 부위만 보지 말고 머리부터 발끝까지 자세히 확인해야 한다. 외상을 당한 경우의 기도유지법은 목뼈의 보호를 위하여 목을 신전시키지 않고 턱만 들어주는 방법을 사용하여야 한다. 환자가 호흡이 있으면 목뼈의 보호를 위하여 머리를 양손으로 고정시킨 채 전문 구조자의 도움을 기다린다.

2) 출혈과 쇼크

외상환자에서 쇼크의 가장 흔한 원인은 출혈이다. 심한 출혈 시 우리 몸은 피부, 근육, 내장기관의 혈관 수축으로 신장, 심장, 그리고 뇌로의 혈액 순환을 유지시켜준다. 적절한 산소공급, 환기 및 수액공급은 쇼크에 의한 세포의 변화를 막는 데 도움을 준다.

① 출혈

출혈은 순환 혈액의 갑작스런 소실로 정의할 수 있다. 정상인의 순환 혈액량은 성인의 경우 체중의 약 7% 정도(70ml/kg)이고, 소아의 경우는 체중의 8~9% 정도(80ml/kg) 된다. 출혈은 신체 외부로 출혈되어 출혈이 보이는 외부 출혈, 신체 내부로 출혈되어 출혈이 겉으로 보이지 않는 내부 출혈로 나눌 수 있다.

② 쇼크

쇼크란 세포에 대한 산소 공급이 부적절한 심혈관계의 상태를 말한다. 쇼크 시 순환기 계통의 기능 이상으로 혈액 순환이 저하되고, 이에 따라 신체 장기로의 산소 공급이 감소되어 쇼크의 증상이 나타나게 된다. 출혈성 쇼크의 치료로서 우선 환자의 다리를 심장 높이보다 높여주어 심장으로 가는 혈액량을 증가시켜 준다.

③ 지혈법

외부 출혈은 직접 압박, 간접 압박, 지혈대 사용 등으로 해결하고 내부 출혈은 수술 등의 전문처치가 필요하다.

- ㉠ **직접 압박**: 출혈부위에 멸균거즈나 깨끗한 천을 대고 직접 압박한다.
- ㉡ **간접 압박(선택적 동맥 압박)**: 직접 압박으로도 지혈되지 않을 때 출혈부위에서 심장 쪽으로 가까이 위치한 동맥 부위를 압박한다.

㉢ **지혈대**: 지혈의 마지막 수단으로 이용한다. 지혈대는 계속하여 풀지 않고 있으면 그 이하 혈액 순환이 차단되어 위험하므로 한 시간에 한 번 정도 풀었다 다시 죄어야 하며 푼 시간을 지혈대에 적어 놓는 것이 좋다.

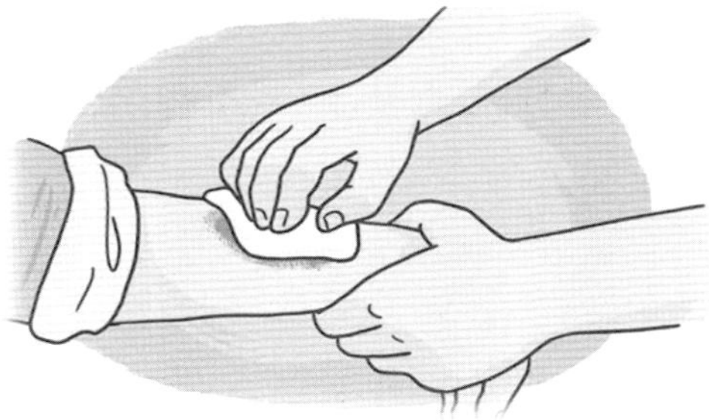

직접압박

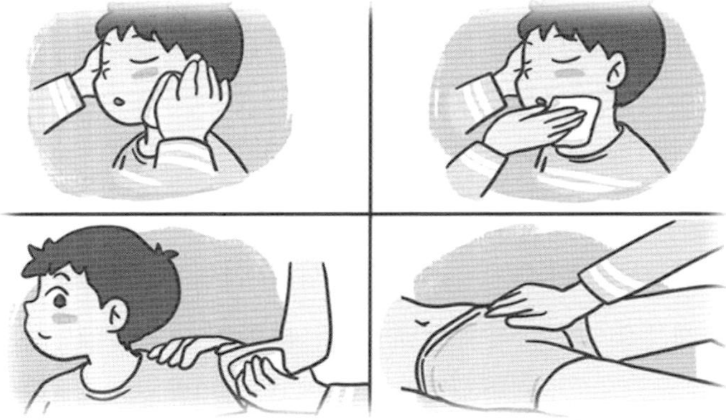

간접압박(선택적 동맥 압박)

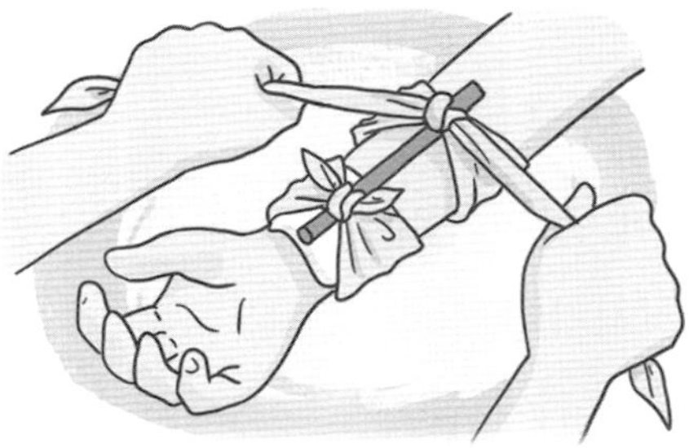

지혈대

3) 상처 및 사지고정

① 상처 처치

㉠ 드레싱

드레싱은 상처를 덮어주어 균으로부터 보호하고 지혈과정을 돕는다. 이 때 소독약과 거즈, 소독붕대를 사용한다. 삼각건이나 손수건으로 붕대를 대신할 수 있다.

드레싱: 세포손상이 적을수록 생리식염수나 흐르는 물로 상처 세척

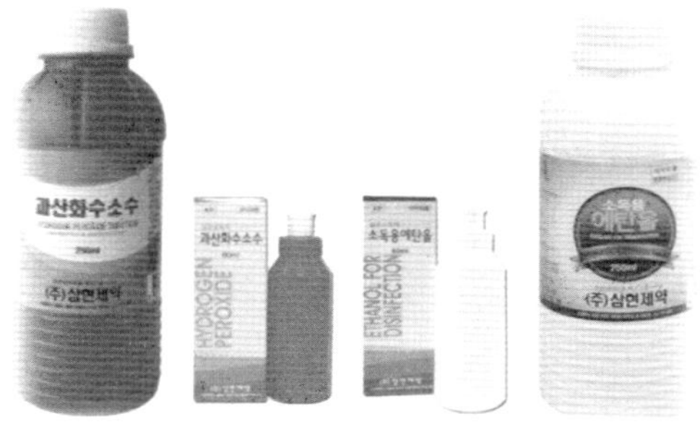

드레싱: 세포손상이 클수록 알콜이나 과산화 수소수로 상처 세척

드레싱: 거즈, 소독붕대

㉡ 냉찜질

타박상이나 삔 곳은 차갑게 하면 붓기와 통증을 줄일 수 있다. 다친 부위를 흐르는 찬물에 대고 있거나 물 안에 담글 수 있다. 상처 부위가 머리나 가슴같이 물에 담그기 힘든 부위이거나 장시간 냉각시켜야 하는 경우는 얼음주머니나 냉습포를 이용한다.

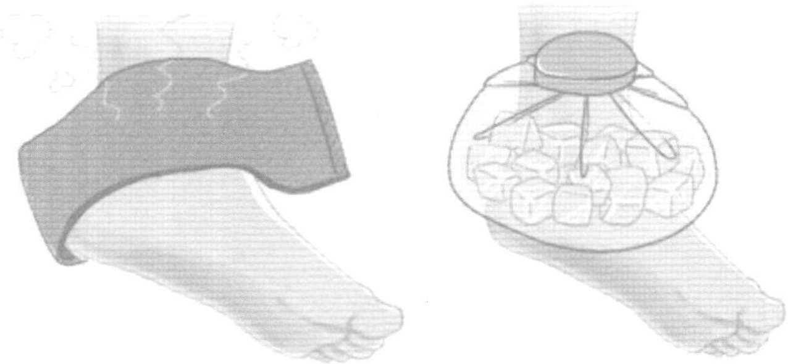

냉찜질 : 얼음주머니, 냉습포

㉢ 붕대감기

붕대를 감는 목적은 드레싱을 제자리에 고정시키고, 출혈을 억제하며, 부상 부위를 지지 고정시키고, 붓기를 감소시키기 위함이다. 붕대를 감을 때에는 출혈을 멈추고 드레싱을 고정시키도록 단단히 감아야 하나, 혈액순환에 지장이 없도록 해야 하고, 다친 부위를 받쳐주며, 손가락이나 발가락이 붕대 끝으로 나오게 하여 혈액순환 상태를 점검할 수 있게 해야 한다.

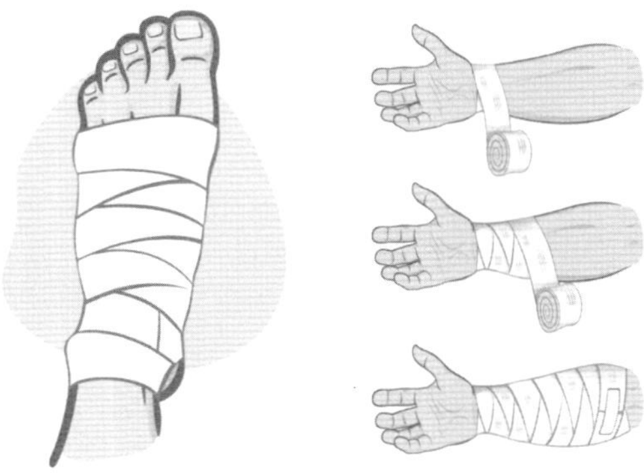

붕대감기

② 근골격 손상과 사지고정

㉠ 골절

골절은 뼈가 부러진 것을 말하며, 그 종류로서 폐쇄성 골절과 개방성 골절이 있으며 폐쇄성 골절은 손상 뼈의 주위 피부가 찢어지지 않은 골절이며, 개방성 골절은 골절로 피부 표면에 상처가 나거나 깨진 뼈가 피부를 뚫은 경우로 심한 외부 출혈뿐 아니라 세균이 살과 깨진 뼈로 들어갈 수 있기 때문에 감염의 위험이 심각하다.

골절 환자의 처치 원칙은 골절 환자를 함부로 옮기거나, 다친 곳을 건드려서 부러진 뼈끝이 신경, 혈관 또는 근육을 손상시키지 않도록 조심한다. 또한 환자를 고정하기 전에 이송 먼저 하면 안되며 골절 부위에 출혈이 있으면 직접 압박으로 출혈을 방지하고 부목을 대기 전에 드레싱을 먼저 시행한다.

그리고 뼈가 외부로 노출된 경우 억지로 뼈를 안으로 밀어 넣으려 하지 말고, 골절 환자는 가능한 한 움직이지 말아야 한다. 환자를 편안하게 해주고 손으로 지지하여 더 이상의 외상과 통증을 유발하지 말아야 한다.

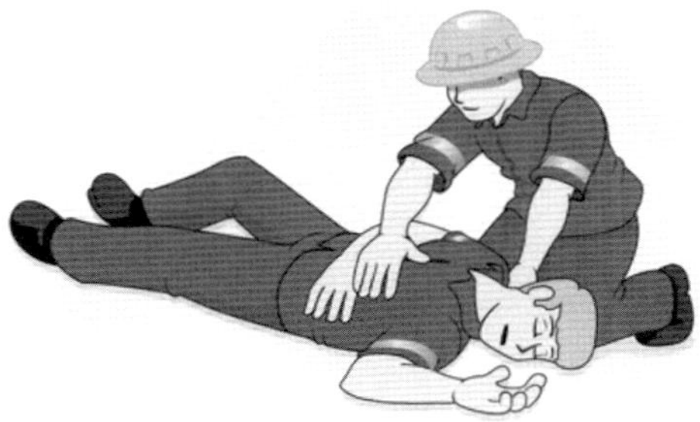

골절: 이송금지

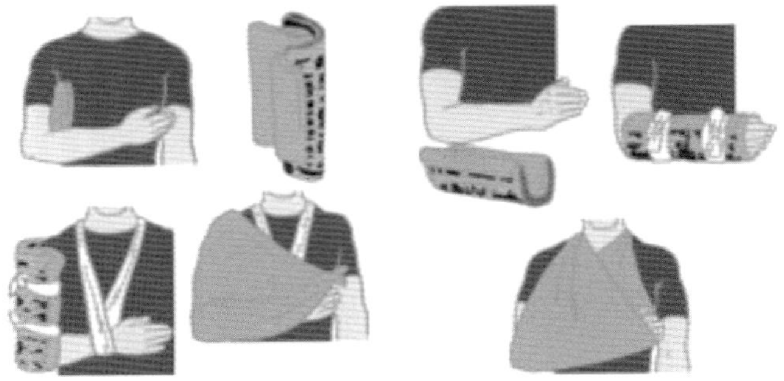

골절: 상지골절(윗팔, 아래팔)

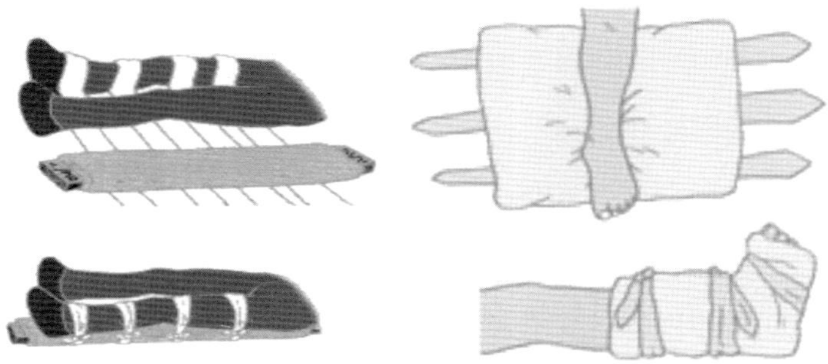

골절: 하지골절(무릎, 발목)

㉡ 탈구

탈구는 관절에서 원래 있던 뼈가 빠져 나가는 것이다. 탈구는 어깨, 팔꿈치, 손가락, 턱 등이 자주 발생한다. 탈구와 골절을 구별하기 힘들 때의 처치는 골절과 같은 치료를 한다. 처치로서 베개나 쿠션을 사용하여 부상자를 가장 편한 자세로 유지해 주며, 가능하면 붕대나 삼각건으로 고정시켜 준다.

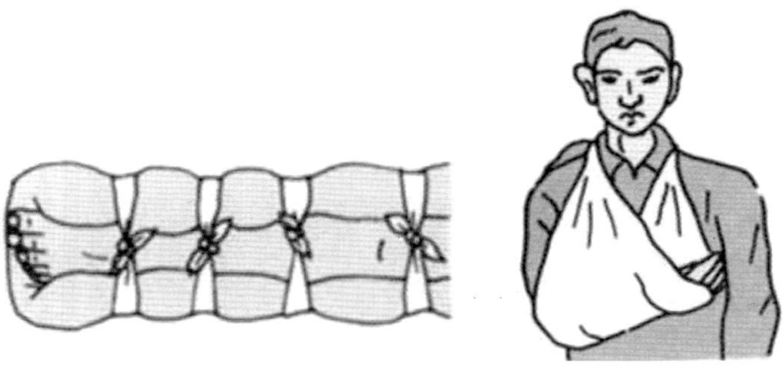

탈구: 쿠션, 삼각건

관절 주위의 인대나 조직이 갑자기 뒤틀렸을 경우 발생하는 손상으로, 예를 들어 걷거나 뛸 동안 발이 예기치 않은 방향으로 뒤틀렸을 경우 발목에서 발생한다. 처치는 부상자가 가장 편한 자세로 관절을 지탱해주고 손상 받은 부분을 높게 해준다. 찬 얼음으로 붓기와 통증을 감소시켜주면 효과적이다. 골절과 마찬가지로 부목을 대준다.

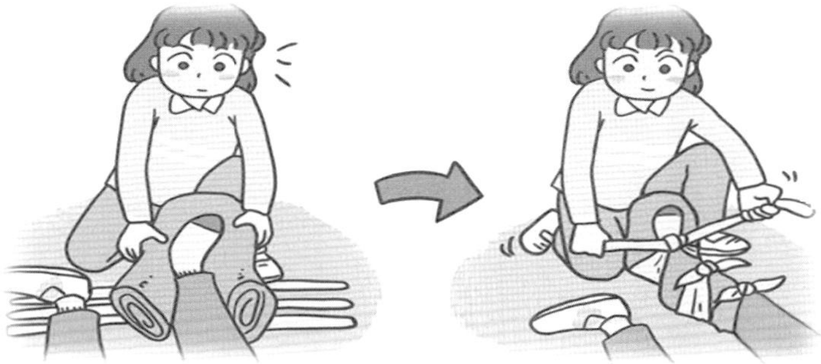

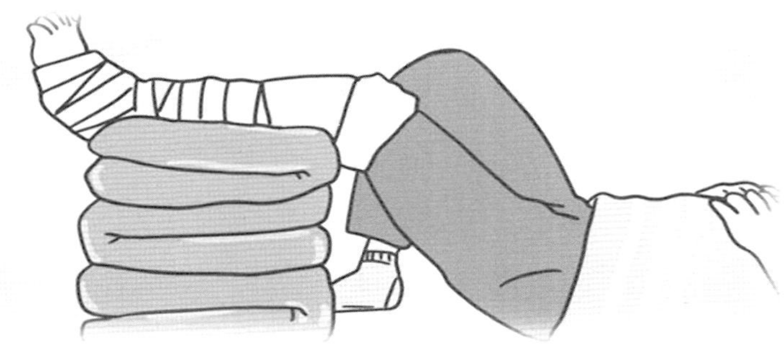

㉢ 부목법

부목의 목적은 통증을 감소시켜 줄 뿐만 아니라 부러진 뼈끝이 움직이지 않도록 하여 근육・신경・혈관이 더 이상 손상되지 않도록 방지하는 것이다. 부목사용 시 원칙 및 주의사항은 다친 부위가 보일 수 있도록 해야 하고 부목 대기 전에 다친 곳 아래를 만져보아 감각이 있는지, 맥박을 만져 혈액 순환이 잘 되는지, 사지를 움직이게 하여 운동 능력이 있는지 확인한다.

또한 개방된 상처는 부목 대기 전에 깨끗하게 드레싱 해주고 부목은 개방 상처의 반대편에 대어주며, 부목을 사용할 때에는 손상 받은 곳의 위·아래의 관절을 함께 고정하여 움직이지 않도록 한다.

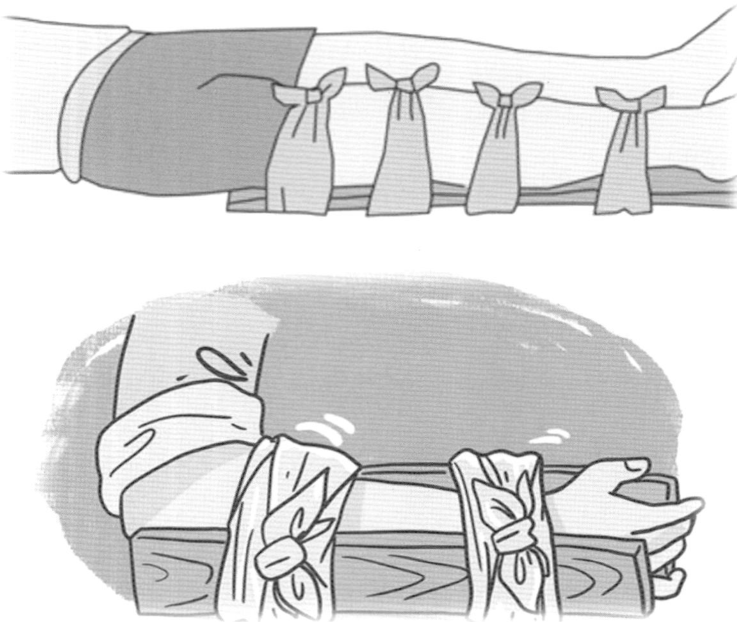

부목법

4) 외상과 환경 손상

① 손가락 절단

수지 절단이란 손가락 등 몸의 일부가 잘려나가는 경우를 말하며 완전히 떨어져나가는 완전절단과 아직 신체에 잘라진 부위가 붙어 있는 불완전 절단이 있다. 이 때 무엇보다 신속하게 병원에서 접합수술을 실시하는 것이 중요하다. 응급처치와 수술을 위하여 반드시 알아두어야 할 원칙이 있는데, 절단된 손가락 등을 보관할 때 차갑지만 얼지 않게, 촉촉하지만 너무 젖거나 건조하지 않게 깨끗이 보관해야 한다는 것이다.

절단 부위의 처치는 다음과 같이 시행한다.

㉠ 환자를 안정시키고 절단부 상태를 살펴본다.

㉡ 절단 부위를 직접 압박하고 올려준다. 불완전 절단 시에는 절단 부위와 연결 부위를 같이 드레싱하고 올려준다.

㉢ 압박드레싱을 시행한다.

㉣ 출혈의 정도를 확인하고 지혈이 안 되면 지혈점을 찾아 압박한다.

㉤ 계속 출혈이 되면 마지막 방법으로 절단 부위 5cm 이내에서 고무줄 등으로 묶어 압박을 시행하며 이 때 압박을 시작한 시각을 기록한다.

또한 절단되어 떨어져 나간 신체 부분을 관리하는 원칙은 너무 건조하지 않으면서도 너무 습하지 않도록, 또한 최대한 차갑게 유지하지만 얼지 않도록 하는 것이다. 구체적 관리는 다음과 같이 시행한다.

㉠ 절단된 부위를 생리식염수로 깨끗이 씻은 후에 약간만 젖은 멸균 거즈로 싸서 물이 새지 않는 비닐봉투나 플라스틱 용기에 넣는다.

㉡ 이를 다시 다른 비닐 봉투나 플라스틱 통에 넣고 주위에 물과 얼음을 채운다. 이 때 주의할 점으로 얼음이 직접 절단 피검물에 닿지 않도록 유의하며, 드라이아이스는 사용하지 않고, 절단 부위를 직접 물 속에 넣지 않는다.

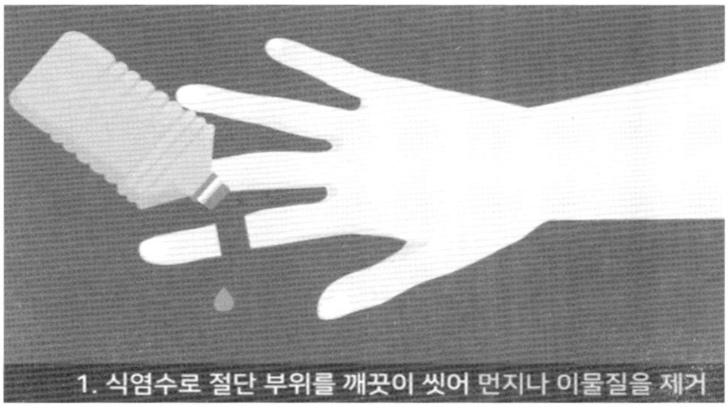

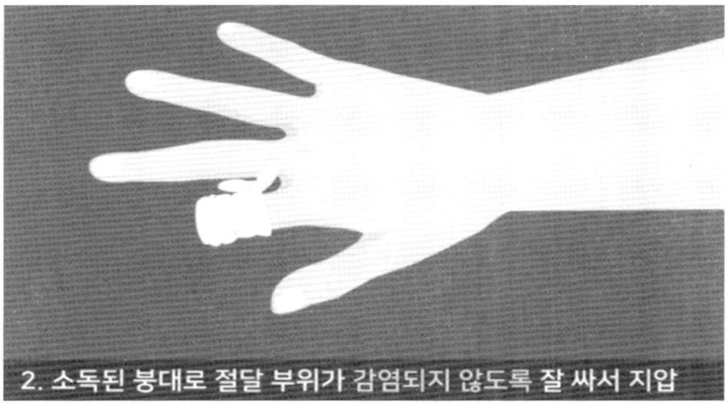

손가락 절단

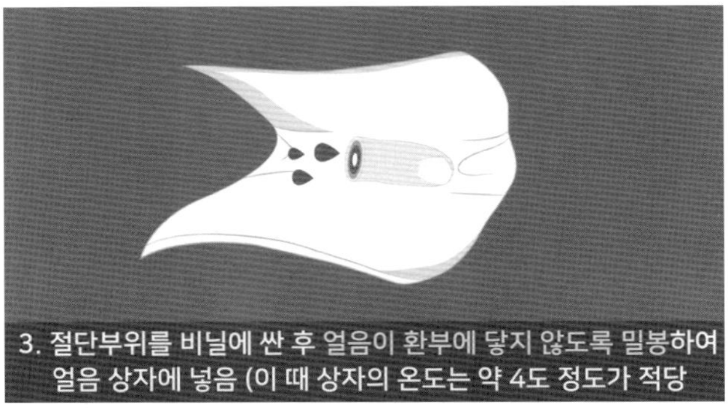

손가락 절단: 모두 챙겨야 접합이 가능

손가락 절단

② 화상

열화상은 화재나 뜨거운 증기, 기름, 물, 주방기구 등에 의해서 화상을 입으며 주로 어린이들에게 많이 발생한다. 처치는 환자를 안전한 곳으로 옮기고 타고 있거나 그을린 옷은 먼저 제거한 다음 찬물이나 얼음물을 이용하여 물수건으로 30분 이상 식혀준다. 만약 환자가 심한 화상으로 인해서 정신을 잃거나 맥박과 호흡이 희미해지면 쇼크로 인해 위험하므로 빨리 큰 병원으로 옮겨야 한다. 이 때 몇 가지 주의사항은 물집은 세균에 의한 감염을 일으키므로 벗기거나 터트리지 않는다. 또한 어린아이들은 화상부위를 찬물에 10분 이상 담그지 않는다. 체온손실로 인한 저 체온증에 빠질 수 있다. 그리고 로션, 된장, 간장, 소주 등은 감염을 일으킬 수 있으므로 바르지 말며 모든 화상은 병원으로 이송하여 치료를 받아야 한다. 화상의 정도를 파악하기 위해서는 화상의 정도와 인체의 피해를 고려하여 화재장소가 막힌 공간인지, 열린 공간인지? 화재장소에 독극물이 있는가? 환자가 호흡기에 문제가 있는가? 화상 범위는 어떠한가?

(화상이 심한 정도는 몸의 표면적 중 화상을 입은 부위의 비율에 따라 큰 영향을 받는다. 따라서 9의 법칙[25]에 따라 그 비율을 알아두는 것이 좋다.) 화상의 정도는 어떠한가?(1도 화상 : 화상을 입은 부위가 붉게 변하지만 물집은 생기지 않고 붓고 경미한 통증을 동반하며 병원치료 시 후유증 없이 치유된다. 2도 화상 : 약간 더 깊이 침범한 화상으로 물집이 생기고 붓고 심한 통증이 발생하며 병원에 입원하여 전문적인 치료를 받아야 된다. 3도 화상 : 피부 전 층이 화상을 입은 상해를 말하며 피부가 탄 것처럼 보이기도 하고 신경이 죽었기 때문에 통증이 없다. 등과 같은 상황을 생각하여야 한다.

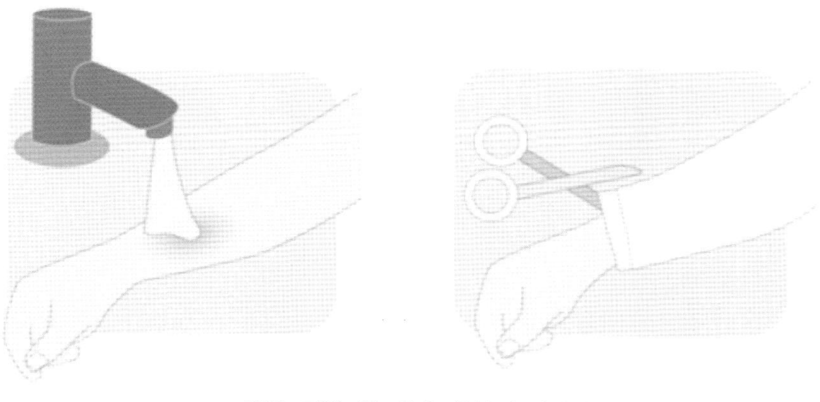

화상: 젖은 옷 제거, 충분히 식히기

25) **9의 법칙** ("전체 체표면적 중 손상 부위가 차지하는 비율에 따라 범위가 결정되며, 일반적으로 화상의 범위는 '9의 법칙'을 따릅니다. 성인의 경우 상지와 머리(목포함)는 9%, 하지는 앞뒤가 각각 9%, 몸통은 앞뒤가 각각 18%, 회음부와 생식기 주변은 각각 1%입니다.")

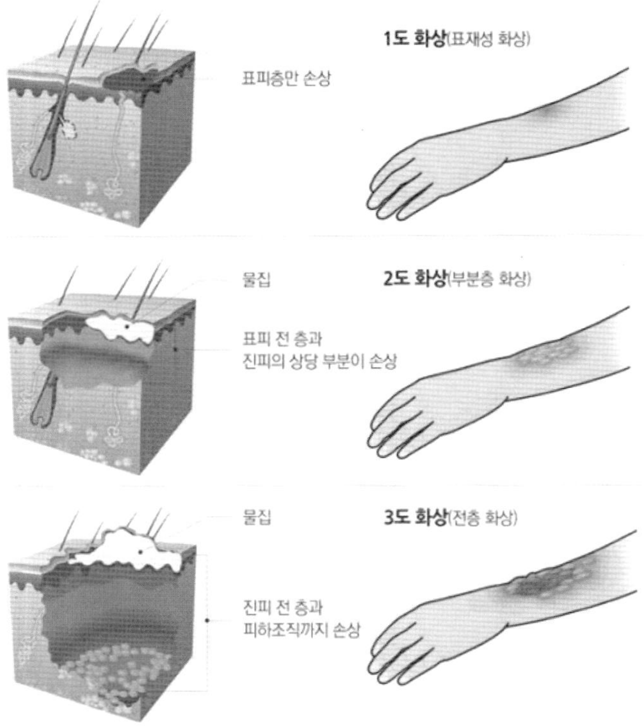

손상 깊이에 따른 화상의 분류

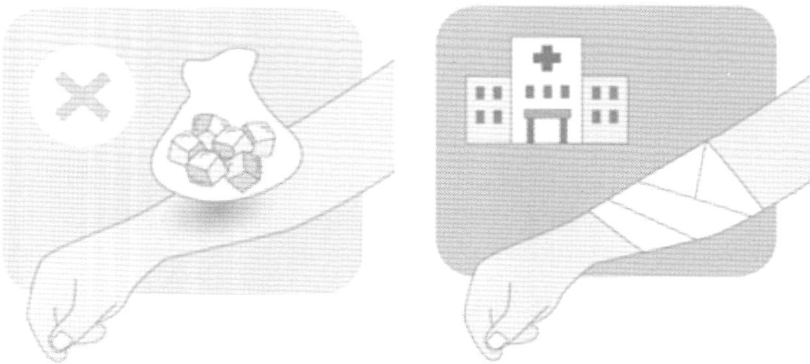

화상: 얼음을 직접 대지 않기, 신속히 병원이송

③ 벌에 쏘였을 때

벌에 쏘이면 그 부위는 붓고 아프다. 벌에는 꿀벌과 말벌이 있어 침을 쏘는 방식이 다른데 꿀벌은 침이 계속 살에 꽂히는 반면 말벌은 그냥 찌르기만 한다. 어떤 벌이든 쏘인 자리가 붓고, 가렵고, 아픈 경우가 대부분이고 때로는 두통, 어지럼증, 구토, 호흡곤란 및 심하면 쇼크 증세까지 보인다.

물론 이러한 전신 증상까지 보이면 신속히 의료기관으로 이송하여야 한다. 처치는 벌에 쏘인 자리는 얼음주머니를 대주면 독에 의한 붓기를 가라앉히고, 아픔이 가시는 데 도움이 된다. 꿀벌은 침이 박혔나 살펴 침을 제거해 주는 것이 좋은데 침 제거는 바늘로 살살 긁어 주어 신용카드 등으로 살살 밀어서 시행한다. 여러 곳을 쏘인 후 온 몸이 붓고 가렵고 숨쉬기가 힘들어지면 빨리 병원으로 가서 치료를 받는 것이 좋다. 주의할 점으로서 벌침이 박힌 자리는 핀셋이나 손톱으로 제거하다 보면 벌침이 더 들어가는 경우가 많다. 바늘이나 칼로 긁어주는 것이 좋으며 없으면 신용카드 등으로도 긁어서 제거할 수 있다. 또한 호흡곤란, 어지러움, 가슴 답답함, 전신 발적 및 부종 등의 증상은 전신적인 알레르기 증상이 일어난 것이므로 신속히 병원으로 이송한다.

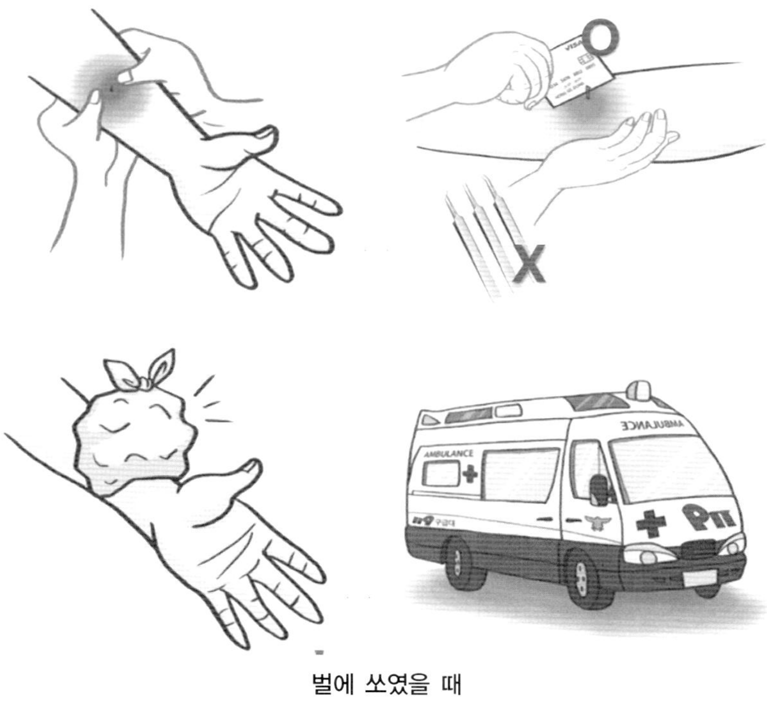

벌에 쏘였을 때

④ 뱀에 물렸을 때

우리나라에는 뱀에 물린 사고가 많지만 독사의 종류는 세 종류 정도이다. 생물학적 분류 상 논란은 있지만 대략 우리나라에는 살모사, 까치살모사, 불독사 3종의 독사가 있는 것으로 알려져 있다. 독사는 머리가 위에서 보았을 때 삼각형 모양으로 생겼고 일반적으로 독이 없는 뱀과 구별되므로 독사에 물렸을 때는 확인을 위해 뱀을 잡아 나중에 치료방침을 결정하는 데 도움을 주기도 한다. 처치는 환자를 안정시키고, 물린 부위를 물로 씻어내며 깨끗한 넓은 천 같은 것으로 물린 부위의 위, 아래쪽에 적당한 압력으로 묶는다. 이 때 너무 꽉 묶어 전혀 피가 통하지 않게 하면 안되고 정맥피는 몸으로 되돌아가는 것을 막고, 동맥피는 어느 정도 흐를 수 있는 적당한 압력이 좋다.

물린 부위 주위를 움직이지 않게 부목으로 고정시킨다. 또한 몸을 고정시키고 손상부위를 심장보다 낮게 한 다음 빨리 병원으로 이송한다. 뱀에 물렸을 때 주의할 점은 뱀에 물린 상처를 빨아내는 것은 큰 도움을 주지 못한다. 특히 입에 상처가 있는 상태에서 시행하면 구조자의 몸에도 독이 흡수될 수 있다는 것을 명심한다. 또한 된장 등 다른 물질을 상처에 바르는 것은 결코 도움이 되지 않는다. 오히려 상처를 자극하고 더럽히는 결과가 되기 쉽다. 그리고 칼로 상처를 절개하는 것도 도움이 되지 않으며 환자를 안정시키고 움직이지 않게 하는 것이 중요하며 자꾸 움직이면 독이 몸으로 더 퍼질 수 있다.

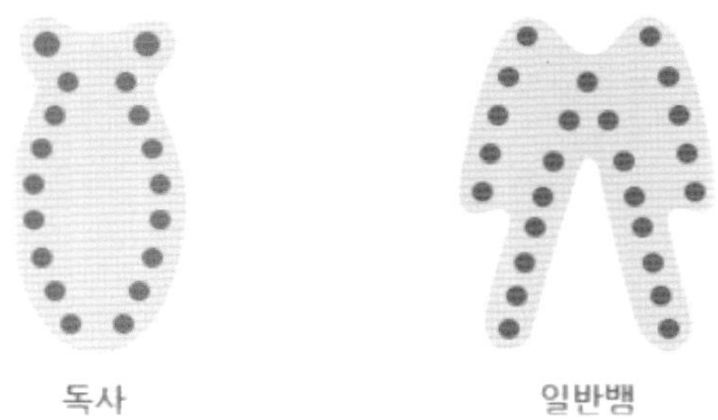

뱀에 물렸을 때: 이빨자국

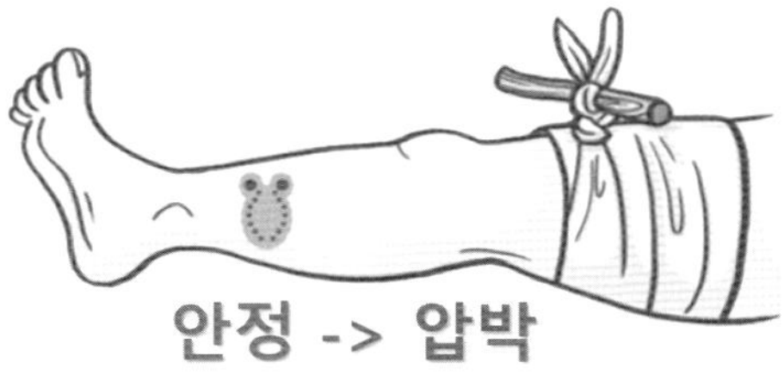

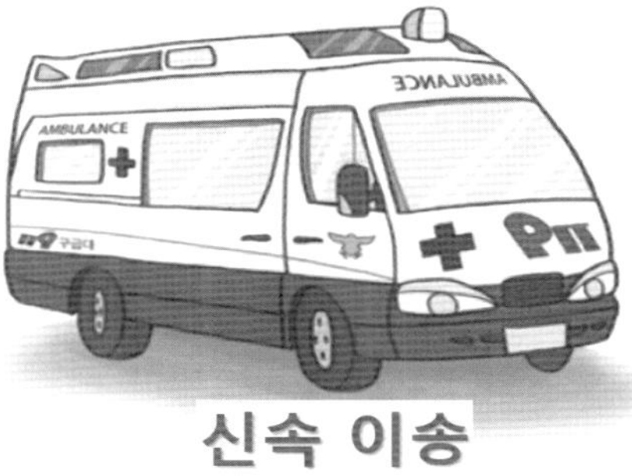

5) 구출

응급 상황은 시간과의 싸움일 수 있고 적절치 못한 이송과 구출은 오히려 환자에게 치명적 피해를 줄 수도 있으므로 올바른 구출법과 이송법을 익히도록 한다.

① 구출

위험한 상황에서 스스로 그 상황을 벗어나는 것은 탈출이라고 하며, 다른 이의 도움을 얻어서 벗어나게 되면 구출이라고 한다. 특히 구출이 전문적인 기술을 요하게 되면 구조라고 부른다. 구출의 원칙의 일차적인 목적은 피해자에게 신체적인 도움을 주는 것이다. 따라서 구출만 하고 구출 후 피해자의 신체 상태가 더 악화되었다면 이는 신속히 구출하지 못한 것만 못하다. 또한 쉬운 방법으로 구출해야 하며 여러 가지 구출의 방법이 있다면 가장 손쉽고 상식적인 방법을 사용한다. 그리고 사전계획을 세우고 순서적으로 구출해야 하며 피해자를 빼내기 전에 처치가 우선되어야 한다. 그러나 현장이 안전하지 못하거나 매우 급할 때는 신속한 구조가 먼저 선행되어야 할 경우도 있다. 무엇보다도 피해자보다 자신의 안전을 우선해야 한다. 자신이 위험을 당하여 또 하나의 피해자가 되면 이미 있던 피해자와 동료들 모두에게 피해를 주게 된다.

구출방법은 일단 현장 접근 및 위험 요소가 있는지 알아보고 위험요소를 조절, 제거해야 하며, 피해자에게 접근하여 긴급한 처치를 먼저 시행한다. 피해자가 구조물에 의하여 갇혀있다면 갇힌 곳에서 행동이 자유도록 구조물을 제거하여 주며, 피해자에게 모든 안전처치를 시행한 후 갇힌 곳으로부터 빼낸다.

전문가가 아닌 일반인의 입장에서 장비나 기술을 요하는 구조를 시행하기는 쉽지 않다. 그러나 구출에 앞서 반드시 그 상황이 구출을 시행할 만큼 안전한지 확인하여야 하며, 구출을 시행하더라도 피해자의 신체 상태에 대한 응급처치는 동시에 이루어져야 한다.

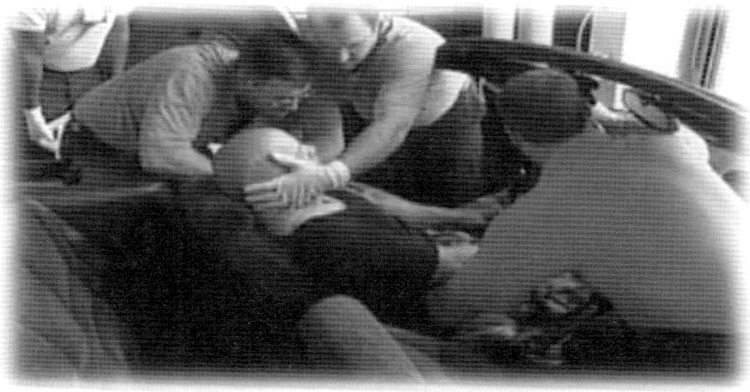

② 이송

㉠ 1인 이송법

1인 이송법은 환자의 자세가 잘 고정되지 않기 때문에 아주 위급한 상황 외에는 권장되지 않는다. 따라서 1인 이송법은 아주 위급한 상황에서만 사용되어야 한다. 그 대표적 종류는 부축하여 걷기(부상이 심하지 않은 보행 가능한 환자에게 사용), 안아 들기(심각하게 다치지 않았지만 보행 불가능한 환자를 이송하는 방법), 안아 끌기

(부상이 심하나 들 수 없는 상황에서 환자를 이송하는 방법), 업기 (신속히 탈출할 때 쓰는 방법) 등이 있다.

1인 이송법" 부축하여 걷기

1인 이송법: 안아들기

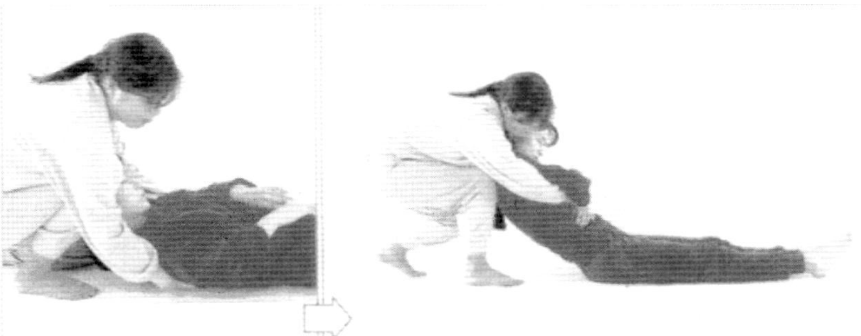

1인 이송법: 안아끌기

1인 이송법: 어깨에 짊어지기

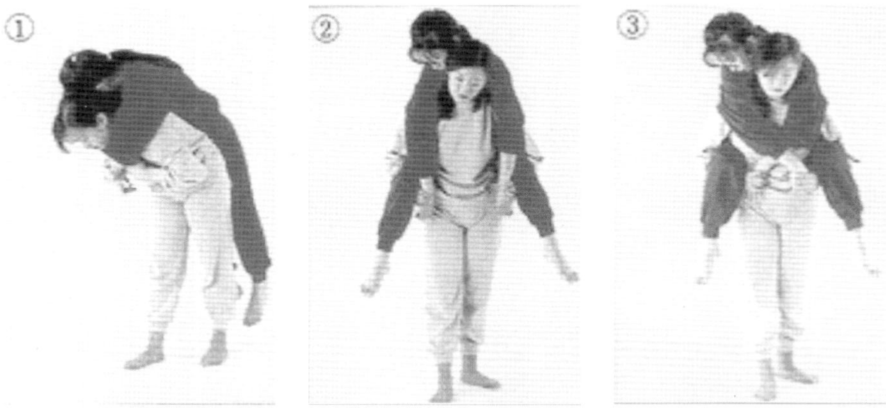

1인 이송법: 교차양손업기, 무릎밑양손업기, 교차무릎밑양손업기

㉡ 2인 이송법

2인 이송법의 대표적 종류는 다음과 같다.

- 가마 태우기: 팔이나 어깨가 사용 가능하며 의식이 있는 환자에 사용
- 그네 태우기: 팔이나 어깨가 사용 가능하며 의식이 있는 환자에 사용
- 2인 안아 들기: 만약 팔이나 어깨 손상 시는 이 방법을 이용하지 않는다.

2인 이송법: 팔이나 어깨가 사용 가능한 환자

2인 이송법: 팔이나 어깨가 손상된 환자

㉢ 다인 이송법

다인 이송법의 대표적 종류로는 담요로 들기(담요가 있고 여러 명이 이송 가능할 때 사용), 팔 겹쳐 들기(기구가 없고 여러 명이 이송 가능할 때 사용), 들것 사용하기(가장 이상적이며 들것이 있고 여러 명이 이송 가능할 때 사용) 등이 있다.

다인 이송법: 기구가 없을 때

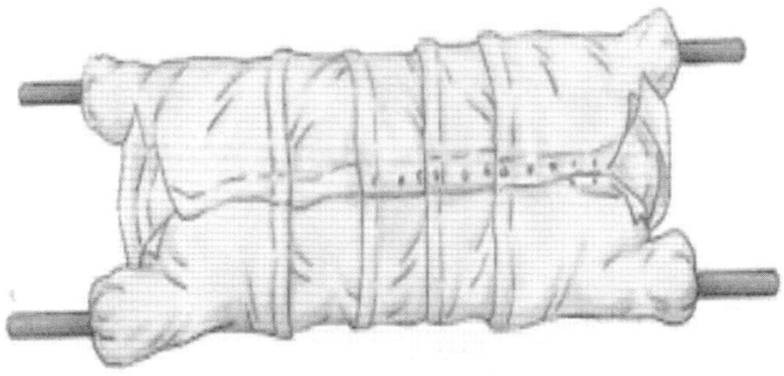

다인 이송법: 옷으로 들것 만들기

다인 이송법: 이불로 들것 만들기

다인 이송법: 들것 이송하기

6.5 자 살

6.5.1 개념

1) 자살의 의미 및 자살의 요인

자살이란 자기 자신을 스스로 죽이는 것으로써 희생자 자신이 결과를 알면서도 적극적, 소극적 행동에 의해 직접, 또는 타인을 통해 행하는 죽음을 말한다. 그것은 죽음에 대한 의지를 지니고 자신의 생명을 해쳐서 죽음이라는 결과에 이르는 자멸행위라고 할 수 있다.

자살위험요인으로는 개인 심리적, 사회 환경적, 정신, 병리적 요인으로 크게 세 가지로 나눠볼 수 있다.

① 개인 심리적 요인

자살의 원인을 환경으로부터 민감한 개인적인 문제에 의한 것으로 보는 것을 말한다.

- 중요한 목표의 실패에 따른 자책감으로 자기처벌을 하려는 경우
- 학업성적하락, 이성친구 및 동성친구와의 관계실패를 극복하지 못하는 경우
- 자신에게 부당한 대우를 했다고 생각하는 가족, 지인에 대한 보복의 한 형태인 경우

- 주술, 종교 등의 비합리적 신념에 의한 자살(영적 재생을 바라는 무의식적 소망 등)
- 고통으로부터의 해방(정신적 스트레스와 신체적 질환에 대한 탈출)을 목적으로 하는 경우
- 남의 비난에 민감하게 반응하고 높은 기준을 고집하는 완벽주의자의 경우
- 충동적이고 정서적으로 불안정하며 예측하기 어려운 성격인 경우
- 자신을 드러내지 않고 내성적이고 온순한 성격의 소유자

② 사회 환경적 요인

자살의 원인을 개인이 아닌 개인의 평범하지 않은 주변 환경의 문제에 의한 것으로 보는 것을 말한다.

- 가정폭력, 가정불화, 질병, 경제적 어려움, 상실감 등 가정문제로 인한 스트레스
- 부모 사이의 불화, 부모와의 불화, 부모상실, 부모의 이혼, 가까운 친구관계가 깨짐
- 성적부진, 대학 등 입시위주의 경쟁적 교육풍토
- 폭력적이고 선정적이며 생명을 경시하는 대중문화(폭력적 게임, 영화, 자살 사이트 등)
- 기성세대와의 가치관 차이
- 낮은 사회경제적 지위
- 성적 취향에 따른 불편감

③ 정신, 병리적 요인

자살의 원인을 치료를 필요로 하는 개인의 신체적 & 정신적 문제에 의한 것으로 보는 것을 말한다.

- **정신과적 질환**: 우울증, 조현병, 알코올 중독과 같은 정신적 문제로 일상생활에 어려움을 겪는 질환의 유무

- **자살시도의 과거력**: 자살을 시도했던 경험이 있는 사람들이 그렇지 않은 사람보다 38배 정도의 높은 자살 위험성을 보임
- **자살의 가족력과 부모의 현재 또는 과거의 정신질환**: 가족력에 따른 유전 경향성으로 위험요인이 될 수 있음
- **만성신체질환**: 신체적 질병으로 인한 고통은 스트레스의 큰 원인
- **발달적 외상**: 어린 시절 신체적 혹은 성적 학대를 받았던 경험은 자살위험성을 증가시킴

자살문제를 개인적 선택으로 본다면 이는 개인과 가족이 알아서 할 일이 된다. 그러나 사회적 문제로 본다면 막을 수 있는 죽음에서 생명을 구하기 위한 정책이 필수적이다.

자살은 우울증과 연관되어 개인의 정신 건강상태를 보여주는 지표로 개인의 삶의 질과 관련이 높다. 또한 자살률은 사회의 구조적 특성과 사회통합의 정도를 보여주며, 특히 사회적인 급격한 변동이나 불안정성의 증가가 나타나는 경우 자살률은 높아진다. 모든 자살이 삶의 만족도가 낮기 때문에 발생한다고 보기는 어렵지만, 대체로 삶의 만족도와 자살률은 서로 관계가 있다.

2) 생애주기별 자살률 및 그 특징

통계청 자료에 의하면 자살률은 1998년 외환위기 시기에 크게 늘었고 2000년대 들어 다시 증가하였다. 2010년을 전후로 인구 10만 명당 30명을 넘은 적도 있으나 이후 감소 추세로 돌아서 2020년 현재 25.7명으로 집계되고 있다. 한국은 다른 나라들에 비해 자살률이 월등히 높다. 한국의 자살률은 비교대상 국가들 가운데 최상위 수준으로 OECD 평균보다 두 배 가량 높다. 자살률은 남자가 여자보다 두 배 이상 높고 나이가 들수록, 특히 70대 이상에서 높다.

최근 20년간 성별 및 연령별 자살률

(명/십만 명)

	전체	성		연령								
		남자	여자	0~9	10대	20대	30대	40대	50대	60대	70대	80세 이상
2020	25.7	35.5	15.9	0.0	6.5	21.7	27.1	29.2	30.5	30.1	38.8	62.6
2019	26.9	38.0	15.8	0.0	5.9	19.2	26.9	31.0	33.3	33.7	46.2	67.4
2018	26.6	38.5	14.8	0.0	5.8	17.6	27.5	31.5	33.4	32.9	48.9	69.8
2017	24.3	34.9	13.8	0.0	4.7	16.4	24.5	27.9	30.8	30.2	48.8	70.0
2016	25.6	36.2	15.0	–	4.9	16.4	24.6	29.6	32.5	34.6	54.0	78.1
2015	26.5	37.5	15.5	–	4.2	16.4	25.1	29.9	34.3	36.9	62.5	83.7
2014	27.3	38.4	16.1	0.0	4.5	17.8	27.9	32.4	36.4	37.5	57.6	78.6
2013	28.5	39.8	17.3	0.0	4.9	18.0	28.4	32.7	38.1	40.7	66.9	94.7
2012	28.1	38.2	18.0	0.0	5.1	19.5	27.3	30.9	35.3	42.4	73.1	104.5
2011	31.7	43.3	20.1	0.0	5.5	24.3	30.5	34.0	41.2	50.1	84.4	116.9
2010	31.2	41.4	21.0	0.0	5.2	24.4	29.6	34.1	40.1	52.7	83.5	123.3
2009	31.0	39.9	22.1	0.1	6.5	25.3	31.4	32.8	41.1	51.8	79.0	127.7
2008	26.0	33.4	18.7	0.0	4.6	22.6	24.7	28.4	32.9	47.2	72.0	112.9
2007	24.9	31.6	18.2	0.0	4.6	21.3	22.5	26.5	31.3	47.9	78.7	118.2
2006	22.0	29.7	14.2	0.0	3.5	14.0	17.0	25.0	33.6	47.0	74.2	114.1
2005	24.8	33.1	16.6	0.0	4.3	17.9	21.8	28.4	34.7	54.6	80.5	128.1
2004	23.9	32.6	15.0	0.0	3.8	14.1	20.7	29.6	38.2	51.6	82.0	125.5
2003	22.7	31.2	14.1	0.0	4.5	15.3	22.0	28.2	34.9	48.7	72.4	114.4
2002	18.0	24.7	11.2	0.0	3.5	12.6	18.6	22.6	28.3	35.6	60.3	96.7
2001	14.6	20.3	8.7	0.1	3.4	11.2	15.5	18.5	23.9	30.7	44.4	62.8
2000	13.7	19.0	8.4	0.1	3.8	11.2	15.2	19.1	22.3	26.1	39.5	51.8

출처: 통계청, 사망원인통계, 고의적자해

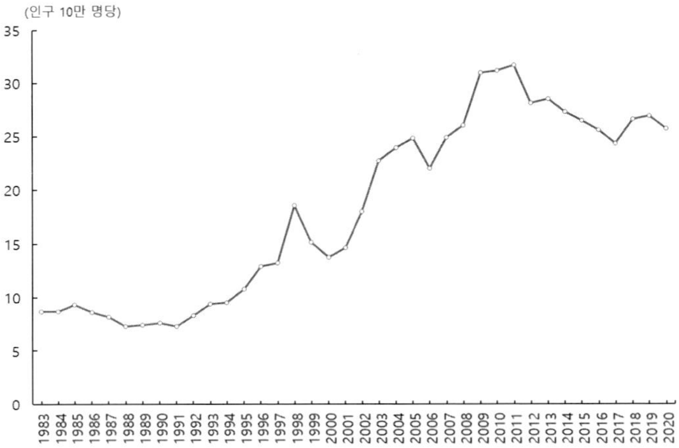

연도별 자살률

실제 우리나라는 15년간 OECD 국가 중 자살률이 한해를 제외하고 1위였다. 동시에 힘들 때 도움을 요청할 사람의 숫자를 묻는 사회적 지지망 지수에서 OECD 국가 중 최하위를 기록했다. 이러한 상황이 높은 자살률과 무관할 수 없다.

① 청소년 자살

㉠ **분명한 동기**: 부모로부터 심한 꾸중이나 심리적 거절, 외모에 대한 고민, 이성친구와의 헤어짐, 성적 저하, 따돌림, 입시 실패 등 대부분 분명한 자살 동기가 있다.

㉡ **충동성, 분노**: 예측이 어려우며 계획적인 경우보다 충동적인 경우가 많고, 분노의 표현으로 자살이라는 수단을 이용하기도 한다.

㉢ **동반자살이나 모방자살**: 타인의 생각과 암시에 영향을 가장 잘 받는 시기입니다. 자신의 또래와 동질성을 유지하고 싶은 욕구 때문에 자신이 좋아하는 또래가 자살문제를 가질 경우 동반자살 또는 모방자살을 할 수 있다. 특히, 동경하는 대상(연예인, 유명인사 등)도 이에 비슷한 맥락으로 해당될 수 있다.

㉣ **낮은 문제해결능력**: 문제를 해결하는 다양한 방법을 습득하지 못한 미성숙한 시기로써, 자살이라는 방법이 그들이 취할 수 있는 유일한 문제해결방법이 되면서 기존의 문제들을 회피하려는 수단이 된다.

㉤ **자살시도가 도움을 요청하는 신호**: 죽기 위해서라기보다 괴로움에 대한 극적표현으로 관심과 도움을 구하는 메시지 일 수 있다.

② 청장년 자살

청・장년층은 가정, 직장, 사회에서 중요한 위치에 있으며, 과업 수행에 따른 심리적, 경제적, 신체적인 변화가 잦으며, 이로 인한 역할상실과 절망감은 자살에 이르게 할 수가 있다. 뿐만 아니라 부모와의 사별, 실직, 퇴직 등과 같은 손실을 경험할 수 있는 시기이며, 이에 대해 심리적으로 상당한 부담을 가지게 된다. 특히 장년층은 자신의 이익과 번영에만 관심을 쏟는 것이 아니라 자식 세대 및 미래에 대한 준비까지 해야 하기에 과업 수행에 따른 부담감이 더욱 크게 느껴지는 시기이다. 청소년, 노인에 비해 경제생활 문제로 인한 자살 사망자 비율이 약 5배 정도 높다.

③ 노년 자살

㉠ 복합적인 요인

- 정신질환(우울증 등), 만성적 신체 질환, 사회・환경적 스트레스 등이다.
- 노년층은 일반 성인에 비해 자살 사고와 자살 시도가 적은 편이나, 자살 사망률은 비교적 높다.

㉡ 자살시도의 치명적인 손상

- 신체 특성상의 취약성, 독거 생활로 인해 자살시도의 조기 발견 가능성 희박, 자살에 대한 욕구가 일반 성인에 비해 강한 편이라 더욱 치명적인 자살시도 방법을 사용한다.
- 자살 사고 또는 계획을 타인에게 알리는 경우가 적은 편이며, 자살 계획을 좀 더 치밀하게 준비하는 경향, 가족 및 주위 지인에게 피해를 주지 않으려는 태도를 보인다.
- 노인은 사회 통념상 가치가 떨어지고 우울하고 죽음에 가까운 존재로 잘못 인식되어 노인의 자살이 간과되는 측면이 있다.

㉢ 소극적인 자살 유형

굶는 방법, 약물남용, 치료약물의 거부, 자기 방임적 태도 등도 자살 행동으로 볼 수 있다.

㉣ 수동적인 죽음에 대한 소망

"하늘이 나를 데려가 줬으면 좋겠다" 등으로 수동적인 죽음을 소망하기도 한다.

3) 자살 예방법

자살은 삶의 연속적 위기에서 발생하는 최악의 결과이다. 우리는 자살문제를 들여다보면서 고통스럽지만 보다 살만한 사회를 만드는 길을 찾을 수 있을 것이다. 결국은 삶의 위기에 빠진 사람들이 공동체 안에서 필요할 때 도움을 받고 회복해 함께 성장하는 사회로 가는 길에 자살예방의 중요성이 있다. 죽음을 생각할 정도로 고통스런 상황에서 그 옆에 마음으로 들어주고 함께 길을 찾는 단 한사람이 있으면 자살을 예방할 수 있다. 예전에 대가족이 담당했던 그 역할을 이제는 사회가, 그리고 지역사회가 가져와야할 시점이다.

① 자살을 생각할 가능성이 있는 경우

- 부모, 형제 혹은 의미 있는 사람, 애완동물의 죽음 등 최근의 관계 상실
- 부모, 형제 등 가족에게 지속적인 학대를 당하고 있는 경우
- 보호받을 수 있는 지지체계가 없는 경우(부모, 가족, 그에 준하는 보호자)
- 등교거부 또는 무단결석을 하고 있는 경우
- 또래 관계에서의 갈등을 가지고 있는 경우 (동성 및 이성 친구)
- 집단 따돌림을 당하고 있는 경우
- 급격한 성적 하락으로 인한 우울감, 절망감을 가지는 경우
- 이전과 달리 집중이 되지 않고 산만하며, 짜증, 분노 표현이 잦아지는 경우
- 조현병, 우울장애, 불안장애 등 정신과적 증상을 보이거나 치료를 받고 있는 경우
- 알코올, 약물 남용을 하고 있는 경우
- 성 정체감 또는 성적 성향으로 불편감을 느끼는 경우
- 이 외의 여러 문제로 인해 절망감, 무력감을 느끼는 경우

② 자살 위험 신호를 확인하는 방법

주변 사람들의 자살 위험 신호를 관찰하기

㉠ 언어적 자살 위험 신호

- 죽음에 대한 이야기를 합니다.
- 자살 계획에 대해 이야기합니다.
- 자살과 관련해서 SNS 등에 자신의 생각을 올립니다.

㉡ 행동적 자살 위험 신호

- 주변을 정리하는 듯한 행동을 합니다.
- 혼자 있으려고 하고 대화를 회피하려고 합니다.
- 자신이 아끼는 소중한 물건을 남에게 주기도 합니다.
- 자살 도구 등에 집착하는 모습을 보입니다.

㉢ 감정적 자살 위험 신호

- 기존의 관심이 있는 것들에 대해 흥미를 느끼지 못합니다.
- '우울하다', '나 때문이다'와 같이 우울감과 죄책감을 표현합니다.

자살위험신호 확인하기

③ 자살 위험 신호를 알았다면

㉠ 이에 대해 물어보고 자살 이유에 대해 들어주기

자살 생각에 대해 물어보는 것은 자살 충동을 일으키지 않고 오히려 자살에 대해 자세하게 터놓고 말할 수 있는 기회가 될 수 있습니다.

자살을 생각하고 있다고 이야기한다면 자살을 생각하는 이유와 삶의 이유에 대해 들어준다면 상대방에게 큰 힘이 될 수 있습니다.

㉡ 자살에 대해 위험이 높다면 전문 기관에 연결하기

자살 충동이 높은 사람이 있다면 혼자 있지 않도록 도와주고 전문기관으로 안내하여 도움을 받을 수 있도록 합니다.

- 긴 끈, 뾰족한 물건 등 자살 도구 폐기
- 함께 있어주기
- 정신건강복지센터, 자살예방센터 등 전문기관 안내

㉢ 자살예방 상담 전화하기

자살예방에 도움이 되기 위해 자살예방 상담전화, 정신건강 상담전화, 생명의 전화와 같은 기관에서 도움을 받거나, 가까운 정신건강복지센터나 자살예방센터를 통해 도움을 받을 수 있습니다.

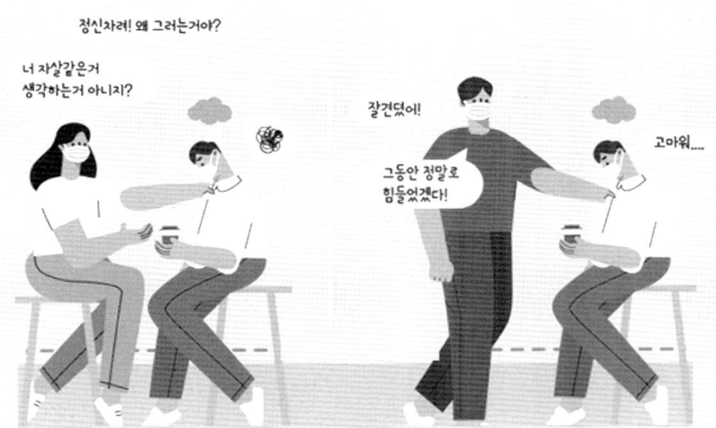

자살에 대한 이야기와 삶의 이유에 대해 들어주기

- 자살 예방 상담 전화: 1393
- 정신건강 상담 전화: 1577-0199
- 생명의 전화: 1588-9191

CHAPTER 03

강의 교수법

1. 강의 기법
2. 교안 작성법
3. 교육프로그램 작성법
4. 피드백
5. 교육 평가
5. 교안 작성법

CHAPTER 03 강의 교수법

1. 강의 기법

인간존중과 생명의 가치

1. 생명의 가치에 대한 윤리적 고찰

생명존중은 모든 생명의 고귀성·유일성·동등성에 대한 인식을 의미한다.

윤리적인 인간은 이 생명 저 생명이 얼마나 값이 나가는지 묻지 않으며
또 그것이 얼마만큼 지각할 수 있는지 묻지 않는다.
삶 자체가 거룩한 것이다.

— 슈바이처(1875.1.14.~1965.9.4.)

생명윤리 → 내재적 규율을 통해 힘의 행사를 약화

2. 생명 존중 사상의 적응적 가치

- 생명체들이 가지고 있는 형질은 많은 부분이 적응의 결과
- 생명존중 사상 역시 생존을 유리하게 만든다.

'생명 존중 사상'의 적응적 가치

3. 인간존중, 인류의 보편적 가치

우리는 안전하게 살고 있는 것 같지만 끊임없이 생명의 위협에 시달리고 있습니다.

생명을 지키는 일, 우리 모두의 책임입니다.

인간은 성스러운 존재: 스토아 철학의 세네카(B.C.4–A.D.65)

프랑스 혁명: 인간의 존엄에 대한 요구

천부인권사상: 존 로크

- 자기를 인식할 수 있다
- 자주적으로 행동 → 도덕적 주체
- 유혹, 권력에 대항하는 용기와 자존심

HUMAN RIGHTS

인간의 존엄성: 절대(Absolute), 가치(Value)

매슬로 욕구 단계 이론

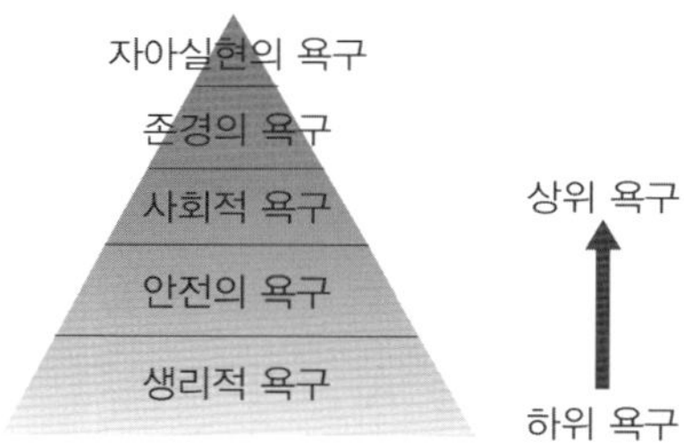

유엔 헌장: "인간의 존엄과 가치 및 기본인권의 불가침성"

4. 생명존중과 안전교육

생명존중 선언문

생명은 소중하다. 우리는 생명을 무엇보다 더 사랑하고 존중해야 한다. 인간은 생명이 있음으로써 행복을 비롯하여 여러 가치들을 추구하며 살 수 있다.

우리 사회에 만연한 이기주의, 물질만능주의, 다른 사람에 대한 배려 부족, 지나친 경쟁 위주의 교육 등은 인간의 생명을 경시하는 원인이 되고 있다.

우리는 이를 극복하고 생명존중을 위한 핵심적 가치들을 구현함으로써 우리의 삶과 사회를 좀 더 평화롭고 조화롭게 만들어가야 한다.

안전의 가치 = 최우선의 가치

안전교육

제반의 안전사고의 가능성과 위험을 제거할 목적으로 인간의 행동 변화와 물리적 환경에서 발생한 상황 또는 상태에서 인간에게 위험을 줄 수 있는 요건에 대해 적극적으로 대처하는 방법을 익히는 일련의 과정(이재민 2011)

교수설계 개론

1. 안전전문 교수자의 역할

나(교수자)의 역할은?
전달 VS 촉진

■ **교수자의 역할**

Instructor(정보제공자)	Facilitator(학습조력자, 촉진자)
• Present information & direct structured learning experiences • 강의: 제시 → 연습 → 피드백 → 활동	• manage group discussions & group process so that group members fell the experience is positive • Project, Problem-Based Learning • team based learning

가르치는 수업인가요? OR 배우는 수업인가요?

Teaching VS Learning

- Teaching for Teaching: 가르치고 싶은 것을 어렵게 쫓기듯이 가르친다.
- Teaching for Learning: 꼭 배울 필요가 있는 것을 쉽게 가르친다.

나 혼자 수업

- 많은 내용을 가르치기 위해서 숨 돌릴 여유 없이 수업을 진행하는 현상 → 수업목표, 핵심이 무엇인지?
- 학생 이해 여부와는 상관없이 교수자가 설정한 진도를 나가는 현상
- 수업 중간중간에 '학생의 이해 여부'를 확인 안 함
- 수업 중에 효과적으로 학습 동기 및 학생 참여를 유발/유지시키는 전략을 사용하지 못함
- 학생과 적극적으로 '커뮤니케이션'하지 않음

■ 커뮤니케이션 방해 요소

외형적인 수업 행동 측면	교육매체 활용 측면
• 목소리 톤, 목소리 크기, 시선, 몸동작 및 동선 등 • 작고 단조로운 목소리 톤, 지루함	• 판서, 그림, 사진, 동영상을 포함한 PPT활용 등 작은 글씨나 그림

■ 커뮤니케이션 구성 요소

- 메러비언의 법칙(the law of Mehrabian)

말의 내 용(언어)	청각적 요소(목소리, 톤)	시각적 요소(바디랭귀지)
7%	38%	55%

- 언어 : 7%
- 비언어 : 93% – 몸통작, 목소리 / 강의 진행 강의 구성

학생을 방해하는 수업행동들

안절부절, 무의미하게 이리저리, 몰입이 안 돼요, 빠름, 웅얼거림, 작고, 단조롭고, 스크린과의 대화, 매미형, 어려워요, 내용이 너무 많아요, 핵심이 뭐지?, 지루해요, 졸려요, 진행 속도가 너무 빨라요

Best 안전교육강사로서 필요한 것

- 열정
- 교육생과의 상호작용 능력
- 주제에 대한 전문지식
- 새로운 교육방법의 적용능력
- 강의스킬

Best 안전교육강사로서 필요한 것은?

1. 현장감 있는 교육
2. 타당성 있는 교육
3. 전문 기술 업무 수행능력
4. 교육 관심 높이기
5. 교육과정과 조직 목표 일치
6. 교육내용의 내실화
7. 교육과 현업의 유기적 관계
8. 강사를 통하여 간접 경험 습득
9. 상호 의사소통의 기회

■ VUCA 세상에서 Learning은 매우 중요

Volatility Uncertainty Complexity Ambiguity

- 매킨지가 2015년 트렌드 키워드로 선정한 VUCA

변동성	불확실성	복잡성	모호성
(Volatility)	(Uncertaunty)	(Complexity)	(Ambiguity)

- 계속 변화하지만 복잡하며, 확실하지도 않은 모호함이 가득한 정보와 지식을 배우고 활용해야 하는 이러한 사회에서, '배우는 능력'은 더욱더 중요한 생존도구가 된다.
- 경영학 지식을 갖춘 전공자 VS. 어느 낯선 분야도 가장 효율적으로 빨리 알 수 있는 능력(기술)을 가진자, 세상은 갈수록 메타인지를 가진 인재를 더 원하게 될 것이다.

학습은 어렵다!

■ How many people change?

70% 학습을 시도함	학습에 대해 긍정적 태도 그러나 박스 안에 갇혀 있어 박스 밖으로 나가지 못함
15% 전이 성공	학습을 통해 Change Behaviors
15% 학습에 관심 없음	

교육과정(curriculum)

- 라틴어 쿠레레(currere)에서 기원
- 말이 뛰는 길(course of race)

학습을 위한 방법과 명확한 지침을 준비해야 한다.
이것이 교수체제 설계

교수체제설계는 수업의 청사진과도 같다.(Blue Print)

교수체제설계

- 설계지향적(≠기술지향적)이다.
- 수업 방법과 상황 규명
- 보다 세분화된 방법 제공
- 개연적(≠결정적) 방법을 제공

■ **교수체제설계의 고려사항**

학습 요인	• 학습자 성별, 나이, 학년, 지적 수준, 사전지식, 경험 • 학습내용, 난이도 • 학습동기	
교수 요인	• 교수자 나이, 성별 • 감정, 동기, 경험	• 교육적 역할, 수준, • 교수 방법, 전략, 설계
기타 요인	• 수업시간 • 교실환경 • 사용 매체 • 예산	• 소속기관 • 조직 목적, 의도 • 교수 내용

교수체제설계

학습내용, 학습자, 환경 등이 주어졌을 때 학습자 요구에 맞는 내용을 체계화하고 설정된 교수목표를 성취하는 방법을 계획하고 개발하는 과정

2. 안전전문교육을 위한 교수설계 방법론

■ **과정개발 모델**

ISD	CBC	DACUM
Instructional System Design	Competency Based Curriculum	Developing A Curriculum:

■ **ISD 모델**

개념	현재와 바람직한 상태의 갭을 해소하기 위해 교육 필요 지점을 찾고 이를 교육프로그램으로 반영하여 교육과정을 설계하는 것
사용 범주	직무 중심의 교육과정 설계, 새로운 이슈의 규명과 전달
절차	교육목적 규명 - 직무, 요구분석 - 설계 - 개발 - 실시 - 평가 *반드시 교육 결과에 대한 평가가 수반되어야 함
참고 사항	보안이 필요하거나 새로운 직무지식, 스킬, 위주로 교육 내용 구성

■ CBC 모델

개념	바람직한 성과를 바탕으로 성과를 창출할 수 있는 필요 역량과 각 역량의 typical Action을 도출하고 typical Action별 KSA를 도출함으로써 성과를 낼 수 있는 역량요소를 개발하는 것
사용 범주	계층, 직책중심의 과정 설계
절차	기대되는 성과 규명-성과를 나타내는 역량도출-역량을 구성하는 전형적 행동요소 도출-행동요소별 KSA 도출-설계-개발-실시-평가
참고 사항	커리큘럼의 구성은 교육대상자의 역량개발 필요에 따라 종합적인 커리큘럼, 단위역량별 커리큘럼 등으로 다양하게 개발할 수 있음

■ DACUM 모델

개념	특정직부를 세부적으로 분석하여 해당 직무를 수행하기 위해 필요한 각종 지식, 스킬, 태도 등을 우선순위에 따라 분석하고 이를 토대로 해당 직무를 효과적으로 수행할 수 있도록 지원하는 프로그램을 개발하는 것
사용 범주	직무 중심의 교육과정 설계
절차	오리엔테이션-직무 개요-책임(의무) 영역 도출-수행 특정 임무 도출-임무, 의무 내용 검토 및 논술-임무, 의무에 대한 내용 정렬-필요사항 목록 작성-다른 기타 선호되는 사항 점검
참고 사항	직무분석을 통하여 교육과정 개발을 하는 접근방법으로, 교육의 우선순위를 정하고, 현재 최적의 교육과정을 정의할 때, 새로운 교육프로그램 개발 시 적합한 모델

■ 과정개발 모델의 비교

구분	ISD	CBC	DACUM
과정개발 방법	직무분석	역량분석	직무분석
분석의 포인트	교육요구가 있는 해당 직무의 분석을 통하여 기대수준과 현상의 갭 해소를 위해 교육이 필요한 KSA의 도출	직책, 직무별로 우수 성과자의 역량과 이에 따른 전형행동을 분석하고 행동별 KSA를 도출	직무별 우수수행자에 의한 직무분석을 바탕으로 직무수행에 필요한 KSA를 도출
주요 분석자	교육 담당자	교육 담당자	직무 수행자
교육내용	보완이 요구되는 KSA	전체 또는 단위역량별 KSA	우수한 직무수행에 요구되는 KSA
개발 프로세스	요구분석/평가단계 중요	역량분석 이후 동일	직무분석 이후 동일
적용 대상과정	직무교육(개선 or New)	계층별 교육, 직무교육(기본교육)	직무교육(기본교육)
장점	1. 교육목적에 부합되는 교육내용 2. 실제의 문제점 해결에 적합	1. Best Practice의 제시 2. 인재육성을 위한 로드맵 3. 교육 모듈의 다양화 기능 4. 비용 및 개발시간의 절감	1. Best Practice의 제시 2. 실제 업무와 상관성이 높은 부분 도출 가능 3. 비용 측면에서 효과적임

단점	1. 단순 문제점 해결에 치중 2. 외부요인에 의한 직무분석의 반복 3. 직무분석의 오류에 의한 문제 발생 4. 개발시간과 비용의 과다	1. 상황의 변화에 대한 적용성이 떨어짐 2. Focus 그룹에 의한 역량 오류 가능	1. SME 주관개입으로 직무분석 오류 2. SME 선발의 문제 3. 상황 변화에 따른 적응성이 떨어짐

■ **교수체제설계(Instrucional Systems Design)**

학습자와 경영상의 욕구를 파악하여 이를 충족시킬 수 있는 교육적 해결대안을 제시하고, 제시된 해결대안을 실행하기 위해 교육대상, 목표, 내용, 방법. 매체 등을 분석, 설계, 개발, 실행, 평가하는 일련의 체계적인 접근방법

현실적 문제점을 해결하기 위한 과정 개발

* 체계적이다? 수업 과정에 있어서 적어도 목표와 방법과 평가의 활동이 서로 유기적이고 상호보완적 작용의 관계를 유지하는 것

교수설계 방법론

1. 교수설계방법론: 분석

■ **도식화한 교수체제설계 ISD 모델**

구분	단계	주요 내용	주요 Output
Plan	분석(Analysis) ↓↑	• 조직의 요구(수행문제) 분석–문제 파악 및 원인 분석 • 교육 니즈 분석 – 직무/과제분석 – 학습자분석	→ Instructional Goal(교육목적)
	설계(Design) ↓↑	• 학습목표 기술 • 내용영역 설정 • 교수전략/기법 선택 • 평가전략 수립	→ Blueprint(과정개요)
	개발(Development) ↓↑	• 과목 내 세부활동개발 • 학습자료개발(교재 등) • 평가도구 개발 • Pilot Test 및 보완	→ Lesson Plan & Materials (수업계획, 교재/교보재)
Do	운영(Implementation)	• 학습환경 조성 • 교육 운영	→ Delivery(실제과정 운영)
See	평가(Evaluation)	• 평가 실행 • 결과보고서 작성 • 결과 활용	→ 교육 효과성 (과정평가 결과보고서)

■ 교수설계 모델

분석	• 요구 분석 • 환경분석	• 학습자 분석 • 직무 및 과제 분석
설계	• 수행목표설정 • 구조화	• 평가도구설계 • 교수 전략 및 매체 선정
개발	• 교수자료 개발 테스트 및 수정	• 제작
실행	• 사용 및 설치	• 유지 및 관리
평가	• 교육훈련성과 평가	

■ 분석단계

요구분석	• 이해관계자의 명확한 정의: 개인, 팀, 조직 • Performance가 낮은 이유 결정 • 교육/교육 외적 문제의 구별 ▶ 교육적으로 해결할 수 있는 문제 기술
교육대상자 분석	• 학습자의 선수지식과 Skill • 일반적 특성: 연령, 성별, 학력, 직무, 직위 등 • 학습유형, 학습자들이 선호하는 학습방법 ▶ 교육대상자에 따라 학습내용을 달리하기 위해서
직무/과제 분석	• 대상자들의 일, 방법, 성과에 대한 시스템적 조사 • 비공식적 업무 파악–인터뷰 • 공식적인 업무파악–직무기술서 요청 서류/문서 검토 ▶ 요구분석에서 나타난 영역을 세부적으로 분석
환경분석	• 새로운 내용을 습득하는 학습환경의 특성 분석 • 습득한 지식, 기술, 태도를 활용하는 직무환경 분석

요구분석

요구(Needs)란? 현재 상태와 바람직한 상태와의 격차(Gap)

현재의 상태	Gap	미래의 바라는 상태
As is	요구=문제	To be

• 현재 상태와 바람직한 상태와의 격차(gap)를 결정
• 그것의 본질과 원인을 점검
• 미래의 행동을 위한 우선순위를 찾는 체계적인 행위

■ 분석단계: 요구분석/ Brinkerhoff의 요구에 대한 4가지 관점

1. 수행결핍	• 하고 있는 것과 해야 할 것 사이의 차이
2. 민주적 관점	• 많은 사람들이 원하고 선호하는 것 • 집단의 다수에 의해 요구되는 바람직한 변화
3. 진단적 관점	• 원래 기준이 되어야 하는 원칙이나 개념, 절차, 원리 등에 문제가 존재하여 요구가 발생하는 경우
4. 분석적 관점	• 수행성과를 향상시키기 위한 방법을 찾는 관점 • 전문가의 의견, 직관, 통찰력 등을 사용하여 요구를 추출

■ 조직요구분석

조직/기관요구 정의	요구발생 배경파악	수행문제/원인 및 해결방안	교육과정 개발 필요성 확보

• 조직 요구분석의 내용

구분	분석내용	분석도구	산출물
조직/ 기관분석	정책, 제도, 지침	문헌분석	교육의 필요성 교육주제/내용
	조직, 기관 재개편 (신규조직 개설 등)	문헌분석	
	조직, 기관요구	인터뷰 또는 설문	

• 요청기관의 방침, 전략을 이해하고, 기관에서 요구하는 교육목적을 정확히 파악하기 위함
• 교육과정에 있어서 정책적 필요성이나, 관련 부처의 필요에 의해 구성되는 경우가 있으므로 중요함

■ 분석단계: 조직 요구분석 사례

수행문제/원인		해결방안	교육 해결방안
안전보건담당자가 재해처리역할을 원활히 수행하지 못했다.	재해 처리 수행프로세스에 대한 명확한 공식자료가 없다.	재해처리 프로세스에서의 key point를 정립한다.	제도적으로 해결한다.
		재해처리 프로세스에서의 key point를 보급한다.	교육과정으로 해결한다.
	일부 전문가들만 재해처리 프로세스를 이해하고 있다.	재해유형별 안전보건담당자에게 재해처리와 관련된 명백한 역할을 규정한다.	제도적으로 해결한다.
		재해유형별 안전보건담당자가 재해처리와 관련된 명백한 역할을 수행한다.	교육과정으로 해결한다.
		재해 관련 법규(산업안전보건법, 산업안전재해보상법)에 대한 지식을 제공한다.	교육과정으로 해결한다.

■ 분석단계 / 환경분석 방법

구분	분석내용
과정 개발의 제약조건을 기술	• 제약조건에는 인적, 물적 제약조건 및 개념적, 기간적 제약조건을 기술
기존 교육자료 기술	• 교육내용과 관련 참고할 수 있는 도서, 논문, 웹사이트 등을 파악 • 개발하려는 교육과정과 관련성이 높은 기존의 교육자료 등 제시 (과거 국립방제교육연구원의 교육과정 또는 외부교육기관의 유사한 교육과정)
교육과정 체계도상 위치를 기술	• 교육과정체계상에서 개발하려는 교육과정이 차지하는 위치를 기술
과정개발 협력자 기술	• 교육과정 개발에 도움을 줄 수 있는 조직 내·외 인적자원과 기여할 수 있는 영역 기술 • 교육내용과 관련하여 전문지식을 갖고 있거나, 관련 직무에 오랜 경험이 있는 교육원 내·외부, 각 부처, 외부 전문가를 의미하며, 전문가들의 자문을 통해 교육과정 개발에 도움을 받을 수 있음 • 향후 사내강사로 활용할 수도 있음
종합환경 기술	• 국립방재교육연구원의 특성을 고려한 전반적인 교육개발 환경을 기술

교육생 분석

1. 출발점 행동 확인
   • 출발점 행동이란 학습내용과 관련하여 학습자가 이미 알고 있는 행동이다.
2. 일반적인 학습자 특성
   1) 학습자 공통 특성
      • 학습자들이 처한 환경 및 연령, 학습능력, 학습 스타일 등의 일반적인 특성을 분석하는 것은 교수-학습 활동 설계나 사례 개발, 매체 선택에 중요한 영향을 미치게 된다.
   2) 개인의 학습자 특성: 킨처(1997)의 학습 스타일

1. 시각형 학습자	2. 청각형 학습자	3. 근육지각형 학습자
• 눈으로 보는 것을 가장 잘 이해하고 기억하는 유형 • 표, 그래프, 도형 등의 시각자료를 많이 제공하거나, 이것들을 스스로 만들도록 격려하는 것이 좋다.	• 소리로 들을 때 학습을 잘 하는 유형 • 말로 설명을 해주고, 이해가 안 되는 부분은 그룹 또는 혼잣말로 정보와 생각을 스스로 이야기하게 함으로써 학습 효과를 향상시킬 수 있다.	• 신체를 통해 정보를 체득할 때 학습이 잘 되는 유형 • 몸을 움직이며, 사람들이나 물건들과 상호작용하면서 학습하도록 배려한다.

3) 개인의 학습자 특성:Grow(1996)의 '단계화된 자기주도 학습 모델'

1. 의존적인 학습자	권위적이고 전문가적인 교수가 바람직하다.
2. 관심 있는 학습자	교사는 열정과 동기 부여를 통해 학습에 흥미를 불어넣어 주고, 학습목표 및 궁극적으로 무엇을 수행해야 하는지를 명백히 알려줘야 한다.
3. 참여적 학습자	정보를 가르친다기보다는 세미나 또는 협력 학습, 프로젝트 수행 등의 참여활동을 촉진하여 이들이 스스로 목적을 달성하도록 배려한다.
4. 자기주도적 학습자	학습자와 의논하여 학습목표와 학습계획을 사전에 결정한다. 즉, 학습자에게 권한을 대폭 위임한다.

■ **생애주기별 안전교육 분석-실습**

구분	내용	세부내용	비고
요구분석	• 요청부서		
	• 교육의 목적		
	• 요청부서의 요구사항		
	• 이전 교육의 문제점		
	• 요구사항의 해결방안(제도/환경, 동기부여, 교육 등)		
교육생 분석	• 기관명/업체명		
	• 대상연령		
	• 성별/인원		
	• 선수 교육 이수 여부 및 내용		
	• 교육생 특징(동기, 태도, 수준 등)		
	• 특기사항		
환경분석	• 교육장 형태(스쿨식, 모둠형태 확인)		
	• 기자재		
	• 교육시간(오전/오후, 강의시간)		
	• 기타		

2. 교수설계 방법론: 설계

■ **설계단계**

학습목표기술	• ABCD Rule에 의해 목표를 기술 – Adience　　– Condition – Behavior　　– Degree ▶ 목표기술의 이점
평가전략 수집	• 평가유형 선택: 필기, 역할연기, 관찰 • 과정평가 설문구성 • 진단/형성/총괄평가/강의평가

계열화=수업설계	• ARCS이론 • 계열화 내용의 기법 - 낮은 → 높은 스킬 시작 → 최종 단계 - 단순 → 복잡 - 쉬운 → 어려운 것 • 계열의 중요성 판단 - 내용 간의 복잡성 - 교수 시간 - Topic 간의 상호관계
교수전략 및 기법선택	• 학습내용과 학습 활동을 가장 효과적으로 성취할 수 있는 교수전략과 교수매체 선정 • 내용제시: 교수순서, 내용, 사례 • 학습자참여: 연습, 피드백 • 매체형식: 교재, 그래픽, 오디오, 비디오

■ 설계단계: 목표의 기술방법

구성요소	기술방법	목표기술의 이점
• Audience[대상] • Behavior[행동] • Condition[조건] • Degree[기준]	• 구체적으로 기술 • 대상이 명확하면 생략 가능 • 검증, 관찰, 측정이 가능할 것 • 학습자에게 주어지는 자원 • 바람직한 행동을 수행할 수 있는 상황 • 가능하면 현장과 유사한 수준에서 • 양적/질적 수행 정도 • 실수의 허용도	• 목표달성여부의 확인 • 평가에 용이(목표설정에 이미 평가방법이 내재) • 교육내용의 선정기준 • 조직의 목표와 연계성 확인 • 효과성과 효율성 제고

■ 수업 설계

수업의 3단계

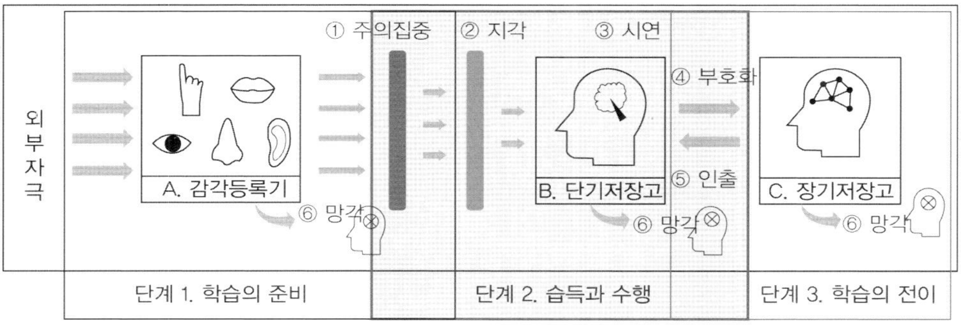

사전 수업활동 → 내용의 제시 → 학습자 참여 → 평가 → 후속활동

수업설계 – 구체적 수업절차

• 사전 수업활동: 수업을 시작하기 전에는 학습자가 학습에 준비되도록 만드는 것이 핵심

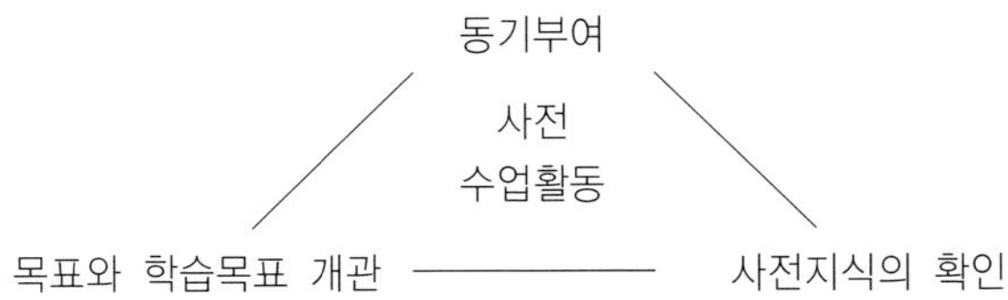

사전 수업활동

• 동기 부여하기
  – 사전 수업활동에서의 학습동기는 '유발적 동기'를 의미
  – 켈러(keller, 1987)는 학습동기를 ARCS의 네 가지 요소로 제시

주의집중(Attention)	내게 관심이 있는 것인가?
관련성(Relevance)	나의 개인적 요구를 반영하는 것인가?
자신감(Confidence)	이것을 배울 수 있을까?
만족감(Satisfaction)	나의 흥미를 만족시키는가?

내용의 제시

• 목표와 명확하게 관련된 내용만 순서에 맞추어 제시하기
  – 논리적으로 조직
    전체 → 부분, 간단 → 복잡, 쉬운 것 → 어려운 것
  – 중요한 내용 강조, 다양한 사례 활용
  – 각 개념을 어떤 형태, 어떤 사례를 통하여 설명할지에 대한 결정 필요
  – 사례와 비사례를 비교론적 관점에서 제공하는 것도 효과적
  – 하위 단계 지식에 대한 완전한 숙달은 필수

학습자 참여

학습에 대한 연습의 기회는 내용에 대한 파지를 높일 수 있음

1. 연습은 학습한 내용에 대한 이해수준을 보여주는 역할과 장기기억에 저장된(될) 정보를 회상하도록 함
2. 연습은 교수자의 피드백과 함께 제공될 때 그 효과가 극대화됨
   • 피드백
     – 정/오적, 교정적 성격을 지님
     – 강화의 기능 수행

■ 수업설계: 평가 및 마무리

- 평가는 학습자의 수행수준이 과연 수업목표에서 요구하는 사항을 정확히 반영하고 있는지에 대한 정확한 판단을 요구
  1. 교수자가 요구하는 수행을 하더라도 그것이 단순 암기에 의한 것일 수 있음
     → 이 경우 동일한 법칙이 작용하는 다른 사례를 통하여 확인하는 것이 바람직
  2. 요구하는 수행이 정확하게 수업목표를 반영하는지에 대한 꾸준한 관심 필요
  3. 주요 내용에 대한 반복은 기억의 향상과 학습내용의 구조화에 기여

■ 설계단계: 교수전략 및 기법선택 수업방법

목적	교육방법	특성	활용방법	유의사항
지식	강의	• 단시간 내 다수에게 대량의 정보제공 • 교육효과 낮음 • 강사의 자질에 좌우	• 기본지식, 공통개념 소개	• 시청각 교재활용 • 중요한 키 포인트에 질문방법사용
	시범	• 실제 실물을 보거나 직접 조작함 • 비용과다	• 기기사용법 • 조작법 교육	• 시범준비, 강사는 기기에 대해 완전히 마스터할 것
태도	토의법	• 흥미 끄는 정도가 강함 • 토의 중 경험,정보 교류 • 동료의식 좋아짐 • 정보량이 적음	• 해결방법이나 아이디어 개발 시 • 문제의식, 문제공유를 위해서	• 주제에 대해 무관심한 참여자의 적극적인 참여 촉진
	역할연기 (Role play)	• 장시간 소요 • 촉진자의 능력 중요 • 상대편의 감정이해 • 적극적인 의사소통 가능	• 접객응대, 전화응대 • 회의진행 방법 • 대인관계 스킬 (면전, 상담 등)	• 평가체크리스트 활용 • 녹화를 통한 피드백
행동	사례연구	• 판단기준 내면화 기능 • 행동으로 전환용이 • 유연한 사고 전환 • 사례개발 및 시간 노력소모	• 상황분석력이나 문제해결 능력을 높일 경우	• 개인 연구시간을 충분히 줄 것 • 적극적인 토론추진
	과제법	• 강의, 워크숍 • 동기부여 되지 못할 경우 학습효과 저조	• 집합교육의 사전 학습으로서 활용	• 치밀한 후속조치

3. 교수설계 방법론: 개발, 실행, 평가

■ 개발단계

학습자료 준비	• 설계 단계에서 만들어진 청사진에 따라 실제 수업 또는 수업자료를 개발하고 제작 • 연습 및 피드백 활동 제작 • 필요한 자원 정보 추가
매뉴얼 제작	• 학습자용 매뉴얼 • 강사용 매뉴얼 → 교재용과 강의용 매뉴얼이 같을 필요는 없음
시범실시	• 학습대상자 중 소수 인원을 통한 Formative Evaluation • 실제 학습상황을 통한 수정 • 내용 및 매체전문가를 통한 피드백
교재/매체 제작	• 대부분의 기업이 외부에 주문하여 제작함 • Instruction 구조화 • 교수전략에 맞게 간결하게 명확한 그림 및 삽화 사용 제작

■ 형성평가

• 분석에서 교수자료개발 단계까지 이루어진 후 수정보완을 목적
→ 실제 수업을 실시하기 전에 개발된 수업자료, 프로그램, 매체, 평가도구 등을 검증함으로써 타당성 및 신뢰성을 확보하는 것
- 형성평가의 결과에 따라 개발된 자료들은 또다시 수정이 이루어짐
- 이후 수업자료 및 프로그램 제작 등을 실시

■ 실행 및 평가 단계

실행	평가
실제로 학습대상자에게 개발된 코스를 학습하게 하는 단계	수업 프로그램의 가치를 판단하는 총괄평가 실시
• 학습촉진 분위기 조성 – 경영자로부터 공개적인 지원 확보 – 비공식적 여론주도 리더를 파악하고 그들의 지지를 얻어낸다. – 강사양성 과정 실시 • 유지/보수 – 모니터링 메커니즘을 만든다. – 학습에 필요한 교보재 및 장비 점검 및 준비 – 프로그램을 질적으로 계속 혁신시킨다.	• 다단계 평가→Kirkpatrick – L1: 반응평가(설문서, 교육 만족도) – L2: 학습평가(교육목표 달성도) – L3: 행동평가(현업적용도 평가) – L4: 업적평가(성과기여도) – L5: ROI(Return of Investment) $\frac{\text{프로그램 이익} - \text{프로그램 소용}}{\text{프로그램소용비용}} \times 100$

평가단계

■ 총괄평가

- 수업이 완전히 끝난 후에 실시하는 것
- 목적: 수업프로그램을 계속 사용할 것인가, 새로운 수업프로그램을 채택할 것인가에 관한 결정을 수행
  - 프로그램과 목적 간의 일치도
  - 수업 프로그램에 제시된 내용을 완벽성과 정확성
  - 수업 전략의 양호도, 유용성, 학습자의 대한 영향
  - 학습자의 성취도, 태도
  - 교사의 태도 및 수행 요건별 프로그램의 장단점

■ 작성실습

지도일시	○○○○.○○.○○.○교시	지도대상	○학년 ○반	지도교사	○○○
활동명				차시	1/1
본시학습목표	1. 화재 예방법과 발생 시 대처법을 설명할 수 있다. 2. 화재 시 소화기 사용 및 심폐소생술을 실행할 수 있다.				
교수학습 모형 및 방법	직접 교수모형, 소집단 협동학습모형				
학습자료	교사		학생		
	ppt자료		소화기, 심폐소생 실습용 인형		

지도 단계	학습내용	시간 (분)	교수・학습활동: 교사활동	교수・학습활동: 학생활동	자료 및 유의점
도입 (5″)	인사 및 학습준비	2″	• 학생들과 인사를 하고 자기소개를 하며 학습 분위기를 조성한다.	• 교사와 인사를 한 후, 교사의 소개를 들으며 수업에 임할 준비를 한다.	
	학습동기유발	3″	• 최근 안전사고가 빈번하게 일어나고 있음을 상기시키고 특히 화재에 대한 우리의 안전 불감을 상기시켜 올바른 대처법에 대한 학습동기를 유발시킨다.	• 교사의 설명을 경청하고 안전 사고 문제에 대해 반성적으로 사고한다.	(자료) ppt (유의점) 학생들이 학습 목표를 직접 읽도록 한다.
	학습목표확인	1″	• 학습목표를 제시하고 학생들에게 확인하도록 한다.	• 학습목표를 인지하고, 배울 내용에 대해 생각해 본다.	
전개 (40″)	강의활동 1 강의	10″	• ppt를 사용하여 화재의 예방, 대피, 대처법을 직접적으로 설명한다(직접교수모형 중 설명하기).	• 교사의 설명을 경청하고, 교사에게 질문을 받았을 시 적극적으로 참여한다.	(자료) ppt (유의점) 질문을 통해 대답을 유도하는 등 학생들의 주의가 흐트러지지 않도록 조절한다.
	: 화재 예방, 대비, 대처	5″	• 강의가 끝나면 활동을 위해 학생들을 인솔하여 운동장으로 이동한다. 이동 후 학생들을 소집단으로 모이게 한다.	• 교사의 인솔에 따라 운동장으로 신속하고 안전하게 이동한다.	(유의점) 이동 중 학생들의 주의가 흐트러지거나 이탈이 발생할 수 있기 때문에 번호순으로 줄을 세우는 등 체계적으로 이동한다.
	운동장으로 이동 학습활동2 활동	10″	• 소화기를 다루는 방법을 시범 보이고 소집단별로 직접 소화기를 분사하는 활동을 하도록 한다. 교사는 반드시 학생들의 활동을 지속적으로 점검한다(직접교수모형 중 시범보이기와 활동하기).	• 교사의 시범을 보고 소집단별로 직접 분말 소화기를 분사한다. 절대 장난을 치지 않도록 유의한다.	(자료) 분말소화기 (유의점) 학생들이 장난을 치면 안전사고가 발생할 수 있기 때문에 지속적으로 활동을 점검한다.
	: 소화기 다루기, 심폐소생술	15″	• 심폐소생술을 시범 보이고 소집단별로 심폐소생 실습용 인형으로 직접 심폐소생을 실행하는 활동을 하도록 한다. 교사는 학생들의 활동을 지속적으로 점검한다. 모든 학생이 해볼 수 있도록 유도한다.	• 교사의 시범을 보고 소집단별로 직접 심폐소생술을 실행한다. 절대 장난을 치지 않도록 유의한다.	(자료) 실습용인형 (유의점) 학생들이 장난을 치면 안전사고가 발생할 수 있기 때문에 지속적으로 활동을 점검한다.
정리 및 평가 (5″)	학습정리	2″	• 학습 내용을 구두로 정리한다. 학생들에게 이해가 안 된 부분이 있으면 질문하도록 하고, 보충설명을 한다.	• 교사의 설명을 들으며 학습한 내용을 정교화한다. 궁금한 점이나 잘 듣지 못한 부분이 있으면 손을 들어 질문한다.	(자료) 형성 평가 설문지
	형성평가	3″	• 프로그램평가 설문지를 통해 학생들의 교육효과를 조사한다.	• 형성펴가 설문지를 정성스럽게 작성한다.	

■ 교수설계 모델(앞부분과 반복)

분석	설계	개발	실행	평가
• 요구분석 • 학습자 분석 • 환경분석 • 직무 및 과제분석	• 수행목표 설정 • 평가도구 설계 • 구조화 • 교수전략 및 매체 선정	• 교수자료 개발 테스트 및 수정 • 제작	• 사용 및 설치 • 유지 및 관리	• 교육 훈련 성과 평가

2. 교안 작성법

영유아기 및 아동기 교수설계

1. 영유아기 학습자 특성에 맞는 교수기법 적용과 활용

영유아기, 아동기 학습자의 특성

영유아, 아동기 (0~12세)	청소년기 (13~18세)	청년기, 성인기 (19세~64세)	노인기 (65세)

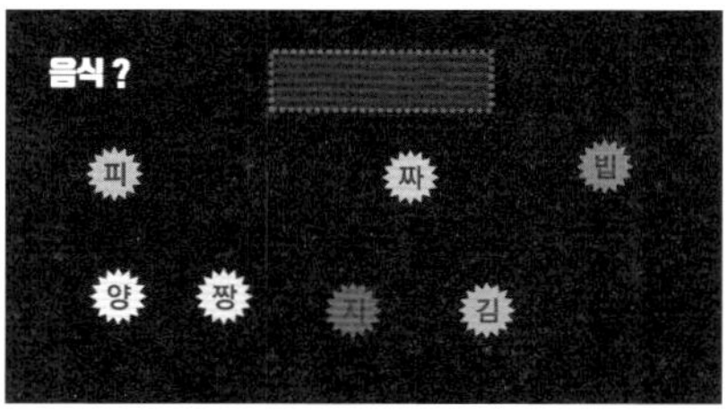

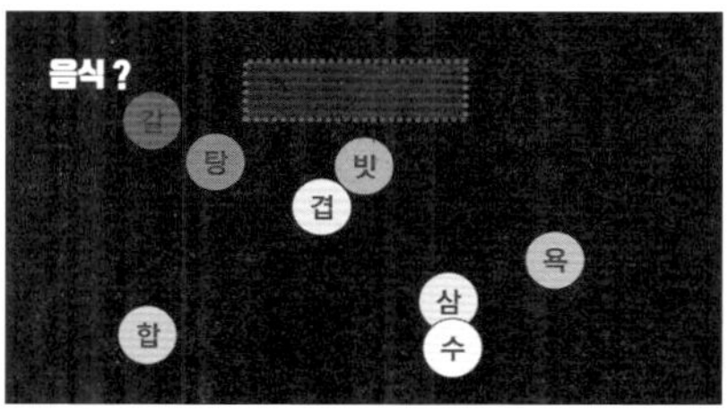

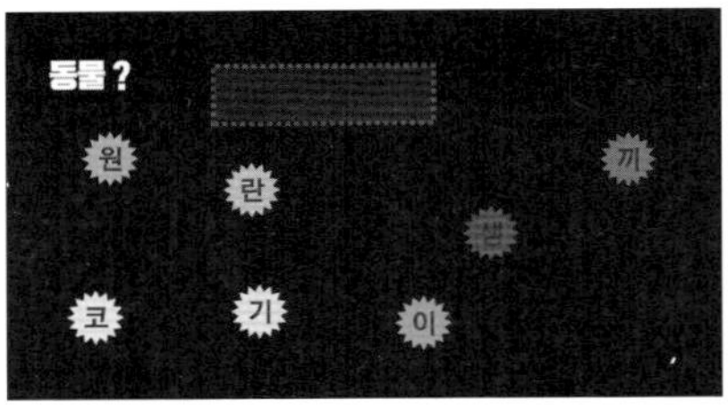

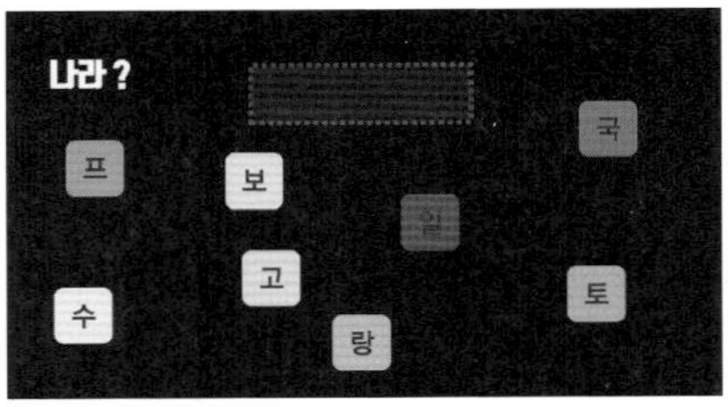

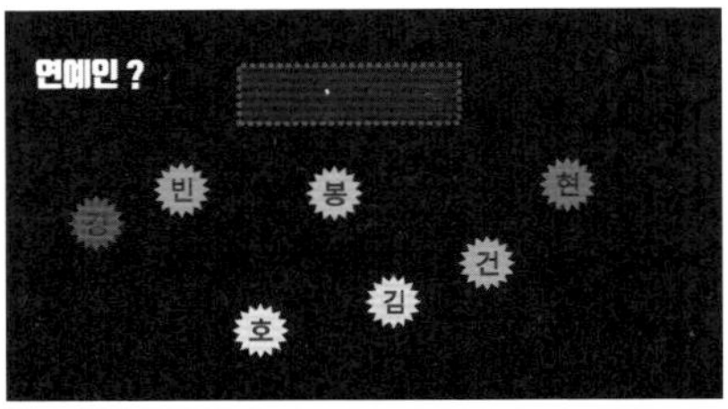

■ 안전교육을 위한 영유아기 학습자의 특성

• 영유아기(1~5세): 안전교육 의존기

구분	신체변화	인지변화	사회심리변화
영아기 (1~2세)	• 호기심기 • 뇌의 급격한 성장	• 감각(깊이지각) • 모형 • 놀이 • 의사표현	• 신뢰 • 의존 • 자기인식
유아기 (3~5세)	• 활동기 • 운동기술 향상 • 배변 훈련	• 기억 향상 • 흉내 내기	• 의존적 • 타인의식 • 공포 표현 • 낯가림

영아기(1~2세)발달 특성 6가지

• 인간의 생애 중 신장과 몸무게의 성장 속도가 가장 빠른 시기
• 신체성장과 함께 근육 운동이 점차 분화되어 여러 가지 새로운 운동활동이 가능해진다.
• 인지적 측면에서 매우 많은 변화가 나타난다.
  – 주변 세계에 대한 정보를 감각에 의해 획득
  – 오감
  – 대상영속성
  – 목표지향적 행동
• 정확한 의사전달은 유아기가 되어서야 가능하다.
• 영아기는 정서가 완성된다.
• 영아기는 아직 사회성이 발달하지 못한다.

영아기(1~2세)발달 특성 6가지: 안전교육 의존기

보호자의 안전교육을 신뢰하고 모방하는 행동이 나타나므로 보호자를 대상으로 한 안전교육 필요

유아기(3~5세) 발달 특성 6가지

- 신장과 몸무게의 성장 속도는 매우 급속하기는 하지만 영아보다는 느리다.
- 신체 성장과 근육 운동이 점차 분화되어 여러 가지 활동이 가능해진다.
- 인지적 측면에서 매우 많은 변화를 보인다.
- 영아기보다 정확한 의사전달이 가능하다.
- 감수성이 예민해지고 표현방식이 세련되어진다.
- 사회성이 발달한다.

유아기(3~5세) 발달 특성 6가지: 안전교육 준비기

학교에서 아동의 안전교육이 좀 더 성장할 수 있도록 준비시키는 과정 필요

영유아기 교수학습의 고려사항

- 집단 활동과 선택 활동
  - 영유아는 선천적인 호기심을 가지고 학습 흥미 중심의 놀이를 통해 자발적으로 학습이 일어나도록 하는 것이 중요
  - 교사에 의해 주도되는 집단 활동과 영유아가 스스로 선택할 수 있는 놀이 환경을 제공
- 보다 넓은 의미에서의 접근 필요
  - 교사에 의해 진행되는 수업, 하루 일과 부모교육, 체험학습, 행사 등 모든 생활이 교수-학습의 과정이 됨

영유아기에 맞는 교수기법

가능하면 직접 보거나 만져 볼 수 있는 실제적이고 구체적인 사례를 제공하며, 호기심과 흥미유발 교수기법이 필요하다.

■ 영유아기 교수학습 과정

학습주기	인식	탐색	놀이	활용/적용
교수학습 과정	제시	탐색	놀이	놀이확장
	• 관심 • 호기심 유발	• 학습 • 자가 점검 • 지식 습득	• 실습 • 몸에 체득화	• 적용 • 반복학습

영유아기 교수학습 과정

지진이 발생했을 때 이렇게 해요!

제시	[오감 질문] 지진이 발생했을 때?
탐색	[동영상 시청] 지진발생 시 이렇게 행동해요.
놀이	[훈련 실습] 놀이를 활용한 훈련을 통해 체득화 한다.
놀이 확장	[적용] 집에서 부모와 함께 지진 발생 시 행동요령 반복 학습하기

영유아기 교수학습 과정

지진이 발생했을 때 이렇게 해요!

제시

[오감 질문] 지진이 발생했을 때…?

• 오감을 자극할 수 있는 흔들림 제공

탐색

[동영상 시청] 지진이 발생 시 이렇게 행동해요!

놀이

[훈련 실습] 놀이를 활용한 훈련을 통해 체득화 한다.

1. 머리를 보호하며 책상 밑으로 들어갑니다.
2. 흔들림이 멈추면 머리를 보호하고 계단을 이용하여 밖으로 나갑니다.
3. 넓은 곳에서 선생님의 안내에 따라 행동합니다.

놀이확장

[적용] 집에서 부모와 함께 지진 발생 시 행동 요령 반복 학습하기

제시	탐색	놀이	놀이 확장
• 관심 • 호기심 유발	• 학습 • 자가점검 • 지식습득	• 실습 • 몸에 체득화	• 적용 • 반복학습

자연주의 철학자 루소에 의하면 인간은 태어날 때부터 본능적으로 잘 성장할 수 있는 내적인 힘을 가지고 있다. 인간의 발달은 내부의 생물학적인 시간표에 따라 진행되며 발달에 미치는 환경의 영향은 미미하다. 유아는 생물학적 성숙에 따라 스스로 성장하고 학습할 수 있는 존재이므로 과도한 환경적 자극은 오히려 자연스런 성장을 방해하거나 부정적인 영향을 끼칠 수 있다. 그의 책 『에밀』에서 루소는 '가르쳐 주지 말고 스스로 배우게 함으로써 알게 하라'고 주장한 바 있다. 이는 루소이후의 교육에 있어서 아동중심 교육철학의 근간이 되었다.

–루소–

2. 아동기 학습자 특성에 맞는 교수기법 적용과 활용

안전교육을 위한 아동기 학습자의 특성

■ 아동기(6~12세):안전교육 준비기

구분	신체변화	인지변화	사회심리변화
아동기 (6~12세)	• 실천기 • 성장둔화	• 활동적 • 학습능력 향상 • 인과관계 이해 • 언어, 수리 능력	• 학교활동 위주 • 탈의존정 시도

아동기(6~12세)발달 특성 6가지

- 남,녀의 신체 차이가 나타남(2차 성징)
- 다양한 관점에서 생각할 수 있음(이렇게 저렇게 살펴보는 여러 가지 생각을 한다)
- 다양한 감정을 이해할 수 있음(TV프로그램 보면서 상대의 감정을 말하지 않아도 느껴지는 것)
- 내 감정을 억제할 수 있으며,감정이 복잡해지고 쉽게 변함(기분 나쁘다고 무작정 짜증내고 화를 내고 울기만 하는 것이 아니라 감정을 추스르고 다스릴 수 있는 힘을 기를 수 있다)
- 친구와의 관계가 끈끈해짐(친구와 노는 것이 더 좋아짐)
- 협동심을 보이며, 다른 사람을 배려하는 마음이 커짐

안전교육 준비기

- 안전교육 준비기: 행동의 허용기준을 배우며 이 기준에 따라서 행동하고 기준과 원칙을 어길 때 죄책감을 느끼는 시기
- 행동의 허용기준을 습득하기 위해 강사의 모델링을 통한 행동의 반복적 연습이 필요

아동기에 맞는 교수기법

- 공감
  - 게임이피케이션으로 호기심을 자극한다.
  - 표준화된 기준, 원칙을 제시한다.
  - 모의훈련(시범)으로 실습한다.
  - 반복학습한다

아동기 교수학습 과정

친구가 물에 빠졌다면 내가 도와줘야 해요

○ ×

안돼요 Oh~~~NO~~~!

원칙1 주변 어른들에게 도움을 요청한다.

맨발로 물에 들어가도 괜찮아요

○ ×

Oh!!No~~~!!

뾰족 뾰족 다칠지도 몰라요! 물 안은 위험해요!!

원칙2 물에 들어갈 때에는 신발을 꼭 착용한다.

누가 보낸 건지 모르는 문자메시지의 링크를 클릭 해도 된다.

○ ×

사이버 범죄에 노출이 되어 많은 돈을 잃을 수도 있으니 조심해야 합니다.

원칙3 이상한 문자가 왔을 경우에는 신고한다

때로는 두려움을 이겨 내야 그 건너편의 아름다움을 볼 수 있단다

한편 에릭슨의 발달 단계에서는 1단계 영아조차 사회적 요인이 중요하다고 언급하고 있다. 특히 3단계의 발달 시기에 있는 유아에게는 가족뿐만 아니라 또래와 사회적 관계가 중요함을 강조하고 있다. 친구에게 관심을 갖기 시작하면서 상호 의사소통이 가능해지는 유아에게 사회적 흥미를 고무시키고 진정한 사회적 관계를 유지해 가도록 돕는 것은 부모와 교사의 당연한 과제다.

–에릭슨

3. 교육프로그램 작성법

청소년기 교수설계

1. 청소년기 학습자 특징

청소년기 학습자의 특성

영유아, 아동기 (0~12세)	청소년기 (13~18세)	청년기, 성인기 (19세~64세)	노인기 (65세)

청소년기 교수기법

■ 과일

ㅋㅇ – ㅂㄴㄴ – ㄱ – ㅊㅇ – ㅅㅂ
ㅅㄱ – ㅁㄱ – ㄹㅊ – ㅁㄱㅅㅌ

키위 – 바나나 – 귤 – 참외 – 수박
사과 – 망고 – 리치 – 망고스틴

■ 동물

ㅋㄲㄹ – ㄱ – ㅎㅁ – ㅅㅈ – ㄱㅇㅇ –
ㄴㅁㄴㅂ – ㄴㄱㄹ – ㅇㅅㅇ – ㅍㄷ

코끼리 – 개 – 하마 – 사자 – 고양이 –
나무늘보 – 너구리 – 원숭이 – 판다

■ 나라

ㄷㅎㅁㄱ – ㅇㅂ – ㅈㄱ – ㅂㄹㅈ –
ㅋㄴㄷ – ㅁㅅㅋ – ㅇㅌㄹㅇ – ㅌㅋ – ㄱㄹㅅ

대한민국 – 일본 – 중국 – 브라질 –
캐나다 – 멕시코 – 이탈리아 – 터키 – 그리스

■ 꽃

ㅎㅂㄹㄱ – ㅈㅁ – ㅌㄹ – ㅋㅅㅁㅅ –
ㅁㄱㅎ – ㄴㅍㄲ – ㄱㄴㄹ – ㅂㅎ – ㅍㄹㅈㅇ

해바라기 – 장미 – 튤립 – 코스모스 –
무궁화 – 나팔꽃 – 개나리 – 백합 – 프리지아

■ 가전제품

ㄴㅈㄱ – ㅇㅇㅋ – ㅈㄱㅂㅅ – ㅌㄹㅂㅈ –
ㅊㅅㄱ – ㄱㄱㅊㅈㄱ – ㄱㅅㄱ – ㅈㄱㅈㅍ – ㅅㅌㅇㄹ

냉장고 – 에어컨 – 전기밥솥 – 텔레비전 –
청소기 – 공기청정기 – 가습기 – 전기장판 – 스타일러

안전 교육을 위한 청소년기 학습자의 특성

청소년기(13~18세): 안전교육 성숙기

구분	신체변화	인지변화	사회심리변화
청소년기 (13~18세)	• 전환기 • 성숙기 • 가임기	• 독립적 의사결정 • 미래설계 • 결과예측 • 가치결정력	• 존재감 확인 • 관계형성 • 외모 중시 • 권위에 대한 도전 • 미래결정

청소년기(13~18세)발달 특성 4가지

- 소속집단의 규범을 이해하고 자신의 가치관에 대해 신념을 갖고 행동할 수 있는 아동기 안전개념이 더 성숙될 수 있다.
- 뇌의 발달이 급진적으로 이뤄진다(전두엽–조절 이성적 사고).
- 브레이크가 형성이 안 되어 있다.
- 이성보다는 감성적으로 반응(감정 중추가 먼저 자극을 한다.)

안전교육 성숙기

- 사건의 시작과 결과의 연관성을 생각하는 과학적 사고와 논리적 사고 역량이 증가하는 시기
- 집중력을 유지 시켜 주기 위해 게임, 퀴즈 등의 흥미유발 요소를 교수기법에 포함 시켜 주는 것이 필요

청소년 학습자의 학습 특징

- 교육의 가치관이 자신과 일치할 때 잘 학습한다.
- 당면문제와 관련된 경험을 학습하고자 한다.
- 자신의 기대치와 부합되지 않으면 즉각 잠을 청한다.
- 현실적용이 가능한 경험을 학습하고자 한다.
- 육체적, 정신적 안정이 됐을 때 잘 학습한다.
- 자신의 경험과 관련이 적은 사항은 학습속도가 느리다.
- 자기가 필요한 분야가 아니면 곧 망각한다.
- 자기 나름대로 기준을 갖고 있다.
- 강사뿐만 아니라 학습자 상호 간에 학습한다.
- 실제 생활과 밀착된 경험을 학습하고자 한다.
- 가능하면 빨리 적용하고 싶어 한다.
- 어디 한번 해보라! 내가 들어 볼 테니까!
- 민방위 교육과 같은 방식의 교육을 싫어한다.
- 자신의 경험을 표현하고 참여하고 싶어 한다.

공감(共感) 또는 동감(同感)

2. 청소년기 학습자 특성에 맞는 교수기법 적용과 활용

청소년기 교수기법

- 학습이란?
  - 새로운 것들, 습관, 언어, 태도 등을 몸에 익숙하게 하여 자연스럽게 행동에 변화를 가져오게 하는 것
  - 변화된 행동이 지속적으로 이루어지는 것
- 교수법의 분류
  - 교수–학습에 대한 철학 기준: 발견학습과 수용학습
  - 주도적 학습의 활동 기준: 개인학습과 집단 학습

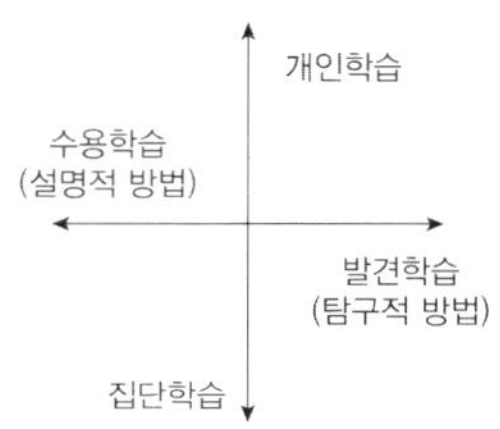

사이버 언어폭력이란?

인터넷과 휴대전화를 통하여 욕설을 하거나 감정을 상하게 하는 등 약자를 괴롭히거나 따돌리는 모든 행동을 말해요!

오프라인에서의 폭력 대비, 사이버 폭력의 심각성

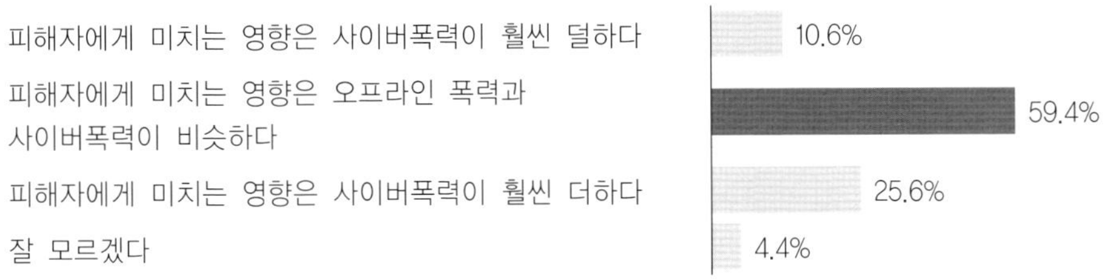

사이버 폭력 전화상담

1388 청소년 전화 접수 현황

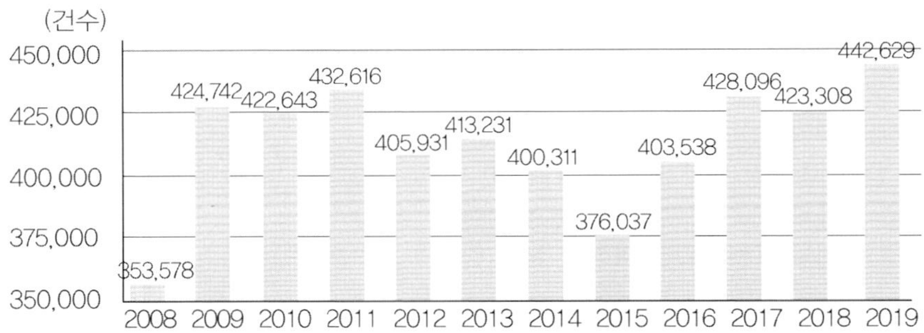

자료: 여성가족부 청소년백서 및 한국청소년상담복지개발원상담통계

사이버 폭력이 뭐죠?

사이버 폭력(Cyberbullying)이란 메일, 메신저, SNS, 휴대전화, 인터넷 게시판 등에서 개인이나 집단이 특정인을 의도적이고 지속적으로 괴롭히는 행위로, 이것은 모두 '폭력'입니다.

사이버 언어폭력	욕설, 비하, 거짓 및 비방글 유포
사이버 명예훼손	사실 또는 거짓말로 인격 훼손
사이버 성폭력	성적 묘사, 성적 비하, 성차별적인 내용의 글/그림을 업로드 유포
사이버 스토킹	원치 않는 문자, 사진, 영상 반복 전송
신상정보 유출	동의없이 타인의 개인정보 유출
사이버 따돌림	SNS, 채팅방에서 타인을 욕하고 놀리고 참여 훼방

사이버 폭력 유형 정의

유형	정의
언어폭력	인터넷에서 누군가에게 욕설을 하거나 감정을 상하게 하는 행위
명예훼손	인터넷에서 다른 사람에 대한 거짓된 이야기나 잘못된 이야기를 퍼뜨리는 행위
스토킹	싫어하는데도 인터넷에서 e메일이나 쪽지를 계속 보내거나, 블로그, SNS에 글, 사진을 남기는 행위
성폭력	상대방이 싫어할 줄 알면서도 인터넷에서 야한 글, 사진, 동영상을 보내는 경우
신상정보유출	인터넷에서 누군가의 신상정보(아름, 사는 곳, 학교, 사진 등)를 퍼뜨리는 행위
따돌림	인터넷 대화방, 스마트폰 SNS 등에서 상대방을 퇴장하지 못하게 막고, 놀림, 욕, 대화참여 방해 등의 행위

소리없는 폭력도 폭력입니다.

학교폭력 피해 유형별 비율

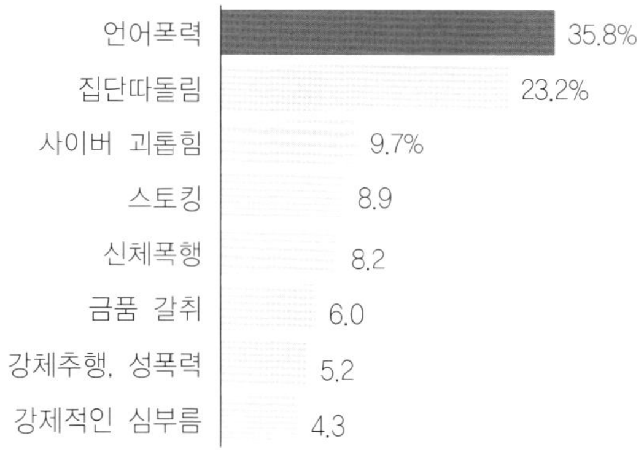

자료: 경기도교육청

청원 진행중인 사이버 언어 폭력

– 청원진행중 –

청소년들에게 사이버 공간의 세상은 현실보다 더 현실같은 공간입니다. 선배가 16세 소녀 후배에게 메신저로 '얼굴 못들고 다니게 해주겠다.'의 글은 협박입니다.

참여인원: 962명

온라인 폭력 피해자의 온오프라인 전이 비율

온라인에서만 71.7%

오프라인 폭력 후 온라인에서도 당함 20.7%

온라인 폭력 후 오프라인에서 당함 7.6%

자료: 청소년 사이버폭력의 유형분석 및 대응방안 연구

사이버 폭력 가해자는 누구?

초등 5학년~고등 2학년 총 5356명 대상으로 설문

같은 학교 학생 54.6%

전혀 모르는 사람 35.1%

다른 학교 학생 10.3%

자료: 한국형사정책연구원.

영상 시청 후 생각해 보세요

- 친구가 인터넷에 올린 글을 보고 영희의 기분은 어떨까요?
- 친구가 쓴 간단한 글이 학교폭력과 관련이 있을까요?

사이버 폭력 대표적인 괴롭힘(불링)유형

구분	내용
카톡감옥	피해자를 카카오톡 대화방에 초대한 뒤 무시하고, 방을 나가지 못하게 하는 것
방폭	단체 대화방에서 피해자만 남겨놓고 다른 참가자들이 한꺼번에 나가는 행위
데이터 셔틀	피해자 휴대전화를 여러 명의 인터넷 공유기처럼 사용해 데이터를 뺏는 것
떼카	단체 대화방에서 특정 피해자를 향해 단체로 욕설이나 폭언 등을 퍼붓는 행위

사이버 따돌림도 학교폭력이에요
'방관'하지 말고, 친구를 돕거나 신고하세요!

사이버 언어폭력 피해학생이라면!?

삭제하지 말고 저장하여 증거를 확보하고 언제든 주변 어른들이나 선생님께 알려요!

사이버 언어폭력 가해학생은 어떻게 될까요?

심각성, 지속성, 고의성 등을 조사하여 학교폭력예방 법률에 따라 서면사과, 학교봉사, 사회봉사, 특별교육, 출석정지, 전학 등 학교폭력으로 처벌받아요!

사이버 폭력에 대하는 7가지 자세

① 처음에는 무시
② 반복 시 확실하게 거부
③ 반복이 심화되면 증거확보(캡처, 사진, 녹음 등)
④ 대응하지 말고 자리에서 벗어나기
⑤ 부모, 교사께 말씀드리기
⑥ 필요 시 학교, 경찰서 및 사이버수사대 신고
⑦ 신체적, 정서적 안정확보에 힘쓰기

여러분은 카카오톡이나 SNS 메신저, 디엠으로 어떤 말을 자주 하고 있나요?

사이버 공간에서 이것만은 꼭!
언어폭력에 해당하는 말이 있다면 긍정적인 말로 바꾸어 봅시다.

사이버 공간에서 언어 사용 규칙

1. 친구들의 의견을 천천히 읽어보기
2. 상대방의 기분을 생각하여 표현하기
3. 칭찬하는 댓글 달아주기
4. 항상 다른 사람을 배려하는 마음 갖기

QUIZ
친구들 단체 채팅방에 초대하여 모욕적인 말로 괴롭히거나 한 사람을 공격하는 행동은 언어폭력일까요?

○ ×

네! 언어폭력입니다.
뿐만 아니라! 이상한 말이나 문자를 보내면서 상대방을 괴롭히는 행위도 사이버 언어폭력입니다.

짧은 나쁜 말이나 욕이 담긴 댓글도 언어폭력일까요?
거짓말, 명예훼손, 욕설, 성적 욕설 , 도배, 놀리는 말
다 사이버 언어폭력이예요

사이버 공간에서 이것만은 꼭!

3가지를 기억하세요!!
1. 개인정보 최소 공개 원칙을 지켜주세요!
2. 확신할 수 없는 정보는 함부로 공유하지 마세요.
3. 인터넷에서는 항상 신중하게 글을 작성하세요!

젊은이여, 그대 이름을 가치 있게 하라.
그대가 지금 보내는 1분 1초가
그대가 함께 어울리는 사람이
그대가 그들과 나누는 대화가
그대를 가치 있게 하는지 늘 되물어 봐야 한다.

—앤드류 카네기

4. 피드백

청년기 및 성인기 교수설계

1. 성인 학습자 안전교육

생애주기별 안전교육

영유아, 아동기 (0~12세)	청소년기 (13~18세)	청년기, 성인기 (19세~64세)	노인기 (65세)

성인기 창의적 교수기법

- 자율성을 획득하고 심신의 성숙이 안정되는 시기
- 사회적 책임과 수행에 대한 열정이 풍만하여 안전에 대한 스스로의 책임과 의무를 중요하게 생각하는 단계
- 학습자 스스로 생각하고 유추하여 정답을 알아갈 수 있도록 하는 교수설계 필요

청년기와 성인기의 특성

신체적 특성	심리적 특성
• 급격한 신체발달과 인지 발달 • 활발한 신진대사를 나타냄 • 성장에 따른 신체적, 정신적 변화가 끝나는 시기 • 부분적 노화가 서서히 시작 • 사회 활동력이 가장 왕성한 시기	• 자이의식이 강해지면서 자신을 이해해 주지 않은 부분에 대해 반발하는 경향이 있음 • 간섭을 싫어함 • 독특한 개인적 성향을 지님 • 자신의 경험을 진리로 여김 • 인정받고 싶어 함

성인 학습자의 주요 특징

1. 학습 필요에 의해 학습한다.
2. 자아개념이 뚜렷하다.
3. 이전의 경험을 바탕으로 경험 중심적이다.
4. 학습 준비도가 높다.
5. 학습의 방향이 중요하다.
6. 동기부여가 중요하다.

안전교육에 대한 구체적인 성찰과 자기주도적으로 실천할 수 있도록 학습 기회를 제공 및 독려 필요

2. 성인 학습자를 위한 5가지 원칙

성인학습자를 위한 5가지 원칙

1. 성인 학습자들에게 왜 학습을 해야 하는지를 이해시켜라.
2. 학습자들은 각기 다른 학습스타일을 지니고 있음을 인정하라.
3. 성인 학습자들에게 자신들이 배운 것을 경험하도록 만들어라.
4. 스스로 답을 찾아갈 수 있도록 하라.
5. 성인 학습자의 학습을 독려하라.

1. 성인 학습자들에게 왜 학습을 해야 하는지를 이해시켜라.

정보 지식 기술

WHY?

사람들이 많이 모이는 다중이용시설에서는 언제나 안전사고에 대한 위험이 숨어 있습니다.

국내 공연장 안전취약 요소

대형공연장(공연법 적용대상)	소형공연장(공연법 미적용)
• 스피커 등 무대장치 추락 • 공연 중 화재 • 비좁은 출입구 등으로 인한 압사	• 안전보다 수익 추구 • 경찰 · 소방서 관리 사각지대 • 안전요원 · 보험가입 미비

하지만, 안전교육과 훈련을 지속한다면 인명피해 등 큰 사고를 막을 수 있습니다.

이번 교육과정은…

안전교육 전문인력 역량강화 과정 개요

구분	내용
교육 목적	• 안전교육 전문인력에게 강의역량의 필요성을 공감하고 강사로 기본 역할을 이해한다. • 전문강사로 갖춰야할 기본적인 역량과 skill을 습득한다. • 강단에 서는 두려움을 없애고 자신만의 강의를 연출할 수 있도록 한다.
교육 대상	• 안전교육 전문인력 대상
기간	• 2일 과정 14시간으로 구성
운영 예시	• 차수당 50명 내외로 구성

Approach

구분	내용
학습대상에 적합한 학습내용 도출 및 설계	• 행안부에서 안전교육 전문인력에게 요구하는 역할과 역량수준에 적합한 과정 설계
체험 및 실습 중심 교수활동설계	• 교육과정에의 몰입과 학습내용의 체화를 위한 활동 설계 실무에서 실제 적용할 수 있는 사례별 실습 위주 교육 설계
내용 및 강의 전문가의 Know-how 기반	• 교육과정 개발 및 강의경험이 풍부한 전문가의 참여
과정 운영 효율성 및 지속적인 활용 고려	• 교안, 교재, 활동 보조교구 등의 총괄적인 개발을 통해 운영의 효율성과 지속적인 활용을 지원

2. 성인 학습자들은 각기 다른 학습 스타일을 지니고 있음을 인정하라.

- 시각적 스타일
- 청각적 스타일
- 운동감각적 스타일

대부분의 성인학습자는 이 세 가지 학습 스타일을 모두 활용하여 학습한다.

2001~2010년 10년간 자연 재난의 원인별 피해액 현황 태풍 발생 건수 多

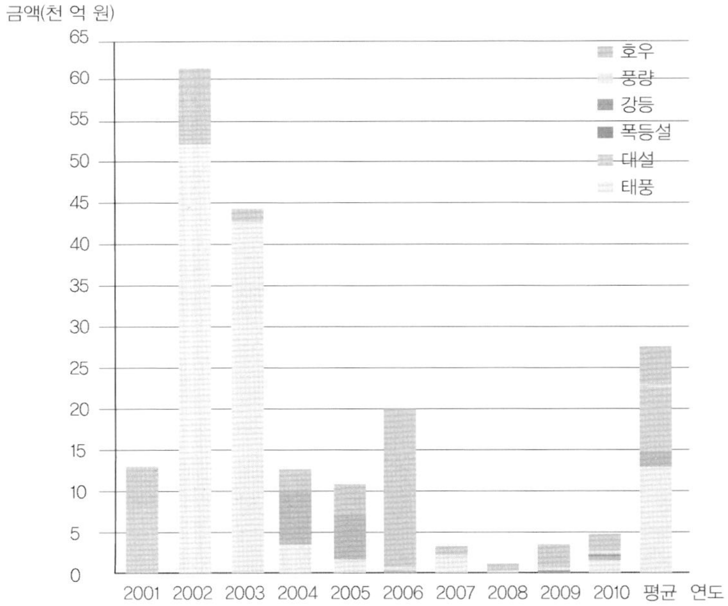

자료: 국민안전처

뉴스 "어머머 지진이다"… 생방송 도중 대피

Two to One Game
① 개인별로 1개의 줄을 받는다.
② 2인 1조로 줄의 고리를 양 손목에 걸고, 상대방과 줄이 서로 꼬이도록 한다.
③ Mission "꼬인 줄을 풀어라!" 단, 손목에 있는 줄을 끊거나 매듭을 풀 수 없다. 훼손하지 않고, 각각 분리가 되도록 풀어보세요!

3. 성인 학습자들에게 자신들이 배운 것을 경험하도록 만들어라.

- 토론, 실험, 역할 연기, 테이블이나 그룹활동, 특정한 사물이나 내용을 쓰거나 그리게 하는 것
- 학습자들을 활기 있게 만드는 데는 학습자들을 일어나 움직이게 하는 것이 효과적

당신은 저주를 받아 동물로 변하게 되었습니다. 다음 동물 중 어떤 동물이 되고 싶은가요?
돼지　　말　　뱀　　하이에나

1. 돼지: 당신은 인생에서 가장 중요하게 생각하는 것은 돈입니다. 이성을 선택할 때에도 경제력이나 재물을 보는 경향이 있으며 계산적인 성향을 가지고 있습니다.
2. 말: 힘과 건강을 의미합니다. 살면서 가장 중요한 것은 건강이라고 생각하는 당신 몸을 챙기기 때문에 운동을 좋아하고 활발한 성격을 가졌습니다.
3. 뱀: 당신은 아름다운 외모와 겉모습에 신경을 많이 쓰는 사람입니다. 다른 사람에게 어떻게 보여 지는지가 중요한 사람으로 자칫 허세가 많은 사람일 수 있습니다.
4. 하이에나: 당신은 삶에 가장 중요한 부분을 사랑으로 생각하는 사람입니다. 이성, 가족, 친구를 누구보다 아끼며 정이 많고 사랑하는 사람으로 사랑만 있다면 뭐든지 극복할 수 있다고 믿는 성향을 가졌습니다.

- 심리검사 제작
  - 제작목적의 설정
  - 검사내용의 정의
  - 검사방법의 결정
  - 문항작성
  - 예비검사
  - 문항분석 및 수정
  - 신뢰도와 타당도 검증

PLAN	제작 목적의 설정, 검사내용의 정의, 검사방법의 결정, 문항 작성
DO	예비검사
SEE	문항분석 및 수정, 신뢰도와 타당도 검증

지진게임

반드시 해야 할 7가지 행동과 불필요하거나 해를 끼칠 5가지 행동을 순서대로 번호로 표기하십시오.

- 1층으로 가는 통로를 만들기 위해 바윗덩어리들을 치운다.
- 샌드위치를 나누어서 다음 며칠간 먹을 수 있도록 남겨둔다.
- 초를 켜서 내부를 밝히고 구조자들이 알아볼 수 있도록 한다.
- 물을 공급할 장소를 정하여서 안전하게 보존한다.
- 저녁이 되면 샌드위치를 적당히 나누어서 먹는다.
- 모두 함께 모여서 장기적인 생존 전략을 짜보도록 한다.
- 망치로 파이프를 강하게 내리친다.
- 라디오를 들으며 계속 소식을 전해줄 사람을 정한다.
- 부상자를 확인하고 응급조치를 한다.
- 전기를 차단한다.
- 밤/낮으로 구조신호를 보낼 방법을 생각한 다음 바로 실시한다.
- 물을 정수한다.

• 지진게임 결과표

구분	1조	2조	3조	4조	5조	6조	7조
팀 점수							
개인 평균							

종류	용도 및 사용장소	사용장소(예시)
출입금지 	출입을 통제해야 할 장소	조립·해체작업장 입구
보행금지 	사람이 걸어 다녀서는 안 될 장소	중장비 운전 작업장소
차량 통행금지 	제반 운반기기 미 차량의 통행을 금지시켜야 할 장소	집단 보행 장소
사용금지 	수리 또는 고장 등으로 만지거나 작동을 금해야 할 기계, 기구, 설비	고장 난 기계

종류	용도 및 사용장소	사용장소(예시)
탑승금지 	엘리베이터 등에 타는 것이나 어떤 장소에 올라가는 것을 금지	고장 난 엘리베이터
금연 	담배를 피워서는 안 될 장소	인하물질 취급장소
화기금지 	화재 발생의 염려가 있는 장소로서 화기 취급을 금하는 장소	화학물질 취급장소
물체이동 금지 	움직여서는 안 될 물체를 보존하기 위하여 필요한 장소	절전 스위치 옆

4. 스스로 답을 찾아갈 수 있도록 하라.

애매한 운전상식 OX 퀴즈

정지선 위반 단속의 기준은 차 앞바퀴다?
맞으면 O, 틀리면 X를 댓글에 적어주세요!

만 10세 이하 어린이를 보호 장비 없이 태우는 건 불법이다.
맞으면 O, 틀리면 X를 댓글에 적어주세요!

위기발생 시 총력 대응

- 위기유형: 화재, 지진, 테러, 침수, 폭설, 붕괴, 가스누출
- 평상시: 안전점검 및 시설을 정비
- 위기상황지휘본부

대피유도반	현장대응반	의료지원반
• 층별 대피유도 실시 • 재해약자 우선대피	• 위기 확산지연 및 위험요소 제거 • 유관기관 도착 시 안내	• 부상자 응급처치 지원 • 응급환자 병원 이송 지원

현장대응반
방재팀
대피유도반
현장대응반
의료지원반

위기상황지휘본부
비상연락망 가동
재해약자 우선 대피
위험요소 제거
부상자 응급처치 지원

- 위기대응 기본절차

위기단계	대응절차
평상시	방재팀 시설관계자 등 예방, 대비활용

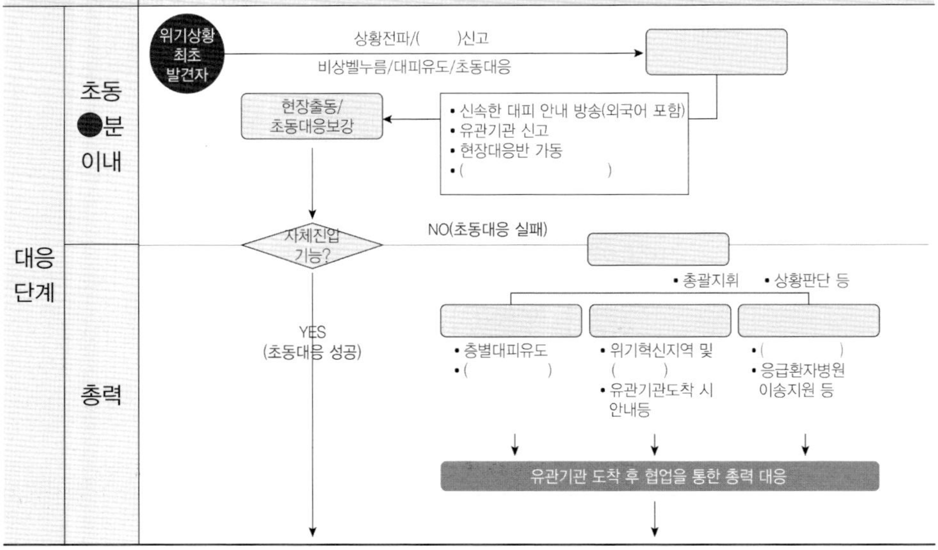

5. 성인 학습자의 학습을 독려하라.

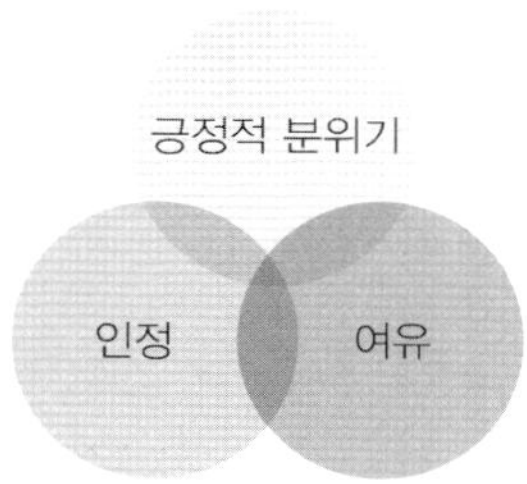

무엇을 기대하는지를 명확하게 설명

그라운드 룰 정하기

우리팀 그라운드 룰

- 시간을 지킨다
- 모든 의견은 소중하다
- 서로에게 인정과 격려를 아끼지 않는다

강사가 바라는 1가지

[ ] 를 부탁드립니다.

성인학습자를 위한 5가지 원칙

1. 성인 학습자들에게 왜 학습을 해야 하는지를 이해시켜라.
2. 학습자들은 각기 다른 학습스타일을 지니고 있음을 인정하라.
3. 성인학습자들에게 자신들이 배운 것을 경험하도록 만들어라.
4. 스스로 답을 찾아갈 수 있도록 하라.
5. 성인 학습자의 학습을 독려하라.

성인기 안전교육은 학습에 대한 동기부여와 다양한 방식의 활동으로 학습내용을 경험하게 하여 학습자가 체득할 수 있도록 해야 한다.

5. 교육 평가

노인기 교수설계

1. 노인 학습자 안전교육

생애주기별 교수기법

영유아, 아동기 (0~12세)	청소년기 (13~18세)	청년기, 성인기 (19세~64세)	노인기 (65세)

노년기의 창의적 교수기법
- 인지능력의 변화, 만성질환 등으로 일상생활 활동에 제한을 받고 자신을 보호할 수 있는 능력이 감소하는 단계
- 학습자에게 쉽고 익숙한 용어의 사용과 자신의 삶에서 정답을 유추해볼 수 있는 동시에 다각도로 생각해 볼 수 있도록 설계하는 방법이 필요

노년기의 주요 특징

신체적 특성	심리적 특성
• 전반적 건강 악화 • 각종 질병 유병률 높음 • 골격 및 운동기관 쇠퇴 • 야간 수면시간 단축 • 기동력 저하, 감각기관 쇠퇴 • 순발력 민첩성 감소	• 환경 적응력, 활동영역약화 • 성격 변화 • 지적 능력 감퇴 • 과거에 대한 집착 • 호기심이 많음

노년기의 학습자 특성

- 안전교육 유지기
- 안전에 대한 새로운 교육을 준비하는 것보다 기존의 안전 지식과 실천을 유지할 수 있도록 반복학습 필요

노인학습자를 위한 교육 준비

교육자료	교육방법
시각자료	• 굵은 글씨 사용 • 흑백의 강한 대비 • 밑줄을 긋거나 자료구성을 크게 하고 나이 특성에 맞게 노인의 사진이나 그림을 사용 • 뚜렷한 형태 • 푸른색, 보라색, 녹색 등의 구별능력이 떨어지므로 빨강, 검정, 진회색의 색을 대신 사용
시청각자료	• 나이 특성에 맞게 보여준다. • 느린 속도로 분명하게 말한다. 그러나 너무 끊어서 말하지 않는다(청력장애를 보상하기 위하여 입술을 읽는다). • 교수자가 말할 때 화면에 정면으로 나오도록 한다. • 크고 검은 글씨를 사용한다. • 주위의 소음을 없애고 교수자가 말할 때 배경음악은 줄이거나 생략한다. • 부드럽고 흰 조명, 검은색 슬라이들 사용한다. • 어두운 방을 피한다. • 한 번에 1~3개의 새로운 내용을 제공한다. • 개념과 복습 사이에 시간을 준다. • 잘 알려진 개념으로 새로운 개념을 설명한다. • 노인과 관련된 정보를 만든다(그들의 요구, 문제, 생활방식).

2. 노인 학습자를 위한 5가지 원칙

노인학습자를 위한 5가지 원칙

1. 인생경험을 나누는 장으로 만들어라
2. 자발적으로 참여하게 하라
3. 생활에 연결 짓자
4. 다양한 활동으로 반복 학습시켜라
5. 시청각자료는 최대치로 사용하자

1. 인생경험을 나누는 장으로 만들어라

노인학습자가 인생 경험뿐만 특정 분야에 대한 경험도 더 많다.

자신의 경험을 공유하는 시간을 주어 학습 촉진을 일으키자.

- 경험을 나눠요
  안전사고, 어떻게 예방할 수 있을까요?
  – 안전사고를 경험한 적 있으신가요?
  – 어떻게 대처하셨나요?
  – 예방방법은 무엇일까요?

2. 자발적으로 참여하게 하라

강압적, 타율적으로 이루어져서는 안 되며 노인들의 흥미에 입각한 자발성에 그 기초를 두어야 한다.

노인 중심의 발표, 토론, 수강, 평가 등 자발적인 활동방식도 고려해야 한다.

이구동성 게임

게임설명

주어지는 두 개의 제시어를 보고 둘 중 더 선호하는 것을 고른 후 5초 카운트가 끝나는 순간 동시에 말하면 되는 게임입니다.

(커플게임입니다. 꼭 둘일 때 하세요!)

김치 ________________

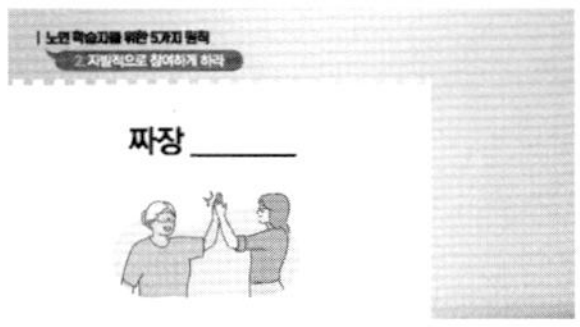

짜장 ________________

안전 ________________

• 다섯 글자로 말해요

주제 1 나에게 안전이란?

또	다	른	친	구
안	전	은	필	수
나	의	지	킴	이

• 오늘 하루 어떠셨나요?

오늘 느낀 것

오늘 배운 것

앞으로 활용할 것

3. 생활에 연결 짓자

교육 내용이나 방법은 노인들의 생활과 밀접한 관련이 되어 있어야 한다.
일상생활 속에서 나타나는 문제를 중심으로 노인 교육이 이루어져야 할 것이다.
교육을 받는 것이 확실히 낫다는 소리가 노인들에게 나타나도록 가르쳐야 할 것이다.

금연스트레스와 흡연을 하면서 건강을 해치는 일
어떤 것을 선택하시겠습니까?

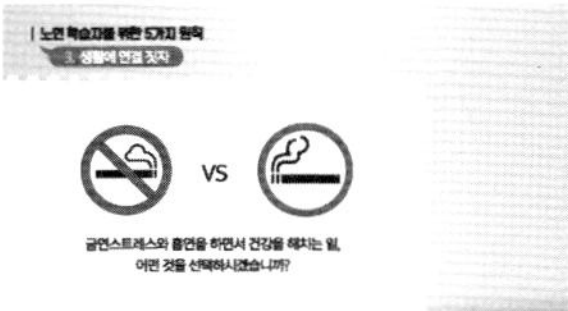

내 자녀라면 무슨 말을 해주시겠습니까?

주량이 어떻게 되세요?

나의 숙취 혹은 주사는 몇 번입니까?

① 혀가 꼬부라짐
② 비틀비틀 걸음
③ 말할 때 단어가 생각이 안 남
④ 감정적으로 흥분함
⑤ 필름이 끊김

자동차 안전운전 용어 및 법적기준

• 음주운전 처벌기준

알코올 농도 결과	0.03%~0.08%미만	0.08%이상
처벌	형사처벌, (　　)간 면허정지	형사처벌, 면허취소
	측정 불응 시에는 형사 처벌, 면허취소	

*형사 처벌 시:()이하의 징역 또는 ( ) 만원 이하의 벌금

• 제동력의 한계

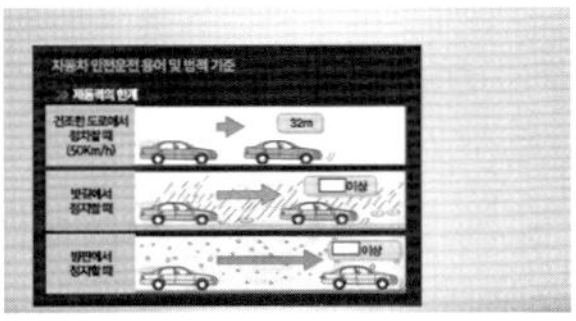

4. 다양한 활동으로 박복 학습 시켜라

여러 가지 활동이 다양하게 전개될 수 있도록 함이 바람직하다.
견학,토론,영화감상,슬라이드,발표하기 등과 같이 다양한 학습 활동이 전개될 수 있도록 계획을 세워야 할 것이다.

OUIZ

다음은 무슨 시설일까요?

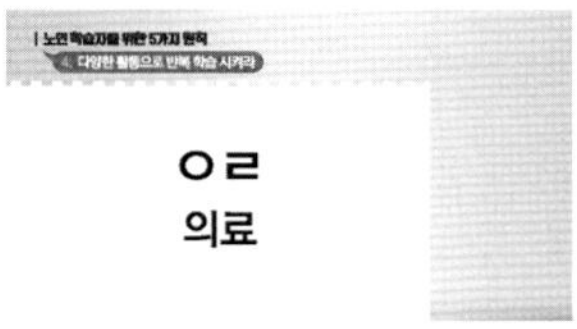

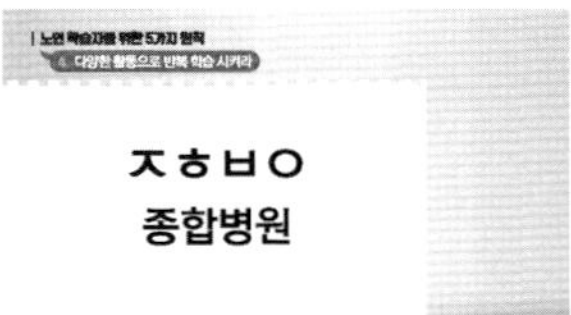

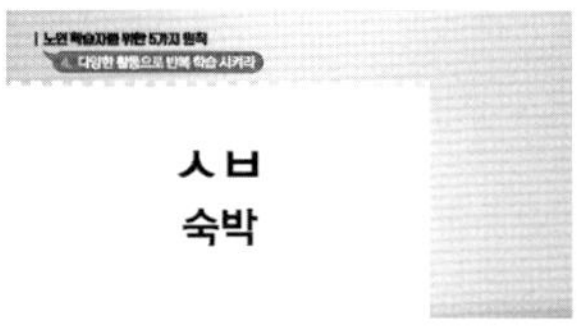

• 다중이용시설 위기사항 대처방법

법적근거	[재난 및 안전관리 기본법] 제34조의 6
대상	[건축법 시행령] 제2조17호 가목에 의한 다중이용거축물 – 문화 및 집회시설, 종교시설, 판매시설, 운수시설 중 여객용시설, 의료시설 중 종합병원, 숙박시설 중 관광숙박시설 등의 용도로 쓰는 바닥면적의 합계가 5천m^2 이상인 건축물

• 진동이 발생한 경우

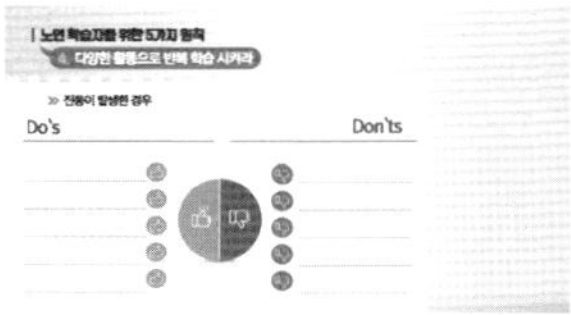

5. 시청각자료는 최대치로 사용하자

• 사진, 그림을 활용

• 그래프나 표 활용

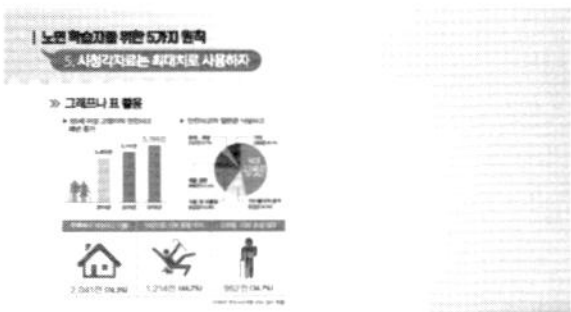

• 동영상 활용

다음뉴스에서 이륜자동차 운전자가 어떤 실수를 했나요?

1. 인생경험을 나누는 장으로 만들어라
2. 자발적으로 참여하게 하라
3. 생활에 연결 짓자
4. 다양한 활동으로 반복 학습시켜라
5. 시청각자료는 최대치로 사용하자

노년기 안전교육은 쉬우면서 흥미로운 시청각 자료와 활동을 통해 학습자들이 반복학습을 할 수 있도록 하여 생활 속에서 안전을 실천하도록 이끌어야한다.

6. 교안 작성법

안전교육 교안작성전략1: OBM 모델

1. OBM 강의설계란?

집을 짓기 전에 필요한 것은?
(설계도)

강의교안 설계도의 중요성

1. 전체 흐름을 한 눈에 파악
2. 구조의 논리성 확인
3. 교수방법의 적절성 확인

명강의를 위한 강의 교안 설계 O.B.M. 시스템

Open	• 강의의 포문을 열다. • 강사소개/ 라포형성/ 학습기대감
Belibve	• 강의내용의 신뢰를 높이다. • 핵심선정/ 핵심제시/ 방법풀이/ 강조
Move	• 행동으로 실천하게 하다. • 핵심정리/ 동기부여

2. Open단계의 필수 구조

Open의 중요성

Open: 강의의 서론 부분에 해당하는 것으로서 강의 도입 시 학습자에게 습의 준비를 시키는 단계

• 강사에 대란 신뢰감 증진
• 강사와 학습자, 학습자와 학습자간의 공감대 형성
• 학습에 대한 동기부여로 학습 집중도 향상

• 라포 형성하기
• 강사 소개 만들기
• 학습 기대감 높이기

1. 라포 형성하기

• 라포(Rapport)란?
  – 친밀한 관계
  – 강사와 교육참가자와의 관계
  – 교육 참가자간의 관계
• 첫 인사
  – 공감: 시의성, 학습자의 관심 소재
  – 칭찬: 진정성 있게 감사를 표현
  – 유머: 친숙한 소재, 반전, 교훈
• 강사와 학습자의 라포 형성
  – 첫 인사, 복장, 표정 등
  – 강사 소개
• 학습자와 학습자간 라포 형성
  – 단계별 접근: 눈맞춤, 가벼운 인사, 간단한 스킨십, 자기소개
  – 가벼운 눈 맞춤과 인사: 편안한 분위기로 진행
  – 간단한 스킨십: 게임 등과 같은 장치를 통해 자연스럽게 유도
• 강사와 학습자의 라포 형성

– 첫 인사, 복장, 표정 등
– 강사 소개

- 학습자와 학습자간 라포 형성
  – 단계별 접근: 눈맞춤, 가벼운 인사, 간단한 스킨십, 자기소개
  – 가벼운 눈 맞춤과 인사: 편안한 분위기로 진행
  – 간단한 스킨십: 게임 등과 같은 장치를 통해 자연스럽게 유도
  – 자기소개: 질문을 미리 준비하고 가벼운 질문으로 시작하여 주제와 관련된 의견을 낼 수 있도록 구성

파트너 인터뷰

1. 사는 곳은?
2. 혈액형은?
3. 안전강사 유무?(Yes/ No)
4. 교육 주제는? 생활안전, 보건안전, 재난안전
5. 교육 대상은? 생애주기별 대상 구분(아동/청소년/성인/노인)
6. 좋아하는 강사 스타일? 싫어하는 강사 스타일?

2. 강사 소대 만들기

- 강사의 전문성
  – 경력, 업적, 수상실적 등
- 교수자–학습자간 라포형성 강사 소개
  – 진진진가 강사소개
  – 4가지 강사소개를 준비
  – 4가지 중 하나의 거짓 소개를 포함하여 퀴즈 형태로 제시
  – 작은 선물을 준비하여 학습자의 참여를 유도
- 사진 및 동영상 활용

강사 소개(진진진가 소개)

선한 영향력으로 행복한 세상

홍길동

1. 저의 직업은 3개 이상입니다.
2. TV출연 경험이 있습니다.
3. 떡과 김치를 좋아 합니다.
4. 8세~87세 교육생들을 만납니다. (×)

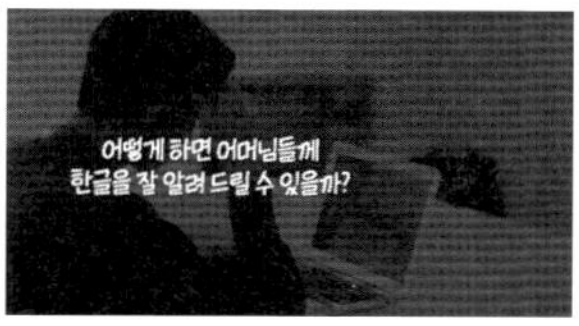

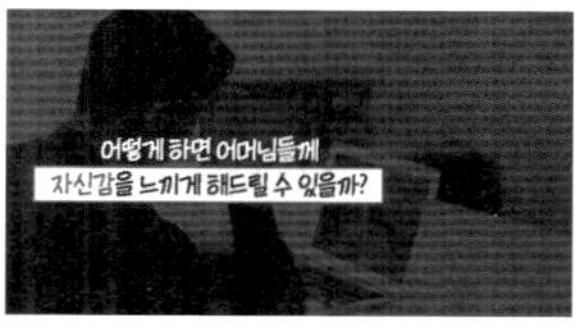

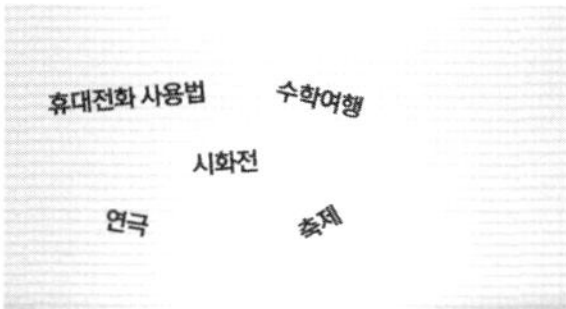

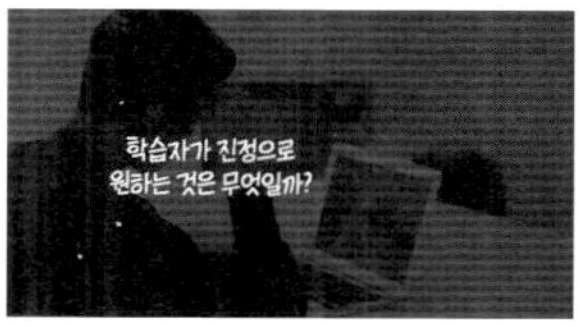

안전교육 교안작성법

구분	Module	학습목표	학습주제(세부내용)	강사
18차시	안전교육 교안 작성법(1)	1. 강의초기 학습자와의 라포형성을 위한 교안작성을 할 수 있다. 2. 강사의 신뢰감을 높일 수 있는 강사소개를 작성할 수 있다. 3. 본론으로 연결되는 학습내용의 기대감을 높이는 교안을 작성할 수 있다.	1. OBM 강의설계란? 2. Open단계의 필수구조 3. Open단계의 설계 예시	
19차시	안전교육 교안 작성법(2)	1. 본론 Believe단계의 교안작성 구성요소를 파악할 수 있다. 2. 강의목적(Why)과 핵심메시지(What)를 명확히 전달하는 교안을 작성할 수 있다.	1. Believe단계의의미와구조 (Why–What–How–Vision) 2. Why:강의의 존재이유 3. What:핵심메시지 설정	김상우
20차시	안전교육 교안 작성법(3)	1. 핵심 메시지의 다양한 전달 방법을 알 수 있다. 2. 핵심 메시지를 효과적으로 전달 할수 있다. 3. 핵심 메시지를 정리하고 요약할 수 있다.	1. How: 핵심메시지 풀이 방법 2. Vision:본론의 요약 및 정리 3. Believe: 단계의 Check List	
21차시	안전교육 교안 작성법(3)	1. 결론 단계의 의미와 필요성을 이해할 수 있다. 2. 다양한 강의 마무리 기법을 적용할 수 있다. 3. 효과적인 엔딩을 통해 강의의 전체 균형을 확인할 수 있다.	1. Move단계의 의미와 구조 2. 가의 마무리 기법 3. 상황별 활용법	

학습목표	학습내용
• 강의 초기 학습자와의 라포형성을 위한 교안작성을 할 수 있다. • 강사의 신뢰감을 높일 수 있는 강사소개를 작성할 수 있다. • 본론으로 연결되는 학습내용의 기대감을 높이는 교안을 작성할 수 있다.	• OBM 강의 설계란? • Open단계의 필수 구조 • Open단계의 설계 예시

3. 학습 기대감 높이기

- 강의의 제목 제시
  강사 소개와 연결고리를 찾아 자연스럽게 제시
- 학습목표 제시
  강의의 목적과 방향성 제시
- 목차 제시
  강의 흐름과 전체 구조를 제시

Open: 강의를 여는 기법

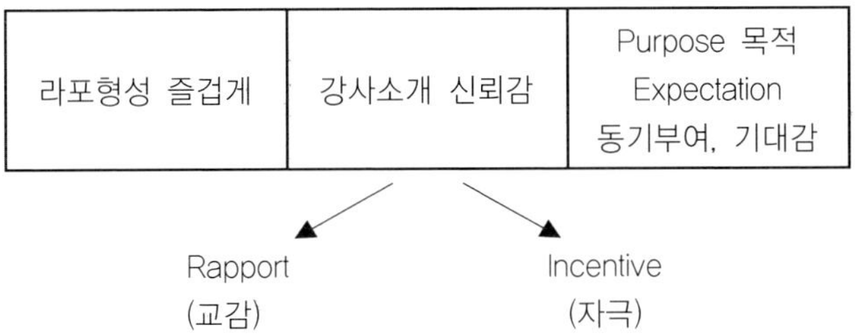

Open: 흥미로운 오프닝

표준교안	개발교안
라포형성	
첫인사	
교수-학습자 간 라포형성	
학습자-학습자 간 라포형성	
강사소개	
신뢰감 형성	
진진진가 강사소개	
다양한 매체 활용	
학습 기대감	
강의 제목	
학습 목표	
목차	

안전교육 교안작성전략2: OBM 모델

1. Believe단계의 의미와 구조

Believe: 강의 전달 기법

Beileve의 중요성

강의 본론에 해당하는 부분으로 주제에 대한 학습자의 충분한 이해를 돕기 위한 단계

- 학습 대상자에 맞는 내용으로 선정
- 강의 주제에 부합되는 내용으로 구성
- 강의 시간에 맞추어 내용 구성
- 학습자들의 실행력을 높일 수 있는 방법 제시

Believe: 강의 전달

핵심선정	핵심제시	핵심풀이	핵심강조
Why? • 강의 목적 • 고려사항	What? • 핵심내용 • 사례제시	How? • 노하우 • 방법론	Vision? • 반복정리 • 비전제시

Believe: 구성요소

Why?	What?	How?	Vision?
전달하고자 하는 핵심내용 제시	강의의 명확한 목적 설명	강의 핵심에 맞는 실행방법 제시	핵심내용의 반복 정리

2. Why: 강의의 존재 이유

'소화기 사용방법'에 대한 안전교육

Why?(강의의 목적)

1. 왜 소화기 안전교육을 실시하는가?
2. 소화기 안전교육을 하고 나면 무엇이 달라지는가?

화재발생 시 초기 대응책으로써의 소화기 사용

건물관리인을 위한 소화기 관리 지침 숙지

소화기에 대한 친밀도 높이기

3. What: 핵심메시지 설정

What?(핵심메시기)
1. 강의시강? 1시간 기준 3개의 핵심 메시지
2. 교육 대상자? 아동? 청소년? 성인? 노인?
3. 핵심메시지 간 흐름 및 논리구조 설정

1. 마인드맵

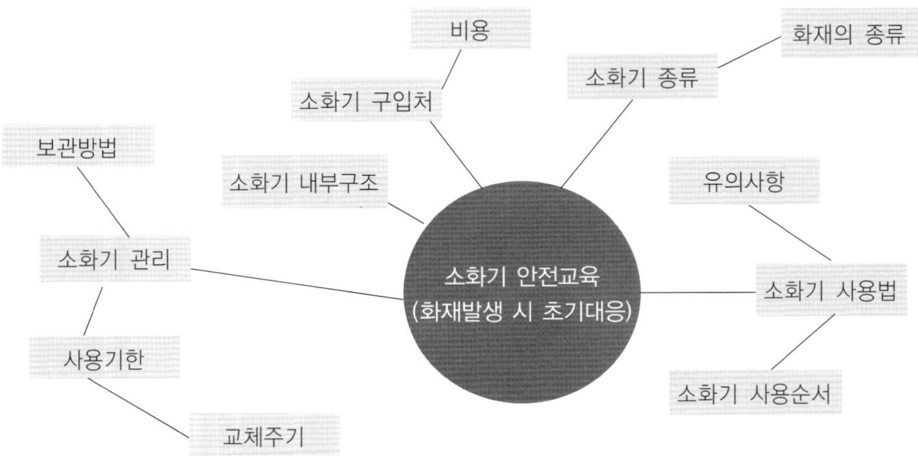

2. KJ 기법

전 도쿄공업대학 교수인 가와기타 지로(Kawakita Jiro)의 영문 성명의 머리 글자를 따서 만든 정보 정리법

- 진행방법
  1. 데이터 작성: 포스트잇 등을 활용하여 한 장에 하나의 데이터를 작성
  2. 그룹편성: 비슷하거나 연관성이 있는 정보끼리 그룹핑
  3. 관계성을 도식화
  4. 도해를 바탕으로 문장화

1그룹
- 소화기 사용법
- 주의사항
- 사용 순서

3그룹
- 소화기 관리
- 보관 방법
- 사용기한
- 교체 주기

2그룹
- 소화기 종류
- 화재의 종류

4그룹
- 소화기 구조
- 소화기 구입처
- 비용

소화기 사용법

사용 순서　주의 사항

▶

핵심메시지

1. 소화기 사용법
   1) 소화기 사용 순서
   2) 사용시 주의 사항

소화기 종류

화재의 종류

▶

핵심메시지

2. 화재별 소화기 사용
   1) 화재의 종류
   2) 소화기 종류

소화기 관리

보관 방법　사용 기한　교체 주기

▶

핵심메시지

3. 소화기 관리 방법
   1) 보관방법
   2) 사용기한
   3) 교체주기

소화기 구조　소화기 구입처　비용

▶

핵심메시지

보류

핵심메시지

1. 소화기 사용법
2. 화재별 소화기종류
3. 소화기 관리 방법

What?(핵심메시지)

1. 소화기 사용법

1) 소화기 사용 순서

2) 사용시 주의사항

4단계 소화기 사용 순서

1. 소화기를 바닥에 내려 놓고 안전핀을 힘껏 잡아 당겨 뽑음
2. 손잡이 아랫부분을 잡고 불이 난 곳으로 각까지 업근해 손잡이를 움켜 잡음
3. 바람을 등지고 호스를 뽑아 불이 난 곳을 향함
4. 불길 주위에서 빗자루로 쓸 듯이 골고루 분사함

소화기 사용시 4가지 주의사항
1. 소화기 호스는 내 몸이 아닌 바깥쪽을 향하게 들어야 함
2. 소화기를 들고 바람이 마주보고 서면 안 됨
3. 소화기호스는 절대 얼굴 쪽으로 향하게 하지 않음
4. 소화기 몸통이 아닌 손잡이를 잡아야 함

2. 화재별 소화기 사용

1) 화재의 종류(가연물 종류)
   – 일반화재, 유류 및 가스화재, 전기화재, 금속화재
2) 소화기의 종류(화재 종류별)
   – A급, B급, C급, D급

3. 소화기 관리 방법

1) 소화기는 잘 보이고 통행에 지장이 없는 곳에 비치합니다.
2) 반드시 세워서 보관해야 합니다.
3) 직사광선이 없고 습기가 적으며 서늘한 곳에 둡니다.
4) 화재시 빨리 사용할 수 있도록 다른 물건을 올려놓지 말아야 합니다.
5) 1달데 1회 정도 소화기를 거꾸로 뒤집거나 흔들어 주어 분말약재가 굳지 않도록 합니다.
6) "압력 게이지"화살표가 녹색지점을 가리켜야합니다.
7) 교체주기를 확인하여 사용하기 점에 교체를 해줘야 합니다.
8) "안전핀"이 빠지지 않도록 주의 하시기 바랍니다.

Believe : 신뢰를 주는 본론구성(1)

표준교안	개발교안
Why	
강의 목적	
왜 강의가 존재하여야 하는가?	
강의가 끝나면 무엇이 달라지는가?	
What	
핵심메시지	
강의시간?	
교육대상자?	
논리구조?	

안전교육 교안작성전략3: OBM 모델

1. How: 핵심메시지 풀이 방법

Believe: 구성요소

What ②	Why ①
전달하고자 하는 핵심 내용 제시	강의의 명확한 목적 설명
How ③	**Vision ④**
강의 핵심에 맞는 실행 방법 제시	핵심내용의 반복 정리

'소화기 사용방법'에 대한 안전교육

- Why?

  화재 발생 시 초기 대응책으로써의 소화기 사용
- What?

  1) 소화기 사용법
  2) 화재별 소화기 사용
  3) 소화기 관리 방법

How?(풀이방법)

1. 소화기 사용법
   1) 소화기 사용 세부 순서
   2) 사용 시 주의사항
      - 실제 소화기를 활용하여 학습자가 체험해 보기
      - 강사가 대표로 시범
      - 영상>사진>Text

2. 화재별 소화기 사용
   1) 화재의 종류(가연물 종류): 일반화재, 유류 및 가스 화재, 전기화재, 금속화재
   2) 소화기의 종류(화재 종류별): A급, B급, C급, D급

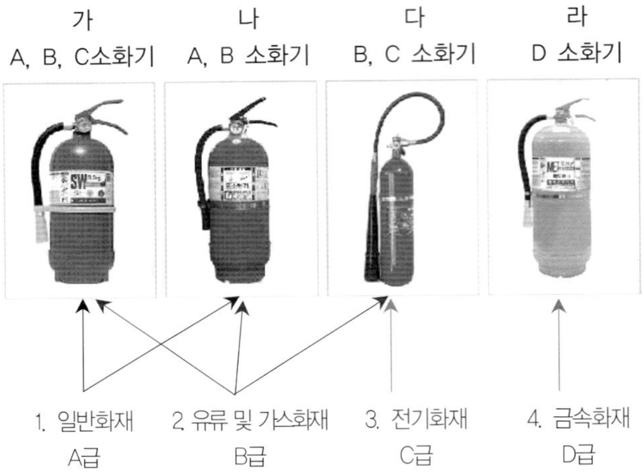

QUIZ

이 소화기의 이름은 무엇일까요? ABC 소화기 이름의 뜻은 무엇일까요?

3. 소화기 관리 방법

화재가 발생했고 소화기가 있지만 소용없는 경우는 언제 일까요?
그렇다면 어떻게 관리해야 할까요?

3. 소화기 관리 방법

1) 소화기는 잘 보이고 통행에 지장이 없는 곳에 비치합니다.
2) 반드시 세워서 보관해야 합니다.
3) 햇빛이 잘 드는 곳에 보관해야 합니다.
4) 화재 시 빨리 사용할 수 있도록 다른 물건을 올려놓지 말아야 합니다.
5) 소화기를 흔들지 않고 그대로 두어야 합니다.
6) "압력 게이지" 화살표가 0을 가리켜야 합니다.
7) 교사용기한이 지난 후 1년 안에 교체해야 합니다.
8) "안전핀"이 빠지지 않도록 주의 하시기 바랍니다.

3. 소화기 관리 방법
1) 소화기는 잘 보이고 통행에 지장이 없는 곳에 비치합니다.
2) 반드시 세워서 보관해야 합니다.
3) 직사광선이 없고 습기가 적으며 서늘한 곳에 둡니다.
4) 화재 시 빨리 사용할 수 있도록 다른 물건을 올려놓지 말아야 합니다.
5) 1달에 1회 정도 소화기를 뒤집거나 흔들어 주어 분말 약재가 굳지 않도록 합니다.
6) "압력 게이지" 화살표가 녹생지점을 가리켜야 합니다.
7) 교체주기를 확인하여 사용기한 전에 교체를 해줘야 합니다.
8) "안전핀"이 빠지지 않도록 주의 하시기 바랍니다.

2. Vision: 본론의 요약 및 정리

Vision?(반복정리)
1. Why?(강의의 목적)
2. What?(핵심메시지)
3. How?(풀이방법)
4. Vision(반복정리)

3. 소화기 관리 방법
1) 소화기는 잘 보이고 ㅌㅎ에 지장이 없는 곳에 비치합니다.
2) 반드시 세워서 보관해야 합니다.
3) 직사광선이 없고 ㅅㄱ가 적으며 ㅅㄴㅎ 곳에 둡니다.
4) 화재 시 빨리 사용할 수 있도록 다른 물건을 올려놓지 말아야 합니다.
5) 1달에 1회 정도 소화기를 뒤집거나 흔들어 주어 분말 약재가 ㄱㅈ 않도록 합니다.
6) "압력 게이지" 화살표가 ㄴㅅ 지점을 가리켜야 합니다.
7) 교체주기를 확인하여 ㅅㅇㄱㅎ전에 교체를 해줘야 합니다.
8) "ㅇㅈㅍ"이 빠지지 않도록 주의 하시기 바랍니다.

3. 소화기 관리 방법
1) 소화기는 잘 보이고 통행에 지장이 없는 곳에 비치합니다.
2) 반드시 세워서 보관해야 합니다.
3) 직사광선이 없고 습기가 적으며 서늘한 곳에 둡니다.
4) 화재 시 빨리 사용할 수 있도록 다른 물건을 올려놓지 말아야 합니다.
5) 1달에 1회 정도 소화기를 뒤집거나 흔들어 주어 분말 약재가 굳지 않도록 합니다.
6) "압력 게이지" 화살표가 녹생지점을 가리켜야 합니다.
7) 교체주기를 확인하여 사용기한 전에 교체를 해줘야 합니다.
8) "안전핀"이 빠지지 않도록 주의하시기 바랍니다.

Believe: 신뢰를 주는 본론 구성(2)

표준교안	개발교안
How	
풀이방법	
학습자의 참여	
핵심메시지의 포함	
Vision	
Why?(강의목적)	
What(핵심메시지)	
How(풀이방법)	

Believe: 구성요소

Why	What	How	Vision
전달하고자 하는 핵심내용 제시	강의의 명확한 목적 설명	강의 핵심에 맞는 실행방법 제시	핵심내용의 반복정리

안전교육 교안작성전략4: OBM 모델

1. MOVE: 강의 마무리 기법

Move의 중요성

강의의 결론에 해당하는 부분으로 핵심에 대한 요약, 정리와 더불어 재 동기 부여로 학습자들의 실행력을 높이는 단계

- 강의 전체 핵심에 대한 요약, 정리
- 강의 핵심에 대한 요점만 정리(길게 설명하지 말 것)
- 강의 주제에 대한 재동기 부여
- 강의 주제에 맞는 시, 글, 명언, 음악과 함께 활용

MOVE

1. 내용요약
2. 동기부여
3. Q&A 활용

1. 내용요약

1) 강의 전체를 마무리
2) 키워드 중심의 리마인드
3) 한 장표로 전체 정리

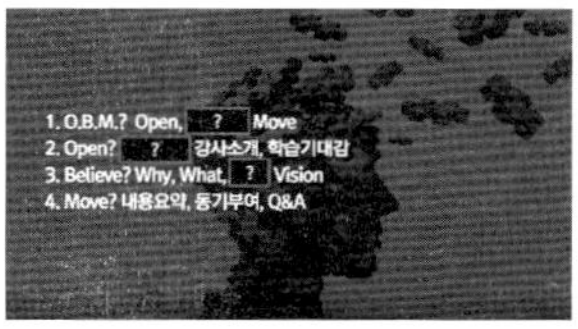

2. 동기부여 하기

1) 인상적인 문구 활용(명언, 시, 고사성어 등)

인생에서 원하는 것을 얻기 위한 첫 번째 단계는 내가 무엇을 원하는지 결정하는 것이다

—벤 스타인

2. 동기부여 하기

1) 인상적인 문구 활용(명언, 시, 고사성어 등)
2) 긍정적 미래를 그려보게 하기

"우리가 함께한 내용들이 소중한 내 가족을 지켜줍니다."

2. 동기부여 하기
   1) 인상적인 문구 활용(명언, 시, 고사성어 등)
   2) 긍정적 미래를 그려보게 하기
   3) 구체적 행동을 제시하기

3. Q&A 활용하기
   1) 질문자와 Eye-Contact
   2) 질문에 감사와 칭찬
   3) 질문을 반복하여 전체와 공유
   4) 답을 하기 전 학습자에게 다시 질문
   5) 답변 후 질문자의 이해도 점검

표준교안	개발교안
내용요약	
전체내용정리	
키워드중심요약	
한 장표로 표현	
동기부여	
인상적인 문구	
긍정적인 미래	
구체적 행동	
Q&A 활용	
Eye-Contant	
질문에 감사와 칭찬	
질문을 반복하여 전체와 공유	
답을하기 전 학습자에게 다시 질문	
답변 후 질문자의 이해도 점검	

2. O.B.M. 모델 마무리

Open	Believe	Move
라포형성	Why	**내용요약**
첫 인사	강의 목적	전체 내용 정리
교수자-학습지간 라포형성	왜 강의가 존재하여야 하는가?	키워드 중심 요약
학습자-학습자간 라포형성	강의가 끝나면 무엇이 달라지는가?	한 장표로 표현
강사 소개	What	**동기부여**
신뢰감 형성	핵심메시지	인상적인 문구
진진진가 강사소개	강의시간?	긍정적 미래
다양한 매체 활용	교육대상자? / 논리구조	구체적 행동
학습 기대감	How	**Q&A 활용**
강의 제목	풀이방법	Eye-Contact
학습 목표	학습자의 참여	질문에 감사와 칭찬
목차	핵심메시지의 포함	질문을 반복하여 전체와 공유
	Vision	답을 하기 전에 학습자에게 다시 질문
	Why/ What / How	답변 후 질문자의 이해도 점검

Open	• 강의의 포문을 열다. • 강사소개 / 라포형성 / 학습기대감
Belibve	• 강의내용의 신뢰를 높이다. • 핵심선정 / 핵심제시 / 방법풀이 / 강조
Move	• 행동으로 실천하게 하다. • 핵심정리 / 동기부여

안전전문인력의 전달력을 높이는 전략스피치1: 기본발성법

1. 스피치의 중요성

스피치의 중요성

스피치 능력은 중요한 경쟁력이다.
지식을 습득하는게 아니라 교육생에게 얼마나 잘 전달하고 공유하는가

전달력을 높이는 방법

강사의 청각 이미지	강사의 시각 이미지	강의 콘텐츠 완성도
• 발음 • 억양 • 톤 • 발성 • 호흡 등	• 자세 • 제스처 • 표정 • 움직임 등	• 적절한 시각자료 • 내용충실성 등

2. 강사의 청각 이미지: 발성법

목소리는 타고 나는 걸까요?

목소리 진단

안녕하십니까?(안녕하세요)000입니다.
어제 충북 지역에 기록적인 폭우가 발생하여 곳곳에서 비 피해가 발생했습니다.
철도역이 물에 잠겨 기차 운행이 중단 됐고, 사망과 실종 사고도 잇따랐습니다.
모두 안전에 각별히 유의하시기 바랍니다.

목소리의 3대 기술

발음 말의 소리값
- 자음: 혀 근육
- 모음: 입 근육

발성 소리의 울림

호흡 숨
- 복식
- 흉식

기본 발성법

- 숨 관찰하기
- 목소리 이해하기
- 호흡법 / 호흡량
- 키톤 찾기

준비운동

아~~~~~~~~~~~~~~~~~~~~~~~~~~~~~~~~~~~~

음~~~~~~~~~~~~~~~~~~~~~~~~~~~~~~~~~~~~

와~~~~~~~~~~~~~~~~~~~~~~~~~~~~~~~~~~~~

오~~~~~~~~~~~~~~~~~~~~~~~~~~~~~~~~~~~~

우~~~~~~~~~~~~~~~~~~~~~~~~~~~~~~~~~~~~

목소리 이해하기

- 목소리: 폐에서 나오는 공기가 성대를 진동시켜 생기는 것

호흡할 때 　　 발성할 때

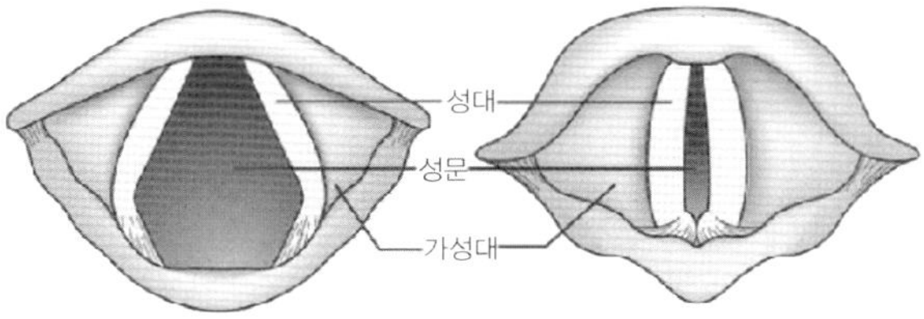

후두의 하부에서 섬유조직으로 만들어진 두 개의 성대가 있다. 호흡할 때는 성문이 삼각 모양으로 열린다.

공기를 밖으로 내보낼 때는 닫힌 성대가 진동해서 소리를 낸다. 가성대는 발성과는 상관이 없고 음식물을 삼킬 때는 후두를 닫는다.

목소리를 바꾸려면 호흡부터 바꿔야 한다!

호흡종류

복식호흡 ▶ '힘점'을 내려라

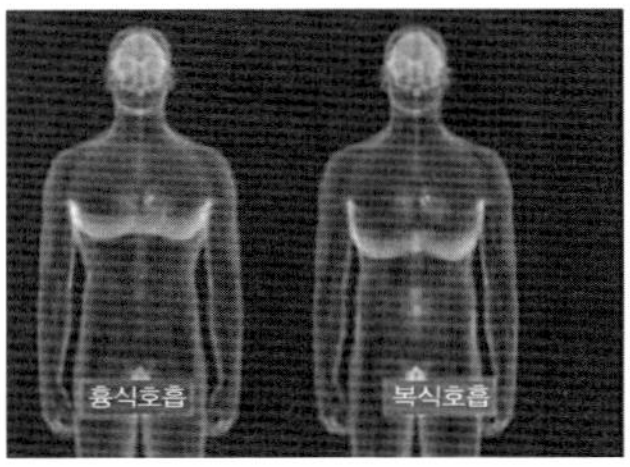

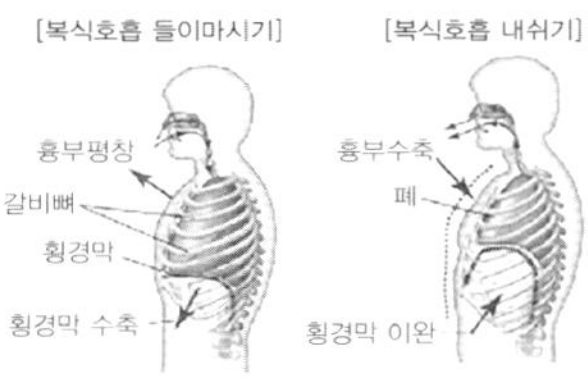

호흡법/호흡량

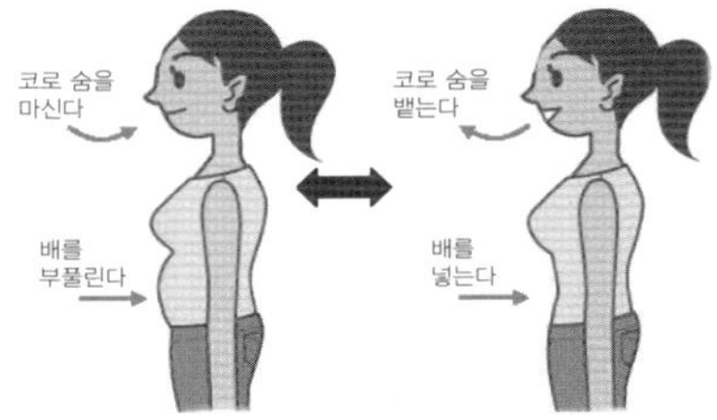

호흡법: 복식호흡

호흡량

호흡법/호흡량

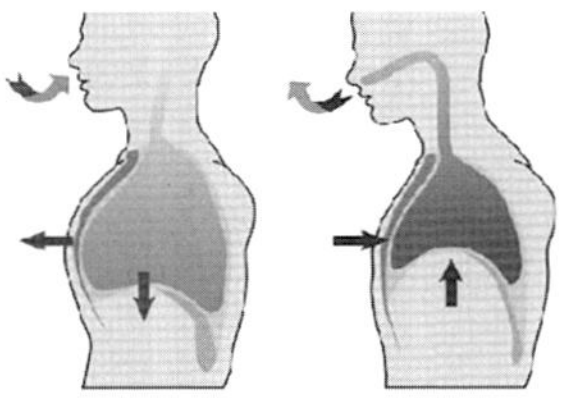

들숨 날숨

복식호흡의 효과

- 흉식호흡보다 30% 많은 폐활량확보
- 호흡을 뱉을 수 있게 됨
- 자율신경을 안정시켜 심리적 안정감을 줌
- 뇌를 활성화 시켜 집중력이 높아짐

복식호흡이 되는데 목소리가 안 좋은 이유는?

- 소리를 안 뱉기 때문!
- 공기의 양이 많을수록 힘차고 안정적인 소리가 난다.

말 끝까지 힘 있게 말하기

- 글자를 점진적으로 크고 멀리 소리 내는 훈련

  예 안녕하십니까

연습하기

안
안녕
안녕하
안녕하십
안녕하십니
안녕하십니까

3. 키 톤 찾기

나의 '키톤'을 활용하라

• 키톤: 태어날 때부터 가지고 있는 자기의 톤

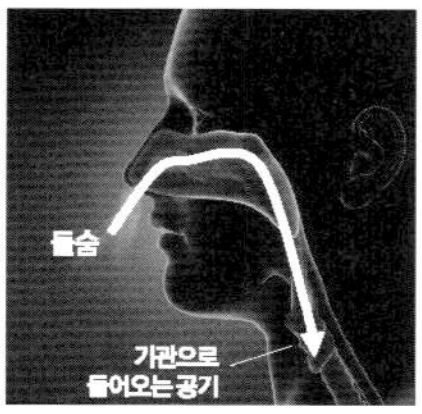

'아': 고음
'에': 중간음
'어': 저음

▶ 울림이 큰 것이
나의 베스트 톤

목을 열어보자

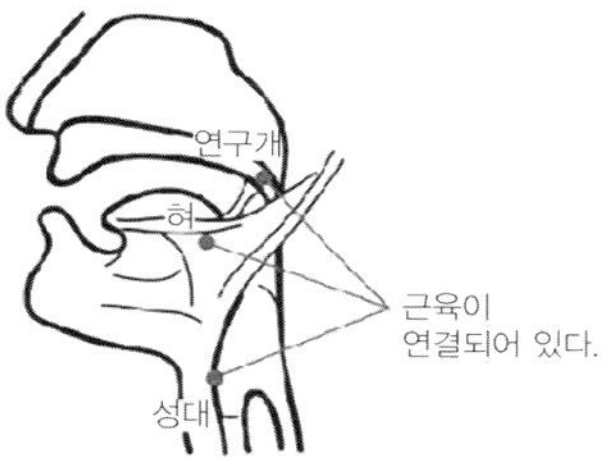

• 연구개: 입천장에서 비교적 연한 뒤쪽 부분

입 근육 스트레칭

• 양손을 펴서 볼을 동그라미 그리며 문지르기(10초)
• 볼에 바람을 넣어 빵빵하게 만들어 부풀리기(10초)
• '푸르르르'하고 입술털기(10초)
• 입술을 모아 앞쪽으로 내밀고, 시계방향-반시계 방향으로 돌리기
• '아에이오우'를 자극이 느껴질 만큼 최대한 입을 크게 벌려 발음하기(5번씩)
• 가로, 세로 입 근육 운동(하나당 5번 이상씩 반복)
'으아' – '아으' / '오아' – '아오'
'어으' – '으어'/ '오어' – '어오'

발음

아 야 어 여 오 요 우 유 으 이
가 갸 거 겨 고 교 구 구 그 기
나 냐 너 녀 노 뇨 누 뉴 느 니
다 댜 더 뎌 도 됴 두 듀 드 디

발음 연습

똠양꿍 대한관광공사	조달청 청사 창살은 쇠창살, 항만청 청사 창살도 쇠창살 저기 계신 저 분이 박 법학박사이고, 여기 계신 이 분이 백 법학박사이시다 앞 집 팥죽은 붉은 팥 풋팥죽이고, 뒷 집 콩죽은 해콩단콩 콩죽

빨리 읽기 연습

안촉촉한 초코칩 나라에 살던 안촉촉한 초코칩이
촉촉한 초코칩 나라의 촉촉한 초코칩을 보고
촉촉한 초코칩이 되고 싶어서 촉촉한 초코칩 나라에 갔는데
촉촉한 초코칩 나라의 문지기가
"넌 촉촉한 초코칩이 아니고 안촉촉한 초코칩이니까
안촉촉한 초코칩 나라에 살아라" 라고 해서
안촉촉한 초코칩은 촉촉한 초코칩이 되는 것을 포기하고 안촉촉한 초코칩 나라로 돌아갔다.

빨리 읽기 연습

너와 헤어진 후 힘들어하는 내게 박 법학박사님과 백 법학박사님께서
차라리 상담담당 선생님 성 선생님을 추천해주셨어.
그렇게 찾은 러브코치 상담담당 선생님 성 선생님이 내게 말했어

자기는 참치 꽁치낌을 좋아한다고
이게 무슨 헛소린가 싶어 안 청송콩찰떡이 좋다고 했지
시답잖은 농담 속에 서울 찹쌀 촌 찹쌀같이 나눠져 있던 마음이
쿵더더덕 덩기더더덕 녹아버렸어.

너랑 헤어진 후 난 편판선 군의 소개로 판편숙 양을 만났어.
그녀는 간장공장 공장장의 친구
중앙청 창살 외창살 시청 창살 쌍창살 관리했어.
〈형돈이와 대준이 한번도 안 틀리고 누구도 따라 부르기 어려운 노래 가사 중〉

안전전문인력의 전달력을 높이는 전략스피치2: 임팩트발성법

1. 신뢰감 있는 목소리 연출법

최악의 강의 3가지

요정 無	교육생과의 상호작용 無	완급조절 無
• 짜임새 있는 구조가 아님 • 단순히 정보만 나열 • 스토리 텔링, 핵심 메시지 부족	• 내용만 단순 설명 • 슬라이드만 읽는 일방적 강의	• 음성, 콘텐츠 변화가 없는 지루한 강의

음성전달의 3포인트

- 소리의 직진성: 우물거리지 말고, 자신있게 목소리를 앞으로 냅니다.
- 발음의 명료도: 말끝을 흐리지 말고 정확히 발음합니다.
- 역동감 있는 억양: 앞쪽에 강세를 두거나, 부드러운 파도 모양의 억양을 유지합니다.

목소리 연출법

- 모음만 발음하기
- 빨리 읽기
- 젓가락 연습법

모음만 발음하기

강원 영동선 철로에서 승용차와 열차가 충돌해 2명이 숨졌습니다.	아워 여오어 어오에어 으요아와 여아아 우오애 우여이 우여으이아.
오늘 오전 강원도 동해시 망상동의 캠핑장 인근 철길에서 아반떼 승용차가 영동선 청량리행 무궁화호 열차와 부딪혔습니다.	오으 오어 아워오 오애이 아아오의 애이아 이으 이이에어 아아에 으요아아 여오어 어야이애 우우아오 여아와 우이여으이아.
이 사고로 30대 운전자와 70대 여성 등 2명이 다쳐 병원으로 옮겨졌지만 결국 숨졌습니다.	이 아오오 아이애 우어아와 이이애 여어 으 우여이 아여 여워으오 오여여이아 여우 우여으이아.
경찰은 사고 당시 차단기가 내려져 있던 것으로 파악한다는 코레일측 발언을 토대로 정확한 사고 원인을 조사하고 있습니다.	여아으 아오 아이 아아이아 애여여 이어 어으오 아아아아으 오에이으 아어으 오애오 어아아 아오 워이으 오아아오 이으이아.

빨리 읽기

가정에서의 홈 트레이닝에서 사용 되는 런닝머신, 바이크, 짐볼, 아령과 같은 운동기구로 인해 어린이 안전사고 발생률이 높아지고 있습니다.
런닝머신과 바이크에 어린이 손가락 및 발가락이 끼거나 짐볼에서 미끄러져 타박상을 입는 상황이 발생합니다.
가정 내 운동기구 사용 시 주의 사항을 말씀 드리겠습니다.
첫째 운동기구 구입 즉시 부품이 헐겁거나 날카로운 부분이 없는지 확인합니다.

젓가락 연습법

1. 젓가락을 송곳니까지 깊게 낀다.
2. 윗니와 아랫니가 벌어져 소리가 나올 수 있는 공간을 만든다.
3. 입안이 열린다는 느낌으로 소리를 꺼내 울림을 만든다.
4. 소리를 무조건 앞으로 꺼낸다(숨 밀어내기).

젓가락 연습법 발음 연습

안녕하세요? 000입니다. 오늘은 선생님과 어린이 심폐소생술을 체험해보겠습니다.
계단을 빨리 오르거나 달리기를 할 때 내 몸에서는 심장이 일하는 소리가 들립니다.
이렇게 심장이 뛰는 것을 '박동' 이라고 합니다.
심장은 우리가 자고 있을 때나 가만히 앉아 있을 때도 열심히 일하고 있어요.

2. 임팩트를 주는 목소리 연출법

Q 청중이 듣기 쉬운 말의 속도는?

말의 속도

느림	빠름
답답함 두뇌 회전이 느려 보임	전달이 어려움 성격이 급해 보임

"청중이 가장 듣기 쉬운 말의 속도 분당 270~280"

뉴스 시간에 아나운서가 하는 말: 분당 300자 정도
스포츠 중계 때 아나운서의 말: 분당 350~500자 정도

매력적인 보이스 연출법 6종 세트

발음 발성 호흡 강조 어미 장, 단음

강조

속도 강조 기법

1. 느린 강조 기법

 저희는 그래서 직원들의 출근, 직장 안에서의 생활, 퇴근 그리고 퇴근 후 모습까지 꼼꼼히 살펴보았습니다.

2. 멈춤 기법(포즈 강조)

 그 새끼 양을 잘 키워야 할텐데~

 나는 민수와 미경이를 때렸다.

 철이가 울면서 떠나는 순이를 배웅했다.

 아줌마 파마돼요?

끊어 읽기 연습

화재가 나면 119에 신고할 수도 있고 직접 불을 끌 수도 있지만 우리 어린이들은 가장 먼저, /

대피해야 해요.

대피하는 방법은 첫 번째, / 불을 처음 발견한 사람이 '불이야!'하고 큰 소리로 주위 사람들에게 알려요.

두 번째, 젖은 수건으로 코랑 입을 막고 낮은 자세로 대피해요.

젖은 수건이 없다면 / 입고 있는 옷으로 코와 입을 막고 입안의 물인 '침'을 통해 축축하게 적셔요.

세 번째, 낮은 자세로 / 벽을 짚으며 대피해요. 화재 연기는 위로 올라가기 때문에 / 최대한 낮은 자세로 대피해야 해요.

강약 강조 기법

톤 활용

이 현상이 지속된다면 앞으로 어떤 피해가 발생할까요?

강조법1 : 강조단어를 아래로 꾹꾹 눌러 발음한다.

바로 이것이 문제입니다.

강조법2 : 작은 강조법을 활용한다.

준비된 안전 의식이 사고를 예방할 수 있습니다.
→ 준비된 안전 의식이 사고를 예방할 수 있습니다.

사후 대처보다는 사전 예방이 중요합니다.
→ 사후 대처보다는 이 중요합니다.

강조 부분에 따른 의미 차이
저는 안전교육의 중요도가 낮다고 말하지 않았어요
→ 다른 사람이 말한 것이라는 뜻
저는 안전교육의 중요도가 낮다고 말하지 않았어요
→ 절대 내가 말한 것이 아니다라는 뜻
저는 안전교육의 중요도가 낮다고 말하지 않았어요
→ 다른 것이 나빴다고 말했다라는 뜻

포즈(Pause)기법: “그런데 말입니다”

어미
주어 뒤~
연결 부분~
문장 끝

어미를 잘 처리하면
전문성 신뢰도 재미가 업

1. 끌기: ~했는데
2. 끊기: 했습니다.
3. 올리기: 해서~

종결어미를 1톤 올려라
상냥한 말투: 안녕하십니까(끝을 올리기)　감사합니다
신뢰감 말투: 안녕하십니까(끝을 내리기)　감사합니다

문단 또는 전체 스피치의 마지막까지 힘있는 톤을 유지하자

높은 산으로 뛰어올라갔습니다

큰 사람과 작은 사람이 나란히 서 있습니다

끊어 읽기 연습

안녕하십니까./ 000입니다./
식사 맛있게 하셨습니까.(하셨나요)/
나른하기셨지만,/
좋은 정보 많이 준비했으니
조금만 집중해주시면 감사하겠습니다./
그럼 지금부터/프레젠테이션을 시작하겠습니다./

상냥한 말투(끌기, 올리기)	신뢰감 말투(끊기)
오늘은/ 상냥한 말투에 대해/ 훈련해 볼게요/ 상냥한 말투는/ 말 끝을 부드럽게,/ 중요한 단어는/ 천천히 표현하면 됩니다./ 오늘부터/ 상냥한 말투로/ 부드러운 카리스마를/ 표현해 보세요./	오늘은/ 신뢰감 말투에 대해/ 훈련해 볼게요./ 신뢰감 말투는/ 말끝을 단호하게,/ 중요한 단어는/ 힘있게 표현하면 됩니다./ 오늘부터/ 신뢰감 말투로/ 멋진 카리스마를/ 표현해 보세요./

장, 단음

- 숫자 장음 : 2, 4, 5, 두(둘), 세(셋), 네(넷), 열, 쉰
- 자주 쓰이는 장음

방 : 송 / 보 : 도 / 취 : 재 / 현 : 재 / 현 : 황 / 계 :획 / 예 : 정 / 오 : 전 / 오 : 후/

말 : 씀 / 사 : 람 / 대 : 통령 / 장 : 관 / 이 : 하 / 이 : 상 / 말 : 했다 / 위 : 하다 / 없 : 다

장, 단음

- 245(이 : 백사 : 십오)
- 두 명(두 : 명)
- 천 다음의 숫자 단위는 만 : 이다
- 이 : 는 그 수량이 둘 : 임을 나타낸다
- 말이 말 : 을 한다
- 밤에 밤 : 을 먹는다
- 눈으로 눈 : 을 본다
- 돌잔치에 가다가 돌 : 을 주웠다
- 자기 손으로 일을 하다가 오히려 큰 손 : 해를 봤다.

안전전문인력의 전달력을 높이는 전략스피치3: 바디랭귀지발성법

1. 강사 시각 이미지의 중요성과 동선 활용법

메러비언의 법칙

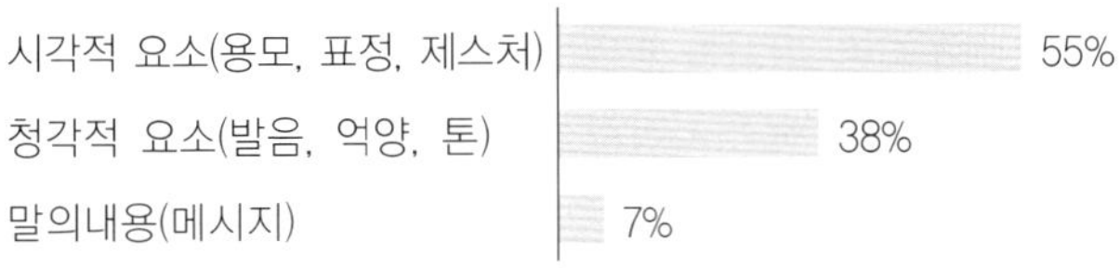

- 첫 인상은 2~3초 안에 결정
- 늦어도 7초안에 결정
- 첫인상 복구는 무려 40시간

비언어적 표현 93%	Body	표정, 눈빛, 자세, 제스쳐
	Mood	음정, 음색, 말의 빠르기
언어적 표현 7%	Word	말의 내용

시각이미지

- 上의 정보: 얼굴(표정)머리방향
- 中의 정보: 어깨, 손의 위치
- 下의 정보: 발의 위치와 방향

자세

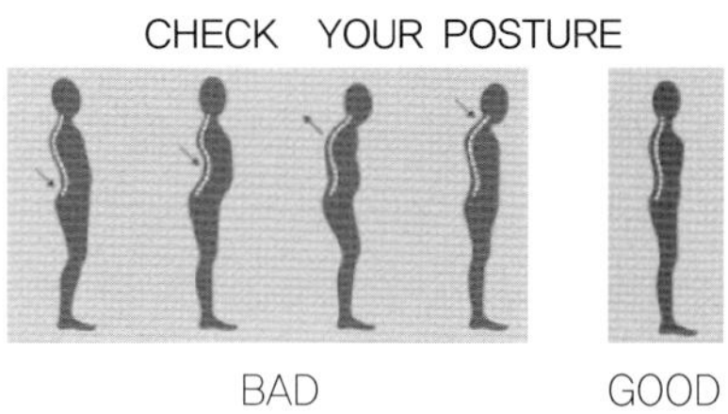

기본자세

엉덩이	엉덩이가 쳐지면 행동이 느려지고 긴장이 풀리게 됨
배	배에 힘을 주고 복근을 활용해 뚜렷한 목소리로 전달력을 높임
탁	턱을 위로 치켜 세우면 깔보거나 거만해 보일 수 있음
입꼬리	입꼬리를 올리면 웃는 표정이 되어 따뜻한 인상이 됨
눈꼬리	웃을 때 눈이 같이 웃어야 하고 눈꺼풀에 힘을 줘서 생기는 표정을 유지함

시각 이미지 메이킹

- 눈, 표정, 어깨: 시선 처리
- 손: 제스처
- 발: 발 움직임

시선처리

Good? Bad?

GOOD	Bad
• 교육생의 얼굴을 보면서 선을 정확히 맞춘다. • 전후좌우로 시선을 적절히 안배하면서 강의를 진행한다.	• 시선을 바닥으로 떨어뜨린다. • 시선을 고정하지 않고 짧게 돌린다. • 스크린이나 교재만 본다.

제스처

GOOD	Bad
• 상황과 내용에 맞는 제스처를 사용한다. • 강의 내용에 맞추어 자연스럽게 움직인다. • 의도적으로 주어진 공간으로 이동한다.	• 과도하게 많은 제스처를 사용한다. • 한 손가락으로 교육생이나 화면을 가리킨다. • 한 손을 허리에 짚거나, 주머니에 손을 넣는다. • 등을 보이거나 빔 프로젝트 화면을 가린다.

동선활용

인사

1. 다리를 붙이고 어깨를 펴고 선다.
2. 손은 '남좌여우'를 한다.
3. 청중을 한번 오른쪽에서 왼쪽으로 둘러본다.
4. 말을 한후에 행동을 한다.
5. 단상 옆으로 나와서 보통례(또는 목례)를 한다.
6. 머리, 등, 허리가 일직선으로 숙여진다.
7. 시선은 바닥을 향한다.

손

1. 말을 시작함과 동시에 손을 움직인다.
2. 손끝은 위를 향한다.
3. 손 끝에 힘을 주고 안에서 밖으로 동선을 취한다.
4. 팔모양은 'ㄴ'자가 되도록 한다.
5. 네 손가락은 붙이고 엄지는 자연스럽게 떨어뜨린다.
6. 팔을 벌릴 때는 농구공을 집는 정도의 공간을 유지한다.

발
1. 말을 시작하면서 너무 많이 움직이면 '산만함,긴장감' 의 느낌을 줄 수 있다.
2. 편하게 양쪽으로 어깨 넓이만큼 벌리고 시작한다.
3. 인사를 할 때는 발을 모은다.
4. 발이 움직이는 범위는 두 걸음 정도가 좋다.
5. '시작점–우측으로 두 걸음–다시 시작점– 좌측으로 두 걸음' 이 안정적이다.
6. 동선은 직선 말고 사선으로 움직여야 한다.

2. 안전교육 상황에 맞는 바디랭귀지 연출법

바디랭귀지 활용 기법

- 자연스러운 시선
- 움직임 따뜻한 인상, 미소
- 자신감있는 자세, 태도

스타강사는 어떤 특징이 있을까?

감정 + 목소리 + 표정

감정톤 연습하기

감정톤 연습(1): 목소리에 다양한 감정을 싣는 연습

안녕하세요?	상냥하게/당차게/활기차게/시큰둥하게
저를 좋아하세요?	놀라서/느끼하게/못마땅하게
무슨 일이야 있겠어?	아무렇지 않게/울먹이며/힘차고 밝게/숨죽이며
이게 만원이야?	기뻐하며/실망하며/놀라서/분노하며

감정톤 연습(2)
기쁨: 와~~ 너무 좋아, 날씨도 너무 좋고 여기 너무 좋다.
노여움: 믿는게 아니었어…은혜를 원수로 갚다니…배은망덕한 놈
걱정: 휴…별일 없어야 할 텐데…하아…걱정되네…
명령: 움직이지마. 내가 얘기하지 전까지 거기서 꼼짝하지말고 있어.
놀람: 그게 진짜야? 그게 정말 가능한 거야?
사과: 내가 잘못 했어. 생각이 짧았어. 다신 안 그럴게. 한 번만 용서해줘.

Q 연습처럼 실전에서도 될까?

안녕하세요. 반갑습니다.
두 가지 특징에 대해서 알려드리겠습니다.

목소리 점검하기

1. 오프닝: 기상캐스터

안녕하십니까?(안녕하세요) 000입니다.
며칠 전 경북 포항에서 규모 2.3의 지진이 발생해 시민들이 공포에 떨었습니다.

9월 한 달간 우리나라에서
5건의 지진이 발생한 것입니다(것인데요).

그래서 오늘은 강의를 통해 지진 발생 시 대처법에 대해 알아보도록 하겠습니다.

2. 핵심내용: 뉴스앵커

위기 대응 취약시설에서의 평상 시 행도 지침은 3가집니다.
첫째, 신규 인원이 들어오면 가까운 비상구 위치를 확인하고, 대피 방법과 위기 상황 시 어떻게 조치하는지 등에 대한 교육을 철저히 합니다.

3. 마무리: 라디오DJ

현명한 사람은 미리 준비하는 사람이고,
우둔한 사람은 겪고 후회하는 사람이라고 합니다.
준비된 안전의식과 생활화가 예상치 못한 위기상황이 발생했을 때 피해를 최소화 할 수 있습니다.
감사합니다.

습관을 만드는 데 걸리는 시간 66
새로운 스피치 습관 66일 도전

당신의 목소리가 무기입니다.

부록 재난안전교육

참고문헌: 서울특별시 소방재난본부, “소방활동 위험예지훈련 도해집”, 2012.

01 위험예지훈련도해 화재진압

상황	낙하물이 떨어지는 화재현장에서 화재진압을 하고 있다.
위험포인트	1. 방수모 턱끈을 결착하지 않아 활동 중 방수모가 벗겨질 수 있다. 2. 천장 낙하물에 머리 등 부상을 입는다.
추가 위험 포인트	
예방대책	

02 위험예지훈련도해 화재진압

구분	내용
상황	건물 안 방수로 인해 물기가 고인 곳에 전선 피복이 벗겨져 있다.
위험포인트	1. 절연장갑을 끼지 않아 대원이 감전된다. 2. 감전을 관창을 놓쳐 대원이 부상을 입는다.
추가 위험 포인트	
예방대책	

03 위험예지훈련도해 화재진압

구분	내용
상황	건물 안에서 여러 대(隊)가 함께 화재진압을 하고 있다.
위험포인트	1. 어지럽게 널린 수관에 걸려 넘어진다. 2. 꺾인 수관에 송수압이 순간적으로 전개되면서 수관이 튕겨 대원들이 부상을 입는다.
추가 위험 포인트	
예방대책	

04 위험예지훈련도해 화재진압

상황	건물 안에서 천장 파괴 작업을 하고 있다.
위험포인트	1. 전등 및 반자, 텍스 등의 잔해물이 다량으로 떨어져 부상을 입는다. 2. 안전거리를 확보하지 않아 밑에서 작업하던 대원이 다친다.
추가 위험 포인트	
예방대책	

05 위험예지훈련도해 화재진압

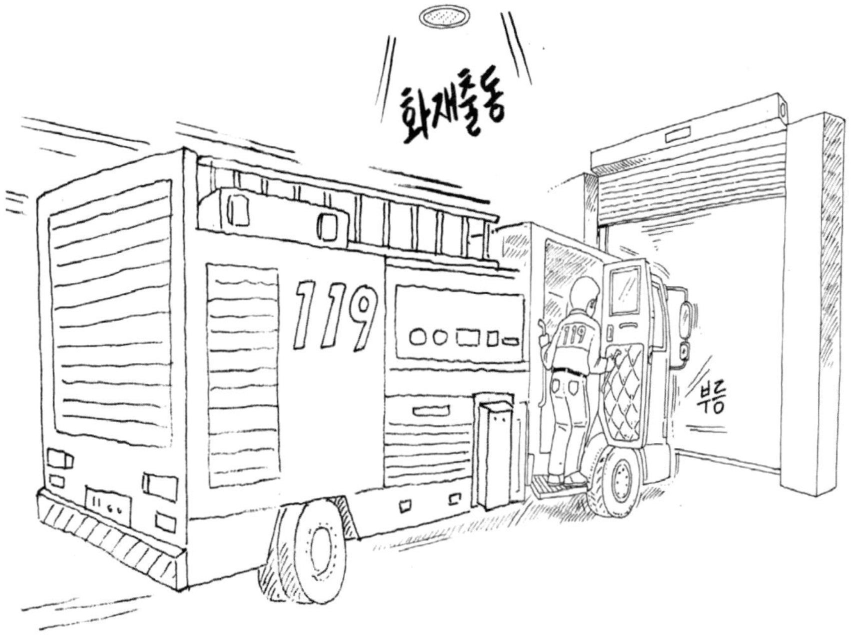

상황	출동 대원이 차고에서 차량에 탑승하고 있다.
위험포인트	1. 승차 대원 탑승을 확인하지 않고 출발해 대원이 차량에서 떨어진다.
추가 위험 포인트	
예방대책	

06 위험예지훈련도해 화재진압

상황	고가사다리차에 급수 작업을 하고 있다.
위험포인트	1. 안전 장비를 갖추지 않은 대원이 파열된 수관에 맞아 부상을 입는다.
추가 위험 포인트	
예방대책	

07 위험예지훈련도해 화재진압

상황	소방 차량이 좁은 골목길에 출동을 하고 있다.
위험포인트	1. 골목길에서 갑자기 튀어나온 행인과 교통사고가 발생할 수 있다.
추가 위험 포인트	
예방대책	

08 위험예지훈련도해 화재진압

상황	공기호흡기를 장착하고 건물 안 농연 속으로 진입하고 있다.
위험포인트	1. 공기호흡기 봄베 배관 연결 불량으로 공기 흡입이 안 되어 질식한다.
추가 위험 포인트	
예방대책	

09 위험예지훈련도해 화재진압

상황	공기호흡기를 장착하고 건물 안 농연 속으로 진입하고 있다.
위험포인트	1. 공기호흡기 면체 조작법에 익숙하지 않아 질식한다. 2. 부주의로 면체부의 호흡장치를 잘못 조작해 연기를 흡입한다.
추가 위험 포인트	
예방대책	

10 위험예지훈련도해 화재진압

상황	공기호흡기를 장착하고 건물 안 농연 속으로 진입하고 있다.
위험포인트	1. 화재현장 소음으로 공기호흡기 경보음을 듣지 못해 질식한다. 2. 공기호흡기를 제때 교체하지 못해 질식사고가 발생한다.
추가 위험 포인트	
예방대책	

11 위험예지훈련도해 화재진압

상황	신축 건물 공사장에서 화재진압을 하고 있다.
위험포인트	1. 벽돌 또는 철근 등 장애물에 걸려 넘어져 부상을 당한다. 2. 날카로운 구조물에 찔려 얼굴이나 발을 다친다. 3. 난간이 없어 추락한다.
추가 위험 포인트	
예방대책	

12 위험예지훈련도해 화재진압

상황	금속 물질 저장고에서 화재진압을 하고 있다.
위험포인트	1. 금수성 물질이 함께 저장된 창고에서 주수소화를 하여 폭발한다. 2. 급격한 연소 확대로 대원이 화장을 입는다.
추가 위험 포인트	
예방대책	

13 위험예지훈련도해 화재진압

상황	화재진압을 위해 벽이나 담장 위에서 방수작업을 하고 있다.
위험포인트	1. 급격한 방수압력 조작으로 균형을 잃은 대원이 추락한다. 2. 담장이 무너지거나 미끄러져 떨어진 대원이 부상을 입는다.
추가 위험 포인트	
예방대책	

14 위험예지훈련도해 화재진압

상황	동력절단기로 셔터를 파괴하고 있다.
위험포인트	1. 보호장구(보안경, 장갑)를 착용하지 않아 동력절단기의 불꽃이나 부러진 톱날에 얼굴과 손을 다친다. 2. 킥백 현상으로 동력절단기를 놓쳐 손을 다친다.
추가 위험 포인트	
예방대책	

15 위험예지훈련도해 화재진압

상황	로프를 이용해 건물 위로 장비를 올리고 있다.
위험포인트	1. 장비를 묶은 로프 매듭이 풀려 떨어져 밑에 있는 대원이 부상을 입는다. 2. 보조자(밑에 있는 대원)용 로프를 묶지 않아 장비가 벽에 부딪혀 손상되거나 충격으로 떨어져 대원이 다친다.
추가 위험 포인트	
예방대책	

16 위험예지훈련도해 화재진압

상황	건물 지하실 유류탱크에서 화재를 진압하고 있다.
위험포인트	1. 시야확보가 어려워 잠재된 위험요소 확인이 안 되어 부상을 입는다. 2. 유류가 저장된 탱크에 불이 옮겨 붙어 탱크가 폭발한다.
추가 위험 포인트	
예방대책	

17 위험예지훈련도해 화재진압

상황	병원 등 방사능 물질 취급 장소에서 화재진압을 하고 있다.
위험포인트	1. 화재진압을 하던 대원이 방사능 물질에 피폭된다.
추가 위험 포인트	
예방대책	

18 위험예지훈련도해 화재진압

상황	건물 외부로 분출하는 화염에 방수포를 사용하여 방수작업을 하고 있다.
위험포인트	1. 옥내에서 작업 중이던 대원이 방수포에 맞아 넘어진다. 2. 화염이 건물 내부로 밀려 진압하던 대원이 화염에 휩싸인다.
추가 위험 포인트	
예방대책	

19 위험예지훈련도해 화재진압

상황	겨울철 빙판길에서 소방 차량이 출동을 하고 있다.
위험포인트	1. 스노우 타이어 또는 체인을 장착하지 않아 사고가 발생한다. 2. 차량이 빙판길에 미끄러져 교통사고가 발생한다.
추가 위험 포인트	
예방대책	

20 위험예지훈련도해 화재진압

상황	사다리 위에서 화재를 진압하고 있다.
위험포인트	1. 사다리를 고정하지 않고 2인이 올라가 사다리가 넘어진다. 2. 사다리 위에서 작업하던 대원이 균형을 잃어 추락한다.
추가 위험 포인트	
예방대책	

21 위험예지훈련도해 화재진압

상황	화재현장에서 사다리를 들고 이동하고 있다.
위험포인트	1. 혼자서 사다리를 들고 가다 떨어뜨려 부상을 입는다. 2. 주변에 있던 대원이 사다리에 부딪혀 얼굴을 다친다.
추가 위험 포인트	
예방대책	

22 위험예지훈련도해 화재진압

상황	전선이 늘어진 전신주 부근에서 사다리를 전개하고 있다.
위험포인트	1. 사다리를 전개하다 고압선에 닿아 감전된다. 2. 사다리가 고압선에 걸려 대원들이 사다리를 놓치거나 사다리가 넘어져 부상을 입는다.
추가 위험 포인트	
예방대책	

23 위험예지훈련도해 화재진압

상황	현장 활동 후 사다리를 철수하고 있다.
위험포인트	1. 혼자서 사다리 철수작업을 하다 사다리를 놓쳐 대원이 부상을 입는다. 2. 옆에 있던 대원이 쓰러지는 사다리에 맞아 부상을 입는다.
추가 위험 포인트	
예방대책	

24 위험예지훈련도해 화재진압

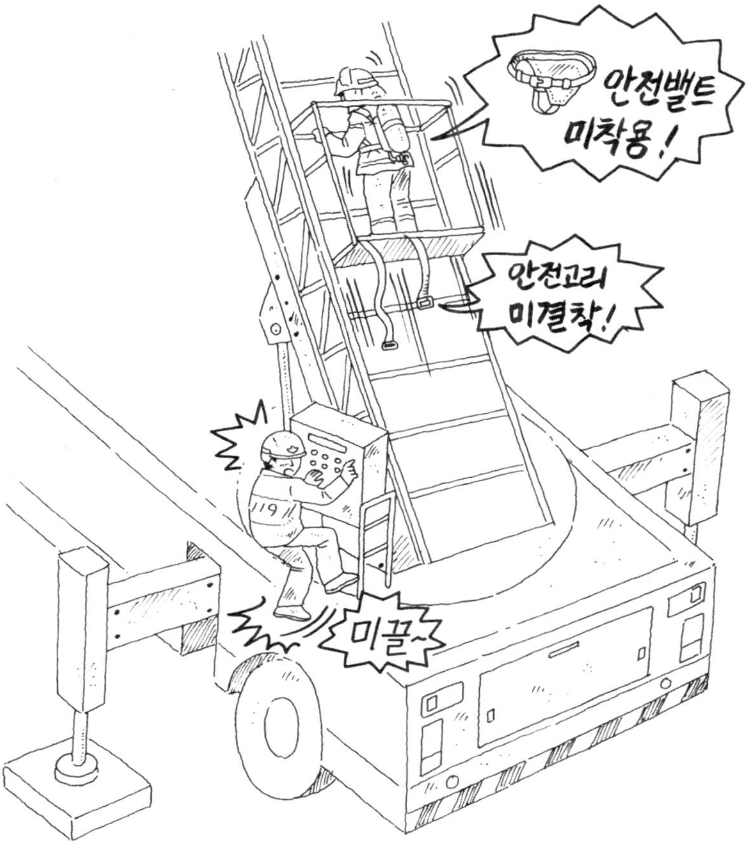

상황	고가사다리차에 진압 대원이 탑승하고 있다.
위험포인트	1. 고갓다리차 조작 대원이 발을 헛디뎌 추락한다. 2. 탑승대원이 안전벨트를 착용하지 않아 추락한다.
추가 위험 포인트	
예방대책	

25 위험예지훈련도해 화재진압

상황	상층부 화재진압을 위해 사다리를 오르고 있다.
위험포인트	1. 사다리 확보 불량으로 사다리가 전도된다. 2. 가로봉을 잡지 않고 지지대를 잡은 대원이 균형을 잃어 추락한다.
추가 위험 포인트	
예방대책	

26 위험예지훈련도해 화재진압

상황	상층부 옥내 진입을 위해 사다리를 전개 하고 있다.
위험포인트	1. 진입층보다 사다리를 짧게 전개해 옥내 진입 시 추락한다. 2. 사다리가 쓰러져 대원이 추락한다.
추가 위험 포인트	
예방대책	

27 위험예지훈련도해 화재진압

상황	상층부 화재진압을 위해 장비를 들고 사다리를 오르고 있다.
위험포인트	1. 장비를 들고 사다리를 오르던 대원이 균형을 잃어 추락한다. 2. 휴대한 장비를 떨어뜨려 밑에 있던 대원이 부상을 입는다.
추가 위험 포인트	
예방대책	

28 위험예지훈련도해 화재진압

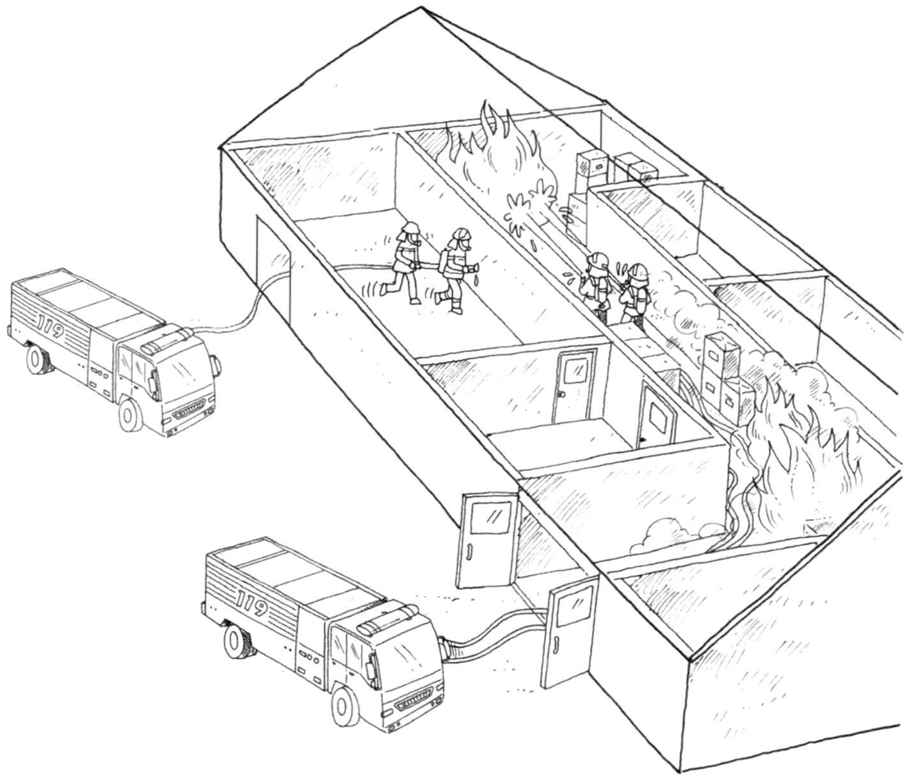

상황	진압대원이 옥내에 진입하여 화재를 진압하고 있다.
위험포인트	1. 화재가 갑자기 확대되어 퇴로가 막혀 건물 내에 고립된다. 2. 공기호흡기에 공기가 부족해 질식한다.
추가 위험 포인트	
예방대책	

29 위험예지훈련도해 화재진압

상황	경사진 화재현장에서 소방차에 고임목을 고정하고 있다.
위험포인트	1. 고임목을 경사로 반대 방향에 설치하여 대원이 다친다. 2. 소방차가 고정되지 않아 미끄러져 교통사고가 발생한다.
추가 위험 포인트	
예방대책	

30 위험예지훈련도해 화재진압

상황	차고에서 소방 차량이 출동하고 있다.
위험포인트	1. 소방차에 고인 고임목을 제거하지 않아 탑승자가 부상을 입는다. 2. 고임목이 튕겨져 나가 기물을 파손하고 대원이 부상을 입는다.
추가 위험 포인트	
예방대책	

31 위험예지훈련도해 화재진압

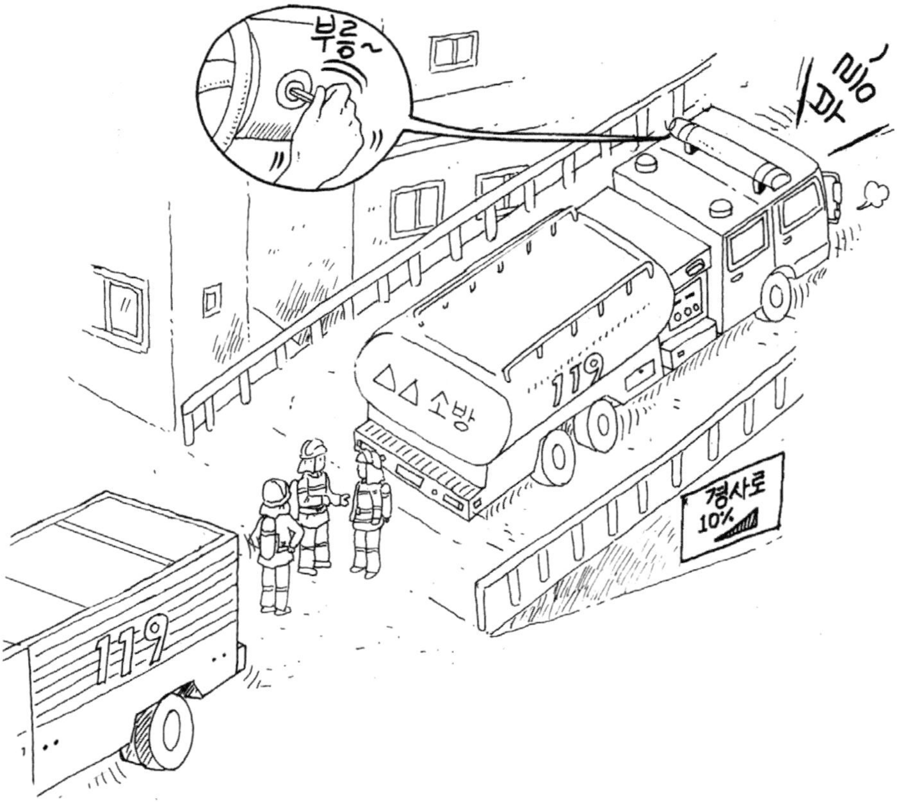

상황	주택가 골목 경사로에서 탱크 차량이 출발하고 있다.
위험포인트	1. 차량 사이에 있던 대원들이 경사로에서 미끄러지는 소방 차량에 끼이는 사고를 당한다.
추가 위험 포인트	
예방대책	

32 위험예지훈련도해 화재진압

상황	펌프차에서 고압으로 수관에 물을 공급하고 있다.
위험포인트	1. 고압의 방수로 수관 카프링이 풀리거나 수관이 터져 대원이 부상을 입는다. 2. 수관이 연결되지 않은 방수구를 개방해 대원이 맞아 넘어져 부상을 입는다.
추가 위험 포인트	
예방대책	

33 위험예지훈련도해 화재진압

구분	내용
상황	소방차 위에 적재물을 싣고 출동하고 있다.
위험포인트	1. 적재물을 제대로 고정하지 않거나 고정 로프가 풀려 적재물이 떨어져 시민이 다친다. 2. 적재물이 도로상에 떨어져 교통사고가 발생한다.
추가 위험 포인트	
예방대책	

34 위험예지훈련도해 화재진압

상황	대원이 빙판길 위에서 소방 차량의 후진을 유도하고 있다.
위험포인트	1. 차량이 빙판길에 미끄러져 대원이 깔린다. 2. 차량 유도대원이 빙판길에 넘어져 다친다.
추가 위험 포인트	
예방대책	

35 위험예지훈련도해 화재진압

상황	출동 후 주차를 위해 소방 차량이 후진을 하고 있다.
위험포인트	1. 차량 유도 대원 없이 후진하고 있어 시민이 다친다. 2. 후방 확인이 어려워 지나가던 행인과 교통사고가 발생한다.
추가 위험 포인트	
예방대책	

36 위험예지훈련도해 화재진압

상황	큰 수관으로 혼자 화재를 진압하고 있다.
위험포인트	1. 혼자서 작업하다 수압을 이기지 못해 대원이 넘어져 부상을 입는다. 2. 수압에 의해 요동치는 수관에 맞아 대원이 부상을 입는다.
추가 위험 포인트	
예방대책	

37 위험예지훈련도해 화재진압

상황	진압 대원이 귀소하여 소방차에서 하차하고 있다.
위험포인트	1. 체력 저하로 발판에서 발을 헛디뎌 떨어져 부상을 입는다. 2. 방수복이 문짝 등에 걸려 중심을 잃은 대원이 넘어진다.
추가 위험 포인트	
예방대책	

38 위험예지훈련도해 화재진압

상황	소방차 위에서 장비를 내리고 있다.
위험포인트	1. 장비를 떨어뜨려 밑에 있던 대원이 다친다. 2. 소방차 위에 있던 대원이 발을 헛디디거나 미끄러져 떨어져 다친다.
추가 위험 포인트	
예방대책	

39 위험예지훈련도해 화재진압

상황	소방차 위에서 대원들이 점검 중 화재출동 지령이 방송된다.
위험포인트	1. 운전원이 출동 지령 방송에 놀라 차량 위 대원의 하차를 확인하지 않고 출발하여 점검하던 대원이 떨어진다.
추가 위험 포인트	
예방대책	

40 위험예지훈련도해 화재진압

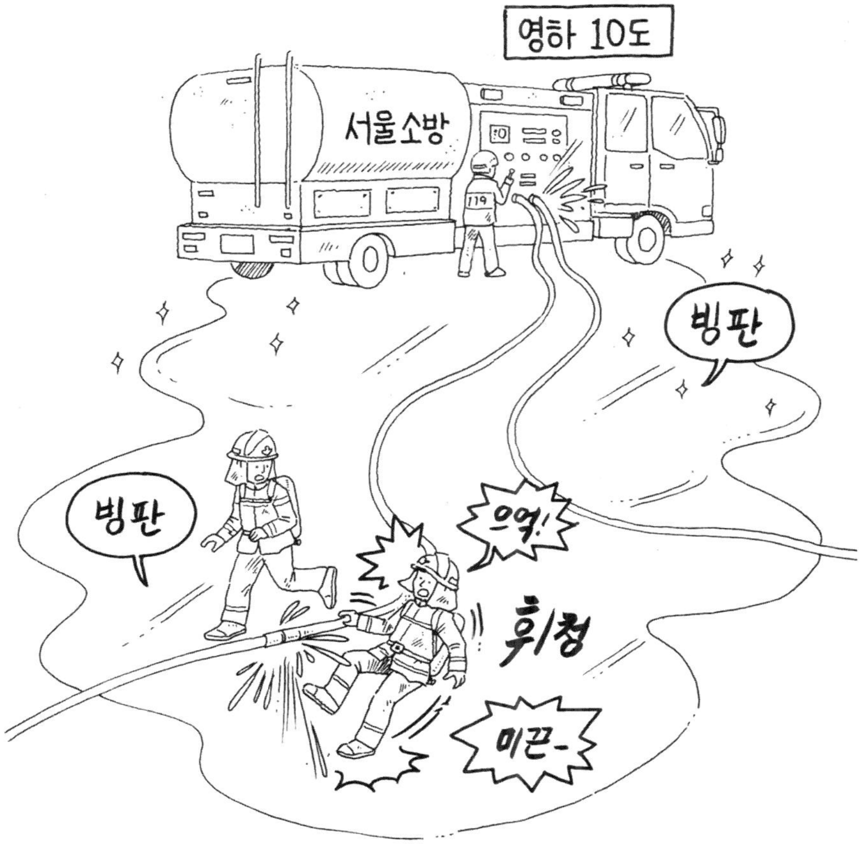

상황	겨울철 소방차 및 수관에서 물이 새고 있다.
위험포인트	1. 새는 물이 추위에 얼어 빙판길이 된다. 2. 빙판길에서 활동하는 대원이 넘어져 부상을 입는다.
추가 위험 포인트	
예방대책	

41 위험예지훈련도해 화재진압

상황	주택가 도로상에서 수관을 연장하고 있다.
위험포인트	1. 지나던 행인이 전개되는 수관 카프링에 맞아 부상을 입는다. 2. 수관을 잘못 전개해 주차된 차량이 파손된다.
추가 위험 포인트	
예방대책	

42 위험예지훈련도해 화재진압

상황	화점가까이에 수관이 길게 펼쳐져 있고 고압의 방수를 시작하고 있다.
위험포인트	1. 길게 우회하여 연결된 수관에 시민이 걸려 넘어져 다친다. 2. 수관이 수압에 급격히 펴지면서 대원 또는 행인이 부상을 입는다.
추가 위험 포인트	
예방대책	

43 위험예지훈련도해 화재진압

상황	수관이 어지럽게 전개된 현장에서 수관을 연장하고 있다.
위험포인트	1. 여러 대(隊)에서 연장한 수관이 서로 꼬여 방수가 막힌다. 2. 복잡하게 전개되어 있는 수관에 대원이 걸려 넘어진다.
추가 위험 포인트	
예방대책	

44 위험예지훈련도해 화재진압

상황	승강기를 이용해 대원들이 화재현장에 진입하고 있다.
위험포인트	1. 승강기가 작동 중 멈추어 승강기 안에 고립되어 질식한다. 2. 화점 층에서 하차 시 화염에 의한 화상과 연기에 질식한다.
추가 위험 포인트	
예방대책	

45 위험예지훈련도해 화재진압

상황	소방차 탑승을 위해 차고지에서 뛰어가고 있다.
위험포인트	1. 바닥에 고인 기름이나 물에 미끄러져 넘어져 다친다. 2. 전방 주시 소홀로 차량 백미러 등에 머리를 부딪쳐 다친다.
추가 위험 포인트	
예방대책	

46 위험예지훈련도해 화재진압

상황	신축 건물 공사장에서 화재진압을 하고 있다.
위험포인트	1. 벽돌 등 건축 잔해물이 떨어져 부상을 입는다. 2. 계단 등에 난간이 없어 작업하던 대원이 추락할 수 있다. 3. 못, 철근 등 날카로운 자재에 대원이 부상을 입는다.
추가 위험 포인트	
예방대책	

47 위험예지훈련도해 화재진압

상황	소방 차량이 화재현장으로 출동을 하고 있다.
위험포인트	1. 일반 차량의 갑작스런 끼어들기로 추돌사고가 발생한다. 2. 급정지로 소방차 운전원 및 탑승 대원이 부상을 입는다.
추가 위험 포인트	
예방대책	

48 위험예지훈련도해 화재진압

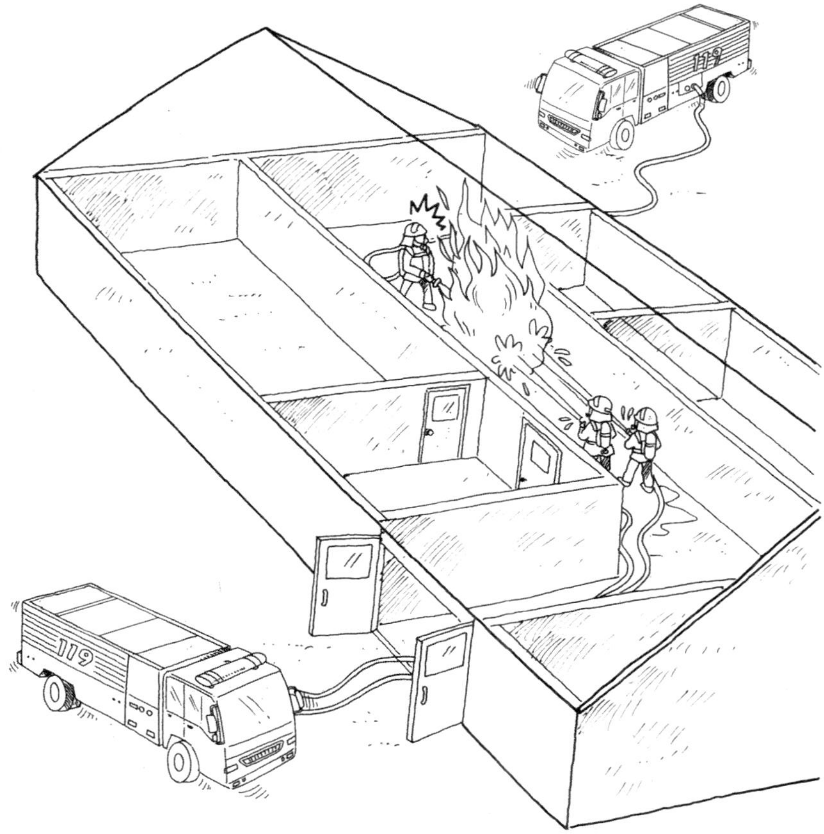

상황	건물 내 양방향에서 화재진압을 하고 있다.
위험포인트	1. 화세가 강해진 방향에 있던 대원이 화염에 휩싸여 화상을 입는다.
추가 위험 포인트	
예방대책	

49 위험예지훈련도해 화재진압

상황	노후된 건물 안에서 화재진압을 하고 있다.
위험포인트	1. 물을 먹은 벽과 지붕이 약해져 붕괴된다. 2. 작업 중이던 대원이 붕괴된 건물잔해에 매몰된다.
추가 위험 포인트	
예방대책	

50 위험예지훈련도해 화재진압

상황	치킨집 튀김기에서 화재가 발생하여 진압을 하고 있다.
위험포인트	1. 튀김유 화재에 직접 방수하여 기름이 튀어 주변에서 연소, 확대된다. 2. 기름이 튀어 대원이 화상을 입거나 미끄러져 넘어진다.
추가 위험 포인트	
예방대책	

51 위험예지훈련도해 화재진압

상황	건물 상층부 안에서 농연 배출을 위해 유리를 파괴하고 있다.
위험포인트	1. 유리 파편 등이 떨어져 지나던 행인과 대원이 부상을 입는다. 2. 유리를 파괴하던 대원이 유리 파편에 맞아 다친다.
추가 위험 포인트	
예방대책	

52 위험예지훈련도해 화재진압

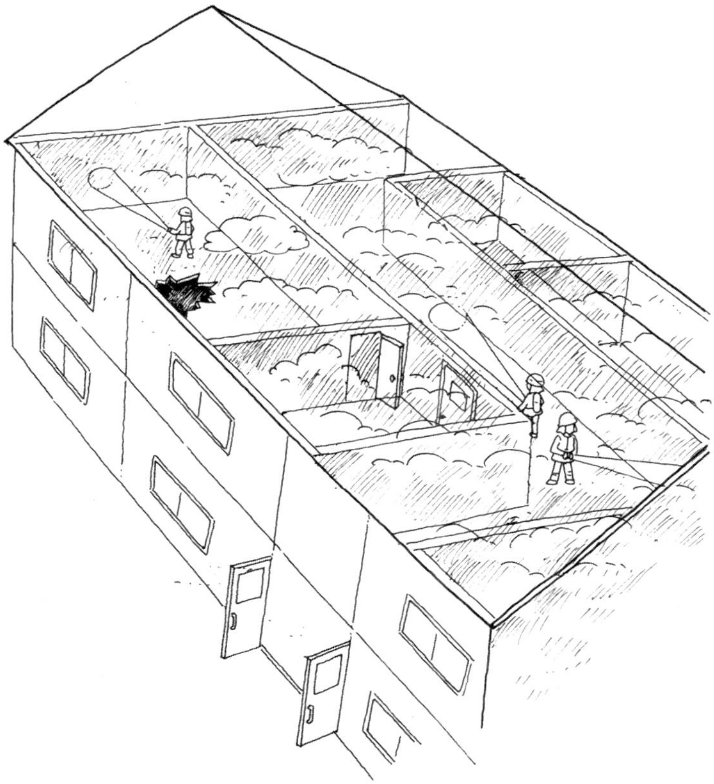

상황	건물 안 농연 속에서 인명검색을 하고 있다.
위험포인트	1. 인명구조 대원이 2인 1조로 작업을 하지 않아 고립된다. 2. 인명검색 대원이 출구를 찾지 못하고 고립된다.
추가 위험 포인트	
예방대책	

53 위험예지훈련도해 화재진압

상황	주택가 좁은 골목길로 소방차가 출동하고 있다.
위험포인트	1. 골목길에서 급하게 출동하다 행인과 교통사고가 발생한다. 2.주차된 차량과 접촉사고가 발생한다.
추가 위험 포인트	
예방대책	

54 위험예지훈련도해 화재진압

상황	건물 지붕 위에서 화재진압을 하고 있다.
위험포인트	1. 경사진 지붕 위에서 작업하던 대원이 미끄러져 추락한다. 2. 지붕이 무너지면서 대원이 추락한다.
추가 위험 포인트	
예방대책	

55 위험예지훈련도해 화재진압

상황	지하실에서 화재진압을 하고 있다.
위험포인트	1. 시야확보가 어려워 고립되어 질식한다. 2. 계단에서 추락하거나 집수정 등 맨홀에 빠진다.
추가 위험 포인트	
예방대책	

56 위험예지훈련도해 화재진압

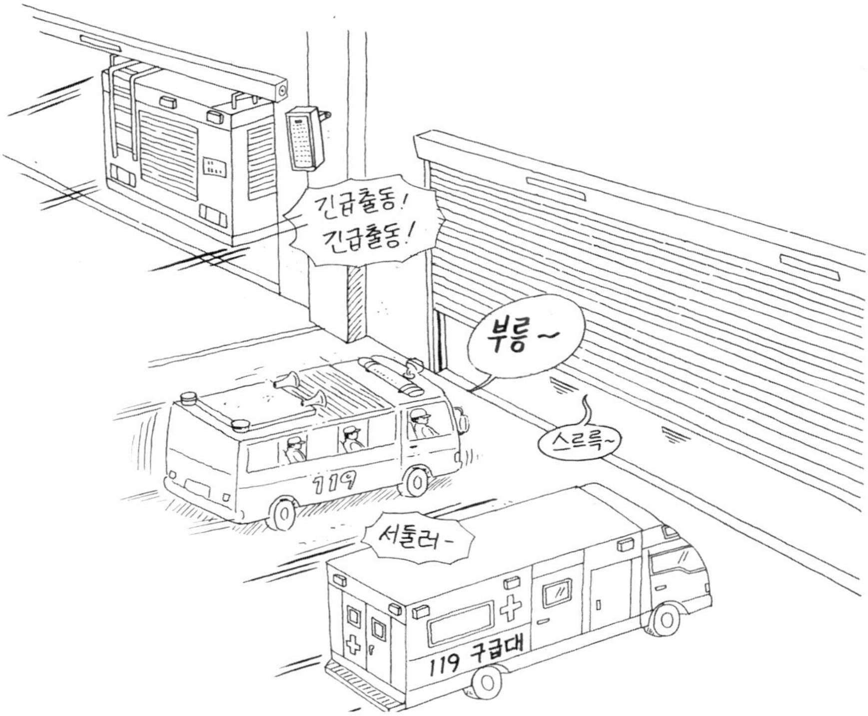

상황	차고에서 차량이 긴급하게 출동하고 있다.
위험포인트	1. 차고 문 개폐 상태를 확인하지 않아 차고문과 충돌한다.
추가 위험 포인트	
예방대책	

57 위험예지훈련도해 화재진압

구분	내용
상황	지하식 소화전을 이용해 화재현장에 급수하고 있다.
위험포인트	1. 소화전 맨홀 속으로 행인이나 오토바이 등이 빠진다.
추가 위험 포인트	
예방대책	

58 위험예지훈련도해 화재진압

상황	차량정비 공장에서 화재진압을 하고 있다.
위험포인트	1. 시야확보가 어렵고 공장 구조에 익숙하지 않아 카독크에 빠진다. 2. 시너, 차량용 오일 등이 급격하게 연소하여 화상을 입는다.
추가 위험 포인트	
예방대책	

59 위험예지훈련도해 화재진압

상황	대로변에 위치한 차고에서 소방차가 긴급 출동을 하고 있다.
위험포인트	1. 주행 중인 일반 차량과 충돌하는 교통사고가 발생한다. 2. 급정지 시 소방 차량 내에서 복장을 갖추던 대원이 앞으로 넘어져 얼굴을 다친다.
추가 위험 포인트	
예방대책	

60 위험예지훈련도해 화재진압

상황	운전원이 출동 중 출동로 확인을 위해 MDT 모니터를 확인하고 있다.
위험포인트	1. 주행 중 MDT 모니터 확인으로 전방 주시가 소홀해 교통사고가 발생한다. 2. 앞 차량 또는 횡단보도에서 행인과 교통사고가 발생한다.
추가 위험 포인트	
예방대책	

61 위험예지훈련도해 화재진압

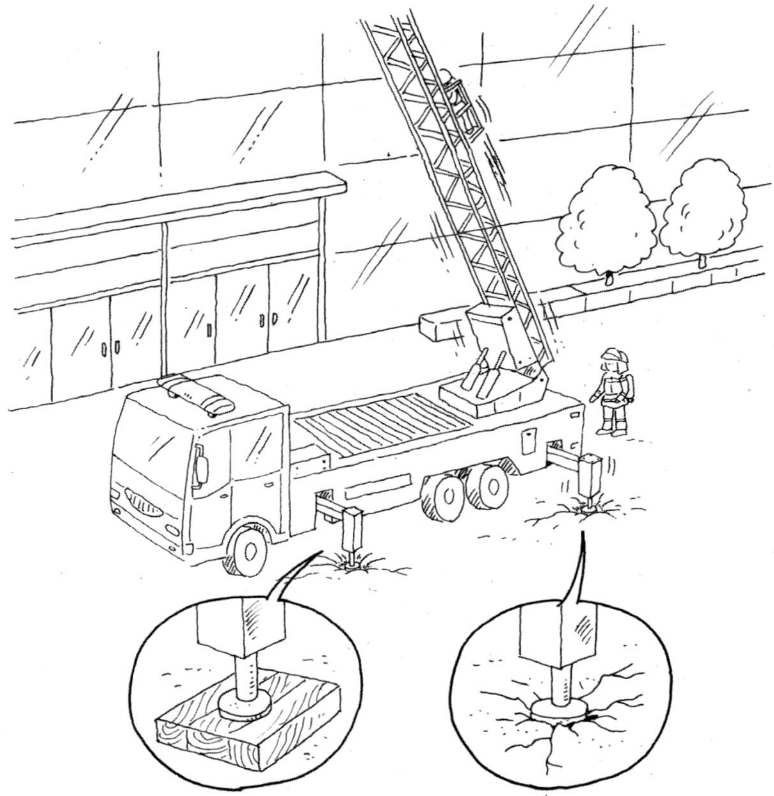

상황	고층 건축물 진입을 위해 고가차를 전개하고 있다.
위험포인트	1. 고르지 않는 바닥에 받침목을 고이지 않아 차량이 전도된다. 2. 사다리가 흔들려 탑승 대원이 추락한다.
추가 위험 포인트	
예방대책	

62 위험예지훈련도해 화재진압

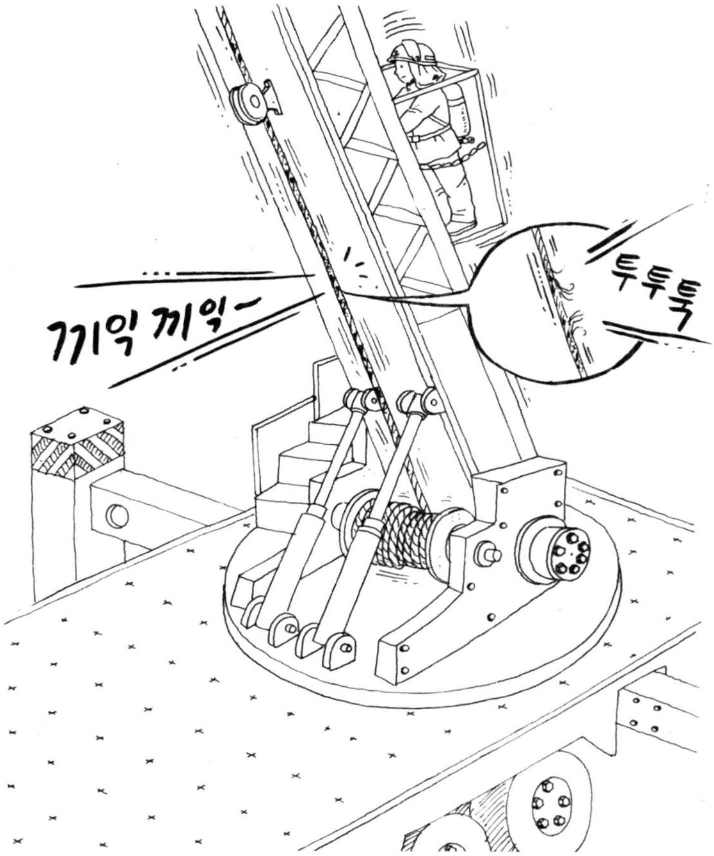

상황	고가사다리차를 이용해 고층 건물에 진입하고 있다.
위험포인트	1. 노후된 강철로프가 끊어지며 탑승 대원이 추락한다.
추가 위험 포인트	
예방대책	

63 위험예지훈련도해 화재진압

상황	화재조사관이 화재 피해조사를 하고 있다.
위험포인트	1. 헬멧, 장갑, 안전화 등 안전장구를 착용하지 않아 화상을 입고, 머리나 발 등에 부상을 입는다. 2. 공기호흡기를 착용하지 않아 잔류 유독가스에 질식한다.
추가 위험 포인트	
예방대책	

64 위험예지훈련도해 화재진압

상황	화재진압을 위해 사다리를 이용해 담장을 넘으려 하고 있다.
위험포인트	1. 담장이 무너져 대원이 부상을 입는다. 2. 담장 위에 오르려던 대원이 중심을 잃어 추락한다.
추가 위험 포인트	
예방대책	

65 위험예지훈련도해 화재진압

상황	계단에 수관이 어지럽게 전개되어 있는 현장에서 대원들이 활동하고 있다.
위험포인트	1. 대원이 수관에 걸려 넘어져 다친다. 2. 물이 흘러 미끄러운 계단에서 발을 헛디뎌 넘어진다.
추가 위험 포인트	
예방대책	

66 위험예지훈련도해 화재진압

상황	화재진압 후 대원들이 잔화정리를 하고 있다.
위험포인트	1. 방수모를 착용하지 않아 낙하물에 머리를 다친다. 2. 공기호흡기를 착용하지 않아 잔류 유독가스에 질식한다.
추가 위험 포인트	
예방대책	

67 위험예지훈련도해 화재진압

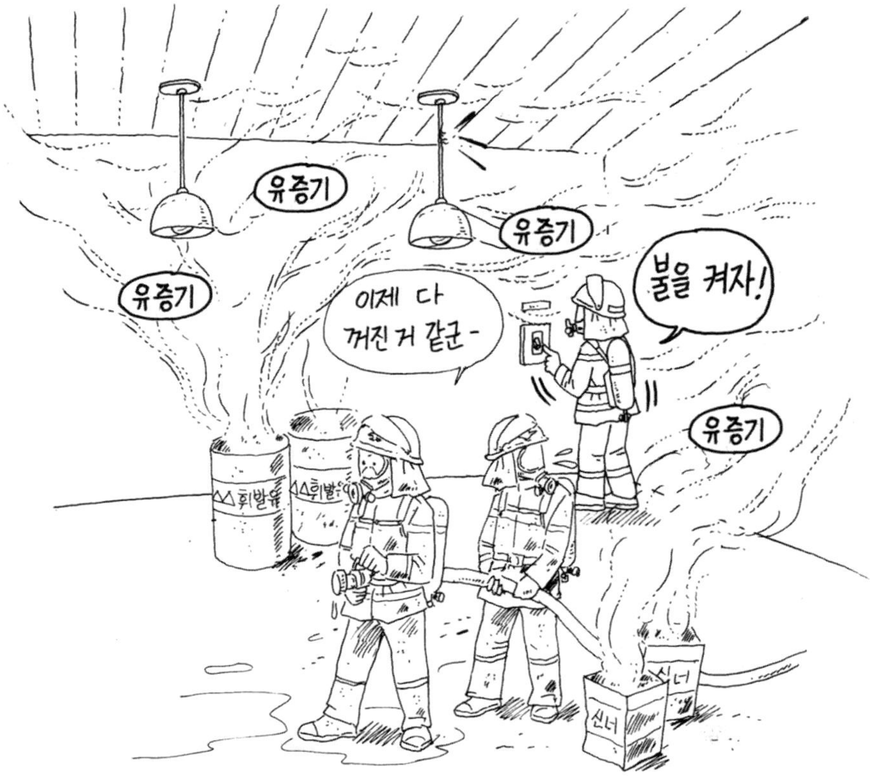

상황	휘발유 유증기가 남아 있는 실내에서 잔화정리를 하고 있다.
위험포인트	1. 배출되지 않은 체류 유증기가 점화원에 의해 폭발한다. 2. 작업 중인 대원이 폭발에 의해 화상을 입거나 다친다.
추가 위험 포인트	
예방대책	

68 위험예지훈련도해 화재진압

상황	교차로에서 소방차가 긴급하게 출동을 하고 있다.
위험포인트	1. 교차로에서 좌회전 또는 직진하던 차량과 충돌한다. 2. 횡단보도의 행인과 교통사고가 발생한다.
추가 위험 포인트	
예방대책	

69 위험예지훈련도해 화재진압

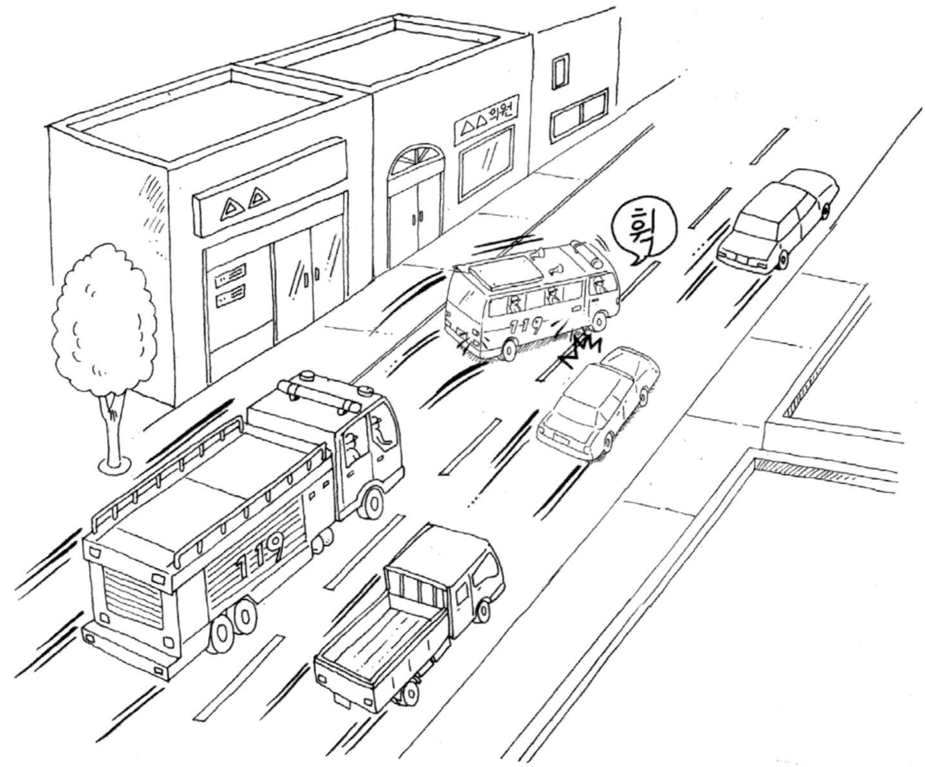

상황	소방 차량이 출동 중 차선을 변경하고 있다.
위험포인트	1. 백미러 사각지대에 있는 차량 확인이 곤란하여 교통사고가 발생한다. 2. 차선 변경 중 옆차량과 추돌사고가 발생한다.
추가 위험 포인트	
예방대책	

70 위험예지훈련도해 화재진압

상황	현장에 도착한 대원들이 급하게 하차 후 현장으로 달려가고 있다.
위험포인트	1. 차량이 미끄러져 교통사고가 발생한다.
추가 위험 포인트	
예방대책	

71 위험예지훈련도해 화재진압

상황	현장에 도착한 대원이 소방 차량에서 하차하고 있다.
위험포인트	1. 하차하던 대원과 후방에서 주행하던 차량 간에 교통사고가 발생한다.
추가 위험 포인트	
예방대책	

72 위험예지훈련도해 화재진압

상황	가스누출 신고를 받고 현장 확인을 위해 출입문을 개방하고 있다.
위험포인트	1. 출입문을 개방하면서 실내에 가득 찬 가스가 폭발한다.
추가 위험 포인트	
예방대책	

73 위험예지훈련도해 화재진압

상황	동력절단기 절단 중에 동력장비에 주유를 하고 있다.
위험포인트	1. 불꽃이 튀는 곳에서 안전거리를 확보하지 않고 주유하다 발화한다. 2. 절단 중인 대원이 보안경 등 안전장비를 착용하지 않아 불꽃 등에 부상을 입는다.
추가 위험 포인트	
예방대책	

74 위험예지훈련도해 화재진압

상황	어린이보호구역 내에서 소방 차량이 급하게 출동하고 있다.
위험포인트	1. 횡단보도를 건너던 어린이를 확인하지 못해 교통사고가 발생한다. 2. 화재현장을 구경하던 어린이가 소방 차량에 부딪쳐 다친다.
추가 위험 포인트	
예방대책	

75 위험예지훈련도해 구조활동

상황	기계식 주차장에 고립된 요구조자를 구조하고 있다.
위험포인트	1. 리프트 내에서 작업하던 대원이 밑으로 추락한다.
추가 위험 포인트	
예방대책	

76 위험예지훈련도해 구조활동

상황	밀가루 반죽기에 손가락이 낀 요구조자를 구조하고 있다.
위험포인트	1. 전원이 차단되지 않아 기계가 오작동하여 2차 부상을 입는다. 2. 반죽기를 해체하던 대원이 작업하던 공구에 부상을 입는다.
추가 위험 포인트	
예방대책	

77 위험예지훈련도해 구조활동

상황	계단창 창틀에서 베란다로 진입하고 있다.
위험포인트	1. 로프 등 안전장비 없이 진입하다 미끄러져 추락한다. 2. 잡고 있던 창틀 및 창살이 떨어져 대원이 추락한다.
추가 위험 포인트	
예방대책	

78 위험예지훈련도해 구조활동

상황	승강기 인명구조 작업을 하고 있다.
위험포인트	1. 승강기 문을 강제 개방하려다 빈 승강로에 추락한다. 2. 문을 강제 개방하려다 손가락을 다친다.
추가 위험 포인트	
예방대책	

79 위험예지훈련도해 구조활동

상황	승강장에 반쯤 걸려 있는 승강기에서 인명구조 작업을 하고 있다.
위험포인트	1. 승강기가 갑자기 움직이며 대원이 머리를 다친다. 2. 중심을 잃은 대원이 추락한다.
추가 위험 포인트	
예방대책	

80 위험예지훈련도해 구조활동

상황	자동차에 깔린 사람을 구조하기 위해 에어백을 사용하고 있다.
위험포인트	1. 고임목을 고이지 않은 차량이 흔들려 2차 부상이 발생한다. 2. 버팀목을 설치하지 않아 에어백이 빠질 수 있어 요구조자가 2차 부상을 입는다.
추가 위험 포인트	
예방대책	

81 위험예지훈련도해 구조활동

상황	유압장비(램)에 받침목과 버팀목을 활용하여 구조작업을 하고 있다.
위험포인트	1. 버팀목이 하중을 이기지 못해 부러져 밑에 있던 요구조자가 매몰된다. 2. 붕괴 잔해물 등이 떨어지며 대원이나 요구조자가 부상을 입는다.
추가 위험 포인트	
예방대책	

82 위험예지훈련도해 구조활동

상황	교통사고 현장에서 유압장비를 사용해 구조작업을 하고 있다.
위험포인트	1. 안전표지도 설치하지 않아 주행 추량에 교통사고가 발생한다. 2. 유압장비를 조작소홀로 떨어뜨려 발등에 부상을 입는다.
추가 위험 포인트	
예방대책	

83 위험예지훈련도해 구조활동

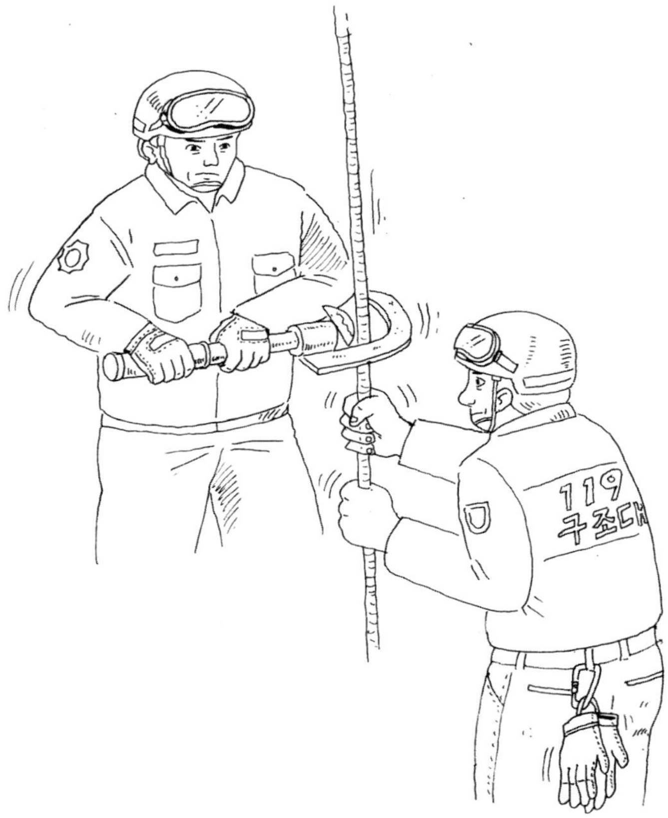

상황	화약식 고성능 절단기로 철근을 세로로 세워서 절단하려 하고 있다.
위험포인트	1. 철근을 지지하던 대원이 칼날에 손가락을 베인다. 2. 절단 부분이 튕기면서 얼굴에 맞아 부상을 입는다.
추가 위험 포인트	
예방대책	

84 위험예지훈련도해 구조활동

상황	교통사고 현장에서 구조작업을 위해 앞 유리를 파괴하고 있다.
위험포인트	1. 맨손으로 작업하다 유리조각에 손가락을 베인다. 2. 유리절단기를 사용치 않고 해머로 유리 중앙에 테이프 등을 붙이지 않고 파괴하여 유리 파편이 튀어 요구조자가 부상을 입는다.
추가 위험 포인트	
예방대책	

85 위험예지훈련도해 구조활동

구분	내용
상황	현관문을 개방하기 위하여 도어록 해정기를 사용하고 있다.
위험포인트	1. 해정기 사용 방향이 바뀐 상태로 무리하게 힘을 쓰다 허리를 다친다. 2. 해정기 또는 문고리가 빠지며 얼굴을 가격해 부상을 입는다.
추가 위험 포인트	
예방대책	

86 위험예지훈련도해 구조활동

상황	헬기로 환자를 이송하기 위하여 혼자와 대원들이 있는 바위 위로 헬기가 접근 중에 있다.
위험포인트	1. 헬기 하향풍에 대원이 중심을 잃거나 넘어져 바위에서 추락한다. 2. 보호안경을 착용하지 않아 대원이나 환자의 눈이 하향풍에 날리는 흙 등에 부상을 입는다.
추가 위험 포인트	
예방대책	

87 위험예지훈련도해 구조활동

상황	지하 탱크 안에서 작업하다 쓰러진 인부를 구조하고 있다.
위험포인트	1. 공기호흡기를 착용하지 않고 진입해 가스에 질식한다. 2. 탱크안의 유증기가 폭발한다. 3. 자기 확보를 위하나 유도 로프를 결착하지 않고 진입하여 고립된다.
추가 위험 포인트	
예방대책	

88 위험예지훈련도해 수난구조

상황	한강 투신자를 구조하기 위해 구조보트로 출동하고 있다.
위험포인트	1. 통나무 등의 장애물에 충돌하여 구조보트가 전복된다.
추가 위험 포인트	
예방대책	

89 위험예지훈련도해 수난구조

상황	구조 대원이 강물에 입수하고 있다.
위험포인트	1. 잠수복 내 공기를 빼지 않거나 웨이트 벨트를 착용하지 dskg아 잠수하기가 어려워 요구조자가 사망한다. 2. 유속이 빨라 대원이 떠내려간다.
추가 위험 포인트	
예방대책	

90 위험예지훈련도해 수난구조

상황	장마철 불어난 계곡물에 고립된 등산객을 구조하고 있다.
위험포인트	1. 요구조자에게 안전로프를 착용시키지 않았고, 로프가 낮게 연결되어 요구조자가 물속에 잠겨 있어 급류에 휩쓸려 떠내려간다. 2. 구조로프를 급류와 수직으로 설치하여 요구조자가 급류에 휩쓸린다.
추가 위험 포인트	
예방대책	

91 위험예지훈련도해 수난구조

상황	수중작업을 위해 산소통을 메고 입수하려 하고 있다.
위험포인트	1. 공기통 공기잔량을 확인하지 않거나 개폐밸브를 개방하지 않고 입수하여 질식한다. 2. 입수시 수중 장애물에 걸리거나 찔려 부상을 입는다.
추가 위험 포인트	
예방대책	

92 위험예지훈련도해 수난구조

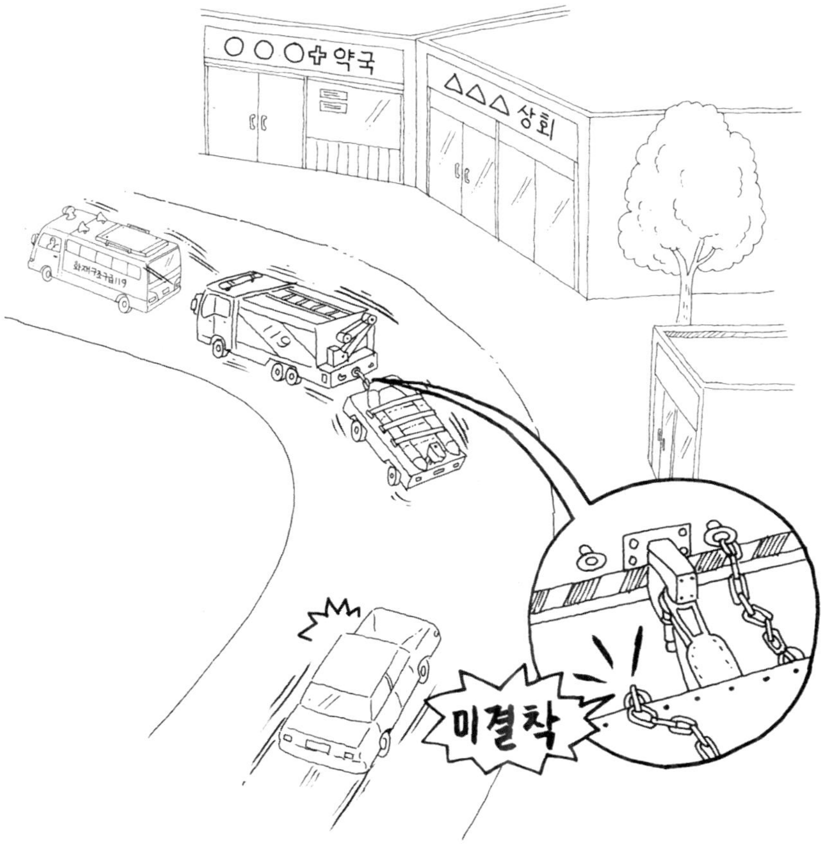

상황	구조공작차에 구조보트를 연결하여 출동하고 있다.
위험포인트	1. 트레일러 연결 부위가 풀어져 교통사고가 발생한다. 2. 운전 미숙으로 회전 중 트레일러가 옆 차량과 추돌한다.
추가 위험 포인트	
예방대책	

93 위험예지훈련도해 수난구조

상황	구조보트 직근에서 대원이 물속으로 입수하고 있다.
위험포인트	1. 운항자가 보트 앞 입수자를 확인하지 못하고 운항하다 부상을 입는다. 2. 구조보트 스크류나 선수에 부딪쳐 대원이 부상을 입는다.
추가 위험 포인트	
예방대책	

94 위험예지훈련도해 수난구조

상황	구조보트에서 들것으로 요구조자를 옮기고 있다.
위험포인트	1. 보트가 흔들려 균형을 잃고 들것을 놓쳐 요구조자를 떨어뜨린다. 2. 물에 젖은 바닥이 미끄러워 대원이 넘어진다.
추가 위험 포인트	
예방대책	

95 위험예지훈련도해 수난구조

상황	수중보에서 물에 빠진 사람을 구조하고 있다.
위험포인트	1. 요구조자에게 접근하려던 대원이 급류에 휩쓸려 익사한다. 2. 요구조자와 함께 와류에 빨려 들어가 익사한다.
추가 위험 포인트	
예방대책	

96 위험예지훈련도해 수난구조

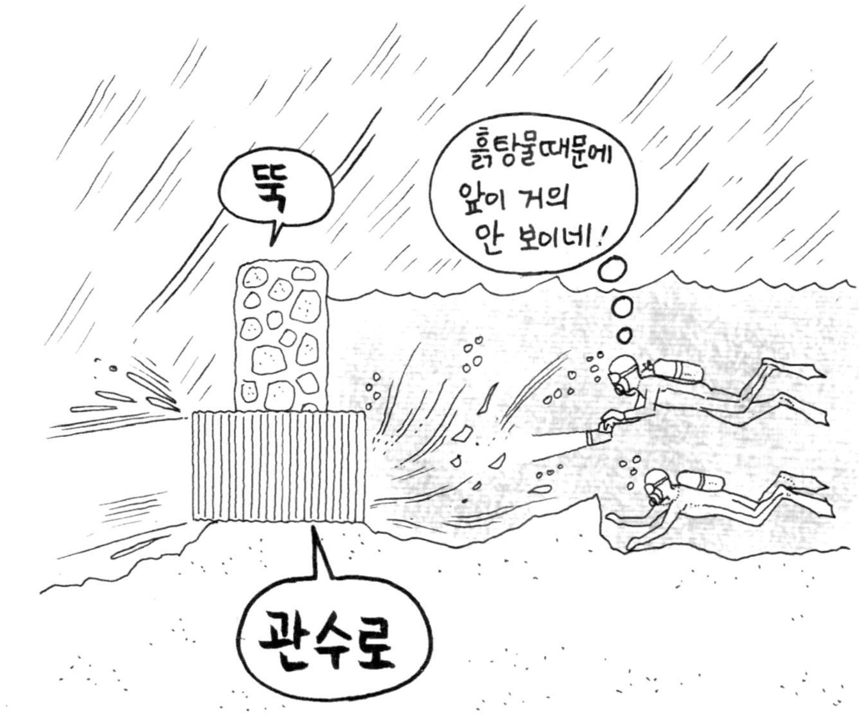

상황	관수로가 있는 둑 부근 수중에서 실종자를 수색하고 있다.
위험포인트	1. 시정이 불량한 수중에서 안전로프를 결착하지 않아 익사한다. 2. 둑 아래 관수로 입구의 빠른 유속에 휩쓸려 익사한다.
추가 위험 포인트	
예방대책	

97 위험예지훈련도해 산악구조

상황	경사진 바윗길 위에서 구조작업을 하고 있다.
위험포인트	1. 나무에 들것의 연결로프를 안전 확보 하지 않은 채로 구조하고 있어 요구조자가 다친다. 2. 밑에 있던 대원이 발을 헛디뎌 추락한다.
추가 위험 포인트	
예방대책	

98 위험예지훈련도해 산악구조

상황	빙판길에서 구조 대원이 환자를 이송하고 있다.
위험포인트	1. 아이젠을 착용하지 않은 대원이 빙판길에 미끄러져 넘어진다. 2. 환자에게 보온조치를 하지 않아 저체온증이 발생한다.
추가 위험 포인트	
예방대책	

99 위험예지훈련도해 산악구조

상황	산악구조를 위해 대원들이 출동하고 있다.
위험포인트	1. 빙판길 또는 암벽 등 경사로에서 미끄러져 넘어져 다친다. 2. 안전장구를 착용하지 않아 넘어지면서 부상을 입는다.
추가 위험 포인트	
예방대책	

100 위험예지훈련도해 동물구조

상황	나무 위에서 동물을 구조하기 위해 포획 작업을 하고 있다.
위험포인트	1. 포획망이 전신주 고압선에 얼아 감전된다. 2. 나무 위에서 작업하던 대원이 중심을 잃어 추락한다.
추가 위험 포인트	
예방대책	

101 위험예지훈련도해 동물구조

상황	구조 대원이 막다른 골목으로 고양이를 몰아 포획하고 있다.
위험포인트	1. 퇴로가 없는 곳으로 몰린 고양이가 대원을 물어 대원이 부상을 입는다. 2. 안전장갑 등 보호장비 없이 작업하다 고양이에 물려 피부병이나 질병에 감염된다.
추가 위험 포인트	
예방대책	

102 위험예지훈련도해 구급활동

상황	병원에 도착한 구급차에서 환자를 내리기 위해서 뒷문을 열고 있다.
위험포인트	1. 뒤따르던 차량과 추돌하여 y통사고가 발생한다. 2. 급하게 지나가던 행인이 열리는 차 뒷문에 부딪힌다.
추가 위험 포인트	
예방대책	

103 위험예지훈련도해 구급활동

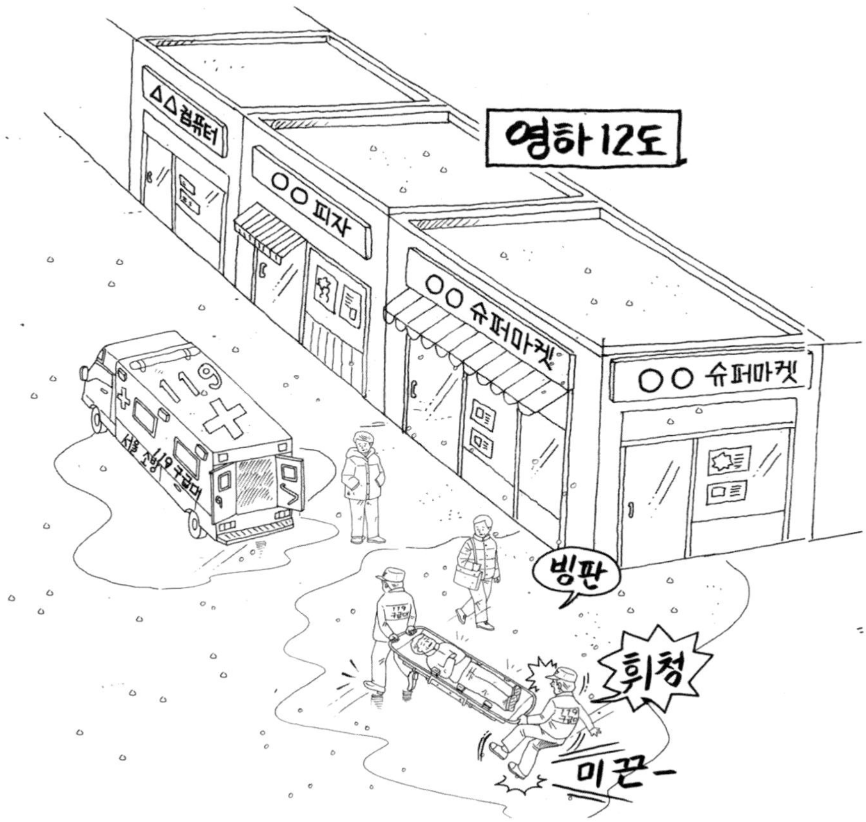

상황	빙판길 위에서 환자를 들것으로 이송하고 있다.
위험포인트	1. 빙판길에 대원이 미끄러져 넘어져 부상을 입는다. 2. 대원이 들것을 놓치면서 환자를 떨어뜨려 2차 부상이 발생한다.
추가 위험 포인트	
예방대책	

104 위험예지훈련도해 구급활동

상황	심장정지 환자에게 제세동기를 사용하고 있다.
위험포인트	1. 제세동기 작동 시 환자나 보호자가 감전된다.
추가 위험 포인트	
예방대책	

105 위험예지훈련도해 구급활동

상황	구급차가 요철을 넘으며 심하게 흔들리고 있다.
위험포인트	1. 약품함이 열려 있어 약품이 환자의 얼굴에 떨어진다. 2. 환자가 요철에 의한 충격과 안전띠 미착용으로 2차 손상을 입는다. 3. 구급 대원이 안전띠를 매지 않아 다친다.
추가 위험 포인트	
예방대책	

106 위험예지훈련도해 구급활동

상황	음주자 또는 정신질환자로 보이는 환자를 구급차로 이송하고 있다.
위험포인트	1. 구급차에서 술주정 등으로 난동을 부려 취객이 다친다. 2. 취객이 대원을 폭행하여 부상을 입힌다.
추가 위험 포인트	
예방대책	

107 위험예지훈련도해 구급출동

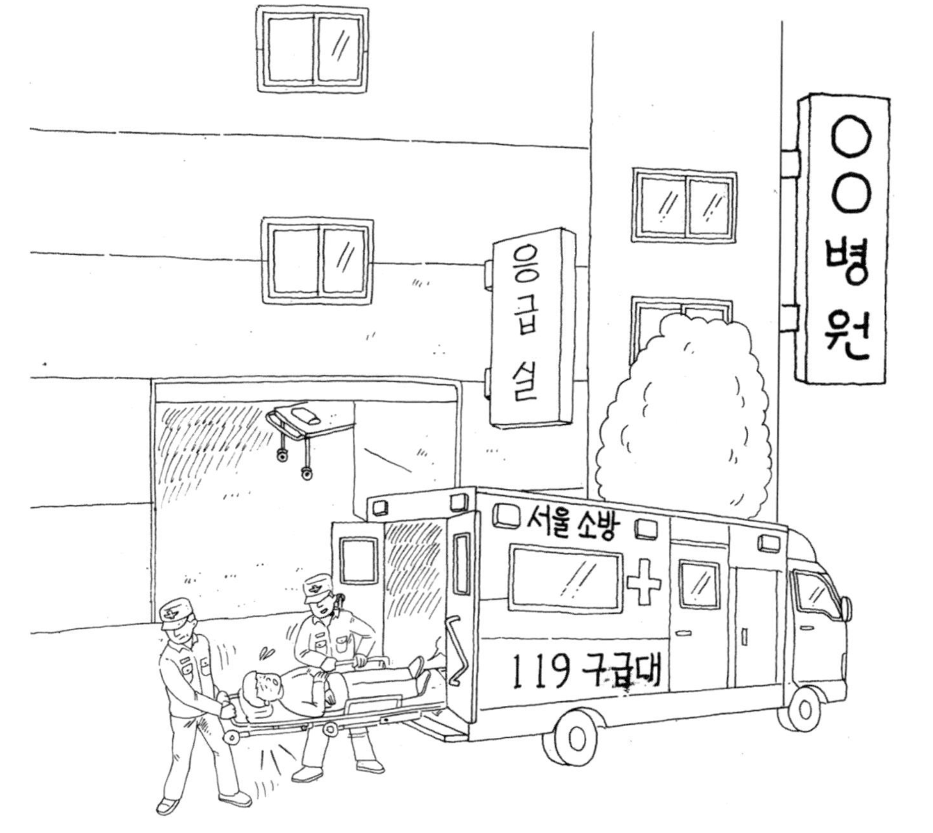

상황	병원 응급실에 도착한 구급차에서 환자를 급히 내리고 있다.
위험포인트	1. 주들것의 다리가 펴지지 않아 환자가 낙상하여 2차 피해가 발생한다.
추가 위험 포인트	
예방대책	

108 위험예지훈련도해 구급출동

상황	환자를 이송 중이던 구급차가 급정지하였다.
위험포인트	1. 들것에 고정되지 않은 환자가 앞쪽으로 쏠리면서 머리를 다친다. 2. 대원이 안전띠를 착용하지 않아 부상을 입는다. 3. 열려 있는 약제함에서 구급장비가 떨어져 환자가 부상을 입는다.
추가 위험 포인트	
예방대책	

109 위험예지훈련도해 구급출동

상황	들것에 환자를 싣고 구급차로 급하게 이동하고 있다.
위험포인트	1. 환자를 들것에 고정하지 않아 들것 바퀴가 도로 요철 등에 걸려 넘어져 환자가 낙상한다.
추가 위험 포인트	
예방대책	

110 위험예지훈련도해 구급출동

상황	구급출동 중 차내에서 정맥로 확보 및 저혈당 체크를 하고 있다.
위험포인트	1. 차량 흔들림으로 주사바늘이 환자의 다른 부위를 찔러 환자가 부상을 입는다. 2. 대원이 오염된 주사바늘에 찔려 질병이 전염된다.
추가 위험 포인트	
예방대책	

111 위험예지훈련도해 구급출동

상황	차량통행이 많은 교차로에서 구급차에 환자를 싣고 있다.
위험포인트	1. 환자를 구급차에 싣던 대원과 뒤따르던 차량이 추돌한다. 2. 교차로에서 주행하던 차량과 교통사고가 발생한다.
추가 위험 포인트	
예방대책	

112 위험예지훈련도해 구급출동

상황	계단에서 들것을 이용해 환자를 구급차로 옮기고 있다.
위험포인트	1. 전후방 주시가 어려워 계단에서 미끄러지며 넘어진다. 2. 환자의 무게를 이기지 못하고 들것을 놓쳐 환자를 떨어뜨린다.
추가 위험 포인트	
예방대책	

113 위험예지훈련도해 기타출동

상황	강풍으로 건물 옥상의 간판이 떨어지려 해 안전조치를 하고 있다.
위험포인트	1. 출동 대원이 안전확보 없이 작업하려다 추락한다. 2. 간판이 떨어지며 밑에 있던 대원 또는 행인이 부상을 입는다.
추가 위험 포인트	
예방대책	

114 위험예지훈련도해 기타출동

상황	고드름 제거를 위해 사다리 위에서 작업을 하고 있다.
위험포인트	1. 사다리가 넘어져 대원이 추락한다. 2. 고드름 조각이 떨어져 대원이나 행인이 머리를 다친다.
추가 위험 포인트	
예방대책	

115 위험예지훈련도해 기타출동

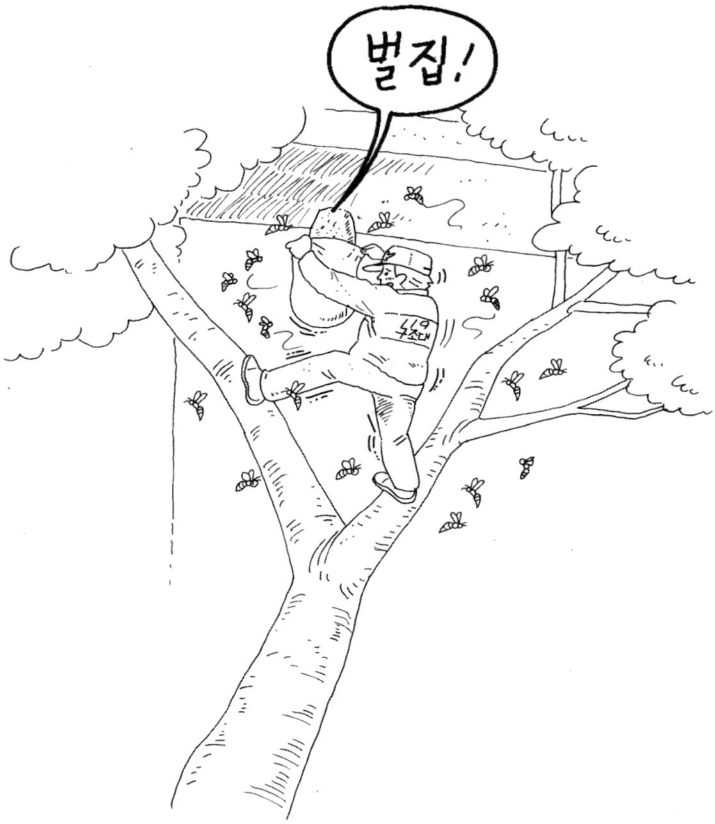

상황	나무 위에서 벌집을 제거하려 하고 있다.
위험포인트	1. 보호장구를 착용하지 않은 대원이 벌에 쏘인다. 2. 나무에서 중심을 잃거나 미끄러져 바닥으로 추락한다.
추가 위험 포인트	
예방대책	

116 위험예지훈련도해 기타출동

상황	처마 밑에서 벌집 제거 작업을 하고 있다.
위험포인트	1. 사다리가 넘어져 대원이 추락한다. 2. 보호장구를 착용하지 않아 대원이 벌에 쏘인다. 3. 벌집을 태우려다 지붕 속에 화재가 발생한다.
추가 위험 포인트	
예방대책	

117 위험예지훈련도해 기타출동

상황	침수된 지하실에서 배수작업을 하고 있다.
위험포인트	1. 배전반에 저닉가 흐르고 있어 감전된다. 2. 집수정 등 맨홀에 대원이 빠진다.
추가 위험 포인트	
예방대책	

118 위험예지훈련도해 기타출동

상황	집중호우로 축대 또는 담장의 붕괴 위험이 있어 안전조치 중이다.
위험포인트	1. 약해진 담장이나 축대가 무너지거나 붕괴된다. 2. 작업 중이던 대원들이 잔해물에 매몰된다.
추가 위험 포인트	
예방대책	

119 위험예지훈련도해 기타출동

상황	쓰러진 나무를 제거하기 위해 벌목 작업 중이다.
위험포인트	1. 벌목톱의 킥백 현상으로 중심을 잃어 나무에서 떨어진다. 2. 지지하던 대원에게 나무토막이 떨어져 부상을 입는다.
추가 위험 포인트	
예방대책	

120 위험예지훈련도해 소방훈련

상황	로프 발사총 장비조작훈련을 하고 있다.
위험포인트	1. 조작 소홀로 방아쇠를 당겨 총구 전방 또는 유효 사거리 내에 있던 사람이 탄환에 맞아 부상을 입는다.
추가 위험 포인트	
예방대책	

121 위험예지훈련도해 소방훈련

상황	지하 통신구 소방훈련을 위해 사다리를 타고 내려가고 있다.
위험포인트	1. 공기호흡기 및 방수복 등의 착용으로 시야확보가 어렵고 활동이 자유롭지 못하여 사다리에서 미끄러져 바닥으로 추락한다. 2. 자기 확보를 위한 유도 로프를 결착하지 않고 진입하여 고립된다.
추가 위험 포인트	
예방대책	

122 위험예지훈련도해 구조훈련

상황	건물 옥상에서 레펠 하강 훈련을 하고 있다.
위험포인트	1. 카라비너를 완전히 잠그지 않은 데다가 하강기 재질이 불량 상태라 대원이 추락한다. 2. 지지점을 2개소만 설정하여 하중을 분산시키지 못하여 추락한다.
추가 위험 포인트	
예방대책	

123 위험예지훈련도해 구조훈련

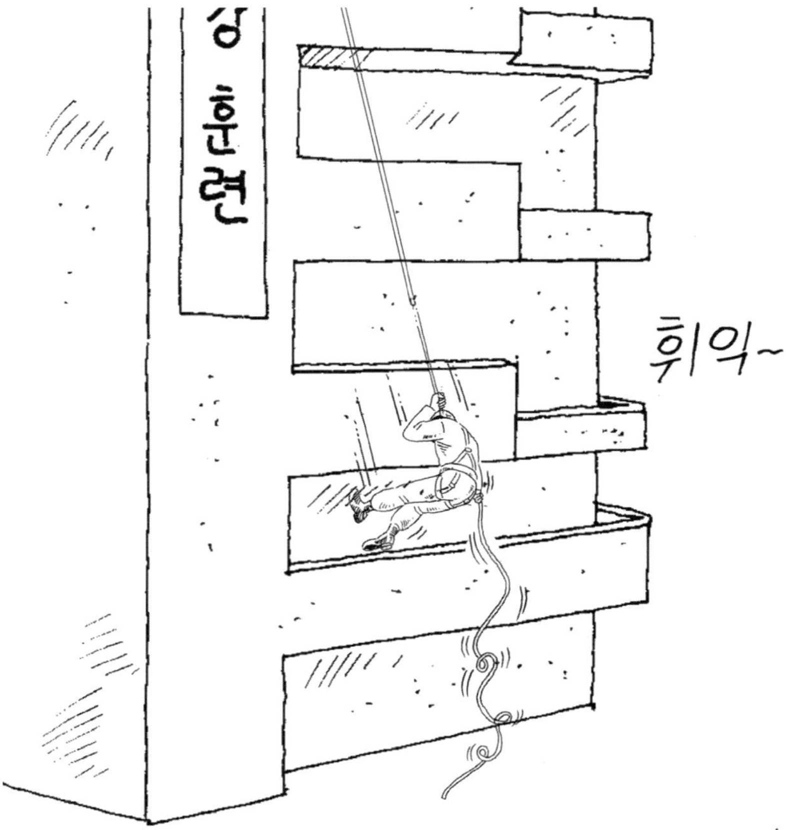

상황	고층 건물에서 레펠 하강을 하고 있다.
위험포인트	1. 지상에 안전확보자가 없어 급강하하여 부상을 입는다. 2. 로프가 꼬여 중간에 매달리거나 1겹으로 추락한다.
추가 위험 포인트	
예방대책	

124 위험예지훈련도해 구조훈련

상황	고층 건물에서 들것을 로프에 매달아 하강하고 있다.
위험포인트	1. 대원간 하강 속도가 맞지 않아 균형이 깨지면서 요구조자가 벽에 부딪혀 부상한다. 2. 로프 연결 비너가 풀려 들것이 추락한다.
추가 위험 포인트	
예방대책	

125 위험예지훈련도해 구조훈련

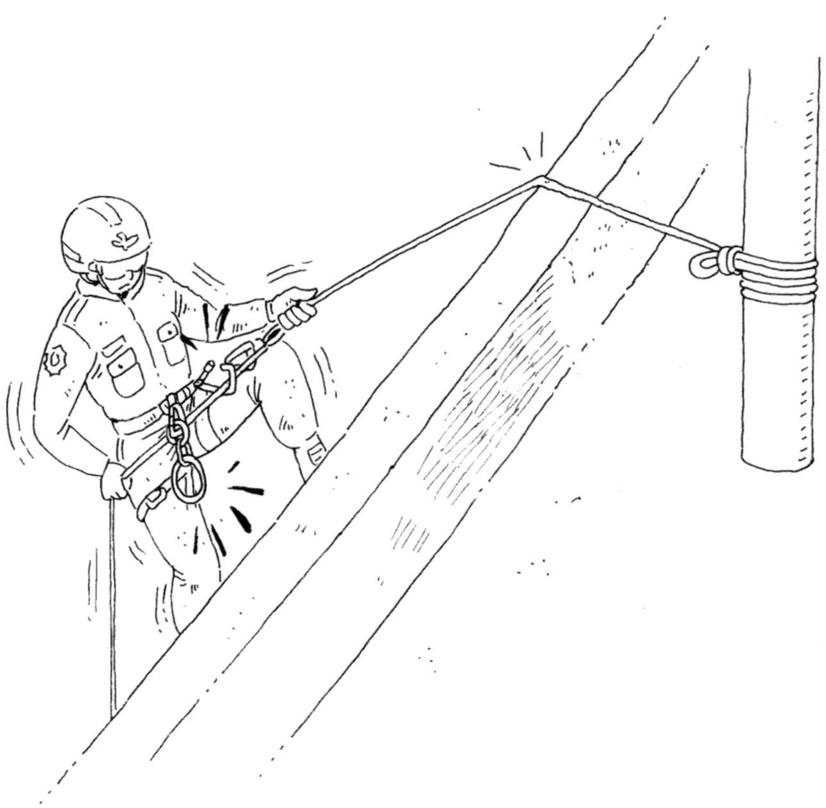

상황	고층 건물에서 레펠 하강을 하고 있다.
위험포인트	1. 카라비너를 잠그지 않고 8자 하강기에 로프를 연결하지 않아 추락한다. 2. 로프 지지점을 1개소만 지정하여 하중을 분산시키지 못하여 추락한다.
추가 위험 포인트	
예방대책	

126 위험예지훈련도해 구조훈련

상황	고층 건물에서 에어매트로 탈출 훈련을 하고 있다.
위험포인트	1. 에어매트로 뛰어내리던 대원이 불안전 착지로 허리를 다친다. 2. 에어매트의 공기가 빠져 착지하던 대원이 부상을 당한다.
추가 위험 포인트	
예방대책	

127 위험예지훈련도해 구조훈련

상황	산악구조 암벽등반 훈련을 하고 있다.
위험포인트	1. 안전로프 및 안전벨트가 바위와 접촉하여 마모되며 추락한다. 2. 로프가 지나치게 꺾여 있고 확보자가 없어 미끄러질 경우 바닥으로 추락한다.
추가 위험 포인트	
예방대책	

위험예지훈련도해 장비조작

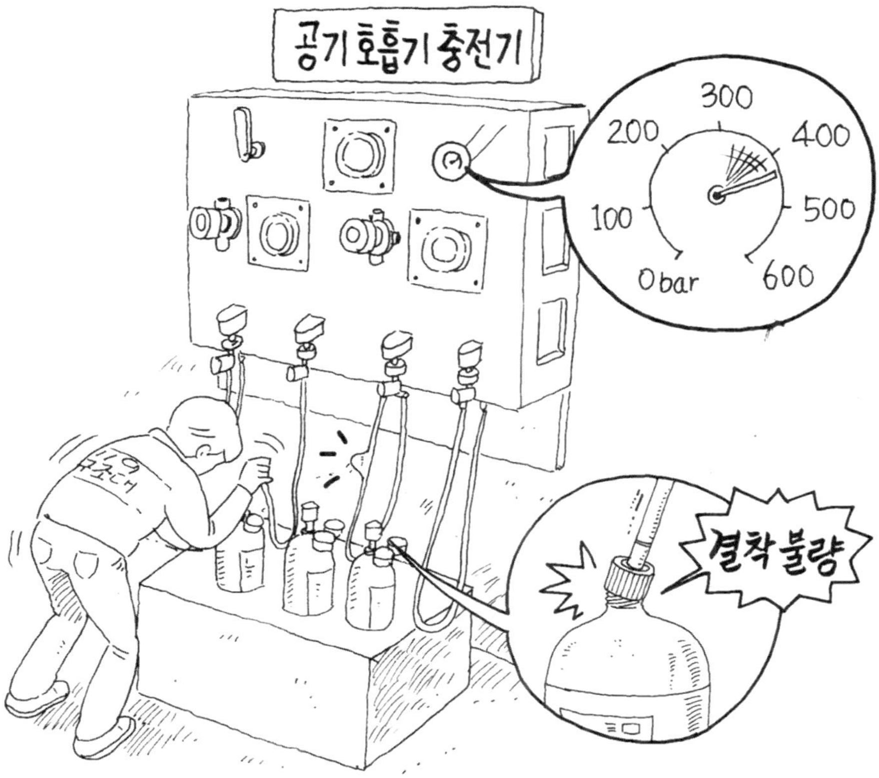

상황	공기호흡기 봄베에 공기 충전을 하고 있다.
위험포인트	1. 과압 상태로 배관이 파열되며 부상을 입는다. 2. 봄베와 연결배관 연결 불량으로 공기 충전이 안 되며 배관이 튕기면서 부상을 입는다.
추가 위험 포인트	
예방대책	

129 위험예지훈련도해 장비조작

상황	동력절단기 사용법 훈련을 위해 철근을 절단하고 있다.
위험포인트	1. 보호안경을 착용하지 않아 불꽃이 눈에 튀어 부상을 입는다. 2. 헬멧도 착용하지 않고 맨손으로 작업하다 톱날 등에 부상 입는다.
추가 위험 포인트	
예방대책	

130 위험예지훈련도해 장비조작

상황	교대 점검 시 동력절단기를 시동점검 하고 있다.
위험포인트	1. 시동줄을 잡아 당기려다 뒤에 있던 대원의 얼굴을 가격한다. 2. 톱날이 바닥에 부딪치며 깨져 얼굴에 부상을 입는다.
추가 위험 포인트	
예방대책	

131 위험예지훈련도해 장비조작

상황	동력절단기로 드럼통을 절단하고 있다.
위험포인트	1. 드러몽 내 남아 있던 유증기가 불꽃에 폭발한다. 2. 드럼통을 고정하지 않아 드럼통이 구르면서 대원이 발등을 다친다.
추가 위험 포인트	
예방대책	

132 위험예지훈련도해 장비점검

상황	차고에서 탱크차에 고임목을 고이고 있다.
위험포인트	1. 고임목을 고이던 대원이 차 문에 부딪쳐 부상을 입는다.
추가 위험 포인트	
예방대책	

133 위험예지훈련도해 장비점검

상황	탁상용 그라인더가 파괴기구 봉을 연마하고 있다.
위험포인트	1. 연마하던 도구를 놓쳐 연마기에 손가락을 다친다. 2. 숫돌 불꽃이나 쇳가루가 눈에 튀어 부상을 입는다.
추가 위험 포인트	
예방대책	

134 위험예지훈련도해 장비점검

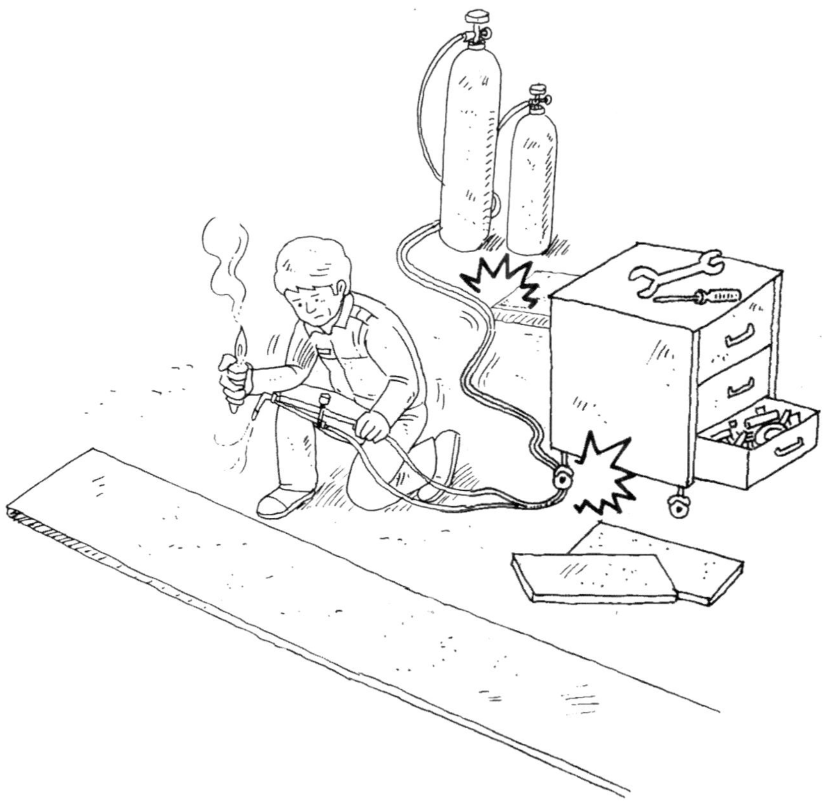

상황	장비정비를 위하여 용접작업을 하고 있다.
위험포인트	1. 용접기에 불을 붙이려다 화상을 입는다. 2. 용접기 호스가 어지럽게 놓여진 공구 등에 찢기어 산소가 누출되어 폭발한다.
추가 위험 포인트	
예방대책	

135 위험예지훈련도해 차량정비

상황	페이퍼 샌드를 사용하기 위하여 콘센트에 플러그를 꽂고 있다.
위험포인트	1. 플러그를 꽂자마자 기계가 작동되어 대원이 부상을 입는다. 2. 플러그를 꽂던 대원이 감전된다.
추가 위험 포인트	
예방대책	

136 위험예지훈련도해 체력단련

상황	체력단련을 위해 헬스기구로 운동을 하고 있다.
위험포인트	1. 러닝머신 위에서 발을 헛디뎌 넘어지며 부상을 입는다. 2. 역기를 들려다 허리를 다친다. 3. 보조자 없이 벤치프레스를 하다 역기의 무게를 이기지 못하고 바를 놓쳐 부상을 입는다.
추가 위험 포인트	
예방대책	

137 위험예지훈련도해 체력단련

상황	체력단련을 위해 족구를 하고 있다.
위험포인트	1. 사전 준비운동 없이 급하게 운동하다 근육 파열 등의 부상을 입는다. 2. 과다한 승부욕으로 인한 체력소모 넘어져 부상을 입는다.
추가 위험 포인트	
예방대책	

138 위험예지훈련도해 출동대기

상황	대기실에서 출동 지령 방송을 듣고 급하게 차고로 가고 있다.
위험포인트	1. 갑작스런 출동방송에 놀라 허둥대다 침대에서 미끄러진다. 2. 계단에서 뛰어내려 오다 발을 헛디뎌 넘어진다.
추가 위험 포인트	
예방대책	

139 위험예지훈련도해 출동대기

상황	체력단련 후 땀을 씻으려 샤워를 하고 있다.
위험포인트	1. 바닥이 미끄러워 대원이 넘어져 부상을 입는다.
추가 위험 포인트	
예방대책	

140 위험예지훈련도해 소방용수조사

상황	소방용수시설 조사를 위해 소화전 맨홀 뚜껑을 열고 있다.
위험포인트	1. 소화전 뚜껑을 열던 대원이 허리를 다친다. 2. 소화전 뚜껑에 발등 또는 손가락이 끼어 부상을 입는다.
추가 위험 포인트	
예방대책	

141 위험예지훈련도해 업무처리

상황	사무실에서 대원들이 업무를 처리하고 있다.
위험포인트	1. 종이를 자르던 칼에 손가락을 다친다. 2. 쟁반 없이 많은 커피 잔을 나르다 놓쳐 뜨거운 커피에 손을 덴다. 3. 의자위에서 형광등을 교체하던 대원이 중심을 잃고 떨어져 다친다.
추가 위험 포인트	
예방대책	

142 위험예지훈련도해 청사정비

상황	청사환경 정비를 위해 염산으로 화장실을 청소하고 있다.
위험포인트	1. 보호장갑 등의 안전장구를 착용하지 않아 염산이 손이나 얼굴에 튀어 화상을 입는다.
추가 위험 포인트	
예방대책	

143 위험예지훈련도해 기타업무

상황	유류 저장고 앞에서 대원이 휴식을 하고 있다.
위험포인트	1. 화기취급 주의 장소에서 흡연을 하다 폭발한다. 2. 담배 꽁초를 버려 유증기에 착화 발화한다.
추가 위험 포인트	
예방대책	

참고문헌

박두용, 21C 노동환경권 변화에 따른 산재예방 실효성 확보방안에 관한 연구 –산재사고처리 절차 및 처벌 특별법 중심으로-, 산업안전보건연구원, 2003.

박두용, 21세기 노동환경권변화에 따른 산재예방 실효성확보방안에 관한 연구, 산업안전보건연구원, 2003.

박두용, 위험성평가제도의 구체적인 도입방안연구, 산업안전보건연구원, 2009.

박두용, 주요 선진국의 사업장 안전관리 일원화제도 및 운영실태에 관한 연구, 노동부, 2003.

박두용, 주요선진국의 사업장 안전관리 일원화 제도 및 운영실태에 관한 연구, 노동부, 2003.

박두용외, 위험성 평가제도의 도입방안에 대한 연구, 노동부, 2004.

송강직・이진국, 산업재해 은폐에 대한 처벌방안, 산업안전보건연구원, 2015.

정진우, 안전관리론, 청문각, 2020.

조영수, 전부개정 산업안전보건법 업무 편람, 메이킹북스, 2020.

조흠학, 산업안전보건법, 신광문화사, 2020.

조흠학외, 산재발생보고제도 개편방안에 관한 연구, 산업안전보건연구원, 2016.

노동부, 「노동백서」, 2008.

노동부, 「산업안전보건법 제・개정 발자취」, 노동부산업안전국, 2003.

산업안전공단, 한・일 산업안전위반 판례집, 1995.

산업안전보건공단, 재해조사 분석.

김성돈, "가칭 질서위반법의 체계와 이른바 질서위반행위의 구조", 법조 2004・10(Vol.577).

김승년, 노동법 발달에 관한 비교법제사적 고찰, 단국대 박사학위논문, 1997.

김원주, "집행벌", 월간고시, 1988.

김유성, 사업자의 안전배려의무, 한국사법행정학회, 1992.

김형배, 미국노동입법의 전개과정, 고시연구 제8권7호 1987.

김희성, 미국의 노동쟁의조정제도, 노동법에 있어서 권리와 책임, 김형배교수화갑기념논문집, 박영사 1994.

민경식, 노사분쟁의 소송외적 방법에 의한 해결, 중앙대 법학논문집 제13집, 김이열교수화갑기념논문집 1988.

박 준, 동남아제국의 노동쟁의조정제도, 노동 제113호 1984.

이상국, 산업안전보건법, 대명출판사, 2019.

박두용, "외국의 위험성 평가제도-EU Directive 89/391/EEC)", 「산업보건」 통권 제228호, 대한산업보건협회, 2007.

국가법령정보센터, https://www.law.go.kr/

교육부. 사이버폭력예방 리플렛, 2015.

경상남도 진주교육청. 학교폭력 및 성폭력 예방을 위한 직무연수, 2007.

교육인적자원부. 유아를 위한 성교육프로그램, 2006.

교육인적자원부・부산광역시교육청. 성교육 및 성폭력 예방자료개발연구, 2007.

교육인적자원부. 함께 풀어가는 성 이야기(고등학교), 2001.

구니자키 노부에 저, 윤나영 역. 우리 아이는 내가 지킨다, 2009.

김준호, 김선해. 학교폭력에 대한 종단적 연구, 한국청소년연수 제14권 2호, 2003;pp.5-47.

대검찰청. 범죄 분석 자료, 2010.

대덕구청." 아이사랑프로젝트" 리플릿.

대법원. 집단따돌림 자살 사건, 2007.11.15.

여성가족부. 성희롱의 예방과 대처요령, 2007.

여성부. 아동성폭력 대응 매뉴얼(학부모용), 2009.

여성부. 아동성폭력 대응 매뉴얼(학교용), 2009.

유형근 외 3인. 집단따돌림에 갇힌 아이들, 학지사, 2010.

채혜선, 임미혜. 영유아 안전교육, 양서원, 2011.

청소년폭력예방재단. 1998년 조사 결과, 1998.

쿠키뉴스. 2011.7.10.

한국교육문제탐구. 바람 든 한국교육, 문음사, 2009.

강윤현(2016). **학교폭력 치유프로그램 참여 청소년의 임상적_신경심리학적_뇌구조적 변화**. 서울대학교 대학원 박사학위논문.

강지숙(2016). **초등학생의 불안수준에 따른 인터넷 중독**. 한양대학교 임상간호정보대학원 석사학위논문.

고영택(1991). **학교안전사고에 대한 교원의 법적 책임에 관한 연구**. 한국외국어대학교 교육대학원 석사학위논문.

교육부(2016). **교육 분야 안전 종합 대책**.

구현자(2005). **학교안전사고의 실태와 교사 인식 분석**. 부산교육대학교 교육대학원 석사학위논문.

권미수(2015). 2015년 인터넷 과의존 실태조사. **한국정보화진흥원**.

권정관(2012). **학교폭력실태에 대한 학생들의 인식분석에 관한 연구**. 영남대학교 행정대학원 석사학위논문.

김민아(2000). **서울시 고등학생의 안전교육 실태 및 요구도 조사**. 이화여대학교 대학원 석사학위논문.

김시연(2016). **청소년의 스마트폰 사용기간 및 이용 동기와 스마트폰 중독과의 관계분석**. 고려대학교 교육대학원 석사학위논문.

김지영(2009). **한국과 일본의 초등학교 안전교육 실태 비교**. 서울교육대학교 교육대학원 석사학위논문.

김현기(2014). **초등학생들의 안전사고 발생요인 분석에 관한 연구**. 한국교원대학교 교원정책전문대학원 석사학위논문.

남상길(2004). **서울초등학교의 안전교육현황과 교내안전사고 실태조사**. 한국교원대학교 교육대학원 석사학위논문.

남윤신(2014). 학교안전사고 통계분석 및 예방정책수립방안연구. **덕성여자대학교 스포츠과학연구원 정책연구과제**.

노연순(2014). **학교폭력 실태 및 예방에 관한 연구**. 배제대학교 교육대학원 석사학위논문.

노정해(2015). **학교안전사고에 대한 법적책임**. 강릉원주대학교 대학원 석사학위논문.

박세철(2015). **학교안전사고의 민사책임에 관한 연구**. 경기대학교 대학원 박사학위논문.

박재향(2002). **학교안전사고와 교사의 책임한계**. 동아대학교 교육대학원 석사학위논문.

박재희(2013). **교사와 학생의 인식에 터한 대전광역시 초등학교의 안전교육 실태 및 요구조사**. 충남대학교 교육대학원 석사학위논문.

박현근(2007). **학교안전사고에 관한 조사연구**. 춘천교육대학교 교육대학원 석사학위논문.

백동현(2007). **학교폭력 피해청소년의 학교적응을 위한 대처방안에 관한 연구**. 경희대학교 행정대학원 석사학위논문.

배지연(2013). **학교폭력 및 배움터지킴이의 활동에 대한 교사・학생의 인식**. 군산대학교 대학원 석사학위논문.

오승연(2015). **괴롭힘 상황에서 자기 주장성과 주변인의 행동유형의 관계**. 이화여자대학교 교육대학원 석사학위논문.

이정춘(1999). **학교안전사고에 대한 교원의 태도에 관한 연구**. 순천향대학교 교육대학원 석사학위논문.

이창희(2010). **초・중・고등학교 안전교육이 안전의식에 미치는 영향**. 아주대학교 대학원 박사학위논문.

이은혜(2014). **유아교육기관의 안전교육 및 안전사고에 대한 교사와 학부모의 인식**. 한양대학교 교육대학원 석사학위논문.

이소라(2016). **학교폭력의 실태, 예방 방안에 대한 초・중・고등학교 학생, 학부모, 교사 인식의 비교분석**. 서강대학교 교육대학원 석사학위논문.

이진호(2016). **관리자의 안전의식이 조직의 안전문화에 미치는 영향**. 인천대학교 공학대학원 석사학위논문.

전연경(2016). **유치원에서의 안전교육 및 관리에 대한 교사들의 어려움**. 중앙대학교 대학원 석사학위논문.

정은주(2013). **초등학교 학교폭력에 영향을 미치는 요인에 관한 연구**. 대구대학교 사회복지대학원 석사학위논문.

정지혜(2013). **초등학교 남아의 인터넷 폭력게임 사용시간과 게임중독정도가 공격적 행동에 미치는 영향**. 연세대학교 대학원 석사학위논문.

태백장성초등학교(2016). 위기대응 능력신장. **안전교육연구시범학교 운영보고서**.

최기영(2014). **학교사고 발생에 대한 교원의 법적 책임 판단 기준**. 경인교육대학교 교육전문대학원 석사학위논문.

최은(2016). **학교안전 행정법제에 관한 연구**. 한국교원대학교 교육정책전문대학원 석사학위논문.

최송우(2007). **초등학교 학교폭력 실태와 예방 방안**. 전북대학교 교육대학원 석사학위논문.

학교안전공제회(2011). **학교안전사고 통계 체계 개선 및 학교안전교육 활성화 방안 연구**.

한승희(1999). **학교안전사고에 대한 교사의 책임범위**. 고려대학교 대학원 박사학위논문.

홍정순(2006). **학교안전사고에 대한 교사와 학부모의 인식연구**. 강릉대학교 교육대학원 석사학위논문.

Development of Health(1992). The Health of the Nation, pp. 134-135.

Development of Health and Human Services(1991). Health United States DHHS Pub, No.(PHS) 92-1232: pp. 161-162.

건강샘 www.healthkorea.net

대검찰청 www.spo.go.kr

보건복지부 국가건강정보포털 http://health.mv.go.kr

사이버 경찰청 www.police.go.kr

서울시 자살예방센터 www.suicide.or.kr

성폭력 · 유괴납치예방운동본부 www.cw112.or.kr

국민안전처 http://www.mpss.go.kr

한국성폭력상담소 www.sisters.or.kr

한국심리교육연구소 www.mindnlp.com

아동안전사이버교육센터 www.childsafedu.go.k

도로교통공단. 신호등지, 2010~2011.

안전생활실천시민연합. 어린이 놀이시설의 안전성 확보 방안, 1999.

여성부. 아동성폭력 대응 매뉴얼(학부모용), 2009.

여성부. 아동성폭력 대응 매뉴얼(학교용), 2009.

윤선화. 안전한 학교, 행복한 아이들 I , 한국생활안전연합, 2004.

윤선화. 안전한 학교, 행복한 아이들 II, 한국생활안전연합, 2004.
윤선화. 영유아를 위한 안전관리, 한국생활안전연합, 2010.
유형근 외 3인. 집단따돌림에 갇힌 아이들, 학지사, 2010.
장희주. 유아의 사고위험 지각과 가정안전 환경과의 관계, 연세대학교, 2006.
채혜선, 임미혜. 영유아 안전교육, 양서원, 2011.

청소년폭력예방재단. 1998년 조사 결과. 1998.
한국소비자보호원. 가정 내 어린이 중독사고 실태조사, 2003.04.
한국소비자원. 어린이 놀이시설(놀이터) 안전 실태조사, 2011.
행정안전부. 엄마, 아빠와 함께하는 어린이 안전 365일, 2009.
허 억. 엄마는 교통안전 선생님, 1995.
Hendricks,C.M., & Reichert, A. Parents self reported behaviors related to health and safety of very young children. Journal of School Health, 1996; 66 : 247-251.
국민권익위원회. 아동청소년 성폭력 피해근절을 위한 국민신문고 전자공공토론 분석결과, 2013.

어린이안전학교 www.go119.org
현대자동차 www.happyway-drive.com
성폭력・유괴납치예방운동본부 www.cw112.or.kr
세이프키즈코리아 http://www.safekids.or.kr/
한국생활안전연합 http://www.safia.org/
한국소비자원 어린이안전넷 http://www.isafe.go.kr

가리키 히데아키. 생활 속의 음식독물 60, 국일미디어.
강성희. 가정 내 영・유아 안전사고 분석을 통한 부모안전교육 프로그램 개발 연구, 숙명여자대학교, 2003.
교육과학기술부. 고등학교 안전과 건강, 2010.
이명선. 안전보건학, 계축문화사, 2001.
이의평. 가정 내 사고의 발생실태 분석. 한국화재소방학회논문지, 2005;19(4):7-17.
장희주. 유아의 사고위험과 지각과 가정안전 환경과의 관계, 연세대학교, 2006.
한국산업안전공단. 가정생활의 안전실천은 이렇게, 2002.
한국소비자원. 주방내 안전사고 실태조사, 2010.08.
한국소비자원. 노인 생활안전 사고 실태조사, 2007.08.
한국소비자원. 가정 내 전기제품 안전실태 조사, 2004.12.

한국소비자보호원. 가정 내 어린이 중독사고 실태조사, 2003.04.
한국음식업중앙회. 위생교육교재, 2009.
Hendricks,C.M., & Reichert, A. Parents self reported behaviors related to health and safety of very young children. Journal of School Health, 1996 ; 66 : 247-251.
CPSC Final Rule: Requirements for Child-Resistant Packaging.

세이프키즈코리아 http://www.safekids.or.kr
국민안전처 http://www.mpss.go.kr
식품의약품안전처 http://www.mfds.go.kr
한국가스안전공사 http://www.kgs.or.kr
한국생활안전연합 http://www.safia.org
안전보건공단 http://www.kosha.or.kr
한국소비자원 소비자안전넷 http://www.ciss.or.kr/index.jsp
한국소비자원 어린이안전넷 http://www.isafe.go.kr
한국전기안전공사 http://www.kesco.or.kr

충청북도교육청보건교과연구회중등연구분과. 질병예방 관리를 위한 학습자료, 2011.
교육과학기술부. 학교감염병예방관리매뉴얼, 2011.
교육부, 보건복지부. 메르스 학교대응 매뉴얼, 2015.
교육부, 보건복지부, 질병관리본부. 2015년 청소년결핵 집중관리사업안내(교육청 및 학교용), 2015.
보건복지부. 감염병 위기관리표준매뉴얼. 2014.
질병관리본부, 감염병 관리사업 지침, 2015.
질병관리본부, 대한의학회, 예방접종전문위원회, 예방접종감염병의 역학과 관리, 2013.
질병관리본부, 검역업무 지침, 2015.
질병관리본부, 동물인플루엔자 인체감염예방 홍보리플릿, 2015.
질병관리본부, 에볼라바이러스병 바로알기 홍보리플릿, 2015.
보건복지부, 질병관리본부, 중동호흡기즈후군(MERS) 예방 및 신고안내 홍보리플릿, 2015.
질병관리본부, 홍콩독감예방안내 홍보리플릿, 2015.

심폐소생술 및 심혈관 응급처치에 관한 2010 미국심장학회(AHA) 지침의 주요 내용.
미국심장학회(American Heart Association). 2010.
생활응급처치. 대한응급의학회, 보건복지부. 1999.
응급처치와 심폐소생술. 대한응급구조사협회 역. 한미의학. 2010.

구급 및 응급처치론. 이희순. 정훈사. 2010.
기본응급처치학. 전국응급구조학과교수협의회. 한미의학. 2010.
생명을 살리는 심폐소생술, 대한심폐소생협회, 2011.
응급처치법, 대한적십자, 2011.

대한응급의학회. http://www.emergency.or.kr
대한심폐소생협회. http://kacpr.org
중앙응급의료센터. http://www.nemc.go.kr
대한응급구조사협회. http://www.emt.or.kr
심폐소생술 및 심혈관 응급처치에 관한 2010 미국심장학회(AHA) 지침의 주요 내용.
미국심장학회(American Heart Association). 2010.
생활응급처치. 대한응급의학회, 보건복지부. 1999.
응급처치와 심폐소생술. 대한응급구조사협회 역. 한미의학. 2010.
구급 및 응급처치론. 이희순. 정훈사. 2010.
기본응급처치학. 전국응급구조학과교수협의회. 한미의학. 2010.
생명을 살리는 심폐소생술, 대한심폐소생협회, 2011.
응급처치법, 대한적십자, 2011.

행정안전부, 국민행동요령, 생활안전, 여가활동안전
https://kasem.safekorea.go.kr/ptl/fms/main.do?menu_pk=M011100&menu_key=form&sch_safe_area_cd=A0001&sch_safe_detail_cd=&sch_keyword=&sch_keytype=&sch_safe_realm_cd=R0007&pageIndex=1
국민재난안전포털 https://www.safekorea.go.kr/idsiSFK/neo/sfk/cs/contents/prevent/SDIJKM5138_LIST.html?menuSeq=128
도로교통공단, 이륜차안전운전, 자전거안전운전 https://www.koroad.or.kr/kp_web/knTwoWheel3.do
수상레저안전법(시행 2021.01.05)

서울특별시 소방재난본부, "소방활동 위험예지훈련 도해집", 2012.

Adler, A. and Ansbacher H. L. "*Superiority and social interest.*" Northwestern University Press, (1964)
Ajzen., I. "*Belief, attitude, intention, and behavior.*" Chicago: Dorsey Press, (1988)
Ajzen, I. "*Attitudes, personality, and behavior.*" Milton-Keynes, England: Open University

Press/McGraw-Hill, 2(2005)

Ajzen, I., and Fishbein, M. "*The influence of attitudes on behavior.*" In D. Albarracin, B. T. Johnson and M. P. Zanna (eds), Handbook of Attitudes and Attitude Change : Basic Principles. Mahwah, NJ: Lawrence Erlbaum Associates, (2005)

Bass, B. M. "*Leadership and performance beyond expectations.*" Free Press, (1985)

Bass, B. M. "*Bass and Stogdill's handbook of leadership: theory, research, and managerial applications.*" Free Press, (1990): 92-112.

Brock, V. G. "*Grounded Theory of The Roots And Emergence of Coaching.*" International University of Professional Studies, (2008): 1-71.

Burns, J. M. "*Leadership.*" New York: Harper & Row, (1978)

Csikszentmihalyi, M. "*The Contribution of Flow to Positive Psychology.*" Laws of Life Symposia Series Templet on Foundation Press, (2000): 387-398.

Ellinger, A. D., Ellinger, A. E., Hanmlin, R. G., and Beattie, R. S. "Achieving improved performance through managerial coaching. In R. Watkins and D. Leigh(Eds.), Handbook of improving performance in the workplace Volume 2: Selecting and implementing performance interventions." San Francisco, CA: Co-published by The International Society for Performace Improvement and Pfeiffer, (2010): 275-296.

Fishbein, M., and Ajzen, I. "*Predicting and changing behavior: The reasoned action approach.*" New York, Hove: Taylor and Francis Group, (2010)

Gary, A. Y. "*Leadership in organizations.*" Englewood Cliffs, N. J.: Prentice Hall, (1989)

Greene, J. and Grant, A. M. "*Solution-focused Coaching: A Manager's Guide to Getting the Best from People.*" London: Peason Education Limited, (2003)

Hannaford, E. "*Supervisors Guide to Human Relations.*" National Safety Council Chicago, (1976)

HSE, "*Successful Health and Safety Management.*" Health and Safety Executive, HSE Book, (2002)

Hunt, J. M. and Weintraub, J. R. "*The coaching organization: a strategy for developing leaders.*" Thousand Oaks: Sage Publications, (2007)

Hunter, J. E. and Schmidt, F. L. "*Methods of meta-analysis.*" CA: Sage Publications, (2004)

Kilburg, R. R. "*Executive coaching: Developing Managerial Wisdom in a World of Chaos.*" Washington, DC, US: American Psychological Association, (2002)

Kubicek, M. "*Is coaching being abused?*" Training, (2002) : 12-14.

Lussier, R. N. and Achua, C. F. "*Leadership: theory, application, skill development.*" Mason: Thomson/South-Western, (2004)

McCauley, C. D. and Hezlett, S. A. "*Individual development in the workplace.*" Handbook of industrial, work and organizational psychology, (2002): 313—335.

McSween, T. E. "*The Value-based Safety process: Improving your safety culture with a behavioral approach.*" Hoboken, NJ: Wiley, (2003)

Mosak, H. and Michael Maniacci. "*A Primer of Adlerian Psychology: The Analytic-behavioral -cognitive Psychology of Alfred Adler.*" Psychology Press, (1999): 12-29.

NSWMC, "*Submission to the 2005 NSW Mines Safety Review*" NSW Minerals Council, (2005)

Park, Y-S. "*Development of Safety Psychology Coaching Program.*" Research Report, KOSHA. (2017)

Peters, T. J. and Dorling, K. "*Leadership.*" New York: Dorling Kindersley, (2005)

Reason, J. "*Human Error.*" New York: Cambridge University Press, (1990)

Robinson, P. S. "*Organization behavior.*" New Jersey: Pearson Education: Pretice Hall, 11(2011)

Schein, E. H. "*Organizational culture and leadership.*" San Francisco: Jossey - Bass, (1992): 121-122.

Stogdill, R. M. "*Handbook of leadership; a survey of theory and research.*" Free Press, (1974): 430-581.

Whitmore, J. "*Coaching for performance: GROWing human potential and purpose : the principles and practice of coaching and leadership.*" Boston: Nicholas Brealey, (2009)

Whitworth, L., Kimsey-House, H. and Sandahl, P. "*Co-active Coaching.*" Davies-Black, (1998)

국외논문

Ajzen, I. and Madden, T. J. "Prediction of goal-directed behavior: Attitudes, intentions, and perceived behavioral control." *Journal of Experimental Social Psychology* 22(1986) : 74-453.

Ajzen, I. "The Theory of planned behavior." *Organizational Behavior and Human Descision Processes* 50(1991): 179-211.

Ajzen, I. and Driver, B. L. "Application of the Theory of planned behavior to lesisure choice." *Joumal of Leisure Research* 24(1992): 24-207.

Ajzen, I. "Residual effects of past on later behavior: Habituation and reasoned action perspectives." *Personality and Social Psychology Review* 6(2002) : 22-107.

Anthony, M. G. and Richard-Zackon M. S. "Executive, Workplace and Life Coaching: Findings from a Large-Scale Survey of International Coach Federation Members."

International Journal of Evidence Based Coaching and Mentoring 2(2) (2004): 1-15

Armitage, C. J. and Conner, M. "Efficacy of the theory of planned behaviour: A meta-analytic review." *British Journal of Social Psychology* 40(4) (2001): 471-499.

Arvey, R. D., Zhang, Z., Avolio, B. J., and Kruger, R. "Understanding the developmental and genetic determinants of leadership among females." *Journal of Applied Psychology* 92(2007): 693-706.

Barling, J., Loughlin, C. and Kelloway, E. K. "Development and Test of a Model Linking Safety-Specific Transformational Leadership and Occupational Safety." *Journal of applied psychology* 87(3) (2002): 488-496.

Bettencourt, L. A. "Customer voluntary performance: Customers as partners in service delivery." *Journal of Retailing* 73(3) (1997): 383－406.

Biswas-Diener, R., Vitters, J. and Diener, E. "The Danish Effect: Beginning to Explain High Well-Being in Denmark." *Social indicators research* 97(2) (2010): 229-246.

Bob E. H., Jill P., Tara S. and Jennifer T. "Measuring Perceptions of Workplace Safety: Development and Validation of the Work Safety Scale." *Journal of Safety Research* 29(3) (1998): 145－161.

Forcier, B. H., Walters, A. E., Brasher, E. E. and Jones, J. W. "Creating a safer working environment through psychological assessment: A review of a measure of safety consciousness." *Journal of Prevention and Intervention in the Community* 22(1) (2001): 53-65.

Browne, M. W. and Cudeck, R. "Alternative Ways of Assessing Model Fit." *Sage focus editions* 154(1993): 136.

Burke, M. J., Sapry, S. A., Tesluk, P. K. and Smith-Crowe, K. "General safety performance: a test of a grounded theoretical model." *Pers. Pstchol* 55(2002): 429-457.

Fugas, C. S., Silva, S. A. and Melia, J. L. "Another look at safety climate and safety behavior: Deepening the cognitive and social mediator mechanisms." *Accident Analysis and Prevention* 45(2012): 468-477.

Carrillo, R.-A. S. "Expanding Managers' Leadership Role in Safety." *Professional safety* 43(6) (1998): 38-41.

Clarke, N. "Valuating Leadership Training and Development: A Levels-of-Analysis Perspective." *Human resource development quarterly* 23(4) (2012) : 441-460.

Cohen, J. B. and Reed II, A. "A multiple pathway anchoring and adjustment(MPAA) model of attitude generation and recruitment." *Journal of Consumer Research* 33(1) (2006): 1-15.

Compeau, D. R. and Higgins, C. A. "Computer self-efficacy: Development of a measure and initial test." *MIS Quarterly* 19(1995): 189-212.

Cooke, R. and French, D. P. "How well do the theory of reasoned action and theory of planned behavior predict intentions and attendance at screening programmes? A meta-analysis." *Psychology and Health* 23(7) (2008): 745-765.

Cooper, M. D. and Phillips, R. A. "Exploratory Analysis of the Safety Climate and Safety Behavior Relationship." *Journal of Safety Research* 35 (2002): 497-512.

Coutu, D. and Kauffman, C. "What Can Coaches Do for You?: Executive coaches are increasingly in demand." *Harvard business review* 87(1) (2009): 91-98.

Parker, D., Manstead, A. S. R. and Stradling, S. G. "Extending the theory of planned behaviour: The role of personal norm." *British Journal of Social Psychology First published* 34(2) (1995): 127-138.

Davis, P. "Coaching performance: What sort of job are you dong?" *Sprts Coach* 27(1) (2004): 6-8.

Ellinger, E. A., Ellinger, A. B. and Keller, S. "Supervisory coaching in a logistics context" *Emerald Group Publishing Limited* 35(9) (2005): 620-636.

Ellinger, A. D., Hamlin, R. G. and Beattie, R. S. "Behavioural indicators of ineffective managerial coaching: A cross-national study." *Journal of European industrial training* 32(4) (2008): 240-257.

English, D. and Branaghan, R. j. "An empirically derived taxonomy of pilot violation behaviour, " *Safety Science* 50(2012): 199-209.

Erwin, P. "Attitude and persuasion." Contemporary Psychology 49(1) (2004): 73.

Fishbein, M. and Ajzen, I "Belief, attitude, intention and behavior." *Richard J. Hill Contemporary Sociology* 6(2) (1977): 244-245.

Fitch, H. G., Hermann, J. and Hopkins, B. L. "Safe and unsafe behavior and its modification." *Journal of Occupational Medicine* 18(1976): 618-622.

Flin R., O Dea A. and Yule S. "HSE Horizons: Leadership Behaviors for Maximizing Safety." *Journal of Petroleum Technology Society of Petroleum Engineers of AIME* 54(11) (2002): 28-32.

Fugas, C. S., Melia, J. L. and Silva, S. A. "The 'is' and The 'Ought': How do perceived social norms influence safety behaviors at work?" *Journal of Occupational Health Psychology* 16(1) (2011): 67-79.

Fugas, C. S., Silva, S. A. and Melia, J. L. "Another look at safety climate and safety behavior: Deepening the cognitive and social mediator mechanisms." *Accident Analysis*

Prevention 45(2012) : 77-468.

Garavan, T. N. and O Brien, F. "An Investigation into the Relationship between Safety Climate and Safety Behaviours in Irish Organisations." *The Irish journal of management*: the journal of the Irish Academy of Management 22(1) (2001): 141-170.

Latham, G. P., Almost, J, Mann, J. and Moore, C. "New Developments in Performance Management." *Organizational Dynamics* 34(1) (2005): 77—87.

Gautam, K., Campbell, C. and Arrington, B. "Financial performance of safety-net hospitals in a changing health care environment." *Health services management research* : an official journal of the Association of University Programs in Health Administration 9(3) (1996): 156-171.

Gordon W. A. "The functional autonomy of motives." *First published in American Journal of Psychology* (1937): 141-156.

Grant, M. "smart leadership in tough times." *Supervision* 64(6) (2003): 3-6.

Grant, A. M. "A personal perspective on professional coaching and the development of coaching psychology." *International Coaching P sychology Review* 1(1) (2006): 12-22.

Grant, A. M. "Enhancing Coaching Skills and Emotional Intelligence Through Training." *Industrial and Commercial Training* 39(5) (2007): 257-266.

Grant, M. M. "Performance Management: Use quality principles to manage people." *Leadership Excellence* 24(3) (2007): 9.

Heather A. Hausenblas, A. C. and Carron, D. E. M. "Application of the Theories of Reasoned Action and Planned Behavior to Exercise Behavior: A Meta Analysis." *Journal of Sport and Exercise Psychology* 19(1997): 36-51.

Heslin, P. A., Latham, G. P. and Vande Walle, D. "The effect of implicit person theory on performance appraisals." *Journal of Applied Psychology* 90(5) (2005): 842-856.

Hofmann, D. A. and Mark, B. "An investigation of the relationship between climate safety and medication errors as well as other nurse and patient outcomes." *Personnel Psychology* 59(2006): 547-869.

Hunt, J. M. and Weintraub, J. "How coaching can enhance your brand as a manager." *Journal of organizational excellence* 21(4) (2002): 39-44.

Julian, Turner, Nick, Barling, Epitropaki, Olga, Butcher, Vicki, and Milner, Caroline, "Transfromational Leadership and Moral Reasoning." *Journal of Applied Psychology* 87(2002): 11-304.

Kets, d. and Vries, M. F. "Star Performers." *Organizational dynamics* 41(3) (2012): 173-182.

Killburg, R. R. "Toward a conceptual understanding and definition of executive coaching."

Consulting Psychology Journal: Practice and Research 48(1) (1996): 134-144.

Kraft, P., Rise, J., Sutton, S. and Rosamb, E. "Perceived difficulty in the theory of planned behaviour: perceived behavioural control or affective attitude?" *British Journal of Social Psychology* 44 (2005): 96-479.

Kramer, C. S. and Karen P. P. "Food Safety: consumers Report Their Concerns." *National Food Review* 33(1986): 21-24.

Latham, G. P., Almost, J., Mann, S. and Moore, C., "New Developments in Performance Management." *Organizational dynamics* 34(1) (2005): 77-87.

Lutz, R. J. "Affective and cognitive antecedents of attitude twoard the Ad." *Information Processing Research in Ad* 46(1983): 1-16.

McLean, G. N., Yang, B., Kuo, M. C., Tolbert, A. S., and Larkin, C. "Development and initial validation of an instrument Measuring managerial coaching skill." *Human Resource Development Quarterly* 12(2) (2005): 157-178.

Michael J., Burke, W. and Dunlap, P. "Estimating Interrater Agreement with the Average Deviation Index: A User's Guide." *Organizational Research* 5(2) (2002): 159-172.

Muhammad Owais Munir, Rabia Furqan, Saba Shahzad and Abdul Basit. "Examining The Role of Leadership of Portfolio Managers In Project Performance." *Journal of Strategy and Performance Management* 5(1) (2017): 23-41.

McLean, G. N., Yang, B., Kuo, M. C., Tolbert, A. S., and Larkin, C. "Development and initial validation of an instrument Measuring managerial coaching skill." *Human Resource Development Quarterly* 12(2) (2005): 157-178.

Neal, A., Griffin, M. A., and Hart, P. M. "The impact of organizational climate on safety climate and individual behavior." *Safety Science* 34 (2000): 99−109.

O&apos, Dea, A. and Flin, R. "Site managers and safety leadership in the offshore oil and gas industry." *Safety Science* 37(1) (2001): 39-57.

O'Dea A and Flin R. "Site managers and safety leadership in the offshore oil and gas industry." *Safety Science* 37(1) (2001): 39-57.

Peter G. N. "Book Review, Leadership: Theory and Practice." *Journal of education for business* 83(2) (2007): 116-117.

Peterson, David B. and Little, B. "Invited reaction: Development and initial validation of an instrument measuring managerial coaching skill." *Human resource development quarterly* 16(2) (2005): 179-184.

Peterson, S. J., Luthans, F., Avolio, B. J., Walumbwa, F. O. and Zhang, Z. "Psychological capital and employee performance: A latent growth modeling approach." *Personnel*

Psychology 64(2011): 427-450.

Petraitis, J., Flay, B. R. and Miller, T. Q. "Reviewing theories of adolescent substance use: Organizing pieces in the puzzle." *Psychological Bulletin* 117(1) (1995): 67-86.

Phipps M., Ozanne, L. Luchs, M. Subrahmanyan, S. et al. "Understanding the inherent complexity of sustainable consumption: A social cognitive framework." *Journal of Business Research* 66(3) (2013): 1227-1234.

Quinn, J. B. "Team Innovation: Innovative teams share some common patterns of behavior in the workplace." *Executive Excellence* 13(7) (1996): 13-14.

Richard M., Dienesch, R. and Liden, C "Leader -Member exchange model of leadership: a critique and further development." *The Academy of Management Review* 1(3) (1986): 618-634.

Stowell, S. J. "Coaching: A Commitment to Leadership." *Training and Development Journal* 42(6) (1988): 34-38.

Tobias, L. L. "Coaching executives." *Consulting Psychology Journal: Practice and Research* 48(2) (1996): 87—95.

Trafimow, D. and Finlay, K. A. "An investigation of three models of multitrait representations." *Personality and Social Psychology Bulletin* 27(2) (2001): 226—241.

Trafimow, D., Sheeran, P., Conner, M. and Finlay, K. A. "Evidence that perceived behaviorsal control is a multidimensional construct: perceived control and perceived difficulty." *British Journal of Social Psychology* 41(2002): 21-101.

Whitmore, S., Marks, J. and Djobadze, M. "Mechanical Properties of Co-Cured Non-Metallic Sandwich Structures." *International Sampe Symposium and Exhibition* 1(39) (1994): 441-456.

Wu, J. B. "The Dual Processes of Team Leadership: A Multilevel Perspective." *Conference Proceedings - Academy of Management* 1(1) (2007): 190.

Wu, T.-C., Lin, C.-H. and Shiau, S.-Y. "Predicting safety culture: The roles of employer, operations manager and safety professional." *Journal of Safety Research* 41(5) (2010): 423-431.

Yule S., Flin R. and Murdy A. "The role of management and safety climate in preventing risk-taking at work." *International Journal of Risk Assessment and Management* 7(2007): 137-151.

Allen, N. and Meyer, J., "Testing the 'Side-Bet theory' of Organizational Commitment: Some Methodological Considerations." Journal of Applied Psychology 69 (1984).

Arnold, J., Arad, S., Rhoades, J. A., and Drasgow, F., "The Empowering Leadership Questionnaire: The construction and Validation of a New Scale for Measuring Leader Behaviors." Journal of Organizational Behaviors 21 (2000).

Angle, H. and Perry, J., "Organizational Commitment." Work and Occupation 10 (1983).

Bacon, T. R. and Spear, K. I., "Adaptive coaching; The Art and Practice of a Client- centered Approach to Performance Improvement." Palo Alto, CA: Davis-Black, 2003.

Bae, Soo Hyun. and Park, Jung Sook. "Developing and Verifying the Effectiveness of Extracurricular Coaching Programs to Improve the Communication Skills and Leadership of Nursing College Students." Korea Nursing Education Institute 21(2) (2015).

Bae, Yong Kwan, "A Case of 'Happy Coaching' Methodology and Application Based on Happiness Numbers." Coaching Research 3(2) (2010).

Baek, Myung Sung, and Jang Geum Sung, "Developing Coaching Programs for Nurses and Validation of Effectiveness." Korea Institute of Health Information Statistics 41(1) (2016).

Bagozzi, and Richard P., "Salesforce Performance and Satisfaction as a Function of Individual Difference, Interpersonal and Satisfactional Factors." Journal of Marketing Research 15 (1978).

Bandura, A., "Self-efficacy: The Exercise of Control." NY: W. H. Freeman, 1997.

Baron, L. and Morin, L., "The Coach-Coachee Relationship in Executive Coaching: A Field Study." Human Resources Development Quarterly 20(1) (2009).

Barrett P. T., "The Effects of Group Coaching on Executive Health and Team Effectiveness: Quasi- Experimental Field Study." Regent University Doctoral dissertation, 2006.

Bergmann, J., and Sams, A., "Flip Your Classroom: Reach Every Student in Every Class Every Day." Washington DC: International Society for Technology in Education, 2012.

Blattner, J., "Coaching: the Successful Adventure of a Downwardly Mobile Executive." Consulting Psychology Journal: Practice and Research 57(2005).

Bonwell, C. C. and Eison, J. A., "Active Learning: Creating Excitement in the Classroom. ASHE- ERIC Higher Education Report No.1." Washington, D.C. George Washington University, 1991.

Bourgeois et al., "The Adult University." Buckingham: The Society for Research into Higher Education & Open University Press, 1999.

Boyatzis, R. E. Smith, M. L. and Blaize, N., "Developing Sustainable Leaders through Coaching and Compassion." The Academy of Management Learning and Education 5

(2006).

Carstensen, S. S., Kjaer, C., Möller, S., and Bloksgaard, M., Implementing Collaborative, Active Learning Using Peer Instructions in Pharmacology Teaching Increases Students.' Learning and Thereby Exam Performance. European journal of pharmacology, 867 (2020) 5.

Cavanagh, M. J. and Grant, A. M., "Executive Coaching in Organizations: The Personal is the Professonnal." International Journal of Coaching in Organizations 2(1) (2004).

Central Education Committee "For the Qualitative Transformation of University Education to Build a New Future ~ Learn for Life" To a University that Fosters the Power to Think Subjectively ~" (Reply) (2012).

Chang, Jeong Aae. "A Study on Factors Affecting Caregiver's Job Satisfaction." Inha University Graduate School of Policy Studies Master's thesis, 2011.

Chang, Kyung Won. et al., "A Study on the Trends of Research on Action Learning in Schools" A Study on the Education Methods 27(3) (2015).

Chang, Taek Kwan. "A Study on the Improvement of Leadership through Coaching." a thesis on the Master's Degree from the Graduate School of Industrial Management, Chung-Ang University Master's thesis, 2005.

Chickering, W. and Gibbs, Zealda F., "Seven Principles for Good Practice in Undergraduate Education." AAHE Bulletin 3(39) (1987).

Cho, Dae yeon. et al., "A Study on the Restructuring and Revitalization of the Lifelong Education College and the Lifelong Education System for University-oriented Lifelong Education." Ministry of Education, 2015.

Cho, Hyun Wook. "Safiens" (Seoul: KimYoung-sa, 2015).

Cho, Seong Jin. "A Study on the Effect of Coaching on Self-Effectiveness, Self-Effectiveness and Path Preparation Behavior." Coaching Skills Development Site 19(3) Korea Institute of Coaching Skills Development (2017).

Cho, Seong Jin. "Human Resources Development Using Coaching- Focused on the Western Life Coaches Training Case in Daejeon City." Research on Human Resources Development 20 (2017).

Cho, Sung Jin. "Journal Design and Coaching Leadership." (Seoul: Jungmin-sa, 2015).

Cho, Sung Jin. "The Effect of Coaching on Self-Effectiveness, Family Relations and Performance of University Students." Study on Culture Education 74 (2013b).

Cho, Sung Jin. "The Effects of Coaching on Self-Efficiency, Career Preparation Behavior and Career Accommodation among University Students." Coaching Capacity

Development Site 16(1) (2014).

Cho, Sung Jin and Jeong, Jeong Soo. "Standards of Domestic Coaching Research and Future Research." Research on Human Resources Development 21(3) (2018).

Cho, Yoon Hee, Cho Sung Yong and Hong Gye Hoon. "Effects of Authentic Leadership and Team Empowerment on Team Commitment and Team-Level Organizational Citizenship Behavior: Coaching as a Moderator." Korean Journal of Business Administration 30(4) (2017).

Cho, Yoon Kung. "Basic Study of Parent Emotion Coaching Programs to Participate in Caring for Fathers in Korean Society." Coaching Research 2(2009).

Cho, Young Ah. "Structural Relationship between Career Management Behavior and Core Self- Assessment, Perceived norms, Outcome Expectations and Will to Execute of Office Workers in Large Enterprises." Seoul National University Graduate School Doctoral dissertation, 2015.

Choi, Chi Young. "A Study on the Influence of Coaching the Boss on Employee and Customer Satisfaction: Focused on Nurses at University Hospital in Korea." Education and Culture Research 11(2005).

Choi, In Sook. "The Effect of Coaching-Based Personality Education Program on the Personality Improvement of Elementary School Students." Seoul: The Journal of the Korean Convergence Society 9(9) (2018).

Choi, Jeong Bin and Kim, Eun Kyung. "Developing a Flipped Learning Model and Curriculum Operation" Journal of Engineering Education Research 18(2) (2015).

Choi, Kyung Hwa and Tak, Jin Guk. "The Impact of the Career-Saving Group Coaching Program on Self-esteem, Job-seeking Effectiveness and Resilience." Korea Psychological Association: Coaching 1 (2017).

Choi, Sang Deok. et al., "Research on Model Development and Support Strategies of University Lifelong Learning." Korea Educational Development Institute (2009).

Choi Sang Duk, and Han Hyo Jung, "Tasks and Policy Implications for University Lifelong Education: A Needs Analysis Study on Adults." Journal of Lifelong Learning Society 15(4) (2019).

Choi Yu Seon. et al., "Experiences of Pre-Service Teacher's Self-Directed Learning Coaching." The Korean Journal of the Human Development 23(3) (2016).

Chung Tae Youn, "The Structural Relationship between Corporate Managers Life-Long Education Coaching Leadership and Its Member's Problem Solving Ability and Interpersonal Ability." Ajou University Graduate School Department of Education

Doctoral dissertation, 2011.

Chung Tae Youn, "The Stuctural Relationship between Corporate Managers' Life-Long Education Coaching Leadership and Its Member's Problem Solving Ability and Interpersonal Ability." The Ajou University Graduate School, Department of Education a Doctoral dissertation, 2011.

Clark, S., "Work Cultures and Work/Family Balance." Journal of Vocational Behavior 59 (2001).

Collins, G. R., "Christian Coaching." Colorado Spring, (CO: Nav Press, 2001).

Cox, E., Bachkirova, T., and Clutterbuck, D., "The Complete Handbook of Coaching." (London: Sage, 2010).

Deci E. L., "Intrinsic Motivation." (New York: Plenum, 1975).

Do, Mi Hyang. "The Effect of Family Leadership Coaching Program on Teacher Efficacy and Job Satisfaction of Child Care Teachers." Korean Family Welfare 13(3) (2007).

Kim, Do Yeon. "Design and Implementation of Integrated E-Coaching system Based on Synchronous and Asynchronous." The Journal of the Institute of Internet, Broadcasting and Communication (IIBC) 15(4) (2015).

Choi, Don Min. "The Ways to Improve the Function and Role of Universities for Adult Learners." Journal of Lifelong Learning Society 9(3) (2013).

Drucker, P. F., "Post-capitalist society." (New York: Harper Collins Publishers, 1994).

Edwards. L., "Coaching-the Latest Buzzword or a Truly Effective Management Tool?" Industrial and Commercial Training 35(7) (2013).

Ellinger, A. D., Ellinger, A. E., and Keller, S. B., "Supervisory Coaching Behavior, Employee Satisfaction, and Warehouse Employee Performance: a Dynamic Perspective in the Distribution Industry." Human Resources Development Quarterly 14(4) (2003).

Kim, Eung Ja. "The Construction and Effect of Parents Coaching Program for Childhood Career Guidance." Korean Journal of Family Welfare 19(4) (2014).

Evered, R. D., and Sclman, J. E., "Coaching and the Art of Management." Organizational Dynamics Autumn 15(1989).

Fink, L. D., "Creating Significant Learning Experiences: An Integrated Approach to Designing College Courses." (San Francisco, CA: Jossey-Bass, 2003).

Fink, L. D., "Designing Our Course for Greater Student Engagement and Better Student Learning." Perspectives on Issues in Higher Education 13(1) (2010).

Foray, D. and Lundvall, B., "The Knowledge-based Economy: From the Economics of Knowledge to the Learning Economy. In OECD, Employment and Growth in the

Knowledge-based Economy." Paris: Author (1996).

Gamson, Z., "A Brief History of the Seven Principles for Good Practice in Undergraduate Education." New Directions for Teaching and Learning No.47 (1991).

Go Eun Hyun, et al., "Development of Hybrid Career Coaching Model and Effect Analysis."The Journal of Korean Association of Computer Education 18(6) (2015).

Grant, A. M., "Keeping up with Cheese Research as a Foundation for Professional Coaching of the Future. International Coach Federation Conference Symposium." (Denver, Colorado, 2003).

Grant, A. M., and Stober, D., "Introduction. In D. Stober & A. Grant (Eds.)." (New Jersey: Wiley and Sons. Evidence based coaching: Putting best practices to work for your clients, 2006).

Gregory, J. M, "Employee coaching: The important of the supervisor/subordinate relationship and related constructs." Akron University Doctoral dissertation, 2010).

Haberleither. E., "Fuehren, Foerdern, Coachen: So entwickeln Sie die Potenziale Ihrer Mitarbeiter." (Seoul: Korea Securities Research Institute, 2002).

Hahn, Yong Jin. "Educational Paradigm Changes in Japan during the Fourth Industrial Revolution: focusing on the Haksu concept of active learning." Korean Journal of the Japan Education 22(3) (2018).

Hall, D. T., "Human Resource Development and Organizational Effectiveness. In C Fombrun, N. M. Tichy, & M. A. Devanna(Eds.), Strategic Human Resource Management." New York: John Wiley & Sons (1984).

Hamlin, R. G., Ellinger, A. D., and Beattie, R. S., "Toward a Profession of Coaching? A Definitional Examination of 'Coaching', 'Organization Development', and 'Human' Resource Development." International Journal of Evidence Based Coaching and Mentoring 7(1) (2009).

Han, Byung Chul. "The Fatigue Society." (Seoul: Munhak & Jisung-sa, 2012), Kageyama noboru (1998).

Han, Huh Jung. "A Study on the Coaching Skills of the Organization's Intermediate Managers" Seoul National University Graduate School Master's thesis, 2007).

Han, Ki Eon. "Open Education: Understanding Modern Education," Seoul: Park Young-sa (1984). Han Sook Jung, and Jung Hyun Chul, "Study on Flip Learning Effect and Experience." Asia-Pacific Journal of Multimedia Services Convert with Art, Humanities, and Sociology 6(1) (2016).

Han Sung Hee, and Lee Eun Jung, "Commonization of Higher Education and Systematic

Complexity: Chemical Combination of Higher Education with Lifelong Learning." Lifelong Learning Society 12(1) (2016).

Han, Young Soo and Park, Yoon Hee. "The Effect of Coaching Leadership on the Organizational Immersion of Small and Medium Business CEOs." Coaching Capacity Development Zones 17(4) (2015).

Heo, J. E. et al., "A Study on the Relationships among Coaching Leadership, Directive Leadership, Self-efficacy and Cohesion-focused on the Marine Corps Soldiers." Journal of Convergence security 16(3) (2016).

Hiroki Sanji "What is Active Learning." University Education and Information 1 (2-7) (2014). Hodgetts, W and Knutson, M J., "Maximizing Coaching Effectiveness: Coaching Internally VS.

Externally." Paper Presented at The Coaching and Mentoring Conference, Linkage, Inc., Washington, D.C , 1988.

Hong, Song Yi and Lim, Sung Taek. "The Effect of Learning Consulting Support Torturing Programs on Learning Motives and Academic Achievements of University Students." Educational Studies 54(4) (2016).

Hwang, Sung Won. "A Plan to Introduce Effective Action Learning to the Public Sector." Korea Institute of Public Administration, 2005.

Hyun, Young Sup and Kim, Woo Cheol. "Research Trends on Meta Research in Lifelong Education: Centered on the Articles Published in Korean." Journal of Comprehensive Study on Education 15(4) (2017).

International Coaching Federation ICF Korea. Coaching philosoph, http://icfkorea.or.kr, (2018).

International Coaching Federation, Consumers consider coach certifications/credentials very important, according to new ICF study, (2011).

Ives, Y., "What is 'Coaching?' An Exploration of Conflicting Paradigms." International Journal of Evidence Based Coaching and Mentoring 6(2) (2008).

Jarvis, P., "Toward a Comprehensive Theory of Human Learning" (London: Routledge, 2006).

Jeong Chan Pil, "Training from the View of Journalists, Reverse Classroom and Argument Cartel." Seoul: Education Plaza 52 (2014).

Jeong, Dong Ryeol. "The Hierarchical Relationship between the Career Immersion of Early Graduates of Specialized High Schools in Small and Medium Enterprises and Their Personal and Organizational Characteristics," Seoul National University Graduate

School Doctoral dissertation, 2014).

Jeong, Gyeong Sook and Jeong, Bong Kyo. "The Effect of Positive Self-expression Coaching Program on the Self-esteem, Emotional Well-being and Interpersonal Relations of the Elderly" Psympathy and Behavior Disorder Studies 32(2) (2016).

Jeong, Im Eun. "An Integrative Coaching Model of Development: The Implications for Research and Professional Training in Coaching Psychology." The Korean Journal of Coaching Psychology 1(1) (2017).

Jin, Sung Hee. et al., "Plip-learning Professor Design Guidebook for Engineering Professionals," Study Report of Engineering Education Innovation Center, 2016).

Joh, Seong Jhin. "Development of Human Resources Using Coaching: A Case Study of Life Coach Training Project in Daejeon." Korean Journal of Resources Development 20(4) (2017).

Joh, Seong Jhin. "The Effect of Communication Ability and Life on University Students through Coaching Curriculum." Korean Journal of General Education 10(3) (2016).

Joh, Seong Jhin and Jung, Yi Su. "Review of Research Trends on Coaching Studies and Recommendations for Future Research Direction in Korea: Progress from 1995 to 2017 and Challenges." Human Resource Development Study 21(3) (2018).

Joh, Seong Jhi. "A Study on the Effects of Coaching on Self-efficacy, Career Decision-Making Self-Efficacy, and Career Preparation Behavior." Journal of Coaching Development 19(3) (2017).

Jung, Hyo Jung. "The Development of a Career Education Program Based on Group Coaching Model for College Students." Journal of Learner-Centered Curriculum and Instruction 16(2) (2016).

Junichi Kanbe "The Challenge for Realization of a Circular Society of Knowledge" Annual Report of the Japan Society for Continuing Education 32 (2011).

Kang, Hee Sun. "The Influences of College Students Sex, Grade, and Career Consciousness on Career Development Preparation and Career Decision Self-Efficacy." Journal of Educational Research & Implementation 9(3) (2010).

Kang, Jae Hoon. "A Case Study on Industrial-Academic Cooperation Model, a Small Businessman Using Action Learning." Kyungnam Science and Technology University master's thesis, 2013.

Kang, Ki Jung. "A Study on Parent Coaching Experiences for Strengthening Parent Skills of Muticuitural Family Women." Korea Journal of Family Welfare 14(3) (2009).

Kang, Yeon Jeong and Yang, Eun Kyeong. "Christian Coaching Program for self-management and leadership development of adolescent." Korean Journal of Christian Counseling 22 (2011).

Kets de Veris, M. F. R, "Leadership Group Coaching in Action: The Zen of Creating High Performance Team." Academy of Management 19(1) (2005).

Kilburg, R. R., "Toward a Conceptual Understanding and Definition of Executive Coaching." Consulting Psychology Journal: Practice and Research 48(2) (1996).

Kim, Bo Gyeong. "The Influences of Director's Coaching Leadership and Early Childhood Teacher's Emotional Intelligence on Teacher-child Interactions." The Journal of Eco Early Childhood Education & Care 15(1) (2016).

Kim, Guk Gun. "The Influence of Transformational Leader and Human Resource Promotion Behavior in the Intermediate Executive of Naval Ships on the Organizational Immersion of Underlings." Korea University Graduate School Doctoral dissertation, 2012.

Kim, Ha Na and Kim, Hye Yeon, "The Effect of Career Coaching Program on Self-Efficiency and Career Accommodation: For Middle School Students in Jeju Regional Children's Center." Coaching Study 8(1) (2015).

Kim, Hae Ryong. "A Study on the Effect of Self-Efficiency on the Relationship between Job Self- Protection and Organizational Member Attitude." Organization and Personnel Management Research 30(3) Korean Society for Historical Management (2006).

Kim Hee Jung, "A Preliminary Study for a Academic Probation Target Individual Learning Coaching Program Development." Fisheries and Oceanographic Education Research 28(4) (2016).

Kim, Heung Kuk. "The Theory and Practice of Career Development." (Seoul: Dasan Publishing Co, 2000).

Kim, Hyun Jung. "Case of Organizational Development of Small and Medium Businesses after Acquisition." HRD Study 16(2) (2014).

Kim, Hyung Sook. "A Study on the Development of a Capability Model for Action Learning Coaches." Chonbuk National University Graduate School Doctoral dissertation, 2010).

Kim, Il Bu. "The Effects of the Interaction Training of Early Childhood Parents Using the Method of Mentor Coaching and the TREASURE Talk Coaching Model." Korean Journal of Family Welfare 21(3) (2016).

Kim, Il Park. "A Study of Coaching Leadership Influence on the Job Autonomy and Organizational Citizenship Behavior -Multicultural Family Support Center-." Human

Resource Management Study 24(5) (2017).

Kim, Ju Seob. "Linkage of the Principle of Andragogy and Major Adults Learning Theories to Mentoring and Coaching Process." Andragogy Today Interdisciplinary Journal of Adult & Continuing Education 15(4) (2012).

Kim, Kyu Soo and Lee, Jong Soon. "The Effect of Art activity Coaching Method on Young Childrens Drawing and Appreciation ability." Korean Journal of Children's Media 9(3) (2010).

Kim, Kyung Sup, "Coaching Conversation Technology." (Seoul: KimYoung-sa, 2015).

Kim, Mi Ok. "A Study on Exploring Key Success Factors in Action Learning Program for Small and Medium Businesses." Jeonbuk University Master's thesis, 2013.

Kim, Mi Ok. "A Study on the Key Success Factors in Action Learning College Classes." Chonbuk National University Doctoral dissertation, 2017.

Kim, Mi Soo. "The Study of Narrative Coaching Usefulness for Mature Leadership." Yon Sei Journal of Counseling and Coaching 4 (2015).

Kim, Mi Wha. "The Development of Enneagram Personality Type Inventory of the Coaching for Young People." Journal of the Korea Institute of Safety Management 13(4) (2011).

Kim, Na Mi. et al., "The Effect of Restoration Elasticity Program and Fellow Mentoring for College Students." Open Education Study 22(1) (2014).

Kim, Pan Soo and Baek, Hyun Ki "The Absolute Period of Studying: Self-directed Learning." (Seoul: Education and Science History, 2007).

Kim, Sang Bum. "A Case Study on Differences between High- and Low-Sales Organizations-With a Focus on the Coaching Behavioral of Sales Managers at K-." CRM Research 3(1) (2010).

Kim, Sang Bum. "Conceptualizing Sales Manager's Coaching and its Effect – Moderating effect of Salesperson's motivation and ability." A Study on Consumption and Culture 13(3) (2010).

Kim, Sarah Hyoung Sun. "The Development and the Effectiveness of a Parenting Coaching Program for Parenting Competence, Empathy, and Parenting Stress in Mothers." Journal of Korean Home Management Association 29(5) (2011).

Kim, Seon Young. "The Changes in Identity through Narrative Coaching: Based on the Stories of Esther and Mordecai." Korean Journal of Christian Counseling 26(4) (2015).

Kim, So Yoon. "Development of a Measurement Scale for the Career Coaching Competencies of Team Leaders in Corporations." Interdisciplinary Journal of Adult & Continuing Education 20(3) (2017).

Kim, Soon Chun and Do, mi Hyang. "The Effect of the Family Leadership Coaching Program on the Teaching Efficacy and Job Satisfaction of Child Care Teachers." Korea National Ethnic Welfare 13(2008).

Kim, Yang Hee and Shin, Mi Nyeo. "A Case Study of Coaching Program for Social Adaptation of North Korean Refugees to South Korea." North Korean Studies 39(1) (2014).

Kim, Yun Min. "Evaluation of Design and Operation of Action Learning based Nursing Professionalism Course for Nursing Students Chonnam National University Graduate School, Doctoral dissertation, 2012.

Kim, Jae Kyung. "Learner Perception and Attitude toward Three Types of Coaching Instruction in Liberal Arts English Education." Korean Journal of General Education 10(3) (2016).

Kim, Jae Kyung and Moon, Eun Joo. "Learner Perception and Attitude toward Three Types of Coaching Instruction in Liberal Arts English Education." Korean Journal of General Education 10(3) (2016).

Kim, Jeong Sik. "Impact of Leader's Coaching on Employees' Job Satisfaction and Job Involvement: Focusing on Mediating Effect of Self-efficacy." Journal of the Korean Content Society 11(7) (2011).

Kim, Jeong Sik. "Linking Leader's Coaching and Employees' Performance: The Influence of Intrinsic Motivation, Job Satisfaction, and Job Involvement." Journal of the Korean Management Association 125, 12 (91) (2012).

Kim, Jong Un. "The Effect of Coaching Program focused on Vision Establishment on Self-Efficacy and Career Maturity of Children." The Journal of Career Education Research 24(4) (2011).

Kim, Jong Un and Jung, Bo Hyun. "The Effect of Learning Coaching Program on Self-Efficacy and Self-Directed Learning Ability of Youth-After-School-Academy Children." Journal of Fishries and Marine Sciences Education 24(2) (2012).

Kim, Jong Un, and Jung, Bo Hyun, "The Effect of Coaching Program Focused on Vision Establishment on Self-Efficacy, Career Maturity and Achievement Motivation of After-School-Academy Children." Journal of Learner-Centered Curriculum and Instruction 15(6) (2015).

Kim, Young Joo. "The Changes in the Leadership of Child Care Center Middle Manager Based on Coaching Leadership Program." Early Childhood Education Research & Review 19(5) (2015).

Kim, Joo Yun. "A Study of Coaching Model for English Speaking Ability." Foreign Languages Education 17(3) (2010).

Ko, Eun Hyun. "A Study on University professor's Experience in Developing Action Learning Classes." A Study on the Education Methods 25(1) (2013).

Ko, Hyon Sook. "Comparison of Coaching Models and Process." Leadership Research 5(2) (2014). Kohli and Ajay K., "Some Unexplored Supervisory Behaviors and Their Influence on Salespeople's Role Clarity, Specific Self-Esteem, Job Satisfaction, and Motivation." Journal of Marketing Research 22 (1985).

Korea Coach Association, Coaching Gide,-Coaching Philosophy. http://www.kcoach.or, (2018).

Korea Ministry of Education, "Opening of Lifelong Education Institutions by Year." Korea Educational Development Institute 2018 National Institute of Lifelong Education Statistics (2019).

Korean Journal of the Japan Education, "The 4th Industrial Revolution and the Transformation of the Teaching and Learning Paradigm- Focused on Active Running in Japan." Korean Journal of the Japan Education Annual Conference Data Sheet (2017).

Kwon, Mi Kyung. "A Study on Airlines Employee's Coaching Leadership, Service Attitude, and Innovation Behavior-Focusing on Moderation Effects from Job Autonomy-." Journal of the Korean Aviation Management Association 13(1) (2015).

Kwon, Soon Chul. "Analysis on the Effect of Action-Running-Based Core Competency Curriculum." A Study on the Education Methods 7(6) (2013).

Kwon Soon Chul, "The Effects Analysis of General Arts Class of Core Competencies based on Action Learning." Korean Journal of General Education 7(6) (2013).

Kwon, Jeong Ok and Lim, Sun Young. "A Convergence Study about Influences of Coaching Behavior Level and Emotional Intelligence on Organizational Effectiveness of Nurse." Journal of the Korea Convergence Society 8(7) (2017).

Lawrence Lyman and Harvey C. Foyle, "Cooperative Grouping for Interactive Learning: Students, Teachers, and Administrators." (Washington, DC: National Education Association, 1990).

Lee, Dong Yup. "Explore the design model of Flipped Learning teaching." Digital Fusion Study 11(12) (2013).

Lee, H. K. "Coaching Psychology Workbook." (Seoul: Hakji-sa ,2014).

Lee, Hee Soo. et al., "A Study on Mid- and Long-term Development of the

University-centered Lifelong Learning Enablement Project." National Institute for the Promotion of National Lifelong Education, 2014.

Lee, Ji Hye and Oh, Sang Jin. "Effects of Managerial Coaching Behaviors of Corporation on Career Planning Practical Behaviors for Employees: Focused on the Moderating Effect of Organizational Climate." Korean Association for Management Education 32(2) (2017).

Lee, Jung Hee. "The Education of the Sovereign through Active Running of Japan." Korea-Japan Education Study 22(3) (2018).

Lee, Jung Hi. "Japanese Citizenship Education through Active Learning" Korean Journal of the Japan Education 22(3) (2018).

Lee, Min Kyung. et al., "A Study on the Micro-education Reform through the Innovation of Classroom Education." Korea Society of Social Sciences 95 (2015).

Lee, Myung Sil. "Japan Reforms Public Education and Develops Learner-Oriented Education." Korean Journal of the Japan Education 20(2) (2016).

Lee, Myung Sil. "Table of Japan's Active Running Policy." Korea Japan Education Research 22(3) (2018).

Lee, Myung Sil. "Both Sides of 'Active Learning' in Japan." Korean Journal of the Japan Lim Jung sup, Choi Young Lm and Kim Kyo Heon, "The effect of the coaching program on the college students' dysfunctional career accidents, career maturity and self-efficiency in career decisions." Korea Psychological Association: General 32(2) (2013).

Lee, Si Kyun. et al., "The Mid- and Long-term Manpower Demand Forecast Reflecting Technological Innovation (2016-2030)." Korea Employment Information Service (2017).

Lee, Soon Kyu. "The Effect of Group Coaching Program on the Emotional Intelligence and Self- Efficiency of Nurses." Coaching Study 1(2008).

Lee, Yoon Ho and Seo, Young Kyu. "According to the Influence of Post-Occupancy (POS) of Hotel Staff on Organizational Immersion and turnover." Tourism Research Journal 24(3) (2010).

Lee, Hee Sook. et al., "Research on the Effect of Flip Learning on Learning Motives and Academic Achievements." Journal of the Korean Academy of Computer Education 18(2) (2015).

Lee, Sook Jeong and Kyeung, Ae Jang. "The Relationship between the Leadership and the Organizational Effectiveness of the Dental Hygienists." Journal of the Korea

Convergence Society 8(3) (2017).
Lim, Kyung Wha and Kim, Tae Hyun. "Explore the Design Model for the Application of Flipped Learning in Engineering and Engineering Education." Silience Journal 6(2) (2014).
Lim, Seung Ok. "Analysis on the Relationship between Corporate Organizers' Perception of Human Resources Strategy and Organizational Immersion and Career Immersion." Korea University Graduate School Doctoral dissertation (2007).
Lim, Young Kyu. et al., "Experimental Study on the Utility of Active Learning." A Study on the Education Methods 11(1) (2017).
Lim, Young Kyu, et al., "An Empirical Study on the Effectiveness of Active Learning." Korean Journal of General Education 11(1) (2017).
Mackie, D., "Evaluating the Effectiveness of Executive Coaching: Where are We Now and Where Do We Need to Be?" Australian Psychologist 42(4) (2017).
Marsh H. W., "Age and Gender Effects in Physical Self-concepts for Adolescent Elite Athletes and Nonathletic." Journal of Sport and Exercise Psychology 20(1998).
Masaaki Ogasawara, "The Trap and Structural Problems of Active Learning" IDE Modern Higher Education 582 (2016).
Maslow A. H., "Motivation and Personality." (New York: Harper & Row, 1954).
Mckeachie W. J. and Gibbs Graham, "Mckeachie's teaching tips: (A Guidebook for the Beginning CollegeTteacher 7th ed. Lexington." ass: Heath, 1978).
Miho Kiyu "The Preliminary Method of Reversal Class and Active Learning" The Journal of the Japanese Society of Educational Engineering 40 (2016).
Ministry of Education, Culture, Sports, Science and Technology Japan's Glossary, 2012. Ministry of Education, Culture, Sports, Science and Technology Japan, "Active Learning.", 2012.
Ministry of Education, Culture, Sports, Science and Technology Japan "To Build Undergraduate Education (Reply)." Ministry of Education, Culture, Sports, Science and Technology Japan (2008).
Ministry of Education, Culture, Sports, Science and Technology Japan, "To Build Undergraduate Education (Reply)" (2012).
Ministry of Education, Culture, Sports, Science and Technology Japan, "Toward a Qualitative Transition in University Education to Build a New Future." Ministry of Education, Culture, Sports, Science and Technology Japan (2012).
Ministry of Education, Culture, Sports, Science and Technology Japan, "What should be

the Curriculum Standards for Elementary and Secondary Education: Ap pendix 1-2 (Reply)."

Ministry of Education, Culture, Sports, Science and Technology Japan (2015).

Ministry of Education, Culture, Sports, Science and Technology Japan, "To Build Undergraduate Education (Reply)" (2008).

Moon, J. Y. "An Empirical Study of the Strategy Development and Deployment Effects on the Hospital Management and Hospital Performance." Journal of the Korea Convergence Society 6(6) (2015).

Na, Il Joo. et al., "Business Education Theory." (Seoul: Hakji-sa, 2010).

Nam, Joong Soo. "The Hierarchical Relationship between Subjective Career Success and Individual and Organizational Characteristics of Office Workers in Large Companies." Seoul National University Graduate School Doctoral dissertation, 2014).

Nam, Sang Eun and Ryu, Ki Ung. "An Action Research Study of Development and Implementation of Coaching Program for College Students on Academic Probation (Action Research)." Korean Journal of General Education 11(1) (2017).

National Commission on Excellence in Education, "A Nation at Risk: The Imperative for Educational Reform." The Elementary School Journal 84(2) (1983).

National Statistical Office, "Special Estimation of Future Population: 2017-2067." Press Release , 2019.

Nielsen, K. and Munir, F., "How Do Transformational Leaders Influence Followers' Affective Well-being? Exploring the Mediating Role of Self-efficacy." Work & Stress 23(4) (2009).

Nishi Shun. "Introduction to Active Tea Learning" (Meiji Book, 2015).

Noh, Yoon Shin and Jung, Chul Young. "Experimental Study on the Effectiveness of Coaching in Developing Leadership for University Students." Professional Education Study 34(1) (2008).

Noh, Yun Shin and Jyung, Chyul Young. "A Experimental Study of the Effects of Coaching for University Students on Leadership Development." The Journal of Vocational Education Research 34(1) (2015).

O, Min Suk and Lee, Ji Yeon. "Implications of Japan's Active Learning in terms of Continuing Education." Korean Journal of the Japan Education 23(1) (2018).

O'Neil D. A. and Hopkins M. M, "The Teacher as Coach Approach: Pedagogical Choices for Management Educators." Journal of Management Education 26 (2002).

Oh, Min Seok. "The Lifelong Educational Implications of Active Learning in Japan." Korean

Journal of the Japan Education (2018).

Oh, Min Seok and Jang, Ji Eun. "Introduction and Development of Active Learning in Japan." An Annual Academic Conference of the Korean Association of Japanese Education (2017).

Palmer, S. and Whybrow, A., "Coaching Psychology: An Introduction. In S. Palmer & A, Why brow (Eds.), Handbook of Coaching psychology: A guide for practioners." (London: Routledge, 2007).

Park, So Hee. "The Effect of the Leader's Coaching Behavior on the Learning and Organizational Immersion and Turnover of His Subordinates." Research on Vocational Ability Development 13(3) (2010).

Park, Soon Yong and Hong Hyun, "A Study on the Participation and Transitional Experience of University Students Returning from North Korea." Korea HRD Study 10(3) (2015).

Park, Sun Hee. et al., "The Effects of Learning Coaching on Self-Directed Learning Ability and Academic Achievement in College Students." The Korean Journal of Growth and Development 25(3) (2017).

Park. Sun Young. "The Influence of Leader's Coaching Leadership on Organizational Immersion and Career Immersion." Korea University's Graduate School Master's thesis, 2009.

Park. Tae Soo, "The Impact of the Hotel Employee's Self-esteem and Job Satisfaction on the Service Level." Tourism Research Journal 19(3) (2005).

Park. Yun Hee. "The Theory and Practice of Career Coaching." (Seoul: Sigma Press 2015).

Park, C. G., "Empowering Coaching." (Seoul: Leadership Coaching Center, 2009).

Park, J. J., "An Analysis on the Trend of Theses Regarding Coaching Leadership and the Performance Variables of Organizational Members." The Journal of Lifelong Education and HRD 8(1) (2012).

Passmore, J. and Fillery-Travis, A., "A critical review of executive coaching research: A decade of progress and what's to come." Coaching: An International journal of Theory, Practice, and Research 4(2) (2011).

Peltier, B., "The Psychology of Executive Coaching: Theory and Application" (New York: Brunner-Routledge, 2001).

Peterson D. B. and Little B., "Invited Reaction: Development and Initial Validation of an Instrument Measuring Managerial Coaching Skill." Human Resource Development Quarterly 16(2) (2005).

Peterson, D. B. and Hicks, M. D., "The Art and Practice of Executive Coaching." Phoenix

Arizona: Society of Consulting Psychology Conference, 1999.

Peterson. D. B, and Hicks. M. D., "Leader as Coach: Strategies for Coaching and Developing Others. Minneapolis." (MN: Personal Decisions International, 1996).

Phillips. R., Richard. T., "Coaching for Higher Performance." Management Development Review 7(5) (1994).

Ri, Sang Sub. "A Case Study on the Coaching Program of the Director of Korean Global Companies." HRD Study 12(4) (2010).

Robert B. Barr and John Tagg, "From Teaching to Learning: A New Paradigm for Undergraduate Education." Change 27(6) (1995).

Rohfeld R. W., "Expanding Access to Knowledge: Continuing Higher Education." NUCEA 1915- 1990 (1990).

Seo, Ja I and Hyun, Dai Hao. "The Influence of Leader's Coaching on Surface Acting And Deep Acting of Emotional Worker: The Role of Resilience." Leadership Research 9(1) (2017).

Seo, Young Sook and Chung, Chu Young. "The Effect of Jinro Coaching Program on the Self- Effectiveness, Self-Preduction and Employment Stress of Nursing University Students." A Thesis from the Korean Academy of Industrial Science and Technology 17(12) (2016).

Seon, Hyae Yeong. et al., "The Effects of Strengths Coaching Program on Strengths Self Efficacy, Positive Affect, Self-Efficacy, Job Engagement and Organizational Commitment Based on Korean employees." Korean Journal of Industrial and Organizational Psychology 30(2) (2017).

Seong, Jhin Joh. "A Field Experimental Study on the Effects of Coaching on Emotional Intelligence and Communication Competence." Journal of the Korea Convergence Society 8(6) (2017).

Seong, Nak Chung. et al., "The Effect of Distribution Enterprise Leader's Coaching Behavior on Organizational Citizenship Behavior and Turnover Intention: Mediating Role of Authentic Leadership and Moderating Role of Emotional Intelligence." Journal of Distribution Science 14(1) (2016).

Shim, Hee Ah and Song, Hae Duk. "The Effect of the Problem-Based Learning on the Problem- Solving and Satisfaction of the Tudor by the Cognitive Role Type." Educational Engineering Research 27(4) (2011).

Shim, Mi Young. "Frontier Career Orientation and Career Success: Role of Career Development." Korea University Graduate School Doctoral dissertation 2012.

Shin, Hyun Jung. "Policy Factors Affecting Freshmen Education in Japan." Korean Journal of the Japan Education 22(3) (2018).

Shinichi Mizogami, "Active Learning Background and Development" IDE 582 (2016).

Shinichi, Mizokami. "The Transformation of the Active Learning and Teaching-Learning Paradigm" (2014).

Shinichi, Mizokami. "The Background and Development of Active Learning." IDE Modern Higher Education 582, IDE University Association (2016).

Showers. B. and Joyee. B., "The Evolution of Peer Coaching." Educational Leadership 3 (1996).

Soo, Young Kwon. "Interface between Counseling and Coaching for Couple`s Interpersonal Desires: On the Clinical Use of the FIRO-B Instrument." Korean Journal of Christian Counseling 24(1) (2013).

Soo, Young Kwon. "The Integration of Coaching and Counseling in Early Sessions: Based on Short-Term Question-Centered Therapy." Korean Journal of Christian Counseling 20 (2010).

Standing in New Power. Promoting Education:http://www.mext.go.jp

Seo Young sook and Chu yeong Jeong, "Effect of Career Coaching Program for Career Decision Making Self-efficacy, Self-leadership, and Employment-stress of Nursing Students." Journal of the Korea Academia-Industrial cooperation Society 17(12) (2016).

Steers R. M., "Antecedents and Outcomes of Organizational commitment." Administrative Science Quarterly 22 (1977).

Stowell S., "Coaching: A Commitment to Leadership." Training and Development Journal 42(6) (1988).

Stowell, S. J., "Leadership and the Coaching Process in Organizations." Doctoral dissertation, ProQuest Information & Learning (1987).

Sun ,Hye Young. et al., "The Effect of Strong Coaching Programs on the Worker's Strong Self- Effectiveness, Positive Emotion, Self-Effectiveness, Job Intensity and Organizational Immersion." Korea Psychological Society: Industry and Organization 30(2) (2017).

Tak, Jin Kook. "Coaching Psychology." (Seoul: Hakji-sa, 2018).

Talarico M., "Manager as Coach in a Pharmacy Benefit Management Organization: A Critical Incidents Analysis." University of Minnesota Doctoral dissertation, 2002.

The Japanese Society of Cognitive Sciences, The Cognitive Science Dictionary, Tokyo:

Kyoritsu Publishing, 2002.

Tobias L. L., "Coaching Executive." Consulting Psychology Journal: Practice & Research 48(2) (1996).

Toshiki, Nakai and Hidehiro, Nakajima. "Seven Principles and Practice Techniques for Good Class Practice" Nagoya Higher Education Research 5 (2005).

Toshio, Umehara. "Cultivating Education and Living Power: through the Drama of Imagination of Human Beings" Bulletin Board of Modern Human Faculty at Wako University, 2011.

Toshio, Umehara. "Cultivating Education and Living Power: through the Drama of Imagination of Human Beings", 2011.

Turnbull. J., "Coaching for Learning: A Practical Guide for Encouraging Learning." (Translation of Y. M. Lee, Seoul: Hakji-sa, 2014).

Weltman D., "A Comparison of Traditional and Active Learning Methods: An Empirical Investigation Utilizing a Linear Mixed Model." The University of Texas at Arlington, 2007.

Wen, Quan JIN. "Design and Implementation of Hybrid Coaching System Based on Web Service for College Career Guidance." The Journal of the Institute of Internet, Broadcasting and Communication (IIBC) 15(5) (2015).

Werner. J. M., and Desimone. R. L., "Human Resource Development." Cengage Learning (2011). Whitmore J., "Coaching for Performance, 3rd Eds. London: Nicholas Brealey Publishment." International Coach Federation (2002).

Whitmore J., "Coaching for Performance: A Practical Guide to Growing Your Own Skills." (London, UK: Nicholas Brealey Publishing, 1992.

Whitrmre, J., "Coaching Performance." (San Diege, CA: Pfeiffer, 2004).

Xiao Y. Chang Z. and Liu B., "An Efficient Active Learning Method for Multi-task Learning." Knowledge-Based Systems 190 (2020).

Yates, J., "The Career Coaching Handbook." (London & New York, Routledge, 2014).

Abfall wirts chafts plan. Abfälle aus Einrichtungen des Gesundheitsdienstes. Brown, R. S. et al., 1992.

AHRQ, Hospital survey on patient culture (No. 04-0041). Rockville: AHRQ Publication, 2004.

Benge H, Csako G, Parl FF. A 10-year analysis of "revenues,"costs, staffing, and workload in an academic medical center clinical chemistry laboratory. Clin Chem, 1993.

Berwick DM, James B, Coye MJ. Connection Between Quality Measurement and Improvement. Medical Care 41(suppl): 2003,

Beck, Ulich. 저(1997) · 홍성태 역. 위험사회-새로운 근대(성)를 향하여, 새물결, 2006.

Levine, M. 저(2005) · 김민주 · 이영숙 역, 깨진유리창 법칙, 흐름출판, 2014.

Perrow C. 저(1984) · 김태훈 역. 무엇이 재앙을 만드는가?, 알에이치코리아, 2013.

독일문헌

A. Weill & F. Terré Droit civil : les obligations, 3e ed., Paris, Dalloz, 1980.

C. W. Canaris, Schutzgesetze-Verkehrspflichten-Schutzpflichten, Festsc hrift für K. Larenz zum 80 Geburtstag, 1983.

Christian BÜhring-Uhle, Arbitration and Mediation in International Business(Second Edition), Kluwer Law International, 2006.

Dieter Medicus, Schuldrecht Ⅰ : Allgemeiner Teil, 6. Aufl., 1992.

Esser-Schmidt, Schuldrecht Bd Ⅰ Allgemeiner Teil 2, 8. Aufl., 2000.

G. Viney, Traité de droit civil, les obligations, la responsabilité conditions, Paris, LGDJ, 1982.

H L, et J. Mazeaud, Leçons de droit civil, t. Ⅱ ler vol Obligation, 8e éd, Montchrstien, 1991.

MünchKommBGB/Gottwald, 7. Aufl., 2015, § 328.

MünchKommBGB/Schwab, 6. Aufl., 2013, § 812.

MünchKommBGB/Wagner, 6. Aufl., 2013, § 828.

Musielak, GrundKurs BGM, 5. Aufl., 1997.

Palandt-Sprau, Bürgerliches Gesetzbuch, 71. Aufl., 2012.

Schwintowski, Hans-Peter, "Pflicht einer Privathaftpflichtversicherung für Schäden durch Kinder", ZRP, 2003.

V. Bar, Empfehlen sich gesetzgeberische Maβnahme zur rechtlichen Bewältigung der Haftung für Massenschäden?, Gutachten für den 62. Deutschen Juristentag, 1998.

V. Bar, Gemeineuropäisches Deliktsrecht I, 1996.

Zweigert-Kötz, Einführung in die Rechtsvergleichung, 3. Aufl., 1996.

일본문헌

工呼吸器 · 血液浄化装置 · 人工心肺装置, 2005.

国会議案民主党, 学校安全対策基本法案, 2008.

堀井雅道, 学校保健安全法における学校現場の役割と課題 季刊教育法(160) 2009, pp. 29-35.

吉田清, 新安全教育 逍遙書院(原稿受領日 : 2011年 2月 21日), 1978.

内閣府, 平成 22 年版防災白書, 2010.

文部科学省,「生きる力」をはぐくむ学校での安全教育日本体育・学校健康センター, 2001.

文部科學省, http://www.mext.go.jp, 2015.

文部科學省, 高等學校學習指導要領, 2015.

文部科學省, 今 `求められる力を高める総合的な学習の時間の展開, 2010.

文部科学省, 文部科学省 防災業務計画, 2008.

文部科学省, 防災教育支援に関する懇談会 中間とりまとめにいて —「生きる力」を育む防災教育を支援する, 2007.

文部科學省, 小学校學習指導要領, 2015.

文部科学省, 新学習指導要領「生きる力」・保護者用パンフレット(平成 22 年作成), 2010.

文部科學省, 中學校學習指導要領, 2015.

文部科學省, 特別支援學校小學部・中學部學習指導要領, 2015.

文部科学省, 学校基本調查 平成 21年版, 2009.

文部科學省, 學校安全の推進に関する計劃, 2012.

文部科学省, 学習指導要領 総合的な学習の時間 東洋館出版社, 2008.

文部科學省,"いきる力"をはぐくむ学校での安全教育, 2015.

文部科學省,"いきる力"を育む防災教育の展開, 2015.

文部科學省大臣官房文教施設企劃部, 學校施設における事故防止の留意点, 2009.

文部科學省大臣官房文教施設企劃部國立教育政策研究所文教施設研究センター, 学校施設における防犯対策の点検・改善のために, 2009.

福和伸夫, 原徹夫, 小出栄治他, 建物耐震化促進のための振動 実験教材の開発地域安全学会論文集 No.7, 2005, pp.23-34.

社団法人日本{画像医療システム工業会, JIRA 第 4 回画像医療システム等の導入状況と安全確保状

山本道隆, 学校安全の歴史に関する研究 北海道教育大学紀要第一部 c 教育科学編 29(1), 1978, pp.157-161.

城下英行, 防災教育の推進に関する制度論的研究 京都大学修士論文, 2006.

城下英行, 総合防災実現のための参加型防災学習に関する研究京都大学 博士論文, 2009.

城下英行, 河田惠昭, 学習指導要領の変遷過程に見る防災教育展 開の課題 自然災害科学 J. JSNDS 26(2) 2007, pp.163-176.

秀潤社 どう防ぐ 医療機器使用中のヒューマンエラー(クリニカル・エンジニアリング別册) 人

矢守克也・吉川肇子・網代剛, 防災ゲ ームで学ぶリスク・コミュニケーション — クロス

ロードへの招待 ナカニシヤ出版, 2005.
渥美公秀, 防災教育をデザインする 自然災害科学 J. JSNDS 24(4), 2006, pp.350-356.
熊谷一乗, 現代教育制度論 学文社, 2007.
原洋子, 渡邉正樹, 小学生を対象とした危険予測能力・危険回避能力の評価法の開発 安全教育学研究 10(1), 2010. pp.47-55.
日本體育・學校健康センター, 學校における死亡・障害事例と事故防止の留意点, 2002.
赤田信一外11名, 新.みんなの保健3.4年/ 教師用指導書『朱書き編』. 東京: 學習研究社, 2005.
赤田信一外11名, 新.みんなの保健5.6年/ 教師用指導書『朱書き編』. 東京: 學習研究社, 2005.
中央教育審議会, 子どもの心身の健康を守り, 安全・安心を確保するために学校全体としての取組を進めるための方策について, 2008.
中央防災会議 防災に関する人材の育成・活用専門調査会(2003), 防災に関する人材の育成・活用について報告
参議院, 学校保健法等の一部を改正する法律についての関連資料, 2008.
學校施設の安全管理に關する調査研究協力者協會, 學校施設の防犯對策について, 2002.
況に関する調査報告書, 2004.
喜多明人, 橋本恭宏, 船木正文 他, 解説 学校安全基準不磨書房, 2008.

하타무라 요타로 저・정택상 역, 실패를 감추는 사람 실패를 살리는 사람, 세종서적(주), 2001.
하타무라 요타로 저・윤정원 역, 나와 조직을 살리는 실패학의 법칙, 들녘미디어, 2004.

중국문헌

陈 亮. 论义务教育学校校园安全管理中校长角色作用的发挥. 教育科学研究, 10, 2016.
陈 彪. 关于"学生伤害事故处理办法"的法律思考. 神州旬刊, 15, 2013.
陈俊峰. 学生伤害事故及其法律责任探究. 河北工程大学学报, 23, 2016.
方益权. 论学校安全事故社会救助基金制度的构建. 温州大学学报. 28, 2015.
高 岩. 中国不适合实行判例法的原因. 中国法学, 3, 1991.
侯春平. 依法治理"校闹" 环校园安静教学环境. 治理, 2, 2016.
胡林龙. 论学校伤害事故责任的性质. 比较教育研究, 8, 2002.
胡乐乐. 对完善校园伤害事故风险管理机制的思考. 人民教育, 2008.
李 丹. 试论建立校园伤害事故的社会赔偿机制. 商, 7, 2015.
李永军. 论监护人对被监护人侵权行为的"替代责任". 当代法学, 3, 2013.
刘 俊. 关于学校安全事故责任主体的法理学视角解读. 法治与社会, 1, 2015.
卢进伟. 论学生伤害事故的责任认定. 视点, 377, 2012.
彭智勇. 学生安全事故案例编选. 重庆: 重庆大学出版社. 2008.

谭小勇. 学校体育伤害事故法律问题研究. 北京: 法律出版社. 2014.

王 晶. 学生伤害事故学校应承担的民事责任. 法制博览, 9, 2016.

杨秀朝. 学生伤害事故民事责任制度研究. 北京: 中国法律出版社. 2009.

杨子龙. 论学生伤害事故的民事责任. 江西社会科学, 11, 2002.

杨小明. 对 "学生伤害事故处理办法法"的思考. 魅力中国, 6, 2010.

叶名怡. 侵权法上故意与过失的区分及其意义. 法律科学, 4, 2010.

张铁微. 共同侵权行为的法理基础类型化分析. 北方论丛, 4, 2004.

张维平. 学校安全事故处理与预防的66个经典案例. 吉林: 东北师范大学出版社. 2011.

张延利. "学生伤害事故处理办法" 在高校处理学生伤害事故中的作用与不足. 自然, 科学与工程技术, 23, 2010.

郑 玲. 从学生伤害事故司法判例看学校体育管理. 教学与管理, 12, 2016.

기타자료

Center for Disease Control and Prevention, About CDC 24-7. Retrieved from http://www.cdc.gov/features/safeschools/

Center for Disease Control and Prevention. Injury Prevention & Control. Retrieved from http://www.cdc.gov/injury/colormesafe/index.html

Federal Emergency Management Agency(2014). About FEMA. Retrieved from http://www.fema.gov/media-library/assets/documents/7877

Ministry of Education(2007). Health education syllabus for primary level 2007.

Ministry of Education(2010). Committee on safety in school sports (CSSS) Report on school sports. Retrieved from safety. http://www.moe.gov.sg/media/press/files/2010/12/csss-school-sports-safety-report.pdf

Ministry of Education(2012). Media Center. Retrieved from http://www.moe.gov.sg/media/parliamentary-replies/2012/02/road-safety-in-schools.php

Ng, A.(2015). February 2) Road safety programme for pre-school pupils launched. Retrieved from http://www.straitstimes.com/news/singa pore/more-singaporestories/story/road-safety-programme-pre-school-pupils-launched-2015020

Ng, J. Y.(2014, January 20). MOE reminds schools to be vigilant about student safety after PE deaths. Retrieved from http://www. todayonline.com/singapore/moe-reminds-schools-be-vigilant-about-student-safety-after-pe-deaths

Tay, T. K. & Lee, S. G.(2014). Safety in PE. Parliamentary Replies. http://www.moe.gov.sg/media/parliamentary-replies/2014/02/safety-in-pe.php

U. S. Department of Education(2014, Sep. 23). Archived information. Retrieved from http://www.ed.gov/news/press-releases/us-depart ment-education-investsmore-70-million-improve-school-climate-and-keep-students-safe

http://www.bayern. de/politik/just iz-2/
http://www.boarddocs.com/vsba/fairfax/Board.nsf/files/8N2GXW45FF42/$f ile/R8625.pdf
http://www.cdc.gov/featu res/safeschools
http://www.cdc.gov/injury/colormesafe/index.html
http://www.doe.virginia.gov/teaching/licensure/emergency_first_aid_cpr_aed/index.shtml
http://www.fema.gov/media-library/assets/documents/7877
http://www.fcps.edu/is/hpe/index.shtml
http://law.lis.virginia.gov/vacode/title22.1/chapter14/section22.1279.8/
https://leg1.state.va.us/cgi-bin/legp504.exe?000+code+22.1-1373
http://leg1.state.va.us/cgi-bin/legp504.exe?000+reg+8VAC20-131-80
http://leg1.state.va.us/c gi-bin/legp504.exe?000+reg+8VAC20-131-50
http://lis.virginia.gov/cgi-bin/legp604.exe?000+cod+22.1-137.1

저자소개

- **위국환(공학박사, 법학박사, 상담학박사)**

  현, 한국해양대학교 재난안전정책법전공 교수

- **지상규(법학박사)**

  현, 한국해양대학교 법무비즈니스학부 교수

- **김선화(상담학박사)**

  현, 한국해양대학교 재난안전정책법전공 교수

- **염미숙(교육학박사, 상담학박사)**

  현, 영산대학교 겸임교수

- **최보경(이학박사)**

  현, 한국인재뱅크 학교안전교육 강사

- **천세철(법학박사수료)**

  현, 한국인재뱅크 사무총장

- **김영환(보건교육학석사)**

  현, 한국인재뱅크 보건전문위원

- **이현정(교육학석사)**

  현, 거창대학교 외래교수

- **신미애(행정학박사)**

  현, 대진대학교 공공인재대학 미래평생학습부 교수

- **이경수(교육학박사)**

  현, 대한신학대학원대학교 사회복지학과 학과장

재난안전교육론

초판 1쇄 인쇄 / 2022년 8월 25일
초판 1쇄 발행 / 2022년 8월 30일

•

저　자 / 위국환・지상규・김선화
염미숙・최보경・천세철
김영환・이현정・신미애
이경수
발행인 / 이　중　수
발행처 / **동　문　사**

•

서울특별시 서대문구 홍제원 1길 12
(홍제동 137-8)
Tel: 02)736-3718(대), 736-3710, 3720
Fax: 02)736-3719
등록번호: 1974.04.27 제9-17호
가격: 35,000원

•

ISBN: 979-11-6328-389-8(93530)
E-mail: dong736@naver.com
www.dongmunsa.com